2.1.10 课堂案例——制作玻璃茶几

2.2.3 课堂案例——制作沙发床

2.3.7 课堂案例——创建屏风

2.4 课堂练习——制作酒柜架

2.5 课后习题——制作储物方几

3.2.1 课堂案例——制作仿古中式画框

3.2.2 课堂案例——制作调料架

3.3 课堂练习——制作中式柜

4.2.5 课堂案例——制作啤酒瓶

3.4 课后习题——制作扶手

4.2.6 课堂案例——制作低柜

4.3 课堂练习——制作蜡烛

4.4 课后习题——制作花瓶

5.8.1 课堂案例——制作抱枕

5.8.2 课堂案例——制作苹果

5.9 课堂练习——制作盆栽土壤

5.10 课后习题——制作花盆

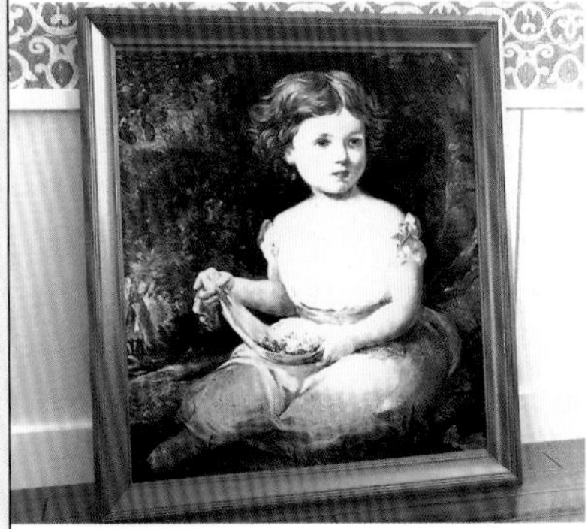
6.3.1 课堂案例——制作欧式画框

6.3.2 课堂案例——制作玻璃杯

6.4 课后习题——制作桌布

6.5 课后习题——制作窗帘

7.2.4 课堂案例——制作瓷器材质

7.2.5 课堂案例——制作玻璃和冰块材质

7.2.6 课堂案例——制作不锈钢材质

7.3 课堂练习—制作木纹材质

7.4 课后习题—制作真皮材质

8.2.4 课堂案例——制作台灯照射效果

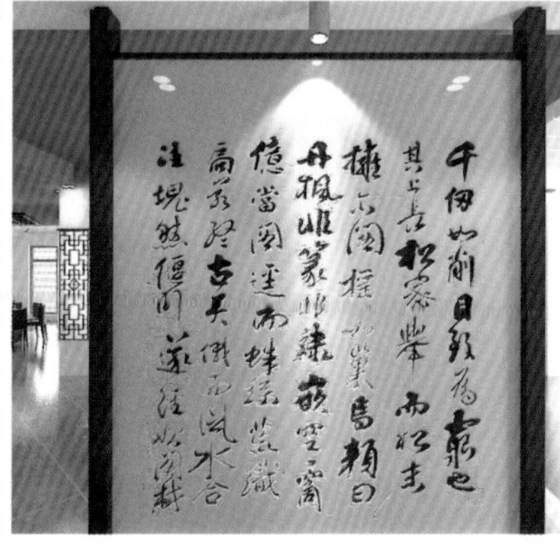

8.2.5 课堂案例——制作筒灯效果

8.3 课堂练习——制作床头壁灯效果

8.4 课后习题——制作暗藏灯效果

9.3 课堂练习——室内摄影机的应用

9.4 课后习题——家具摄影机的应用

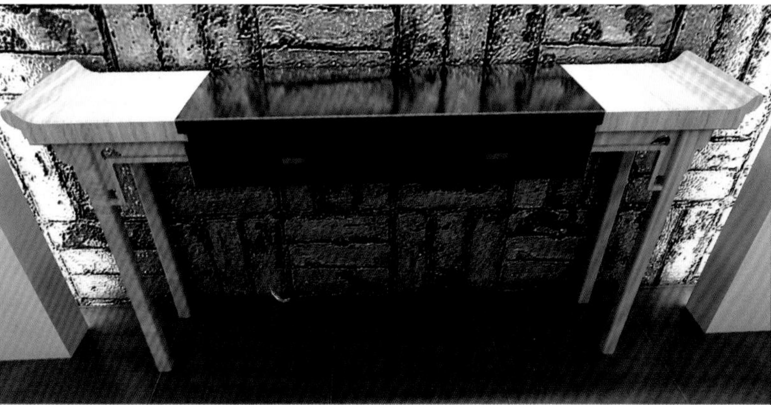

10.1 实例 1——中式案几

10.2 实例 2——茶几

10.3 实例 3——多人沙发

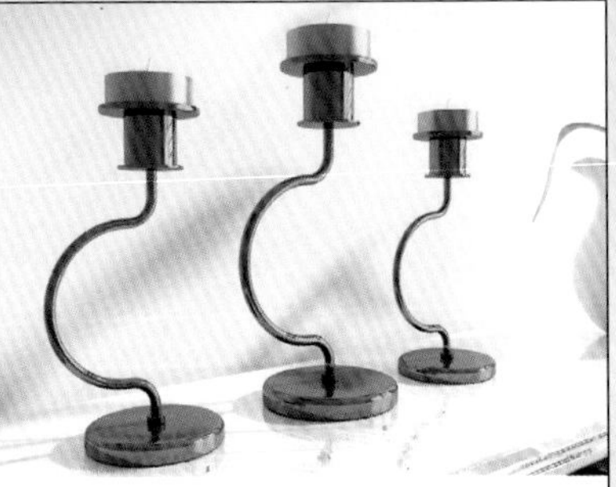
10.4 实例 4——烛台

10.5 实例 5——吧台和吧椅

10.6 实例 6——电视柜

10.7 课堂练习——中式椅子

10.8 课后习题——多用柜

11.1 实例 7——莲蓬头

11.2 实例 8——毛巾架

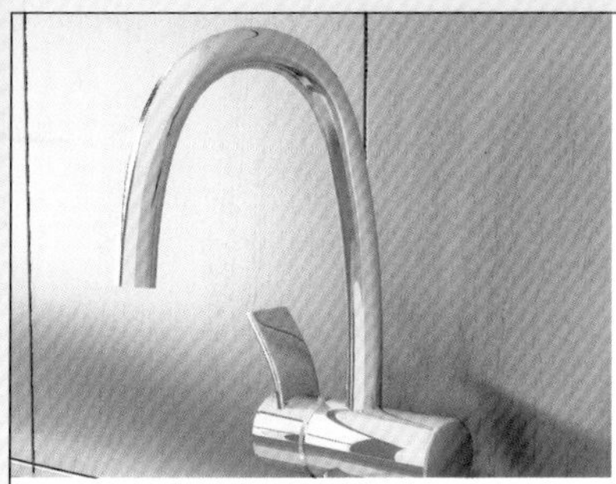
11.3 实例 9——水龙头

11.4 实例 10——洗手盆

11.5 实例 11——毛巾

11.6 课堂练习——制作马桶

11.7 课后习题—肥皂和肥皂盒

12.1 实例 12——相框

12.2 实例 13——盘子架

12.3 实例 14——蜡烛

12.4 实例 15——植物

12.5 实例 16——果盘

12.6 课堂练习——制作杯子

12.7 课后习题——中式瓷碗

13.1 实例 17——工装射灯

13.2 实例 18——餐厅吊灯

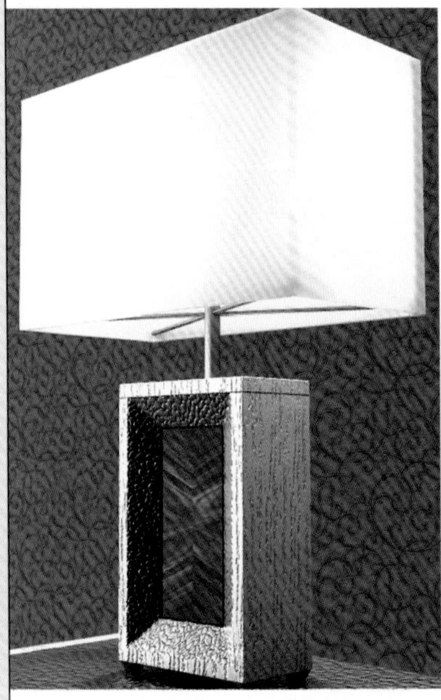
13.3 实例 19——欧式台灯

13.4 实例 20——客厅玻璃灯

13.5 实例 21——中式落地灯

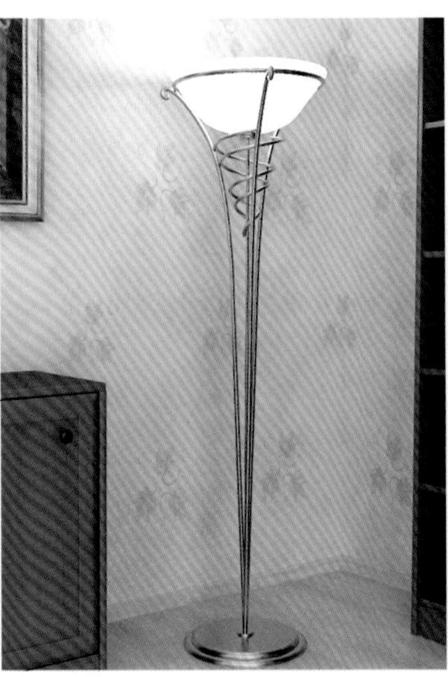
13.6 实例 22——欧式落地灯

13.7 课堂练习——玻璃吊灯

13.8 课后习题——制作射灯

14.1 实例 23——液晶电视

14.3 实例 25——音响

14.2 实例 24——DVD

14.4 课堂练习——表

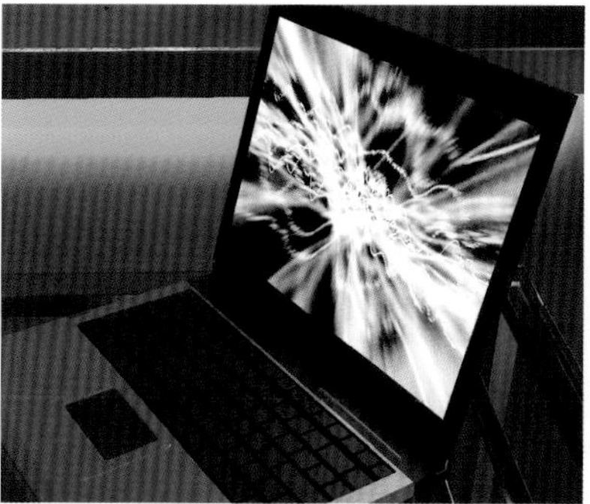
14.5 课后习题——笔记本

15.1 实例 26——书房

15.2 实例 27——中式餐厅门厅

15.3 课堂习题——客厅

15.4 课后习题——餐厅

16.3 课后习题——水边住宅楼的制作

18.1 实例 31—居民楼的后期处理

18.2 课后习题—别墅的后期处理

18.3 课后习题—水边住宅的后期处理

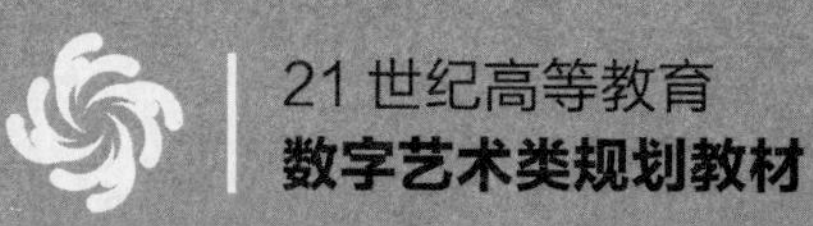

21世纪高等教育
数字艺术类规划教材

效果图制作
基础与应用教程
(3ds Max 2012+VRay)

林国胜 ◎ 主编
齐平 ◎ 副主编

人 民 邮 电 出 版 社
北 京

图书在版编目（ＣＩＰ）数据

效果图制作基础与应用教程 : 3ds Max 2012+VRay / 林国胜主编. -- 北京 : 人民邮电出版社, 2013.5（2014.5 重印）
21世纪高等教育数字艺术类规划教材
ISBN 978-7-115-31161-0

Ⅰ. ①效… Ⅱ. ①林… Ⅲ. ①三维动画软件－高等学校－教材 Ⅳ. ①TP391.41

中国版本图书馆CIP数据核字(2013)第056684号

内 容 提 要

3ds Max 是目前功能强大的室内外效果图制作软件之一。本书引导读者熟悉软件中各项功能的使用和基本模型的创建，掌握各种室内外效果图的设计制作方法，理解材质、灯光与摄像机在设计中的重要作用。

本书共分上下两篇。上篇（基础篇）介绍了 3ds Max 的基本操作，包括 3ds Max 2012 的基本功能、基本物体建模、二维图形的绘制与编辑、二维图形生成三维模型、三维模型的常用修改器、复合对象模型、材质与贴图、灯光和摄影机。下篇（应用篇）介绍了 3ds Max + VRay 在室内外设计中的应用，包括室内家具的制作、卫浴器具的制作、室内装饰物的制作、室内灯具的制作、家用电器的制作、室内效果图的制作、室外效果图的制作、室内效果图的后期处理和室外效果图的后期处理。

本书可作为本科院校艺术类相关专业室内（外）设计课程的教材，也可作为相关人员自学时的参考书目。

21 世纪高等教育数字艺术类规划教材

效果图制作基础与应用教程（3ds Max 2012 + VRay）

◆ 主　　编　林国胜
　副 主 编　齐　平
　责任编辑　李海涛

◆ 人民邮电出版社出版发行　　北京市丰台区成寿寺路 11 号
　邮编　100164　　电子邮件　315@ptpress.com.cn
　网址　http://www.ptpress.com.cn
　大厂聚鑫印刷有限责任公司印刷

◆ 开本：787×1092　1/16　　彩插：4
　印张：21.5　　2013 年 5 月第 1 版
　字数：637 千字　　2014 年 5 月河北第 2 次印刷

ISBN 978-7-115-31161-0

定价：49.80 元（附光盘）

读者服务热线：(010)81055256　印装质量热线：(010)81055316
反盗版热线：(010)81055315
广告经营许可证：京崇工商广字第 0021 号

前言

PREFACE

3ds Max 2012 是由 Autodesk 公司开发的三维设计软件。它功能强大、易学易用，深受国内外建筑工程设计和动画制作人员的喜爱，已经成为这一领域最流行的软件之一。目前，我国很多本科院校的信息技术类专业，都将 3ds Max 作为一门重要的专业课程。为了帮助本科院校的教师全面、系统地讲授这门课程，使学生能够熟练地使用 3ds Max 来进行室内外效果图的设计制作，几位长期在本科院校从事 3ds Max 教学的教师和专业平面设计公司经验丰富的设计师，共同编写了本书。

本书具有完善的知识结构体系。在基础篇中，按照“软件功能解析－课堂案例－课堂练习－课后习题”这一思路进行编排，通过软件功能解析，使学生快速熟悉软件的功能和制作特色；通过课堂案例演练，使学生深入学习软件功能和室内外设计制作思路；通过课堂练习和课后习题，拓展学生的实际应用能力。在应用篇中，根据 3ds Max 在设计中的各个应用领域，精心安排了专业设计公司的 52 个精彩案例，通过对这些案例进行全面的分析和详细的讲解，使学生的设计更加贴近实际工作需求，艺术创意思维更加开阔，实际设计制作水平也不断提升。在内容编写方面，我们力求细致全面、重点突出；在文字叙述方面，我们注意言简意赅、通俗易懂；在案例选取方面，我们强调案例的针对性和实用性。

本书配套光盘中包含了书中所有案例的素材及效果图文件。另外，为方便教师教学，本书配备了详尽的课堂练习和课后习题的操作步骤视频及 PPT 课件、教学大纲等丰富的教学资源，任课教师可到人民邮电出版社教学服务与资源网（www.ptpedu.com.cn）免费下载使用。本书的参考课时为 69 学时，其中实践环节为 21 学时，各章的参考学时参见下面的学时分配表。

章　节	课程内容	学时分配	
		讲　授	实　训
第 1 章	初识 3ds Max 2012	1	
第 2 章	基本物体建模	3	1
第 3 章	二维图形的绘制与编辑	2	1
第 4 章	二维图形生成三维模型	3	1
第 5 章	三维模型的常用修改器	3	1
第 6 章	复合对象模型	2	1
第 7 章	材质与贴图	4	2
第 8 章	灯光	3	2
第 9 章	摄影机	2	1
第 10 章	室内家具的制作	4	1
第 11 章	卫浴器具的制作	3	1
第 12 章	室内装饰物的制作	3	1
第 13 章	室内灯具的制作	3	1
第 14 章	家用电器的制作	3	2
第 15 章	室内效果图的制作	4	2

续表

章　节	课 程 内 容	学 时 分 配	
		讲　授	实　训
第16章	室外效果图的制作	2	1
第17章	室内效果图的后期处理	2	1
第18章	室外效果图的后期处理	1	1
课 时 总 计		48	21

本书由林国胜任主编，并编写第1章~第8章，大庆职业学院齐平任副主编并编写第9章~第13章，许昌学院鄢靖丰编写第14章~第18章。

由于时间仓促，加之水平有限，书中难免存在错误和不妥之处，敬请广大读者批评指正。

编　者

2013年2月

目录
CONTANTS

上篇 基础篇 Part One

下篇　应用篇　Part Two

3ds Max 2012 + VRay

效果图制作基础与应用教程

（3ds Max 2012 + VRay）

Part One

上篇 基础篇

3ds Max 2012 + VRay

1 Chapter

第1章 初识 3ds Max 2012

3ds Max 系列是 Autodesk 公司推出的一款效果图设计和三维动画设计的软件，经过不断的换代及更新，目前已经发展到 3ds Max 2012。它具有十分强大的设计功能。

【教学目标】

- 了解 3ds Max。
- 掌握 3ds Max 的启动与退出。
- 掌握 3ds Max 的界面命令及功能。

1.1 3ds Max 概述

在众多的计算机应用领域中，三维动画已经发展成为一个比较成熟的独立产业，它被广泛地应用到影视特技、广告、军事、医疗、教育和娱乐等行业中。强大的视觉冲击力正在被越来越多的人所接受，也使得很多有志青年踏上了三维创作之路。本节主要带领读者认识 3ds Max 及 3ds Max 2012 的新增功能。

3ds Max 系列是 Autodesk 公司推出的一款效果图设计和三维动画设计软件，是著名软件 3D Studio 的升级版本。3ds Max 是世界上应用最广泛的三维建模、动画和渲染软件之一，广泛应用于游戏开发、角色动画、电影电视视觉效果和设计等领域，图 1-1 所示为 3D 建筑效果图。

图 1-1

DOS 版本的 3D Studio 诞生于 20 世纪 80 年代末，其最低配置要求是 386 DX，不附加处理器，这样低的硬件要求使得 3D Studio 迅速风靡全球，成为效果图设计和三维动画设计领域的领头羊。3D Studio 采用内部模块化设计，命令简单明了，易于掌握，可存储 24 位真彩图像。它的出现使得计算机的图形功能接近于图形工作站的性能，因此在设计领域得到了广泛运用。

但是进入到 20 世纪 90 年代后，随着 Windows 9x 操作系统的进步，使得 DOS 下的设计软件在颜色深度、内存、渲染和速度上暴露出严重不足。同时，基于工作站的大型三维设计软件 Softimage、Lightwave 和 Wavefront 等在电影特技行业的成功，迫使 3D Studio 的设计者决心迎头赶上。

3ds Max 系列软件就是在这种情况下产生的，它是 3D Studio 的超强升级版本，运行于 Windows NT 环境下，采用 32 位操作方式，对硬件的要求比较高。3ds Max 的功能强大，内置工具十分丰富，外置接口也很多。它的内部采用按钮化设计，一切命令都可通过按钮命令来实现。3ds Max 的算法很先进，带来的质感与图形工作站几乎没有差异。它以 64 位进行运算，可存储 32 位真彩图像。3ds Max 一经推出，强大的功能立即使其成为制作效果图和三维动画时的首选软件。它是通用性极强的三维模型和动画制作软件，功能非常全面，可以完成从建模、渲染到动画的全部制作任务，因而被广泛应用于各个领域。

Autodesk 3ds Max 2012 为在更短的时间内制作模型和纹理、角色动画及更高品质的图像提供了令人无法抗拒的新技术。建模与纹理工具集的巨大改进可通过新的前后关联的用户界面调用，有助于加快日常工作流程，而非破坏性的 Containers 分层编辑可促进并行协作。同时，用于制作、管理和动画角色的完全集成的高性能工具集可帮助快速呈现栩栩如生的场景。而且，借助新的基于节点的材质编辑器、高质量硬件渲染器、纹理贴图与材质的视口内显示及全功能的 HDR 合成器，制作炫目的写实图像变得空前的容易。

1.2 3ds Max 2012 的启动与退出

成功安装 3ds Max 2012 软件后，下面介绍 3ds Max 2012 的启动与退出。

1.2.1 3ds Max 2012 的启动

启动 3ds Max 2012 的方法有以下两种。

方法一：在桌面上双击图标，即可打开 3ds Max 2012 启动界面。

方法二：在桌面（开始）→程序里面找到 3ds Max2012 软件，单击也可激活 3ds Max2012 的启动界面。

1.2.2 3ds Max 2012 的退出

关闭 3ds Max2012 的方法也有很多种，例如在桌面右上角的快捷按钮上单击（关闭）按钮；在菜单栏中选择菜单中的“退出 3ds Max”命令；按快捷键 Alt+F4 键，也可以退出 3ds Max 软件。

1.3 3ds Max 2012 界面详解

启动软件后，下面对 3ds Max 2012 界面进行详细讲解。

1.3.1 标题栏

在标题栏中包括应用程序按钮，快速访问工具栏、信息中心 键入关键字或短语 及菜单。

单击应用程序按钮时，弹出的应用程序菜单中将罗列出文件管理命令，如图 1-2 所示。

应用程序按钮的菜单中的选项功能介绍如下。

⊙新建：选择“新建”命令，在弹出的子菜单中可以选择新建全部、保留对象、保留对象和层次等命令。

⊙重置：选择“重置”命令可以清除所有数据并重置 3ds Max 设置（视口配置、捕捉设置、材质编辑器和背景图像等）。还可以还原启动默认设置（保存在 Maxstart.Max 文件中），并且移除当前会话期间所做的任何自定义设置。

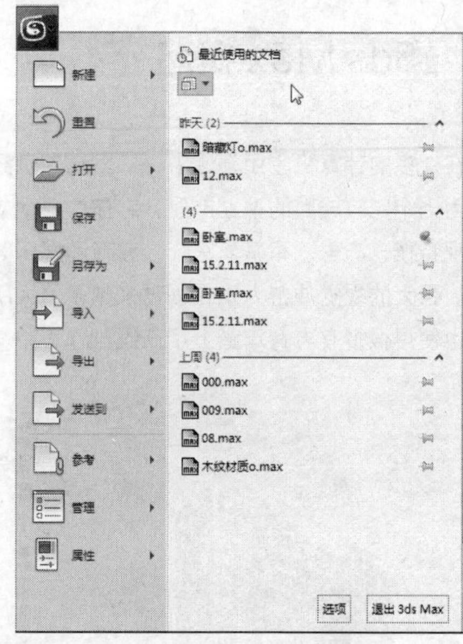

图 1-2

⊙打开：使用该命令可以根据弹出的子菜单选择打开的文件类型。

⊙保存：将当前场景进行保存。

⊙另存为：将场景另存为。

⊙导入：使用该命令可以根据弹出的子菜单中的命令选择导入、合并成替换方式导入场景。

⊙导出：使用该命令可以根据弹出的子菜单中选择直接导出、导出选定对象和导出 DWF 文件等。

⊙发送到：使用该命令可以将制作的场景模型发送到其他相关的软件中，如 maya、softimage、motionBulider、Mudbox、AIM。

⊙参考：在弹出的子菜单中选择相应的命令，用来设置场景中的参考模式。

⊙管理：包括设置项目文件夹和资源追踪等命令。

⊙属性：从中访问文件属性和摘要信息。

按钮与以前版本中的文件菜单命令相同。

1.3.2 菜单栏

菜单栏位于主窗口的标题栏下面，如图 1-3 所示。每个菜单的标题表明该菜单命令的用途。单击菜单名时，在弹出的下拉菜单中会显示常用命令。

编辑(E)　工具(T)　组(G)　视图(V)　创建(C)　修改器　动画　图形编辑器　渲染(R)　自定义(U)　MAXScript(M)　帮助(H)

图 1-3

菜单栏中的各选项功能介绍如下。

⊙编辑：该菜单包含用于在场景中选择和编辑对象的命令，如撤销、重做、暂存、取回、删除、克隆和移动等。

⊙工具：在 3ds Max 场景中，工具菜单显示可帮助用户更改或管理对象，从下拉菜单中可以看到常用的工具和命令。

⊙组：该菜单包含用于将场景中的对象成组和解组的功能。组可将两个或多个对象组合为一个组对象。为组对象命名，然后像任何其他对象一样对它们进行处理。

⊙视图：该菜单包含用于设置和控制视口的命令。

⊙创建：该菜单提供了一种创建几何体、灯光、摄影机和辅助对象的方法。该菜单包含各种子菜单，它与创建面板中的各项是相同的。

⊙修改器：该菜单提供了快速应用常用修改器的方式。该菜单包含若干子菜单，菜单上各个命令的可用性取决于当前选择。

⊙动画：该菜单提供了一组有关动画、约束和控制器，以及反向运动学解算器的命令。此菜单中还提供自定义属性和参数关联控件，以及用于创建、查看和重命名动画预览的控件。

⊙图形编辑器：使用该菜单可以访问用于管理场景及其层次和动画的图表子窗口。

⊙渲染：该菜单包含用于渲染场景、设置环境和渲染效果、使用 Video Post 合成场景，以及访问 RAM 播放器的命令。

⊙自定义：该菜单包含用于自定义 3ds Max 用户界面（UI）的命令。

⊙MAXScript：该菜单包含用于处理脚本的命令，这些脚本是用户使用软件内置脚本语言 MAXScript 创建而来的。

⊙帮助：通过该菜单可以访问 3ds Max 联机参考系统。

1.3.3 主工具栏

通过主工具栏可以快速访问 3ds Max 中很多常见任务的工具和对话框，如图 1-4 所示。

图 1-4

主工具栏中的各选项功能介绍如下。

⊙（选择并链接）：通过将两个对象链接作为子和父，定义它们之间的层次关系。子级将继承应用于父级的变换（移动、旋转和缩放），但是子级的变换对父级没有影响。

⊙（断开当前选择链接）：移除两个对象之间的层次关系。

⊙（绑定到空间扭曲）：把当前选择附加到空间扭曲。

⊙选择过滤器列表：如图 1-5 所示，限制通过选择工具选择的对象的特定类型和组合。例如，如果选择“摄影机”选项，则使用选择工具只能选择摄影机。

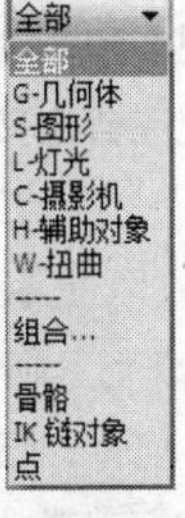

图 1-5

⊙（选择对象）：选择对象或子对象，以便用户进行操纵。

⊙（按名称选择）：使用选择对象对话框从当前场景中的所有对象列表中选择对象。

⊙（矩形选择区域）：在视口中以矩形框选

区域。包含（圆形选择区域）、（围栏选择区域）、（套索选择区域）和（绘制选择区域）。

⊙（窗口/交叉）：按区域选择时，窗口/交叉选择切换可以在窗口和交叉模式之间进行切换。在窗口模式下，只能选择所选内容内的对象或子对象。在交叉模式下，可以选择区域内的所有对象或子对象，以及与区域边界相交的任何对象或子对象。

⊙（选择并移动）：要移动单个对象时，无须先选择该按钮。当该按钮处于激活状态时，单击对象进行选择，并拖动鼠标以移动该对象。

⊙（选择并旋转）：当该按钮处于激活状态时，单击对象进行选择，并拖动鼠标以旋转该对象。

⊙（选择并均匀缩放）：有 3 个用途：可以沿所有 3 个轴以相同量缩放对象，同时保持对象的原始比例；可以根据活动轴约束以非均匀方式缩放对象；可以根据活动轴约束来缩放对象。

⊙（使用轴点中心）：用于确定缩放和旋转操作几何中心，共有 3 种方法。围绕其各自的轴点旋转或缩放一个或多个对象。围绕其共同的几何中心旋转或缩放一个或多个对象。如果变换多个对象，该软件会计算所有对象的平均几何中心，并将此几何中心用做变换中心。围绕当前坐标系的中心旋转或缩放一个或多个对象。

⊙（选择并操纵）：在视口中拖动"操纵器"，可编辑某些对象、修改器和控制器的参数。

⊙（键盘快捷键覆盖切换）：在只使用主用户界面快捷键和同时使用主快捷键和组（如编辑/可编辑网格、轨迹视图和 NURBS 等）快捷键之间进行切换。还可实现在自定义用户界面对话框中自定义键盘快捷键。

⊙（捕捉开关）：是默认设置。光标可直接捕捉到 3D 空间中的任何几何体。3D 捕捉用于创建和移动所有尺寸的几何体，而不考虑构造平面。（2D 捕捉）光标仅捕捉到活动构建栅格，包括该栅格平面上的任何几何体，但忽略 z 轴或垂直尺寸。（2.5D 捕捉）光标仅捕捉活动栅格上对象投影的顶点或边缘。

⊙（角度捕捉切换）：确定多数功能的增量旋转。默认设置为以 5° 增量进行旋转。

⊙（百分比捕捉切换）：通过指定的百分比增加对象的缩放。

⊙（微调器捕捉切换）：设置 3ds Max 中所有微调器的单个单击增加或减少值。

⊙ 创建选择集（编辑命名选择集）：显示编辑命名选择对话框，可用于管理子对象的命名选择集。

⊙（镜像）：单击该按钮将弹出"镜像"对话框，使用该对话框可以在镜像一个或多个对象的方向时，移动这些对象。可以用于围绕当前坐标系中心镜像当前选择。还可以创建克隆对象。

⊙（对齐）：提供了用于对齐对象的 6 种不同工具的访问。在对齐弹出按钮中单击（对齐）按钮，然后选择对象，将弹出"对齐"对话框，使用该对话框可将当前选择与目标选择对齐。目标对象的名称将显示在"对齐"对话框的标题栏中。执行子对象对齐时，"对齐"对话框的标题栏会显示为对齐子对象当前选择；使用"快速对齐"按钮可将当前选择的位置与目标对象的位置立即对齐；使用（法线对齐）按钮弹出对话框，基于每个对象上面或选择的法线方向将两个对象对齐；使用（放置高光）按钮，可将灯光或对象对齐到另一对象，以便可以精确定位其高光或反射；使用（对齐摄影机）按钮，可以将摄影机与选定的面法线对齐；（对齐到视图）按钮可用于显示对齐到视图对话框，使用户可以将对象或子对象选择的局部轴与当前视口对齐。

⊙（层管理器）：是用来创建和删除层的无模式对话框。可以查看和编辑场景中所有层的设置，以及与其相关联的对象。也可以指定光能传递解决方案中的名称、可见性、渲染性、颜色，以及对象和层的包含。

⊙（Graphite 建模工具）：单击该按钮，可以打开或关闭 Graphite 建模工具。"Graphite 建模工具"代表一种用于编辑网格和多边形对象的新范例。它具有基于上下文的自定义界面，该界面提供了完全特定于建模任务的所有工具（且仅提供此类工具），且仅在用户需要相关参数时才提供对应的访问权限，从而最大限度地减少屏幕上的杂乱现象。

⊙（曲线编辑器（打开）：是一种轨迹视图模式，使用功能曲线来表示运动。利用它，用户可以直观地查看运动的插值和软件在关键帧之间创建的对象变换。使用曲线上找到的关键点的切线控制柄，可以轻松查看和控制场景中各个对象的运动和动画效果。

⊙（图解视图（打开）：是基于节点的场景图，通过它可以访问对象属性、材质、控制器、修改器、层次和不可见场景关系，如关联参数和实例等。

⊙（材质编辑器）：用于创建和编辑对象材质，以及贴图的功能。

⊙（渲染设置）：渲染场景对话框具有多个面板，面板的数量和名称因活动渲染器而异。

⊙（渲染帧窗口）：显示渲染输出。

⊙（快速渲染）：使用当前产品级渲染设置来渲染场景，而无须显示“渲染场景”对话框。

1.3.4　工作视图区

工作区中共有4个视图。在3ds Max 2012中，视图（也叫视口）显示区位于窗口的中间，占据了大部分的窗口界面，是3ds Max 2012的主要工作区。通过视图，可以从任何不同的角度来观看所建立的场景。在默认状态下，系统在4个视窗中分别显示了“顶”视图、“前”视图、“左”视图和“透视”视图4个视图（又称场景）。其中“顶”视图、“前”视图和“左”视图相当于物体在相应方向的平面投影，或沿 X 轴、Y 轴、Z 轴所看到的场景，而“透视”视图则是从某个角度所看到的场景，如图1-6所示。因此，“顶”视图、“前”视图等又被称为正交视图。在正交视图中，系统仅显示物体的平面投影形状，而在“透视”视图中，系统不仅显示物体的立体形状，而且还显示了物体的颜色，所以正交视图通常用于物体的创建和编辑，而“透视”视图则用于观察效果。

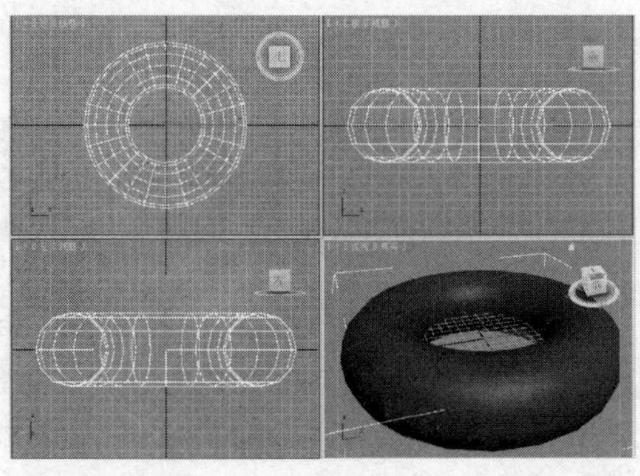

图1-6

三色世界空间三轴架显示在每个视口的左下角。世界空间3个轴的颜色分别为：X 轴为红色，Y 轴为绿色，Z 轴为蓝色。轴使用同样的颜色标签。三轴架通常指世界空间，无论当前是什么参考坐标系。

ViewCube 3D导航控件提供了视图当前方向的视觉反馈，让用户可以调整视图方向，以及在标准视图与等距视图间进行切换。

ViewCube处于活动状态时，默认情况下会显示在活动视口的右上角，如果处于非活动状态，则会叠加在场景之上。它不会显示在摄影机、灯光、图形视口或者其他类型的视图中。当ViewCube处于非活动状态时，其主要功能是根据模型的北向显示场景方向。

当用户将光标置于ViewCube上方时，它将变成活动状态。单击鼠标左键，用户可以切换到一种可用的预设视图中、旋转当前视图或者更换到模型的“主栅格”视图中。右键单击可以打开具有其他选项的上下文菜单。

1.3.5　命令面板区

命令面板是3ds Max的核心部分，默认状态下位于整个窗口界面的右侧。命令面板由6个用户界面面板组成，使用这些面板可以访问3ds Max的大多数建模功能，以及一些动画功能、显示选择和其他工具。每次只有一个面板可见，在默认状态下打开的是（创建）面板，如图1-7所示。

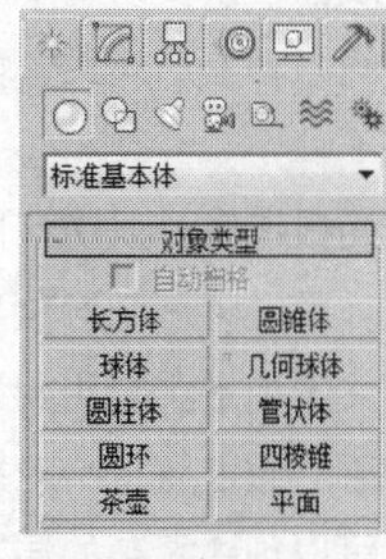

图1-7

要显示其他面板，只需单击命令面板顶部的选项卡即可切换至不同的命令面板，从左至右依次为（创建）、（修改）、（层次）、（运动）、（显示）和（工具）。

面板上标有+（加号）或-（减号）按钮的即为卷展栏。卷展栏的标题左侧带有+（加号）时表示卷展栏卷起，有 -（减号）时表示卷展栏展开，通过单击 +（加号）或 -（减号）可以在卷起和展开卷展栏之间切换。

建模中常用的命令面板介绍如下。

（创建）面板是 3ds Max 最常用到的面板之一，利用（创建）面板可以创建各种模型对象，它是命令级数最多的面板。其中的 7 个按钮代表了 7 种可创建的对象，具体介绍如下。

⊙（几何体）：可以创建标准几何体、扩展几何体、合成造型、粒子系统和动力学物体等。

⊙（图形）：可以创建二维图形，可沿某个路径放样生成三维造型。

⊙（灯光）：创建泛光灯、聚光灯和平行灯等各种灯，模拟现实中各种灯光的效果。

⊙（摄影机）：创建目标摄影机或自由摄影机。

⊙（辅助对象）：创建起辅助作用的特殊物体。

⊙（空间扭曲）物体：创建空间扭曲以模拟风、引力等特殊效果。

⊙（系统）：可以生成骨骼等特殊物体。

单击其中的任一个按钮，可以显示与其相应的子面板。在可创建对象按钮的下方是创建的模型分类下拉列表框标准基本体，单击右侧的箭头，可从弹出的下拉列表中选择要创建的模型类别。

（修改）面板用于在一个物体创建完成后，如果要对其进行修改，即可单击（修改）按钮，打开修改面板。（修改）面板可以修改对象的参数、应用编辑修改器，以及访问编辑修改器堆栈。还可以实现模型的各种变形效果，如拉伸、变曲和扭转等。

（层次）面板提供可以访问用来调整对象间层次链接的工具。通过将一个对象与另一个对象相链接，可以创建父子关系。应用到父对象的变换将同时传递给子对象。通过将多个对象同时链接到父对象和子对象，可以创建复杂的层次。

（运动）面板提供用于调整选定对象运动的工具。例如，可以使用（运动）面板上的工具调整关键点时间及其缓入和缓出。（运动）面板还提供了轨迹视图的替代选项，用来指定动画控制器。

在命令面板中单击显示（显示）按钮，即可打开（显示）面板。（显示）面板主要用于设置显示和隐藏，冻结和解冻场景中的对象，还可以改变对象的显示特性，加速视图显示，简化建模步骤。

使用（工具）面板可以访问各种工具程序。3ds Max 工具作为插件提供，一些工具由第三方开发商提供，因此，3ds Max 的设置可能包含在此处未加以说明的工具。

1.3.6 视图控制区

视图调节工具位于 3ds Max 2012 界面的右下角，图 1-8 所示为标准的 3ds Max 2012 视图调节工具，根据当前激活视图的类型，视图调节工具会略有不同。当选择一个视图调节工具时，该按钮呈黄色显示，表示对当前激活视图窗口来说该按钮是激活的，在激活窗口中右键单击关闭该按钮。

图 1-8

视图控制区中的各选项功能介绍如下。

⊙（缩放）：单击该按钮，在任意视图中按住鼠标左键不放，上下拖动鼠标，可以拉近或推远场景。

⊙（缩放所有视图）：用法与（缩放）按钮基本相同，不同的是该按钮只影响当前所有可见视图。

⊙（最大化显示选定对象）：将选定对象或对象集在活动透视或正交视口中居中显示。当要浏览的小对象在复杂场景中丢失时，该控件非常有用。

⊙（最大化显示）：将所有可见的对象在活动透视或正交视口中居中显示。当在单个视口中查看场景的每个对象时，这个控件非常有用。

⊙（所有视图最大化显示）：将所有可见对象在所有视口中居中显示。当希望在每个可用视口的场景中看到各个对象时，该控件非常有用。

⊙（所有视图最大化显示选定对象）：将选定对象或对象集在所有视口中居中显示。当要浏览的小对象在复杂场景中丢失时，该控件非常有用。

⊙（缩放区域）：可放大在视口内拖动的矩形区域。仅当活动视口是正交、透视或用户三向投影视图时，该控件才可用。该控件不可用于摄影机视口。

⊙（平移视图）：在任意视图中拖动鼠标，可以移动视图窗口。

⊙（选定的环绕）：将当前选择的中心用作旋转的中心。当视图围绕其中心旋转时，选定对象将保持在视口中的同一位置上。

⊙（环绕）：将视图中心用作旋转中心。如果对象靠近视口的边缘，它们可能会旋出视图范围。

⊙（环绕子对象）：将当前选定子对象的中心用作旋转的中心。当视图围绕其中心旋转时，当前选择将保持在视口中的同一位置上。

⊙（最大化视口切换）：单击该按钮，当前视图将全屏显示，便于对场景进行精细编辑操作。再次单击该按钮，可恢复原来的状态，其快捷键为 Alt+W。

1.3.7 状态栏及提示行

状态栏和提示行位于视图区的下部偏左，状态栏显示所选对象的数目、对象的锁定、当前鼠标的坐标位置，以及当前使用的栅格距等。提示行显示当前使用工具的提示文字，如图 1-9 所示。在锁定按钮的右侧是坐标数值显示区，如图 1-10 所示。

图 1-9

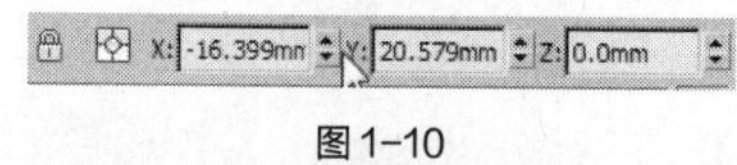

图 1-10

1.3.8 动画控制区

动画控制区位于屏幕的下方，包括动画控制区、时间滑块和轨迹条，主要用于在制作动画时，进行动画的记录、动画帧的选择、动画的播放，以及动画时间的控制等。图 1-11 所示为动画控制区。

图 1-11

动画控制区中的各选项功能介绍如下。

⊙自动关键点：启用后，对对象位置、旋转和缩放所做的更改都会自动设置成关键帧（记录）。

⊙设置关键点：其模式使用户能够自己控制什么时间创建什么类型的关键点，在需要设置关键点的位置单击“设置关键点”按钮，创建关键点。

⊙（新建关键点的默认入/出切线）：为新的动画关键点提供快速设置默认切线类型的方法，这些新的关键点是利用设置关键点模式或者自动关键点模式创建的。

⊙关键点过滤器：显示设置关键点过滤器对话框，在该对话框中可以定义哪些类型的轨迹可以设置关键点，哪些类型不可以。

⊙（转到开头）：将时间滑块移动到活动时间段的第一帧。

⊙（上一帧）：将时间滑块向前移动一帧。

⊙（播放动画）：在活动视口中播放动画。

⊙（下一帧）：将时间滑块向后移动一帧。

⊙（转至结尾）：将时间滑块移动到活动时间段的最后一帧。

⊙（关键点模式切换）：在动画中的关键帧之间直接跳转。

⊙（时间配置）：单击该按钮，弹出“时间配置”对话框，用于帧速率、时间显示、播放和动画的设置，如图 1-12 所示。

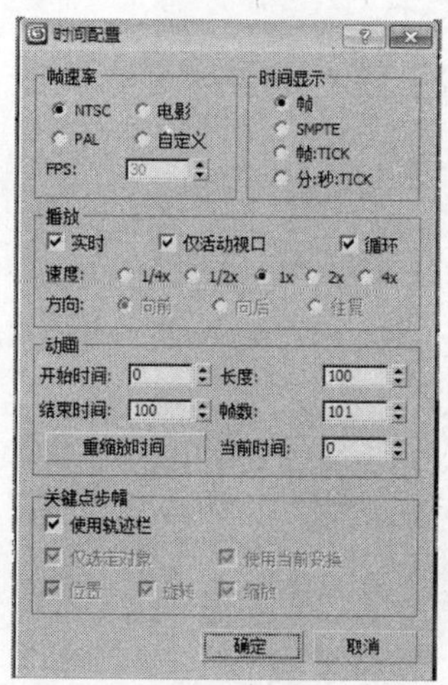

图 1-12

3ds Max 2012 + VRay

2 Chapter

第 2 章 基本物体建模

3ds Max 主要是利用软件自带的各种几何体建立基本的结构，再对它们进行适当地修改，最终完成基础模型的搭建。本章主要讲解了基本物体建模的方法和技巧，通过本章内容的学习，可以设计制作出简单的三维模型。

【教学目标】

- 掌握标准基本体的创建和修改方法。
- 掌握扩展基本体的创建和修改方法。
- 掌握建筑构建模型的方法。

2.1 标准基本体的创建

三维模型中最简单的模型是“标准几何体”和“扩展基本体”。在 3ds Max 中，用户可以使用单个基本对象对很多现实中的对象进行建模。还可以将“标准几何体”结合到复杂的对象中，并使用修改器进行进一步的细化。

2.1.1 创建长方体

长方体是最基础的标准几何物体，用于制作正六面体或长方体。下面介绍长方体的创建方法及其参数的设置和修改。

创建长方体有两种方式，一种是立方体创建方式，另一种是长方体创建方式，如图 2-1 所示。

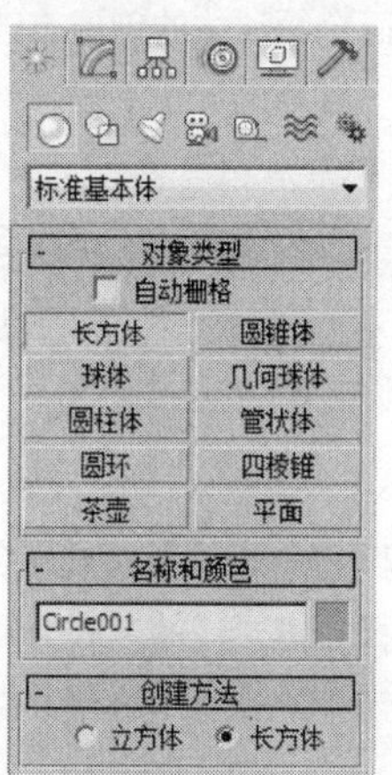

图 2-1

⊙ 立方体创建方式：以立方体方式创建，操作简单，但只限于创建立方体。

⊙ 长方体创建方式：以长方体方式创建，是系统默认的创建方式，用法比较灵活。

STEP 1 单击“（创建）>（几何体）> 长方体”按钮，长方体 表示该创建命令被激活。

STEP 2 移动光标到适当的位置，按住鼠标左键不放并拖曳光标，视图中生成一个长方形平面，如图2-2所示。释放鼠标左键并上下移动光标，长方体的高度会跟随光标的移动而增减，在合适的位置单击鼠标左键，完成长方体创建，效果如图2-3所示。

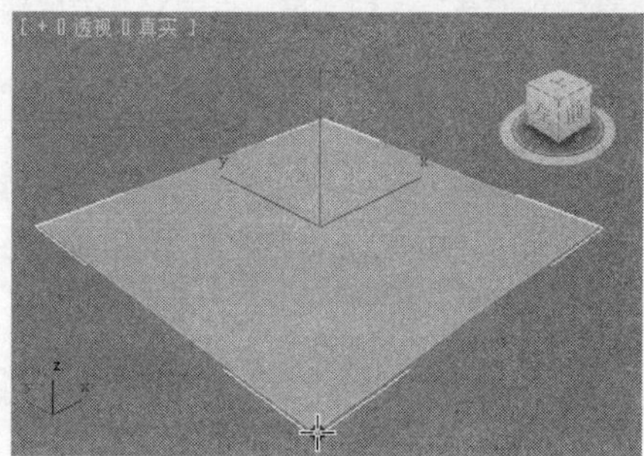

图 2-2

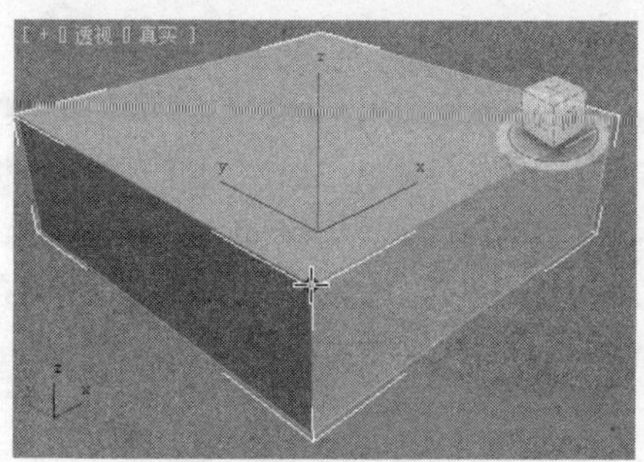

图 2-3

创建完成长方体后，在场景中选择长方体，切换到（修改）命令面板，在修改命令面板中会显示长方体的参数，如图 2-4 所示。

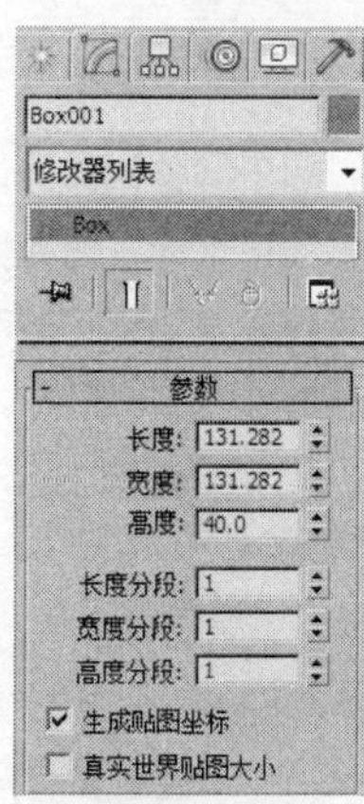

图 2-4

名称和颜色：用于显示长方体的名称和颜色。在 3ds Max 中创建的所有几何体都有此项参数，用于给对象指定名称和颜色，便于以后的选取和修改。单击右边的颜色框，弹出“对象颜色”对话框，如图 2-5 所示。此窗口用于设置几何体的颜色，单击颜色块选择合适的颜色后，单击“确定”按钮完成设置，单击“取消”按钮则取消颜色设置。单击“添加自定义颜色”按钮，可以自定义几何体颜色。

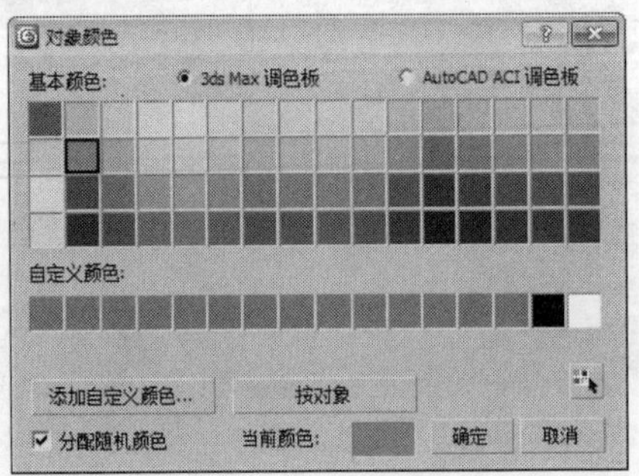

图 2-5

键盘建模方式：如图 2-6 所示，对于简单的基本建模使用键盘创建方式比较方便，直接在面板中输入几何体的创建参数，然后单击“创建”按钮，视图中会自动生成该几何体。如果创建较为复杂的模型，建议使用手动方式建模。

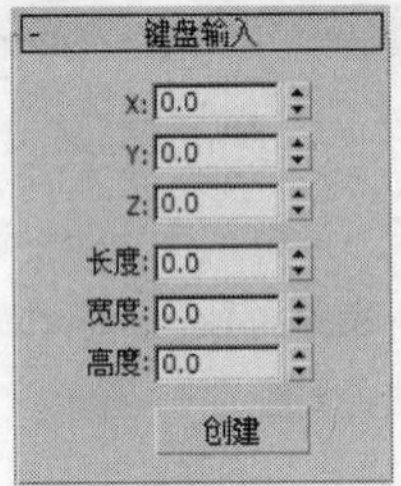

图 2-6

参数卷展栏：用于调整物体的体积、形状及表面的光滑度，如图 2-7 所示。在参数的数值框中可以直接输入数值进行设置，也可以利用数值框旁边的微调器进行调整。

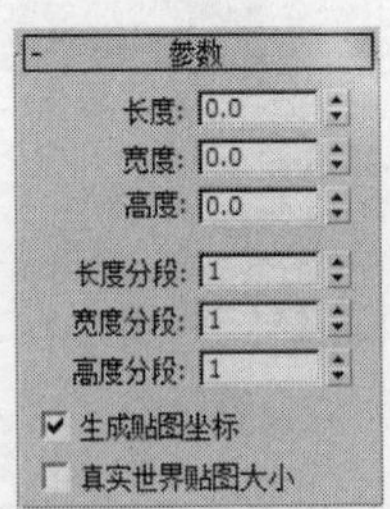

图 2-7

“参数”卷展栏介绍如下。

⊙ 长度/宽度/高度：确定长、宽、高三边的长度。

⊙ 长度/宽度/高度分段：控制长、宽、高三边上的段数，段数越多表面就越细腻。

⊙ 生成贴图坐标：勾选此选项，系统自动指定贴图坐标。

⊙ 真实世界贴图大小：不选中此复选项时，贴图大小符合创建对象的尺寸；选中此复选项时，贴图大小由绝对尺寸决定，而与对象的相对尺寸无关。

技 巧

几何体的段数是控制几何体表面光滑程度的参数，段数越多，表面就越光滑。但要注意的是，并不是段数越多越好，应该在不影响几何体形体的前提下将段数降到最低。在进行复杂建模时，如果不必要的段数过多，会影响建模和后期渲染的速度。

2.1.2 创建球体

球体用于制作面状或光滑的球体，也可以制作局部球体，下面介绍球体的创建方法及其参数的设置和修改。

创建球体的方法也有两种，一种是边创建方法，另一种是中心创建方法，如图 2-8 所示。

图 2-8

⊙ 边创建方法：以边界为起点创建圆锥体，在视图中单击鼠标左键形成的点即为圆锥体底面的边界起点，随着光标的拖曳始终以该点作为锥体的边界。

⊙ 中心创建方法：以中心为起点创建圆锥体，系统将采用在视图中第一次单击鼠标左键形成的点作为圆锥体底面的中心点，是系统默认的创建方式。

球体的创建方法非常简单，操作步骤如下。

STEP 1 单击“（创建）>（几何体）> 球体”按钮。

STEP 2 移动光标到适当的位置，单击并按住鼠标左键不放同时拖曳光标，在视图中生成一个球体，移动光标可以调整球体的大小，在适当位置松开鼠标左键，完成球体创建，效果如图2-9所示。

单击球体将其选中，切换到（修改）命令面板，在修改命令面板中会显示“球体”的参数，如图 2-10 所示。

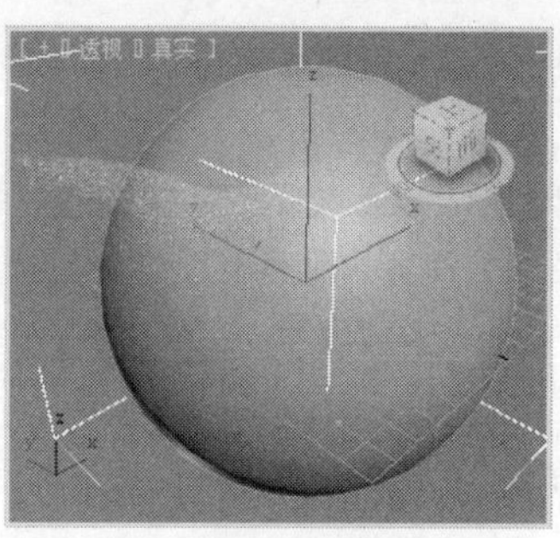

图 2-9

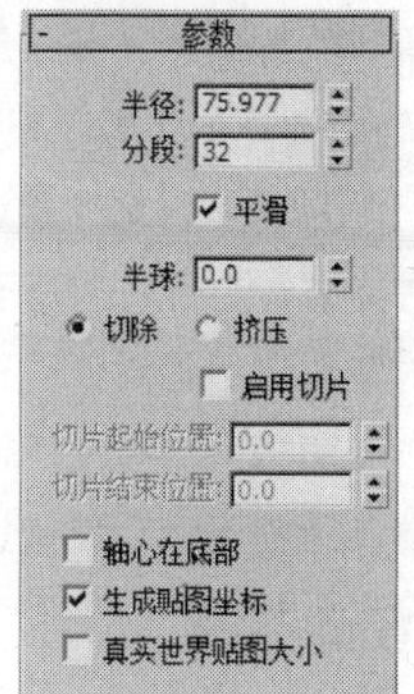

图 2-10

“参数”卷展栏中各选项功能介绍如下。

⊙ 半径：设置球体的半径大小。

⊙ 分段：设置表面的段数，值越高，表面越光滑，造型也越复杂。

⊙ 平滑：是否对球体表面自动光滑处理（系统默认是开启的）。

⊙ 半球：用于创建半球或球体的一部分。其取值范围为 0~1。默认为 0.0，表示建立完整的球体，增加数值，球体被逐渐减去。值为 0.5 时，制作出半球体，值为 1.0 时，球体全部消失。

⊙ 切除/挤压：在进行半球系数调整时发挥作用。确定球体被切除后，原来的网格划分也随之切除或者仍保留但被挤入剩余的球体中。

2.1.3 创建圆柱体

圆柱体用于制作半径、高度不一的圆柱体，还可以制作圆柱的某一部分。下面介绍圆柱体的创建方法及其参数的设置和修改。

圆柱体的创建方法与长方体基本相同，操作步骤如下。

STEP 1 单击“（创建）>（几何体）>圆柱体”按钮。

STEP 2 将光标移到视图中，单击并按住鼠标左键不放拖曳光标，视图中出现一个圆形平面，在适当的位置松开鼠标左键并上下移动光标，圆柱体高度会跟随光标的移动而增减，在适当的位置单击，圆柱体创建完成，如图2-11所示。

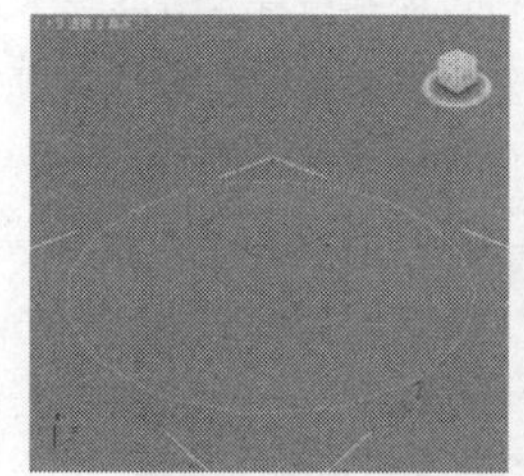
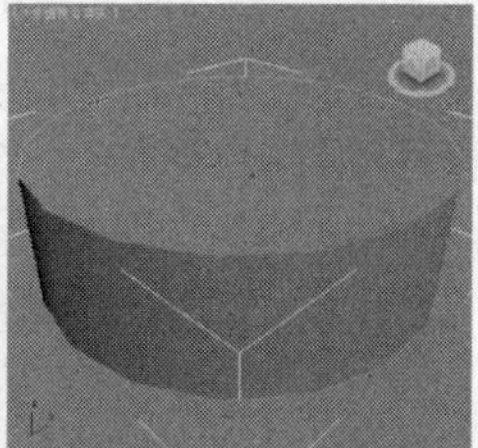

图 2-11

单击圆柱体将其选中，切换到（修改）命令面板，在修改命令面板中会显示圆柱体的参数，如图 2-12 所示。

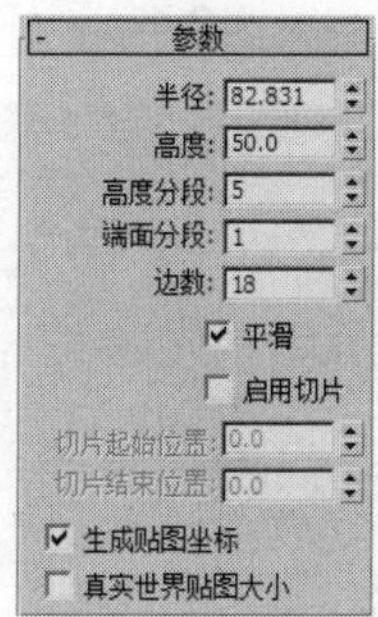

图 2-12

“参数”卷展栏中各选项功能介绍如下。

⊙ 半径：设置底面和顶面的半径。

⊙ 高度：确定柱体的高度。

⊙ 高度分段：确定柱体在高度上的段数。如果要弯曲柱体，高度段数可以产生光滑的弯曲效果。

⊙ 端面分段：确定在柱体两个端面上沿半径方向的段数。

⊙ 边数：确定圆周上的片段划分数（即棱柱的边数）。对于圆柱体，边数越多越光滑。其最小值为 3，此时圆柱体的截面为三角形。

其他参数请参见前面章节参数说明。

2.1.4 创建圆环

圆环用于制作立体圆环，下面介绍圆环的创建方法及其参数的设置和修改。

创建圆环的操作步骤如下。

STEP 1 单击“ （创建）> （几何体）> 圆环”按钮。

STEP 2 将光标移到视图中，单击并按住鼠标左键不放同时拖曳光标，在视图中生成一个圆环，如图2-13所示，在适当的位置松开鼠标左键并上下移动光标，调整圆环的粗细，单击鼠标左键，完成圆环创建，效果如图2-14所示。

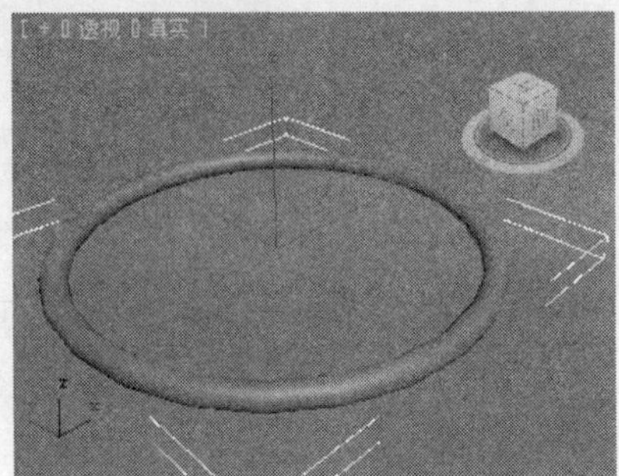

图 2-13

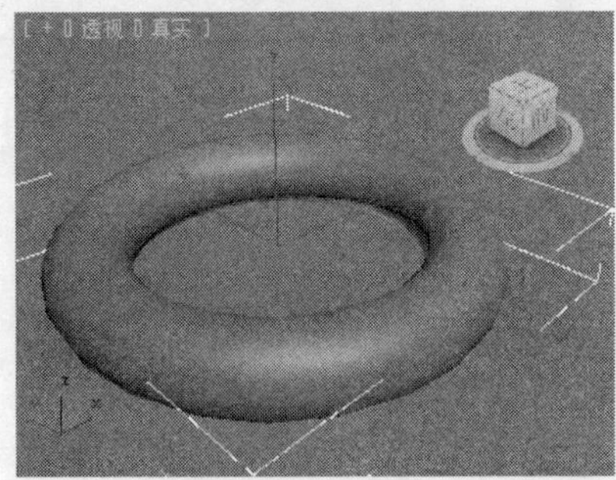

图 2-14

单击圆环将其选中，切换到 （修改）命令面板，在修改命令面板中会显示圆环的参数，如图 2-15 所示。

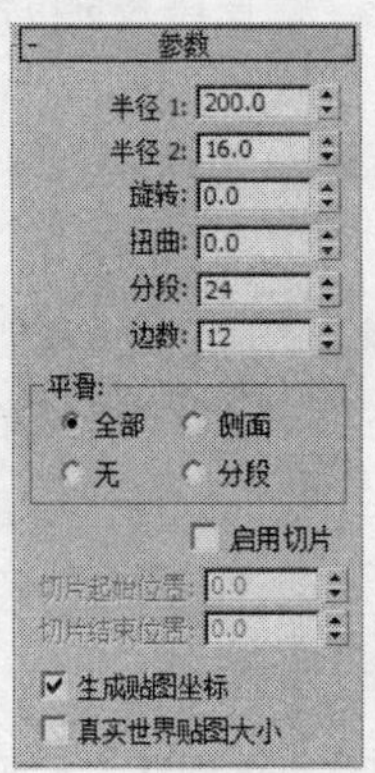

图 2-15

⊙ 半径 1：设置圆环中心与截面正多边形的中心距离。

⊙ 半径 2：设置截面正多边形的内径。

⊙ 旋转：设置片段截面沿圆环轴旋转的角度，如果进行扭曲设置或以不光滑表面着色，则可以看到它的效果。

⊙ 扭曲：设置每个截面扭曲的角度，并产生扭曲的表面。

⊙ 分段：确定沿圆周方向上片段被划分的数目。值越大，得到的圆环越光滑，最小值为 3。

⊙ 边数：确定圆环的边数。

⊙ “平滑”选项组：设置光滑属性，将棱边光滑，有如下 4 种方式；全部：对所有表面进行光滑处理；侧面，对侧边进行光滑处理；无，不进行光滑处理；分段，光滑每一个独立的面。

其他参数请参见前面章节参数说明。

2.1.5 创建茶壶

茶壶用于建立标准的茶壶造型或者茶壶的一部分。下面介绍茶壶的创建方法及其参数的设置和修改。

茶壶的创建方法与球体相似，创建步骤如下。

STEP 1 单击“ （创建）> （几何体）> 茶壶”按钮。

STEP 2 将光标移到视图中，单击并按住鼠标左键不放同时拖曳光标，视图中生成一个茶壶，上下移动光标调整茶壶的大小，在适当的位置松开鼠标左键，完成茶壶创建，效果如图2-16所示。

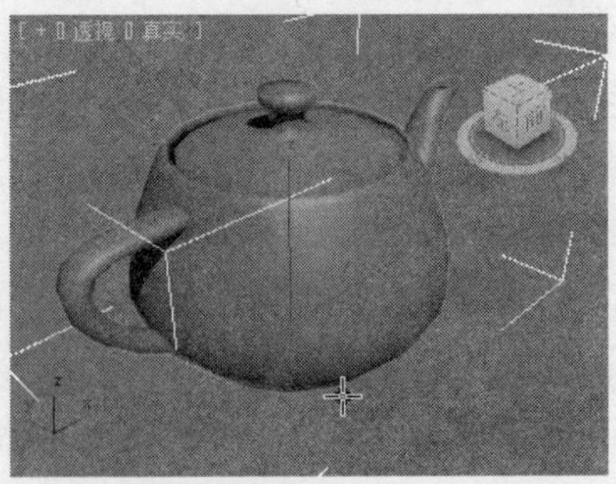

图 2-16

单击茶壶将其选中，切换到 （修改）命令面板，在修改命令面板中会显示茶壶的参数，如图 2-17 所示。茶壶的参数比较简单，利用参数的调整，可以把茶壶拆分成不同的部分。

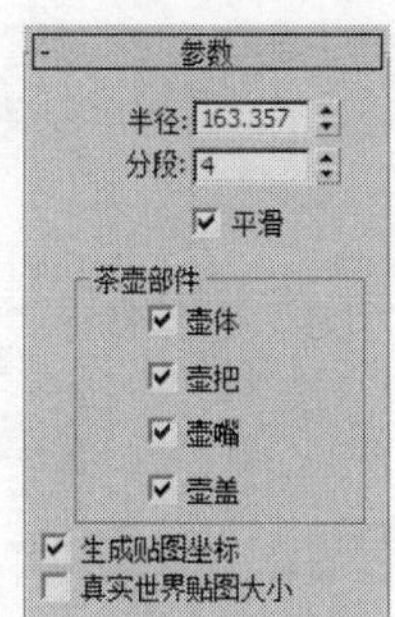

图 2-17

“参数”卷展栏中各选项功能介绍如下。

⊙ 半径：确定茶壶的大小。

⊙ 分段：确定茶壶表面的划分精度。值越大，表面越细腻。

⊙ 平滑：是否自动进行表面光滑处理。

⊙ 茶壶部件：设置各部分的取舍，分为壶体、壶把、壶嘴和壶盖 4 部分。

其他参数请参见前面章节参数说明。

2.1.6　创建圆锥体

圆锥体用于制作圆锥、圆台、四棱锥和棱台及它们的局部，下面介绍圆锥体的创建方法及其参数的设置和修改。

创建圆锥体同样有两种方法：一种是边创建方法，另一种是中心创建方法，如图 2-18 所示。

图 2-18

⊙ 边创建方法：以边界为起点创建圆锥体，在视图中以光标所单击的点作为圆锥体底面的边界起点，随着光标的拖曳始终以该点作为锥体的边界。

⊙ 中心创建方法：以中心为起点创建圆锥体，系统将采用在视图中第一次单击鼠标的点作为圆锥体底面的中心点，是系统默认的创建方式。

创建圆锥体的方法比长方体多一个步骤，操作步骤如下。

STEP 1 单击“ （创建）> （几何体）>圆锥体”按钮。

STEP 2 移动光标到适当的位置，单击并按住鼠标左键不放同时拖曳光标，视图中生成一个圆形平面，如图2-19所示，松开鼠标左键并上下移动光标，锥体的高度会跟随光标的移动而增减，如图2-20所示，在合适的位置单击鼠标左键，再次移动光标，调节顶端面的大小，单击鼠标左键完成创建，效果如图2-21所示。

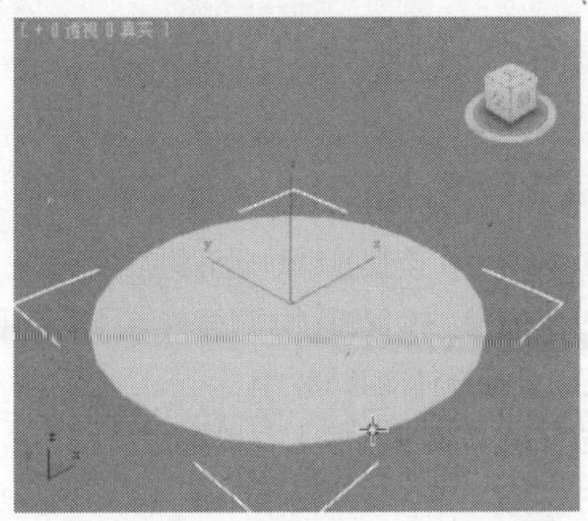

图 2-19

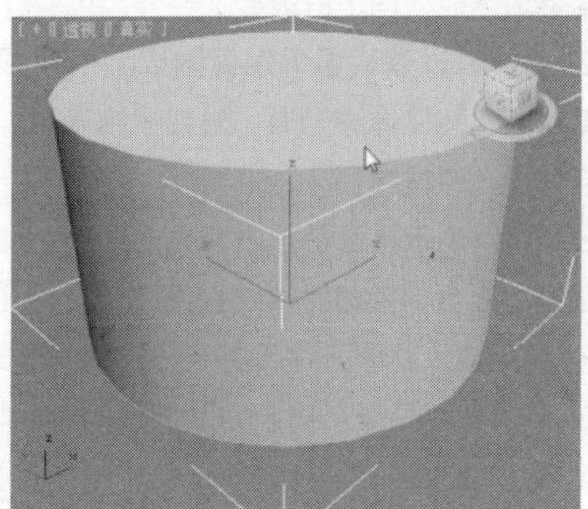

图 2-20

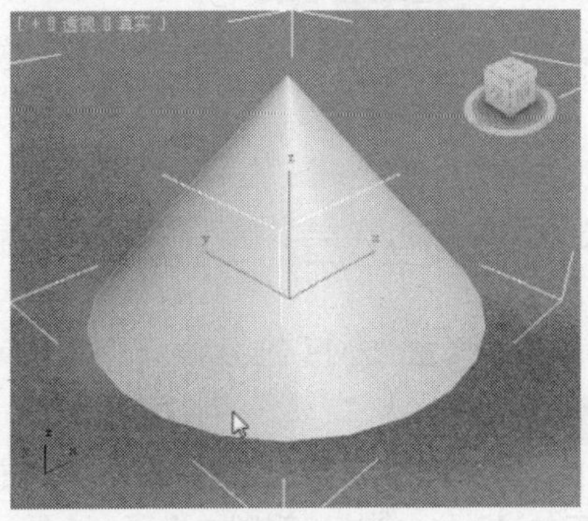

图 2-21

单击圆锥体将其选中，切换到 （修改）命令面板，参数命令面板中会显示圆锥体的参数，如图 2-22 所示。

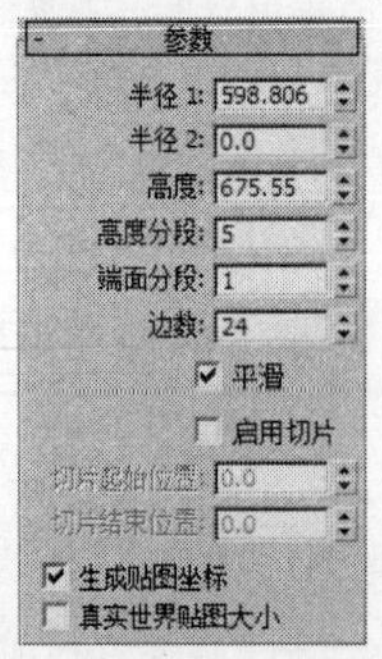

图 2-22

“参数”卷展栏中各选项功能介绍如下。

⊙ 半径 1：设置圆锥体底面的半径。

⊙ 半径 2：设置圆锥体顶面的半径（若半径 2 不为 0，则圆锥体变为圆台体）。

⊙ 高度：设置圆锥体的高度。

⊙ 高度分段：设置圆锥体在高度上的段数。

⊙ 端面分段：设置圆锥体在两端平面上底面和下底面上沿半径方向上的段数。

⊙ 边数：设置圆锥体端面圆周上的片段划分数。值越高，圆锥体越光滑。对四棱锥来说，边数决定它属于几四棱锥。

⊙ 平滑：表示是否进行表面光滑处理。开启时，产生圆锥、圆台；关闭时，产生四棱锥、棱台。

⊙ 启用切片：表示是否进行局部切片处理。

⊙ 切片起始位置：确定切除部分的起始幅度。

⊙ 切片结束位置：确定切除部分的结束幅度。

其他参数请参见前面章节参数说明。

2.1.7 创建管状体

管状体用于建立各种空心管状体对象，包括管状体、棱管及局部管状体。下面介绍管状体的创建方法及其参数的设置和修改。

管状体的创建方法与其他几何体不同，操作步骤如下。

STEP 1 单击“（创建）>（几何体）>管状体”按钮。

STEP 2 将光标移到视图中，单击并按住鼠标左键不放同时拖曳光标，视图中出现一个圆，在适当的位置松开鼠标左键并上下移动光标，会生成一个圆环形面片，如图2-23所示，单击鼠标左键然后上下移动光标，管状体的高度会随之增减，在合适的位置单击鼠标左键，完成管状体创建，效果如图2-24所示。

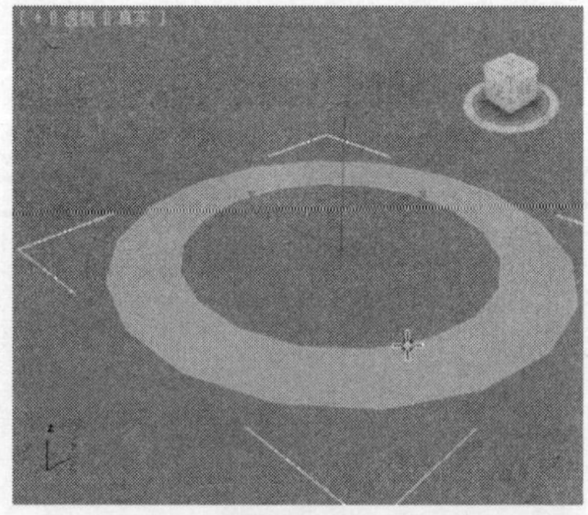

图 2-23

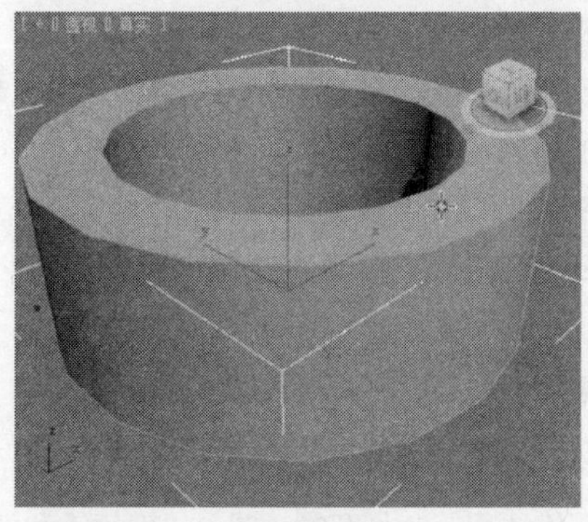

图 2-24

单击管状体将其选中，切换到（修改）命令面板，在修改命令面板中会显示管状体的参数，如图 2-25 所示。

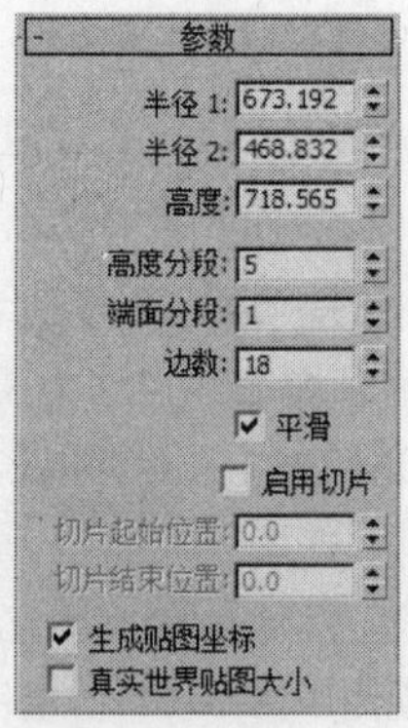

图 2-25

“参数”卷展栏中各选项功能介绍如下。

⊙ 半径 1：确定管状体的内径大小。

⊙ 半径 2：确定管状体的外径大小。

⊙ 高度：确定管状体的高度。

⊙ 高度分段：确定管状体高度方向的段数。

⊙ 端面分段：确定管状体上下底面的段数。

⊙ 边数：设置管状体侧边数的多少。值越大，管状体越光滑。对棱管来说，边数值决定其属于几棱管。

其他参数请参见前面章节的参数说明。

2.1.8　创建平面

平面用于在场景中直接创建平面对象，如地面、场地等，使用起来非常方便，下面介绍平面的创建方法及其参数设置。

创建平面有两种方法：一种是矩形创建方法，另一种是正方形创建方法，如图 2-26 所示。

图 2-26

⊙ 矩形创建方法：分别确定两条边的长度，创建长方形平面。

⊙ 正方形创建方法：只需给出一条边的长度，创建正方形平面。

创建平面的方法和球体相似，操作步骤如下。

STEP 1 单击“（创建）>（几何体）>平面”按钮。

STEP 2 将光标移到视图中，单击并按住鼠标左键不放同时拖曳光标，视图中生成一个平面，上下移动光标调整平面至适当的大小后松开鼠标左键，完成平面创建，效果如图2-27所示。

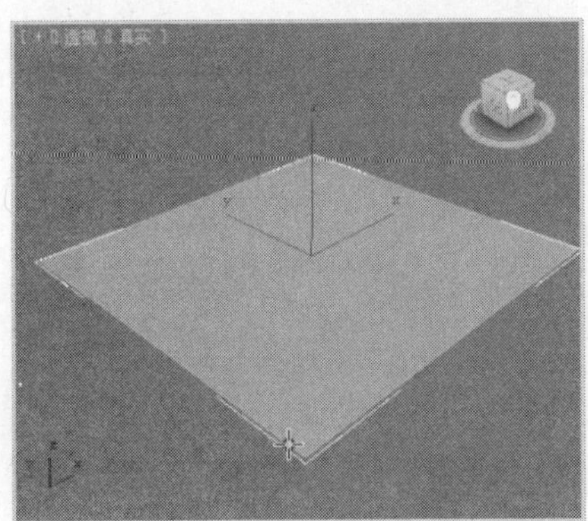

图 2-27

单击平面将其选中，切换到（修改）命令面板，在修改命令面板中会显示平面的参数，如图 2-28 所示。

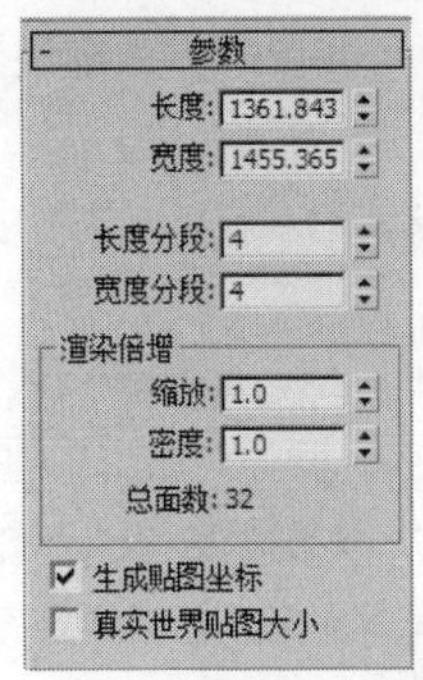

图 2-28

“参数”卷展栏中各选项功能介绍如下。

⊙ 长度、宽度：确定平面的长、宽，以决定平面的大小。

⊙ 长度分段：确定沿平面长度方向的分段数，系统默认值为 4。

⊙ 宽度分段：确定沿平面宽度方向的分段数，系统默认值为 4。

⊙ 渲染倍增：只在渲染时起作用，可进行如下两项设置。缩放：渲染时平面的长和宽均以该尺寸比例倍数扩大；密度：渲染时平面的长和宽方向上的分段数均以该密度比例倍数扩大。

⊙ 总面数：显示平面对象全部的面片数。

2.1.9　创建几何球体

使用“几何球体”可以建立三角面拼接成的球体或半球体，它不像球体那样可以控制切片局部的大小。如果仅仅是要产生圆球或半球，它与“球体”工具基本没什么区别。它的长处在于它是由三角面拼接组成的，在进行面的分离特效（如爆炸）时，可以分解成三角面或标准四面体、八面体等，无秩序且易混乱。下面介绍几何球体的创建方法及其参数的设置和修改。

创建几何球体有两种方法：一种是直径创建方法，另一种是中心创建方法，如图 2-29 所示。

图 2-29

⊙ 直径创建方法：按照边来绘制几何球体，通过移动鼠标可以更改中心位置。

⊙ 中心创建方法：以中心为起点创建几何球体，系统将采用在视图中第一次单击鼠标的点作为几何球体的中心点，是系统默认的创建方式。

创建几何球体的方法和球体基本没有区别，操作步骤如下。

STEP 1 单击“ （创建）> （几何体）> 几何球体”按钮。

STEP 2 移动光标到适当的位置，单击并按住鼠标左键不放同时拖曳光标，在视图中生成一个几何球体，上下移动光标可以调整几何球体的大小，在适当位置松开鼠标左键，如图2-30所示，并在“参数“卷展栏中设置合适的基点面类型、分段和平滑，几何球体的创建完成效果如图2-31所示。

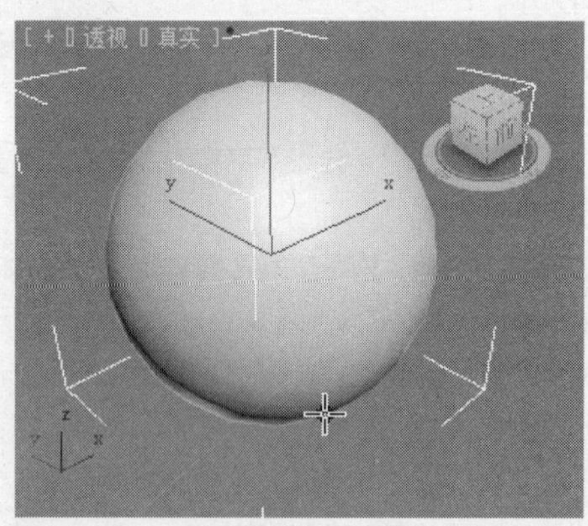

图 2-30

单击几何球体将其选中，切换到 （修改）命令面板，在修改命令面板中会显示几何球体的参数，如图 2-32 所示。

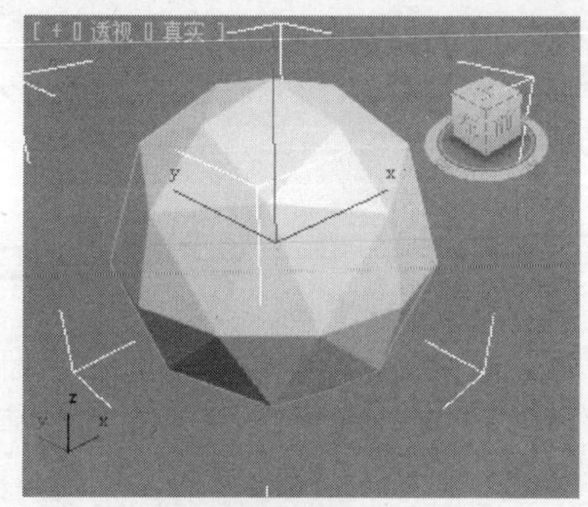

图 2-31

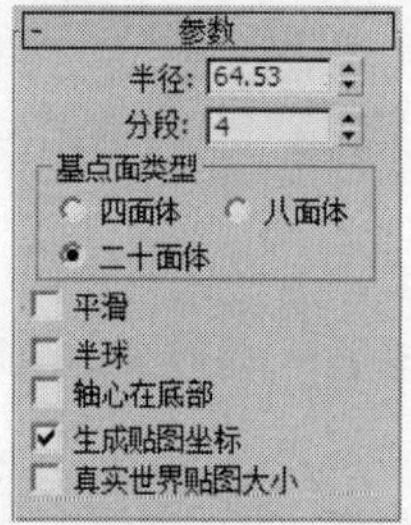

图 2-32

“参数”卷展栏中各选项功能介绍如下。

⊙ 半径：确定几何球体的半径。

⊙ 分段：设置球体表面的划分复杂度。该值越大，三角面越多，球体也越光滑，系统默认值为 4。

⊙ “基点面类型”选项组：用于确定由哪种规则的多面体组合成球体。“四面体”、“八面体”和“二十面体”的效果分别如图 2-33 所示。

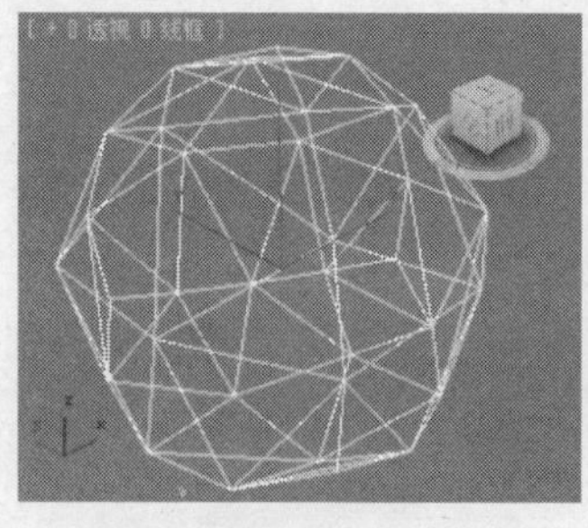
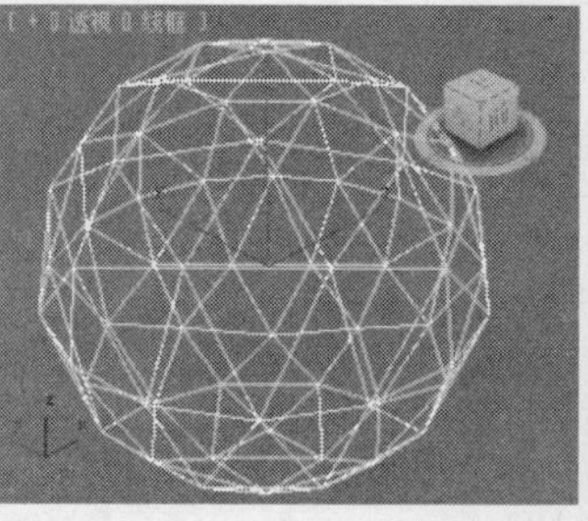
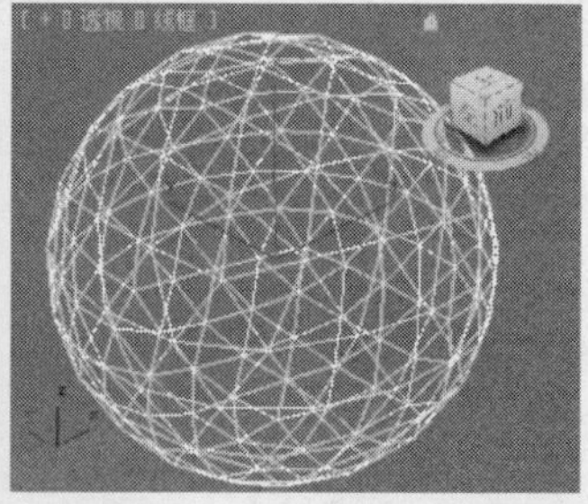

图 2-33

⊙ 平滑：将平滑组应用于球体的曲面。

⊙ 半球：制作半球体。

⊙ 轴心在底部：设置球体的轴心点位置在球体的底部，这个选项对半球体不产生作用。

其他参数请参见前面章节的参数说明。

2.1.10 课堂案例——制作玻璃茶几

学习使用长方体、圆柱体工具制作玻璃茶几模型。

案例知识要点

使用长方体创建玻璃茶几桌面玻璃，使用圆柱体创建玻璃茶几支架，完成的模型效果如图2-34所示。

图2-34

效果图文件所在位置

随书附带光盘 Scene\cha02\玻璃茶几.max。

STEP 1 单击“（创建）>（几何体）>长方体”按钮，在“顶”视图中创建长方体，在“参数”卷展栏中设置“长度”为80、“宽度”为80、“高度”为2，如图2-35所示。

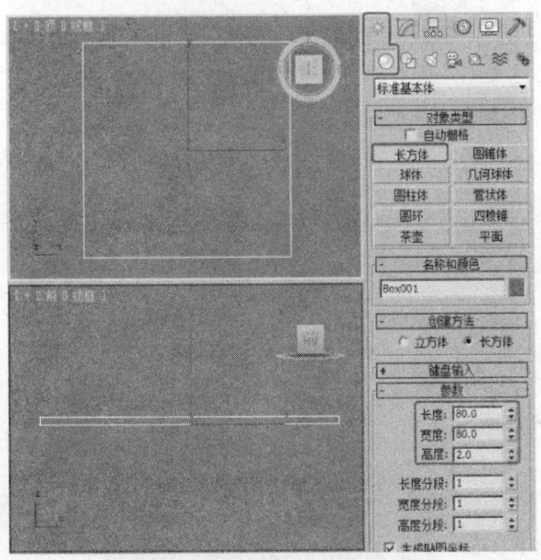

图2-35

STEP 2 在场景中选择长方体，按Ctrl+V键复制模型，在弹出的“克隆选项”对话框中选择“实例”，单击“确定”按钮，并调整复制出模型至合适的位置，如图2-36所示。

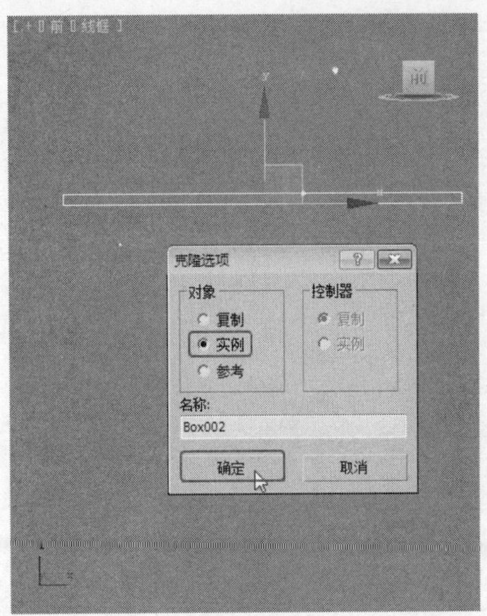

图2-36

STEP 3 单击“（创建）>（几何体）>长方体”按钮，在“左”视图中创建长方体，在“参数”卷展栏中设置“长度”为20、“宽度”为80、“高度”为2，如图2-37所示。

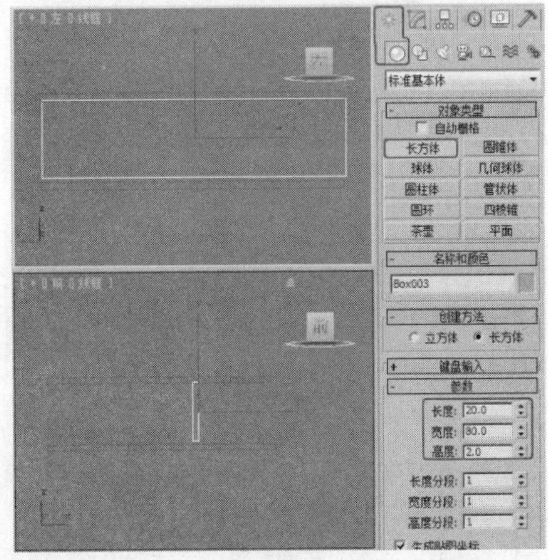

图2-37

STEP 4 选择Box004模型，按住Shift键移动并复制模型，如图2-38所示，在场景中调整各模型至合适的位置。

STEP 5 单击“（创建）>（几何体）>圆柱体”按钮，在“顶”视图中创建圆柱体，在“参数”卷展栏中设置“半径”为7、“高度”为2，如图2-39

所示，调整模型至合适的位置。

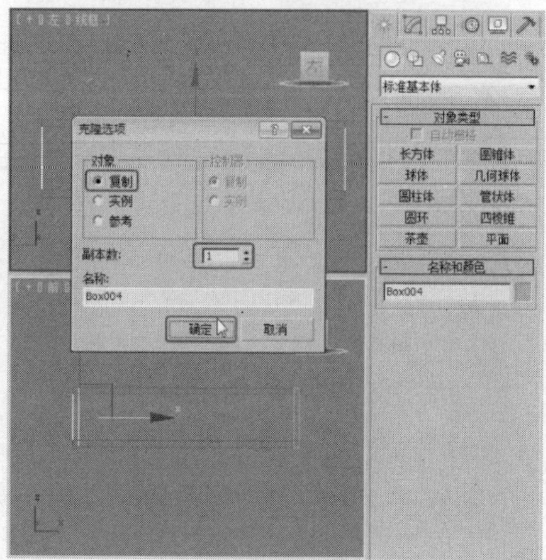

图 2-38

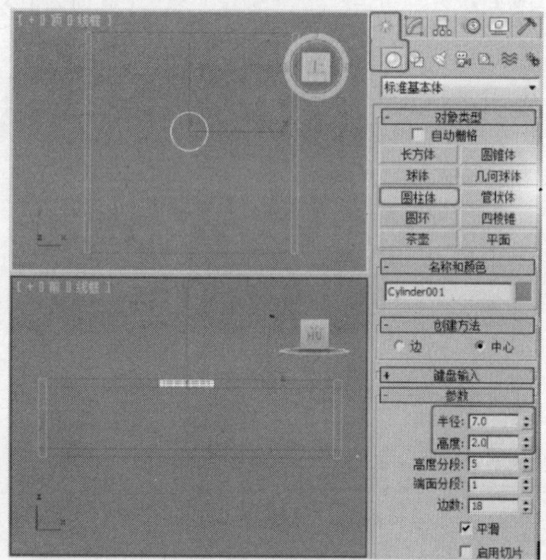

图 2-39

STEP 6 按Ctrl+V键复制圆柱体，切换到（修改）命令面板，在“参数”卷展栏中设置“半径”为4、“高度”为20，并调整模型至合适位置，如图2-40所示。

STEP 7 继续复制圆柱体并修改圆柱体的参数，设置“半径”为30、“高度”为2.5、“边数”为30，调整模型至合适的位置，如图2-41所示。

STEP 8 调整模型后的效果如图2-42所示。完成的场景模型可以参考随书附带光盘中的“Scene\cha02\玻璃茶几.max”文件。同时还可以参考随书附带光盘中的“Scene\cha02\玻璃茶几场景.max”文件，该文件是设置好场景的场景效果文件，渲染该场景可以得到如图2-34所示的效果。

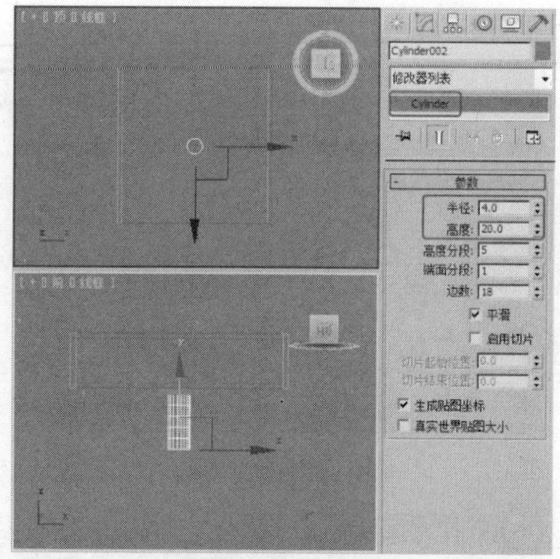

图 2-40

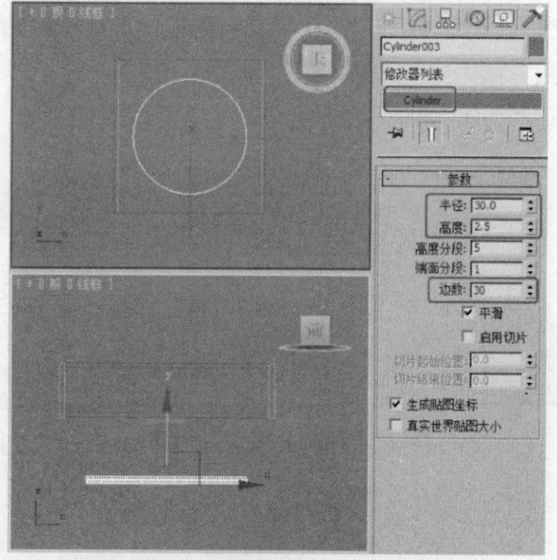

图 2-41

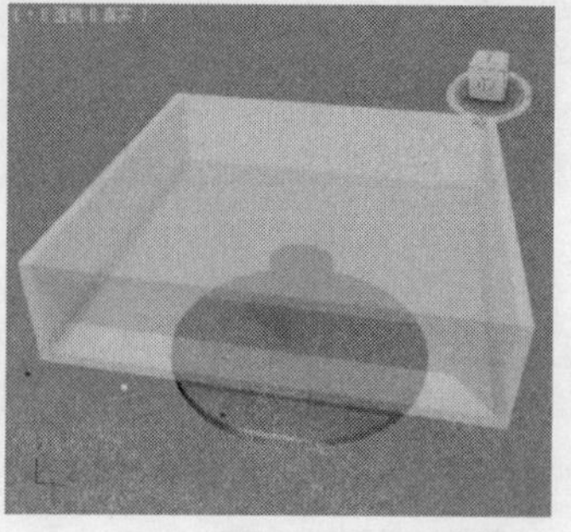

图 2-42

2.2 扩展基本体的创建

上节详细讲述了标准基本体的创建方法及参数，如果想要制作一些带有倒角或特殊形状的物体它们就无能为力了，这时可以通过扩展基本体来完成。该类模型与标准基本体相比，其模型结构要复杂一些，它可以看作是对标准基本体的一个补充。

2.2.1 创建切角长方体

切角长方体具有圆角的特性，用于直接产生带切角的立方体，下面介绍切角长方体的创建方法及其参数的设置。

STEP 1 首先单击“ （创建）> （几何体）> 扩展基本体 > 切角长方体”按钮。

STEP 2 将光标移到视图中，单击并按住鼠标左键不放同时拖曳光标，视图中生成一个长方形平面，如图2-43所示，在适当的位置松开鼠标左键并上下移动光标，调整其高度，如图2-44所示，单击鼠标左键后再次上下移动光标，调整其圆角的系数，再次单击鼠标左键，完成切角长方体创建，效果如图2-45所示。

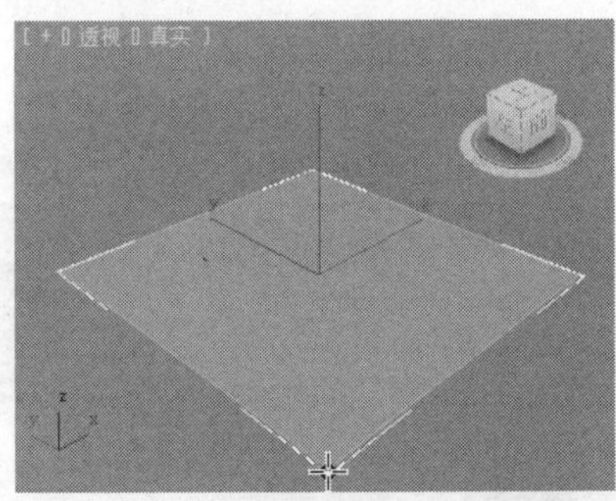

图2-43

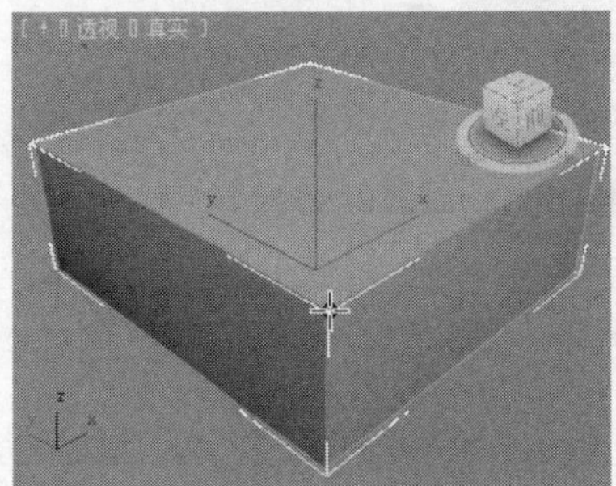

图2-44

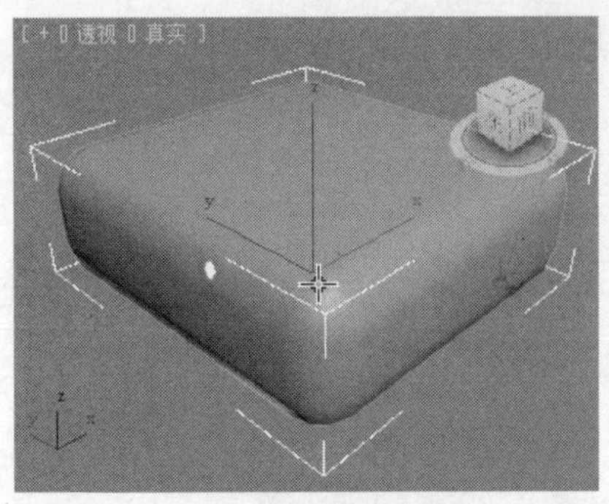

图2-45

单击切角长方体将其选中，切换到 （修改）命令面板，在修改命令面板中会显示切角长方体的参数，如图2-46所示。

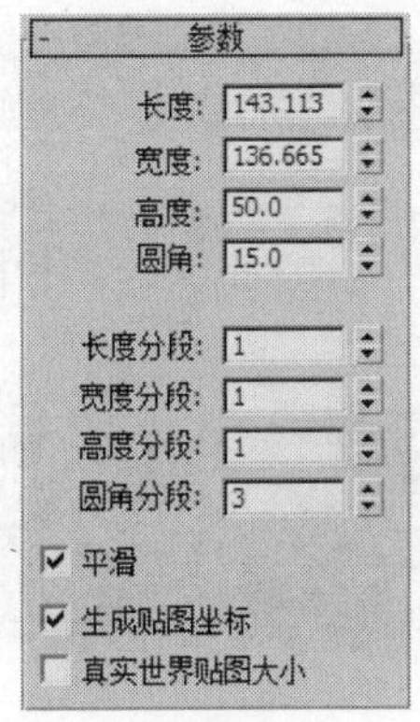

图2-46

“参数”卷展栏中各选项功能介绍如下。

⊙ 圆角：设置切角长方体的圆角半径，确定圆角的大小。

⊙ 圆角分段：设置圆角的分段数。值越高，圆角越圆滑。

其他参数请参见前面章节参数说明。

2.2.2 创建切角圆柱体

切角圆柱体和切角长方体创建方法相同，两者都具有圆角的特性，下面对切角圆柱体的创建方法进行介绍，操作步骤如下。

STEP 1 单击“ （创建）> （几何体）>切角圆柱体”按钮。

STEP 2 将光标移到视图中，单击并按住鼠标左键不放同时拖曳光标，视图中生成一个圆形平面，如图2-47所示，在适当的位置松开鼠标左键并上下移动光标，调整其高度，如图2-48所示，单击鼠标左键后再次上下移动光标，调整其圆角的系数，再次单击鼠标左键，完成切角圆柱体创建，效果如图2-49所示。

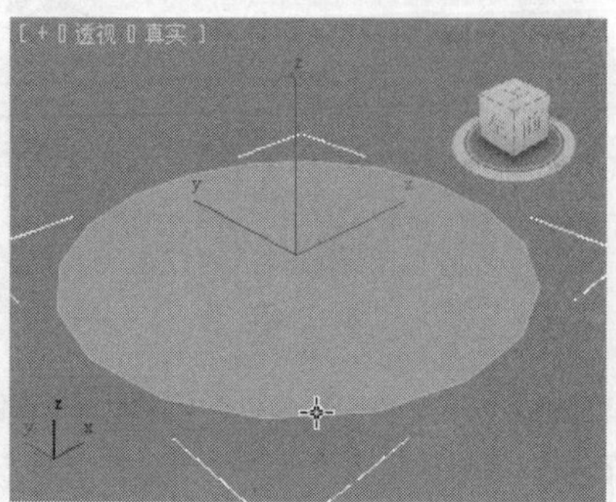
图2-47

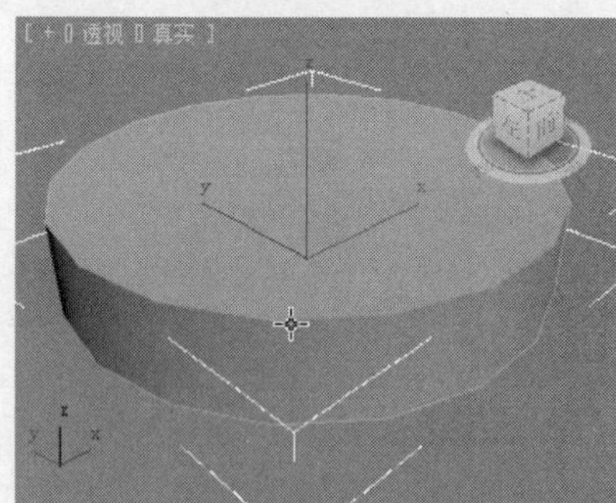
图2-48

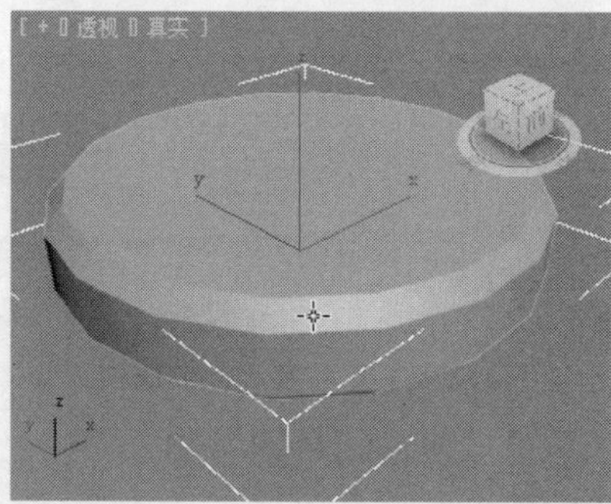
图2-49

单击切角圆柱体将其选中，切换到（修改）命令面板，在修改命令面板中会显示“切角圆柱体”的参数，如图 2-50 所示，切角圆柱体的参数大部分都是相同的。

“参数”卷展栏中各选项功能介绍如下。

⊙ 圆角：设置切角圆柱体的圆角半径，确定圆角的大小。

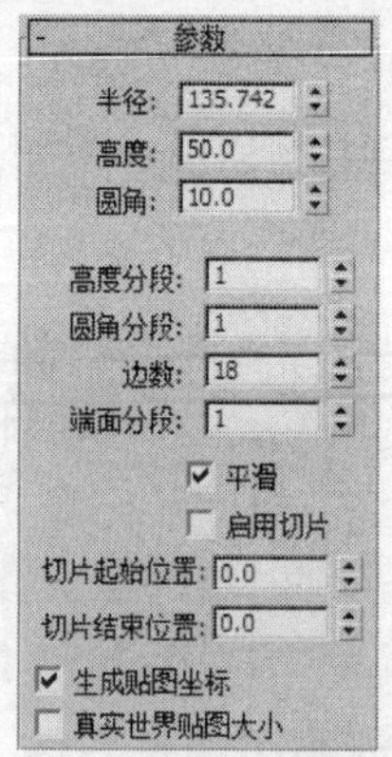

图2-50

⊙ 圆角分段：设置圆角的分段数。值越高，圆角越圆滑。

其他参数请参见前面章节参数说明。

2.2.3 课堂案例——制作沙发床

案例学习目标

学习使用长方体、线、切角长方体工具，结合使用“挤出”修改器制作沙发床模型。

案例知识要点

使用线并施加“挤出”修改器制作沙发床框架，使用长方体制作床板，使用切角圆柱体制作床垫，完成的模型效果如图 2-51 所示。

图2-51

效果图文件所在位置

随书附带光盘 Scene\ cha02\沙发床.max。

STEP 1 单击“（创建）>（几何体）>长方体”按钮，在“顶”视图中创建长方体，在“参数”卷展栏中设置“长度”为200、“宽度”为120、“高度”为10，如图2-52所示。

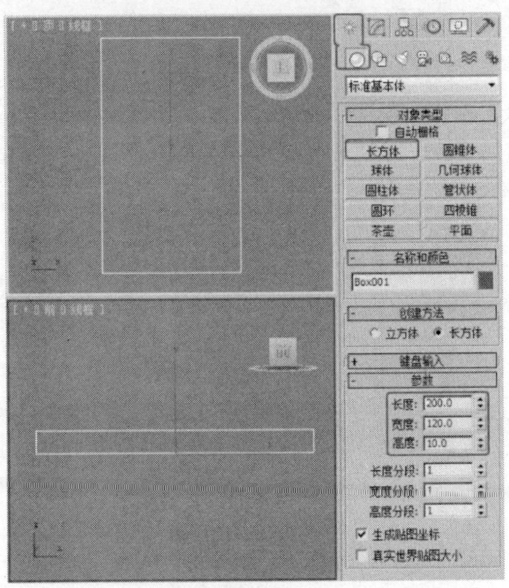

图2-52

STEP 2 单击“（创建）>（图形）>线”按钮，在“前”视图中创建图形，如图2-53所示。

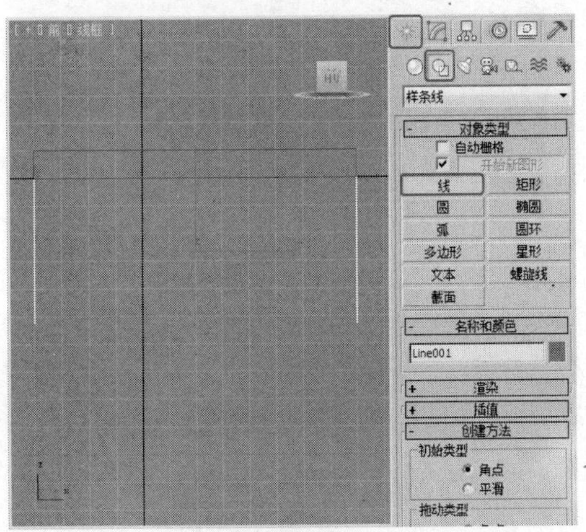

图2-53

STEP 3 切换到（修改）命令面板，将选择集定义为“样条线”，在“几何体”卷展栏中单击“轮廓”按钮，在“前”视图中为图形设置轮廓，如图2-54所示。

STEP 4 对图形施加“挤出”修改器，在“参数”卷展栏中设置“数量”为10，并调整模型至合适的位置，如图2-55所示。

STEP 5 选择挤出的模型，按Ctrl+V键复制模型，如图2-56所示。

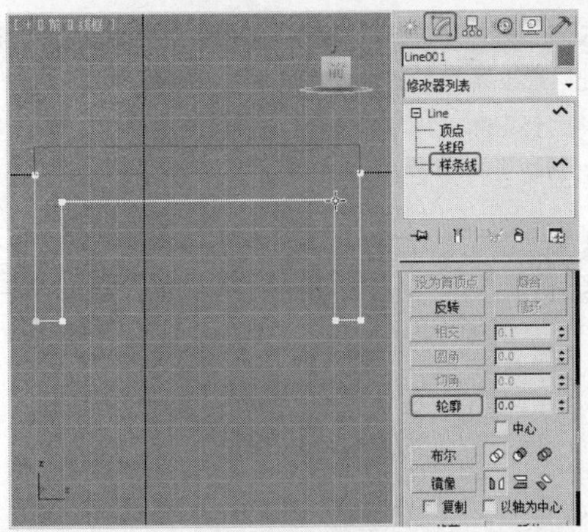

图2-54

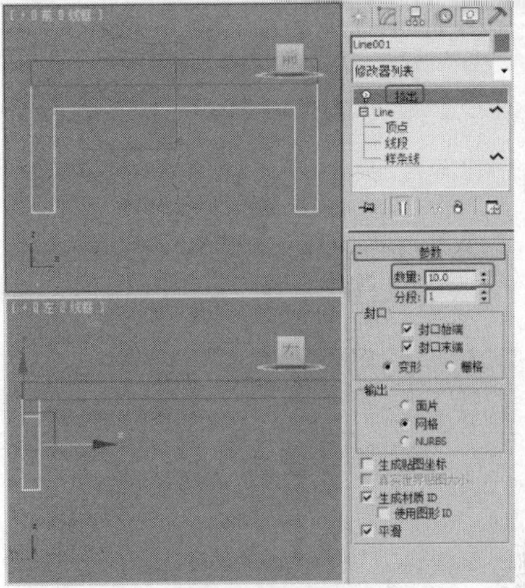

图2-55

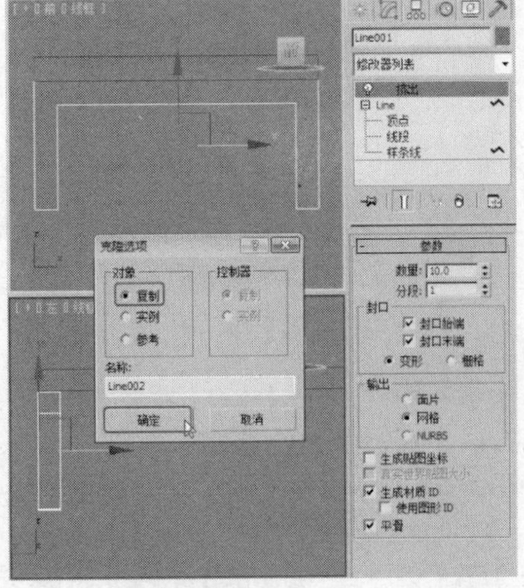

图2-56

STEP 6 在（修改）命令面板中，选择“挤出”修改器并单击（从堆栈中移除修改器）按钮。将“线”的选择集定义为“顶点”，在“前”视图中调整顶点位置，如图2-57所示。

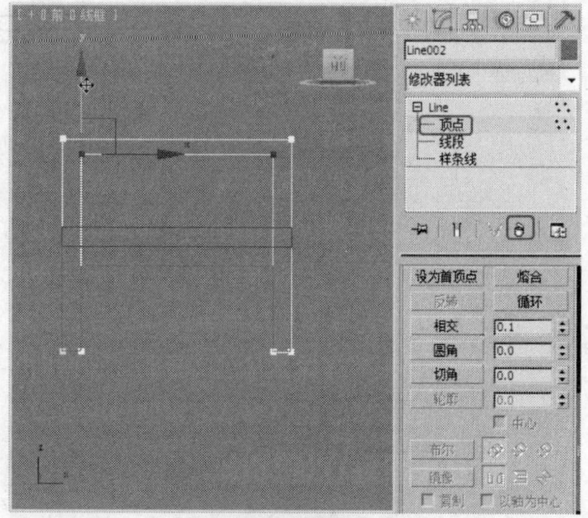

图2-57

STEP 7 对图形施加“挤出”修改器，在“参数”卷展栏中设置“数量”为10，如图2-58所示。

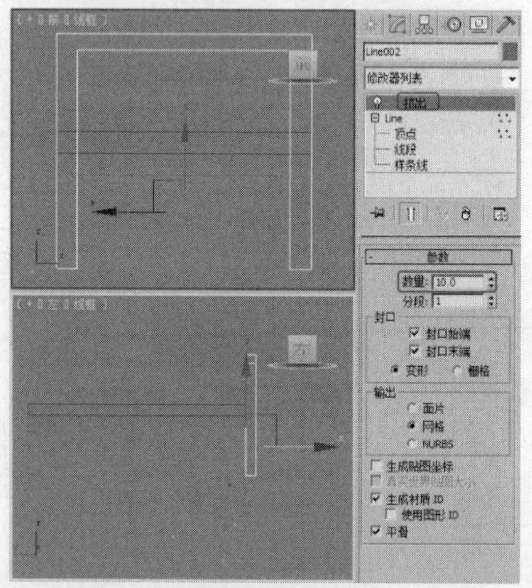

图2-58

STEP 8 单击“（创建）>（图形）>线”按钮，在“右”视图中创建图形，如图2-59所示。

STEP 9 切换到（修改）命令面板，将选择集定义为“样条线”，在“几何体”卷展栏中单击“轮廓”按钮，在“右”视图中设置轮廓，如图2-60所示。

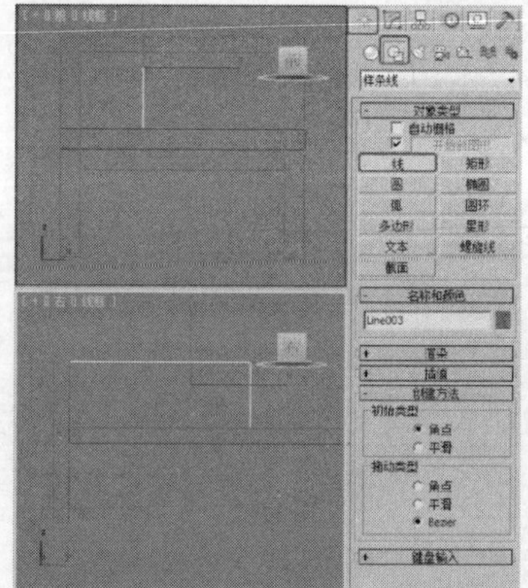

图2-59

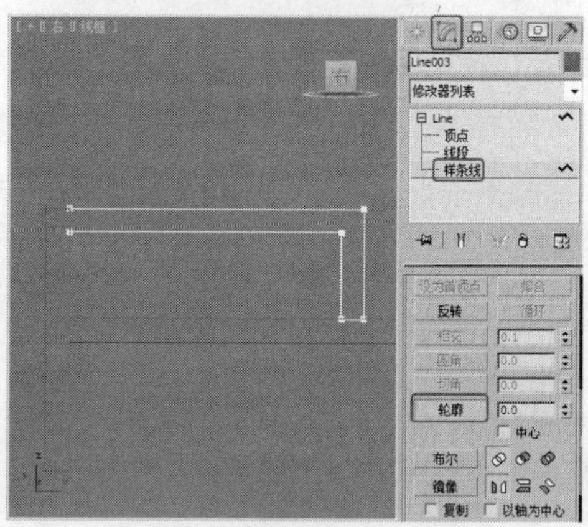

图2-60

STEP 10 对图形施加“挤出”修改器，在“参数”卷展栏中设置“数量”为5，并在视图中调整模型至合适的位置，如图2-61所示。

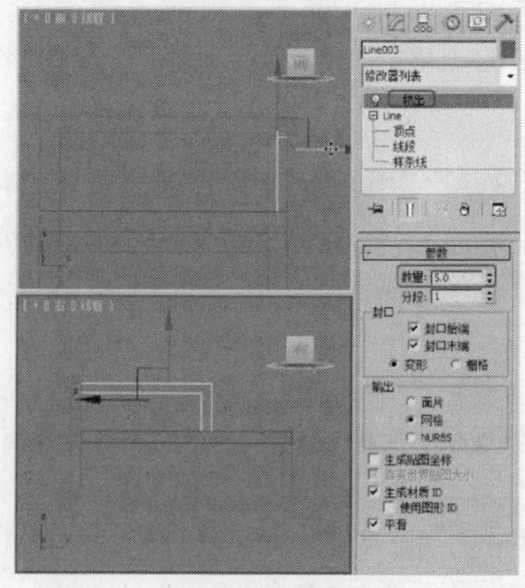

图2-61

STEP 11 单击“（创建）>（几何体）>扩展基本体>切角长方体”按钮，在“参数”卷展栏中设置“长度”为200、“宽度”为115、“高度”为15、“圆角”为4、“圆角分段”为3，如图2-62所示。

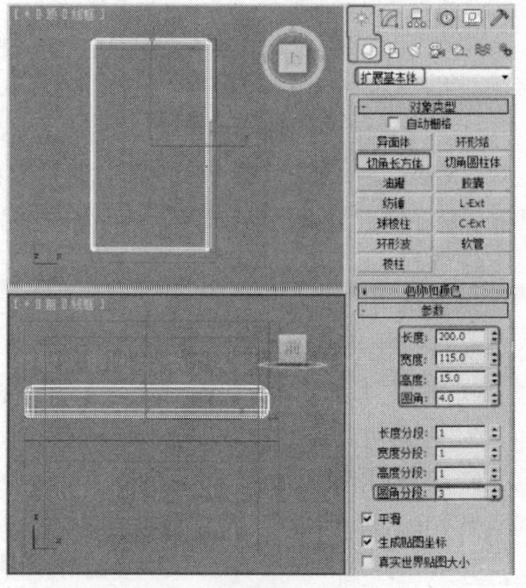

图2-62

STEP 12 调整模型后的效果如图2-63所示。完成的场景模型可以参考随书附带光盘中的“Scene\cha02\沙发床.max”文件。同时还可以参考随书附带光盘中的“Scene\cha02\沙发床场景.max”文件，该文件是设置好场景的场景效果文件，渲染该场景可以得到如图2-51所示的效果。

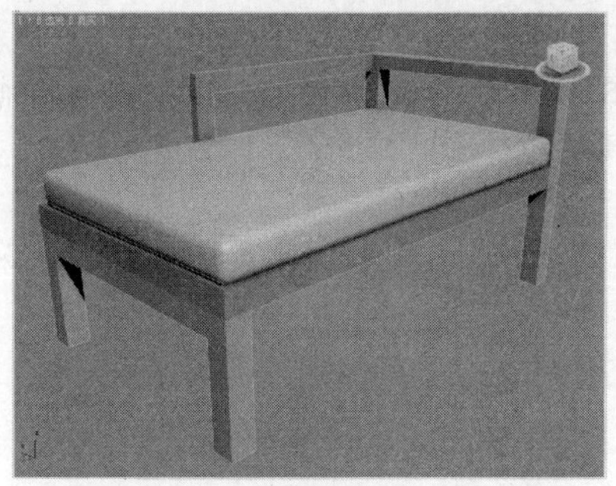

图2-63

2.3 建筑构建建模

3ds Max2012 中常用的快速建筑模型，在一些简单场景中使用可以提高效率，包括一些楼梯、窗户、门等建筑物体。

2.3.1 创建楼梯

运用建筑构建建模，可以创建 L 型楼梯、U 型楼梯、直线楼梯、螺旋楼梯等模型，如图 2-64 所示。

单击任意一种楼梯按钮，如单击“螺旋楼梯”按钮，然后在“顶”视图中拖曳光标确定楼梯的“半径”数值，再松开鼠标左键，然后将光标向上或向下移动，以确定出楼梯的总体高度数值，最后右键单击结束楼梯的创建。

图2-64

单击“（创建）>（几何体）”按钮，在下拉列表框中选择“楼梯”选项，3ds Max 2012有4种楼梯形式可供选择，如图2-65所示。

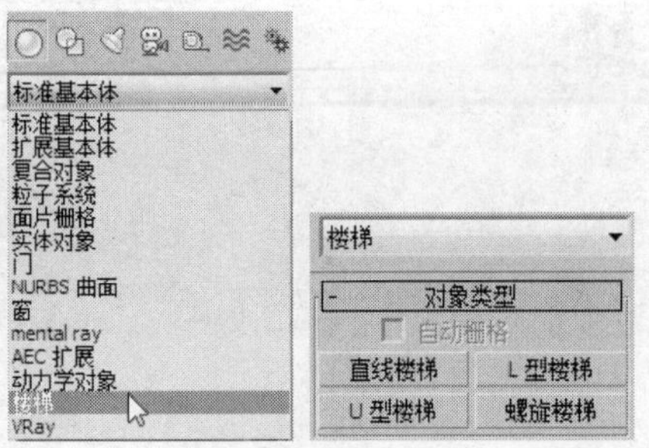

图2-65

各类楼梯的参数基本相同，下面以L型楼梯的参数为例进行楼梯参数的介绍。

在场景中创建L型楼梯，单击L型楼梯将其选中，切换到（修改）命令面板，在修改命令面板中会显示L型楼梯的参数。

“参数”卷展栏如图2-66所示，各选项介绍如下。

图2-66

⊙ 类型：在该选项组中可以设置楼梯的类型。

⊙ 开放式：创建一个开放式的梯级竖板楼梯。

⊙ 封闭式：创建一个封闭式的梯级竖板楼梯。

⊙ 落地式：创建一个带有封闭式梯级竖板和两侧有封闭式侧弦的楼梯。

⊙ 生成几何体：从该组中设置楼梯的生成模型。

⊙ 侧弦：沿着楼梯的梯级端点创建侧弦。

⊙ 支撑梁：在梯级下创建一个倾斜的切口梁，该梁支撑台阶或添加楼梯侧弦之间的支撑。

⊙ 扶手：创建左扶手和右扶手。左：创建左侧扶手；右：创建右侧扶手。

⊙ 扶手路径：创建楼梯上用于安装栏杆的左路径和右路径。左：显示左侧扶手路径；右：显示右侧扶手路径。

⊙ 布局：设置L型楼梯的效果。

⊙ 长度1/长度2：分别控制第一段楼梯和第二段楼梯的长度。

⊙ 宽度：控制楼梯的宽度，包括台阶和平台。

⊙ 角度：控制平台与第二段楼梯的角度。

⊙ 偏移：控制平台与第二段楼梯的距离，相应地调整平台的长度。

⊙ 梯级：3ds Max当调整其他两个选项时保持梯级选项锁定。要锁定一个选项，则需要单击相对的“图钉”按钮。要解除锁定选项，单击抬起的“图钉”按钮。3ds Max使用按下去的“图钉”按钮，锁定参数的微调器值，并允许使用抬起的“图钉”按钮更改参数的微调器值。

⊙ 总高：控制楼梯段的高度。

⊙ 竖板高：控制梯级竖板的高度。

⊙ 竖板数：控制梯级竖板数，梯级竖板总是比台阶多一个。

⊙ 台阶：从中设置台阶的参数。

⊙ 厚度：控制台阶的厚度。

⊙ 深度：控制台阶的深度。

“支撑梁”卷展栏如图2-67所示，各选项功能介绍如下。

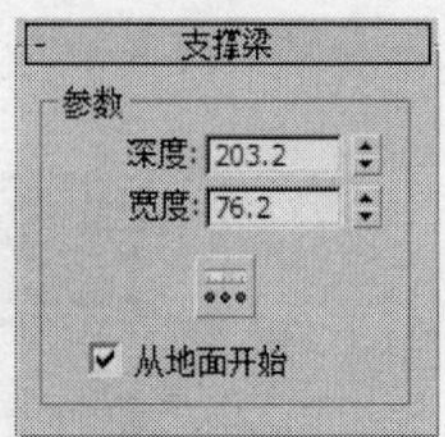

图2-67

⊙ 深度：控制支撑梁离地面的深度。

⊙ 宽度：控制支撑梁的宽度。

⊙ ▦（支撑梁间距）：设置支撑梁的间距。单击该按钮时，将会弹出“支撑梁间距”对话框。使用“计数”选项指定所需的支撑梁数。

⊙ 从地面开始：控制支撑梁是从地面开始，还是与第一个梯级竖板的开始平齐，或是否将支撑梁延伸到地面以下。

“栏杆”卷展栏如图 2-68 所示，各选项功能介绍如下。

图 2-68

⊙ 高度：控制栏杆离台阶的高度。

⊙ 偏移：控制栏杆离台阶端点的偏移。

⊙ 分段：指定栏杆中的分段数目。该值越高，栏杆越平滑。

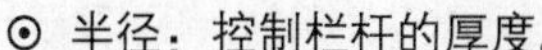

⊙ 半径：控制栏杆的厚度。

“侧弦”卷展栏如图 2-69 所示，各选项功能介绍如下。

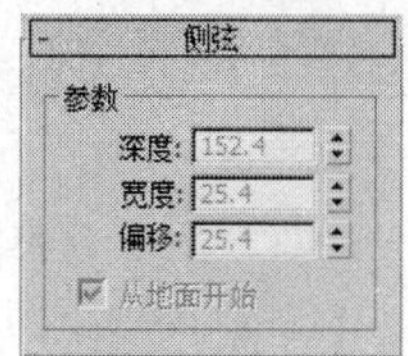

图 2-69

⊙ 深度：控制侧弦离地板的深度。

⊙ 宽度：控制侧弦的宽度。

⊙ 偏移：控制地板与侧弦的垂直距离。

⊙ 从地面开始：控制侧弦是从地面开始，还是与第一个梯级竖板的开始平齐，或是否将侧弦延伸到地面以下。

2.3.2　创建门

运用建筑构建建模，可以制作枢轴门、推拉门、折叠门等模型，效果如图 2-70 所示。

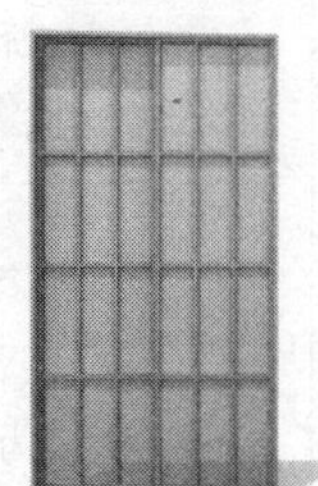
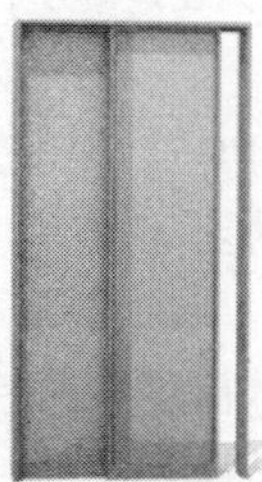

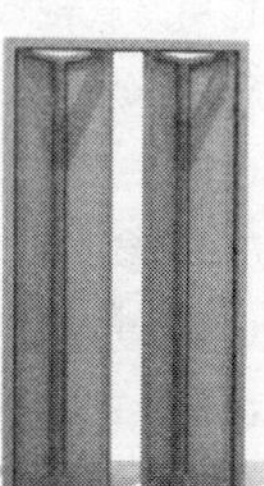

图 2-70

各类门的参数基本相同，下面以“枢轴门”为例介绍门的参数。

创建枢轴门后，单击“枢轴门”将其选中，切换到 ▦（修改）命令面板，在修改命令面板中会显示“枢轴门”的参数，如图 2-71 所示。

“参数”卷展栏中的各选项功能介绍如下。

⊙ 双门：制作一个双门。

⊙ 翻转转动方向：更改门转动的方向。

⊙ 翻转转枢：在与门面相对的位置上放置转枢。此项不可用于双门。

⊙ 打开：指定门打开的百分比。

⊙ 门框：此卷展栏包含用于门侧柱门框的控件。虽然门框只是门对象的一部分，但它的行为就像是墙的一部分。打开或关闭门时，门框不会移动。

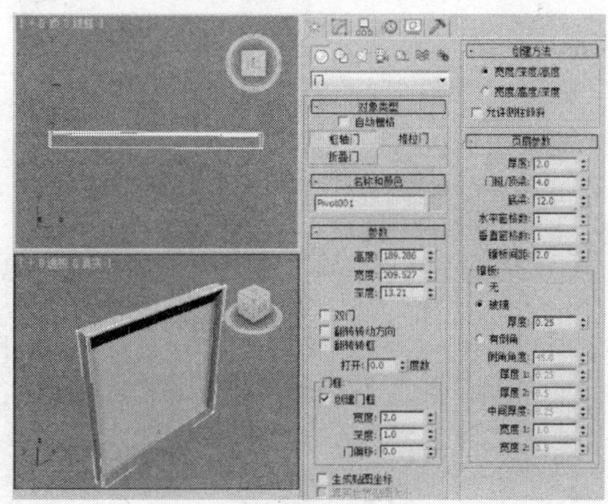

图 2-71

⊙ 创建门框：这是默认启用的，用以显示门框。禁用此复选框可以禁用门框的显示。

⊙ 宽度：设置门框与墙平行的宽度。仅当启用了“创建门框”复选框时可用。

⊙ 深度：设置门框从墙投影的深度。仅当启用了“创建门框”复选框时可用。

⊙ 门偏移：设置门相对于门框的位置。

“创建方法”卷展栏中的各选项功能介绍如下。

⊙ 宽度/深度/高度：前两个点定义门的宽度和门脚的角度。通过在视口中拖动来设置这些点。第一个点（在拖动之前单击并按住的点）定义单枢轴门（两个侧柱在双门上都有铰链，而推拉门没有铰链）的铰链上的点。第二个点（在拖动后在其上释放鼠标左键的点）定义门的宽度及从一个侧柱到另一个侧柱的方向。这样，就可以在放置门时使其与墙或开口对齐。第三个点（移动鼠标后单击鼠标左键的点）指定门的深度，第四个点（再次移动鼠标后单击鼠标左键的点）指定高度。

⊙ 宽度/高度/深度：与“宽度/深度/高度”选项的作用方式相似，只是最后两个点首先创建高度，然后创建深度。

⊙ 允许侧柱倾斜：允许创建倾斜门。

“页扇参数”卷展栏中的各选项功能介绍如下。

⊙ 厚度：设置门的厚度。

⊙ 门挺/顶梁：设置顶部和两侧的面板框的宽度。仅当门是面板类型时，才会显示此设置。

⊙ 底梁：设置门脚处的面板框的宽度。仅当门是面板类型时，才会显示此设置。

⊙ 水平窗格数：设置面板沿水平轴划分的数量。

⊙ 垂直窗格数：设置面板沿垂直轴划分的数量。

⊙ 镶板间距：设置面板之间的间隔宽度。

⊙ 镶板：确定在门中创建面板的方式。

⊙ 无：门没有面板。

⊙ 玻璃：创建不带倒角的玻璃面板。

⊙ 厚度：设置玻璃面板的厚度。

⊙ 倒角厚度：选择此选项可以具有倒角面板。

⊙ 厚度 1：设置面板的外部厚度。

⊙ 厚度 2：设置倒角从该处开始的厚度。

⊙ 中间厚度：设置面板内面部分的厚度。

⊙ 宽度 1：设置倒角从该处开始的宽度。

⊙ 宽度 2：设置面板的内面部分的宽度。

2.3.3 创建窗

运用建筑构建建模，可以快速创建各种窗户模型。平开窗具有一个或两个可在侧面转枢的窗框（像门一样）；旋开窗的轴垂直或水平位于其窗框的中心；伸出式窗有 3 扇窗框，其中两扇窗框打开时像反向的遮篷；推拉窗有两扇窗框，其中一扇窗框可以沿着垂直或水平方向滑动；固定窗不能打开；遮篷式窗户具有一个或多个可在顶部转枢的窗框，图 2-72 所示为窗户模型效果。

图 2-72

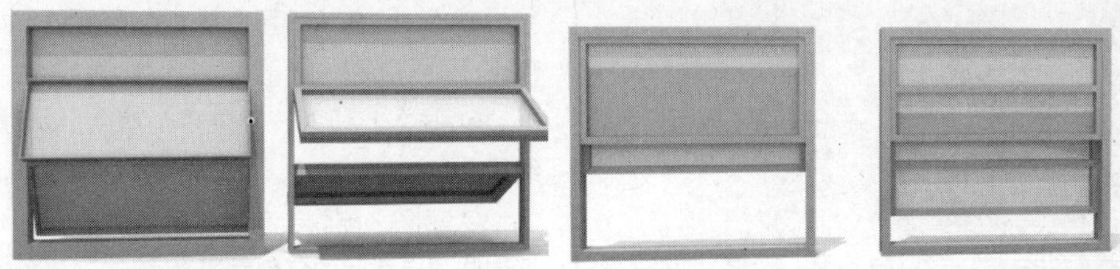

图 2-72（续）

各类窗户的参数也大致相同，下面以“遮篷式窗”为例介绍窗户的参数。

在“顶”视图中单击鼠标左键并拖动光标，创建遮篷式窗的宽度和深度，松开鼠标左键并移动光标创建遮篷式窗的高度，单击完成遮篷式窗的创建，效果如图 2-73 所示。

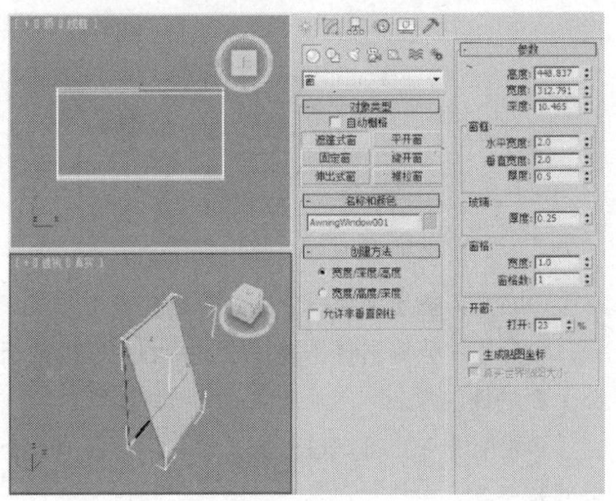

图 2-73

“参数”卷展栏中的部分选项功能介绍如下。

“窗框”选项组：设置窗框属性。

⊙ 水平宽度：设置窗口框架水平部分的宽度（顶部和底部）。该设置也会影响窗宽度的玻璃部分。

⊙ 垂直宽度：设置窗口框架垂直部分的宽度（两侧）。该设置也会影响窗高度的玻璃部分。

⊙ 厚度：设置框架的厚度。

“玻璃”选项组：设置玻璃属性。

⊙ 厚度：设置玻璃的厚度。

“窗格”选项组：设置窗格属性。

⊙ 宽度：设置窗框中窗格的宽度（深度）。

⊙ 窗格数：设置窗中的窗框数。

“开窗”选项组：设置开窗属性。

⊙打开：指定窗打开的百分比。此控件可设置动画。

2.3.4　创建墙

“墙”对象由 3 个子对象类型构成，这些对象类型可以在（修改）命令面板中进行修改。与编辑样条线的方式类似，同样也可以编辑墙对象的顶点、分段和轮廓。

“墙”的创建步骤如下。

STEP 1 单击“（创建）>（几何体）> AEC 扩展>墙”按钮，在“参数”卷展栏中设置“宽度”和“高度”参数，在“顶”视图中，使用顶点捕捉创建外围的墙体，单击创建第一点、第二点、……右键单击创建一段墙体，如图2-74所示。

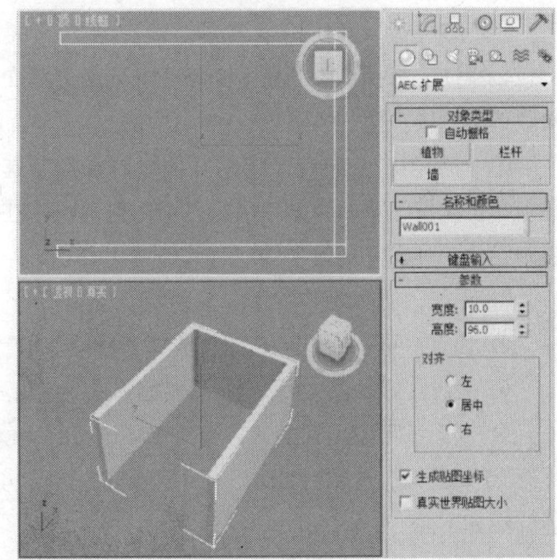

图 2-74

STEP 2 切换到（修改）命令面板，将选择集定义为“顶点”，可以在场景中调整顶点，如图 2-75所示。

单击墙将其选中，切换到（修改）命令面板，在修改命令面板中会显示“墙”的参数。

“参数”卷展栏中的选项功能介绍如下。

⊙ 宽度：设置墙的厚度。

⊙ 高度：设置墙的高度。

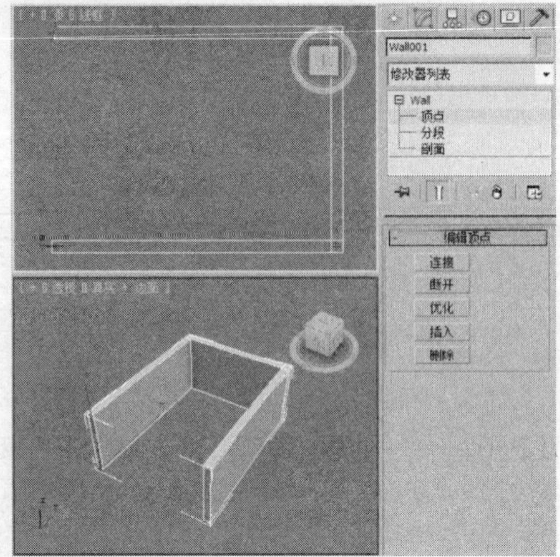

图 2-75

“对齐”选项组设置基墙的对齐属性。

⊙ 左：根据墙基线（墙的前边与后边之间的线，即墙的厚度）的左侧边对齐墙。

⊙ 居中：根据墙基线的中心对齐。

⊙ 右：根据墙基线的右侧边对齐。

“编辑对象”卷展栏中的选项功能介绍如下。

⊙ 附加：将视口中的另一个墙附加到通过单次拾取选定的墙。附加的对象也必须是墙。

⊙ 附加多个：将视口中的其他墙附加到所选墙。单击此按钮可以弹出“附加多个”对话框，在该对话框中列出了场景中的所有其他墙对象。

“墙”修改器面板中的选择集功能介绍如下。

⊙ 顶点：可以通过顶点调整墙体的形状。

⊙ 分段：可以通过分段选择集对墙体进行编辑。

⊙ 剖面：可以以剖面的方式对墙体进行编辑。

“编辑顶点”卷展栏如图 2-76 所示，各选项功能介绍如下。

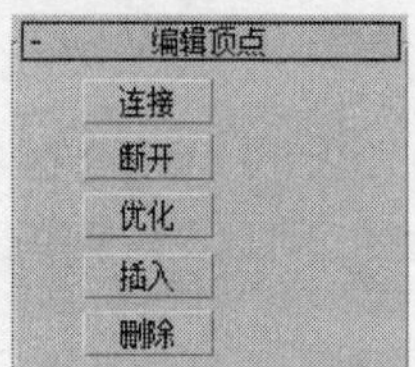

图 2-76

⊙ 连接：用于连接任意两个顶点，在这两个顶点之间创建新的样条线线段。

⊙ 断开：用于在共享顶点断开线段的连接。

⊙ 优化：向沿着用户单击的墙线段的位置添加顶点。

⊙ 插入：插入一个或多个顶点，以创建其他线段。

⊙ 删除：删除当前选定的一个或多个顶点，包括这些顶点之间的任何线段。

“编辑分段”卷展栏如图 2-77 所示，各选项功能介绍如下。

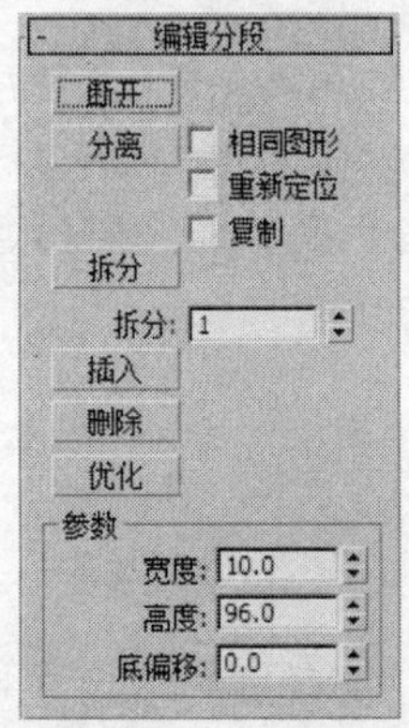

图 2-77

⊙断开：指定墙线段中的断开点。

⊙分离：分离选择的墙线段，并利用它们创建一个新的墙对象。

⊙相同图形：分离墙对象，使它们不在同一个墙对象中。

⊙重新定位：分离墙线段，复制对象的局部坐标系，并放置线段，使其对象的局部坐标系与世界空间原点重合。

⊙复制：复制分离墙线段，而不是移动分离墙线段。

⊙拆分：根据“拆分参数”微调器中指定的顶点数细分每个线段。

⊙拆分参数：设置拆分线段的数量。

⊙插入：提供与“顶点”选择集选择中的“插入”按钮相同的功能。

⊙删除：删除当前墙对象中任何选定的墙线段。

⊙优化：提供与“顶点”子对象层级中的“优化”按钮相同的功能。

⊙参数：更改所选择线段的参数。

“编辑剖面”卷展栏如图 2-78 所示，各选项功能介绍如下。

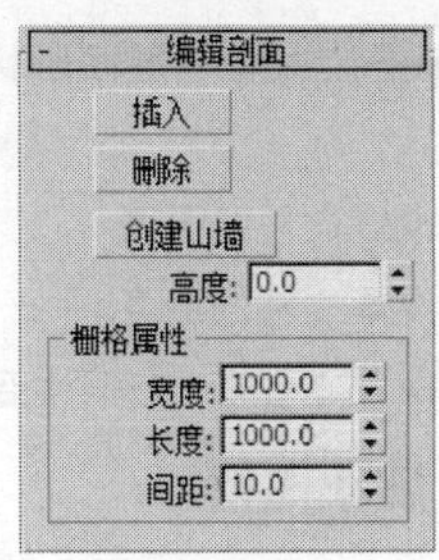

图 2-78

⊙插入：插入顶点，以便可以调整所选墙线段的轮廓。

⊙删除：删除所选墙线段的轮廓上的所选顶点。

⊙创建山墙：通过将所选墙线段的顶部轮廓的中心点移至用户指定的高度来创建山墙。

⊙高度：指定山墙的高度。

⊙栅格属性：栅格可以将轮廓点的插入和移动限制在墙平面以内，并允许用户将栅格点放置到墙平面中。

⊙宽度：设置活动栅格的宽度。

⊙长度：设置活动栅格的长度。

⊙间距：设置活动网格中的最小方形的大小。

2.3.5　创建栏杆

“栏杆”对象的组件包括栏杆、立柱和栅栏。具体的效果如图 2-79 所示。

图 2-79

“栏杆”的创建步骤如下。

STEP 1 单击“(创建)>(几何体)> AEC 扩展>栏杆”按钮，如图2-80所示。

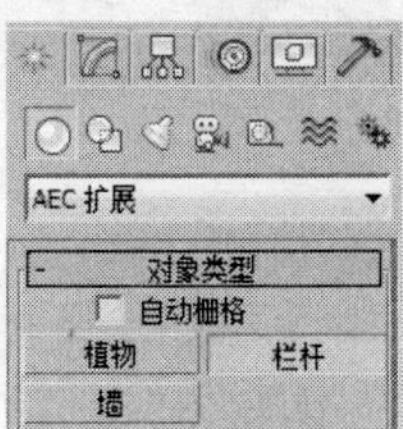

图 2-80

STEP 2 在“顶”视图中单击并拖动鼠标左键创建栏杆，上下移动光标调整栏杆的高度，再次单击鼠标左键完成创建，如图2-81所示。

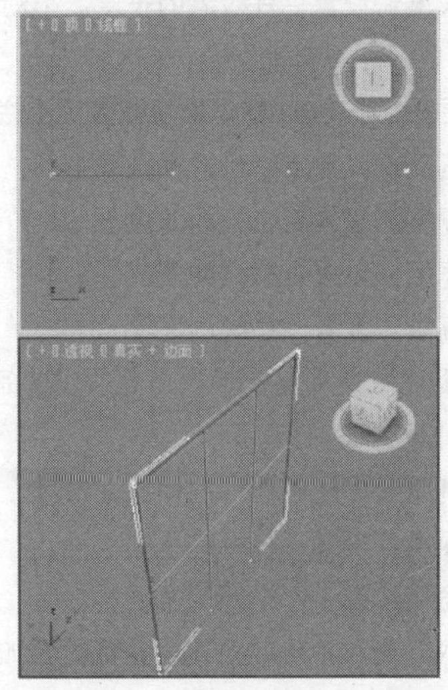
图 2-81

STEP 3 在栏杆的卷展栏中设置栏杆的参数，以达到满意的效果。

单击“栏杆”按钮将其选中，切换到（修改）命令面板，在修改命令面板中会显示“栏杆”的参数。

“栏杆”卷展栏如图 2-82 所示，部分选项功能介绍如下。

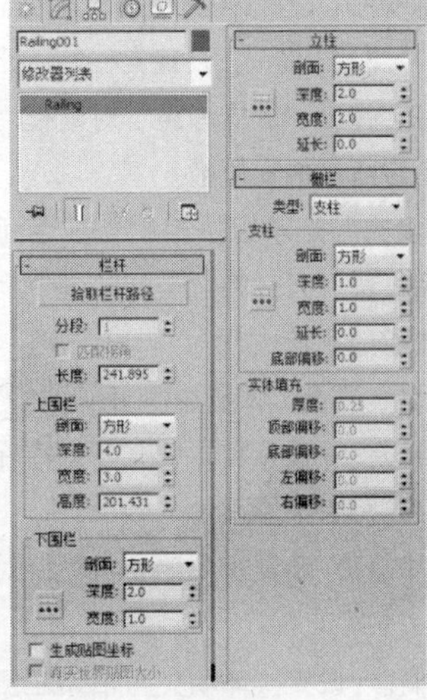
图 2-82

⊙ 拾取栏杆路径：单击该按钮，然后单击视口中的样条线，将其用做栏杆路径。

⊙ 分段：设置栏杆对象的分段数。只有使用栏杆路径时，才能使用该选项。

⊙ 匹配拐角：在栏杆中放置拐角，以便与栏杆路径的拐角相符。

⊙ 长度：设置栏杆对象的长度。拖动光标时，长度将会显示在编辑框中。

“上围栏”选项组：默认值可以生成上栏杆组件。

⊙ 剖面：设置上栏杆的横截面形状。

⊙ 深度：设置上栏杆的深度。

⊙ 宽度：设置上栏杆的宽度。

⊙ 高度：设置上栏杆的高度。

“下围栏”选项组：控制下栏杆的剖面、深度和宽度，以及其间的间隔。

⊙ 剖面：设置下栏杆的横截面形状。

⊙ 深度：设置下栏杆的深度。

⊙ 宽度：设置下栏杆的宽度。

“栅栏”卷展栏中的各选项功能介绍如下。

⊙类型：设置立柱之间的栅栏类型，包括无、支柱和实体填充。

“支柱”选项组：控制支柱的剖面、深度和宽度，以及其间的间隔。

⊙ 剖面：设置支柱的横截面形状。

⊙ 深度：设置支柱的深度。

⊙ 宽度：设置支柱的宽度。

⊙ 延长：设置支柱在上栏杆底部的延长。

⊙ 底部偏移：设置支柱与栏杆对象底部的偏移量。

⊙ （支柱间距）：设置支柱的间距。单击该按钮时，将会弹出“支柱间距”对话框。使用“计数”选项指定所需的支柱数。

“实体填充”选项组：控制立柱之间实体填充的厚度和偏移量。只有将“类型”设置为“实体填充”时，才能使用该选项。

⊙ 厚度：设置实体填充的厚度。

⊙ 顶部偏移：设置实体填充与上栏杆底部的偏移量。

⊙ 底部偏移：设置实体填充与栏杆对象底部的偏移量。

⊙ 左偏移：设置实体填充与相邻左侧立柱之间的偏移量。

⊙ 右偏移：设置实体填充与相邻右侧立柱之间的偏移量。

“立柱”卷展栏中的各选项功能介绍如下。

⊙ 剖面：设置立柱的横截面形状，包括无、方形和圆。

⊙ 深度：设置立柱的深度。

⊙ 宽度：设置立柱的宽度。

⊙ 延长：设置立柱在上栏杆底部的延长。

2.3.6 创建植物

“植物”可产生各种植物对象，如树种等。3ds Max 将生成网格表示方法，以快速、有效地创建漂亮的植物。具体的效果如图 2-83 所示。

图 2-83

“植物”的创建步骤如下。

STEP 1 单击“（创建）>（几何体）> AEC 扩展>植物”按钮。

STEP 2 在“收藏的植物”卷展栏中选择一种要创建的植物，在“顶”视图中单击创建“植物”，如图2-84所示。

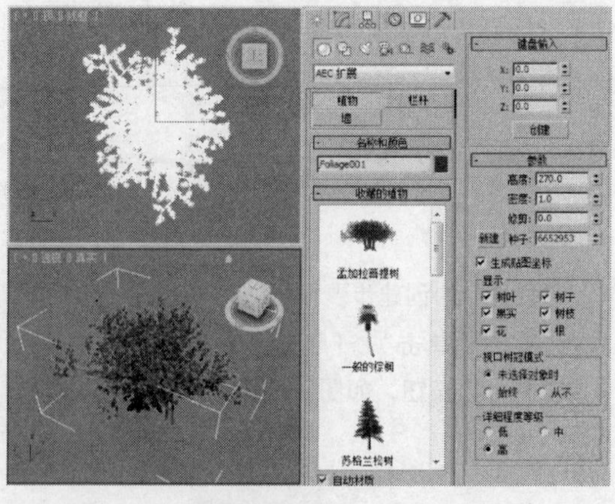

图 2-84

在场景中选择“植物”模型，切换到（修改）命令面板，在修改命令面板中会显示“植物”的参数。

“收藏的植物”卷展栏中的各选项功能介绍如下。

⊙ 植物列表：调色板显示当前从植物库载入的植物。

⊙ 自动材质：为植物指定默认材质。

提示

如果为场景中创建的植物修改材质，可以使用材质编辑器，为植物设置材质后并指定材质，在后面的章节中将会对材质编辑器进行详细的讲解，这里就不详细介绍了。

⊙ 植物库：单击此按钮，弹出“配置调色板”对话框，如图 2-85 所示。使用此对话框无论植物是否处于调色板中，都可以查看可用植物的信息，包括名称、学名、类型、格式和每个对象近似的面数量，还可以向调色板中添加植物，以及从调色板中删除植物，清空植物色板。

配置调色板

名称	收...	学名	类型	描述	# 面
Generic Tree	否		Tree	A generic tree used as a stand-in when a tree class cannot be found.	5000
孟加拉菩提树	是	Ficus benghalensis	孟加拉菩提	含柱根的孟加拉菩提树	100000
一般的棕榈	是	Palmae philimus	棕榈	一般的棕榈树	7500
苏格兰松树	是	Pinus sylvestris	松	夏天成熟的苏格兰松树	60000
丝兰	是	Yucca mohavensis	丝兰	单串丝兰	2100
蓝色的针松	是	Picea glauca	针松	Colorado 蓝色的针松	19500
美洲榆	是	Ulmus americana	榆	美洲榆树	19000
垂柳	是	Salix babylonica	柳	垂枝柳树	42000
大戟属植物，大...	是	Euphorbiaceae	大戟属植物	我庭院长有大含水茎叶的大戟属植物	50000
芳香蒜	是	Tulbaghia violacea	蒜	含紫花的芳香蒜（10 加仑）	7000
大丝兰	是	Yucca mohavensis	丝兰	多串丝兰	15000
春天的日本樱花	是	Prunus serrulata	樱	春天的樱花树	40000
一般的橡树	是	Quercus philimus	橡树	一般的橡树	24000

添加到调色板　从调色板中移除　清空调色板　确定　取消

图 2-85

STEP 3 在“参数”卷展栏中设置植物的参数。“参数”卷展栏中的部分选项功能介绍如下。

⊙ 高度：控制植物的近似高度。

⊙ 密度：控制植物上叶子和花朵的数量。值为 1 时，表示植物具有全部的叶子和花；值为 0.5 时，表示植物具有一半的叶子和花；值为 0 时，表示植物没有叶子和花。

⊙ 修剪：只适用于具有树枝的植物。

⊙ 新建种子：显示当前植物的随机变体。

“显示选项”组：控制植物的树叶、果实、花、树干、树枝和根的显示。

“视口树冠模式选项”组：在 3ds Max 中，植物的树冠是覆盖植物最远端（如叶子或树枝和树干的尖端）的一个壳，或者说是一种将树叶信息省略显示为冠状轮廓图形的优化显示方式，对最终渲染毫无影响。

⊙ 未选择对象时：未选择植物时，以树冠模式显示植物。

⊙ 始终：始终以树冠模式显示植物。

⊙ 从不：从不以树冠模式显示植物。3ds Max 将显示植物的所有特性。

“详细程度等级选项”组：控制 3ds Max 渲染植物的方式。

⊙ 低：以最低的细节级别渲染植物树冠。

⊙ 中：对减少了面数的植物进行渲染。

⊙ 高：以最高的细节级别渲染植物的所有面。

提示

可以在创建多个植物之前设置参数。这样不仅可以避免显示速度减慢，还可以减少必须对植物进行的编辑工作。

2.3.7　课堂案例——创建屏风

案例学习目标

学习使用折叠门工具制作屏风模型。

案例知识要点

使用折叠门制作屏风，完成的模型效果如图 2-86 所示。

图 2-86

效果图文件所在位置

随书附带光盘 Scene\ cha02\屏风.max。

STEP 1 单击“ （创建）> （几何体）> 门>折叠门”按钮，在“顶”视图中按住鼠标左键并沿X轴移动设置宽度，释放鼠标左键并沿Y轴移动光标设置宽度，单击鼠标左键并沿Y轴移动光标设置高度，再次单击鼠标左键，完成模型创建，并在“参数”卷展栏中设置“高度”为260、“宽度”为200、“深度”为0、“打开”为30，在“门框”组中取消勾选“创建门框”选项，如图2-87所示。

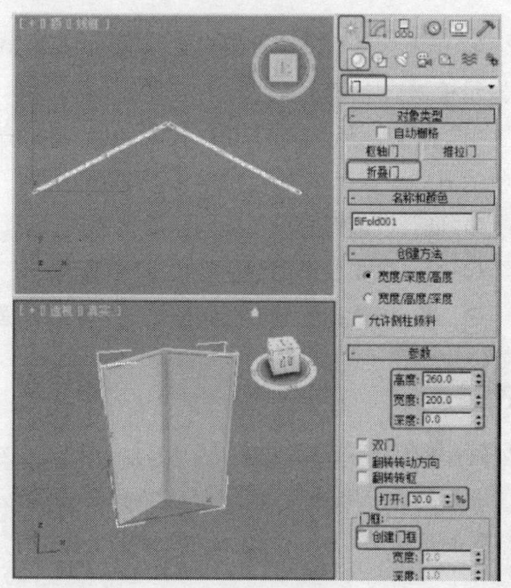

图 2-87

STEP 2 在场景中选择折叠门模型，按Ctrl+V键复制并调整模型位置，如图2-88所示。完成的场景模型可以参考随书附带光盘中的“Scene\cha02\屏风.max”文件。同时还可以参考随书附带光盘中的“Scene>cha02>屏风场景.max”文件，该文件是设置好场景的场景效果文件，渲染该场景可以得到如图2-86所示的效果。

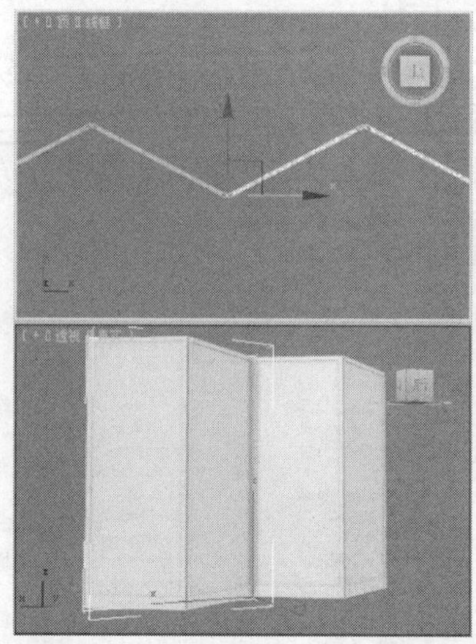

图 2-88

2.4 课堂练习——制作酒柜架

练习知识要点：创建切角长方体用于制作框架模型，创建长方体用于制作玻璃隔断模型，使用 ProBoolean 工具布尔缩放后的圆柱体制作顶部灯槽模型，完成的酒柜架效果如图 2-89 所示。

图 2-89

效果图文件所在位置

随书附带光盘 Scene\ cha02\酒柜架.max。

2.5 课后习题

——制作储物方几

习题知识要点：创建切角长方体用于制作储物方几模型，完成的储物方几效果如图 2-90 所示。

效果图文件所在位置

随书附带光盘 Scene\ cha02\储物方几.max。

图 2-90

3ds Max 2012 + VRay

3 Chapter

第 3 章 二维图形的绘制与编辑

二维图形的绘制与编辑是制作精美三维物体的关键。本章将介绍二维图形的创建和参数的修改方法，并对线的创建和修改方法进行重点介绍。通过学习本章的内容，要掌握创建二维图形的方法和技巧，并能根据实际需要绘制出精美的二维图形。通过本章的学习，希望读者可以融会贯通，掌握二维图形的应用技巧，制作出具有想象力的模型。

【教学目标】

- 掌握二维图形绘制的方法和技巧。
- 掌握二维图形编辑与修改的方法和技巧。

3.1 二维图形的绘制

在 3ds Max 中，图形是一个很重要的概念。3ds Max 中的图形工具继承了二维图形软件的特性，使用“线”、“圆”、“矩形”等基本工具创建 3ds Max 建模所需的样条线，并通过这些样条线来实现重要的建模操作。所以，图形是 3ds Max 中创建其他几何体对象的一种重要资源。

样条线主要包括节点、线段、切线手柄、步数等部分。节点就是样条线上任何一端的点，而两节点之间的距离就是线段。切线手柄是节点的属性，当节点为 Bezier 型时，就会显示切线手柄，用来控制样条线的曲率。步数表达曲线将线段分割成小段的数目，步数在样条线创建几何体生成面时起作用。样条线就是一组由节点和线段组合起来的曲线，通过调整节点和线段能不断地改变样条线。

在 （创建）命令面板中，单击 （图形）按钮，将弹出如图 3-1 所示的图形类型。3ds Max 包括 3 种重要的图形类型：“样条线”、“NURBS 曲线”和“扩展样条线”。在许多方面，它们的用处是相同的，样条线可以方便地转化为 NURBS 曲线。选择“样条线”图形类型后，在“对象类型”卷展栏中列出了 11 种样条线，分别是“线”、“矩形”、“圆”、“椭圆”、“弧”、“圆环”、“多边形”、“星形”、“文本”、“螺旋线”和“截面”。其形态及面板位置如图 3-2 所示。

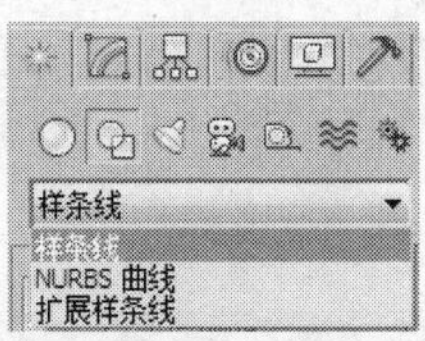

图 3-1

对象类型
自动栅格
开始新图形
线　矩形
圆　椭圆
弧　圆环
多边形　星形
文本　螺旋线
截面

图 3-2

注 意

选中“开始新图形”复选项后，创建的线形都是独立的，如果不选中此复选项，创建的线形是一体的。

在 11 种样条线中，无论哪一种被激活，面板下的选项基本都是相同的，分别是“渲染”、“插值”、“创建方法”和“键盘输入”。

“渲染”卷展栏如图 3-3 所示，各选项功能介绍如下。

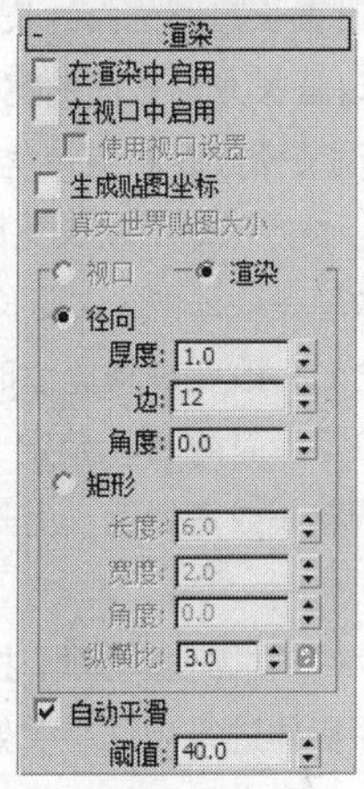

图 3-3

⊙ 在渲染中启用：选择此复选项，线形在渲染时显示实体效果。

⊙ 在视口中启用：选择此复选项，线形在视口中显示实体效果。

⊙ 使用视口设置：当选择“在视口中启用”复选项时，此选项才可用。不选中此项，样条线在视口中的显示设置保持与渲染设置相同；选中此项，可以为样条线单独设置显示属性，通常用于提高显示速度。

⊙ 生成贴图坐标：用来控制贴图位置，U 轴控制周长上的贴图，V 轴控制长度方向上的贴图。

⊙ 真实世界贴图大小：不选中此复选项时，贴图大小符合创建对象的尺寸；选中此复选项时，贴图大小由绝对尺寸决定，而与对象的相对尺寸无关。

“视口”选项组：设置图形在视口中的显示属

性。只有在选中“在视口中启用”及“使用视口设置”复选项时，此选项才可用。

“渲染”选项组设置样条线在渲染输出时的属性。

⊙ 径向：样条线渲染（或显示）为截面为圆形（或多边形）的实体。

⊙ 厚度：可以控制渲染（或显示）时线条的粗细程度。

⊙ 边：设置渲染（或显示）样条线的边数。

⊙ 角度：调节横截面的旋转角度。

⊙ 矩形：样条线渲染（或显示）为截面为长方形的实体。

⊙ 长度：设置长方形截面的长度值。

⊙ 宽度：设置长方形截面的宽度值。

⊙ 角度：调节横截面的旋转角度。

⊙ 纵横比：长方形截面的长宽比值。此参数和“长”、“宽”参数值是联动的，改变长或宽值时，“纵横比”会自动更新；改变纵横比值时，长度值会自动更新。如果按下后面的 （锁定）按钮，则保持纵横比不变，调整长或宽的值，另一个参数值会相应发生改变。

⊙ 自动平滑：选中此复选项，按照阈值设定对可渲染的样条线实体进行自动平滑处理。

⊙ 阈值：如果两个相邻表面法线之间的夹角小于阈值的角（单位为度），则指定相同的平滑组。

“插值”卷展栏如图 3-4 所示，各选项功能介绍如下。

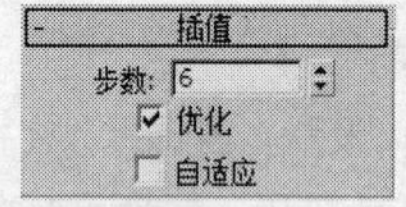

图 3-4

⊙ 步数：设置两顶点之间由多少个直线片段构成曲线。值越高，曲线越平滑。

⊙ 优化：自动去除曲线上多余的步数片段（指直线上的片段）。

⊙ 自适应：根据曲度的大小自动设置步数，弯曲大的地方需要的步数会多，以产生平滑的曲线，对直线的步数将会设为 0。

“创建方法”卷展栏如图 3-5 所示，各选项功能介绍如下。

图 3-5

边、中心：这两个单选项是指创建曲线时，鼠标第一次点下的位置是作为图形的边还是中心。

“键盘输入”卷展栏如图 3-6 所示，各选项功能介绍如下。

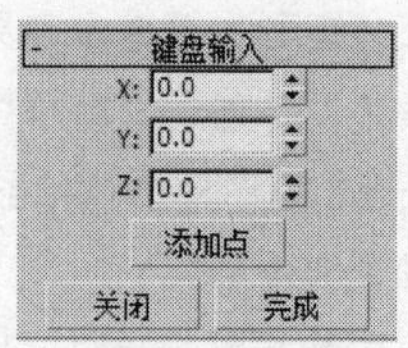

图 3-6

大多数的曲线都可以使用键盘输入方式创建，只要输入所需的坐标值、角度值等即可。每种曲线的参数略有不同。

3.1.1 线

单击“ （创建）> （图形）>线”按钮，在场景中单击鼠标左键创建起始点，移动并单击鼠标左键创建第二点，如图 3-7 所示，移动并单击鼠标左键创建第三个点，如图 3-8 所示，如果要创建闭合图形，可以移动鼠标到第一个顶点上并单击，弹出如图 3-9 所示的对话框，单击“是”按钮即可创建闭合的样条线。

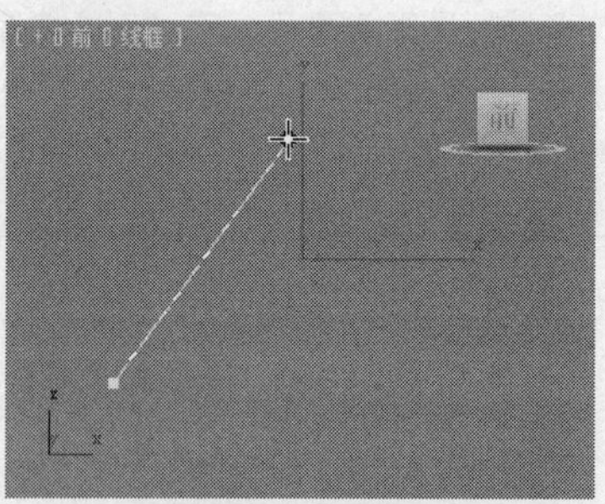

图 3-7

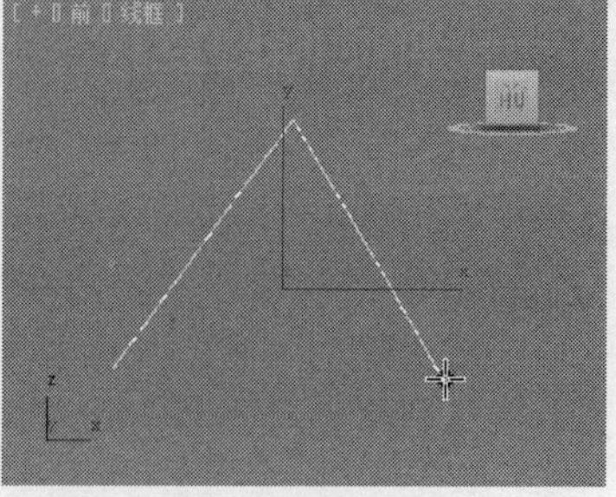

图 3-8

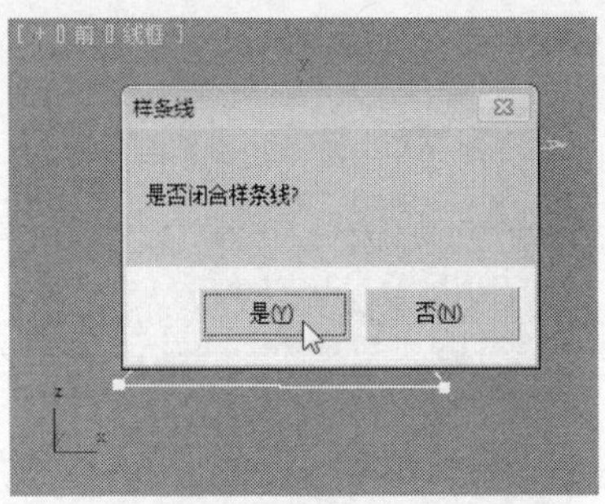

图 3-9

选择“线”工具，在场景中单击鼠标左键并拖曳光标绘制出的就是一条弧形线，如图 3-10 所示。

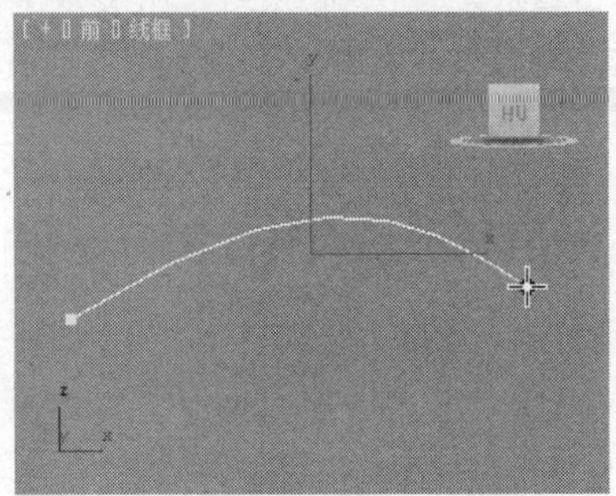

图 3-10

此时在“创建方法”卷展栏中的拖动类型为“Bezier”。

在 (修改) 命令面板中修改图形的形状。

使用“线”工具创建了闭合图形后，在场景中选择图形，切换到 (修改) 命令面板，将当前选择集定义为“顶点”，通过顶点可以改变图形的形状，如图 3-11 所示。

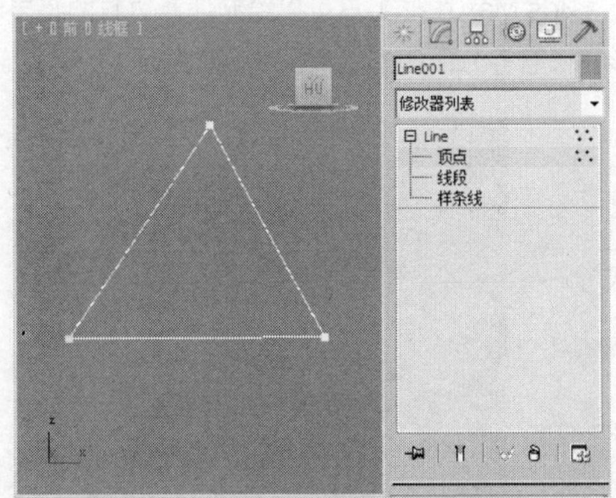

图 3-11

选择顶点单击鼠标右键，弹出如图 3-12 所示的快捷菜单，从中可以选择顶点的调节方式。

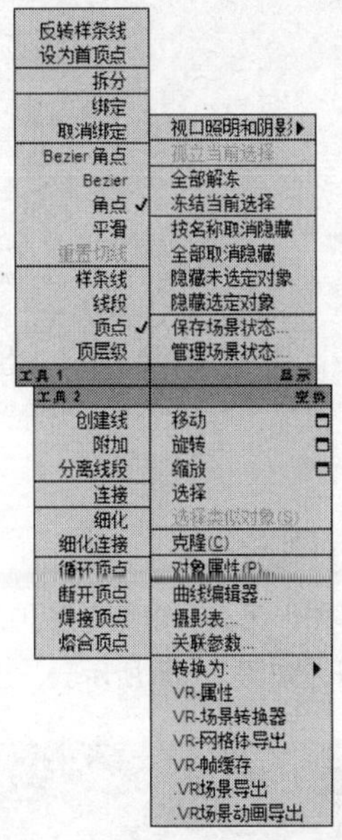

图 3-12

选择“Bezier 角点”，“Bezier 角点”有两个控制手柄，可以分别调增两个控制手柄来调整两边线段的弧度，如图 3-13 所示。

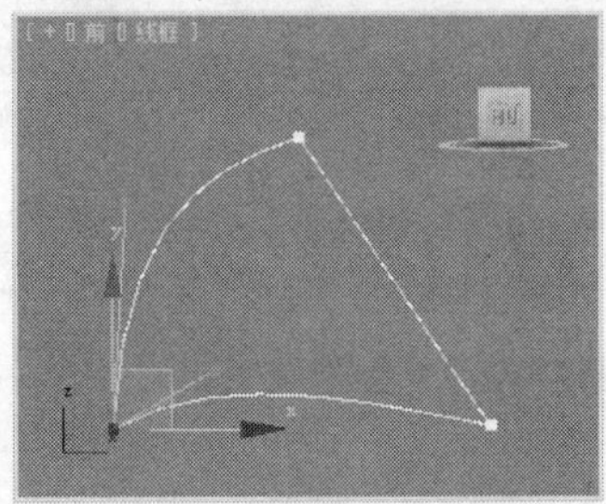

图 3-13

如图 3-14 所示，选择“Bezier”时的图形形状，同样“Bezier”有两个控制手柄，不过两个控制手柄是相互关联的。

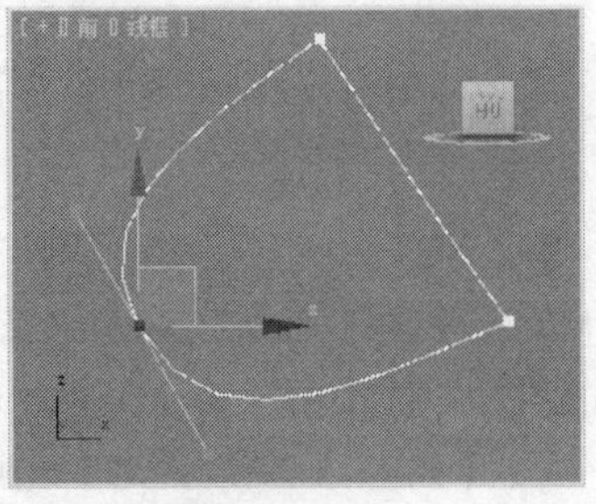

图 3-14

如图 3-15 所示，选择“平滑”时的图形形状。

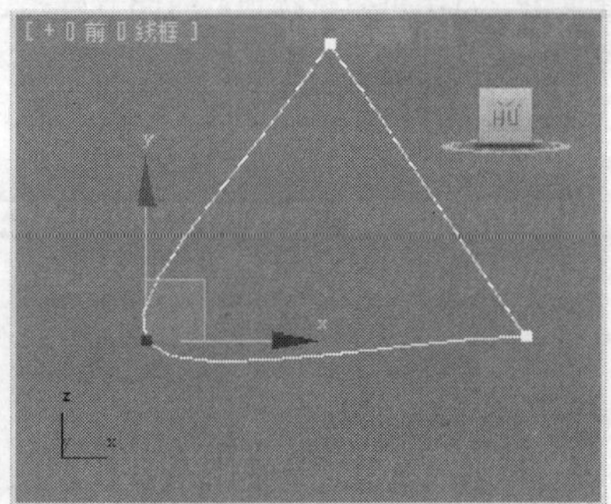

图 3-15

3.1.2 圆形

3ds Max 图形工具可以绘制各种形态的圆形及一些艺术造型，如图 3-16 所示。

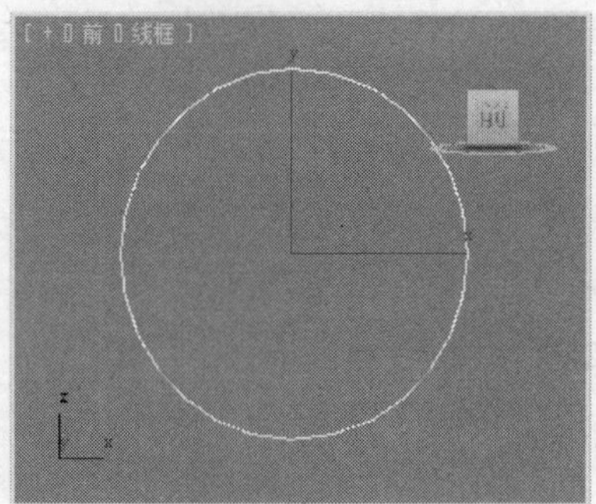

图 3-16

单击“（创建）>（图形）>圆”按钮，在任意视图中拖曳光标来确定它的半径，就可以创建一个圆形。

单击圆将其选中，切换到（修改）命令面板，“参数”卷展栏如图 3-17 所示，各选项功能介绍如下。

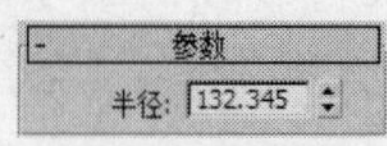

图 3-17

半径：用来设置圆形的半径大小。

3.1.3 弧

3ds Max 图形工具可以绘制各种形态的圆弧及扇形，如图 3-18 所示。

单击“（创建）>（图形）>弧”按钮，在视图中拖曳光标来确定弧所在圆的半径，再移动鼠标绘制弧的长度，单击鼠标左键完成弧的创建。

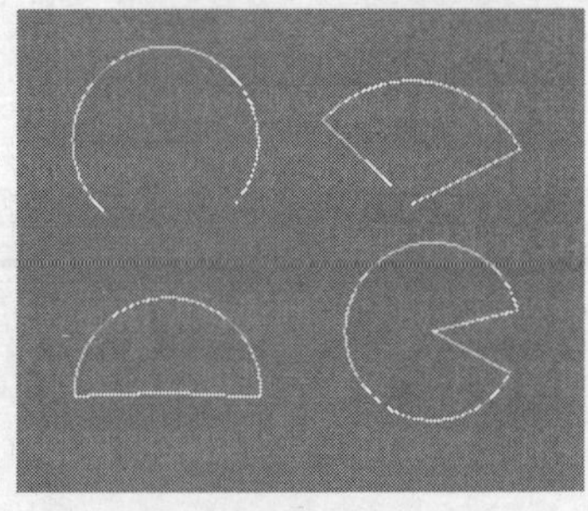

图 3-18

单击弧将其选中，切换到（修改）命令面板，“参数”卷展栏如图 3-19 所示，各选项功能介绍如下。

图 3-19

⊙ 半径：设置弧形所属圆形的半径。

⊙ 从：设置弧形的起始角度（依据局部坐标系 x 轴）。

⊙ 到：设置弧形的终止角度（依据局部坐标系 x 轴）。

⊙ 饼形切片：选择该复选项产生封闭的扇形。

⊙ 反转：用于反转弧形，即产生弧形所属圆周另一半的弧形。如果将样条线转换为可编辑样条线，可以在样条线次级结构层次选择此复选项。

3.1.4 多边形

3ds Max 图形工具可以绘制任意边数的正多边形和任意等分的圆形，如图 3-20 所示。

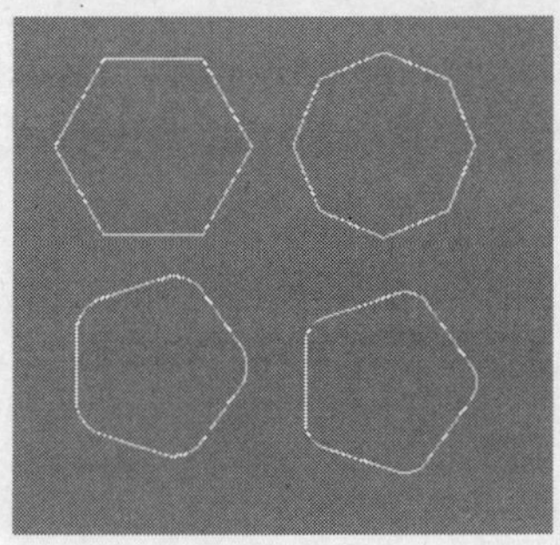

图 3-20

单击“（创建）>（图形）>多边形”按钮，在“前”视图中拖曳光标来确定它的半径，就可以创建一个多边形。

单击多边形将其选中，切换到（修改）命令面板，其“参数”卷展栏如图 3-21 所示，各选项功能介绍如下。

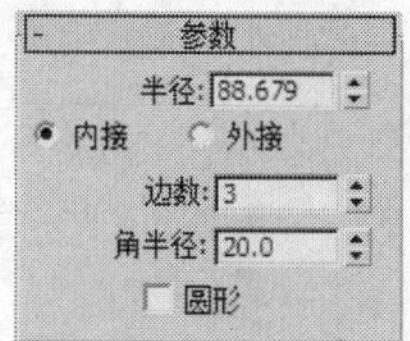

图 3-21

⊙ 半径：设置多边形半径的大小。

⊙ 内接：默认为选中，此时设置是指多边形的中心点到角点的距离为内切于圆的半径。

⊙ 外接：如选中该单选项，此时设置是指多边形的中心点到任意边的中点的距离为外切于圆的半径。

⊙ 边数：设置多边形边的数量，取值范围是 3～100。随着边数增多，多边形近似为圆形。

⊙ 角半径：制作圆角多边形，设置圆角半径的大小。

⊙ 圆形：如选中该复选项，多边形可变为圆形。

3.1.5　文本

3ds Max 图形工具可以绘制各种文本，并对字体、字距及行距进行调整，如图 3-22 所示。

图 3-22

单击“（创建）>（图形）>文本”按钮，在“文本”编辑框中输入所需要的文本，在“前”视图中单击就可以创建出文本。

单击文本将其选中，切换到（修改）命令面板，其“参数”卷展栏如图 3-23 所示。

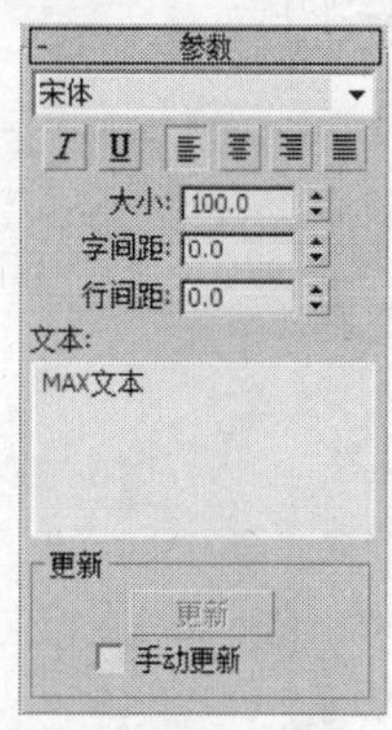

图 3-23

3.1.6　矩形

3ds Max 图形工具可以绘制各种形态的矩形及一些艺术模型，如图 3-24 所示。

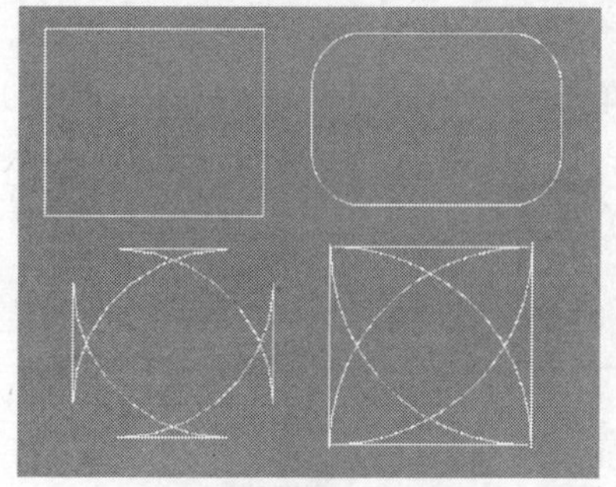

图 3-24

单击“（创建）>（图形）>矩形”按钮，在任意视图拖曳光标来确定它的长度和宽度，就可以创建一个多边形。

单击矩形将其选中，切换到（修改）命令面板，其“参数”卷展栏如图 3-25 所示，各选项功能介绍如下。

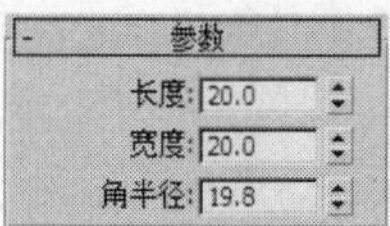

图 3-25

⊙ 长度、宽度：设置矩形的长度与宽度。

⊙ 角半径：设置矩形四边圆角半径。

3.1.7　星形

3ds Max 图形工具可以绘制各种形态的星形图

案及齿轮。在效果图制作过程中，主要用来制作星状模型，如图 3-26 所示。

图 3-26

单击“（创建）>（图形）>星形”按钮，在任意视图拖曳光标确定它的半径 1，再移动光标确定它的半径 2，就可以创建一个星形。

单击星形将其选中，切换到（修改）命令面板，其“参数”卷展栏如图 3-27 所示，各选项功能介绍如下。

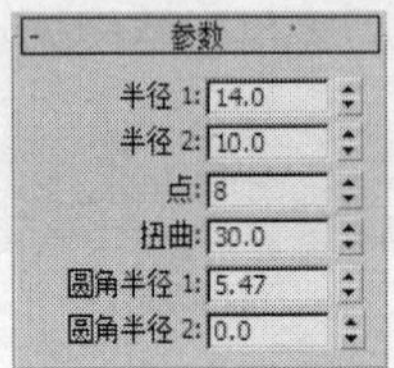

图 3-27

⊙ 半径 1、半径 2：用来设置星形的内、外半径。

⊙ 点：设置星形的顶点数目，取值范围是 3~100。

⊙ 扭曲：可以使外角与内角产生角度扭曲，围绕中心旋转外圆环的顶点，产生类似于锯齿状的形态。

⊙ 圆角半径 1、圆角半径 2：设置星形内、外圆环上的倒角半径的大小。

3.1.8 螺旋线

3ds Max 图形工具可以绘制各种形态的弧形及弹簧，如图 3-28 所示。

单击“（创建）>（图形）>螺旋线”按钮，在顶视图单击并拖曳光标来确定它的半径 1，向上或向下移动光标并单击鼠标来确定它的高度，再向上或向下移动光标并单击鼠标来确定它的半径 2，就可以创建一个螺旋线。

图 3-28

单击螺旋线将其选中，切换到（修改）命令面板，其“参数”卷展栏如图 3-29 所示，各选项功能介绍如下。

参数
半径 1: 10.0
半径 2: 30.0
高度: 100.0
圈数: 5.0
偏移: 0.0
⊙ 顺时针 ○ 逆时针

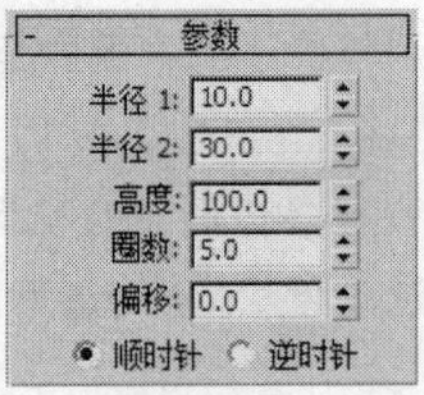

图 3-29

⊙ 半径 1、半径 2：定义螺旋线开始圆环的半径。

⊙ 高度：设置螺旋线的高度。

⊙ 圈数：设置螺旋线在起始圆环与结束圆环之间旋转的圈数。

⊙ 偏移：设置螺旋的偏向。

⊙ 顺时针、逆时针：设置螺旋线的旋转方向。

3.2 二维图形的编辑与修改

在二维图形中，除了对现有“顶点”、“分段”、“样条线”等子物体层级进行编辑外，其他的二维图形就不能那么随意的编辑了，它们只能靠改变参数的方式来改变形态。如果将它们连接为一体或想与线那样方便自如地调整，有以下两种方法。

第 1 种方法是在修改器列表中施加“编辑样条线”命令。

STEP 1 在“前”视图中任意创建一个圆和一个矩形，形态如图3-30所示。

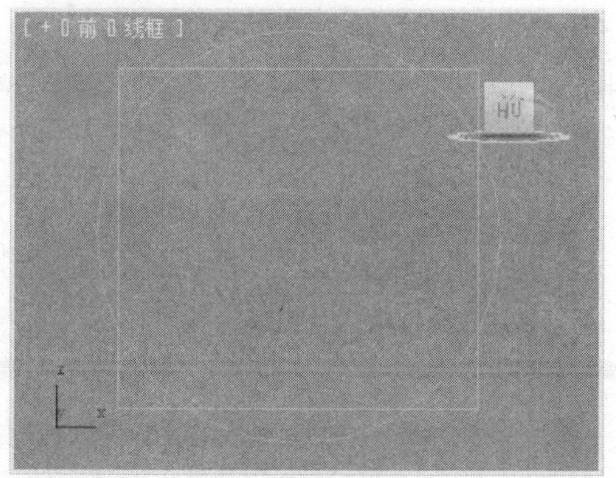

图 3-30

STEP 2 在“前”视图中选择圆形或矩形，在“修改器列表”中选择“编辑样条线”修改器。

此时的“编辑样条线”命令面板中与“线”的命令面板基本相同，但是没有“渲染”和“插值”卷展栏，此时“渲染”和“插值”卷展栏在“圆”或“矩形”的命令面板中。

STEP 3 单击“几何体”卷展栏中的“附加”按钮，在视图中单击矩形，将图形附加到一起。

注

如果是附加多个图形，还可以单击“附加多个”按钮，此时将弹出“附加多个”对话框，选择要附加的图形，单击“附加”按钮，将它们附加到一起。

下面对附加在一起的图形进行布尔运算操作。

STEP 4 单击“修改”命令面板中（样条线）按钮，在“前”视图中选择圆形（选择后会呈红色显示），在“几何体”卷展栏中单击“布尔”按钮，在“前”视图中单击矩形，此时它们以“并集”形式显示。

STEP 5 在“主工具”栏中单击（撤销场景操作）按钮，在“布尔”按钮右侧单击（差集）按钮，再执行布尔运算，它们将以“差集”形式显示。

STEP 6 在“主工具”栏中单击（撤销场景操作）按钮，在“布尔”按钮右侧单击（交集）按钮，再执行布尔运算，它们将以“交集”形式显示。

执行布尔运算后的效果如图 3-31 所示（从左至右以此为并集、差集、交集）。

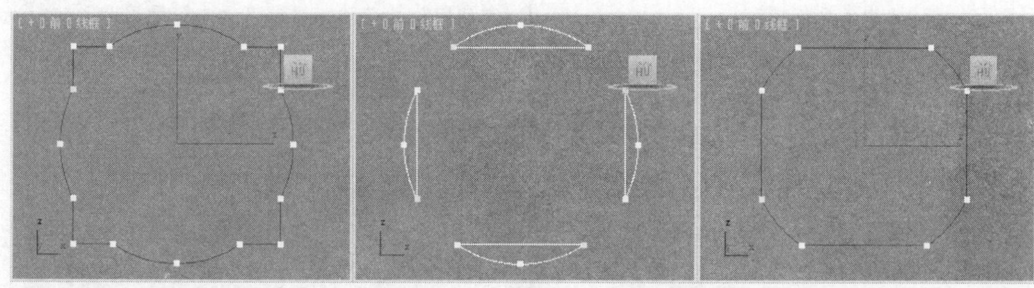

图 3-31

第 2 种方法是将图形转换为可编辑样条线。

Step 01 在视图中创建任意一种图形。

Step 02 在视图中选择创建的图形，单击鼠标右键，此时会弹出一个快捷菜单，选择“转换为”→“转换为可编辑样条线”命令即可将图形转换为可编辑样条线，如图 3-32 所示。

可编辑样条线命令中的功能与线命令的功能是完全一样的，在这里就不详细介绍了。

对图形执行“编辑样条线”命令和“转换为可编辑样条线”命令的结果是不一样的。对图形执行“编辑样条线”命令后，图形的原始命令层级还保留着，也就是说如果觉着绘制的线形不满意，还可以倒回去重新修改图形的参数设置；而如果对图形执行的是“转换为可编辑样条线”命令，则图形的原始命令层级就不存在了，图形的参数就不能再被改变了。所以说，如果对图形的形态把握不是很大的话，建议使用“编辑样条线”命令。

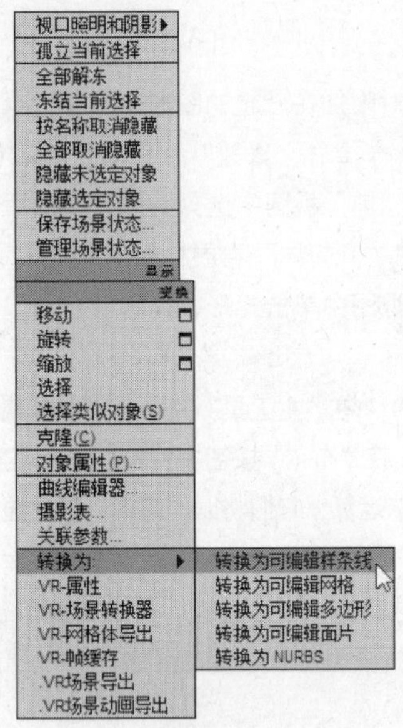

图 3-32

3.2.1 课堂案例——制作仿古中式画框

案例学习目标

学习使用可渲染的矩形、可渲染的样条线、长方体工具制作仿古中式画框模型。

案例知识要点

使用可渲染的矩形与可渲染的样条线制作框架，使用长方体制作画面，完成的模型效果如图 3-33 所示。

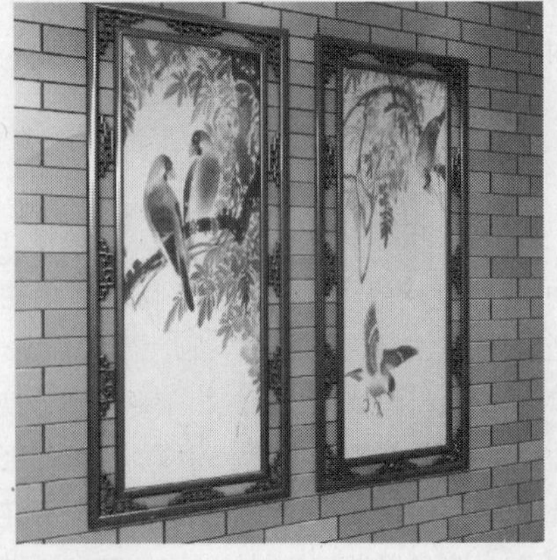

图 3-33

效果图文件所在位置

随书附带光盘 Scene\ cha03\仿古中式画框.max。

STEP 1 单击“（创建）>（图形）>矩形”按钮，在“前”视图中创建矩形，在“参数”卷展栏中设置“长度”为280、“宽度”为140，在“渲染”卷展栏中勾选“在渲染中启用”、“在视口中启用”复选项，设置“径向”厚度为6，如图3-34所示。

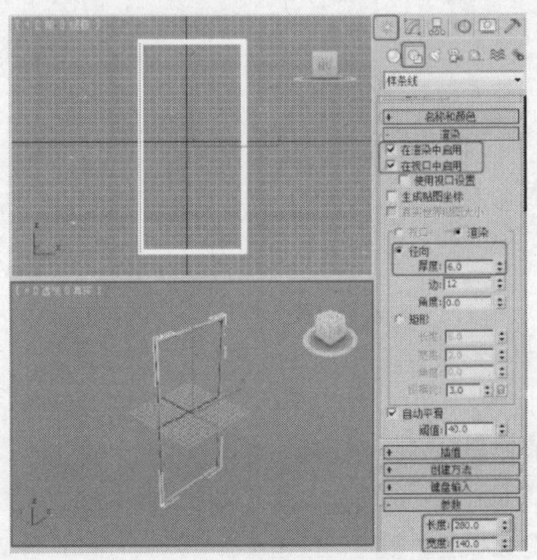

图 3-34

STEP 2 单击“（创建）>（图形）>矩形”按钮，在“前”视图中创建矩形，在“参数”卷展栏中设置“长度”为245、“宽度”为105，在“渲染”卷展栏中勾选“在渲染中启用”、“在视口中启用”复选项，设置“径向”厚度为5，并调整其至合适的位置，如图3-35所示。

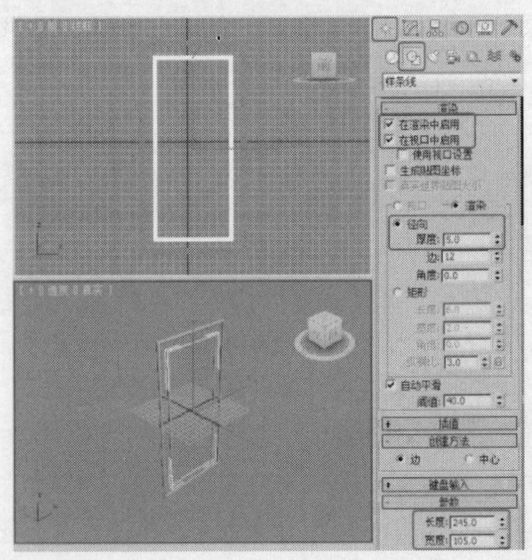

图 3-35

STEP 3 在“前”视图中创建如图3-36所示的线，设置“径向”厚度均为2，并调整线至合适的位置。

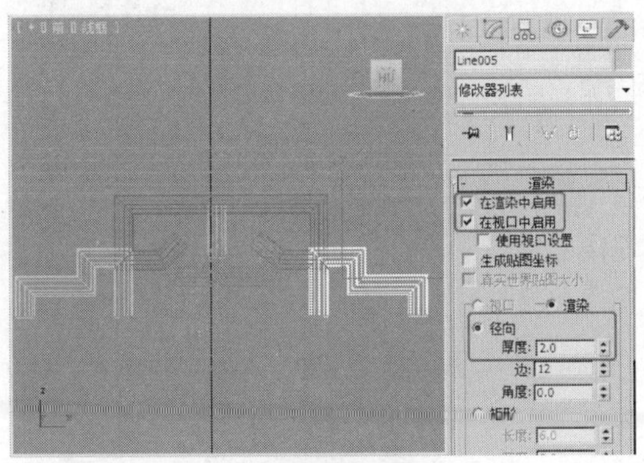

图 3-36

STEP 4 选择其中一条线，切换到（修改）命令面板，将选择集定义为“样条线”，在“几何体”卷展栏中单击“附加”按钮，附加线，如图3-37所示。

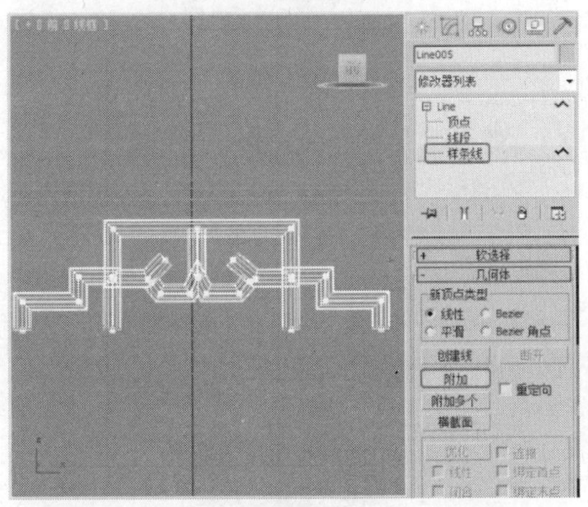

图 3-37

STEP 5 复制并调整图形至合适的位置，如图3-38所示。

STEP 6 在“前”视图中创建如图3-39所示的线，设置“径向”厚度均为2，并调整线至合适的位置。

STEP 7 选择其中一条线，切换到（修改）命令面板，将选择集定义为“样条线”，在“几何体”卷展栏中单击“附加”按钮，附加线，如图3-40所示。

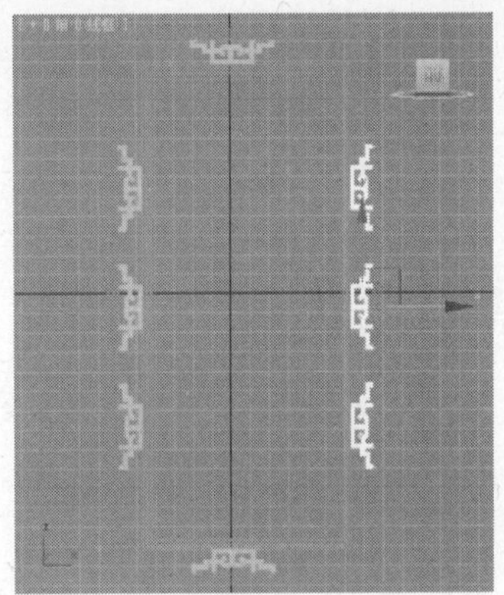

图 3-38

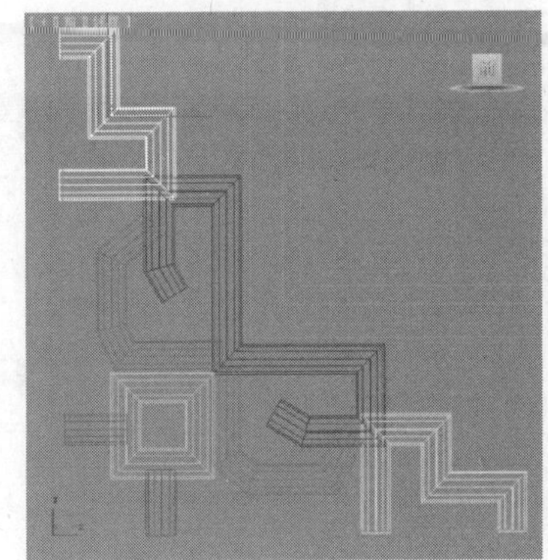

图 3-39

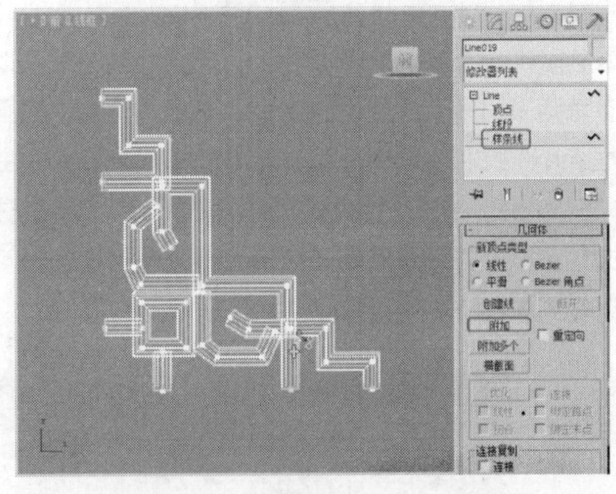

图 3-40

STEP 8 复制并调整图形至合适的位置，如图3-41所示。

STEP 9 单击“（创建）>（几何体）>长方体”按钮，在“前”视图中创建长方体，在“参数”卷展栏中设置“长度”为245、“宽度”为105、“高度”为0.5，并调整模型至合适的位置，如图3-42所示。

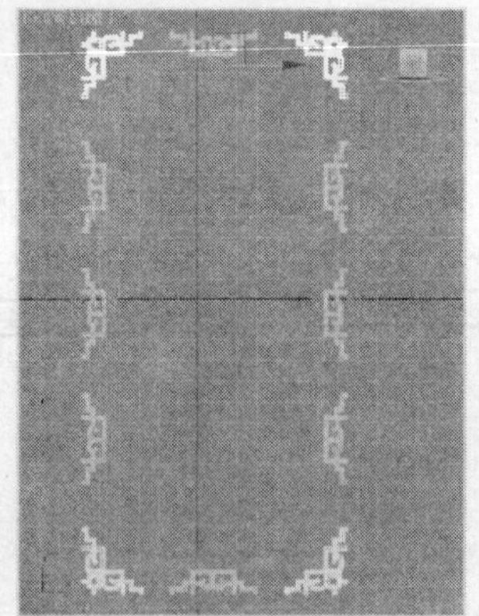

图 3-41

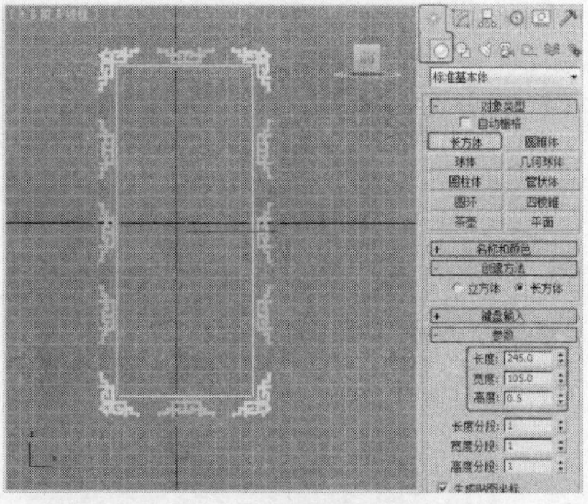

图 3-42

STEP 10 复制并调整仿古中式画框模型位置，完成效果如图3-43所示。完成的场景模型可以参考随书附带光盘中的“Scene\cha03\仿古中式画框.max”文件。同时还可以参考随书附带光盘中的“Scene\cha03\仿古中式画框场景.max”文件，该文件是设置好场景的场景效果文件，渲染该场景可以得到如图3-33所示的效果。

图 3-43

3.2.2 课堂案例——制作调料架

案例学习目标

学习使用矩形、可渲染的样条线工具，结合使用“编辑样条线”、“挤出”、“倒角”修改器制作调料架模型。

案例知识要点

创建矩形并使用“挤出”修改器用于制作底座，复制矩形并使用“编辑样条线”和“倒角”修改器制作框架，使用可渲染的样条线制作提手，完成的模型效果如图 3-44 所示。

图 3-44

效果图文件所在位置

随书附带光盘 Scene\cha03\调料架.max。

STEP 1 单击“（创建）>（图形）>矩形”按钮，在“顶”视图中创建矩形，在“参数”卷展栏中设置“长度”为10、“宽度”为20、“角半径”为4，如图3-45所示。

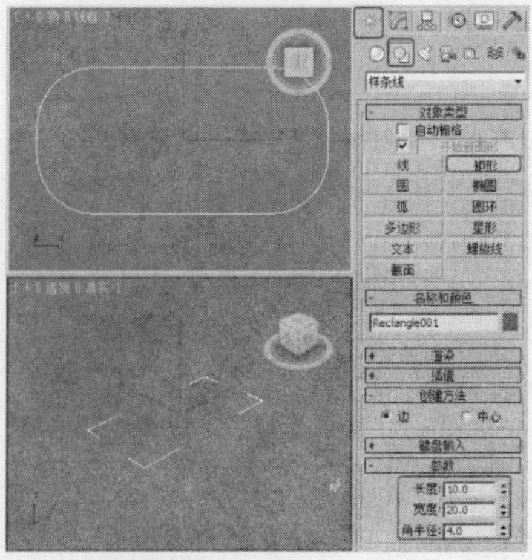

图 3-45

STEP 2 切换到 （修改）命令面板，在“修改器列表”中选择“挤出”修改器，在“参数”卷展栏中设置“数量”为1.5，如图3-46所示。

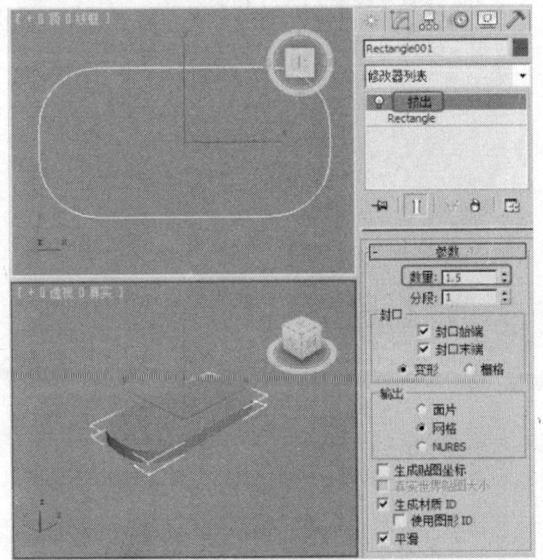

图 3-46

STEP 3 在“顶”视图中选择挤出后的矩形，按Ctrl+V键，在弹出的“克隆选项”卷展栏中选择“复制”单选项，并单击“确定”按钮，如图3-47所示。

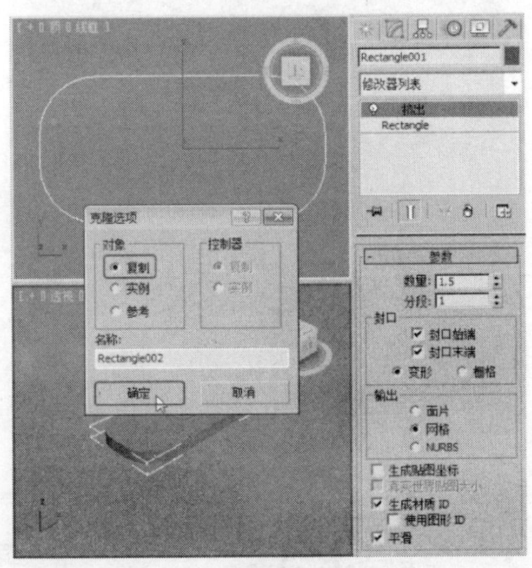

图 3-47

STEP 4 切换到 （修改）命令面板，在修改器堆栈中选择“挤出”修改器，单击 （从堆栈中移除修改器）按钮。在修改器下拉列表中选择“编辑样条线”修改器，将选择集定义为“样条线”，在“几何体”卷展栏中单击“轮廓”按钮，在“顶”视图中单击图形并拖动光标为其设置轮廓，如图3-48所示。

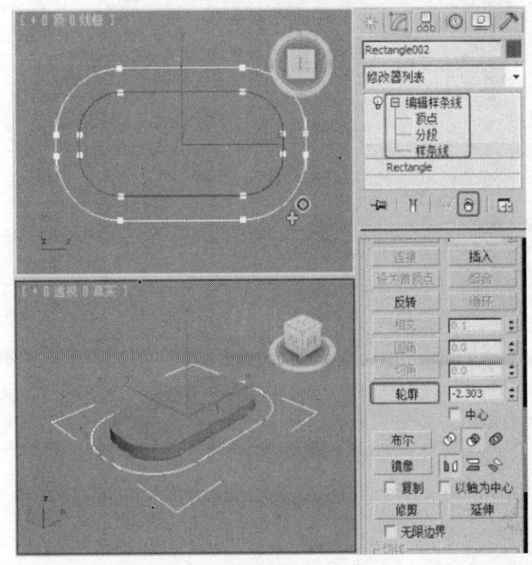

图 3-48

STEP 5 将选择集定义为“顶点”，通过使用“Bezier角点”工具调整顶点位置，如图3-49所示。

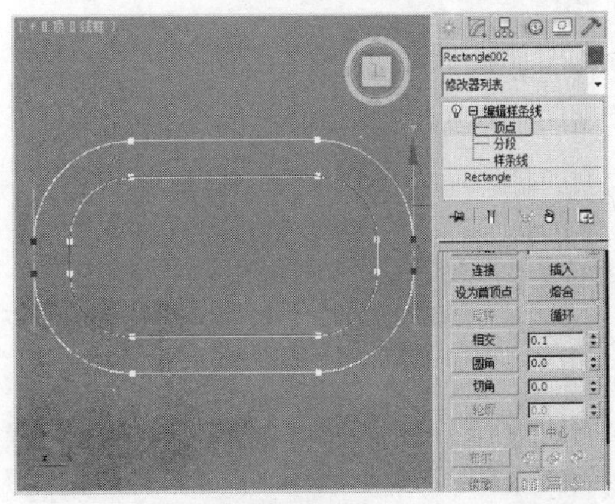

图 3-49

STEP 6 在修改器下拉列表中选择“倒角”修改器，在“参数”卷展栏中选择“曲线侧面”并设置“分段”为3，在“倒角值”卷展栏中设置“级别1”的“高度”为1、“轮廓”为1，设置“级别2”的“高度”为1、“轮廓”为-1，如图3-50所示。

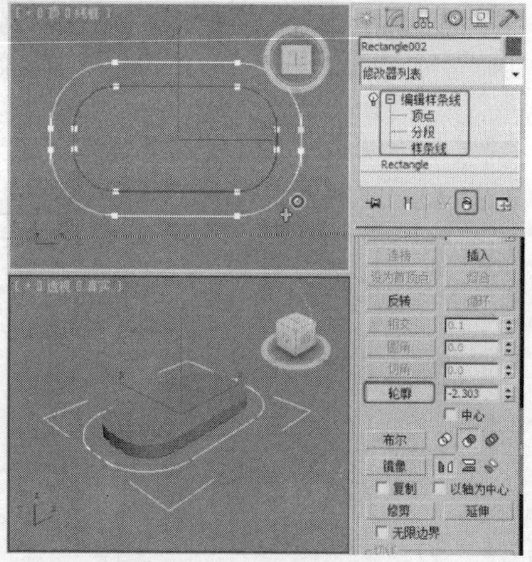

图 3-50

STEP 7 单击“（创建）>（图形）>线”按钮，在“左”视图中创建样条线，在“渲染”卷展栏中勾选“在渲染中启用”、“在视口中启用”复选项，设置“径向”的厚度为0.6，并在“顶”视图中调整图形至合适的位置，如图3-51所示。

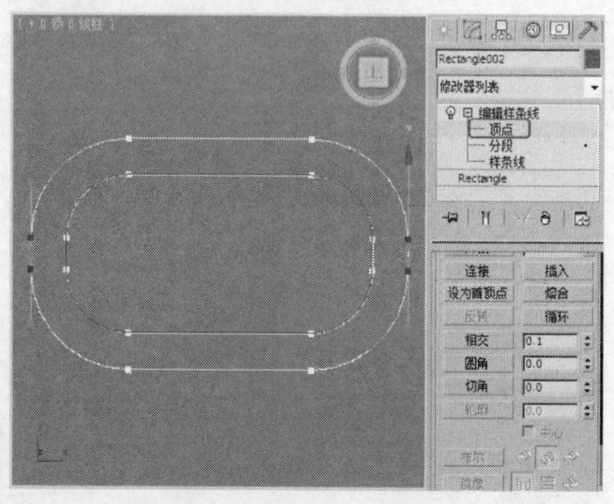

图 3-51

STEP 8 在（修改）命令面板中将线的选择集定义为“顶点”，通过使用“Bezier”工具调整顶点，并单击（选择并移动）按钮调整顶点位置，如图3-52所示。

STEP 9 调整模型后的效果如图3-53所示。完成的场景模型可以参考随书附带光盘中的“Scene\cha03\调料架.max”文件。同时还可以参考随书附带光盘中的“Scene\cha03\调料架场景.max”文件，该文件是设置好场景的场景效果文件，渲染该场景可以得到如图3-44所示的效果。

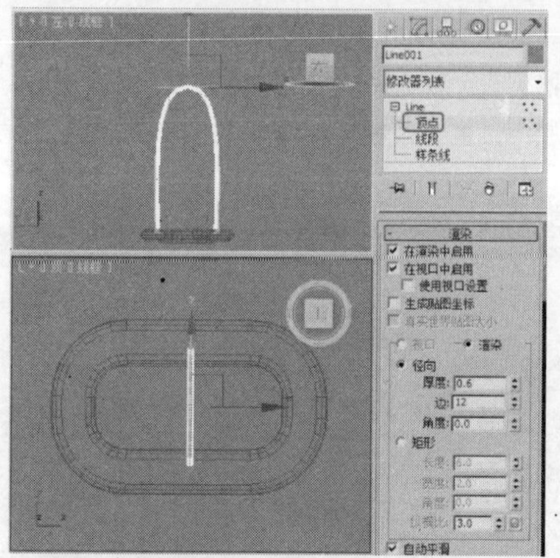

图 3-52

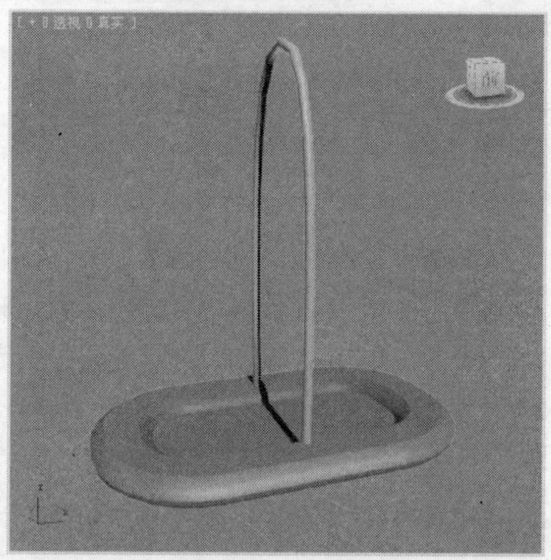

图 3-53

图 3-54

3.3 课堂练习——制作中式柜

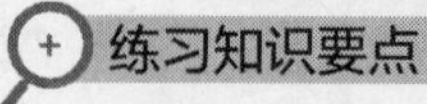

练习知识要点

创建可渲染的样条线制作中式柜的装饰边模

型，使用线创建图形并施加“挤出”修改器制作中式柜模型，完成的中式柜几效果如图 3-54 所示。

效果图文件所在位置

随书附带光盘 Scene\ cha03\中式柜.max。

3.4 课后习题

——制作扶手

习题知识要点

使用线创建图形作为放样图形、使用线作为放样路径制作手扶杆模型，使用可渲染的样条线制作其他的模型，通过使用“编辑多边形”修改器将所有模型附加到一起再施加“路径变形”修改器完成制作扶手模型，完成的扶手效果如图 3-55 所示。

图 3-55

效果图文件所在位置

随书附带光盘 Scene\ cha03\扶手.max。

3ds Max 2012+VRay

4 Chapter

第4章 二维图形生成三维模型

二维图形在效果图制作的过程中是使用频率最高的，在三维模型绘制中同样需要先绘制二维图形，再对二维图形施加一些编辑命令，才能得到计划中的三维模型。本章主要讲解了二维图形生成三维模型的方法和技巧，通过本章内容的学习，可以设计制作出精美的三维模型。

【教学目标】

- 了解修改命令面板的结构。
- 掌握“挤出”修改器的使用方法。
- 掌握“车削”修改器的使用方法。
- 掌握“倒角”修改器的使用方法。
- 掌握“倒角剖面”修改器的使用方法。

4.1 修改命令面板的结构

在制作模型的过程中，往往会碰到这种情况，运用前面学习的方法所创建的对象满足不了目前的需要，那该怎么办呢？在这里，3ds Max 2012 为设计者提供了一系列的修改命令，这些命令又称为修改器，修改器集中放置在修改面板中。在这里，可以对不满意的对象进行修改。

选择需要修改的对象，单击（修改）按钮，进入“修改”命令面板，其结构如图 4-1 所示。

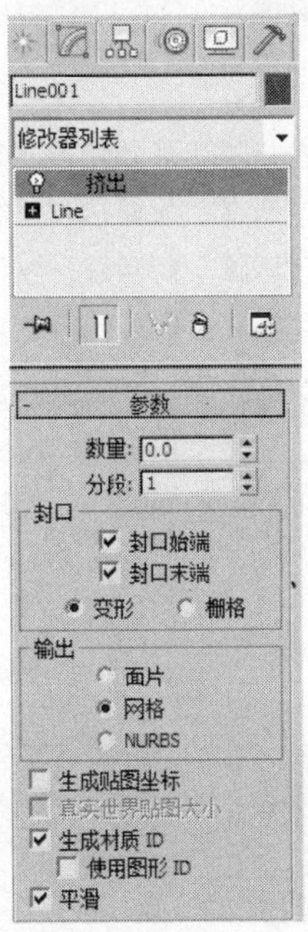

图 4-1

在“修改器列表”下拉列表中选择可以应用于当前对象的修改器。另外，并不是所有的修改器都可以添加给任意模型的，初始对象的属性不同，能施加给该对象的修改器就不同。例如，有的修改器是二维图形的专用修改器，就不能施加给三维对象。

4.1.1 名称和颜色

“修改器列表”可以显示被修改三维模型的名称和颜色，在此模型建立时就已存在，可以在文字框中输入新的名称。在 3ds Max 中允许同一场景中有相同名称的模型共存。单击（颜色）按钮，可以弹出颜色选择对话框，用于重新确定模型的线框颜色。

4.1.2 修改器堆栈

堆栈是一个计算机术语，在 3ds Max 中被称为“修改器堆栈”，主要用来管理修改器。修改器堆栈可以理解为对各道加工工序所做的记录，是场景物体的档案。它的功能主要包括 3 个方面。第一，堆栈记录物体从创建至被修改完毕这一全过程所经历的各项修改内容，包括创建参数、修改工具及空间变型，但不包含移动、旋转和缩放操作。第二，在记录的过程中，保持各项修改过程的顺序，即创建参数在最底层，其上是各修改工具，最顶层是空间变型。第三，堆栈不但按顺序记录操作过程，而且可以随时返回其中的某一步骤进行重新设置。

子物体：是指构成物体的元素。对于不同类型的物体，子物体的划分也不同，如二维物体的子物体分为“顶点”、“分段”和“样条线”，而三维物体的子物体分为“顶点”、“边”、“边界”、“多边形”、“元素”等。

堆栈列表：位于修改面板的最上方。选择一个物体，单击（修改）按钮，此“修改”命令面板如图 4-1 所示，下端为修改工具栏，上端为堆栈面板。

“修改器堆栈”中的工具按钮介绍如下。

（锁定堆栈）：在对物体进行修改时，选择哪个物体，在堆栈中就会显示哪个物体的修改内容，当激活此项时，会把当前物体的堆栈内容固定在堆栈表内不做改变。

（显示最终结果开/关切换）：单击该按钮，将显示场景物体的最终修改结果（做图时经常使用）。

（使唯一）：单击该按钮，当前物体会断开与其他被修改物体的关联关系。

（从堆栈中移除修改器）：从堆栈列表中删除所选择的修改命令。

（配置修改器集）：单击此按钮会弹出修改器分类列表。

为了优化堆栈，在建模完毕后可以将物体的所有“记录”合并，此时场景物体将被转换为“可编辑网格”物体，这一过程就被称为“塌陷”。塌陷后，便无法通过创建参数对其长、宽、高进行控制，因为它的创建参数已在塌陷过程中消失。

4.1.3 修改器列表

3ds Max 中的所有修改命令都被集中到修改器列表中，单击“修改器列表”出现修改命令的下拉列表，单击相应的命令名称可对当前物体施加选中的修改命令。

4.1.4 修改命令面板的建立

在为模型施加修改命令时，有时候会因为修改列表中的命令太多而无法立即找不到想要的修改命令，那么有没有一种快捷的方法，可以将平时常用的修改命令存储起来，在用的时候可以快速找到呢？在这里，3ds Max 2012 为用户提供了可以自行建立修改命令面板的功能，它是通过“配置修改器集”对话框来实现的。通过该对话框，用户可以在一个对象的修改器堆栈内复制、剪切和粘贴修改器，或将修改器粘贴到其他对象堆栈中，还可以给修改器取一个新名字以便记住编辑的修改器。

STEP 1 单击命令面板中的（修改）按钮，再单击（配置修改器集）按钮，在弹出的下拉菜单中选择“显示按钮”命令，如图4-2所示。

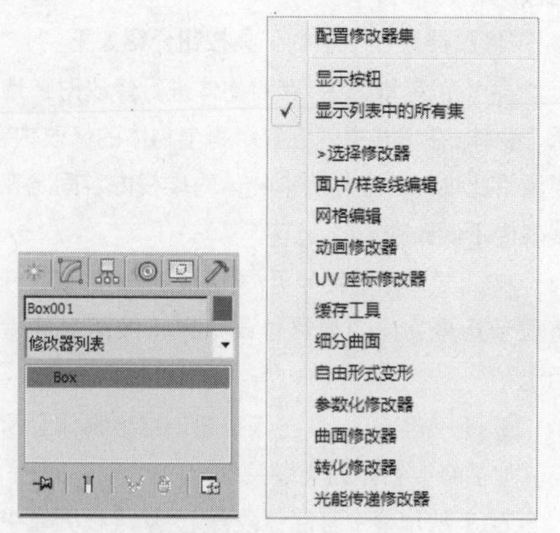

图 4-2

STEP 2 此时在“修改”命令面板中出现了一个默认的命令面板，如图4-3所示。

这个“修改”命令面板中提供的修改命令，是系统默认的一些修改器命令，基本上是用不到的。下面将常用的“修改”命令设置为一个面板，如“挤出”、“车削”、“倒角”、“弯曲”、“锥化”、“晶格”、“编辑网格”、“FFD（长方体）”等修改器。

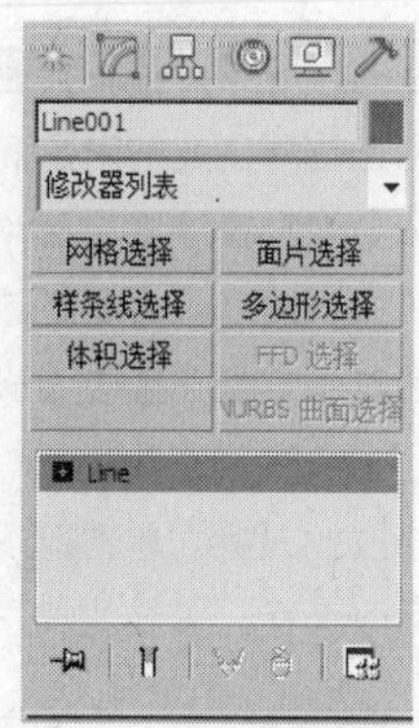

图 4-3

STEP 3 单击（配置修改器集）按钮，在弹出的下拉菜单中选择“配置修改器集”命令，此时弹出“配置修改器集”对话框，在“修改器”列表框中选择所需要的修改器，然后将其拖曳到右侧的按钮上，如图4-4所示。

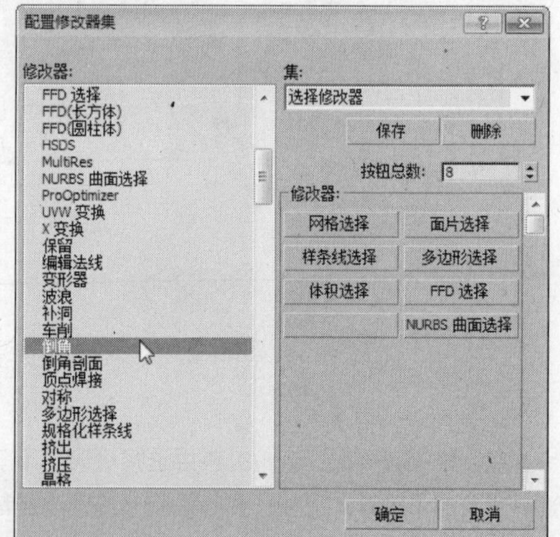

图 4-4

STEP 4 用同样的方法将所需要的修改器拖过去，按钮的个数也可以设置，设置完成后可以将这个“修改”命令面板保存起来，如图4-5所示。

这样，“修改”命令面板就建立好了，用户操作时就可以直接单击“修改”命令面板上的相应命令。一个专业的设计师或绘图员，都会设置一个自己常用的命令面板，这样可以直观、方便地找到所需要的修改命令，而不需要到“修改器”列表中寻找了。

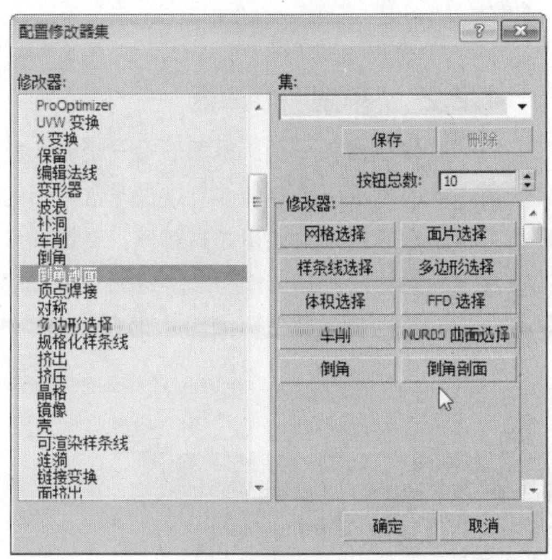

图 4-5

如果不想显示“修改”命令面板，可以单击（配置修改器集）按钮，在弹出的下拉菜单中选择“显示按钮”命令，即可将面板隐藏起来。

4.2 常用修改器

上面讲述了（修改）命令面板的基本结构及如何建立（修改）命令面板等，但是如果想让模型的形体发生一些变化，以生成一些奇特的模型，那么必须给该物体施加相应的修改器。下面学习一些常用的修改器。

4.2.1 “挤出”修改器

“挤出”修改器的作用是使二维图形沿着其局部坐标系的 z 轴方向给它增加一个厚度，还可以沿着挤出方向为它指定段数，如果二维图形是封闭的，可以指定挤出的物体是否有顶面和底面，如图 4-6 所示。

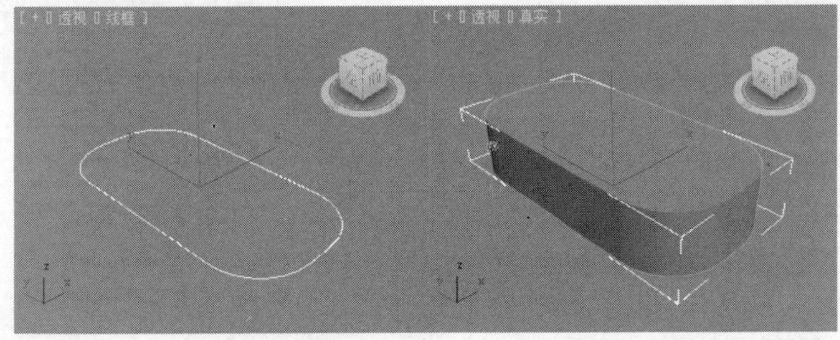

图 4-6

首先在视图中创建一条封闭的线形或者创建一个其他二维图形，并确认该线形处于被选中状态，然后单击（修改）按钮，进入“修改”命令面板，在“修改器列表”下拉列表中选择“挤出”修改器即可。“挤出”修改器的参数面板如图 4-7 所示。

“参数”卷展栏中各选项功能介绍如下。

⊙ 数量：设置物体挤出的厚度。

⊙ 分段：设置挤出厚度上的片段划分数。

⊙ 封口始端：在顶端截面封盖物体。

⊙ 封口末端：在底端截面封盖物体。

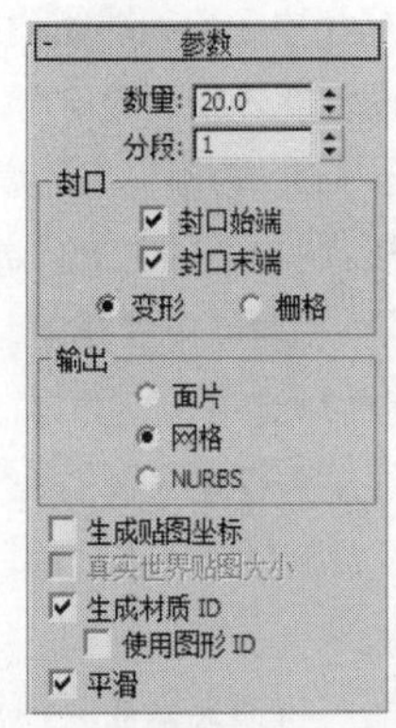

图 4-7

⊙ 变形：用于变形动画的制作，保证点面数恒定不变。

⊙ 栅格：对边界线进行重排列处理，以最精简的点面数来获取优秀的模型。

⊙ 面片：将挤出物体输出为面片模型，就可以使用“编辑面片”修改命令编辑物体。

⊙ 网格：将挤出物体输出为网格模型，就可以使用“编辑网格”修改命令编辑物体。

⊙ NURBS：将挤出物体输出为 NURBS 模型。

⊙ 生成贴图坐标：可为挤出物体指定贴图坐标。

⊙ 生成材质 ID：对顶盖指定 ID 号为 1，对底盖指定 ID 号为 2，对侧面指定 ID 号为 3。

⊙ 使用图形 ID：选择该复选项，将使用线形的材质 ID。

⊙ 平滑：使物体平滑显示。

二维图形施加“挤出”修改器时，图形必须是封闭的，否则挤出完成后中间是空心的。

4.2.2 “车削”修改器

“车削”修改器将一个二维图形沿一个轴向旋转一周，从而生成一个旋转体。这是非常实用的模型工具，它常用来建立诸如高脚杯、装饰柱、花瓶及一些对称的旋转体模型。旋转的角度可以是 0° ~360° 的任何数值，如图 4-8 所示。

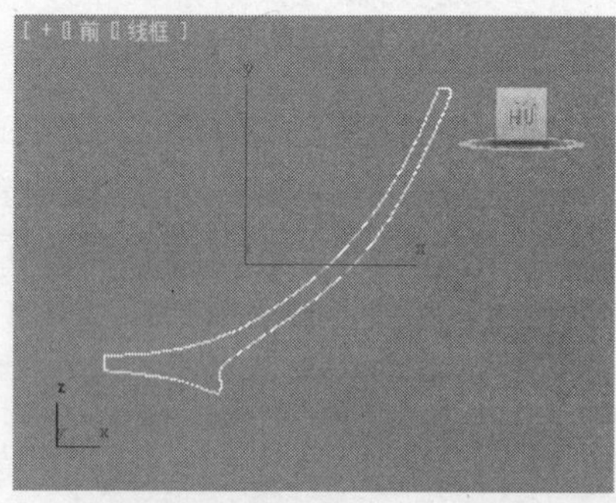

图 4-8

首先在视图中绘制出要制作模型的剖面线，封闭或不封闭的线形都可以，但效果不一样。确认该线形处于被选中状态，然后进入 （修改）命令面板，在“修改器列表”下拉列表中选择“车削”修改器即可。其参数面板如图 4-9 所示。

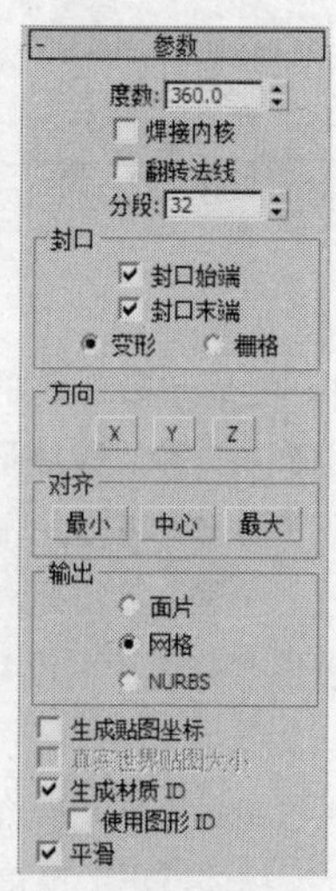

图 4-9

“参数”卷展栏中各选项功能介绍如下。

⊙ 度数：设置旋转成形的角度，360° 为一个完整环形，小于 360° 为不完整的扇形。

⊙ 焊接内核：将中心轴向上重合的点进行焊接精减，以得到结构相对简单的模型，如果要作为变形物体，不能将此项选中。

⊙ 翻转法线：将模型表面的法线方向反向。

⊙ 分段：设置旋转圆周上的片段划分数。值越高，模型越平滑。

⊙ 封口始端：将顶端截面封顶加盖。

⊙ 封口末端：将底端截面封顶加盖。

⊙ 变形：不进行面的精简计算，不能用于变形动画的制作。

⊙ 栅格：进行面的精简计算，不能用于变形动画的制作。

⊙ X、Y、Z：单击不同的轴向，得到不同的效果。

⊙ 最小：将曲线内边界与中心轴对齐。

⊙ 中心：将曲线中心与中心轴对齐。

⊙ 最大：将曲线外边界与中心轴对齐。

⊙ 面片：将旋转成形的物体转化为面片模型。

⊙ 网格：将旋转成形的物体转化为网格模型。

⊙ NURBS：将旋转成形的物体转化为 NURBS 曲面模型。

⊙ 生成贴图坐标：为旋转的物体指定内置式贴图坐标。

⊙ 生成材质 ID：为模型指定特殊的材质 ID 号，两端面指定为 ID1、ID2，侧面指定为 ID3。

⊙ 使用图形 ID：选择该复选项，将使用线形的材质 ID。

⊙ 平滑：设置物体是否平滑显示。

4.2.3 “倒角”修改器

“倒角”修改器可以使线形模型增长一定的厚度以形成立体模型，还可以使生成的立体模型产生一定的线形或圆形倒角，如图 4-10 所示。

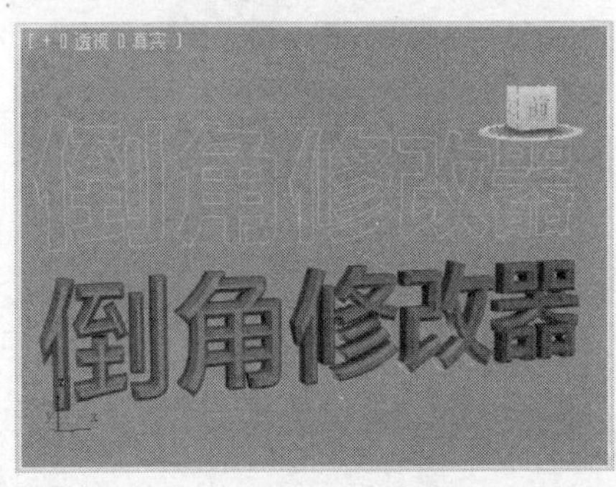

图 4-10

首先在视图中绘制一条封闭的线形或者绘制一个其他的二维图形，确认该图形处于被选中状态，然后单击 （修改）按钮，进入“修改”命令面板，在“修改器列表”下拉列表中选择“倒角”修改器即可。其参数面板如图 4-11 所示。

“参数”卷展栏中各选项功能介绍如下。

⊙ 始端：将开始截面封顶加盖。

⊙ 末端：将结束截面封顶加盖。

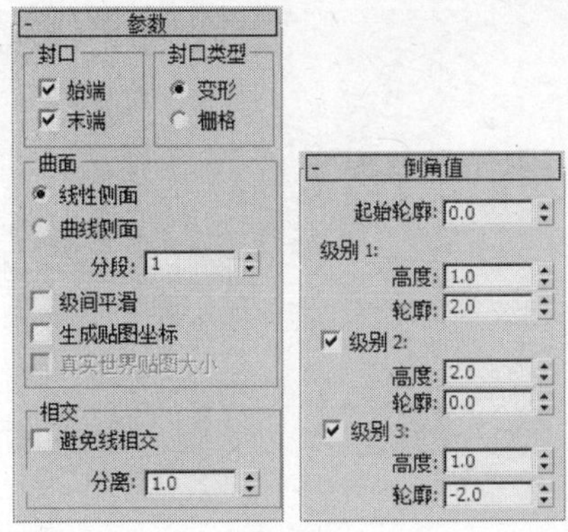

图 4-11

⊙ 变形：不处理表面，以便进行变形操作，制作变形动画。

⊙ 栅格：进行表面栅格处理，它产生的渲染效果要优于变形方式。

⊙ 线性侧面：设置倒角内部片段划分为直线方式。

⊙ 曲线侧面：设置倒角内部片段划分为曲线方式。

⊙ 分段：设置倒角内部的片段划分数。

⊙ 级间平滑：对倒角进行平滑处理，但总保持顶盖不被平滑。

⊙ 生成贴图坐标：使用内置式贴图坐标。

⊙ 避免线相交：选择此复选项，可以防止锐折角部位产生的突出变形。

⊙ 分离：设置两个边界线之间保持的距离间隔，以防止越界交叉。

“倒角值”卷展栏介绍如下。

⊙ 起始轮廓：设置原始线形的外轮廓大小。如果它大于 0，外轮廓加粗；如果小于 0，外轮廓变细；等于 0，外轮廓将保持原始线形的大小不变。

⊙ 级别 1、级别 2、级别 3：分别设置 3 个级别的高度和轮廓大小。

4.2.4 “倒角剖面”修改器

它是一个从倒角工具中衍生出来的修改器，要求提供一个截面路径作为倒角的轮廓线，有些类似于后面要讲解的“放样”命令，但在制作完成后这条剖面线不能被删除，否则斜切轮廓后的模型就会一起被删除，如图 4-12 所示。

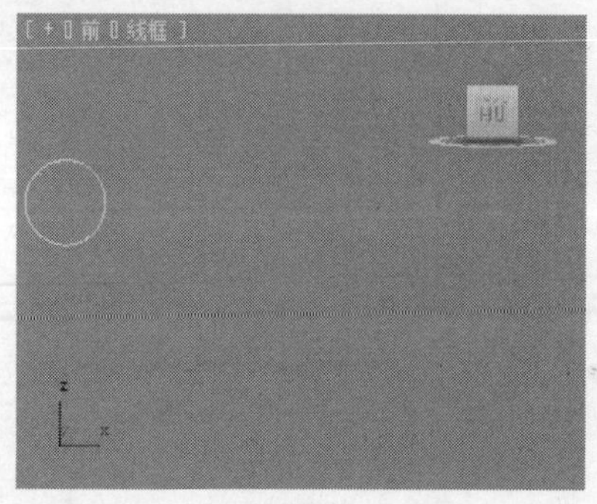
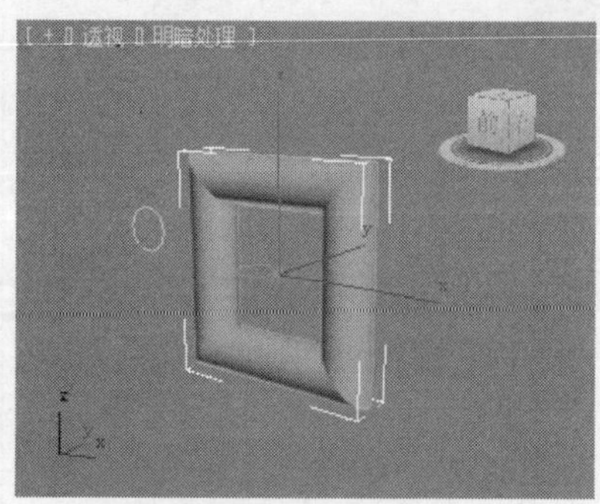

图 4-12

首先在视图中创建两个图形，一条作为它的路径，另一条作为它的剖面线，并确认该路径处于被选中状态。然后单击 （修改）按钮，进入“修改”命令面板，在“修改器列表”下拉列表中选择“倒角剖面”修改器，然后在视图中单击轮廓线，即可生成物体。其参数面板如图 4-13 所示。

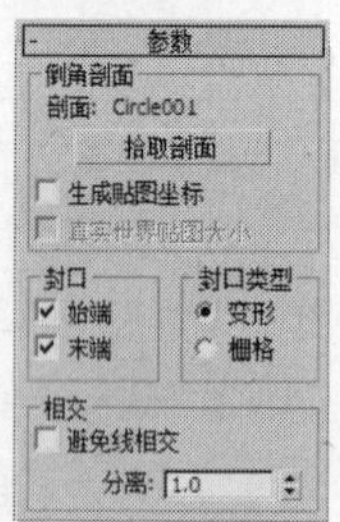

图 4-13

“参数”卷展栏中各选项功能介绍如下。

⊙ 拾取剖面：在为图形指定了“倒角剖面”修改器后，单击“拾取剖面”按钮，可在视图中选取作为倒角剖面线的图形。

⊙ 始端：将开始截面封顶加盖。

⊙ 末端：将结束截面封顶加盖。

⊙ 变形：不处理表面，以便进行变形操作，制作变形动画。

⊙ 栅格：进行表面栅格处理，它产生的渲染效果要优于 Morph 方式。

⊙ 避免线相交：选中此选项，可以防止尖锐折角产生的突出变形。

⊙ 分离：设置两个边界线之间保持的距离间隔，以防止越界交叉。

4.2.5 课堂案例——制作啤酒瓶

案例学习目标

学习使用线工具，结合使用“车削”修改器制作啤酒瓶模型。

案例知识要点

创建线并使用“车削”修改器制作啤酒瓶，完成的模型效果如图 4-14 所示。

图 4-14

效果图文件所在位置

随书附带光盘 Scene\ cha04\啤酒瓶.max。

STEP 1 单击“ （创建）> （图形）>线”按钮，在“前”视图中创建如图4-15所示的图形。

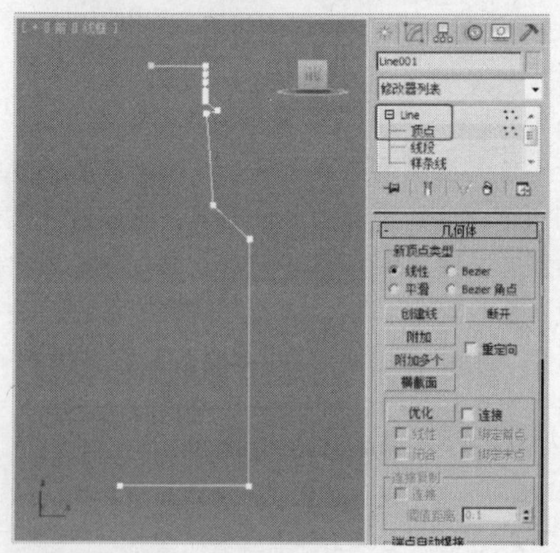

图 4-15

STEP 2 切换到（修改）命令面板，将选择集定义为“顶点”，在“前”视图中通过使用“Bezier角点”、“Bezier”工具调整顶点位置，如图4-16所示。

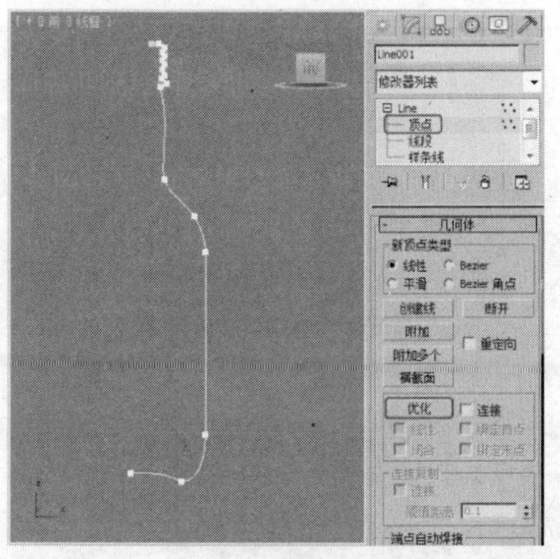

图 4-16

STEP 3 将选择集定义为“样条线”，在“几何体”卷展栏中单击“轮廓”按钮，在“前”视图中单击鼠标左键并拖动光标为其设置轮廓，如图4-17所示。

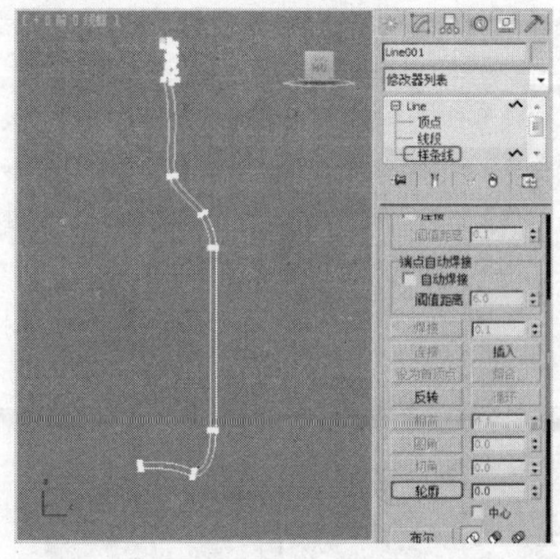

图 4-17

STEP 4 将选择集定义为“顶点”在场景中调整顶点位置，如图4-18所示。

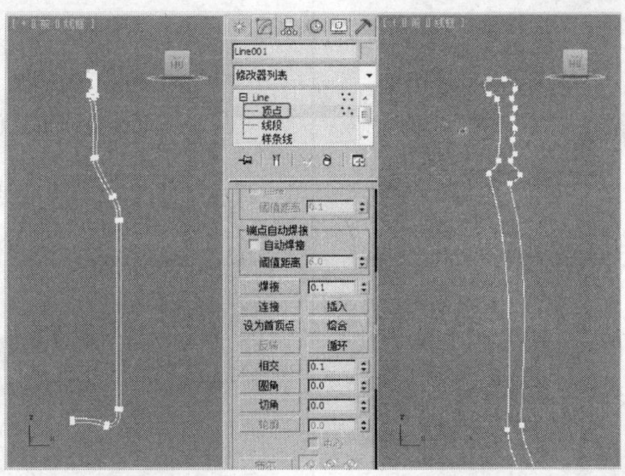

图 4-18

STEP 5 对模型施加“车削”修改器，在“参数”卷展栏中设置“方向”为y轴、“对齐”为最小、“分段”为30，如图4-19所示。完成的场景模型可以参考随书附带光盘中的“Scene\cha04\啤酒瓶.max”文件。同时还可以参考随书附带光盘中的“Scene\cha04\啤酒瓶场景.max”文件，该文件是设置好场景的场景效果文件，渲染该场景可以得到如图4-14所示的效果。

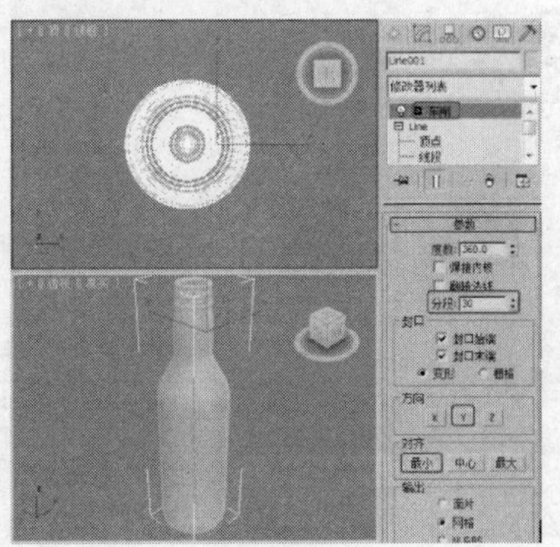

图 4-19

4.2.6 课堂案例——制作低柜

案例学习目标

学习使用长方体、矩形、线工具，结合使用“编辑样条线”、“挤出”、“倒角”修改器制作低柜模型。

案例知识要点

使用长方体制作低柜框架和玻璃，使用“编辑样条线”修改器编辑矩形并对其施加“挤出”修改器制作窗框，创建线并使用“倒角”修改器制作底架，完成的模型效果如图 4-20 所示。

图 4-20

效果图文件所在位置

随书附带光盘 Scene\ cha04\低柜.max。

STEP 1 单击“（创建）>（几何体）>长方体”按钮，在“顶”视图中创建长方体，在“参数”卷展栏中设置“长度”为50、“宽度”为300、“高度”为3，如图4-21所示。

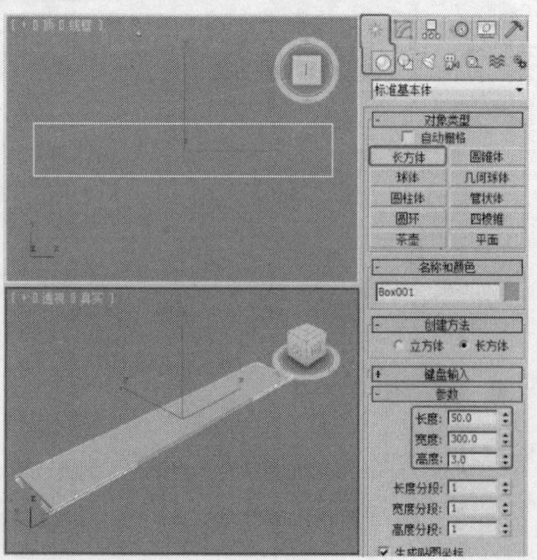

图 4-21

STEP 2 单击（选择并移动）按钮并选择长方体，在“前”视图中按住Shift键并沿y轴移动模型，在弹出的“克隆选项”对话框中选择“实例”，单击“确定”按钮，如图4-22所示。

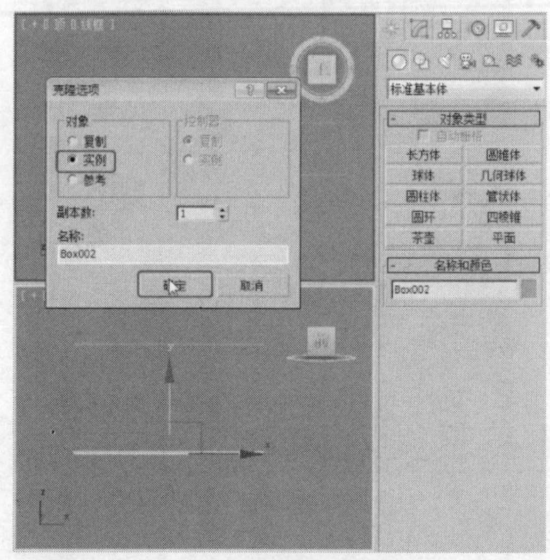

图 4-22

STEP 3 单击“（创建）>（几何体）>长方体”按钮，在“左”视图中创建长方体，在“参数”卷展栏中设置“长度”为100、“宽度”为50、“高度”为3，如图4-23所示。

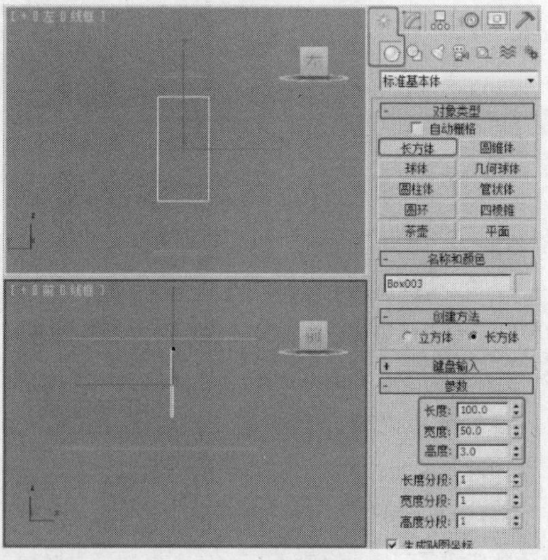

图 4-23

STEP 4 复制长方体003模型，并在场景中调整所有模型至合适的位置，如图4-24所示。

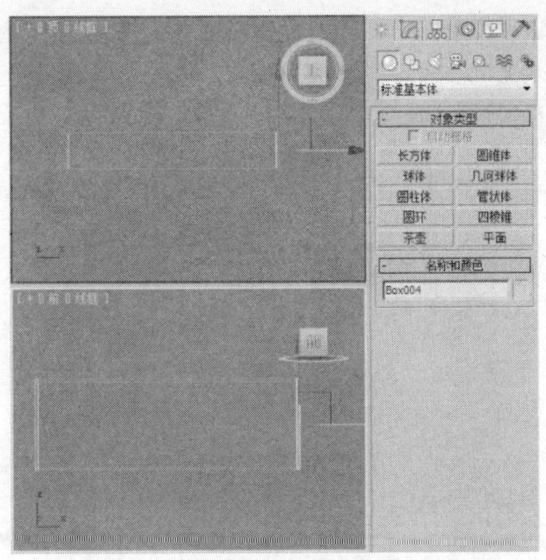

图 4-24

STEP 5 复制顶部的长方体并修改其参数，在“参数”卷展栏中设置“长度”为3、“宽度”为300、“高度”为100，并调整模型至合适的位置，如图4-25所示。

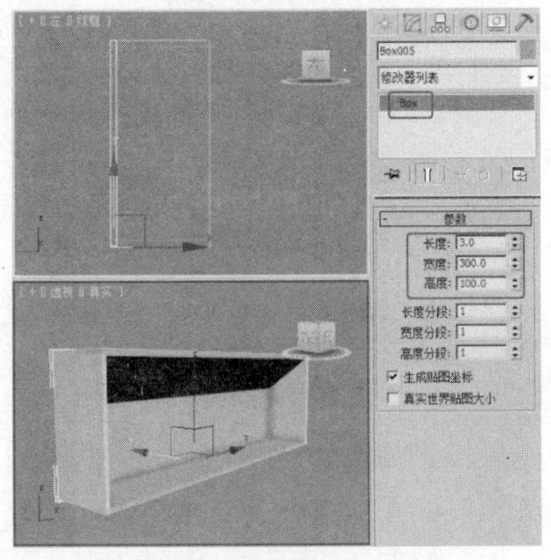

图 4-25

STEP 6 继续复制顶部的长方体并修改参数，在“参数”卷展栏中设置“长度”为47、“宽度”为300、“高度”为2，并调整模型至合适的位置，如图4-26所示。

STEP 7 单击“（创建）>（图形）>矩形”按钮，在“前”视图中创建矩形，在“参数”卷展栏中设置“长度”为94、“宽度”为94，如图4-27所示，并调整矩形至合适的位置。

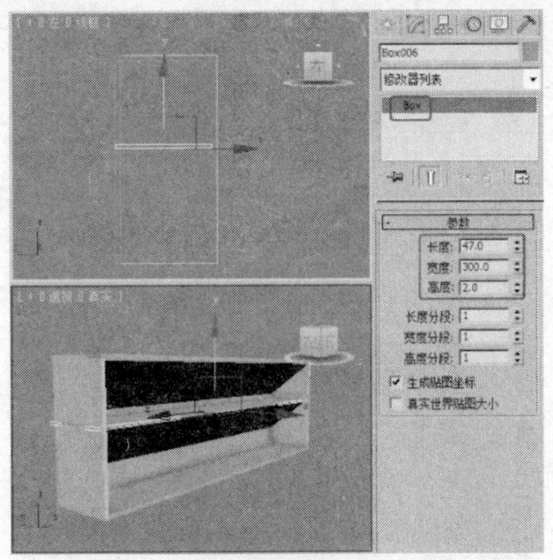

图 4-26

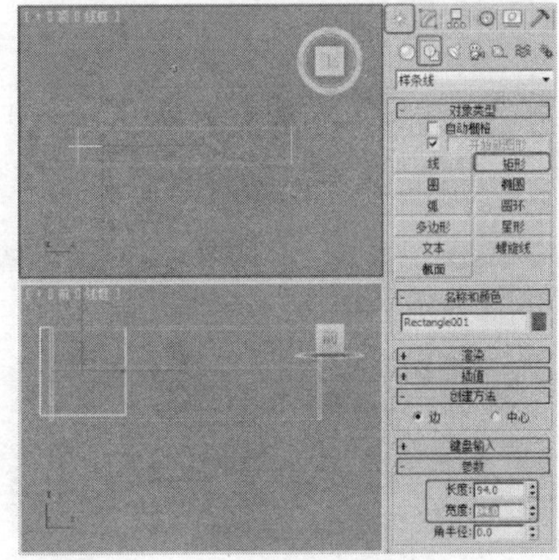

图 4-27

STEP 8 对矩形施加“编辑样条线”修改器，将选择集定义为“样条线”，在“几何体”卷展栏中设置“轮廓”为2，按Enter键，如图4-28所示。

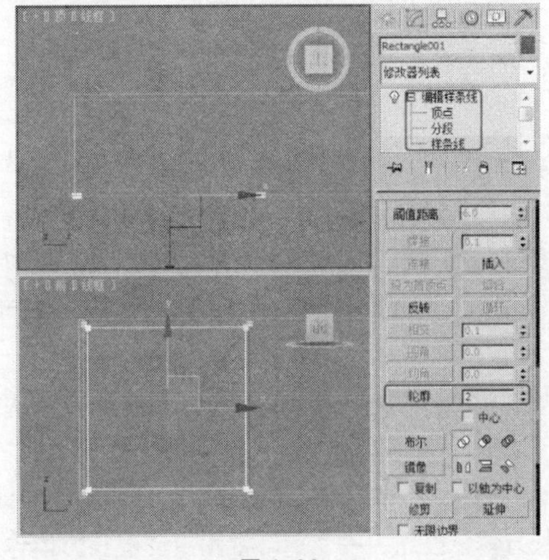

图 4-28

STEP 9 对设置轮廓后的矩形施加“挤出”修改器，在“参数”卷展栏中设置“数量”为3，并在“左”视图中调整模型至合适的位置，如图4-29所示。

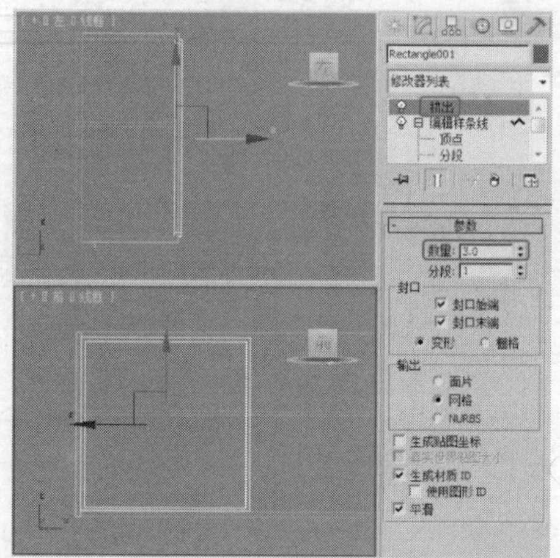

图4-29

STEP 10 在“前”视图中复制并调整模型至合适的位置，如图4-30所示。

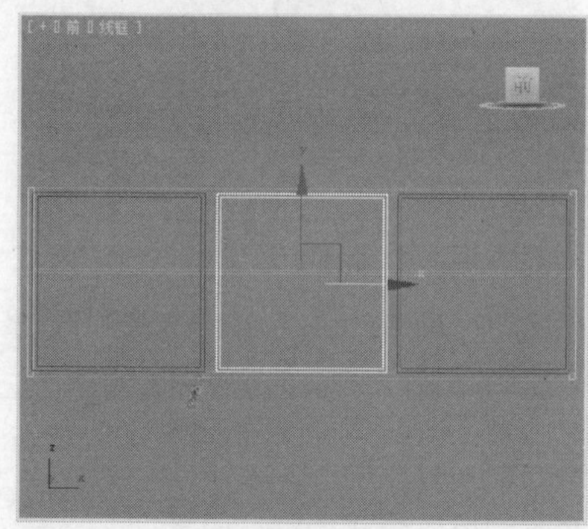

图4-30

STEP 11 单击“（创建）>（几何体）>长方体”按钮，在“前”视图中创建长方体，在“参数”卷展栏中设置“长度”为96、“宽度”为7、“高度”为3，并调整模型至合适的位置，如图4-31所示。

STEP 12 复制长方体007并调整长方体的位置，如图4-32所示。

STEP 13 单击“（创建）>（几何体）>长方体”按钮，在“前”视图中创建长方体作为玻璃模型，在“参数”卷展栏中设置“长度”为93、“宽度”为93、“高度”为0.3，并在场景中调整模型至合适的位置，如图4-33所示。

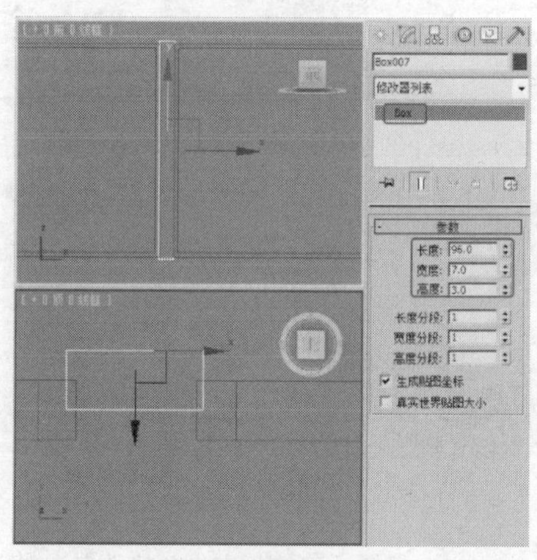

图4-31

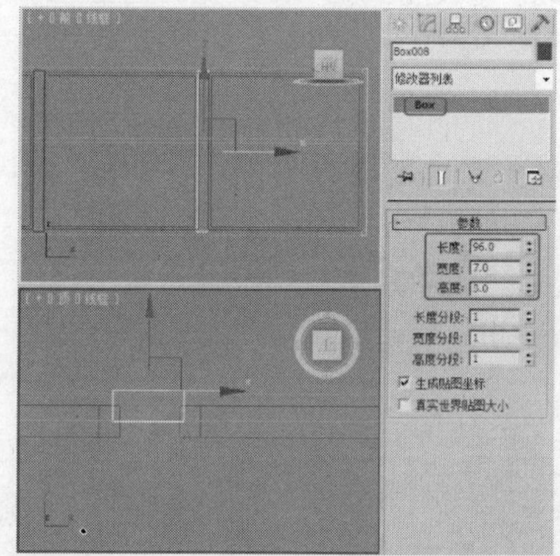

图4-32

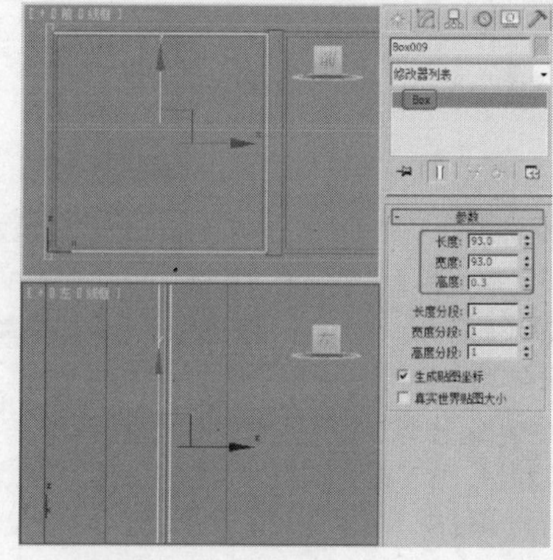

图4-33

STEP 14 复制玻璃模型，并调整复制出模型至合适的位置，如图4-34所示。

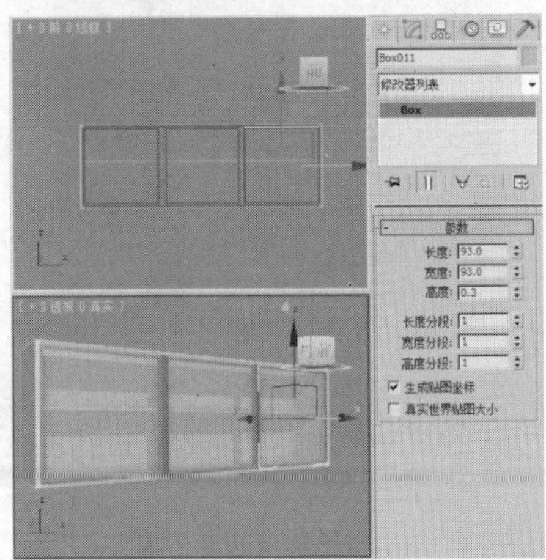

图 4-34

STEP 15 复制底部长方体并修改其参数，在“参数”卷展栏中设置“长度”为50、“宽度”为300、“高度”为8，调整模型至合适的位置，如图4-35所示。

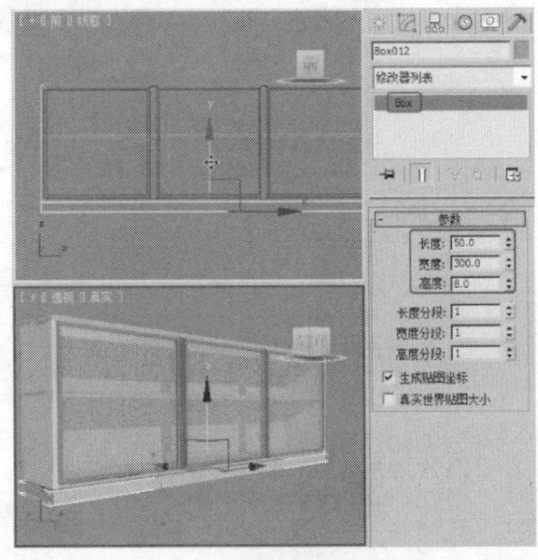

图 4-35

STEP 16 单击“（创建）>（图形）>线”按钮，在“左”视图中创建图形，如图4-36所示。

STEP 17 切换到（修改）命令面板，将选择集定义为“样条线”，单击“轮廓”按钮，在场景中为图形设置轮廓，如图4-37所示。

STEP 18 对图形施加“倒角”修改器，在“倒角值”卷展栏中设置“级别1”的“高度”为1、“轮廓”1；勾选“级别2”，设置“级别2”的“高度”为10；勾选“级别3”，设置“级别3”的“高度”为1、“轮廓”为-1，并调整模型至合适的位置，如图4-38所示。

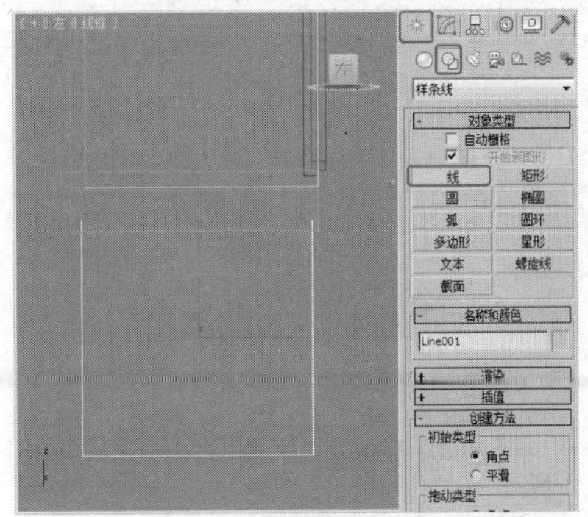

图 4-36

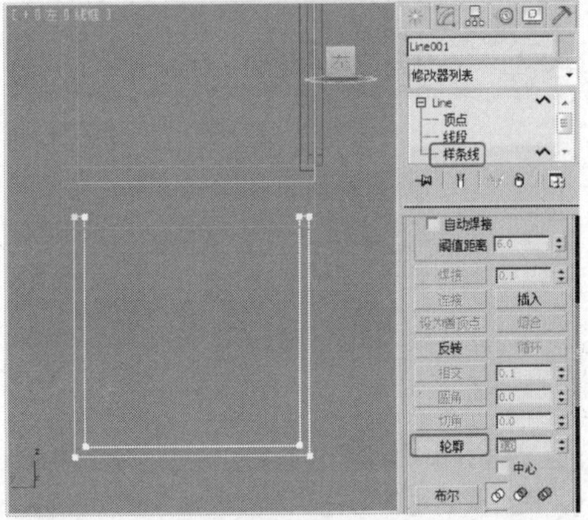

图 4-37

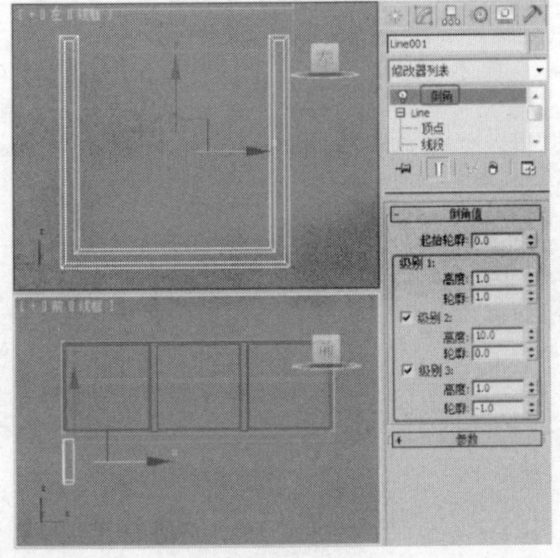

图 4-38

STEP 19 复制线001模型并调整其至合适的位置，如图4-39所示。完成的场景模型可以参考随书附带光盘中的“Scene\cha04\低柜.max”文件。同时还可以参考随书附带光盘中的“Scene\cha04\低柜场景.max”文件，该文件是设置好场景的场景效果文件，渲染该场景可以得到如图4-20所示的效果。

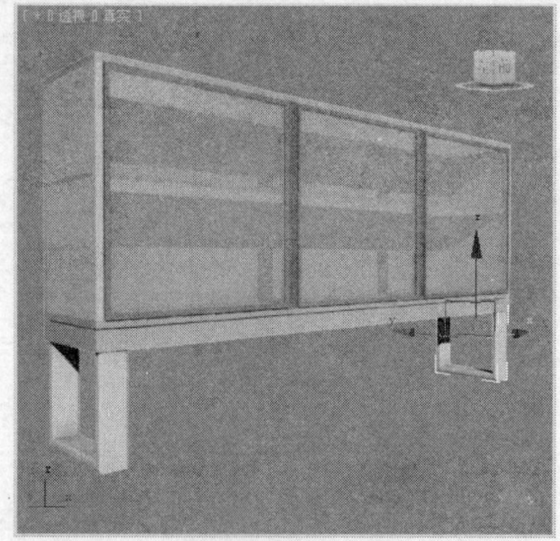

图 4-39

4.3 课堂练习——制作蜡烛

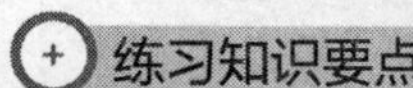

练习知识要点

使用线创建图形并施加“车削”修改器制作蜡烛模型，创建切角圆柱体并施加“FFD（圆柱体）”修改器用于制作烛芯模型，完成的蜡烛效果如图 4-40 所示。

效果图文件所在位置

随书附带光盘 Scene\ cha04\蜡烛.max。

图 4-40

4.4 课后习题——制作花瓶

习题知识要点

使用线创建图形并施加“车削”修改器制作花瓶模型，完成的花瓶效果如图 4-41 所示。

效果图文件所在位置

随书附带光盘 Scene\ cha04\花瓶.max。

图 4-41

3ds Max 2012 + VRay

5 Chapter

第5章 三维模型的常用修改器

通过几何体创建命令创建的三维模型往往不能完全满足效果图制作过程中的需求，因此就需要使用修改器对基础模型进行修改，从而使三维模型的外观更加符合要求。本章主要讲解了常用三维修改器的使用方法和应用技巧。通过本章内容的学习，可以运用常用三维修改器对三维模型进行精细的编辑和处理。

【教学目标】

- 掌握“弯曲”修改器的使用方法。
- 掌握“锥化”修改器的使用方法。
- 掌握“噪波”修改器的使用方法。
- 掌握“晶格”修改器的使用方法。
- 掌握“FFD”修改器的使用方法。
- 掌握“编辑网格”修改器的使用方法。
- 掌握“网格平滑”修改器的使用方法。
- 掌握“涡轮光滑”修改器的使用方法。

5.1 “弯曲”修改器

对选择的物体进行无限度数的弯曲变形操作，并且通过 *X* 轴、*Y* 轴、Z 轴“轴向”控制物体弯曲的角度和方向，可以用“限制”选项组中的两个选项“上限”和，“下限”，限制弯曲在物体上的影响范围，通过这种控制可以使物体产生局部弯曲效果。

首先在顶视图中创建一个三维物体，并确认该物体处于被选中状态，然后切换到（修改）命令面板，在修改器下拉列表中选择“弯曲”修改器即可。其“参数”卷展栏如图 5-1 所示。

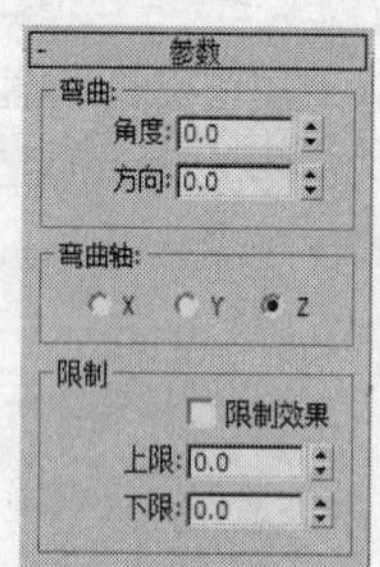

图 5-1

“参数”卷展栏中各选项功能介绍如下。

⊙ 角度：可以在右侧的数值框中输入弯曲的角度，常用值为 0° ~360° 。

⊙ 方向：可以在右侧的数值框中输入弯曲沿自身 *Z* 轴方向的旋转角度，常用值为 0° ~360° 。

⊙ 弯曲轴：“弯曲轴”选项组中有 *X* 轴、*Y* 轴、*Z* 轴 3 个轴向。对于在相同视图建立的物体，选择不同的轴向时，效果也不一样。

⊙ 限制效果：可以对物体指定限制效果，必须选中此复选项才可起作用。

⊙ 上限：将弯曲限制在中心轴以上，在限制区域以外将不会受到弯曲的影响，常用值为 0° ~ 360° 。

⊙ 下限：将弯曲限制在中心轴以下，在限制区域以外将不会受到弯曲影响，常用值为 0° ~ 360° 。

注 意

在施加“弯曲”修改器的时候，物体必须有足够的段数，否则将达不到所需要的效果。

5.2 “锥化”修改器

“锥化”修改器通过缩放物体的两端而产生锥形轮廓进行修改物体，同时还可以加入平滑的曲线轮廓。可以控制锥化的倾斜度、曲线轮廓的曲度，还可以限制局部的锥化效果，并且可以实现物体的局部锥化效果。

首先在顶视图中创建一个三维物体，并确认该物体处于被选中状态，然后切换到（修改）命令面板，在修改器下拉列表中选择“锥化”修改器即可。其“参数”卷展栏如图 5-2 所示。

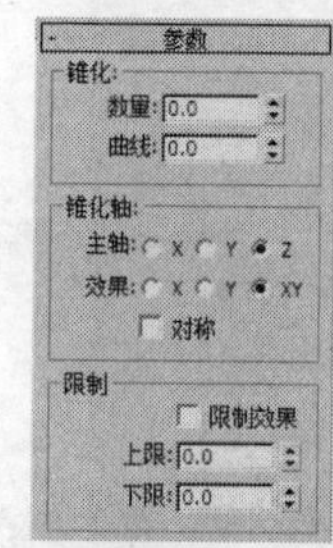

图 5-2

“参数”卷展栏中各选项功能介绍如下。

⊙ 数量：决定锥化倾斜的程度。正值向外，负值向里。

⊙ 曲线：决定锥化轮廓的弯曲程度。正值向外，负值向里。

⊙ 主轴：设置基本依据轴向。有 *X* 轴、*Y* 轴、*Z* 轴 3 个轴向可供选择。

⊙ 效果：设置影响效果的轴向。有 *X*、*Y*、*XY* 3 个轴向可供选择。

⊙ 对称：围绕主轴产生对称锥化。锥化始终围绕影响轴对称，默认设置为禁用状态。

⊙ 限制效果：对锥化效果启用上下限。

⊙ 上限：设置上部边界，此边界位于锥化中心点上方，超出此边界锥化不再影响几何体。

⊙ 下限：设置下部边界，此边界位于锥化中心点下方，超出此边界锥化不再影响几何体。

5.3 “噪波”修改器

运用“噪波”修改器对物体进行“噪波”修改，可以使物体表面各点在不同方向进行随机变动，使物体产生不规则的凹凸表面，以产生凹凸不平的效果。通常用“噪波”修改器制作山峰、水纹、布料的褶皱等。

首先在“顶”视图中创建一个三维物体，并确认该物体处于被选中状态，然后切换到（修改）命令面板，在修改器下拉列表中选择“噪波”修改器即可。其“参数”卷展栏如图 5-3 所示。

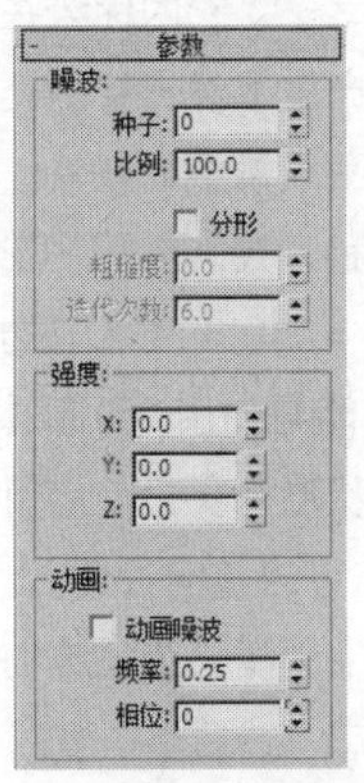

图 5-3

“参数”卷展栏中各选项功能介绍如下。

⊙ 种子：从设置的数值中生成一个随机起始点。在创建地形时尤其有用，因为每种设置都可以生成不同的配置。

⊙ 比例：设置噪波影响的尺寸。值越大，产生的影响越平滑；值越小，产生的影响越尖锐。

⊙ 分形：根据当前设置产生分形效果，默认设置为禁用状态。

⊙ 粗糙度：设置表面起伏的程度。值越大，起伏越剧烈，表面越粗糙。

⊙ 迭代次数：控制分形功能所使用的迭代（或是八度音阶）的数目。较小的迭代次数使用较少的分形能量并生成更平滑的效果。迭代次数为 1.0 时，产生的效果与禁用“分形”效果一致。范围为 1.0~10.0。默认设置为 6.0。

⊙ X、Y、Z：沿着 3 条轴的为每一个轴设置噪波效果的强度。至少为这些轴中的一个轴输入值，以产生噪波效果。默认值为：0.0、0.0、0.0。

⊙ 动画噪波：调节“噪波”和“强度”参数的组合效果。

⊙ 频率：设置正弦波的周期。调节噪波效果的速度，较高的频率使得噪波振动得更快，较低的频率产生较为平滑和更温和的噪波。

⊙ 相位：移动基本波形的开始和结束点。默认情况下，动画关键点设置在活动帧范围的任意一端。通过在“轨迹视图”单击“曲线编辑器（打开）”按钮，编辑这些位置，可以更清楚地看到“相位”的效果。选择“动画噪波”复选项以启用动画播放。

5.4 “晶格”修改器

“晶格”修改器将物体的边与顶点转换为新的三维物体。这种功能对于一些栅格、框架结构建筑的建模很有帮助。“晶格”修改器既可以作用于整个物体，也可以对物体局部进行操作。

通常运用“晶格”修改器制作一些骨架结构，如电视塔、信号塔、室内的支架等。

首先在视图中创建一个三维物体，并确认该物体处于被选中状态，然后单击（修改）按钮，进入“修改”命令面板，在“修改器列表”下拉列表中选择“晶格”修改器即可。其“参数”卷展栏如图 5-4 所示。

“参数”卷展栏中各选项功能介绍如下。

⊙ 应用于整个对象：勾选时将影响全部物体，不勾选可以对局部起作用。

⊙ 仅来自顶点的节点：只影响顶点。

⊙ 仅来自边的支柱：只影响边。

⊙ 二者：影响边与顶点。

⊙ 半径：设置柱化截面的半径大小，即柱化的粗细程度。

⊙ 分段：设置柱化物体长度上的划分段数。

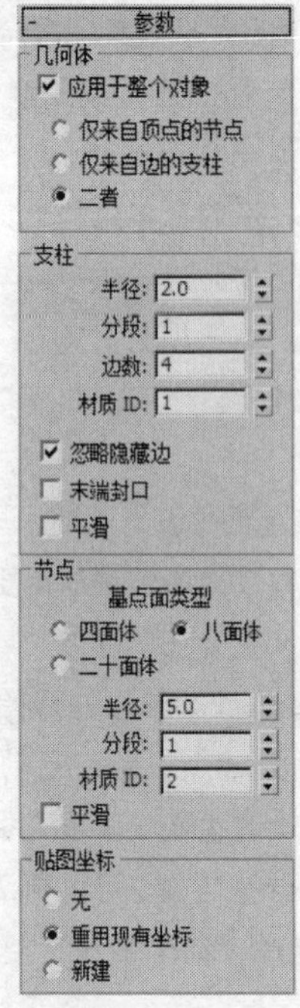

图 5-4

⊙ 边数：设置柱化物体截面图形的边数。

⊙ 材质 ID（支柱）：为柱化物体设置特殊的材质 ID 号。

⊙ 忽略隐藏边：只将可见的边转化为圆柱体。

⊙ 末端封口：为柱化物体两端加盖，使柱化物体成为封闭的物体。

⊙ 平滑：对柱化物体表面进行平滑处理，产生平滑的圆柱体。

⊙ 四面体、八面体、二十面体：设置以何种几何体作为顶点的基本模型，可以选择“四面体”、“八面体”或“二十面体”3 种类型。

⊙ 半径：设置球化物体的大小。

⊙ 分段：设置球化物体的划分段数。值越大，面越多，物体越平滑并更接近于球体。

⊙ 材质 ID（节点）：给顶点设置特殊材质的 ID 号。

⊙ 平滑：对球化物体进行表面平滑处理。

⊙ 无：不指定贴图坐标。

⊙ 重用现有坐标：使用当前物体自身的贴图坐标。

⊙ 新建：为球化物体和柱化物体指定新的贴图坐标，柱化物体的贴图坐标为柱形，球化物体的贴图坐标为球形。

“晶格”修改器与其他的修改器有所不同，它可分别用在二维图形和三维模型上。

5.5 “FFD”修改器

“FFD”修改器不仅作为空间扭曲物体，而且还作为基本变动修改工具，用来灵活地弯曲物体的表面，有些类似于捏泥人的手法。FFD（长方体）在视图中以带控制点的栅格长方体显示，可以移动这些控制点对长方体进行变形，绑定到 FFD（长方体）上的对象因为 FFD（长方体）将会发生变形。

FFD 是 3ds Max 中对栅格对象进行变形修改的最重要的命令之一，它的优势在于通过控制点的移动使栅格对象产生平滑一致的变形。尤其适合用来制作室内效果图场景中的家具。

FFD 分为多种方式，包括 FFD2×2×2、FFD3×3×3、FFD4×4×4、FFD（长方体）和 FFD（圆柱体）。它们的功能与使用方法基本一致，只是控制点数量与控制形状略有变化。常用的是 FFD（长方体），它的控制点可以随意设置。

首先在视图中创建一个三维物体，并确认该物体处于被选中状态，然后单击 （修改）按钮，进入“修改”命令面板，在“修改器列表”下拉列表中选择“FFD（长方体）”修改器即可。其“FFD 参数”卷展栏如图 5-5 所示。

“FFD 参数”卷展栏中各选项功能介绍如下。

⊙设置点数：单击此按钮，将弹出“设置 FFD 尺寸”对话框，在此对话框中可设置长度、宽度和高度的控制点数量。

⊙ 晶格：是否显示控制之间的黄色虚线格。

⊙ 源体积：显示变形盒的原始体积和形状。

⊙ 仅在体内：只有进入 FFD（长方体）内的物体对象顶点才受到变形的影响。

⊙ 所有顶点：物体对象无论是否在 FFD（长方体）内，表面所有顶点都受到变形影响。

⊙ 张力、连续性：调节变形曲线的张力值和连续性。虽然无法看到变形曲线，但可以实时地调节并观看效果。

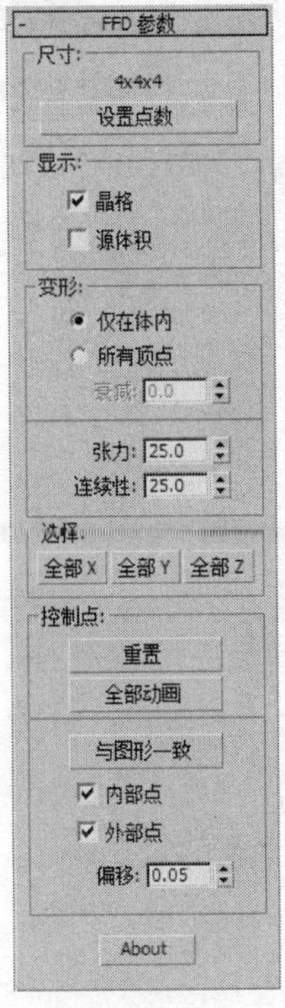

图 5-5

⊙ 全部 X、全部 Y、全部 Z：选定一个控制点时，所有该方向上的控制点都将被选定。可以同时单击两个或三个按钮。

⊙ 重置：恢复参数的默认设置。

5.6 “编辑网格”修改器

“编辑网格”修改器是一个针对三维物体操作的修改器，也是一个修改功能非常强大的命令，最适合创建表面复杂而又无需精度建模的模型。“编辑网格”修改器属于“网格物体”的专用编辑工具，并可根据不同需要使用不同“子物体”和相关的命令进行编辑。

“编辑网格”修改器给用户提供了“顶点”、“边”、“面”、“多边形”和“元素”共 5 种子物体修改方式，这样对物体的修改更加方便。

首先选中要修改的物体，然后切换到（修改）命令面板，在修改器下拉列表中选择“编辑网格”修改器即可。

“编辑网格”修改器共有 4 个卷展栏，分别是“选择”、“软选择”、“编辑几何体”和“曲面属性”，如图 5-6 所示。

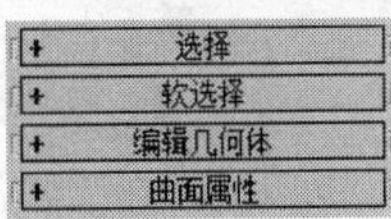

图 5-6

5 种子物体修改方式的介绍如下。

⊙ 顶点：可以完成单点或多点的调整和修改，可对选择的单点或多点进行移动、旋转和缩放变形等操作。向外挤出选择的顶点，物体会向外凸起；向内推进选择的点，物体会向内凹入。单击此按钮，主工具栏中的（选择并移动）、（选择并旋转）、（选择并均匀缩放）按钮可用，通常使用它们来调整物体的形态。

⊙ 边：以物体的边作为修改和编辑的操作基础。

⊙ 面：以物体三角面作为修改和编辑的操作基础。

⊙ 多边形：以物体的方形面作为修改和编辑操作的基础。单击此按钮，该类下有 3 个非常好用的选项，分别是“编辑几何体”卷展栏下的“挤出”、“倒角”和“切割”命令，如图 5-7 所示。

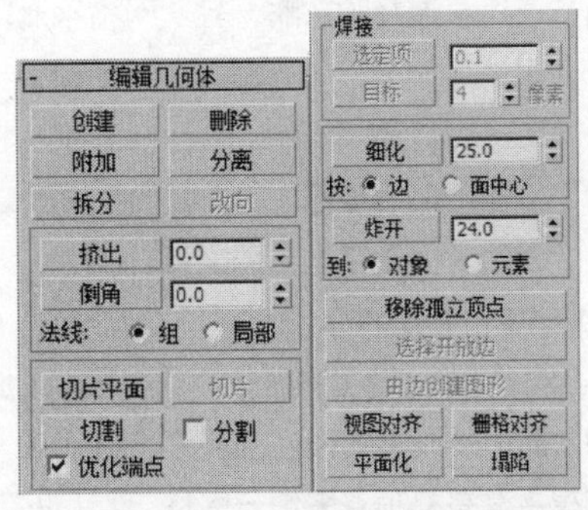

图 5-7

⊙ 元素：指组成整个物体的子栅格物体，可对整个独立体进行修改和编辑操作。

5.7 “网格平滑”修改器

“网格平滑”修改器是一项专门用来给简单的

三维模型添加细节的修改器，最好先用“编辑网格”修改器将模型的大致框架制作出来，然后再用“网格平滑”修改器来添加细节。

首先在视图中创建需要进行网格平滑的三维物体，并确认该物体处于被选中状态，然后切换到（修改）命令面板，在修改器下拉列表中选择“网格平滑”修改器即可。其参数面板如图 5-8 所示。

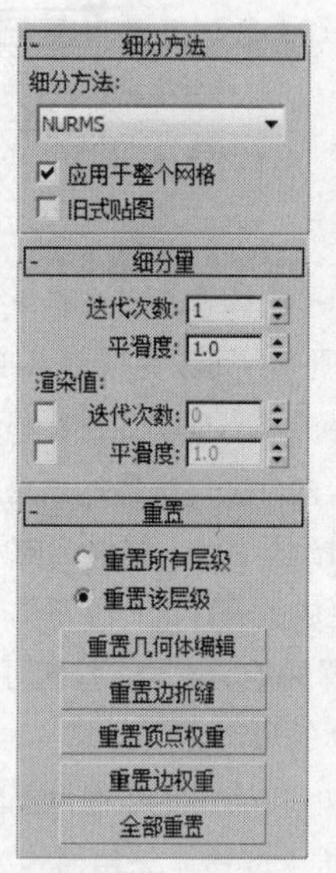

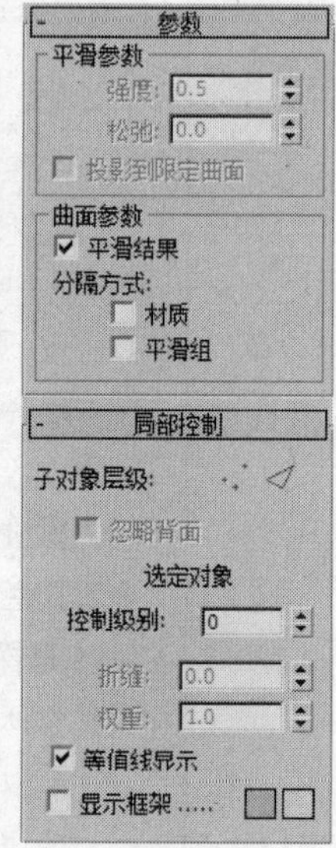

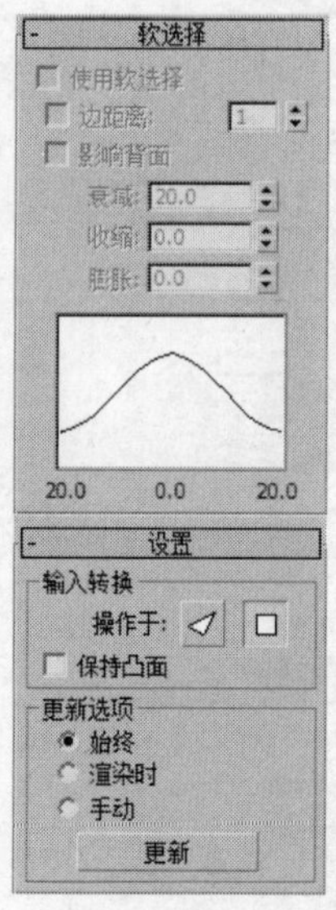

图 5-8

“细分方法”卷展栏中各选项功能介绍如下。

⊙ “细分方法”列表：选择列表中的控件之一，可确定“网格平滑”操作的输出。

⊙ 应用于整个网格：启用时，在堆栈中向上传递的所有子对象选择被忽略，且“网格平滑”应用于整个对象。

⊙ 旧式贴图：使用 3ds Max 版本算法将“网格平滑”应用于贴图坐标。此方法会在创建新面和纹理坐标移动时变形基本贴图坐标。

“细分量”卷展栏介绍如下。

⊙ 迭代次数：设置网格细分的次数。增加该值时，每次新的迭代会通过在迭代之前对顶点、边和曲面创建平滑差补顶点来细分网格。默认设置为 0，范围为 0~10。

⊙ 平滑度：确定对多尖锐的锐角添加面以平滑它。计算得到的平滑度为顶点连接的所有边的平均角度。值为 0.0 时，禁止创建任何面；值为 1.0 时，将面添加到所有顶点，即使它们位于一个平面上。

⊙ 迭代次数：用于选择要在渲染时应用于对象的不同平滑“迭代次数”。

⊙ 平滑度：用于选择不同的“平滑度”值，以便在渲染时应用于对象。

一般，将使用较低“迭代次数”和较低“平滑度”值进行建模，使用较高值进行渲染。

“重置”卷展栏中各选项含义如下。

⊙ 重置所有层级：将所有子对象层级的几何体编辑、折缝和权重恢复为默认或初始设置。

⊙ 重置该层级：将当前子对象层级的几何体编辑、折缝和权重恢复为默认或初始设置。

⊙ 重置几何体编辑：将对顶点或边所做的任何变换恢复为默认或初始设置。

⊙ 重置边折缝：将边折缝恢复为默认或初始设置。

⊙ 重置顶点权重：将顶点权重恢复为默认或初始设置。

⊙ 重置边权重：将边权重恢复为默认或初始设置。

⊙ 全部重置：将全部设置恢复为默认或初始设置。

“参数”卷展栏中各选项功能介绍如下。

⊙ 强度：使用 0.0 ~ 1.0 的范围，设置所添加面的大小。

⊙ 松弛：对平滑的顶点指定松驰影响。

⊙ 投影到限定曲面：将所有点放在网格平滑结果的“限定曲面”上，即在无限次迭代后将生成的曲面。

⊙ 平滑结果：对所有曲面应用相同的平滑组。

⊙ 材质：防止在不共享材质 ID 的曲面之间的边上创建新曲面。

⊙ 平滑组：防止在不共享至少一个平滑组的曲面之间的边上创建新曲面。

“局部控制”卷展栏中各选项功能介绍如下。

⊙ 子对象层级：启用或禁用“边”或“顶点”层级。如果两个层级都被禁用，将在对象层级工作。

⊙ 忽略背面：启用时，子对象仅选择使其法线在视口中可见的那些子对象。

⊙ 控制级别：用于在一次或多次迭代后查看控制网格，并在该级别编辑子对象点和边。

⊙ 折缝：创建曲面不连续，从而获得褶皱或唇状结构等清晰边界。

⊙ 权重：设置选定顶点或边的权重。增加顶点权重同该顶点“拉动”平滑结果。

⊙ 等值线显示：启用时，只显示等值线（对象在平滑之前的原始边）。禁用时，显示“网格平滑”添加的所有面。所以，提高“迭代次数”设置将导致线条数增多。默认设置为启用。

⊙ 显示框架：在细分之前，切换显示修改对象的两种颜色线框的显示。

“软选择”卷展栏中各选项功能介绍如下。

“软选择”控件影响子对象的“移动”、“旋转”和“缩放”功能操作。当这些功能处于启用状态时，3ds Max 将样条线曲线变形应用到变换的选定子对象周围的未选择顶点。呈现一种类似磁场的效果，在变换周围产生影响的球体。

“设置”卷展栏中各选项功能介绍如下。

⊙ “操作于”面/多边形：“操作于面”将每个三角形作为面并对所有边（即使是不可见边）进行平滑。“操作于多边形”忽略不可见边，将多边形作为单个面。

⊙ 保持凸面：仅在“操作于多边形”模式下可用。选择此复选项后，可以保持所有的多边形是凸面的，防止产生一些折缝。

⊙ 始终：更改任意网格平滑设置时，自动更新对象。

⊙ 渲染时：只在渲染时更新对象的视口显示。

⊙ 手动：启用手动更新。选中手动更新时，改变的任意设置直到单击“更新”按钮时才起作用。

⊙ 更新：更新视口中的对象。仅在选择“渲染时”或“手动”时才起作用。

5.8 “涡轮平滑”修改器

“涡轮平滑”修改器与“网格平滑”修改器相比，不具备对物体的编辑功能，但是具有更快的操作速度。

需要注意的是，使用“网格平滑”修改器虽然在视图中操作速度较快，但是由于使用后模型面数较多，会导致渲染速度降低，所以一个较为可行的办法是操作时使用“涡轮平滑”修改器，渲染时再将“涡轮平滑”修改器改为“网格平滑”修改器，当然这是针对使用此修改器次数很多的多边形而言的。

5.8.1 课堂案例——制作抱枕

案例学习目标

学习使用切角长方体工具，结合使用“FFD（长方体）”、“FFD4×4×4”修改器制作抱枕模型。

案例知识要点

创建切角长方体并施加“FFD（长方体）”、“FFD4×4×4”修改器用于制作抱枕，完成的模型效果如图 5-9 所示。

图 5-9

效果图文件所在位置

随书附带光盘 Scene\ cha05\抱枕.max。

STEP 1 单击"（创建）>（几何体）>扩展基本体>切角长方体"按钮，在"顶"视图中创建切角长方体，在"参数"卷展栏中设置"长度"为100、"宽度"为160、"高度"为30、"圆角"为5、"长度分段"为30、"宽度分段"为30、"高度分段"为5、"圆角分段"为3，如图5-10所示。

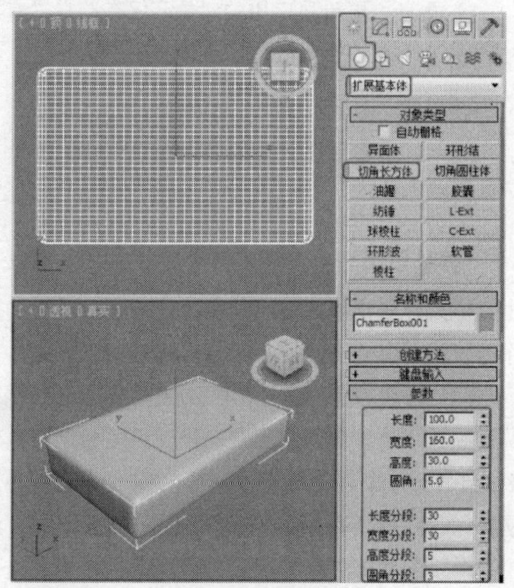

图 5-10

STEP 2 切换到（修改）命令面板，对切角长方体施加"FFD（长方体）"修改器，在"FFD参数"卷展栏中单击"设置点数"按钮，在弹出的对话框中设置"长度"为、"宽度"为8、"高度"为4，单击"确定"按钮，如图5-11所示。

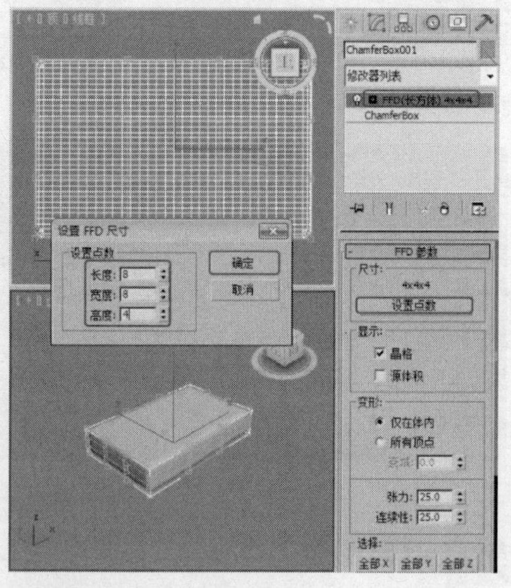

图 5-11

STEP 3 将选择集定义为"控制点"，单击（选择并均匀缩放）按钮，在"前"视图和"左"视图中沿y轴缩放两边的控制点，如图5-12所示。

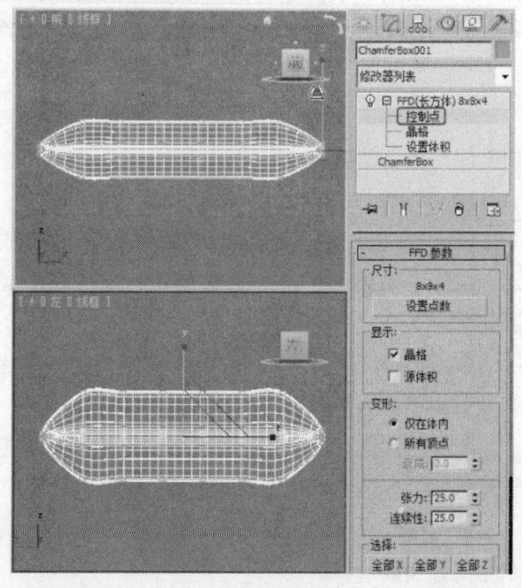

图 5-12

STEP 4 继续缩放控制点，如图5-13所示。

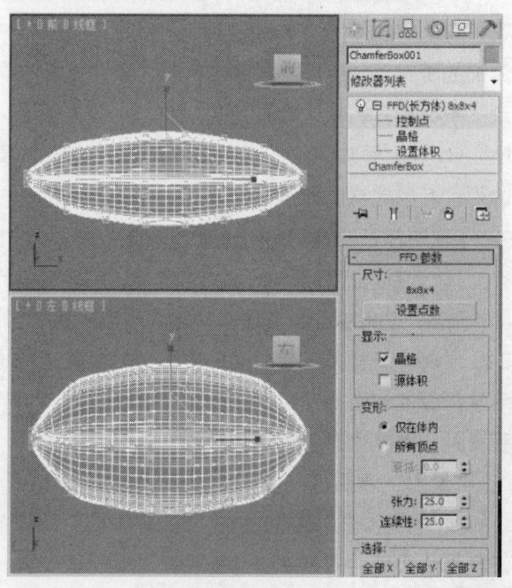

图 5-13

STEP 5 对模型施加"FFD4×4×4"修改器，将选择集定义为"控制点"，在"顶"视图中缩放控制点，如图5-14所示。

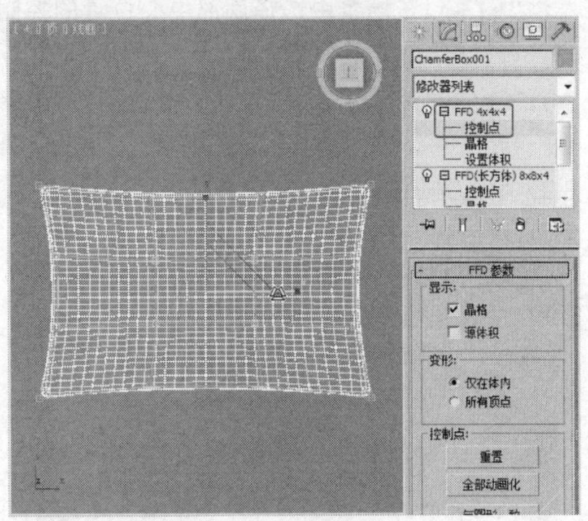

图 5-14

STEP 6 调整模型后的效果如图5-15所示。完成的场景模型可以参考随书附带光盘中的"Scene、cha05、抱枕.max"文件。同时还可以参考随书附带光盘中的"Scene、cha05、抱枕场景.max"文件，该文件是设置好场景的场景效果文件，渲染该场景可以得到如图5-9所示的效果。

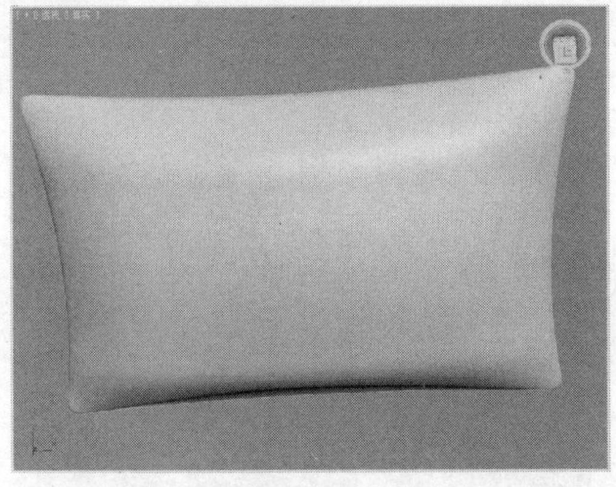

图 5-15

5.8.2　课堂案例——制作苹果

案例学习目标

学习使用球体、圆柱体、平面工具，结合使用"FFD（圆柱体）"、"锥化"、"可编辑多边形"修改器制作苹果模型。

案例知识要点

创建球体并施加"FFD（圆柱体）"修改器用于制作苹果主体；创建圆柱体并施加"FFD（圆柱体）"修改器用于制作柄；创建平面并施加"可编辑多边形"修改器用于制作叶子，完成的模型如图 5-16 所示。

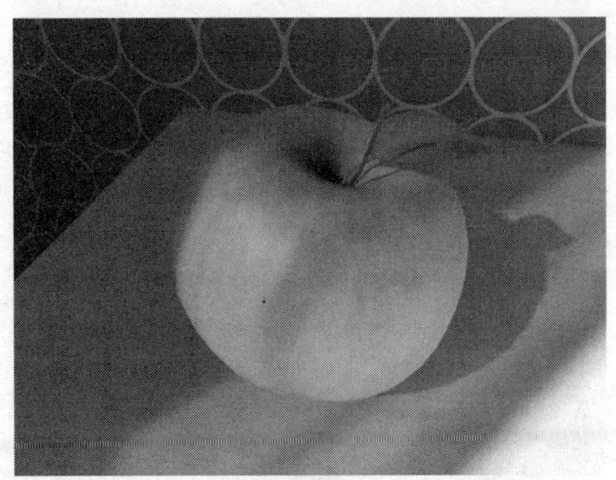

图 5-16

效果图文件所在位置

随书附带光盘 Scene\ cha05\苹果.max。

STEP 1 单击"（创建）>（几何体）>球体"按钮，在"顶"视图中创建球体，在"参数"卷展栏中设置"半径"为120，如图5-17所示。

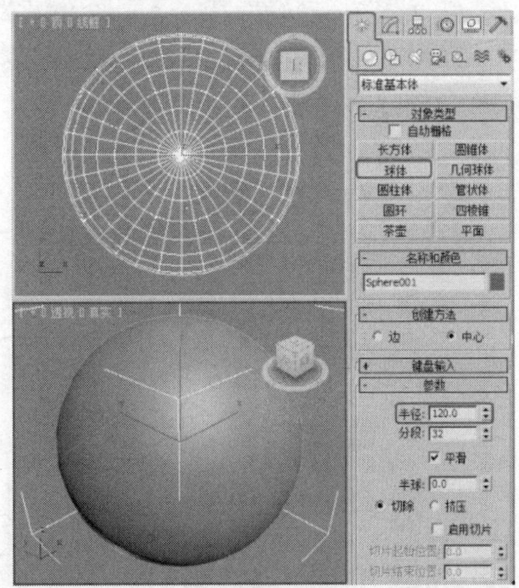

图 5-17

STEP 2 切换到（修改）命令面板，对模型施加"FFD（圆柱体）"修改器，将选择集定义为"控制点"，在场景中调整顶部中心位置的控制点，如图5-18所示。

STEP 3 在场景中选择顶部中心位置周围的

控制点，在工具栏中单击（使用并均匀缩放）按钮，对控制点进行缩放并调整至合适的位置，如图5-19所示。

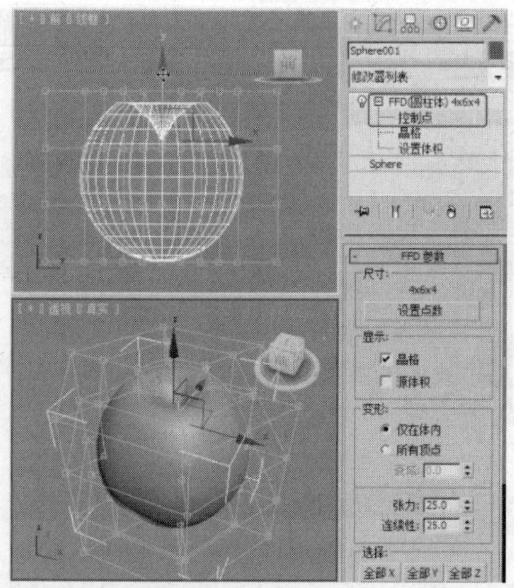

图 5-18

提 示

在“顶”视图中选择控制点时，下面的控制点也同时被选中，此时应按住 Alt 键在“前”视图中反选不用的控制点。

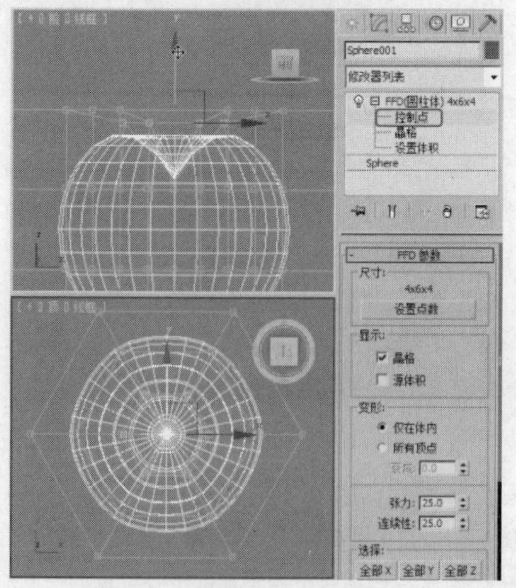

图 5-19

STEP 4 在场景中选择底部中心位置的控制点，调整其至合适的位置，如图5-20所示。

STEP 5 对模型施加“锥化”修改器，在“参数”卷展栏中设置“锥化”选项组中的“数量”为0.2，如图5-21所示。

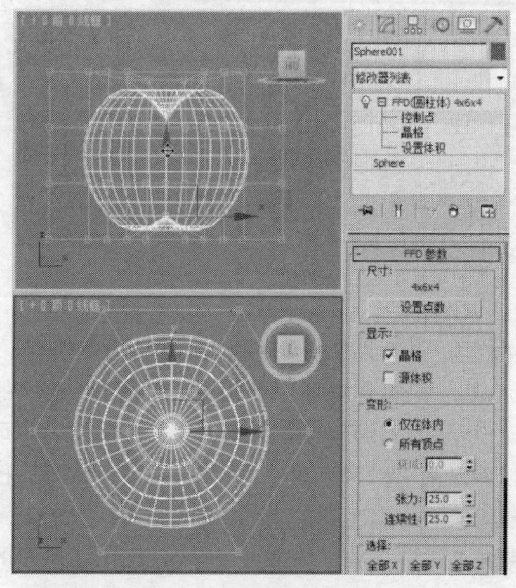

图 5-20

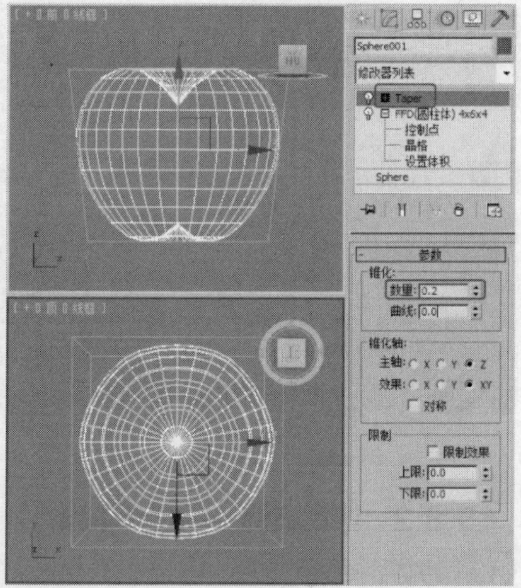

图 5-21

STEP 6 单击“（创建）>（几何体）圆柱体”按钮，在“顶”视图中创建圆柱体，在“参数”卷展栏中设置“半径”为4、“高度”为90、“高度分段”为10、“端面分段”为1、“边数”为18，如图5-22所示。

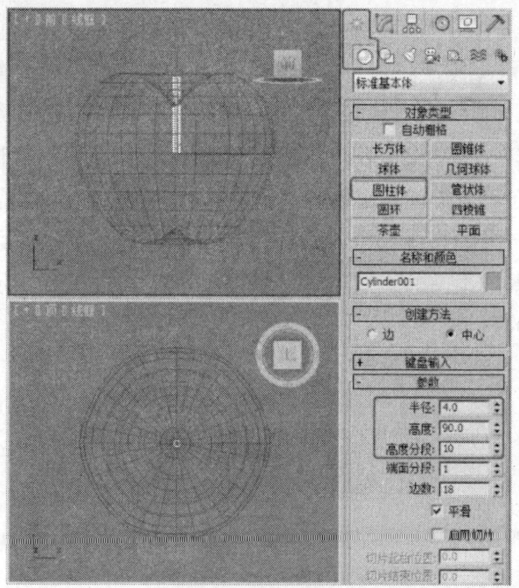

图5-22

STEP 7 对圆柱体施加“FFD（圆柱体）”修改器，将选择集定义为“控制点”，单击（使用并均匀缩放）按钮和（选择并移动）按钮在场景中调整控制点至合适的位置，如图5-23所示。

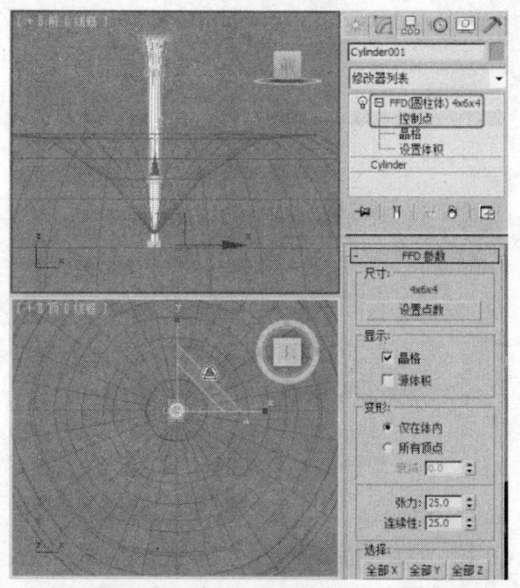

图5-23

STEP 8 在场景中调整控制点至合适的位置，如图5-24所示。

STEP 9 单击“（创建）>（几何体）>平面”按钮，在“顶”视图中创建平面，在“参数”卷展栏中设置“长度”为35、“宽度”为80、“长度分段”为4、“宽度分段”为6，如图5-25所示。

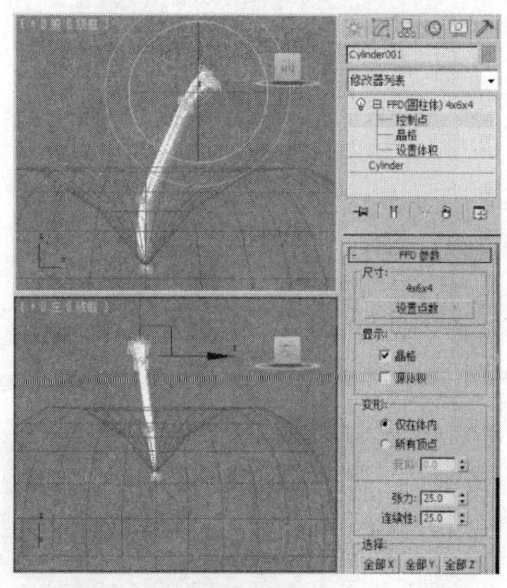

图5-24

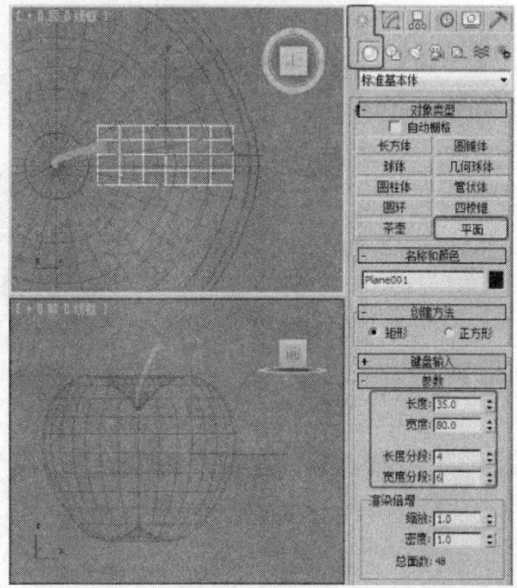

图5-25

STEP 10 调整平面的位置，单击鼠标右键，在弹出的快捷菜单中选择“转换为”→“转换为可编辑多边形”命令，如图5-26所示。

STEP 11 切换到（修改）命令面板，将选择集定义为“顶点”，单击（使用并均匀缩放）按钮和（选择并移动）按钮在各视图中调整顶点至合适的位置，如图5-27所示。

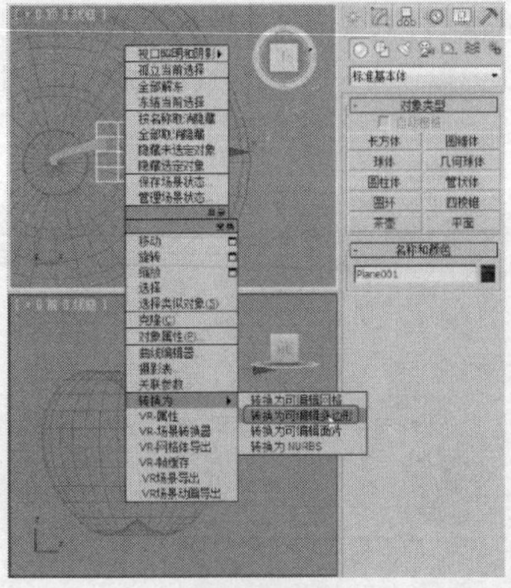

图 5-26

STEP 12 在“细分曲面”卷展栏中勾选“使用NURMS细分”复选项，调整模型后的效果如图5-28所示。完成的场景模型可以参考随书附带光盘中的“Scene、cha05、苹果.max”文件。同时还可以参考随书附带光盘中的“Scene、cha05、苹果场景.max”文件，该文件是设置好场景的场景效果文件，渲染该场景可以得到如图5-16所示的效果。

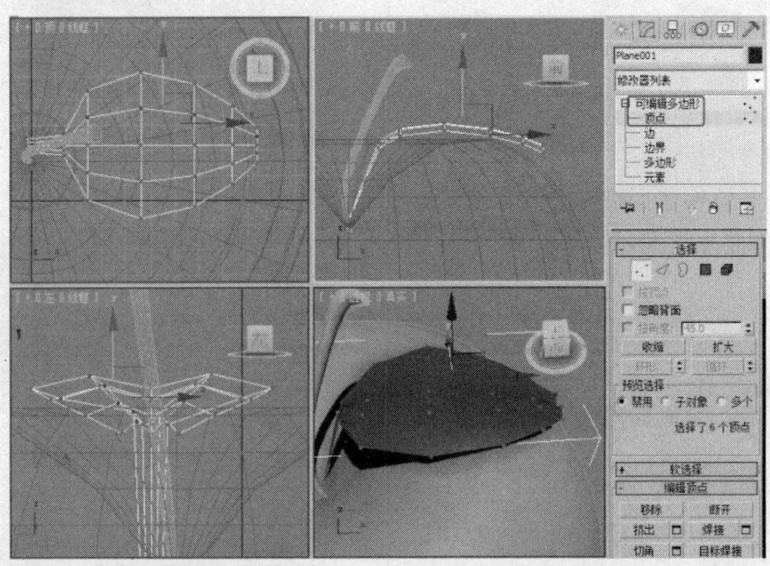

图 5-27

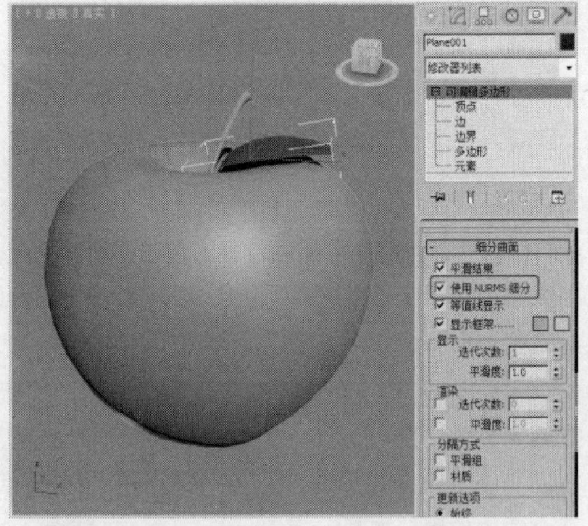

图 5-28

5.9 课堂练习——制作盆栽土壤

练习知识要点

创建圆柱体并施加“噪波”修改器用于制作盆栽土壤模型，完成的盆栽土壤效果如图 5-29 所示。

效果图文件所在位置

随书附带光盘 Scene\ cha05\盆栽土壤.max。

图 5-29

5.10 课后习题——制作花盆

习题知识要点

创建长方体并施加“可编辑多边形”和“涡轮”平滑修改器用于制作花盆模型，完成的花盆效果如图 5-30 所示。

图 5-30

效果图文件所在位置

随书附带光盘 Scene\ cha05\花盆.max。

6 Chapter

第6章 复合对象模型

复合对象是将两个以上的物体通过特定的合成方式结合为一个物体，在合成过程中还可以对物体的形体进行调节。在某些复杂建模中，复合对象是快速建模方法的首选，尤其是“布尔”和“放样”工具，这两种复合对象创建工具在3ds Max较早的版本中就已经被使用了。

【教学目标】

- 布尔运算建模。
- ProBoolean 运算建模。
- 放样命令建模。

6.1 布尔运算

在场景中选择需要布尔运算的模型，单击“（创建）>（几何体）>复合对象>布尔”按钮，在“拾取布尔”卷展栏中单击“拾取操作对象 B”按钮，在场景中拾取操作对象。

下面简单介绍布尔的常用工具及选项。

“拾取布尔”卷展栏如图 6-1 所示，各选项功能介绍如下。

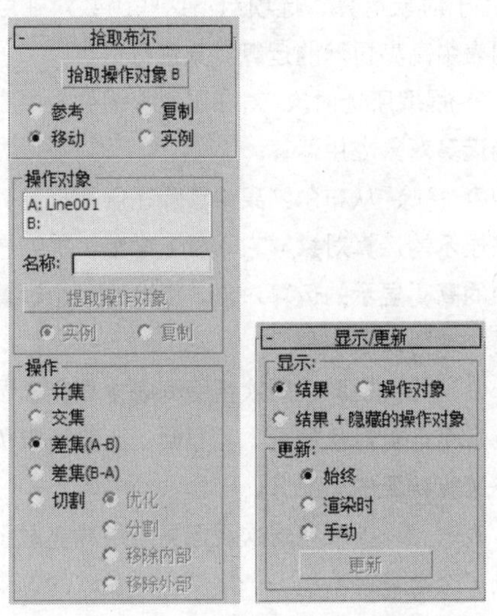

图 6-1

⊙ 拾取操作对象 B：此按钮用于选择用以完成布尔操作的第二个对象。

⊙ 复制：将原始对象复制一个作为操作对象 B，不破坏原始对象。

⊙ 移动：将原始对象直接作为操作对象 B，它本身不存在。

⊙ 实例：将原始对象以实例复制的方式复制一个作为操作对象 B，以后对两者之一进行修改时会同时影响到另一个。

⊙ 参考：将原始对象的参考复制作为操作对象 B，改变原始对象，也会同时改变布尔对象中的操作对象 B，但改变操作对象 B 不会改变原始对象。

“操作对象”选项组：显示当前的操作对象。

⊙ 名称：编辑此字段更改操作对象的名称。在操作对象列表中选择一个操作对象，该操作对象的名称同时也将显示在名称框中。

⊙ 提取操作对象：提取选中操作对象的副本或实例。在列表框中选择一个操作对象即可启用此按钮。

“提取操作对象 B”按钮仅在修改面板中可用。如果当前为创建面板，则无法提取操作对象。

“操作”选项组：用于选择运算方式。

⊙ 并集：布尔对象包含两个原始对象的体积，移除几何体的相交部分或重叠部分。

⊙ 交集：布尔对象只包含两个原始对象公用的体积（即重叠的位置）。

⊙ 差集（A−B）：从操作对象 A 中减去相交的操作对象 B 的体积。布尔对象包含从中减去相交体积的操作对象 A 的体积。

⊙ 差集（B−A）：从操作对象 B 中减去相交的操作对象 A 的体积。布尔对象包含从中减去相交体积的操作对象 B 的体积。

⊙ 切割：使用操作对象 B 切割操作对象 A，但不向操作对象 B 的网格添加任何东西。

⊙ 优化：在操作对象 B 与操作对象 A 的相交之处，在操作对象 A 上添加新的顶点和边。

⊙ 分割：类似于优化，不过此种剪切还沿着操作对象 B 剪切操作对象 A 的边界添加第二组顶点和边或两组顶点和边。

⊙ 移除内部：删除位于操作对象 B 内部的操作对象 A 的所有面。

⊙ 移除外部：删除位于操作对象 B 外部的操作对象 A 的所有面。

6.2 ProBoolean 运算

ProBoolean 复合对象在执行布尔运算之前，它采用了 3ds Max 网格并增加了额外的智能。首先它组合了拓扑，确定共面三角形并移除附带的边，然后不是在这些三角形上而是在*N*多边形上执行布尔运算。完成布尔运算之后，对结果执行重复三角算法，然后在共面的边隐藏的情况下将结果发送回3ds Max 中。这样额外工作的结果有双重意义：布尔对象的可靠性非常高，因为有更少的小边和三角形，因此结果输出更清晰。

“参数”卷展栏如图 6-2 所示，各选项功能介绍如下。

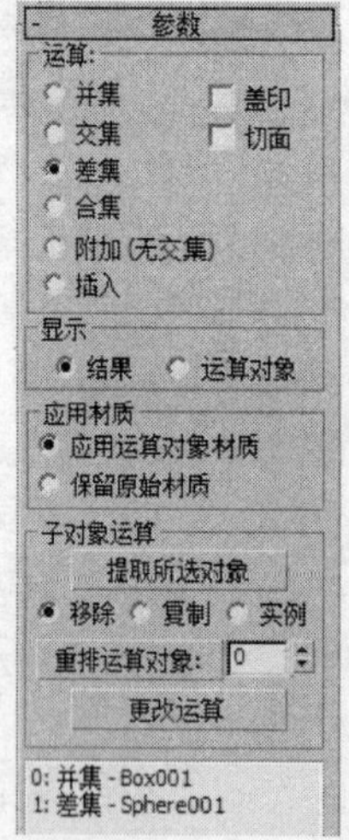

图 6-2

“运算”选项组：这些设置确定布尔运算对象实际如何交互。

⊙ 并集：将两个或多个单独的实体组合到单个布尔对象中。

⊙ 交集：从原始对象之间的物理交集中创建一个新对象；移除未相交的体积。

⊙ 差集：从原始对象中移除选定对象的体积。

⊙ 合集：将对象组合到单个对象中，而不移除任何几何体。在相交对象的位置创建新边。

⊙ 附加（无交集）：将两个或多个单独的实体合并成单个布尔对象，而不更改各实体的拓扑。实质上，操作对象在整个合并成的对象内仍为单独的元素。

⊙ 插入：先从第一个操作对象减去第二个操作对象的边界体积，然后再组合这两个对象。

⊙ 盖印：将图形轮廓（或相交边）打印到原始网格对象上。

⊙ 切面：切割原始网格图形的面，只影响这些面。选定运算对象的面未添加到布尔结果中。

“显示”选项组：选择下面一个显示模式。

⊙ 结果：只显示布尔运算而非单个运算对象的结果。

⊙ 运算对象：显示定义布尔结果的运算对象。使用该模式编辑运算对象并修改结果。

“应用材质”选项组：选择下面一个材质应用模式。

⊙ 应用运算对象材质：布尔运算产生的新面获取运算对象的材质。

⊙ 保留原始材质：布尔运算产生的新面保留原始对象的材质。

“子对象运算”选项组：这些函数对在层次视图列表中高亮显示的运算对象进行运算。

⊙ 提取所选对象：对在层次视图列表中高亮显示的运算对象应用运算。

⊙ 移除：从布尔结果中移除在层次视图列表中高亮显示的运算对象。它本质上撤销了加到布尔对象中的高亮显示的运算对象。提取的每个运算对象都再次成为顶层对象。

⊙ 复制：提取在层次视图列表中高亮显示的一个或多个运算对象的副本。原始的运算对象仍然是布尔运算结果的一部分。

⊙ 实例：提取在层次视图列表中高亮显示的一个或多个运算对象的一个实例。对提取的这个运算对象的后续修改，同时也会修改原始的运算对象，因此会影响布尔对象。

⊙ 重排运算对象：在层次视图列表中更改高亮显示的运算对象的顺序。将重排的运算对象移动到“重排运算对象”按钮旁边的文本字段中列出的位置。

⊙ 更改运算：为高亮显示的运算对象更改运算类型。

⊙ 层次视图：显示定义选定网格的所有布尔运算的列表。

“高级选项”卷展栏如图 6-3 所示，各选项功能介绍如下。

“更新”选项组：确定在进行更改后，何时在布尔对象上执行更新。

⊙ 始终：只要更改了布尔对象，系统就会进行更新。

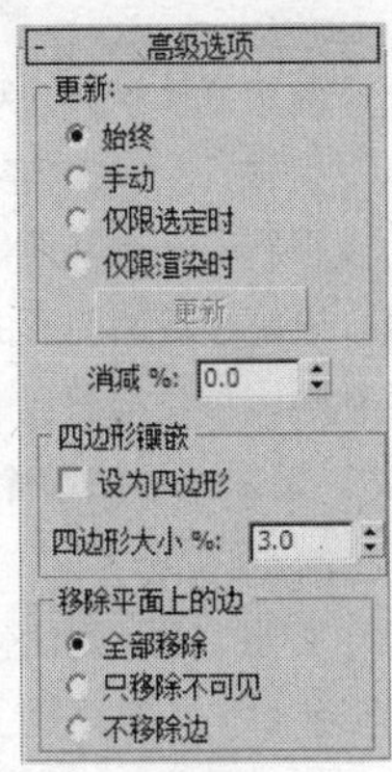

图6-3

⊙ 手动：仅在单击“更新”按钮后进行更新。

⊙ 仅限选定时：不论何时，只要选定了布尔对象，就会进行更新。

⊙ 仅限渲染时：仅在渲染或单击“更新”按钮时，才将更新应用于布尔对象。

⊙ 更新：对布尔对象应用更改。

⊙ 消减%：从布尔对象中的多边形上移除边，从而减少多边形数目的边百分比。

“四边形镶嵌”选项组：启用布尔对象的四边形镶嵌。

⊙ 设为四边形：启用时，会将布尔对象的镶嵌从三角形改为四边形。

当启用“设为四边形”之后，对“消减%”设置没有影响。“设为四边形”可以使用四边形网格算法重设平面曲面的网格。将该能力与“网格平滑”、“涡轮平滑”和“可编辑多边形”中的细分曲面工具结合使用可以产生动态效果。

⊙ 四边形大小%：确定四边形的大小作为总体布尔对象长度的百分比。

“移除平面上的边”选项组：确定如何处理平面上的多边形。

⊙ 全部移除：移除一个面上的所有其他共面的边，这样该面本身将定义多边形。

⊙ 只移除不可见：移除每个面上的不可见边。

⊙ 不移除边：不移除任何边。

6.3 放样

放样对象是沿着第三个轴挤出的二维图形。从两个或多个现有样条线对象中创建放样对象。这些样条线之一会作为路径，其余的样条线会作为放样对象的横截面或图形。

“创建方法”卷展栏如图 6-4 所示，各选项功能介绍如下。

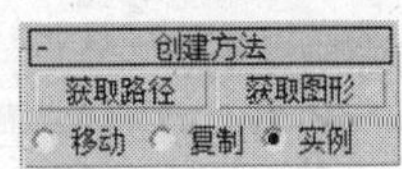

图6-4

⊙ 获取路径：将路径指定给选定图形或更改当前指定的路径。

⊙ 获取图形：将图形指定给选定路径或更改当前指定的图形。

“曲面参数”卷展栏如图 6-5 所示，各选项功能介绍如下。

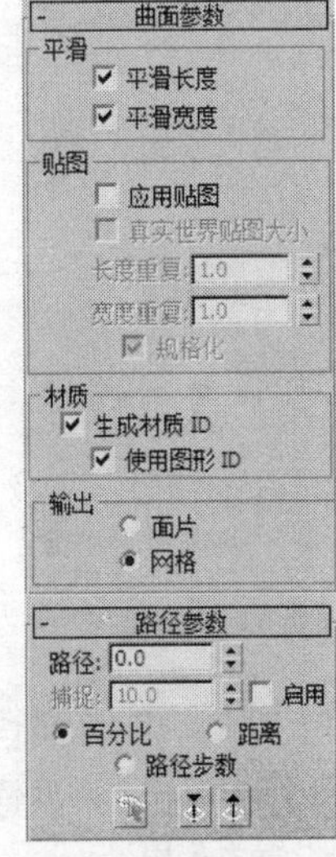

图6-5

⊙ 平滑长度：沿着路径的长度提供平滑曲面。当路径曲线或路径上的图形更改大小时，这类平滑非常有用。

⊙ 平滑宽度：围绕横截面图形的周界提供平滑曲面。当图形更改顶点数或更改外形时，这类平滑非常有用。

⊙ 应用贴图：启用和禁用放样贴图坐标。必须启用应用贴图才能访问其余的项目。

⊙ 真实世界贴图大小：控制应用于该对象的纹理贴图材质所使用的缩放方法。

⊙ 长度重复：设置沿着路径的长度重复贴图的次数。贴图的底部放置在路径的第一个顶点处。

⊙ 宽度重复：设置围绕横截面图形的周界重复贴图的次数。贴图的左边缘将与每个图形的第一个顶点对齐。

⊙ 规格化：决定沿着路径长度和图形宽度，路径顶点间距如何影响贴图。

⊙ 生成材质 ID：在放样期间生成材质 ID。

⊙ 使用图形 ID：提供使用样条线材质 ID 来定义材质 ID 的选择。

⊙ 面片：放样过程可生成面片对象。

⊙ 网格：放样过程可生成网格对象。

"蒙皮参数"卷展栏如图 6-6 所示，各选项功能介绍如下。

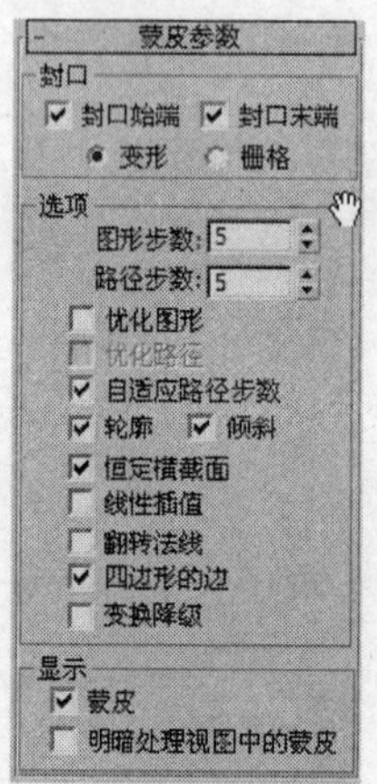

图 6-6

⊙ 封口始端：如果启用，则路径第一个顶点处的放样端被封口。如果禁用，则放样端为打开或不封口状态。默认设置为启用。

⊙ 封口末端：如果启用，则路径最后一个顶点处的放样端被封口。如果禁用，则放样端为打开或不封口状态。

⊙ 变形：按照创建变形目标所需的可预见且可重复的模式排列封口面。变形封口能产生细长的面，与那些采用栅格封口创建的面一样，这些面也不进行渲染或变形。

⊙ 栅格：在图形边界处修剪的矩形栅格中排列封口面。此方法将产生一个由大小均等的面构成的表面，这些面可以很容易地被其他修改器变形。

⊙ 图形步数：设置横截面图形的每个顶点之间的步数。该值会影响围绕放样周界的边的数目。

⊙ 路径步数：设置路径的每个主分段之间的步数。

⊙ 优化图形：如果启用，则优化横截面图形的直分段，忽略图形步数。如果路径上有多个图形，则只优化在所有图形上都匹配的直分段。

⊙ 优化路径：如果启用，则优化路径的直分段，忽略路径步数。路径步数设置仅适用于弯曲截面。该项仅在路径步数模式下才可用。

⊙ 自适应路径步数：如果启用，则分析放样，并调整路径分段的数目，以生成最佳蒙皮。主分段将沿路径出现在路径顶点、图形位置和变形曲线顶点处。

⊙ 轮廓：如果启用，则每个图形都将遵循路径的曲率。

⊙ 倾斜：如果启用，则只要路径弯曲并改变其局部 z 轴的高度，图形便围绕路径旋转。

⊙ 恒定横截面：如果启用，则在路径中的角处缩放横截面，以保持路径宽度一致。

⊙ 线性插值：如果启用，则使用每个图形之间的直边生成放样蒙皮。

⊙ 翻转法线：如果启用，则将法线翻转 180°。可使用此选项来修正内部外翻的对象。

⊙ 四边形的边：如果启用该选项，且放样对象的两部分具有相同数目的边，则将两部分缝合到一起的面将显示为四方形。具有不同边数的两部分之间的边将不受影响，仍与三角形连接。

⊙ 变换降级：使放样蒙皮在子对象图形/路径变换过程中消失。

⊙ 蒙皮：如果启用，则使用任意着色层在所有视图中显示放样的蒙皮，并忽略明暗处理视图中的蒙皮设置。

⊙ 明暗处理视图中的蒙皮：如果启用，则忽略蒙皮设置，在着色视图中显示放样的蒙皮。

在"变形"卷展栏中显示有修改模型形状的功能按钮，单击任一按钮，将出现对应的操作窗口，下面将以“变形”对话框为例进行介绍，如图 6-7 所示。

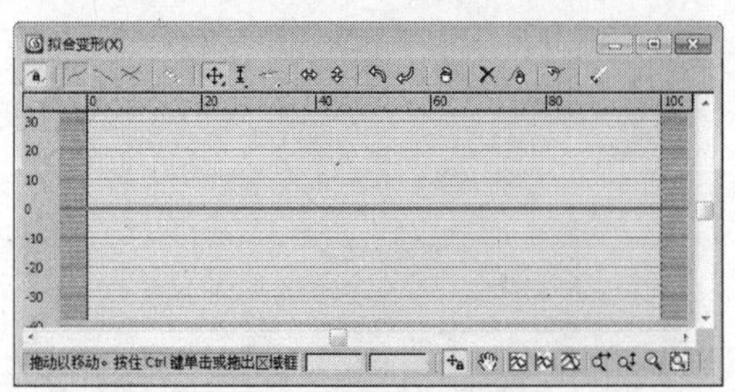

图 6-7

⊙ （均衡）：均衡是一个动作按钮，也是一种曲线编辑模式，可以用于对轴和形状应用相同的变形。

⊙ （显示 x 轴）：仅显示红色的 x 轴变形曲线。

⊙ （显示 y 轴）：仅显示绿色的 y 轴变形曲线。

⊙ （显示 xy 轴）：同时显示 x 轴和 y 轴变形曲线，各条曲线显示各自的颜色。

⊙ （变换变形曲线）：在 x 轴和 y 轴之间复制曲线。此按钮在启用（均衡）按钮时是禁用的。

⊙ （移动控制点）：更改变形的量（垂直移动）和变形的位置（水平移动）。

⊙ （缩放控制顶点）：更改变形的量，而不更改位置。

⊙ （插入角点）：单击变形曲线上的任意处，可以在该位置插入角点。

⊙ （删除控制点）：删除所选的控制点。也可以通过按 Delete 键删除所选的点。

⊙ （重置曲线）：删除所有控制点（但两端的控制点除外）并恢复曲线的默认值。

⊙ 数值字段：仅当选择了一个控制点时，才能访问这两个字段。第一个字段提供了点的水平位置，第二个字段提供了点的垂直位置（或值）。也可以使用键盘编辑这些字段。

⊙ （平移）：在视图中拖动，可向任意方向移动。

⊙ （最大化显示）：更改视图放大值，使整个变形曲线可见。

⊙ （水平方向最大化显示）：更改沿路径长度进行的视图放大值，使得整个路径区域在对话框中可见。

⊙ （垂直方向最大化显示）：更改沿变形值进行的视图放大值，使得整个变形区域在对话框中显示。

⊙ （水平缩放）：更改沿路径长度进行的放大值。

⊙ （垂直缩放）：更改沿变形值进行的放大值。

⊙ （缩放）：更改沿路径长度和变形值进行的放大值，保持曲线纵横比。

⊙ （缩放区域）：在变形栅格中拖动区域。区域会相应放大，以填充变形对话框。

6.3.1　课堂案例——制作欧式画框

案例学习目标

学习使用线、矩形、平面、放样工具制作欧式画框模型。

案例知识要点

使用线创建图形作为放样的图形，矩形作为放样的路径，通过放样制作画框的框架；创建平面作为相片，完成的模型效果如图 6-8 所示。

图 6-8

效果图文件所在位置：随书附带光盘 Scene\cha06\欧式画框.max。

STEP 1 单击“（创建）>（图形）>线”按钮，在“前”视图中创建图形作为放样图形，如图6-9所示。

STEP 2 切换到（修改）命令面板，将选择集定义为“顶点”，通过单击“优化”按钮和使用“Bezier 角点”、“Bezier”工具调整图形，如图6-10所示。

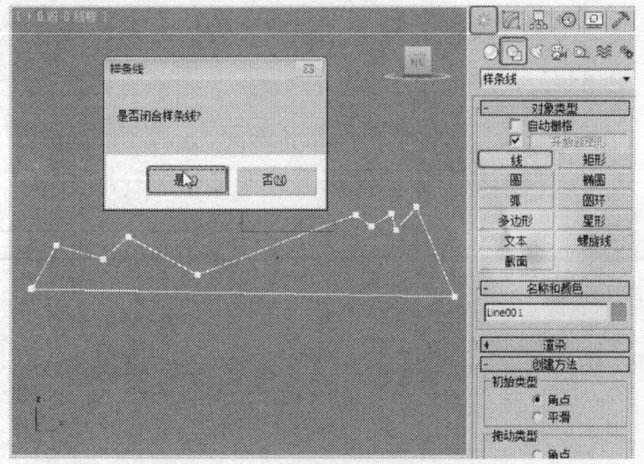
图 6-9

STEP 3 单击“（创建）>（图形）>矩形”按钮，在“前”视图中创建矩形，在“参数”卷展栏中设置合适的参数，如图6-11所示。

STEP 4 在场景中选择矩形，单击“（创建）>（几何体）>复合对象>放样”按钮，在“创建方法”卷展栏中单击“获取图形”按钮，在场景中拾取图形，如图6-12所示。

STEP 5 此时的模型效果如图6-13所示。

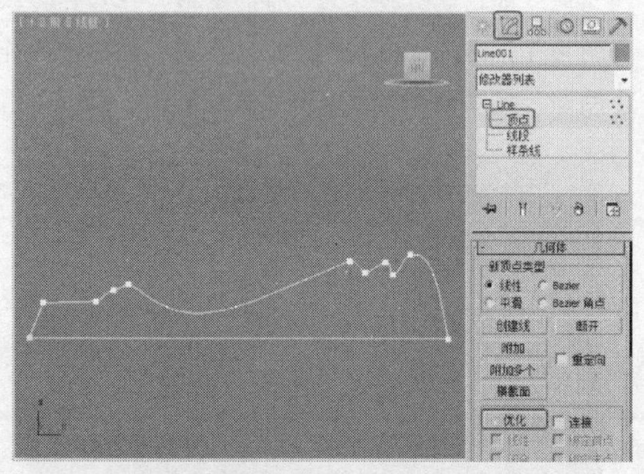
图 6-10

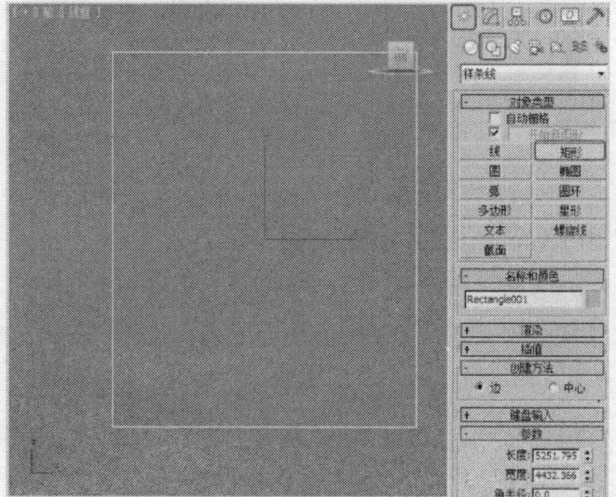
图 6-11

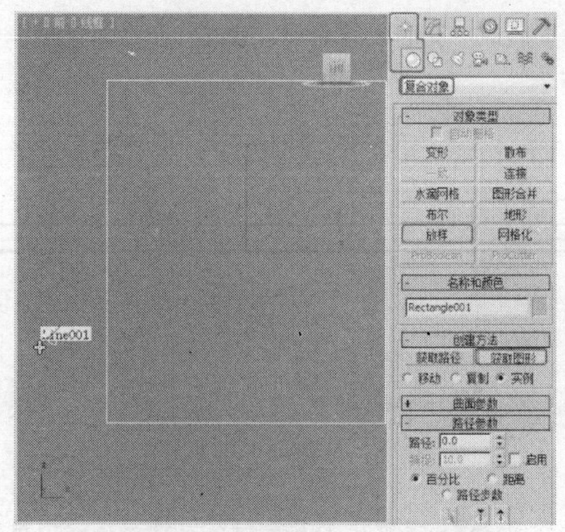
图 6-12

图 6-13

STEP 6 切换到（修改）命令面板，将选择集定义为“图形”，单击（选择并旋转）按钮，在场景中调整模型至合适位置，如图6-14所示。

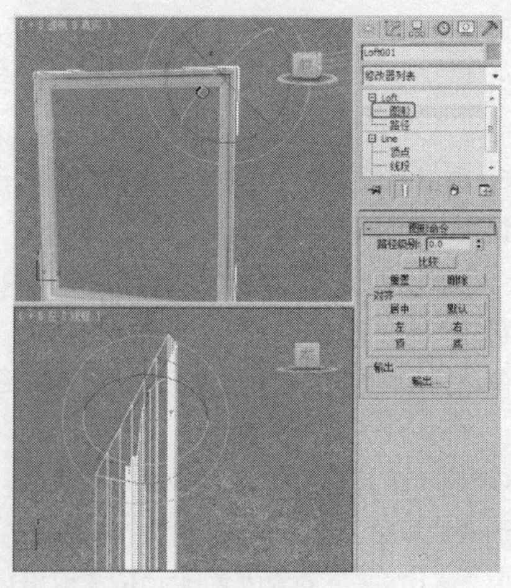
图 6-14

STEP 7 单击"（创建）>（几何体）>平面"按钮，在"前"视图中创建平面，设置合适的参数，并调整其至合适的位置，如图6-15所示。

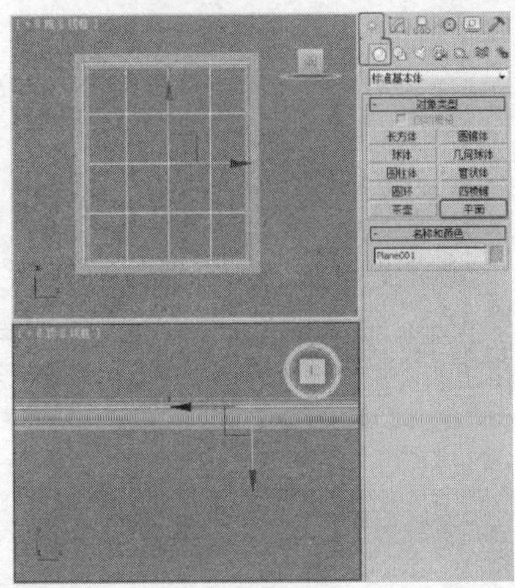

图6-15

STEP 8 调整模型后的效果如图6-16所示。完成的场景模型可以参考随书附带光盘中的"Scene\cha06\欧式装饰画.max"文件。同时还可以参考随书附带光盘中的"Scene\cha06\欧式装饰画场景.max"文件，该文件是设置好场景的场景效果文件，渲染该场景可以得到如图6-8所示的效果。

图6-16

6.3.2 课堂案例——制作玻璃杯

案例学习目标

学习使用星形、圆、线、圆柱体、放样、ProBoolean工具，结合使用"编辑样条线"、"编辑多边形"修改器制作玻璃杯。

案例知识要点

使用星形和圆作为放样图形，使用线作为放样路径，创建圆柱体并使用编辑多边形，创建布尔对象，通过放样与布尔完成的模型效果如图6-17所示。

图6-17

效果图文件所在位置

随书附带光盘Scene\cha06\玻璃杯.max。

STEP 1 单击"（创建）>（图形）>星形"按钮，在"顶"视图中创建星形作为放样图形1，在"参数"卷展栏中设置"半径1"为200、"半径2"为160、"点"为12，如图6-18所示。

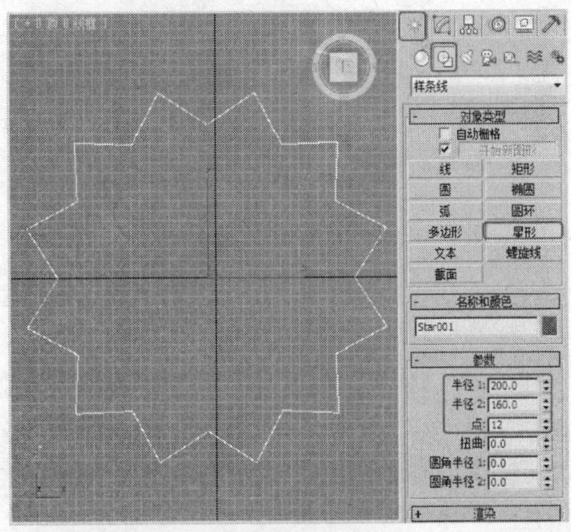

图6-18

STEP 2 对星形施加"编辑样条线"修改器，将选择集定义为"分段"，在"几何体"卷展栏中设置拆分数量为1，单击"拆分"按钮，如图6-19所示。

STEP 3 将选择集定义为"顶点"，按Ctrl+A键全选顶点，单击鼠标右键，在弹出的快捷菜单中选择"角点"命令，如图6-20所示。

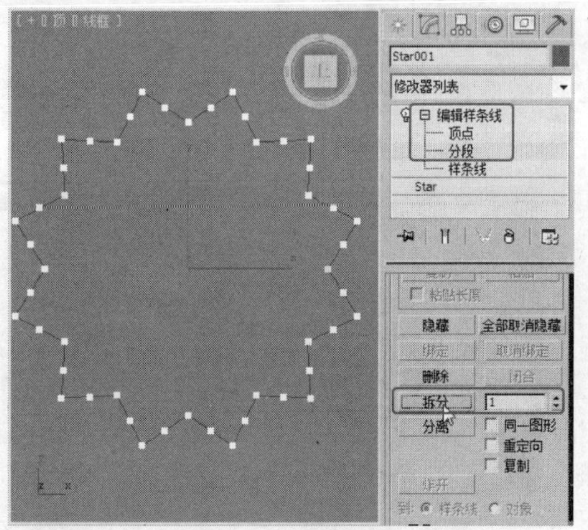

图6-19

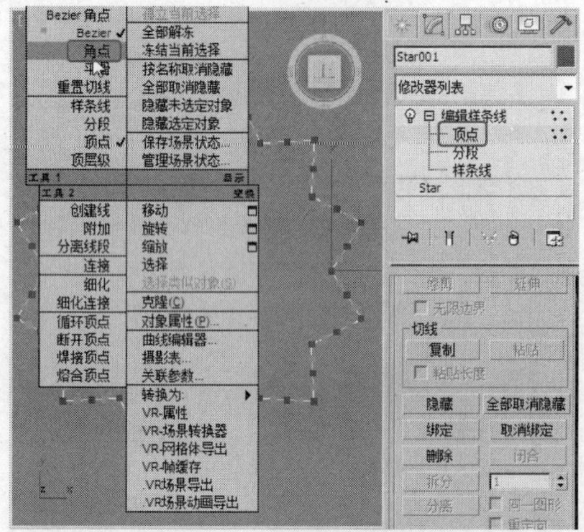

图6-20

STEP 4 在“顶”视图中调整顶点至合适的位置，如图6-21所示。

STEP 5 单击“（创建）>（图形）>圆”按钮，在“顶”视图中创建圆作为放样图形2，在“参数”卷展栏中设置“半径”为235，如图6-22所示。

STEP 6 单击“（创建）>（图形）>线”按钮，在“前”视图中创建线作为放样路径，如图6-23所示。

STEP 7 在视图中选择线，单击“（创建）>（几何体）>复合对象>放样”按钮，在“创建方法”卷展栏中单击“获取图形”按钮，在场景中拾取放样图形1，如图6-24所示。

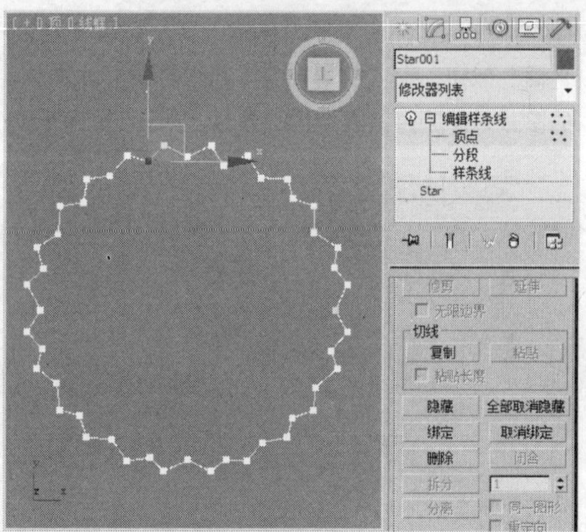

图6-21

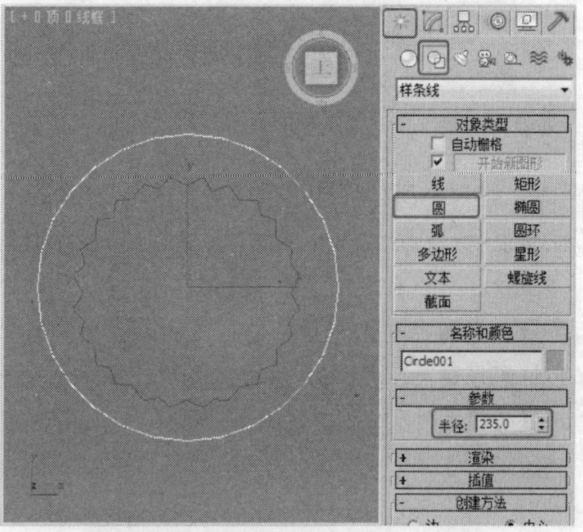

图6-22

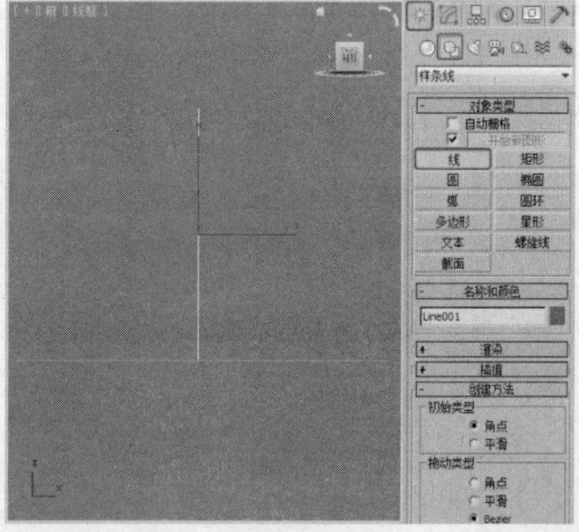

图6-23

STEP 8 在“路径”参数卷展栏中设置“路径”

为90，单击“获取图形”按钮，在视图中拾取放样图形2，如图6-25所示。

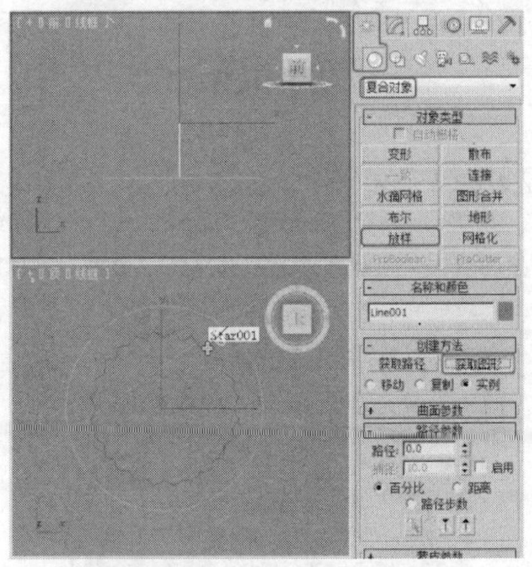

图6-24

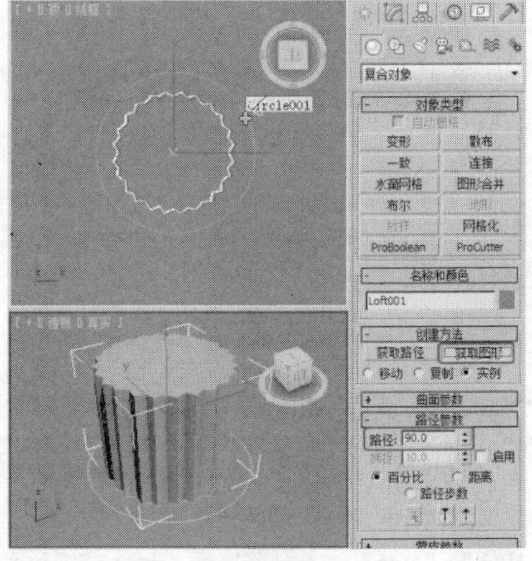

图6-25

STEP 9 切换到（修改）命令面板，在“蒙皮参数”卷展栏中设置“路径步数”为1，如图6-26所示。

STEP 10 单击“（创建）>（几何体）>圆柱体”按钮，在“顶”视图中创建圆柱体，在“参数”卷展栏中设置合适的半径与高度，其中设置“高度分段”为1、“边数”为30，如图6-27所示。

STEP 11 在场景中调整圆柱体的位置。对圆柱体施加“编辑多边形”修改器，将选择集定义为“顶点”，选择顶部的顶点，单击（选择并均匀缩放）按钮，在“顶”视图中缩放顶点，如图6-28所示。

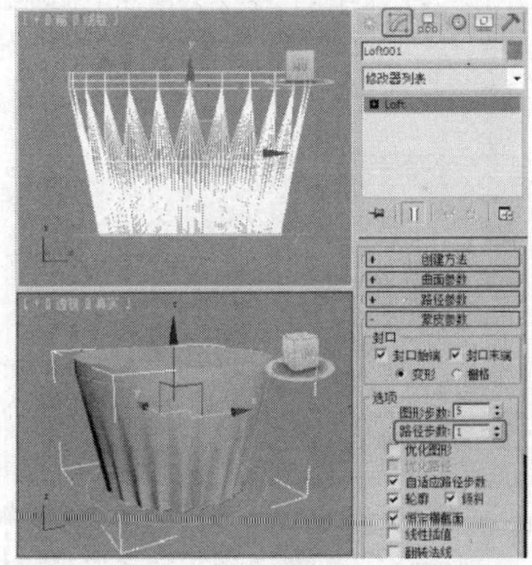

图6-26

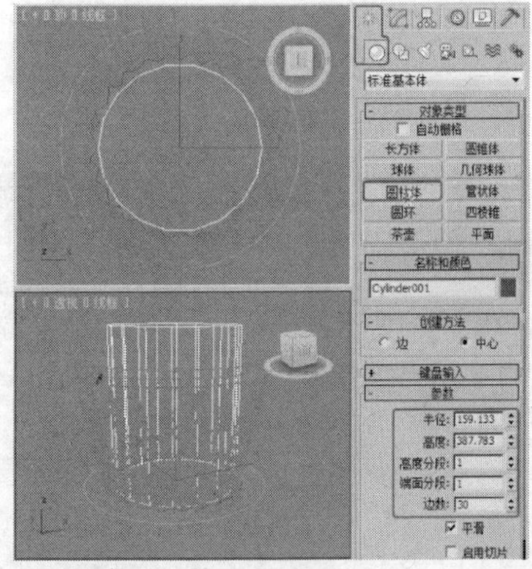

图6-27

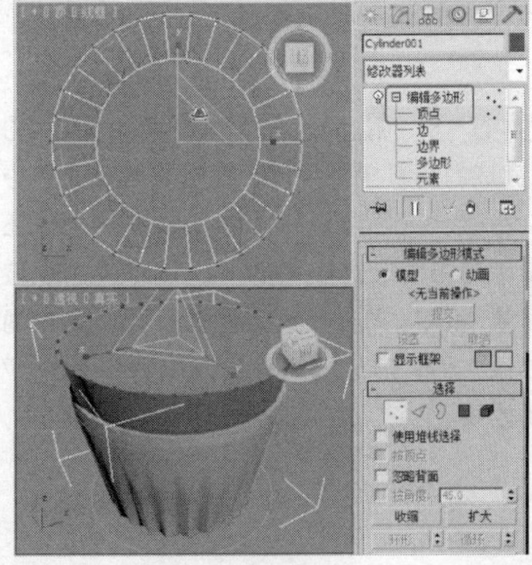

图6-28

STEP 12 在视图中选择放样模型，单击“ （创建）> （几何体）>复合对象>ProBoolean”按钮，在“拾取布尔对象”卷展栏中单击“开始拾取”按钮，如图6-29所示。

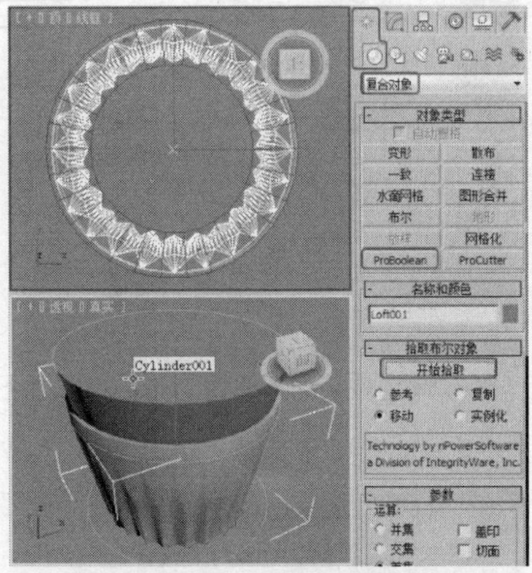

图6-29

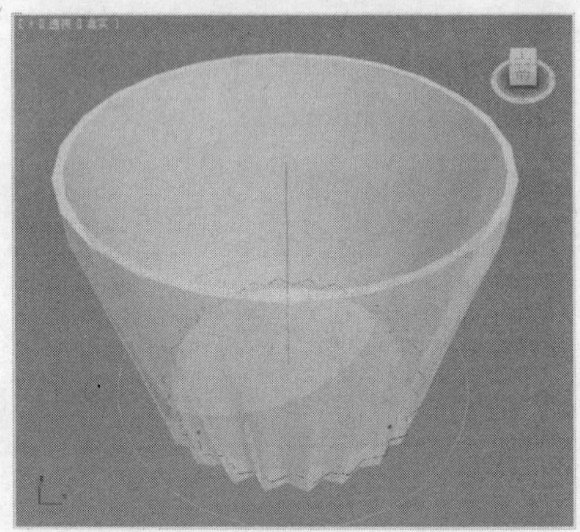

图6-30

STEP 13 调整模型后的效果如图6-30所示。完成的场景模型可以参考随书附带光盘中的“Scene\cha06\玻璃杯.max”文件。同时还可以参考随书附带光盘中的“Scene\cha06\玻璃杯场景.max”文件，该文件是设置好场景的场景效果文件，渲染该场景可以得到如图6-17所示的效果。

6.4 课堂练习——制作桌布

练习知识要点

创建两条矩形，并调整矩形 02 的形状为桌面下摆的形状，创建线作为放样路径，使用“放样”工具创建放样模型作为桌布，如图 6-31 所示。

效果图文件所在位置

随书附带光盘 Scene\cha06\桌布.max。

图6-31

6.5 课后习题——制作窗帘

习题知识要点

创建作为放样模型的图形，创建放样模型的路径，创建放样模型后，调整模型的“缩放”变形，同样使用“放样”工具制作窗帘，如图 6-32 所示。

效果图文件所在位置

随书附带光盘 Scene\ cha06\窗帘.max。

图6-32

3ds Max 2012 + VRay

7 Chapter

第 7 章 材质与贴图

在现实生活中，物体都具有某些属性，如颜色、花纹、发光度、反光度、透明度等，一般称之为材质。本章主要讲解了物体材质与贴图的制作方法和应用技巧。通过本章内容的学习，可以将需要的材质和贴图应用在三维物体上，让物体具有逼真的质感和光泽。

【教学目标】

- 了解材质的特点和性质。
- 运用材质编辑器和应用材质贴图。

7.1 材质的概述

材质是什么呢？从严格意义上来讲，“材质”实际上就是 3ds Max 系统对真实物体视觉效果的表现，而这种视觉效果又通过颜色、质感、反光、折光、透明性、自发光、表面粗糙程度、肌理纹理结构等诸多要素显示出来。这些视觉要素都可以在 3ds Max 中使用相应的参数或选项来进行设定，各项视觉要素的变化和组合使物体呈现出不同的视觉特性，在场景中所观察到的制作的材质就是这样一种综合的视觉效果。

材质就是指对真实材料视觉效果的模拟，场景中的三维对象本身不具备任何表面性，物体创建完成后，它只是用颜色表现出来而已，自然也就不会产生与现实材料相一致的视觉效果。要产生与生活场景一样丰富多彩的视觉效果，可以通过材质的模拟来做到，使模型呈现出真实材料的视觉特征，具有真实感，这样制作出的效果图才会更接近于现实效果。

7.2 认识材质编辑器

材质编辑器是一个浮动对话框，用于设置不同类型和属性的材质与贴图效果，并将设置的结果赋予到场景中的物体。在工具栏中单击（材质编辑器）按钮或按 M 键，弹出“材质编辑器”窗口，如图 7-1 所示。

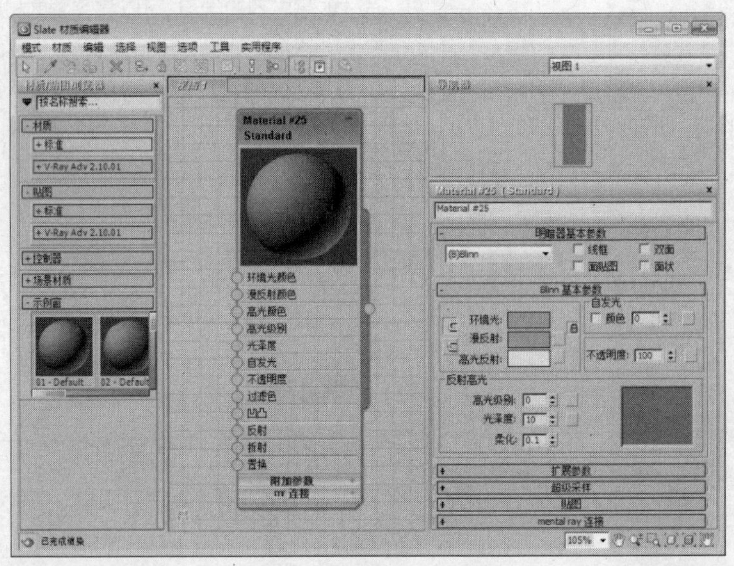

图 7-1

7.2.1 材质类型

在“材质/贴图浏览器”面板中打开“材质”→“标准”卷展栏，如图 7-2 所示。3ds Max 2012 提供了 15 种材质类型，常用的材质并不是很多，只有标准、混合、多维/子对象和无光/投影。

1. 标准材质

标准材质是材质的最基本形式。标准材质的参数设置主要包括明暗器基本参数、Blinn 基本参数、扩展参数、贴图、超级采样、mental ray 连接。按 M 键，打开“材质编辑器”，在“材质/贴图浏览器”面板中双击“标准”材质，然后在“视图”中双击标准材质名称，即可进入标准材质设置面板，如图 7-3 所示。

“明暗器基本参数”卷展栏主要是用于选择材质的质感、物体是否以线框的方式进行渲染等，如图 7-4 所示。

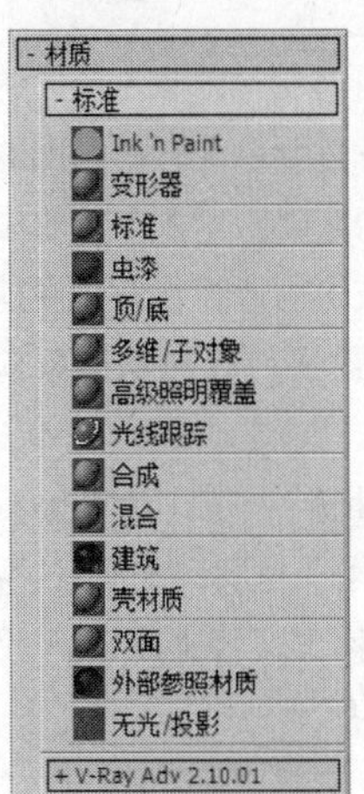

图 7-2

图 7-3

图 7-4

左侧为“着色模式”下拉列表，如图 7-5 所示，可以在此选择不同的材质渲染着色模式，也就是确定材质的基本性质。对于不同的着色模式，其下的参数面板也会有所不同。材质的着色模式是指材质在渲染过程中处理光线照射下物体表面的方式。3ds Max 提供了 8 种明暗类型：各向异性、Blinn（胶性）、金属、多层、Oren-Nayar-Blinn（砂面凹凸胶性）、Phong（塑性）、Strauss（杂性）和半透明明暗器。

图 7-5

“Blinn 基本参数”卷展栏：不同的着色类型，相应地有不同的基本参数，但基本上相差不大。Blinn 基本参数包括 Blinn（胶性）、金属、Oren-Nayar-Blinn（砂面凹凸胶性）和 Phong（塑性），参数面板如图 7-6 所示。

“扩展参数”卷展栏：主要是对材质的透明、反射和线框属性作进一步设置，参数面板如图 7-7 所示。

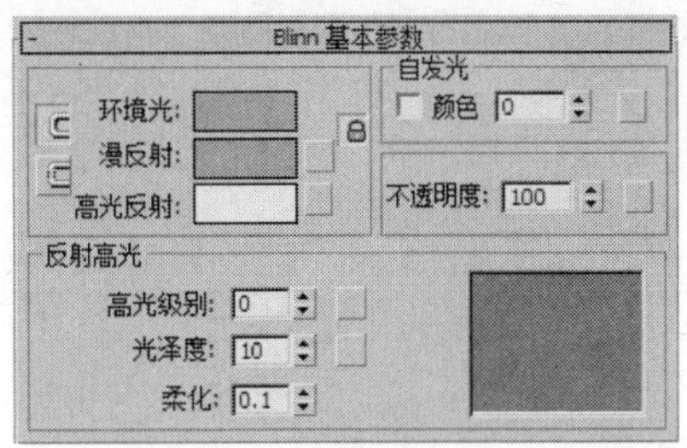

图 7-6

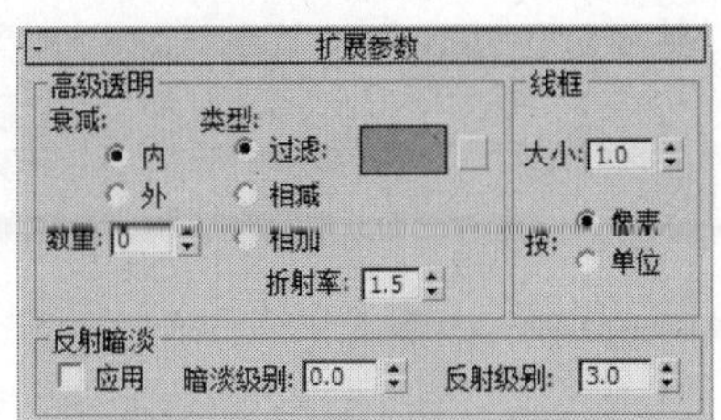

图 7-7

“贴图”卷展栏：选择不同的明暗类型，可以设置的贴图方式的数目也不同。很多贴图方式在效果制作中用得很少，在本节中仅介绍效果图制作中经常用到的漫反射颜色、自发光、不透明度、凹凸、反射和折射 6 种贴图方式。参数面板如图 7-8 所示。

贴图

	数量	贴图类型
环境光颜色	100	None
漫反射颜色	100	None
高光颜色	100	None
高光级别	100	None
光泽度	100	None
自发光	100	None
不透明度	100	None
过滤色	100	None
凹凸	30	None
反射	100	None
折射	100	None
置换	100	None

图 7-8

2. 混合材质

混合材质可以将两种不同的材质融合在一起，根据融合度的不同，控制两种材质表现出的强度，并且可以制作成材质变形的动画；另外还可以指定一张图像作为融合的遮罩，利用它本身的明暗度来决定两种材质融合的程度。

按 M 键，打开“材质编辑器”，在“材质/贴图浏览器”面板中双击“混合”材质，然后在“视图”中双击混合材质名称，即可进入混合材质设置面板，如图 7-9 所示。

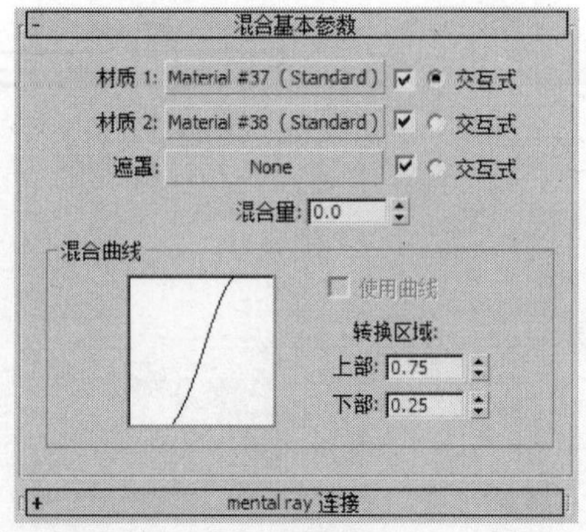

图 7-9

3. 多维/子对象材质

此材质类型可以将多个材质组合到一个材质中，这样可以使一个物体根据其子物体的 ID 号同时拥有多个不同的材质。另外，通过为物体加入“材质”修改命令，可以在一组不同的物体之间分配 ID 号，从而成为享有同一“多维/子对象”材质的不同子材质。

按 M 键，打开“材质编辑器”，在“材质/贴图浏览器”面板中双击“多维/子对象”材质，然后在“视图”中双击多维/子对象材质名称，即可进入多维/子对象材质设置面板，如图 7-10 所示。

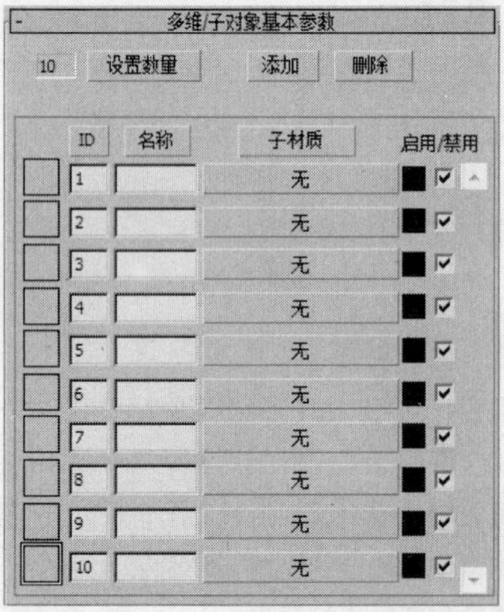

图 7-10

4. 无光/投影材质

使用“无光/投影”材质可将整个对象（或面的任何子集）转换为显示当前背景颜色或环境贴图的无光对象。也可以从场景中的非隐藏对象中接收投射在照片上的阴影。使用此技术，通过在背景中建立隐藏代理对象并将它们放置于简单形状对象前面，可以在背景上投射阴影。

按 M 键，打开“材质编辑器”，在“材质/贴图浏览器”面板中双击“无光/投影”材质，然后在“视图”中双击无光/投影材质名称，即可进入无光/投影材质设置面板，如图 7-11 所示。

图 7-11

7.2.2 贴图类型

在“材质/贴图浏览器”面板中打开“贴图”→“标准”卷展栏，如图 7-12 所示。其中将材质和贴图分为 2D 贴图、3D 贴图、合成器、颜色修改器和其他。默认为“全部”，3ds Max 2012 提供了 44 种贴图类型，最为常用的贴图类型是位图、细胞、混合、衰减、渐变、噪波、光线跟踪、输出。

1. 位图贴图

“位图”贴图是 3ds Max 程序贴图中最常用的贴图类型，“位图”贴图支持多种图像格式，包括 *.gif、*.jpg、*.psd、*.tif 等，因此可以将实际生活中模型的照片图像作为位图使用，如大理石图片、木纹图片等。调用这种位图可以真实地模拟出实际生活中的各种材料。如果在贴图面板上选用了一幅位图贴图（如：白斑.jpg），则相应的“位图参数”卷展栏如图 7-13 所示。

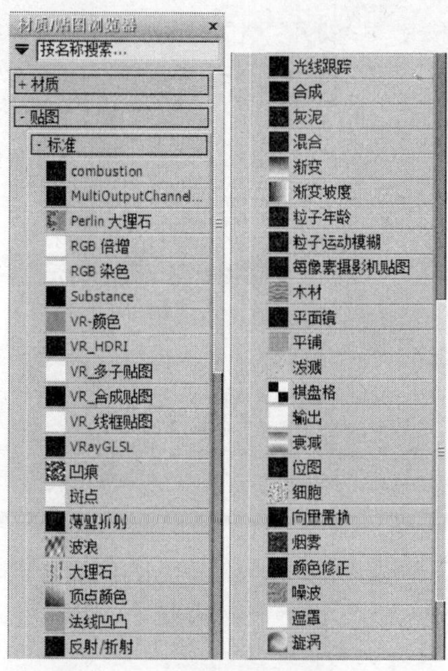

图 7-12

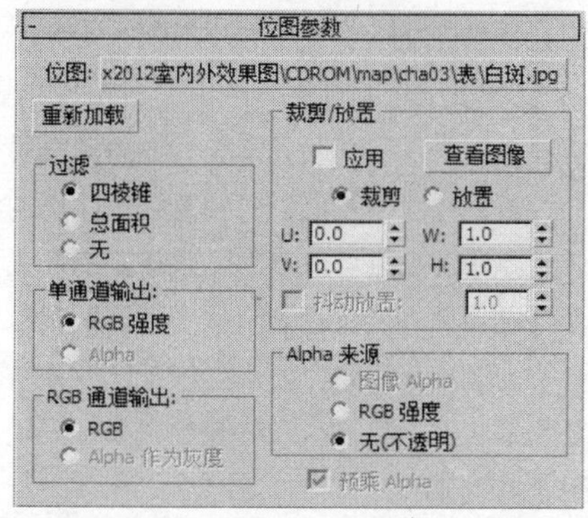

图 7-13

2. 细胞贴图

“细胞”贴图可以产生马赛克、鹅卵石、细胞壁等随机序列贴图效果，还可以模拟出海洋的效果。在调节时要注意示例窗中的效果不是很清晰，最好在赋予物体后，进行渲染调节。表现的效果如图 7-14 所示。

图 7-14

按 M 键，打开“材质编辑器”，在“参数编辑器”中打开“贴图”卷展栏，单击“漫反射颜色”后的 None 按钮，在弹出的“材质/贴图浏览器”对话框中双击“细胞”贴图，进入“细胞”贴图层级面板。“细胞参数”卷展栏如图 7-15 所示。

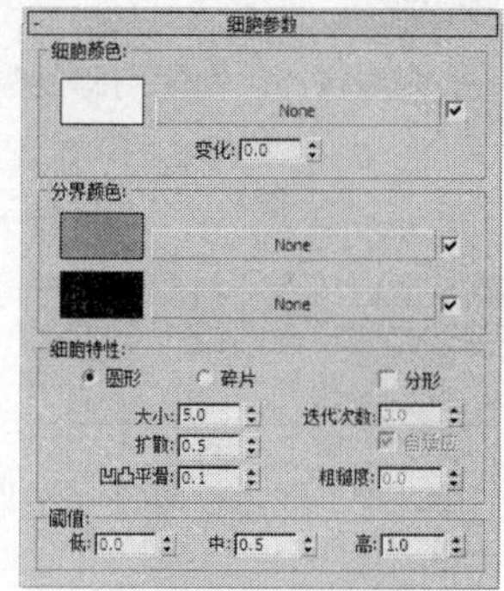

图 7-15

3. 混合贴图

“混合”贴图可以将两种颜色或材质合成在曲面的一侧，也可以将“混合量”参数设为动画，然后绘制出使用变形功能曲线的贴图，用来控制两个贴图随时间混合的方式。如图 7-16 所示，左侧和中间的图像为混合的图像，右侧的为设置“混合量”为 50%后的图像效果。

图 7-16

按 M 键，打开“材质编辑器”，在“参数编辑器”中打开“贴图”卷展栏，单击“漫反射颜色”后的 None 按钮，在弹出的“材质/贴图浏览器”对话框中双击“混合”贴图，进入“混合”贴图层级面板。“混合参数”卷展栏如图 7-17 所示。

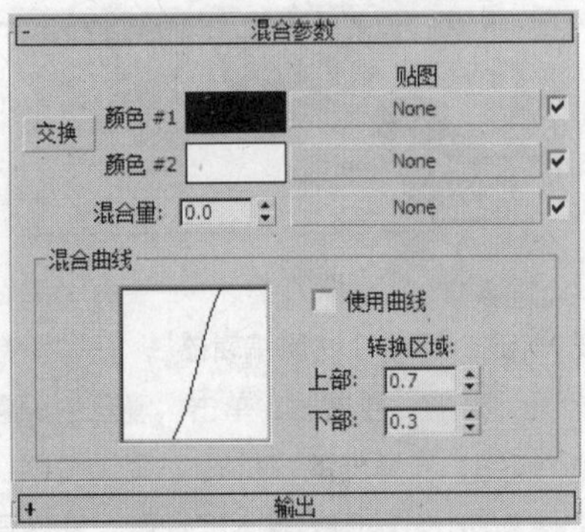

图 7-17

4．衰减贴图

“衰减”贴图可以产生由明到暗的衰减效果，作用于不透明度贴图、自发光贴图和过滤色贴图等。它主要产生一种透明衰减效果，强的地方透明，弱的地方不透明，近似与标准材质的“透明衰减”，只是控制的能力更强。

“衰减”贴图作为不透明贴图，可以产生出透明衰减效果；将它作用于发光贴图，可以产生光晕效果，常用于制作霓虹灯、太阳光、发光灯笼，它还常用于“蒙版”和“混合”贴图，用来制作多个材质渐变融合或覆盖的效果。

按 M 键，打开“材质编辑器”，在“参数编辑器”中打开“贴图”卷展栏，单击“漫反射颜色”后的 None 按钮，在弹出的“材质/贴图浏览器”对话框中双击“衰减”贴图，进入“衰减”贴图层级面板。“衰减参数”卷展栏如图 7-18 所示。

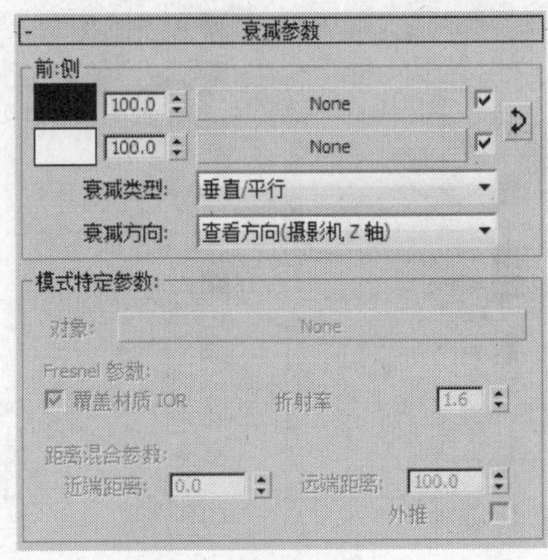

图 7-18

5．渐变贴图

“渐变”贴图可以产生 3 种色彩（或 3 种贴图）的渐变过渡效果，它有线性渐变和放射渐变两种类型，3 种色彩可以随意调节，相互区域比例的大小也可调节。通过贴图可以产生无限级别的渐变和图像嵌套效果，另外还有可调节的“噪波”参数，用于控制相互区域之间融合时产生的杂乱效果。在“不透明度”中使用，可产生一些光的效果。表现的效果如图 7-19 所示。

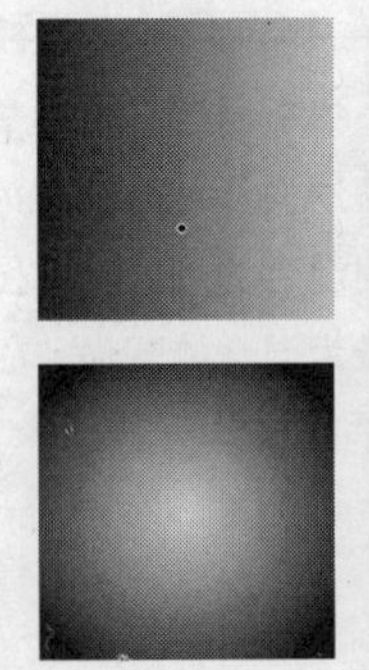

图 7-19

按 M 键，打开“材质编辑器”，在“参数编辑器”中打开“贴图”卷展栏，单击“自发光”后的 None 按钮，在弹出的“材质/贴图浏览器”对话框中双击“渐变”贴图，进入“渐变”贴图层级面板。“渐变参数”卷展栏如图 7-20 所示。

6．噪波贴图

“噪波”贴图是使用比较频繁的贴图类型之一，通过两种颜色的随机混合，产生一种噪波效果，常用于无序贴图效果的制作。表现的效果如图 7-21 所示。

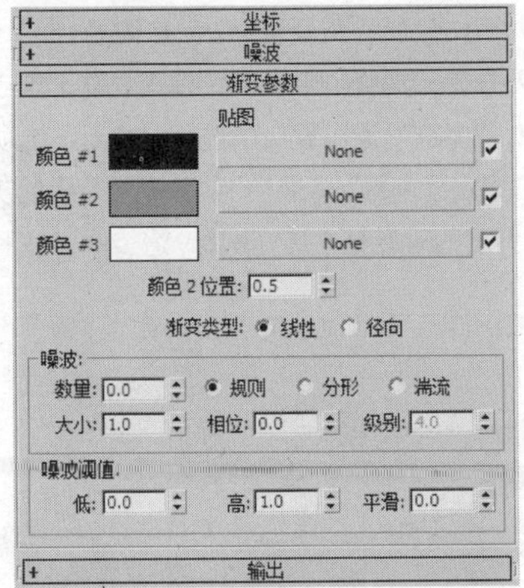

图 7-20

图 7-21

按 M 键，打开“材质编辑器”，在“参数编辑器”中打开“贴图”卷展栏，单击“漫反射颜色”后的 None 按钮，在弹出的“材质/贴图浏览器”对话框中双击“噪波”贴图，进入“噪波”贴图层级面板。“噪波参数”卷展栏如图 7-22 所示。

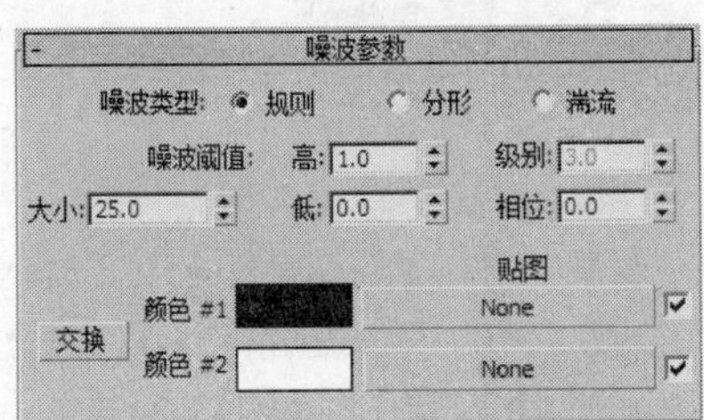

图 7-22

7. 光线跟踪贴图

“光线跟踪”贴图提供完全的反射和折射效果，大大优越于“反射/折射”贴图，但渲染时间相对来说更长，可以通过排除功能对场景进行优化计算从而节省一定时间。

“光线跟踪”贴图常用于表现玻璃、大理石、金属等带有“反射/折射”的材料。

“光线跟踪”贴图可以与其他贴图类型一同使用，可以用于任何种类的材质。它一般在“反射”贴图通道中使用，用来表现带有反射的材质。

按 M 键，打开“材质编辑器”，在“参数编辑器”中打开“贴图”卷展栏，单击“反射”后的 None 按钮，在弹出的“材质/贴图浏览器”对话框中双击“光线跟踪”贴图，进入“光线跟踪”贴图级别。参数面板如图 7-23 所示。

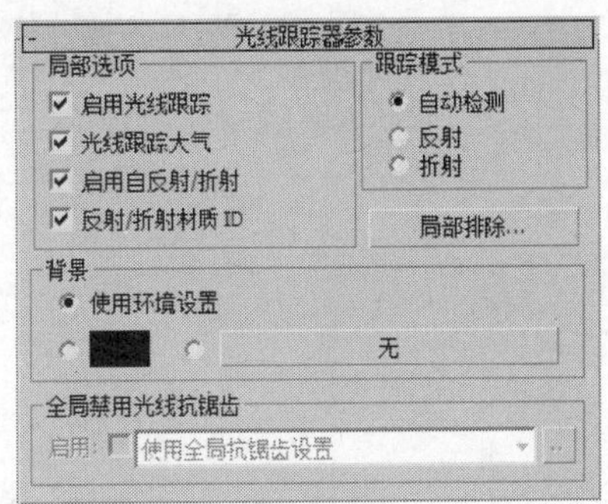

图 7-23

8. 输出贴图

该材质是用来弥补某些无输出设置的贴图类型，对于“位图”类型，系统已经提供了“输出”设置，用来控制位图的亮度、饱和度和反转等基本输出调节。

按 M 键，打开“材质编辑器”，在“参数编辑器”中打开“贴图”卷展栏，单击“反射”后的 None 按钮，在弹出的“材质/贴图浏览器”对话框中双击“输出”贴图，材质进入到“输出”层级命令面板。“输出参数”卷展栏如图 7-24 所示。

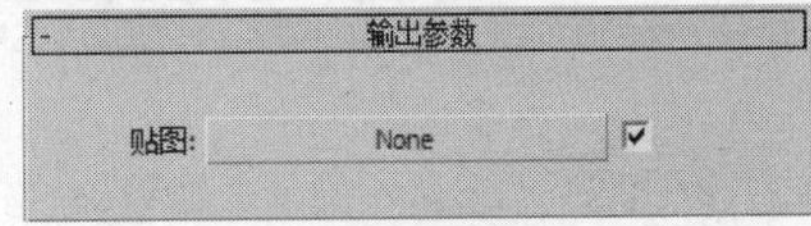

图 7-24

7.2.3 VRay 材质的介绍

VRay 是目前最优秀的渲染插件之一。尤其是在产品渲染和室内外效果图的制作中，它可以称得上是速度最快、渲染效果数一数二的渲染软件精品。

VRay 渲染器的材质类型较多，3ds Max 2012 材质系统中不仅提供了多种标准材质，通过 VRay 材质也可以进行漫反射、反射、折射、透明、双面等基本设置，但该材质类型必需在当前渲染器类型为 VRay 材质时使用，而贴图系统中 VRay 贴图类似于 3ds Max 2012 贴图系统中的光线跟踪贴图，只是功能更加强大而已。

在进入 3ds Max 使用 VRay 渲染器之前，首先介绍一下如何加载和设置 VRay 渲染器。

首先在工具栏中单击（渲染设置）按钮，在弹出的“渲染设置”窗口中选择“公用”选项卡，单击“指定渲染器”卷展栏中“产品级”后的灰色按钮，在弹出的对话框中选择 VRay 渲染器，如图 7-25 所示。

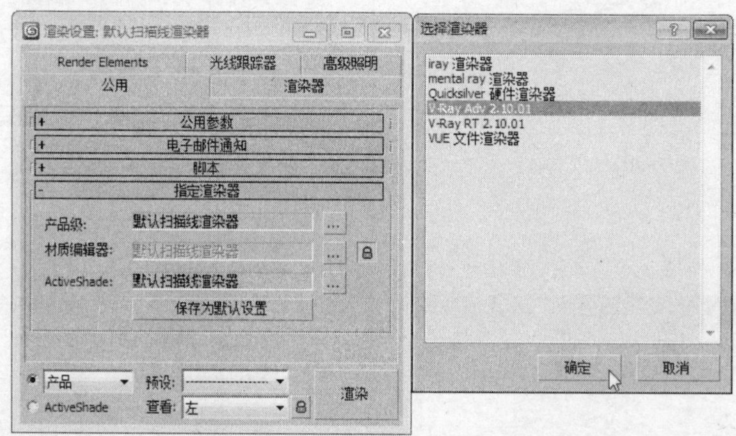

图 7-25

这样场景就可以使用 VRay 渲染器了，图 7-26 所示为 VRay 的渲染设置卷展栏。

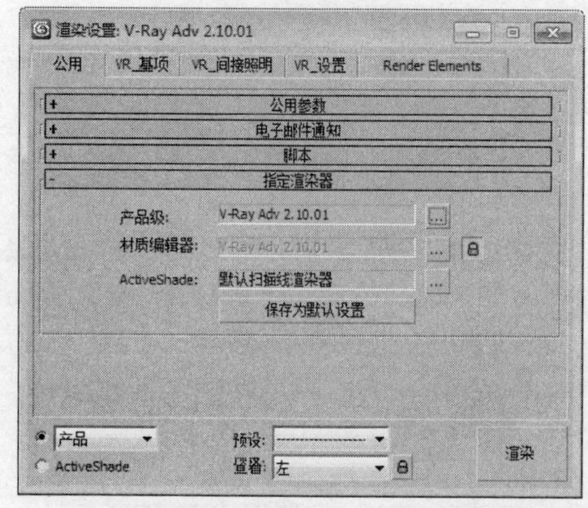

图 7-26

图 7-27 和图 7-28 所示的分别是 VRay 材质和 VRay 贴图。

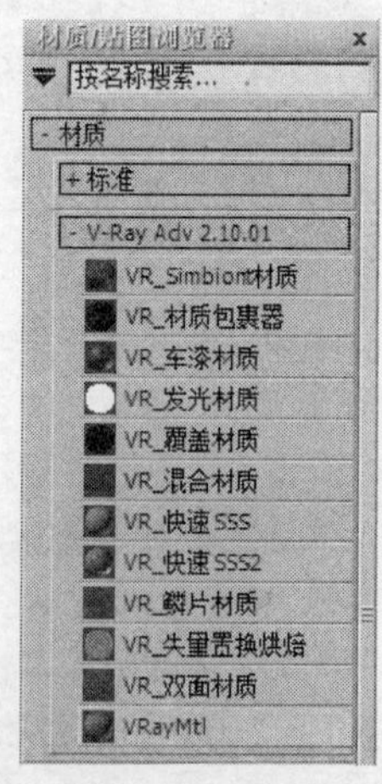

图 7-27

在“材质/贴图浏览器”面板中打开“材质”→“标准”卷展栏，双击“VRayMtl 材质”，这样即可将材质转换为 VRay 材质，如图 7-29 所示。

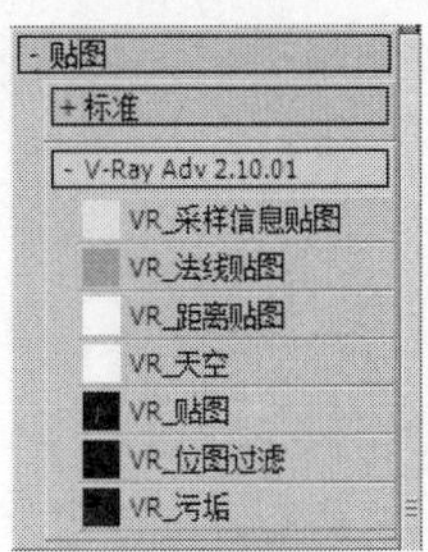

图 7-28

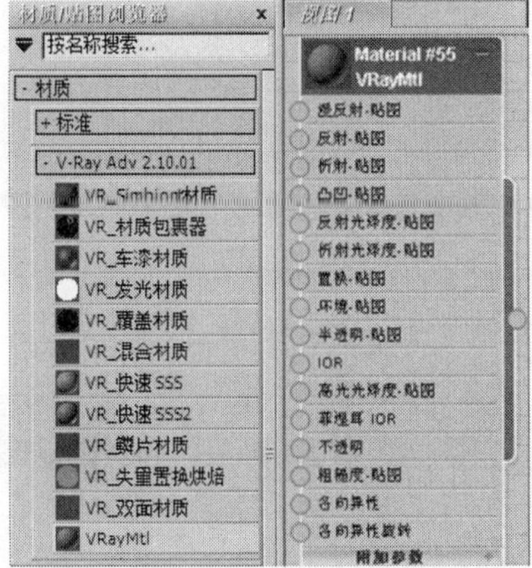

图 7-29

7.2.4　课堂案例——制作瓷器材质

案例学习目标

使用 VRayMtl 材质设置漫反射和反射的参数，为环境指定输出贴图来达到瓷器材质效果。

案例知识要点

通过设置 VRayMtl 材质的漫反射制定瓷器的颜色，设置反射参数可以为瓷器设置反射的效果，通过对反射指定衰减贴图使瓷器具有一种釉质反射效果，通过为环境指定输出贴图使瓷器材质具有一种自然亮的效果，如图 7-30 所示。

图 7-30

效果图文件所在位置

随书附带光盘 Scene\cha07\瓷器材质 OK.max。

STEP 1 打开随书附带光盘中的“Scene\cha07\瓷器材质.max”文件，如图7-31所示。

STEP 2 在场景中选择瓷壶模型，打开“材质编辑器”，在“材质/贴图浏览器”面板中打开“材质→VRay”卷展栏，双击VRayMtl材质，在“视图”面板中显示VRayMtl材质，双击材质名称在“参数编辑器”面板中显示该材质的参数。在“基本参数”卷展栏中设置“漫反射”的红绿蓝为250、250、250，设置“反射”的红绿蓝为34、34、34，单击“高光光泽度”后的“锁”按钮将其解锁，并设置“高光光泽度”为0.85，设置“反射光泽度”为0.95、“细分”为15、“最大深度”为10，在“BRDF-双向反射分布功能”卷展栏中选择反射分布类型为“Ward”，设置“各项异性”为0.5、“旋转”为70，如图7-32所示。

图 7-31

STEP 3 在“贴图”卷展栏中单击“反射”后的“None”按钮，在弹出的“材质/贴图浏览器”中选择“贴图”→“标准”→“渐变”贴图，单击“确定”按钮，进入反射贴图层级面板，在“衰减参数”卷展栏中选择“衰减类型”为Fresnel，如图7-33所示。

STEP 4 在视图面板中双击VRayMtl材质名称返回主材质面板，在“贴图”卷展栏中单击“环境”后的“None”按钮，进入环境贴图层级面板，在“输出”卷展栏中设置“输出量”为3，如图7-34所示。双击VRayMtl材质名称返回主材质面板，单击（将材质指定给选定对象）按钮，将材质指定给场景中瓷器模型，渲染出的场景模型效果如图7-30所示。

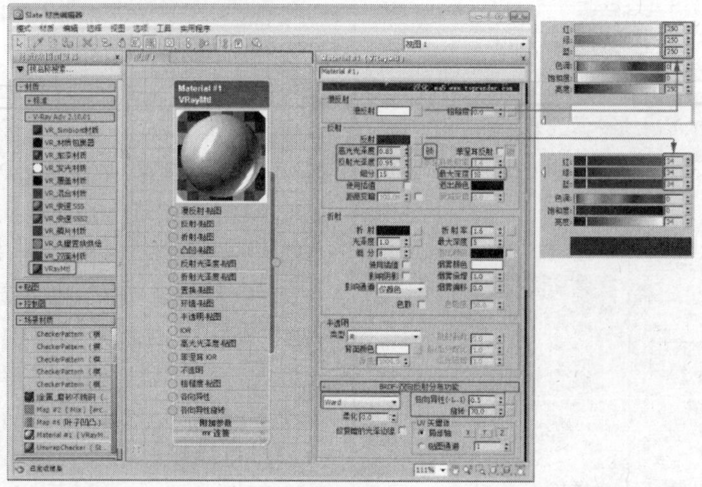

图7-32

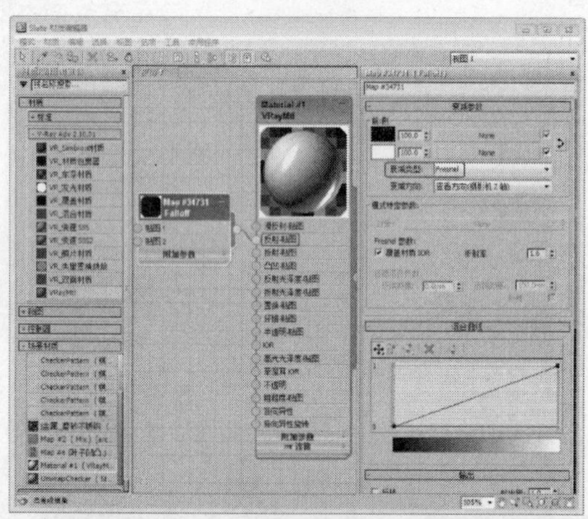

图7-33

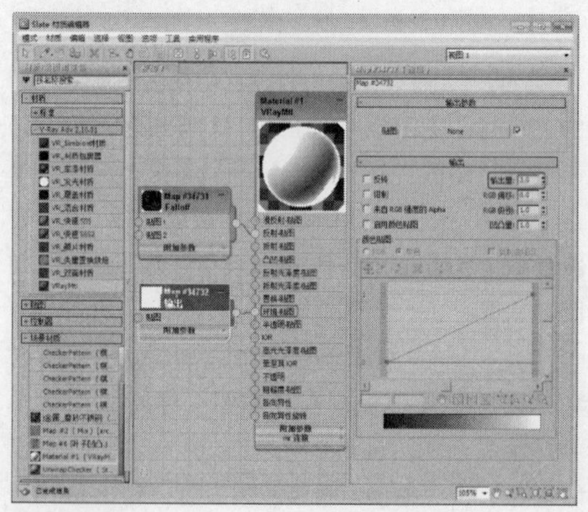

图7-34

7.2.5 课堂案例——制作玻璃和冰块材质

案例学习目标

使用 VRayMtl 材质设置玻璃和冰块材质的效果，通过设置反射和折射的参数来设置模型的反射和透明效果，玻璃与冰块材质的区别在于折射率的不同，并且冰块材质有一定的反射模糊，使用噪波效果来完成玻璃和冰块材质效果。

案例知识要点

通过设置 VRayMtl 材质的反射使玻璃和冰块具有反射的效果，通过设置折射参数可以设置模型的透明效果，通过为冰块的凹凸指定噪波贴图，使冰块材质的表面有一种磨砂的效果，通过为玻璃杯指定衰减贴图使玻璃材质的效果更加真实，如图 7-35 所示。

效果图文件所在位置

随书附带光盘 Scene\cha07\玻璃和冰块材质 OK.max。

STEP 1 打开随书附带光盘中的“Scene\cha07\玻璃和冰块材质.max”文件，如图7-36所示。

STEP 2 在场景中选择冰块模型，打开材质编辑器在菜单栏中选择“模式”→“精简材质编辑器”命令，将材质面板转换为以前版本中的精简模式，选择一个新的样本球，将材质转换为“VRayMtl”材质，在“基本参数”卷展栏中设置“反射”的红绿蓝为39、39、39，设置“折射”的红绿蓝为255、255、255，设置“折射率”为1.25，勾选“影响阴影”复选项，如图7-37所示。

图 7-35

图 7-36

STEP 3 在“贴图”卷展栏中设置“凹凸”的数值为15，单击“凹凸”后的“None”按钮为其指定位图，在弹出的“材质/贴图浏览器”中选择“噪波”贴图，单击“确定”按钮，进入凹凸贴图层级面板，在“噪波参数”卷展栏中选择噪波类型为“湍流”，如图7-38所示，返回主材质面板，单击（将材质指定给选定对象）按钮，将材质指定给场景中的冰块模型。

STEP 4 在场中选择玻璃杯模型，选择一个新的样本球并将材质转换为“VRayMtl”材质，在“基本参数”卷展栏中设置“反射”的红绿蓝为52、52、52，设置“折射”的红绿蓝为255、255、255，设置“折射率”为1.5，勾选“影响阴影”复选项，如图7-39所示。

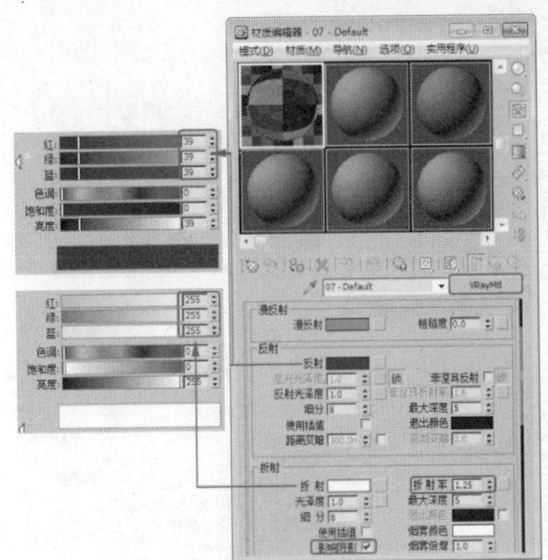

图 7-37

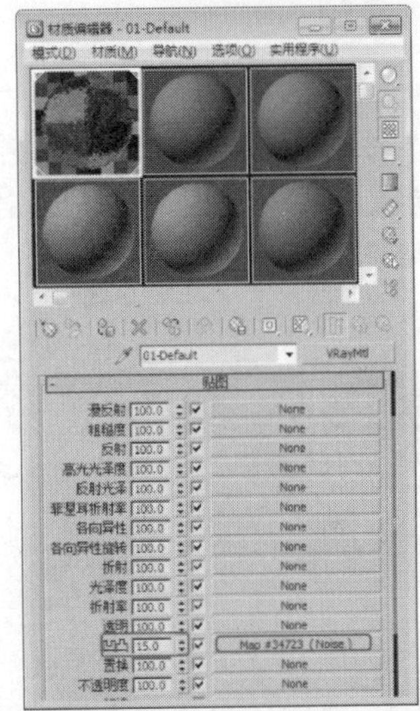

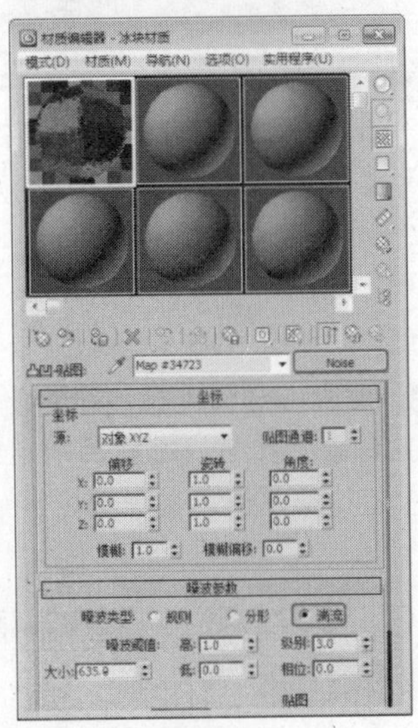

图 7-38

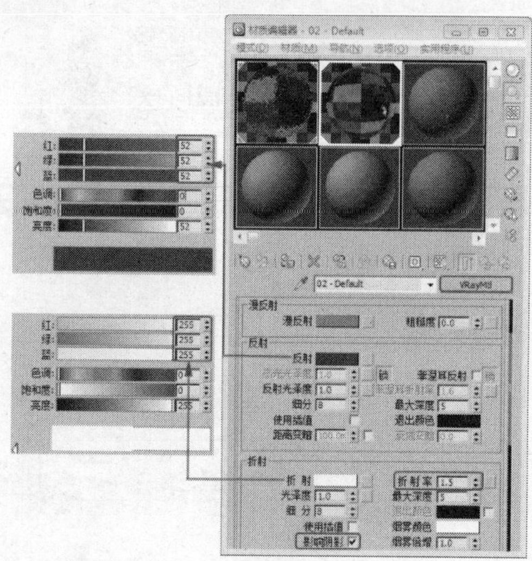
图 7-39

STEP 5 在“贴图”卷展栏中单击“反射”后的“None”按钮，在弹出的“材质/贴图浏览器”对话框中选择“衰减”贴图，单击“确定”按钮，如图7-40所示。

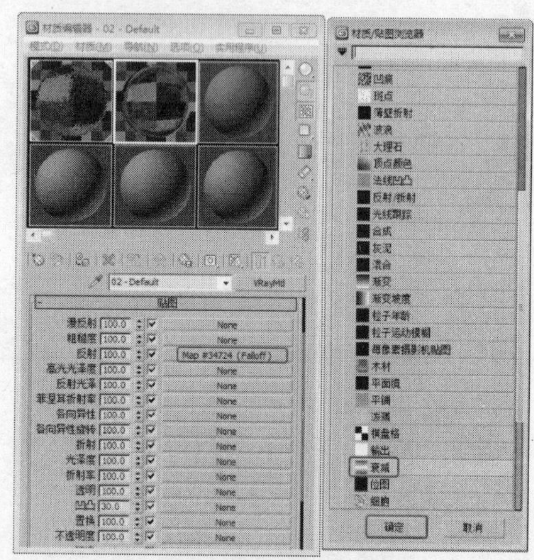
图 7-40

STEP 6 返回主材质面板，单击（将材质指定给选定对象）按钮，将材质指定给场景中玻璃杯模型，渲染出的场景模型效果如图7-35所示。

7.2.6 课堂案例——制作不锈钢材质

案例学习目标

使用 VRayMtl 材质设置不锈钢材质的效果，主要通过设置反射的参数来制作金属的效果。

案例知识要点

通过设置 VRayMtl 材质的反射使不锈钢支架具有反射的效果，通过设置漫反射来设置不锈钢支架的颜色，使用菲涅耳反射使反射的效果更加真实，如图 7-41 所示。

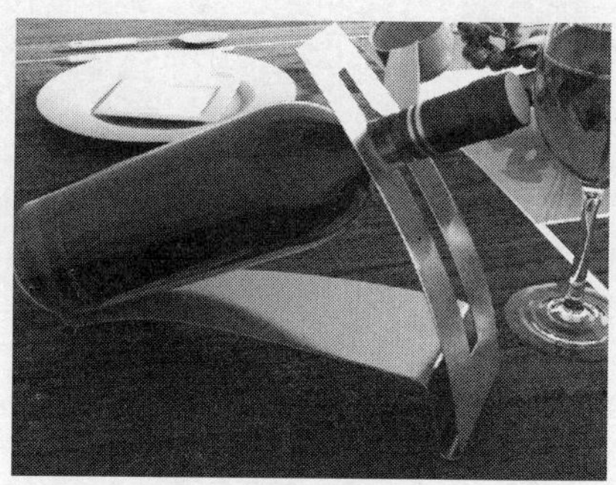
图 7-41

效果图文件所在位置

随书附带光盘 Scene\cha07\不锈钢材质 OK.max。

STEP 1 打开随书附带光盘中的“Scene\cha07\不锈钢材质.max”文件，如图7-42所示。

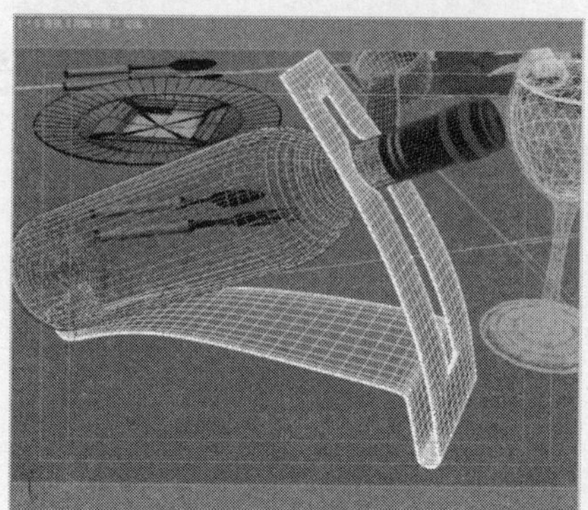
图 7-42

STEP 2 在场中选择不锈钢支架模型，打开材质编辑器，选择一个新的样本球并将材质转换为“VRayMtl”材质，在“基本参数”卷展栏中设置“漫反射”的红绿蓝为58、58、58，设置“反射”的红绿蓝为147、147、159，设置“反射光泽度”为0.95、“细分”为10，勾选“菲涅耳反射”复选项，设置“折射率”为10，如图7-43所示。

STEP 3 在“BRDF-双向反射分布功能”卷展栏中选择反射分布类型为“Ward”，设置“各项异性”为-0.5，返回主材质面板，单击（将材质指定给选定对象）按钮，将材质指定给场景中的不锈钢支架模型，如图7-44所示。渲染出的场景模型效果如图7-41所示。

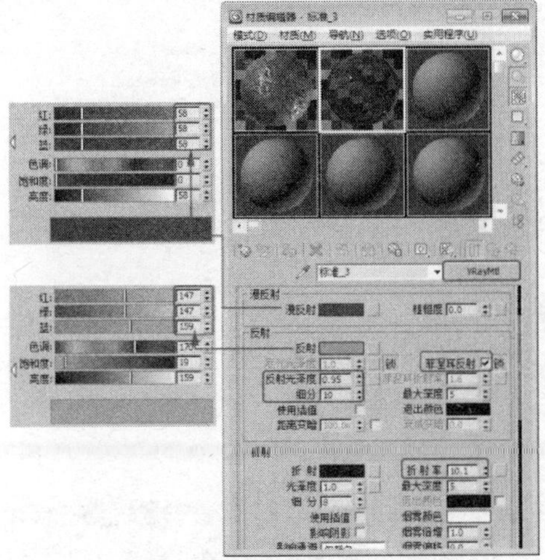

图7-43

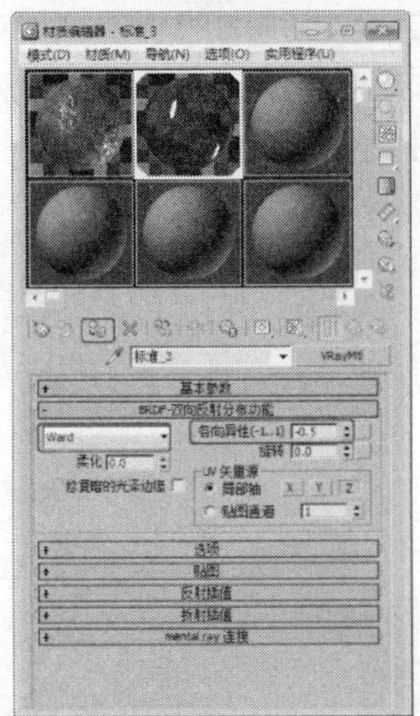

图7-44

7.3 课堂练习——制作木纹材质

练习知识要点

木纹材质主要是为“漫反射”指定木纹贴图，并调整“反射”的效果，完成木纹材质的设置，完成的木纹材质效果如图 7-45 所示。

效果图文件所在位置

随书附带光盘 Scene\cha07\木纹材质.Max。

图7-45

7.4 课后习题——制作真皮材质

习题知识要点

真皮材质的设置主要是为“凹凸”贴图设置了皮革的凹凸纹理，并设置皮革的“反射”效果，完成的皮革材质效果如图 7-46 所示。

效果图文件所在位置

随书附带光盘 Scene\cha07\真皮材质.Max。

图7-46

3ds Max 2012 + VRay

8 Chapter

第 8 章 灯光

在效果图制作过程中，灯光起着举足轻重的作用，空间层次、材质质感、氛围等都要靠灯光来体现，同时灯光的设置难度也很大。本章主要讲解了灯光的设置方法和应用技巧，通过本章内容的学习，可以掌握灯光的基本参数和布光原则，了解现实中光源的特性及光线传递的特点，可以把握好灯光的设置，处理好光与影的关系，以制作出精美的效果图。

【教学目标】

- 了解灯光的功能和特性。
- 掌握标准灯光的使用方法。
- 掌握广度学灯光的使用方法。
- 掌握 VRay 灯光的使用方法。

8.1 灯光的概述

灯光在效果图中起着举足轻重的作用。任何一个好的室内设计空间，如果没有配合适当的灯光照明，那就不算是一个完整的设计。细心分析每一个出色的空间结构，不难发现，灯光是一个十分重要的设计元素。在每个项目的设计过程中，灯光的效果最容易受到其他外来因素的影响。例如，从窗外引进的阳光、家具的颜色、饰面的反光度、空间的功能等，再加上人们在空间移动所产生的不同视觉方向等，这些因素都会令最后的灯光效果发生无穷无尽的变化。

无论使用哪一种类型的灯光来设置，最终的目的是得到一个真实而生动的效果。一幅出色的效果图需要恰到好处的灯光效果，3ds Max 中的灯光比现实中的灯光优越得多，可以随意调节亮度、颜色，可以随意设置它能否穿透对象或是投射阴影，还能设置它需要照亮哪些对象而不照亮哪一些对象。

既然选择用 VR 渲染器，很多场景就应该使用“VR 灯光”来进行布光，可以配合使用“标准灯光”和“光度学灯光”。

8.2 3ds Max 中的灯光

下面介绍 3ds Max 中的默认灯光——标准灯光和光度学灯光，并介绍 VRay 灯光的使用。

8.2.1 标准灯光

单击（创建）命令面板上的（灯光）按钮，面板中将显示 8 种标准灯光类型，如图 8-1 所示。

图 8-1

3ds Max 2012 提供了 8 种标准灯光，分别是目标聚光灯、Free Spot（自由聚光灯）、目标平行光、自由平行光、泛光灯、天光、mr 区域泛光灯和 mr 区域聚光灯。

1. 目标聚光灯

目标聚光灯是一种锥形状的投射光束，可影响光束内被照射的对象，产生一种逼真的投射阴影。当有对象遮挡光束时，光束将被截断，光束的范围可以任意调整。目标聚光灯包含两个部分：投射点，即场景中的圆锥体图形；目标点，即场景中的小立方体图形。通过调整这两个图形的位置可以改变对象的投影状态，从而产生立体效果。聚光灯有矩形和圆形两种投影区域，矩形适合制作电影投影图像、窗户投影等；圆形适合筒灯、台灯、壁灯、车灯等灯光的照射效果。

2. Free Spot（自由聚光灯）

Free Spot（自由聚光灯）是一个圆锥形图标，产生锥形照射区域，它是一种没有“投射目标”的聚光灯，通常用于运动路径上，或是与其他对象相连而以子对象方式出现。自由聚光灯主要应用于动画制作，在本书中将不作详细讲解。

3. 目标平行光

目标平行光可以产生圆柱形或方柱形平行光束，平行光束是一种类似于激光的光束，它的发光点与照射点大小相等。目标平行光主要用于模拟阳光、探照灯、激光光束等效果。

4. 自由平行光

自由平行光是一种与自由聚光灯相似的平行光束。但它的照射范围是柱形的，多用于动画制作。

5. 泛光灯

泛光灯是在效果图制作中应用最多的光源之一，可以用来照亮整个场景，是一种可以向四面八方均匀发光的“点光源”。它的照射范围可以任意调整，使对象产生阴影。场景中可以用多盏泛光灯相互配合使用，以产生较好的效果，但要注意泛光灯也不能过多地建立，否则效果图会因整体过亮，缺少暗部而没有层次感。所以要很好地掌握泛光灯的搭配技巧。

6. 天光

天光主要用于模拟太阳光遇到大气层时产

生的散射照明。它提供给人们整体的照明和很虚的阴影效果，但它不会产生高光，而且有时阴影会过虚，所以要与太阳光或目标平行光配合使用，以体现对象的高光和阴影的清晰度。这种灯光必须配合“光跟踪器”使用才能产生出理想的效果。

7. mr 区域泛光灯

mr 区域泛光灯支持全局光照、聚光等功能。这种灯不是从点光源发光，而是从光源周围一个较宽阔的区域内发光，并生成边缘柔和的阴影，可以为渲染的场景增加真实感，但是渲染时间会长一些。

8. mr 区域聚光灯

与 mr 区域泛光灯的功能基本一致。在这里就不重复讲述了。

8.2.2 光度学灯光

光度学灯光使用方法与标准灯光的使用方法大体相同，但是光度学灯光还能调节灯光的类型和分布方式，可以将一个真实的光域网文件指定给光度学灯光。

单击 （创建）命令面板上的 （灯光）按钮，面板中将显示 3 种光度学灯光类型，分别为目标灯光、自由灯光和 mr Sky 门户，如图 8-2 所示。

图 8-2

8.2.3 VRay 灯光

VRay 灯光是在安装了 VR 渲染器之后才有的，VRay 除了支持 3ds Max 的标准灯光和光度学灯光外，还具有自己的灯光面板，包括 VR_光源、VR_IES、VR_太阳、VR_环境光和 Vray Shaclow，如图 8-3 所示。

图 8-3

1. VR_光源

VR_光源主要分为 4 种类型：平面、穹顶、球体和网格体。VR_光源的参数面板及光源形态如图 8-4 所示。

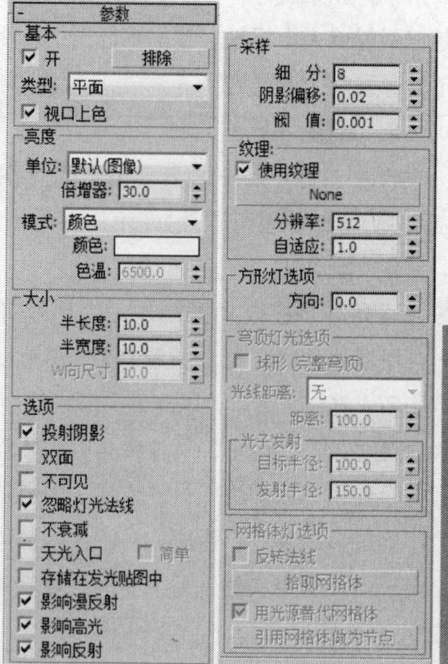

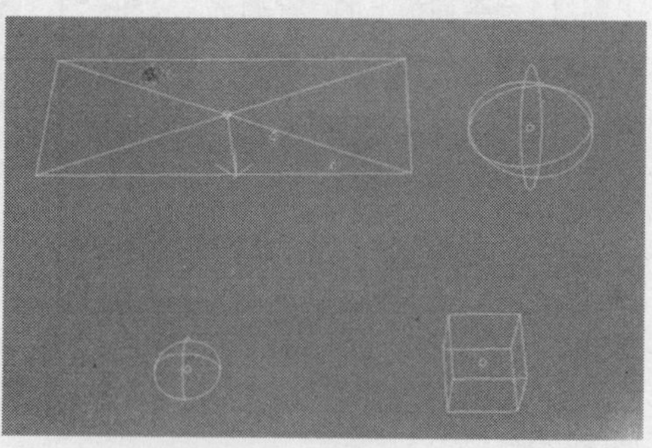

图 8-4

“参数”卷展栏中常用各选项含义如下。

⊙ 开：灯光的开关。

⊙ 排除：可以将场景中的物体排除光照或者单独照亮。

⊙ 类型：展示灯光的类型，在右侧的下拉列表中一共有 4 种灯光类型，分别是平面、穹顶、球体和网格。

⊙ 单位：灯光的强度单位。

⊙ 倍增器：调整灯光的亮度。

⊙ 颜色：可以设置灯光的颜色。

⊙ 半长度：平面灯光长度的 1/2。如果灯光类型选择“球体”，这里的参数就变成半径；如果灯光类型选择“穹顶”或者“网格”这里的参数不可用。

⊙ 半宽度：平面灯光宽度的 1/2。如果灯光类型选择“穹顶”、“球体”或“网格”，这里的参数不可用。

⊙ W 向尺寸：光源的 W 向尺寸（当选择球体光源时该选项不可用）。

⊙ 投射阴影：向灯光照射物体投射 VRay 阴影，取消勾选该选项的，该灯光只对物体产生照明效果。

⊙ 双面：用来控制灯光的双面都产生照明效果，当灯光类型为平面时才有效，其他灯光类型无效。

⊙ 不可见：这个选项用来控制渲染后是否显示灯光，在设置灯光时一般勾选这个选项。

⊙ 忽略灯光法线：光源在任何方向上发射的光线都是均匀的，如果将这个选项取消，光线将依照光源的法线向外照射。

⊙ 不衰减：在真实的自然界中，所有的光线都是有衰减的，如果将这个选项取消，VR_光源将不计算灯光的衰减效果。

⊙ 天光入口：如果勾选该选项，前面设置的很多参数都将被忽略，即被 VR_环境光参数代替。这时的 VR_光源就变成了 GI 灯光，失去了直接照明。

⊙ 存储在发光贴图中：如果使用发光贴图来计算间接照明，则勾选该选项后，发光贴图会存储灯光的照明效果。它有利于快速渲染场景，当渲染光子完成后，可以把这个 VR_光源关闭或者删除，它对最后的渲染效果没有影响，因为它的光照信息已经保存在发光贴图里。

⊙ 影响漫反射：该选项决定灯光是否影响物体材质属性的漫反射。

⊙ 影响高光：该选项决定灯光是否影响物体材质属性的高光。

⊙ 影响反射：该选项决定灯光是否影响物体材质属性的反射。

⊙ 细分：用来控制渲染后的品质。比较低的参数，杂点多，渲染速度快；比较高的参数，杂点少，渲染速度慢。

⊙ 阴影偏移：用来控制物体与阴影偏移距离，一般保持默认即可。

⊙ 纹理：贴图通道。

⊙ 使用纹理：这个选项允许用户使用贴图作为半球光的光照。

⊙ 分辨率：贴图光照的计算精度，最大为 2048。

⊙ 目标半径：该选项定义光子从什么地方开始发射。

⊙ 发射半径：该选项定义光子从什么地方开始结束。

2. VR_IES

VR_IES 灯光是 VRay 的新功能，可以根据色温控制灯光的颜色，基于物理计算，计算结果更真实。参数面板如图 8-5 所示。

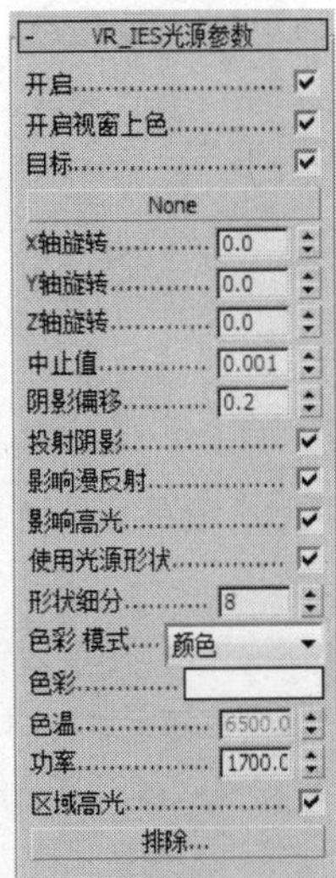

图 8-5

“VR_IES 参数”卷展栏中常用各选项含义如下。

⊙ 开启：开启 VR_IES 灯光。

⊙ 目标：开启 VR_IES 灯光的目标点。

⊙ None：调用光域网文件按钮。

⊙ 中止值：控制灯光照亮的范围。数值越大，范围越小。

⊙ 阴影偏移：控制阴影偏移。

⊙ 投影阴影：产生阴影。

⊙ 使用光源形状：使用灯的形状。

⊙ 形状细分：控制灯形状的细分。

⊙ 色彩模式：控制灯的色彩模式。

⊙ 色彩：可以直接为灯光指定颜色。

⊙ 色温：根据色温值来控制灯光的颜色。

⊙ 功率：控制灯光的强度。

⊙ 排除：可以排除掉对某个物体的照射。

3. VR_太阳和 VR_环境光

VR_太阳和 VR_环境光能模拟物理世界里真实的阳光和环境光的效果。它们主要是随着“VR_太阳”位置的变化而变化的。“VR_太阳”的参数面板如图 8-6 所示。

图 8-6

“VR_太阳参数”卷展栏中常用各选项含义如下。

⊙ 开启：开启或关闭太阳光。

⊙ 不可见：这个参数无重大意义。

⊙ 混浊度：这个参数就是空气的混浊度，能影响太阳和天空的颜色。如果数值小，则表示晴朗干净的空气，颜色比较蓝；如果数值大，则表示阴天有灰尘的空气，颜色呈橘黄色。

⊙ 臭氧：这个参数是指空气中氧的含量。如果数值小，则阳光比较黄；如果数值大，则阳光比较蓝。

⊙ 强度倍增：这个参数是指阳光的亮度，默认值为 1，此时场景会出现很亮、曝光的效果。一般情况下，如果使用标准摄影机的话，亮度设置为 0.01～0.005；如果使用 VR 摄影机的话，亮度默认就可以了。

⊙ 尺寸倍增：这个参数是指阳光的大小。数值越大，阴影的边缘越模糊；数值越小，边缘越清晰。

⊙ 阴影细分：这个参数用来调整阴影的质量。数值越大，阴影质量越好，且没有杂点。

⊙ 阴影偏移：这个参数用来控制阴影与物体之间的距离。

⊙ 光子发射半径：这个参数和发光贴图有关。

⊙ 排除：与标准灯光一样，用来排除物体的照明。

“VR_环境光”参数面板如图 8-7 所示。

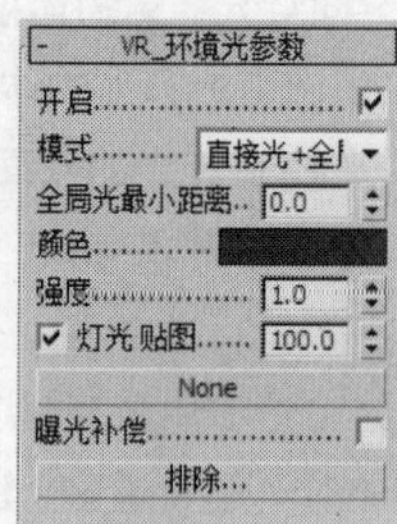

图 8-7

“VR_环境光参数”卷展栏中常用各选项含义如下。

⊙ 开启：打开或关闭环境光。

⊙ 模式：环境光的模式，一共有三种模式，分别是直接光+全局光、直接光、全局光。

⊙ 强度：环境光的照射强度。

⊙ 灯光贴图：指定贴图后，贴图影响灯光的颜色和强度。

⊙ None：为环境光指定贴图。

4. VRayShadow（VRay 阴影）

在大多数情况下，标准的 3ds Max 光影追踪阴影无法在 VRay 中正常工作，此时必须使用 Vray Shadow（VRay 阴影），才能得到好的效果。除了支持模糊阴影外，也可以正确表现来自 VRay 置换物体或者透明物体的阴影。参数面板如图 8-8 所示。

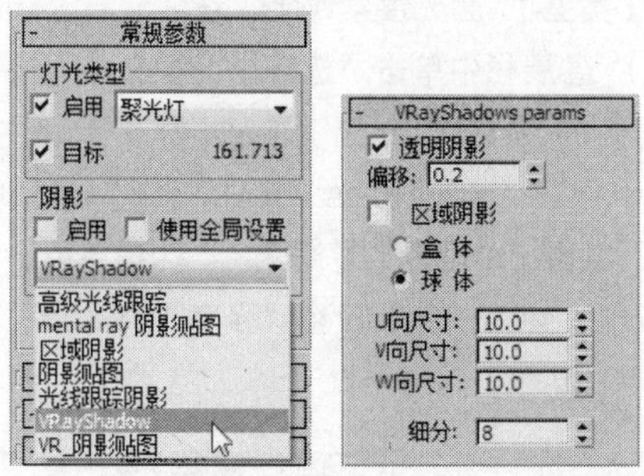

图 8-8

VRay 支持面阴影，在使用 VRay 透明折射贴图时，VRay 阴影是必须使用的。同时用 VRay 阴影产生模糊阴影的计算速度要比其他类型的阴影速度快。

“VRayShadows params”卷展栏中各选项含义如下。

⊙ 透明阴影：这个选项用于确定场景中透明物体投射的阴影。当物体的阴影由一个透明物体产生的时候，该选项十分有用。当打开该选项时，VRay 会忽略 MAX 的物体阴影参数。

⊙ 偏移：这个参数用来控制物体底部与阴影偏移距离，一般保持默认即可。

⊙ 区域阴影：打开或关闭区域阴影。

⊙ 盒体：计算阴影时，假定光线是由一个立方体发出的。

⊙ 球体：计算阴影时，假定光线是由一个球体发出的。

⊙ U 向尺寸：当计算面阴影时，可以控制光源的 U 向尺寸。如果光源是球形光源，该尺寸等于该球形的半径。

⊙ V 向尺寸：当计算面阴影时，可以控制光源的 V 向尺寸。如果选择球形光源，该选项无效。

⊙ W 向尺寸：当计算面阴影时，可以控制光源的 W 向尺寸。如果选择球形光源，该选项无效。

⊙ 细分：这个参数用来控制面积阴影的品质。比较低的参数，杂点多，渲染速度快；比较高的参数，杂点少，渲染速度慢。

8.2.4 课堂案例——制作台灯照射效果

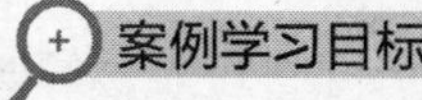

案例学习目标

学习使用 VR_光源制作台灯照射效果。

案例知识要点

创建 VR_光源并选择灯光类型，设置颜色和倍增值，完成台灯照射效果的设置，完成的台灯照射效果如图 8-9 所示。

图 8-9

效果图文件所在位置

随书附带光盘 Scene\cha08\台灯照射效果 OK.max。

STEP 1 打开随书附带光盘中的“Scene\cha08\台灯照射效果.max”场景文件，如图8-10所示。

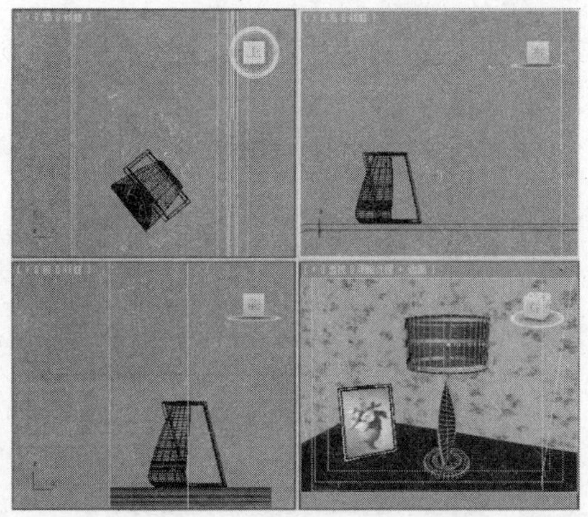

图 8-10

STEP 2 单击“（创建）>（灯光）>VRay>VR_光源”按钮，在“顶”视图中创建VR_光源，在“参数”卷展栏中选择灯光的“类型”为球体，设置“倍增器”为10，设置灯光的“颜色”为浅橘红色（红绿蓝为255、214、169）、照射“半径”为80、“细分”为15，勾选“不可见”复选项，并调整灯光至合适的位置，如图8-11所示。渲染出的场景模型效果如图8-9所示。

图 8-11

8.2.5 课堂案例——制作筒灯效果

案例学习目标

学习使用目标灯光制作筒灯效果。

案例知识要点

创建目标灯光选择灯光分布类型和强度，并设置灯光过滤颜色完成筒灯效果的设置，完成的筒灯效果如图 8-12 所示。

图 8-12

效果图文件所在位置

随书附带光盘 Scene\cha08\筒灯效果 OK.max。

STEP 1 打开随书附带光盘中的“Scene\cha08\筒灯效果.max”场景文件，如图8-13所示。

STEP 2 单击“（创建）>（灯光）>光度学>目标灯光”按钮，在“前”视图中创建目标灯光，在“常规参数”卷展栏中勾选“启用”复选项，选择阴影类型为“VRayShadow”，选择“灯光分布（类型）”为光度学Web，在“分布（光度学Web）”卷展栏中单击“选择光度学文件”按钮，在弹出的对话框中选择随书附带光盘中的“Map>8.25>乐氏03.ies”文件，在“强度/颜色/衰减”卷展栏中设置“过滤颜色”为橙黄色（红绿蓝为252、199、39），设置“强度”的“cd”值为34000，如图8-14所示。

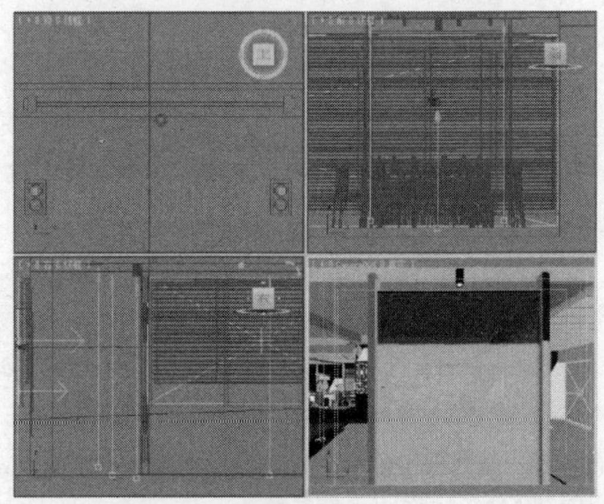

图 8-13

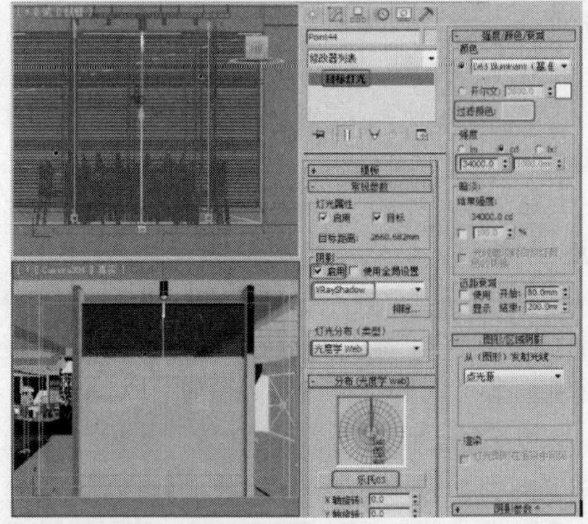

图 8-14

8.3 课堂练习——制作床头壁灯效果

练习知识要点

创建光度学自由灯光的过滤颜色和强度，完成床头壁灯效果的设置，完成的床头壁灯效果如图 8-15 所示。

效果图文件所在位置

随书附带光盘 Scene\cha08\床头壁灯效果 OK.max。

图 8-15

8.4 课后习题——制作暗藏灯效果

习题知识要点

创建 VR_光源设置倍增器和颜色，完成暗藏灯效果的设置，完成的暗藏灯效果如图 8-16 所示。

效果图文件所在位置

随书附带光盘 Scene\cha08\暗藏灯效果 OK.max。

图 8-16

9 Chapter

第 9 章 摄影机

3ds Max 中的摄影机与现实中的摄影机在使用原理上是相同的，可是却比现实中的摄影机具有更强大的功能，它的很多效果是现实中的摄影机所不能达到的。本章主要讲解了摄影机的使用方法和应用技巧，通过本章内容的学习，可以充分地利用摄影机呈现更加完美的效果图。

【教学目标】

- 掌握 3ds Max 摄影机的使用方法。
- 掌握 VRay 摄影机的使用方法。
- 掌握浏览动画设置的方法。

9.1 3ds Max 摄影机

摄影机决定了视图中物体的位置和大小，也就是说，看到的内容是由摄影机决定的，所以掌握 3ds Max 中摄影机的用法与技巧是进行效果图制作的关键。

单击“创建”命令面板上的（摄影机）按钮，创建面板中将显示两种摄影机类型，如图 9-1 所示。

图 9-1

3ds Max 系统共提供了两种摄影机类型：“目标”摄影机和“自由”摄影机，两者创建后的形态如图 9-2 所示。

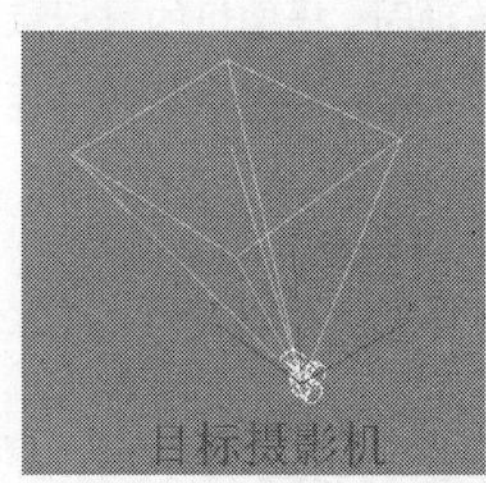

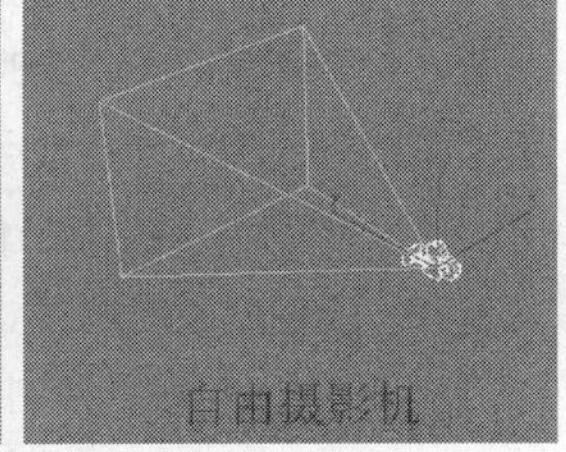

图 9-2

1. 目标摄影机

图 9-1 中的目标即目标摄影机，它包括镜头和目标点。在效果图制作过程中，主要用来确定最佳构图。

单击“创建”命令面板上的（摄影机）“目标”按钮，此时参数面板如图 9-3 所示。

“参数”卷展栏中常用的参数介绍如下。

⊙ 镜头：用于模拟 9.8471～100000mm 的各种镜头，下面的“备用镜头”中提供了 9 种常用镜头供用户选择和使用。

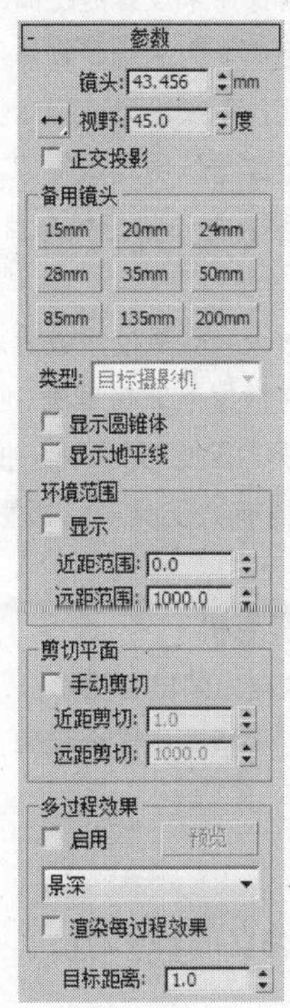

图 9-3

⊙ 视野：它定义了摄影机在场景中看到的区域，其单位是度，视野与镜头是两个互相依存的参数，两者保持一定的换算关系，无论调节哪个参数，得到的效果是完全一致的。

⊙ ：分别代表水平、垂直和对方 3 种方式，是 3 种计算视野的方法，这 3 种方式不会影响摄影机的效果。一般使用水平方式。

⊙ 备用镜头：3ds Max 同时设置了常用的 9 种规格镜头。

⊙ 显示圆锥体：激活该项，显示摄影机锥形框。

⊙ 显示地平线：决定是否在摄影机视图中显示天际线。这在进行手动真景融合时非常有用，它有助于将场景物体与照片中的实景对齐。

⊙ 显示：决定是否显示大气范围。

⊙ 近距范围：用于定义摄影机完全可见范围，此范围内物体不受大气效果影响。

⊙ 远距范围：用于定义摄影机不可见范围，即大气效果最强区域。在“近距范围”和“远距范围”之间的大气效果强度呈线性变化。

⊙ 手动剪切：此项控制摄影机的剪切功能是否

有效。

⊙ 近距剪切：用来设置近距离的剪切面到摄影机的距离，此距离之内的场景物体不可见。

⊙ 远距剪切：用来设置远距离的剪切面到摄影机的距离，此距离之外的场景物体不可见。

⊙ 目标距离：显示摄影机与目标点之间距离，即视距。

上面的参数大多数是使用数值来调节的。这种调节方式虽然在数据上非常准确，但对摄影机视图的控制并不直观，因此 3ds Max 提供了通过画面来控制摄影机的有力工具——摄影机视图控制区按钮。

2. 自由摄影机

图 9.1 中的自由即自由摄影机，它没有目标点，其他的功能与目标摄影机完全相同，主要用于制作动画浏览。

9.2 VRay 摄影机

VRay 摄影机是安装了 VR 渲染器后新增加的一种摄影机。很多用户不太喜欢用 VRay 摄影机，因为使用了 VRay 摄影机以后，设置灯光的亮度比较大，而且没有“手动剪切”参数。

1. VR 穹顶摄影机

VR 穹顶摄影机被用来渲染半球圆顶效果，参数面板如图 9-4 所示。

“VR_穹顶摄影机参数”卷展栏中各选项功能介绍如下。

⊙ 反转-X：让渲染的图像在 *x* 轴上翻转。

⊙ 反转-Y：让渲染的图像在 *y* 轴上翻转。

⊙ 视野：视角的大小。

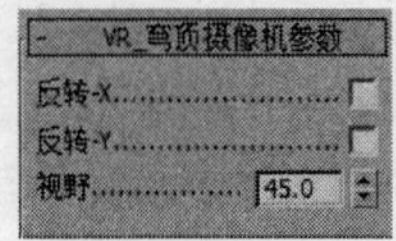

图 9-4

2. VR 物理摄影机

VR 物理摄影机的功能和现实中的相机功能相似，都有光圈、快门、曝光、ISO 等调节功能，使用 VR 物理摄影机可以表现出更真实的效果图，参数面板如图 9-5 所示。

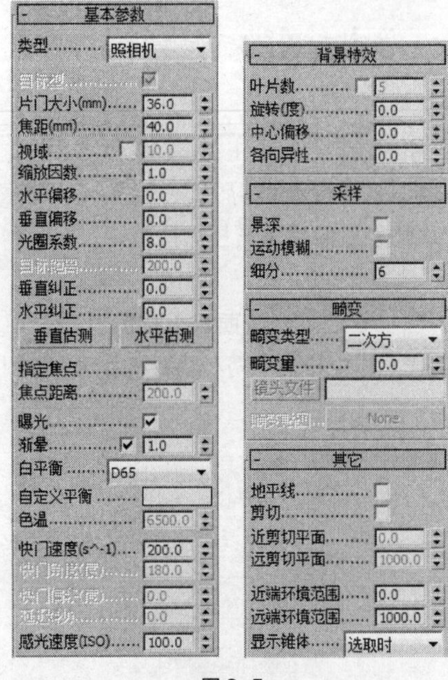

图 9-5

“基本参数”卷展栏中常用的参数介绍如下。

⊙ 类型：VRay 的物理摄像机内置了 3 个类型的摄像机，通过这个选项用户可以选择需要的摄像机类型。

⊙ 目标型：勾选此复选项时，摄像机的目标点将放在焦平面上；不勾选时，可以通过后面的目标距离来控制摄像机到目标点的距离。

⊙ 片门大小：控制摄像机所看到的景物范围，值越大，看到的景物越多。

⊙ 焦距（mm）：控制摄像机的焦长。

⊙ 缩放因数：控制摄像机视图的缩放。值越大，摄像机视图拉得越近。

⊙ 光圈系数：摄像机的焦距大小，用于控制渲染图的最终亮度。值越小，图越亮；值越大，图越暗。这里的数值和景深也有关系，大焦距景深小，小焦距景深大。

⊙ 目标距离：摄像机到目标点的距离，默认情况下是关闭的。不勾选摄像机的“目标型”复选项时，可以用目标距离来控制摄像机的目标点距离。

⊙ 指定焦点：勾选该选项，就可以手动控制焦点。

⊙ 焦点距离：控制焦距的大小。

⊙ 曝光：勾选该复选项后，物理摄像机里的焦距比数、快门速度和胶片速度的设置才会起作用。

⊙ 渐晕：模拟真实摄像机里的渐晕效果。

⊙ 白平衡：此设置和摄像机的功能一样，用于控制图的色偏。

⊙ 快门速度：控制光的进光时间。值越小，进光时间越长，图就越亮；反之，数值越大，进光时间越长，图就越暗。

⊙ 快门角度（度）：当相机选择电影摄像机类型时，此选项被激活。作用和上面的快门速度一样，用于控制图的亮暗。角度值越大，图就越亮。

⊙ 快门偏移（度）：当选择电影摄像机类型时，此选项被激活，主要控制快门角度的偏移。

⊙ 延迟（秒）：当相机选择视频摄像机类型时，此选项被激活。作用和上面的快门速度一样，控制图的亮暗。值越大，表示光越充足，图就越亮。

⊙ 感光速度（ISO）：用来控制图的亮暗，数值越大，表示 ISO 的感光系数强，图越亮。一般白天效果比较适合用较小的 ISO，而晚上效果比较适合用较大的 ISO。

9.3 课堂练习——室内摄影机的应用

练习知识要点

对室内效果图使用目标摄影机创建合适的角度，完成的效果如图 9-6 所示。

效果图文件所在位置

随书附带光盘 Scene\cha09\室内摄影机的应用 OK.max。

图 9-6

9.4 课后习题——家具摄影机的应用

习题知识要点

本例介绍使用视口控制工具调整视口角度，调整合适的角度后按 Ctrl+C 组合键，创建摄影机，完成后效果如图 9-7 所示。

效果图文件所在位置

随书附带光盘 Scene\cha09\家具摄影机的应用 OK.max。

图 9-7

效果图制作基础与应用教程

（3ds Max 2012 + VRay）

3ds Max 2012 + VRay

Part Two

下篇

应用篇

3ds Max 2012 + VRay

10 Chapter

第 10 章 室内家具的制作

本章介绍各种常用室内家具的制作，在制作室内外效果图时，将会合并模型库，所以室内家具的制作一定要精简，但还必须要达到家具需要的效果。在本章中，将为大家介绍几种室内家具的制作，包括中式案几、茶几、多人沙发、烛台、吧台和吧椅、电视柜、中式椅子、多用柜等家具的制作。

【教学目标】

- 了解室内家具的风格和特色。
- 了解室内家具的设计构思。
- 了解室内家具的制作方法。
- 了解室内家具的制作技巧。

10.1 实例1——中式案几

案例学习目标

学习使用线、矩形、切角长方体工具，结合使用“倒角”、“挤出”修改器制作中式案几模型。

案例知识要点

使用线创建图形并施加“倒角”修改器制作两边的台面，使用切角长方体制作中间的台面和抽屉，使用矩形并施加“挤出”修改器制作案几腿，使用线创建图形并施加“挤出”修改器制作雕花，完成的模型效果如图10-1所示。

效果图文件所在位置

随书附带光盘Scene\cha10\中式案几.max。

STEP 1 单击“（创建）>（图形）>线”按钮，在“前”视图中创建如图10-2所示的图形。

图10-1

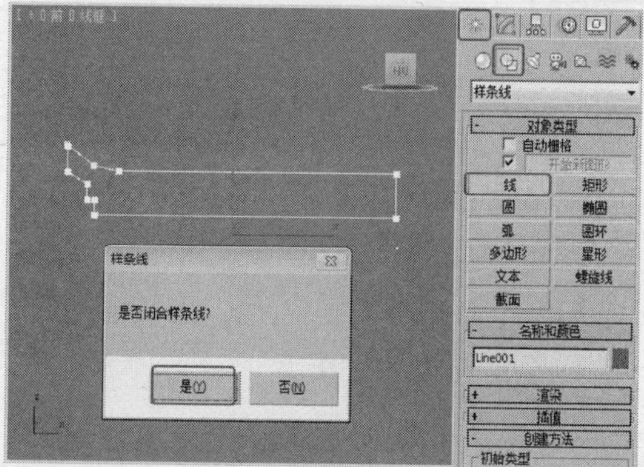

图10-2

STEP 2 切换到（修改）命令面板，将线的选择集定义为“顶点”，在“前”视图中使用“Bezier”工具和移动工具调整顶点至合适的位置，如图10-3所示。

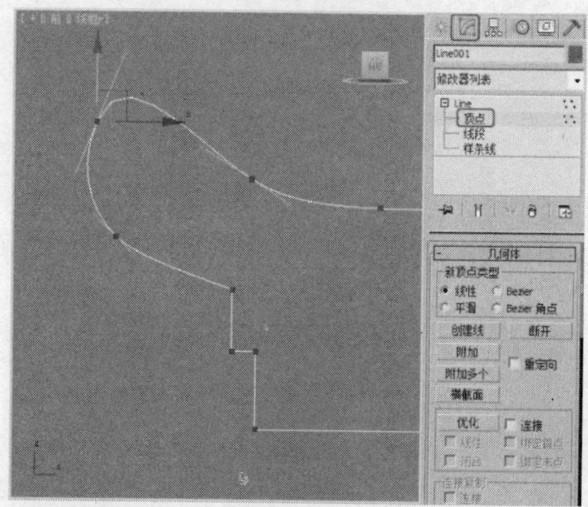

图10-3

STEP 3 对图形施加“倒角”修改器，在“倒角值”卷展栏中设置“级别1”的“高度”为4、“轮廓”为4；勾选“级别2”选项，并设置其“高度”为200；勾选“级别3”选项，并设置“高度”为4、“轮廓”为-4，如图10-4所示。

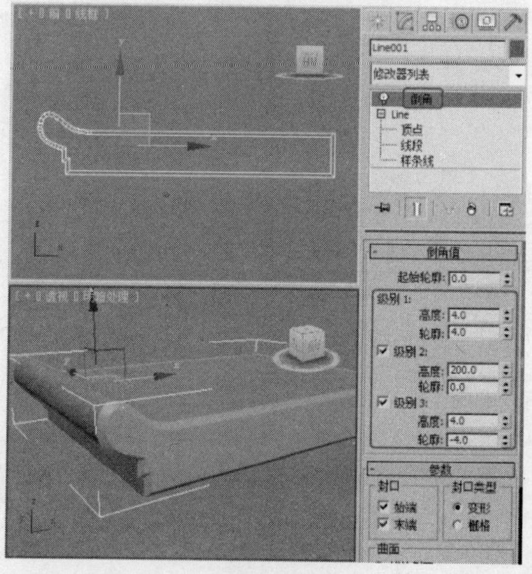

图10-4

STEP 4 单击“（创建）>（图形）>线”按钮，在“前”视图中创建如图10-5所示的图形。

STEP 5 切换到（修改）命令面板，将线的选择集定义为“顶点”，单击“优化”按钮添加顶点，并删除多余顶点，使用“Bezier角点”和“Bezier”工具调整顶点位置，调整完成的图形效果如图10-6所示。

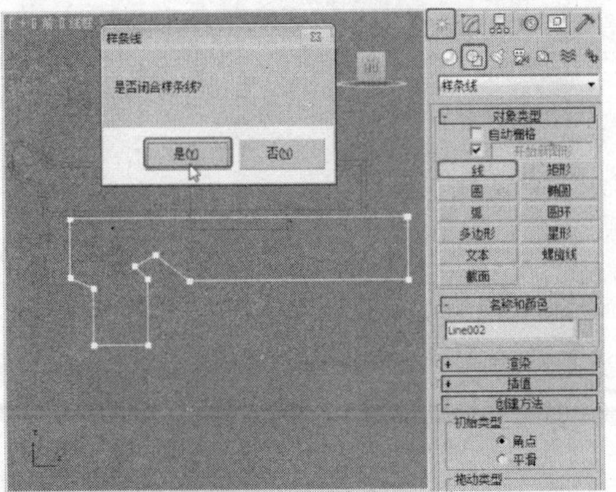

图10-5

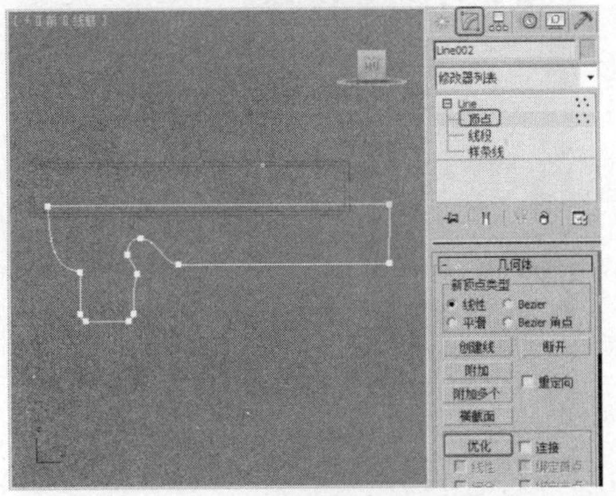

图10-6

STEP 6 对图形施加“挤出”修改器，在“参数”卷展栏中设置“数量”为8，如图10-7所示。

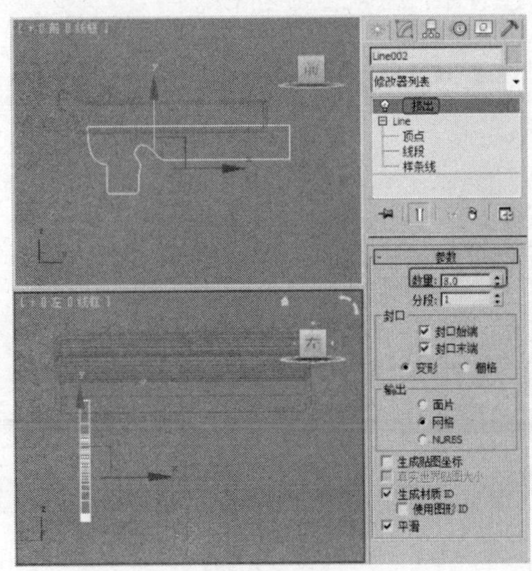

图10-7

STEP 7 单击“（创建）>（图形）>线”按钮，在“前”视图中创建线，通过调整顶点得到如图10-8所示的图形。

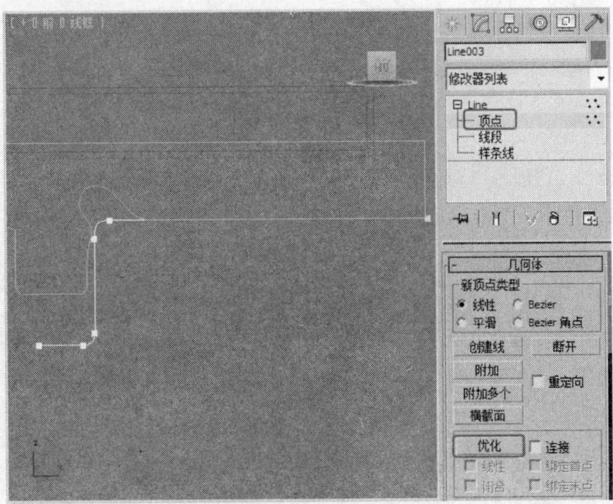

图10-8

STEP 8 将选择集定义为“样条线”，在“几何体”卷展栏中单击“轮廓”按钮，在“前”视图中为其设置轮廓，如图10-9所示。

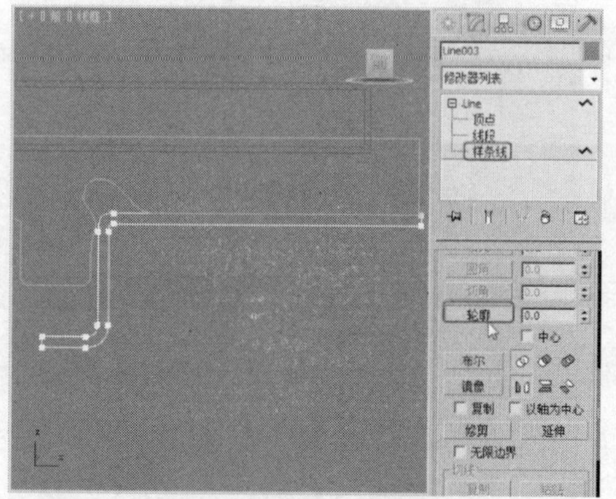

图10-9

STEP 9 将选择集定义为“顶点”，在“前”视图中调整顶点位置，如图10-10所示。

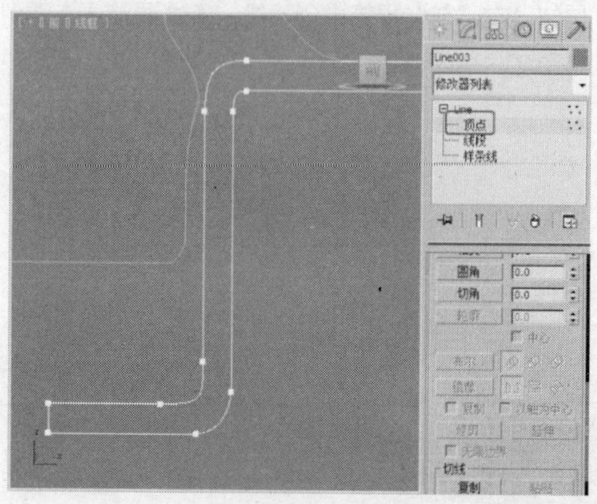

图10-10

STEP 10 对图形施加“挤出”修改器，在“参数”卷展栏中设置“数量”为8，如图10-11所示。

STEP 11 单击“ （创建）> （图形）> 矩形”按钮，在“顶”视图中创建矩形，在“参数”卷展栏中设置“长度”为25、“宽度”为25、“角半径”为6，如图10-12所示。

STEP 12 对矩形施加“挤出”修改器，在“参数”卷展栏中设置“数量”为550，如图10-13所示。

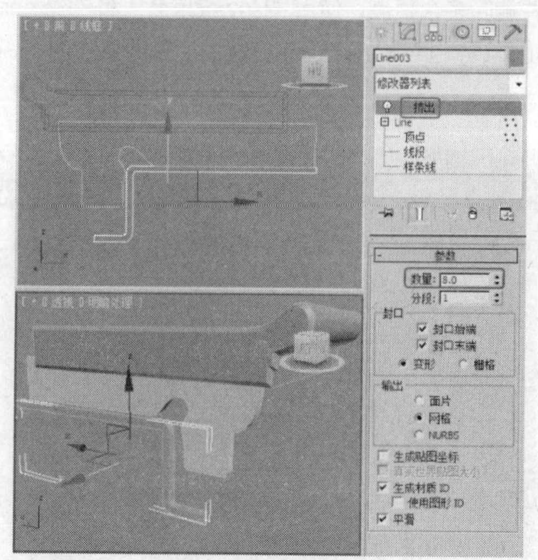

图10-11

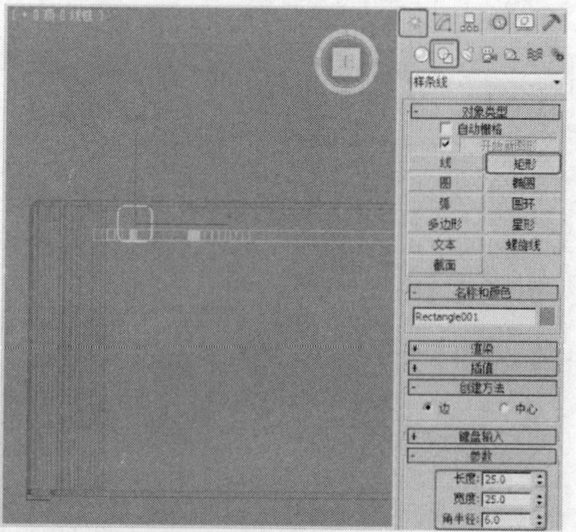

图10-12

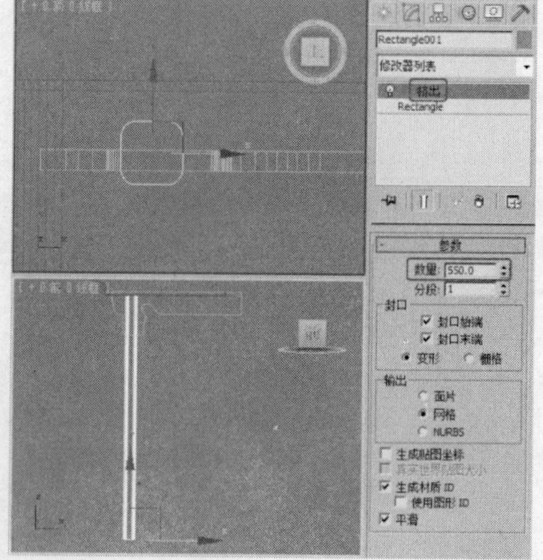

图10-13

STEP 13 在“左”视图中复制两种雕花模型和案几腿模型，并调整模型至合适的位置，如图10-14所示。

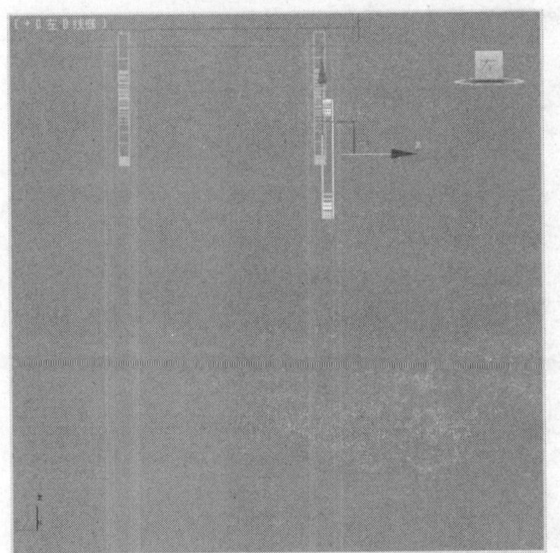

图 10-14

STEP 14 单击“（创建）>（几何体）>扩展基本体>切角长方体”按钮，在“顶”视图中创建切角长方体，在“参数”卷展栏中设置“长度”为208、“宽度”为700、“高度”为35、“圆角”为4、“圆角分段”为1，取消勾选“平滑”复选项，如图10-15所示。

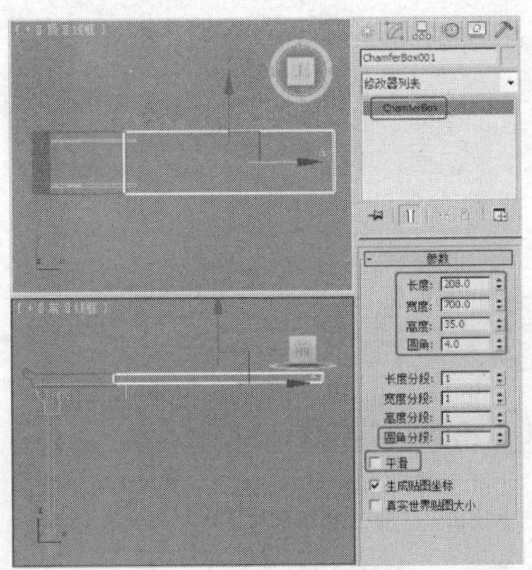

图 10-15

STEP 15 复制切角长方体，并在（修改）命令面板中修改参数，设置“长度”为200、“宽度”为340、“高度”为90、“圆角分段”为1，调整模型至合适的位置，如图10-16所示。

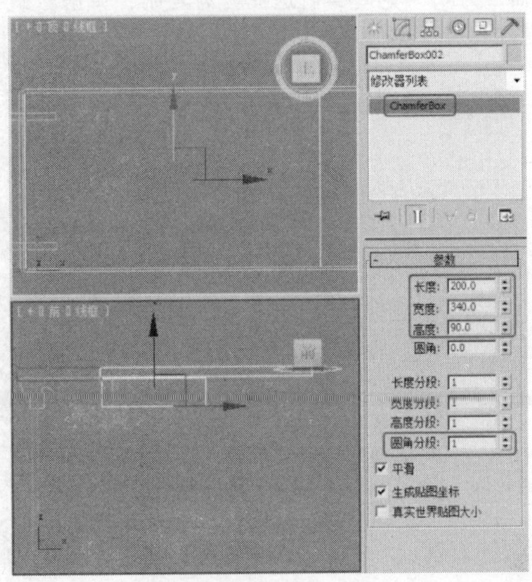

图 10-16

STEP 16 继续复制切角长方体，设置其“长度”为20、“宽度”为50、“高度”为15、“圆角”为2、“圆角分段”为2，并调整模型至合适的位置，如图10-17所示。

STEP 17 在“前”视图中复制并调整抽屉模型至合适的位置，如图10-18所示。

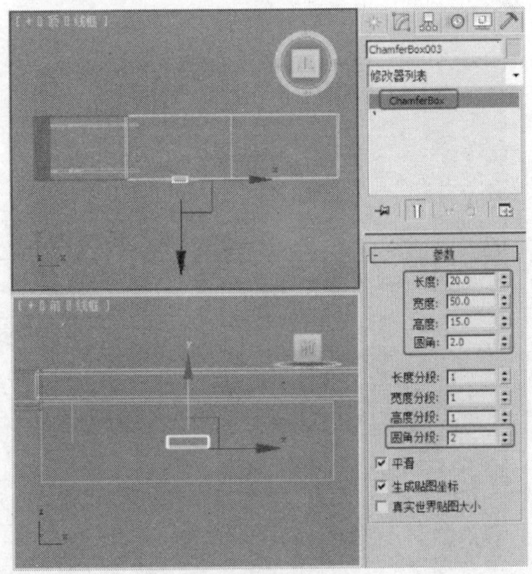

图 10-17

STEP 18 在“前”视图中，框选除中间台面和抽屉以外的所有模型，在工具栏中单击（镜像）按钮，在弹出的对话框中选择“镜像轴”为X，“克隆当前选择”为复制，单击“确定”按钮，如图10-19所示，调整复制出的模型至合适的位置。

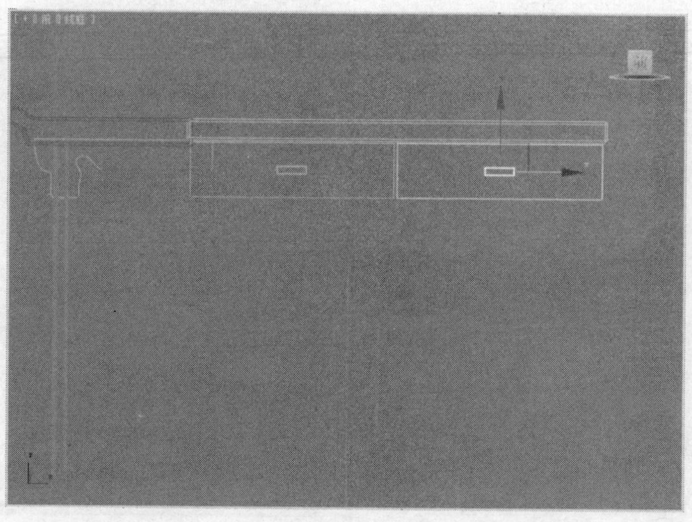

图10-18

STEP 19 调整模型后的效果如图10-20所示。完成的场景模型可以参考随书附带光盘中的“Scene\cha10\中式案几.max”文件。同时还可以参考随书附带光盘中的“Scene\cha10\中式案几场景.max”文件，该文件是设置好场景的场景效果文件，渲染该场景可以得到如图10-1所示的效果。

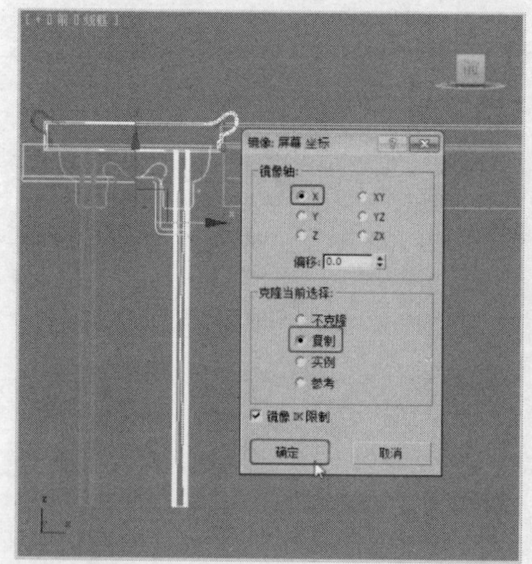

图10-19

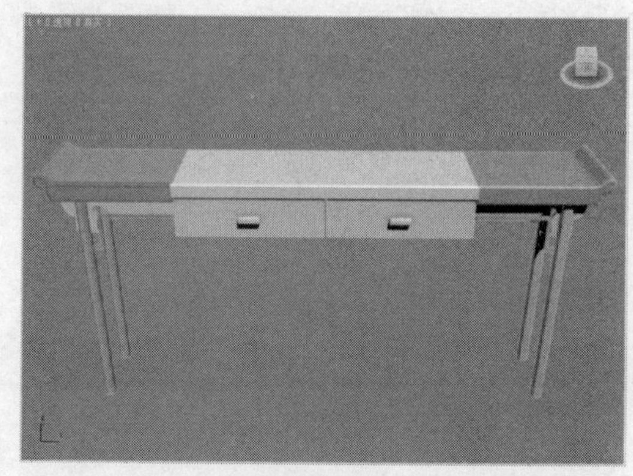

图10-20

10.2 实例2——茶几

案例学习目标

学习使用可渲染的线、矩形、切角长方体工具，结合使用“倒角”、“编辑样条线”修改器制作茶几模型。

案例知识要点

使用切角长方体制作茶几桌面，使用矩形并施加“编辑样条线”和“倒角”修改器制作茶几腿，使用可渲染的样条线制作支架，完成的模型效果如图 10-21 所示。

效果图文件所在位置

随书附带光盘 Scene\cha10\茶几.max。

图 10-21

STEP 1 单击"（创建）>（几何体）>扩展基本体>切角长方体"按钮，在"顶"视图中创建切角长方体，在"参数"卷展栏中设置"长度"为100、"宽度"为100、"高度"为3、"圆角"为0.2、"圆角分段"为1，取消勾选"平滑"复选项，如图10-22所示。

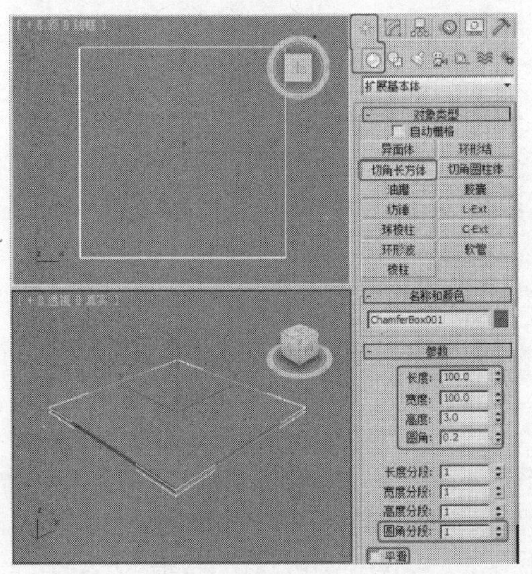

图 10-22

STEP 2 单击"（创建）>（图形）>矩形"按钮，在"左"视图中创建矩形，在"参数"卷展栏中设置"长度"为40、"宽度"为100，如图10-23所示。

STEP 3 对矩形施加"编辑样条线"修改器，将选择集"定义为"顶点，通过单击"优化"按钮并使用"Bezier角点"工具调整顶点位置，如图10-24所示。

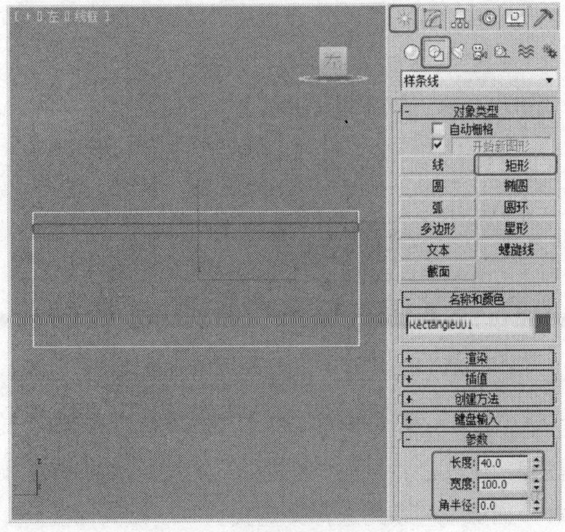

图 10-23

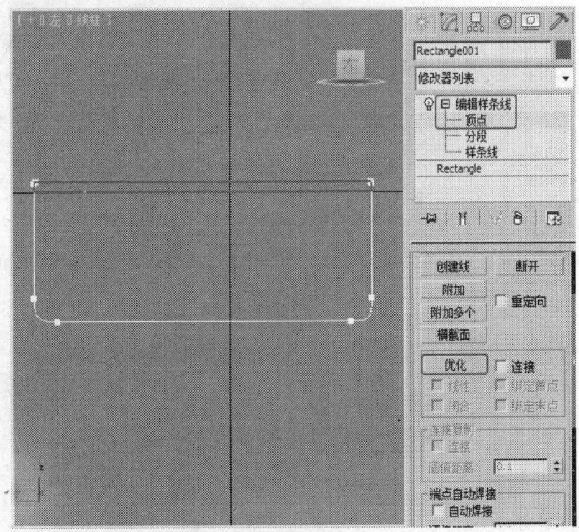

图 10-24

STEP 4 将选择集定义为"样条线"，在"几何体"卷展栏中单击"轮廓"按钮，在"左"视图中为图形设置轮廓，如图10-25所示。

STEP 5 对图形施加"倒角"修改器，在"倒角值"卷展栏中设置"级别1"的"高度"为0.3、"轮廓"为0.3，勾选"级别2"选项并设置其"高度"为2，勾选"级别3"并设置其"高度"为0.3、"轮廓"为-0.3，在视图中调整模型至合适的位置，如图10-26所示。

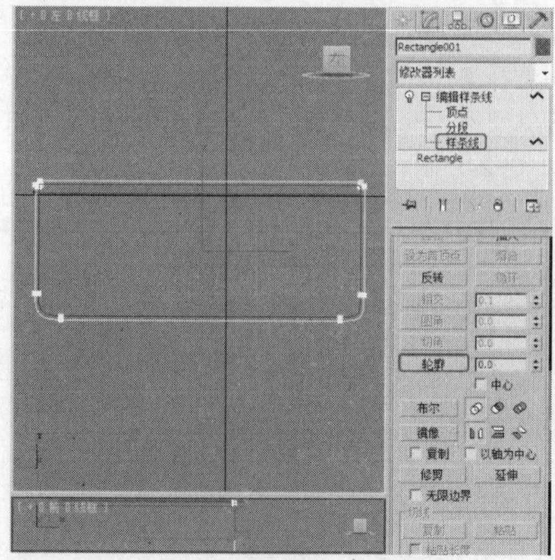

图 10-25

STEP 6 单击“（创建）>（图形）>线”按钮，在“左”视图中创建线，切换到（修改）命令面板，将线的选择集定义为“顶点”，通过单击“优化”按钮并使用“Bezier”和“Bezier角点”工具在“左”视图中调整顶点位置，如图10-27所示。

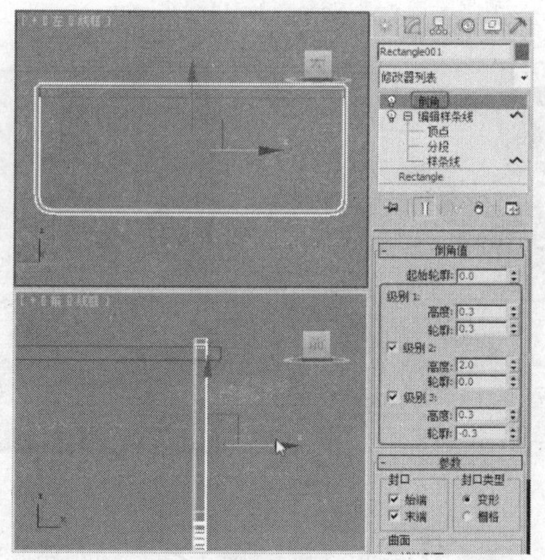

图 10-26

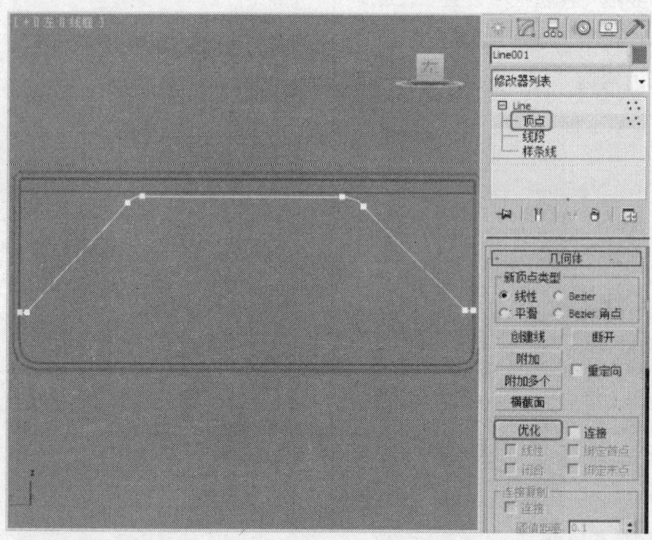

图 10-27

STEP 7 在“渲染”卷展栏中勾选“在渲染中启用”和“在视口中启用”复选项，设置“径向”的厚度为1，单击（选择并旋转）按钮调整模型角度，并调整模型至合适的位置，如图10-28所示。

STEP 8 在“前”视图中选择茶几腿和支架模型，单击（镜像）按钮，在弹出的“镜像：屏幕坐标”对话框中选择“镜像轴”为X、“克隆当前选择”为复制，单击“确定”按钮，如图10-29所示，调整复制出的模型至合适的位置。

STEP 9 调整模型后的效果如图10-30所示。完成的场景模型可以参考随书附带光盘中的“Scene\cha10\茶几.max”文件。同时还可以参考随书附带光盘中的“Scene\cha10\茶几场景.max”文件，该文件是设置好场景的场景效果文件，渲染该场景可以得到如图10-21所示的效果。

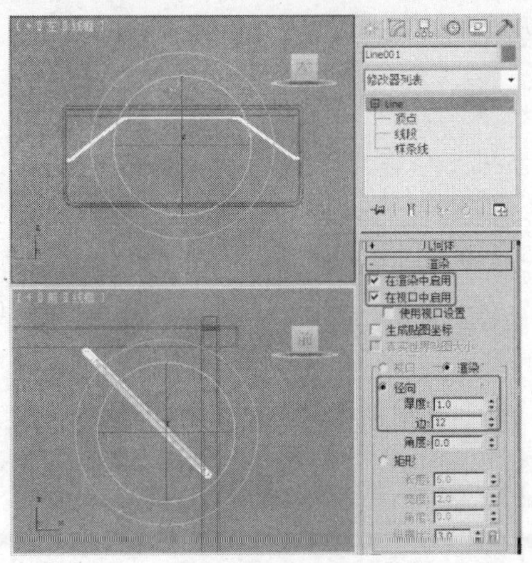

图 10-28

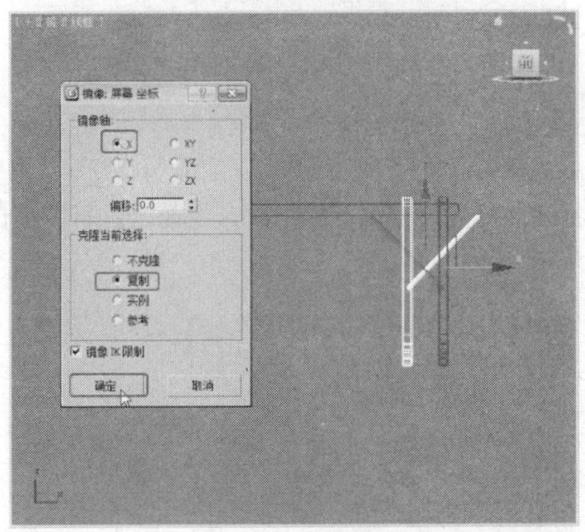

图 10-29

图 10-30

10.3 实例 3——多人沙发

案例学习目标

学习使用切角长方体、切角圆柱体工具，结合使用“FFD4 × 4 × 4”、“FFD（长方体）”修改器制作多人沙发模型。

案例知识要点

使用切角长方体并施加“FFD4 × 4 × 4”、“FFD（长方体）”修改器制作沙发模型，使用切角圆柱体制作沙发腿，完成的模型效果如图 10-31 所示。

效果图文件所在位置

随书附带光盘 Scene\cha10\多人沙发.max。

图 10-31

STEP 1 单击“（创建）>（几何体）>扩展基本体>切角长方体”按钮，在“顶”视图中创建切角长方体，在“参数”卷展栏中设置“长度”为80、“宽度”为240、“高度”为30、“圆角”为3、“长度分段”为30、“宽度分段”为90、“高度分段”为10、“圆角分段”为3，如图10-32所示。

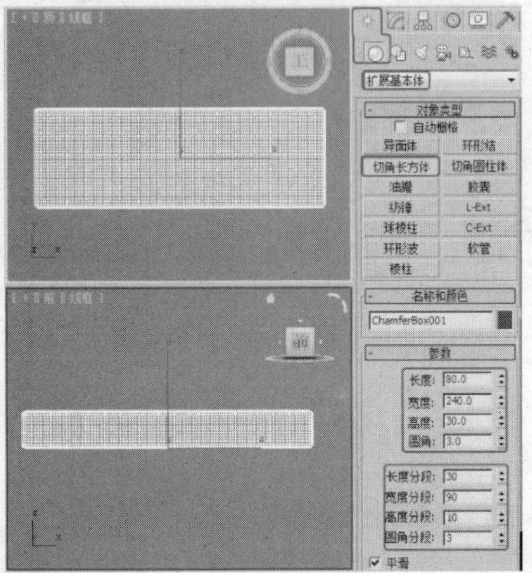

图10-32

STEP 2 对切角圆柱体施加“FFD4×4×4”修改器，将选择集定义为“控制点”，在“左”视图中调整控制点位置，如图10-33所示。

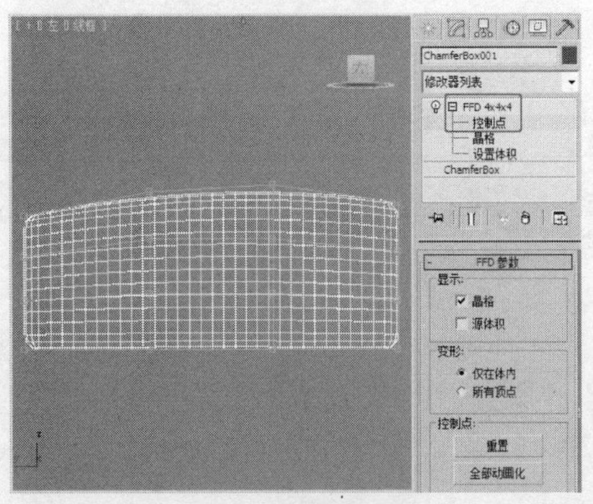

图10-33

STEP 3 单击“ （创建）> （几何体）>扩展基本体>切角长方体”按钮，在“顶”视图中创建切角长方体，在“参数”卷展栏中设置“长度”为8、“宽度”为430、“高度”为80、“圆角”为3、“长度分段”为10、“宽度分段”为100、“高度分段”为10、“圆角分段”为5，如图10-34所示。

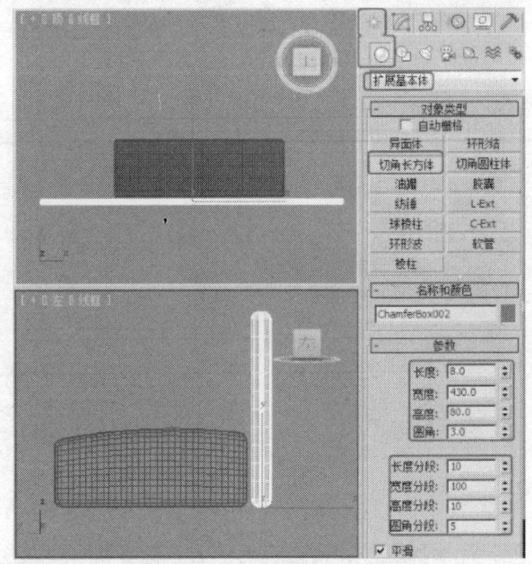

图10-34

STEP 4 对模型施加“FFD4×4×4”修改器，将选择集定义为“控制点”，在“顶”视图和“左”视图中分别调整两侧的控制点位置，如图10-35所示。

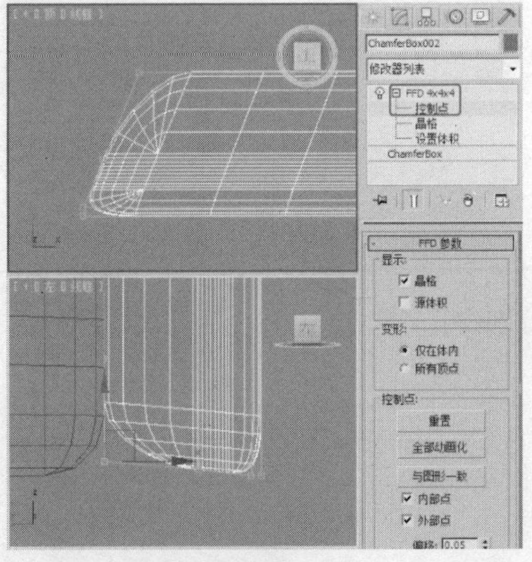

图10-35

STEP 5 对模型施加“FFD（长方体）4×4×4”修改器，将选择集定义为“控制点”，在“FFD参数”卷展栏中单击“设置点数”按钮，在弹出的“设置FFD尺寸”对话框中设置“长度”的点数为2、“宽度”的点数为20、“高度”的点数为2，单击“确定”按钮，如图10-36所示。

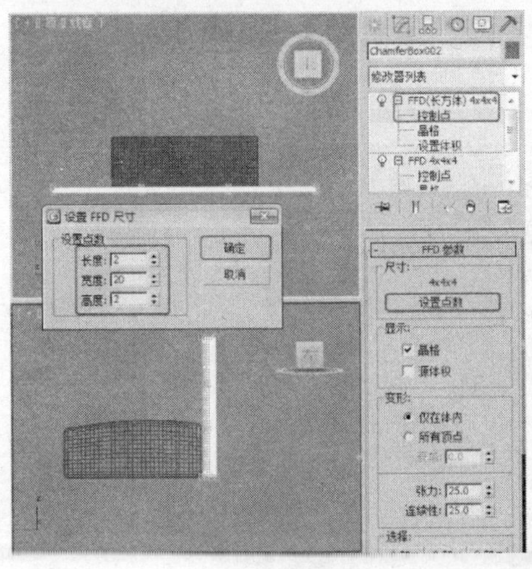
图10-36

STEP 6 单击（使用并旋转）按钮和（使用并移动）按钮调整控制点位置，如图10-37所示。

STEP 7 单击"（创建）>（几何体）>扩展基本体>切角长方体"按钮，在"后"视图中创建切角长方体，在"参数"卷展栏中设置"长度"为45、"宽度"为115、"高度"为13、"圆角"为4、"长度分段"为5、"宽度分段"为1、"高度分段"为1、"圆角分段"为3，如图10-38所示。

STEP 8 单击（使用并旋转）按钮和（使用并移动）按钮并调整模型至合适的位置，如图10-39所示。

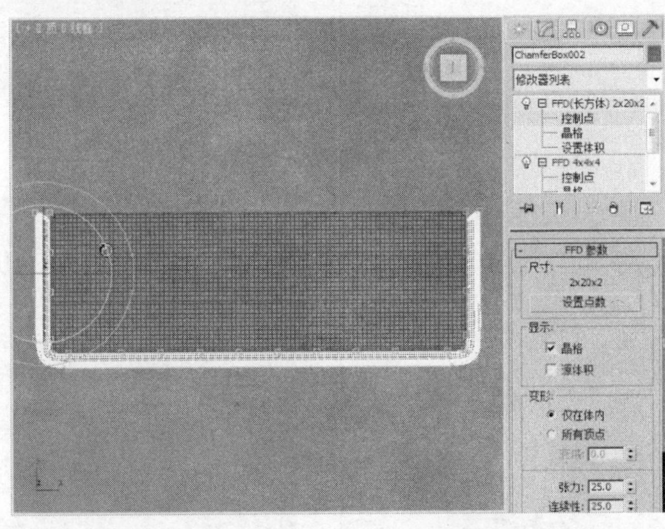
图10-37

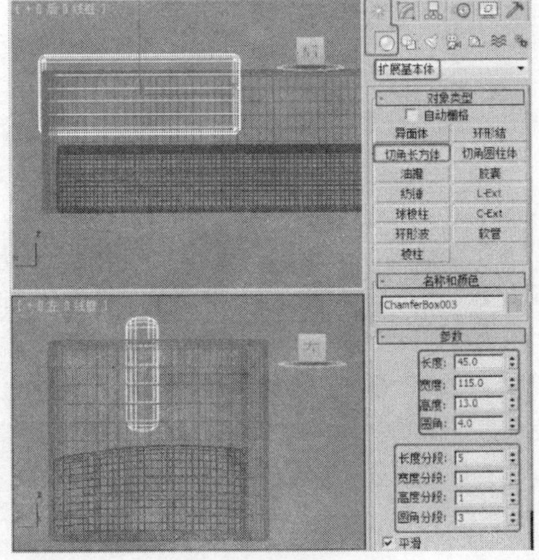
图10-38

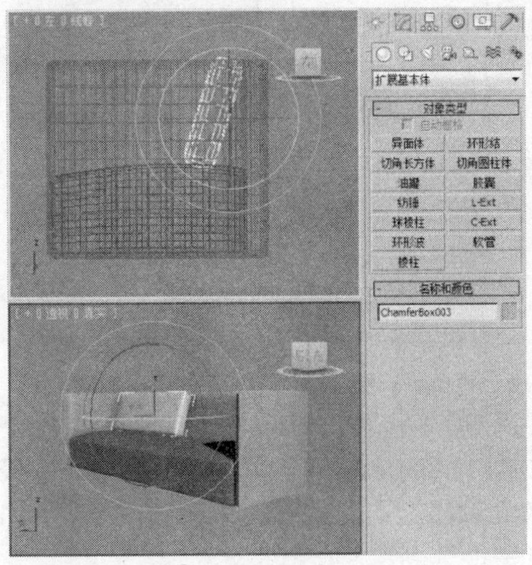
图10-39

STEP 9 对模型施加“FFD4×4×4”修改器，将选择集定义为“控制点”，在“左”视图中调整控制点位置，如图10-40所示，关闭选择集并调整模型至合适的位置。

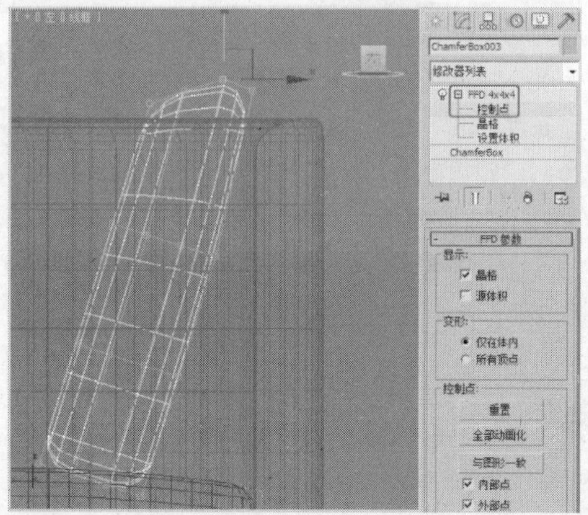

图10-40

STEP 10 复制并调整复制出的模型至合适的位置，如图10-41所示。

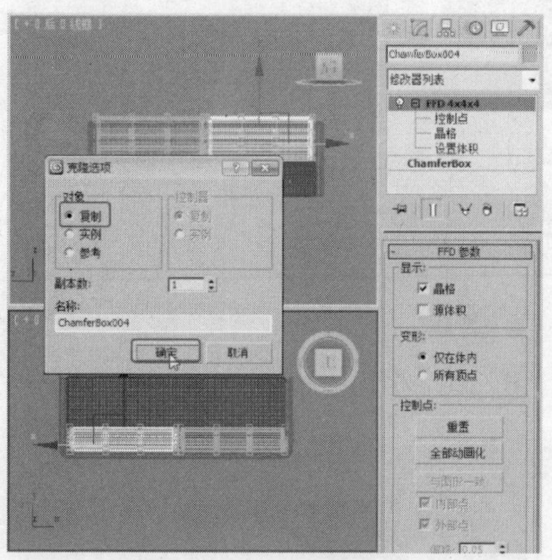

图10-41

STEP 11 单击“（创建）>（几何体）>扩展基本体>切角圆柱体”按钮，在“顶”视图中创建切角圆柱体，在“参数”卷展栏中设置“半径”为5、“高度”为10、“圆角”为1、“圆角分段”为1，如图10-42所示。

STEP 12 复制并调整模型至合适的位置，如图10-43所示。

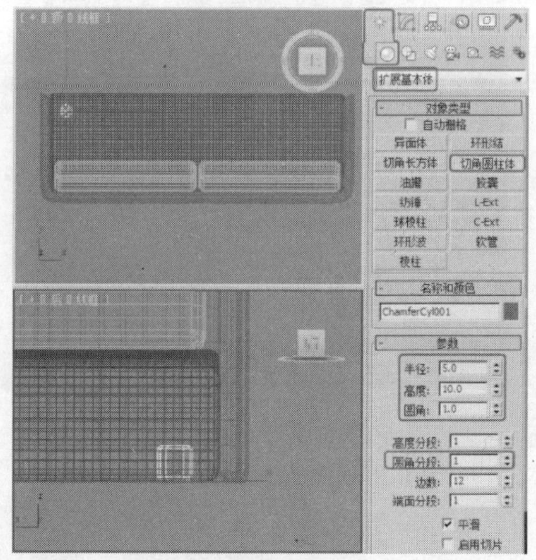

图10-42

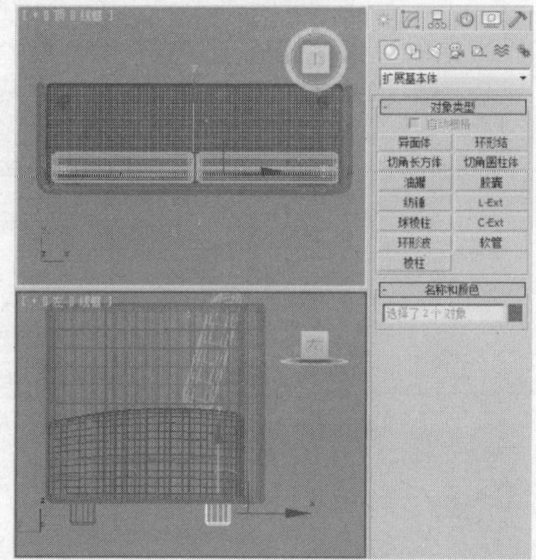

图10-43

STEP 13 调整模型后的效果如图10-44所示。完成的场景模型可以参考随书附带光盘中的“Scene\cha10\多人沙发.max”文件。同时还可以参考随书附带光盘中的“Scene\cha10\多人沙发场景.max”文件，该文件是设置好场景的场景效果文件，渲染该场景可以得到如图10-31所示的效果。

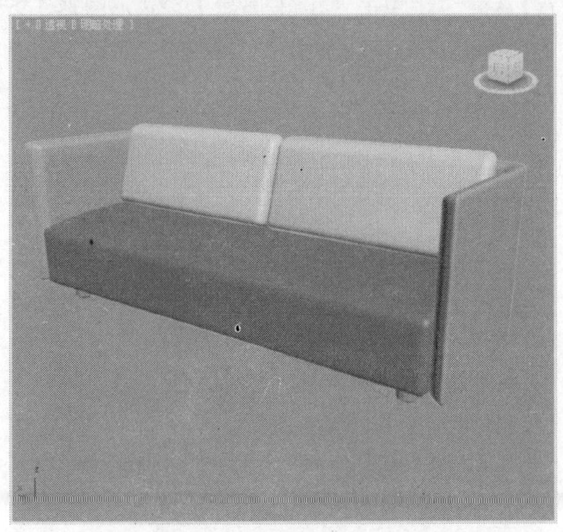

图 10-44

10.4 实例 4——烛台

案例学习目标

学习使用圆柱体、切角圆柱体、可渲染的线工具，结合使用“FFD（圆柱图）”修改器制作烛台模型。

案例知识要点

使用圆柱体并施加“FFD（圆柱体）”修改器制作蜡烛芯，使用圆柱体制作蜡烛，使用圆柱体、切角圆柱体、可渲染的样条线制作烛台架，完成的模型效果如图 10-45 所示。

效果图文件所在位置

随书附带光盘 Scene\cha10\烛台.max。

图 10-45

STEP 1 单击“（创建）>（几何体）>圆柱图”按钮，在“顶”视图中创建圆柱体，在“参数”卷展栏中设置“半径”为60、“高度”为40、“边数”为30，如图10-46所示。

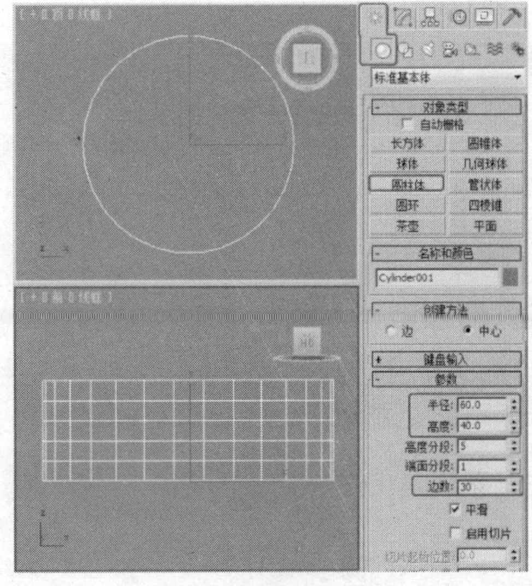

图 10-46

STEP 2 单击“（创建）>（几何体）>扩展基本体>切角圆柱体”按钮，在“顶”视图中创建切角圆柱体，在“参数”卷展栏中设置“半径”为70、“高度”为13、“圆角”为6.5、“圆角分段”为3、“边数”为30，如图10-47所示，并调整模型至合适的位置。

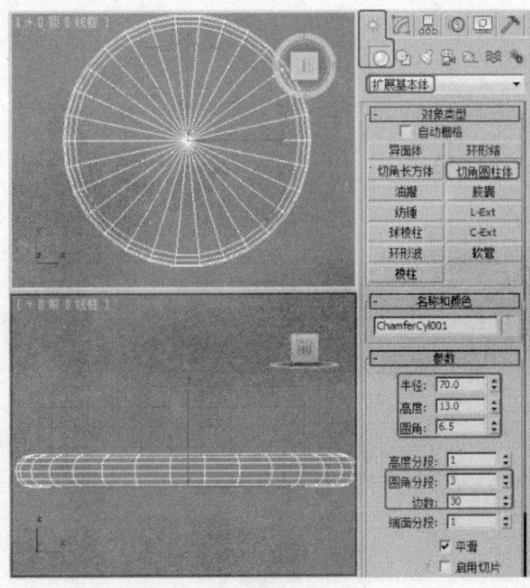

图 10-47

STEP 3 在场景中选择圆柱体，按Ctrl+V组合键复制模型，切换到（修改）命令面板，在“参数”卷展栏中设置“半径”为35、“高度”为80、“边数”为30，并调整模型至合适的位置，如图10-48所示。

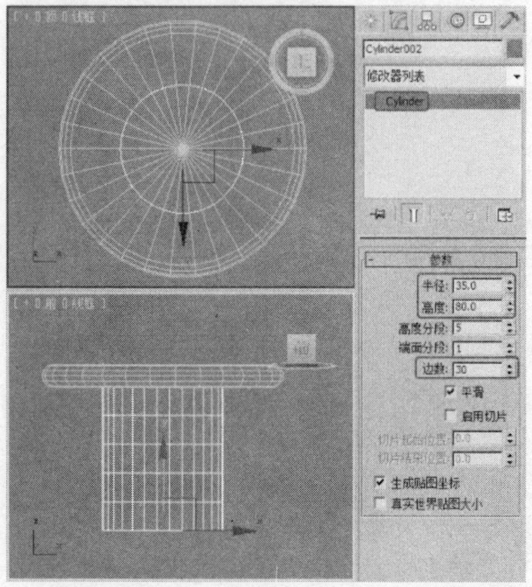

图10-48

STEP 4 继续复制切角长方体并修改参数，在“参数”卷展栏中设置“半径”为45、“高度”为4、“圆角”为1、“圆角分段”为3、“边数”为30，并调整模型至合适的位置，如图10-49所示。

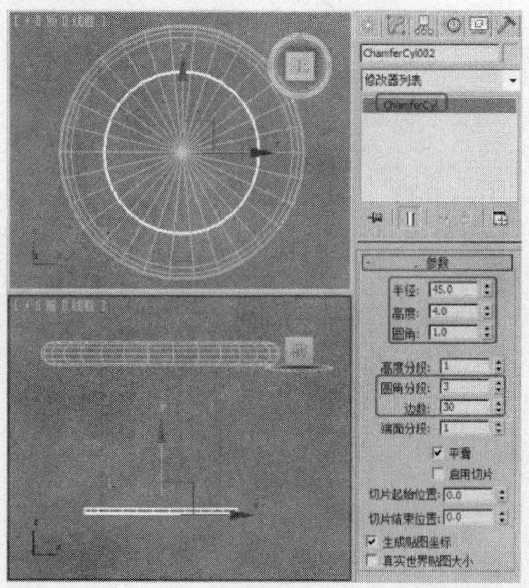

图10-49

STEP 5 单击“（创建）>（图形）>线”按钮，在“前”视图中创建图形，如图10-50所示。

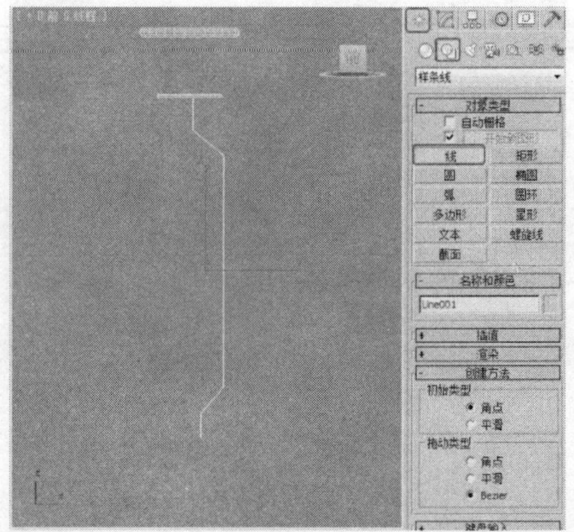

图10-50

STEP 6 切换到（修改）命令面板，将选择集定义为“顶点”，在“前”视图中使用“Bezier角点”工具调整顶点位置，在“插值”卷展栏中设置“步数”为20，在“渲染”卷展栏中勾选“在渲染中启用”、“在视口中启用”复选项，设置“径向”的厚度为15，如图10-51所示。

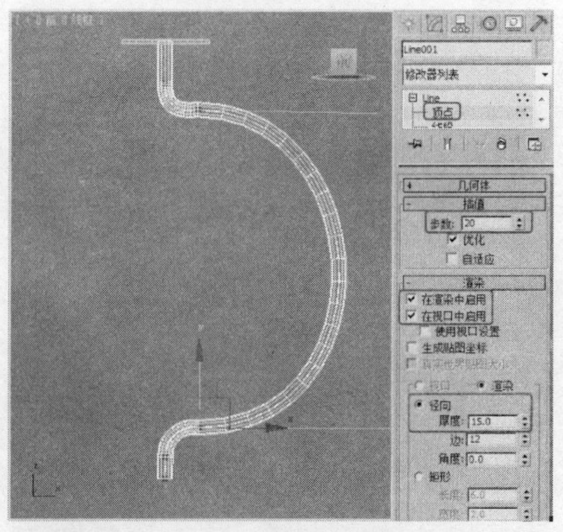

图10-51

STEP 7 复制圆柱体并修改参数，在“参数”卷展栏中设置“半径”为15、“高度”为10、“边数”为20，并调整模型至合适的位置，如图10-52

所示。

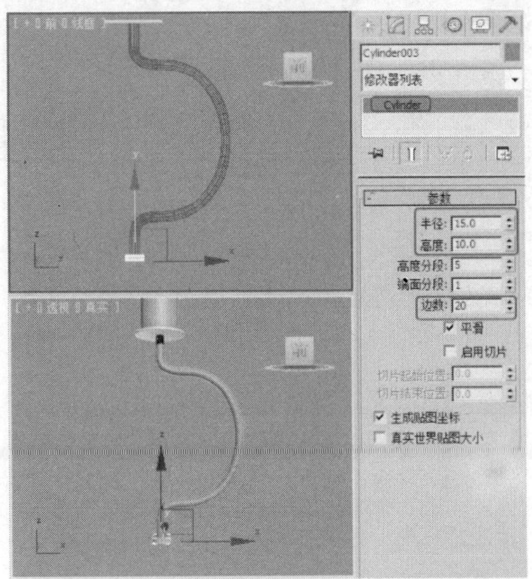

图10-52

STEP 8 继续复制切角长方体并修改参数，在“参数”卷展栏中设置“半径”为110、“高度”为30、“圆角”为8、“圆角分段”为3、“边数”为30，并调整模型至合适的位置，如图10-53所示。

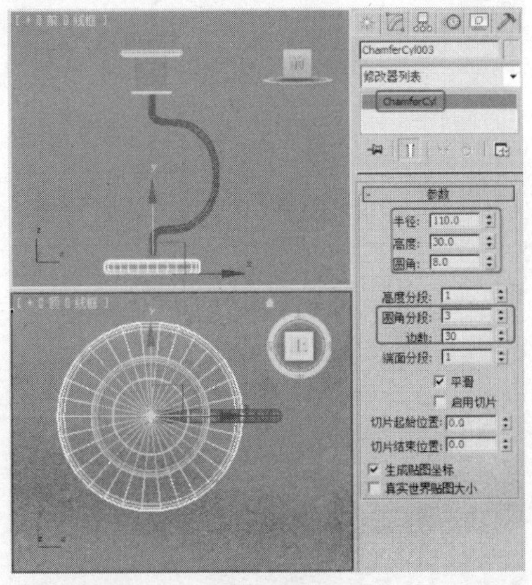

图10-53

STEP 9 复制圆柱体并修改参数，在“参数”卷展栏中设置“半径”为4、“高度”为30，并调整模型至合适的位置，如图10-54所示。

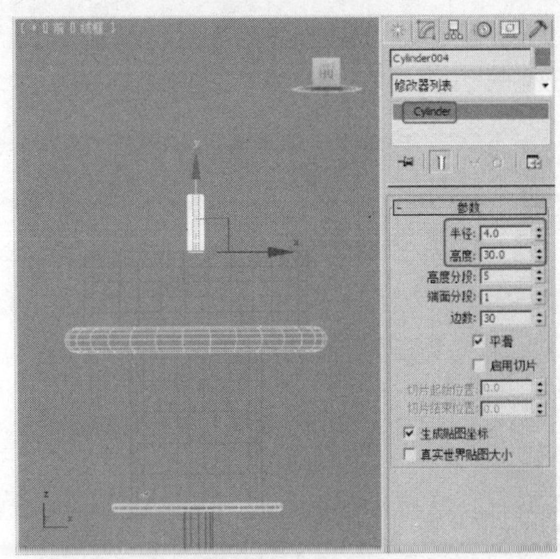

图10-54

STEP 10 切换到（修改）命令面板，对模型施加“FFD（圆柱体）”修改器，将选择集定义为“控制点”，单击（选择并均匀缩放）按钮，在“前”视图中选择控制点并在“顶”视图中缩放控制点，单击（选择并旋转）按钮，在“前”视图中调整控制点的角度，以及底部控制点的位置，如图10-55所示。

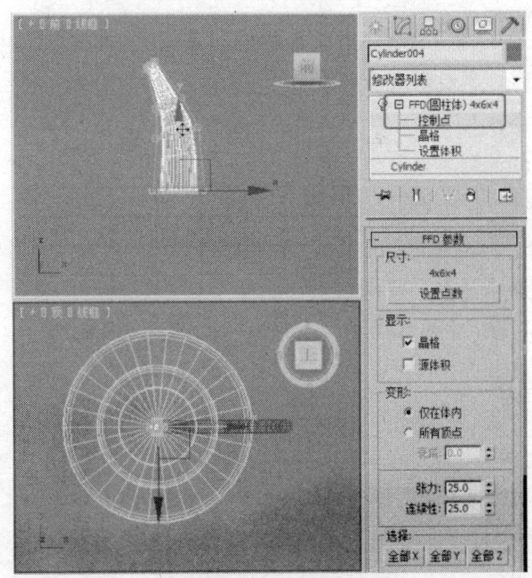

图10-55

STEP 11 调整模型后的效果如图10-56所示。完成的场景模型可以参考随书附带光盘中的“Scene\cha10\烛台.max”文件。同时还可以参考随书附带光盘中的“Scene\cha10\烛台场景.max”

文件，该文件是设置好场景的场景效果文件，渲染该场景可以得到如图10-45所示的效果。

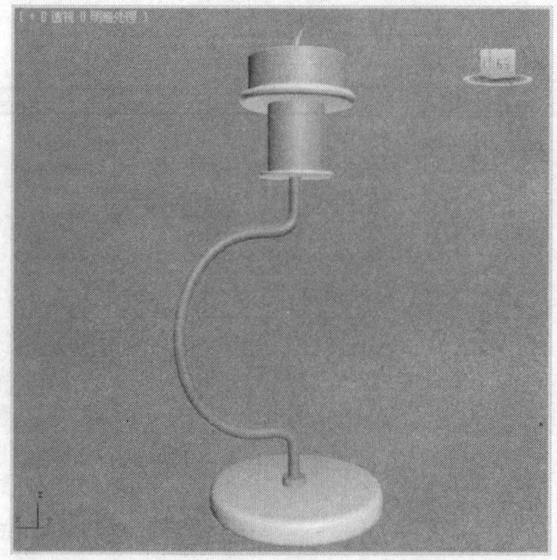

图10-56

10.5 实例5——吧台和吧椅

案例学习目标

学习使用矩形、长方体、ProBoolean、放样、线、圆柱体、切角圆柱体工具，结合使用“编辑样条线”、“倒角”、“编辑多边形”、“挤出”、“车削”修改器制作吧台和吧椅模型。

案例知识要点

创建矩形并施加“编辑样条线”、“倒角”、“编辑多边形”修改器用于制作吧台框架模型，使用ProBoolean工具拾取长方体再施加“编辑多边形”修改器完成吧台框架模型的制作；使用长方体制作吧台玻璃模型；创建圆角矩形并施加“编辑样条线”修改器用于制作放样路径，使用圆角矩形制作放样图形完成吧椅框架模型；使用线创建图形并施加“挤出”、“编辑多边形”修改器制作吧椅坐垫模型；使用线创建图形并施加“车削”修改器制作吧椅旋转支柱模型；使用圆柱体制作吧椅支架和支柱模型；使用切角圆柱体制作吧椅底座和高低控制杆模型，完成的模型效果如图10-57所示。

效果图文件所在位置

随书附带光盘 Scene\cha10\吧台和吧椅.max。

图10-57

STEP 1 单击“（创建）>（图形）>矩形”按钮，在“顶”视图中创建矩形，在“参数”卷展栏中设置“长度”为80、“宽度”为268，如图10-58所示。

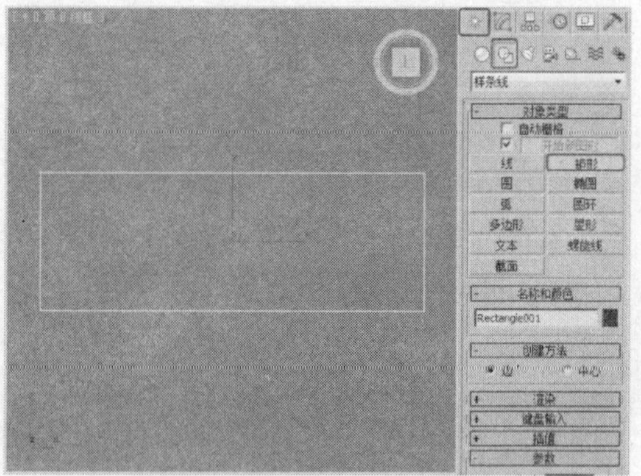

图10-58

STEP 2 切换到（修改）命令面板中，对图形施加“编辑样条线”修改器，单击“轮廓”按钮，在“顶”视图中为图形设置轮廓，如图10-59所示。

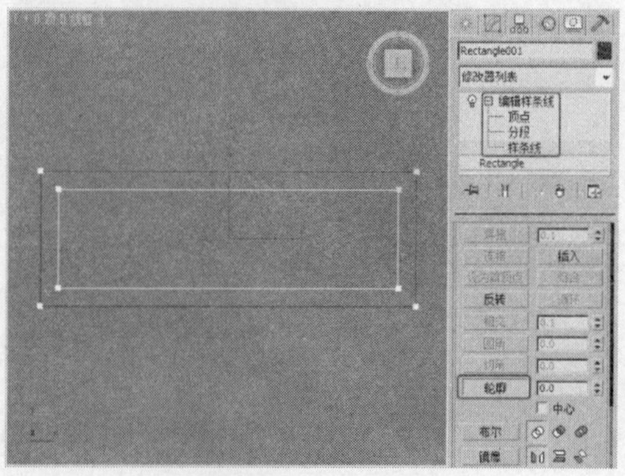

图10-59

STEP 3 对图形施加“倒角”修改器，在“倒角值”卷展栏中设置“级别1”的“高度”为1，勾选“级别2”选项并设置“高度”为7、“轮廓”为-7，如图10-60所示。

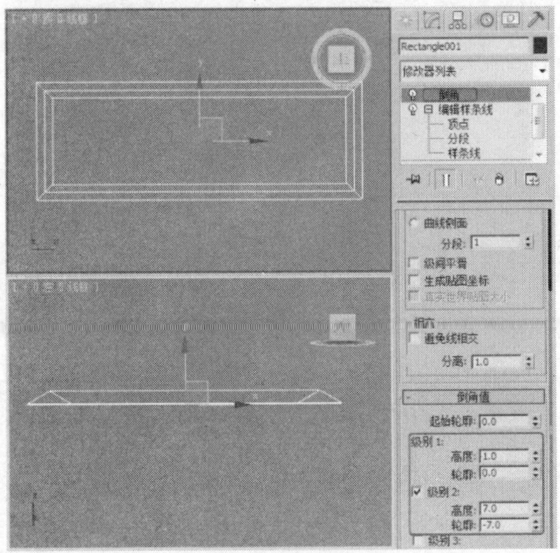

图 10-60

STEP 4 在“修改器列表”堆栈中选择“编辑多边形”修改器，将选择集定义为“顶点”，在各视图中调整顶点至合适的位置，如图10-61所示。

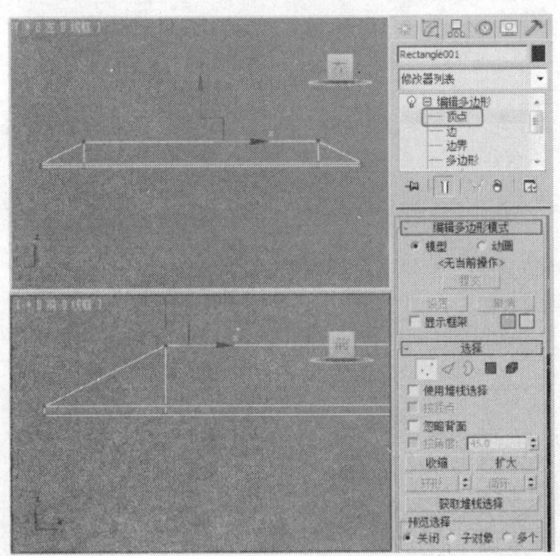

图 10-61

STEP 5 将选择集定义为“边”，在“编辑几何体”卷展栏中勾选“分割”选项并单击“切片平面”按钮，在“顶”视图调整切面的位置并单击“切片”按钮，如图10-62所示。

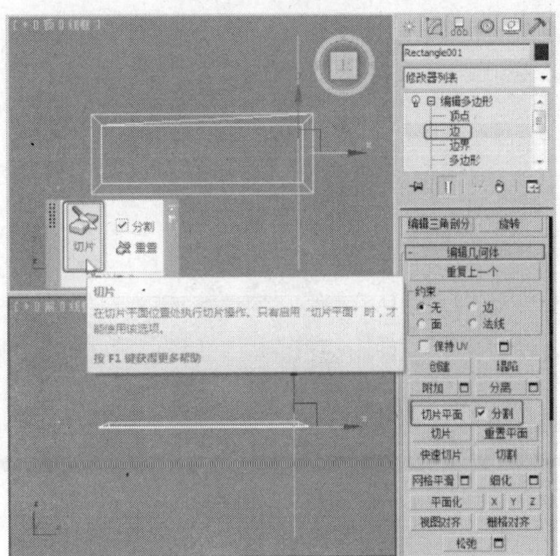

图 10-62

STEP 6 将选择集定义为“多边形”，在场景中框选如图10-63所示的多边形，并将其删除。

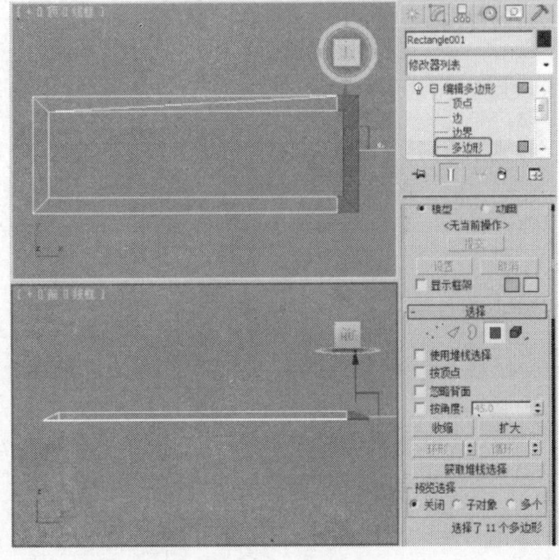

图 10-63

STEP 7 在场景中复制并调整模型至合适的位置，如图10-64所示。

STEP 8 在“右”视图中选择顶部的模型，将选择集定义为“多边形”，单击 （捕捉开关）按钮并设置为捕捉顶点，在“编辑几何体”卷展栏中单击“创建”按钮，创建如图10-65所示的多边形。

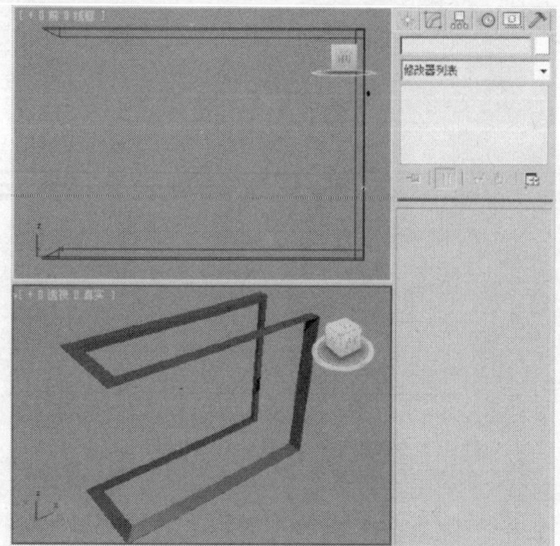

图10-64

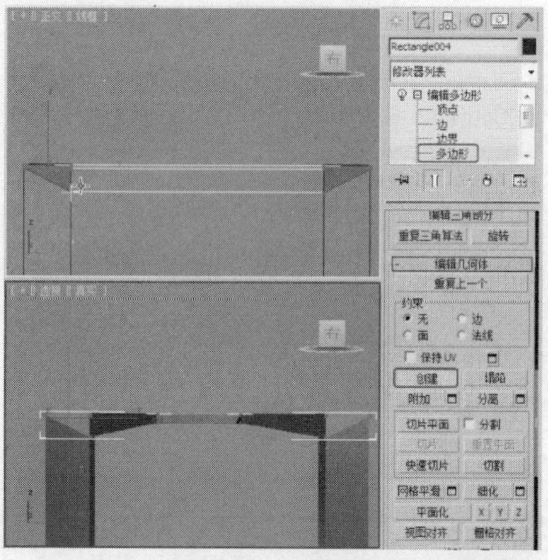

图10-65

STEP 9 单击“（创建）>（几何体）>长方体”按钮，在“顶”视图中创建长方体，在“参数”卷展栏中设置“长度”为82、“宽度”为270、“高度”为5，并调整长方体至合适的位置，如图10-66所示。

STEP 10 在“顶”视图中选择顶部复制出的模型，单击“（创建）>（几何体）>复合对象>ProBoolean”按钮，在“拾取布尔对象”卷展栏中单击“开始拾取”按钮，在视图中拾取长方体，如图10-67所示。

STEP 11 在“右”视图中选择中间的模型，切换到（修改）命令面板，将“编辑多边形”修改器的选择集定义为“顶点”，在视图中调整顶点至合适的位置，如图10-68所示。

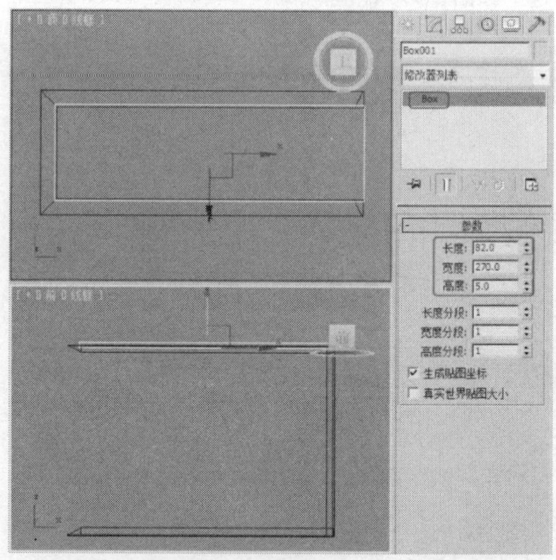

图10-66

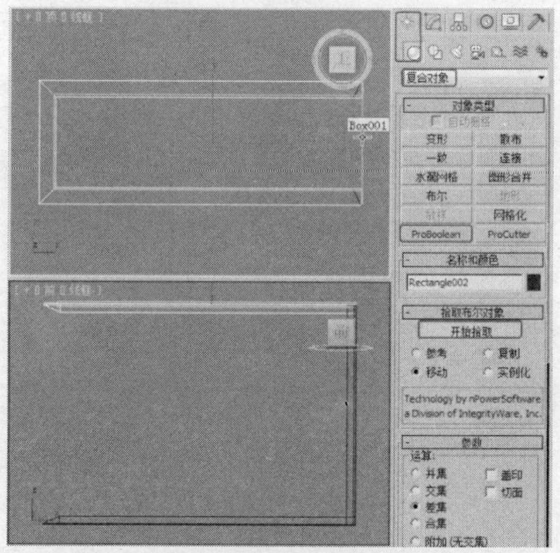

图10-67

STEP 12 单击“（创建）>（几何体）>长方体”按钮，在“顶”视图中创建长方体作为吧台玻璃桌面模型，在“参数”卷展栏中设置“长度”为82、“宽度”为270、“高度”为3.2，并调整模型至合适的位置，如图10-69所示。

STEP 13 框选吧台，在菜单栏中选择“组”→“成组”命令，切换到（显示）命令面板，单击“隐藏选定对象”按钮，将吧台隐藏，如图10-70

所示。

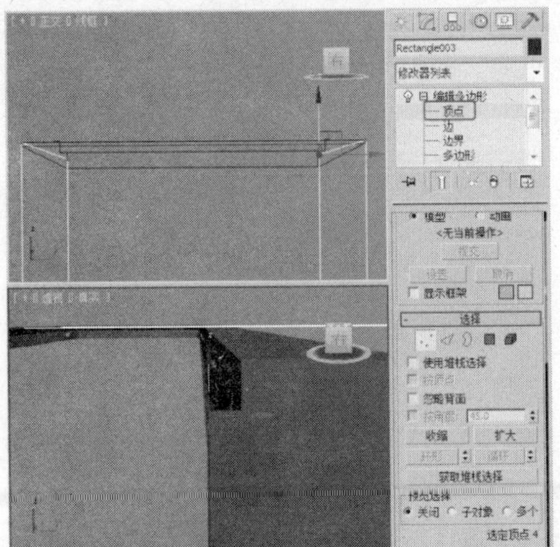

图 10-68

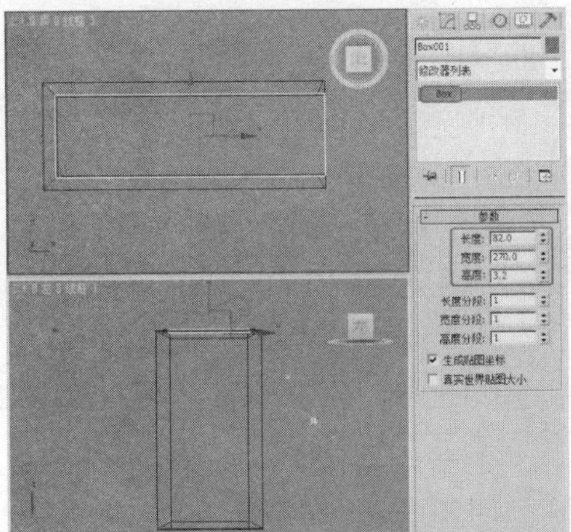

图 10-69

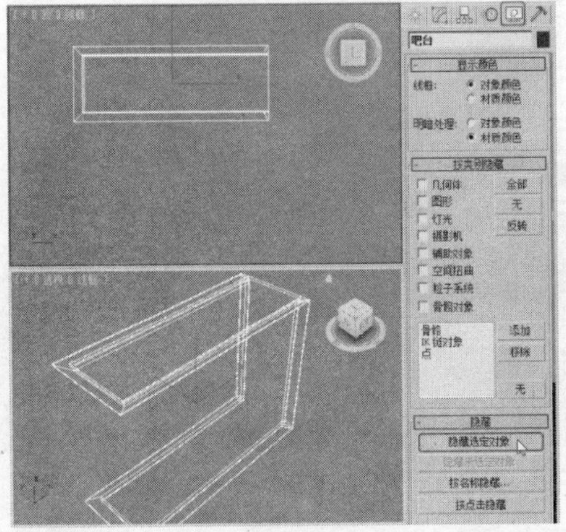

图 10-70

STEP 14 单击“（创建）>（图形）>矩形”按钮，在“顶”视图中创建矩形作为放样路径，在“参数”卷展栏中设置“长度”为300、“宽度”为100、“高度”为15，如图10-71所示。

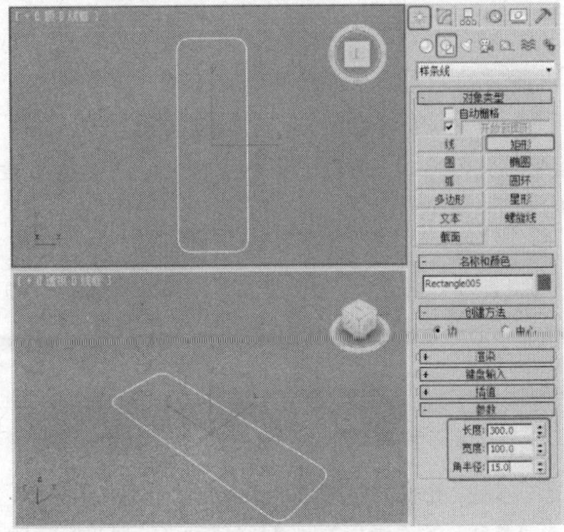

图 10-71

STEP 15 切换到（修改）命令面板，对矩形施加“编辑样条线”修改器，将选择集定义为“顶点”，在“几何体”卷展栏中单击“优化”按钮添加顶点，选中多余的顶点并按Delete键将其删除，如图10-72所示。

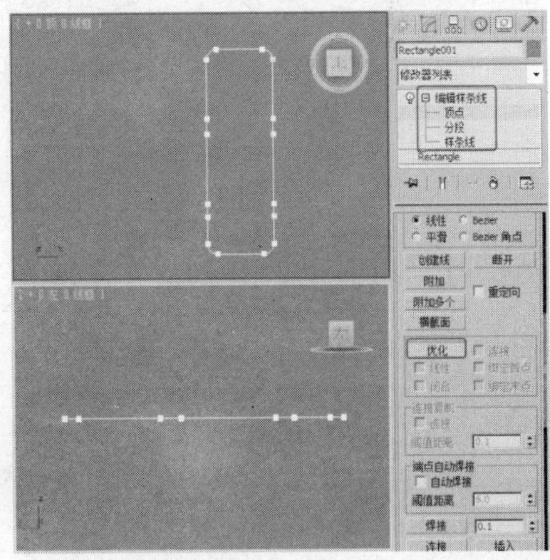

图 10-72

STEP 16 在场景中通过使用“Bezier角点”、“Bezier”工具和单击（选择并移动）按钮调整顶点位置，如图10-73所示。

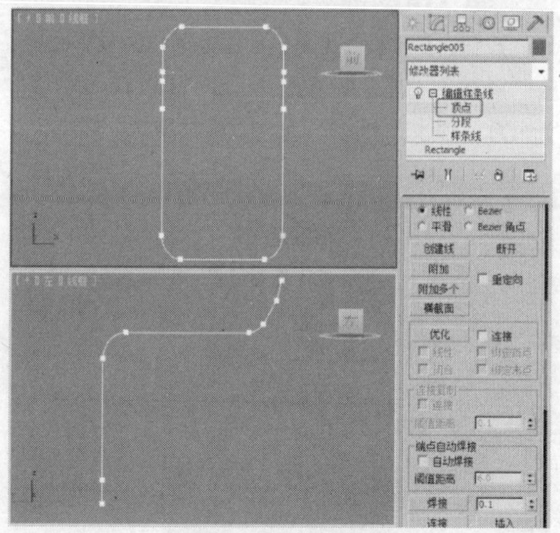

图10-73

STEP 17 单击“（创建）>（图形）>矩形”按钮，在“顶”视图中创建矩形作为放样图形，在“参数”卷展栏中设置“长度”为10、“宽度”4、“角半径”为1，如图10-74所示。

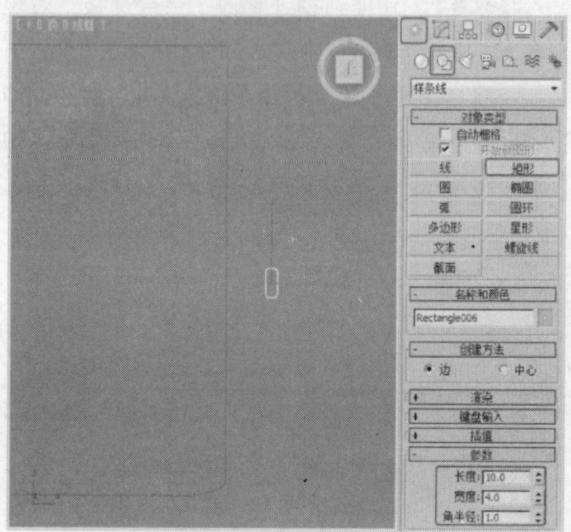

图10-74

STEP 18 选择作为放样路径的图形，单击“（创建）>（几何体）>复合对象>放样”按钮，在“创建方法”卷展栏中单击“获取图形”按钮，在场景中拾取放样图形，如图10-75所示。

STEP 19 放样后获得如图10-76所示的模型。

STEP 20 发现模型不标准，切换到修改命令面板，在“Loft”修改器中将选择集定义为“图形”，单击（选择并旋转）按钮，框选模型并调整模型形状，如图10-77所示。

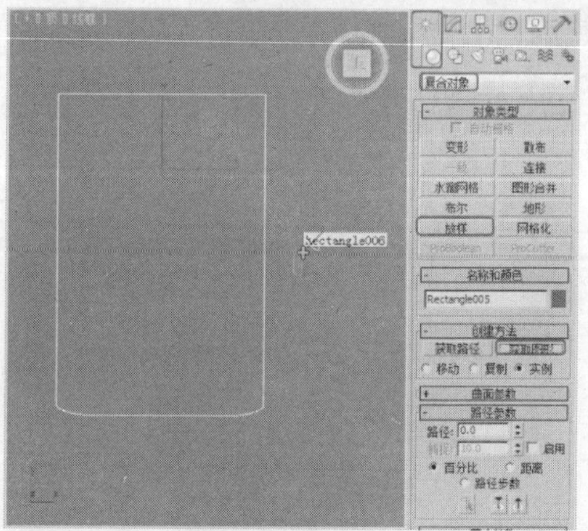

图10-75

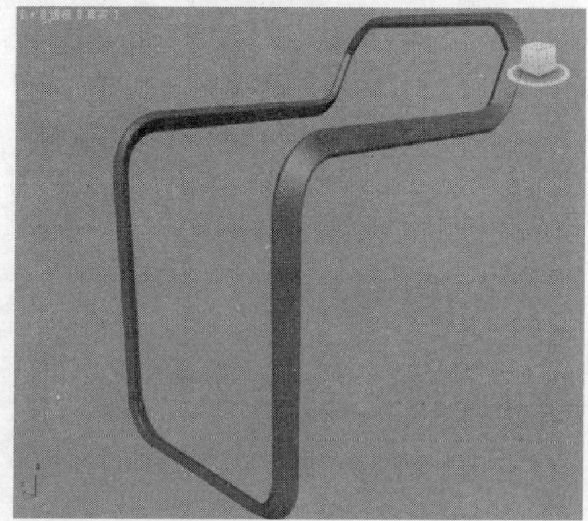

图10-76

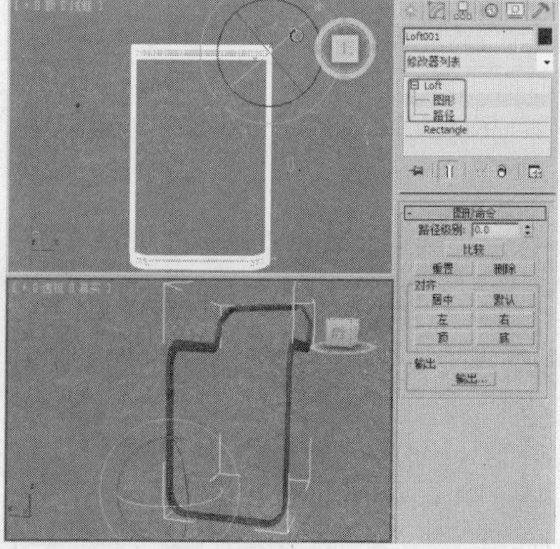

图10-77

STEP 21 单击“（创建）>（图形）>

线”按钮，在“左”视图中创建线，切换到（修改）命令面板，将选择集定义为“顶点”，在场景中调整顶点位置，如图10-78所示。

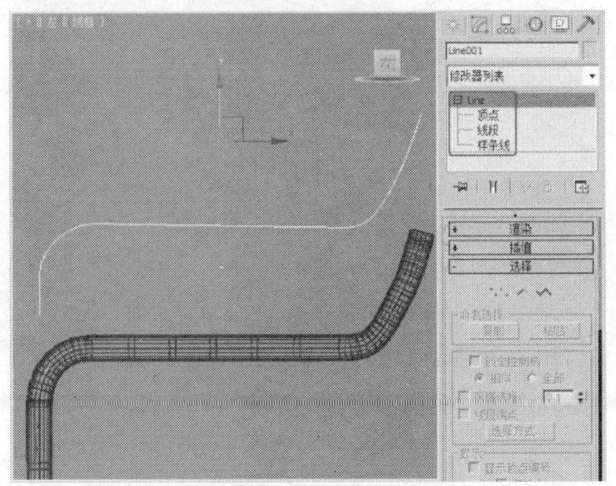

图10-78

STEP 22 将选择集定义为“样条线”，在“几何体”卷展栏中单击“轮廓”按钮，在“左”视图中为图形设置轮廓，如图10-79所示。

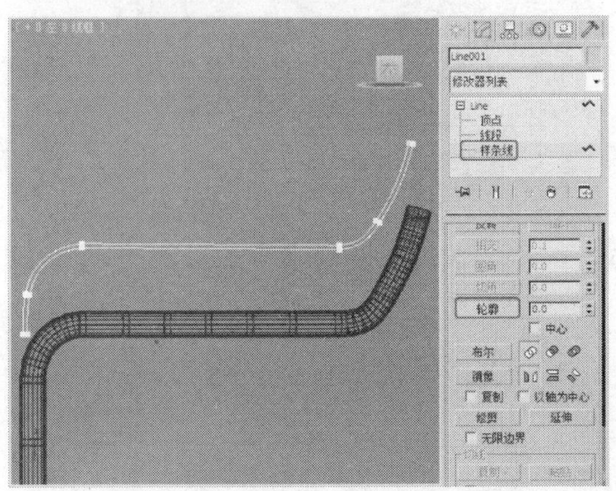

图10-79

STEP 23 对图形施加“挤出”修改器，在“参数”卷展栏中设置“数量”为100，如图10-80所示。

STEP 24 对模型施加“编辑多边形”修改器，将选择集定义为“顶点”，在“前”视图中调整顶点位置，如图10-81所示。

STEP 25 单击“（创建）>（图形）>线”按钮，在“前”视图中创建图形，切换到（修改）命令面板，将选择集定义为“顶点”，在场景中调整顶点位置，如图10-82所示。

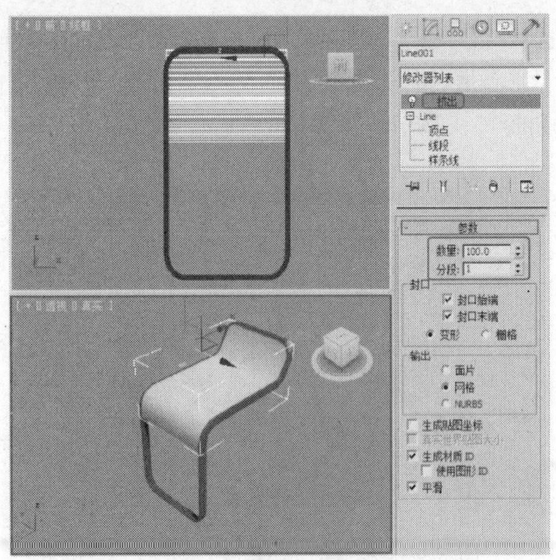

图10-80

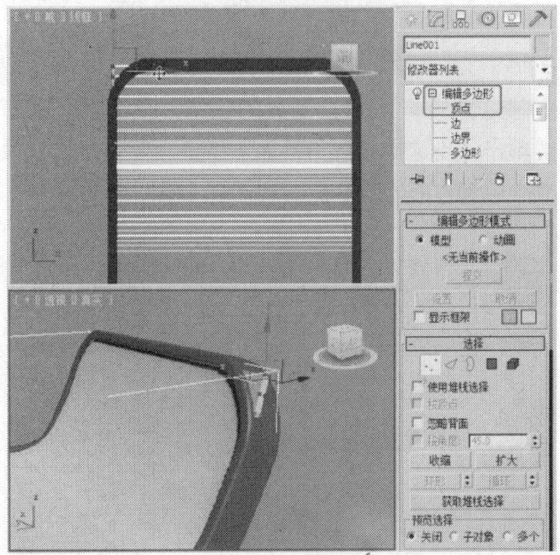

图10-81

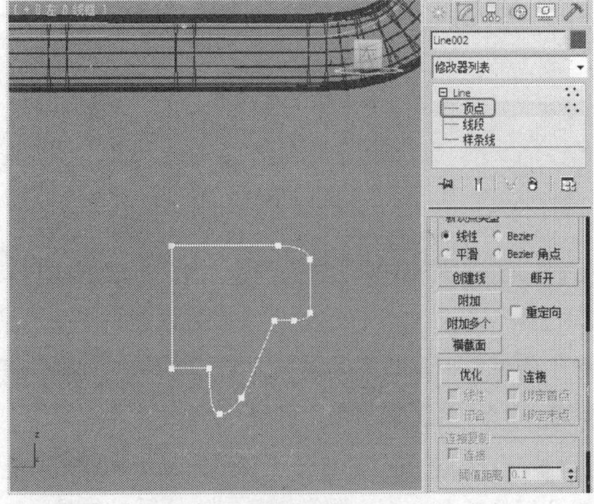

图10-82

STEP 26 对图形施加“车削”修改器，在“参数”卷展栏中设置“方向”为Y、“对齐”为最小，如图10-83所示，调整模型至合适的位置。

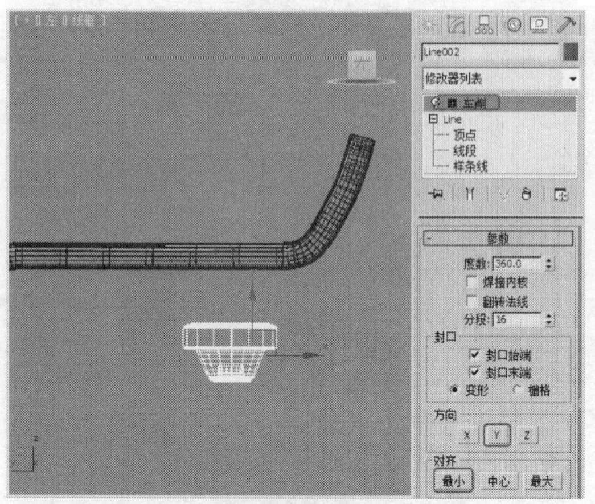

图10-83

STEP 27 选择车削后的模型，在工具栏中右键单击（选择并均匀缩放）按钮，在弹出的对话框中设置合适的百分比，如图10-84所示。

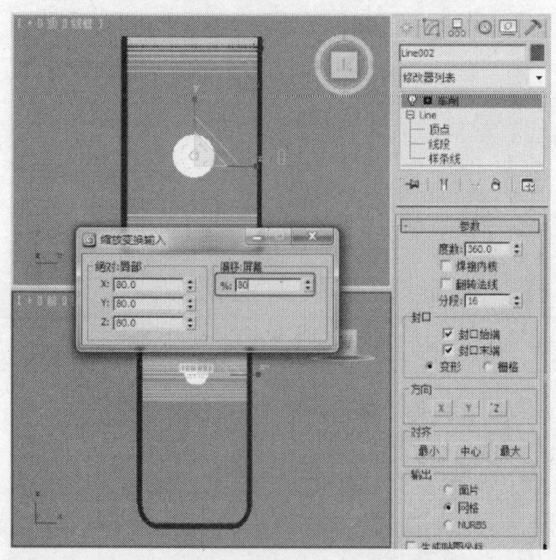

图10-84

STEP 28 单击“（创建）>（几何体）>圆柱体”按钮，在“顶”视图中创建圆柱体，在“参数”卷展栏中设置“半径”为4、“高度”为47，并调整模型至合适的位置，如图10-85所示。

STEP 29 在“左”视图中选择圆柱体，按Ctrl+V组合键复制圆柱体，并修改复制出的圆柱体参数，在“参数”卷展栏中设置“半径”为5、“高度”为140，并在“左”视图中调整其至合适的位置，如图10-86所示。

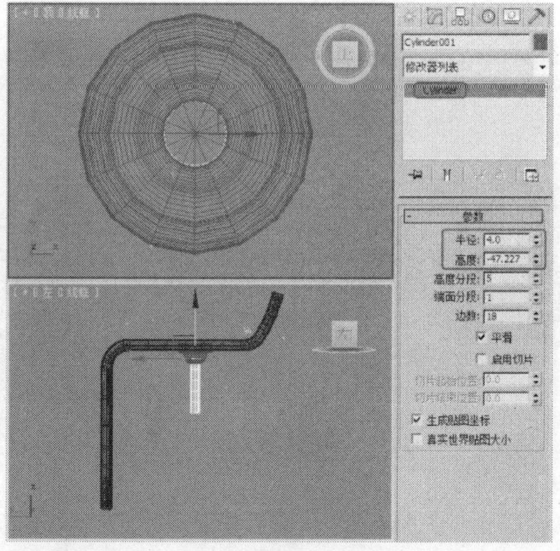

图10-85

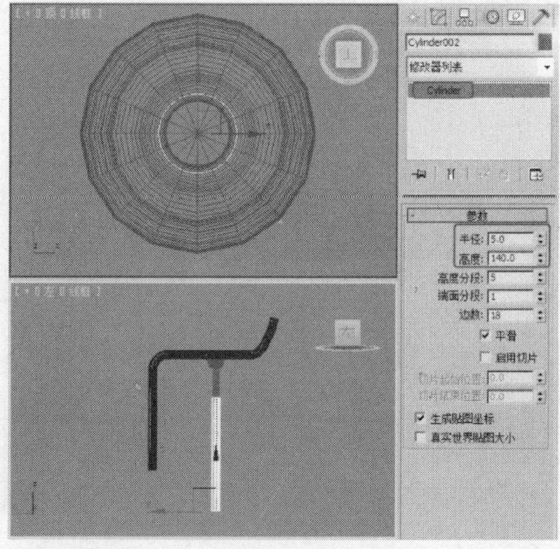

图10-86

STEP 30 单击“（创建）>（几何体）>扩展基本体>切角圆柱体”按钮，在“顶”视图中创建“切角圆柱体”，在“参数”卷展栏中设置“半径”为54、“高度”为3、“圆角”为1.5、“圆角”分段为3、“边数”为30，并在场景中调整模型至合适的位置，如图10-87所示。

STEP 31 单击“（创建）>（几何体）>圆柱体”按钮，在“左”视图中创建圆柱体，在“参数”卷展栏中设置“半径”为2.3、“高度”为100、

“边数”为18，选择模型并按Ctrl+V组合键复制圆柱体，在视图中调整圆柱体至合适的位置，如图10-88所示。

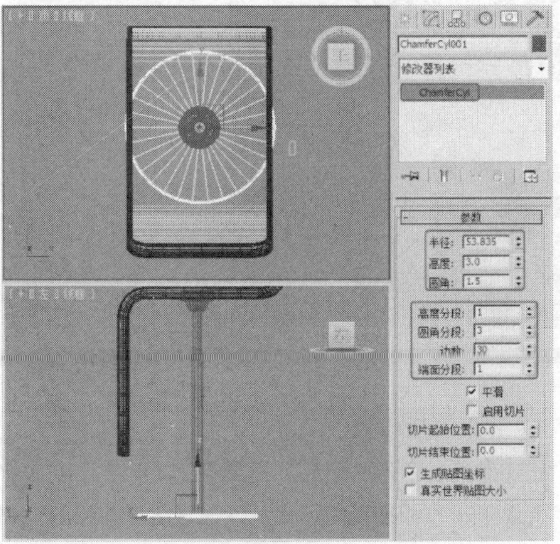
图10-87

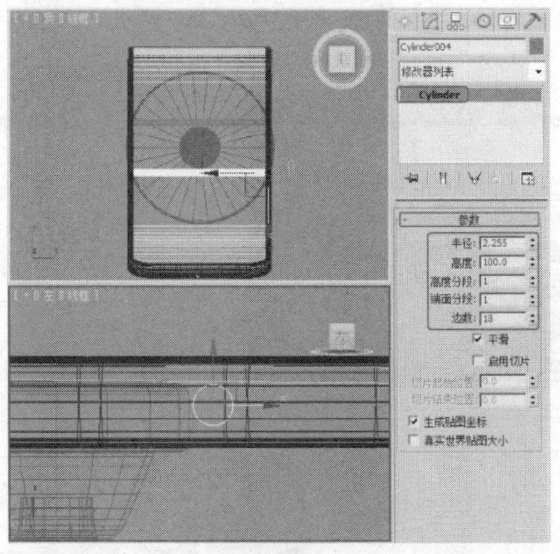
图10-88

STEP 32 单击“（创建）>（几何体）>扩展基本体>切角圆柱体”按钮，在“左”视图中创建“切角圆柱体”，在“参数”卷展栏中设置“半径”为1.44、“高度”为37.8、“圆角”为0.7、“边数”为10、“圆角分段”为3，单击（使用并旋转）按钮调整模型角度并将其调整至合适的位置，如图10-89所示。

STEP 33 框选吧椅模型，在菜单栏中选择“组”→“成组”命令，切换到（显示）命令面板中，单击“全部取消隐藏”按钮，如图10-90所示。

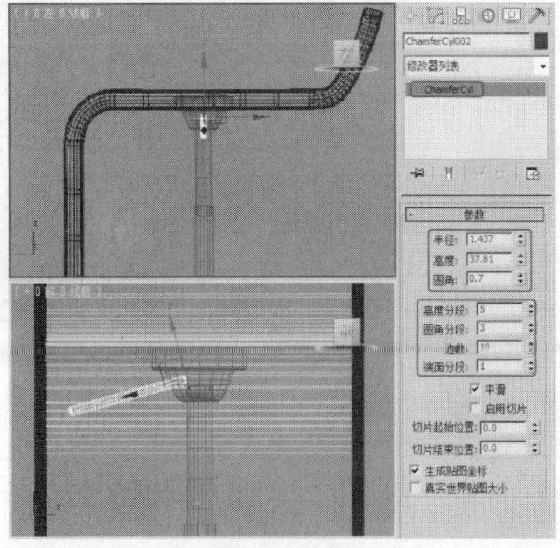
图10-89

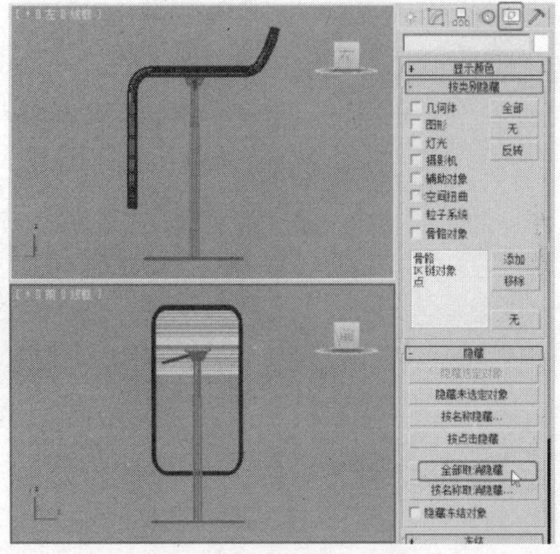
图10-90

STEP 34 在场景中复制吧椅并调整复制出的吧椅模型至合适的位置，调整后的吧台和吧椅模型效果如图10-91所示。完成的场景模型可以参考随书附带光盘中的“Scene\cha10\吧台和吧椅.max”文件。同时还可以参考随书附带光盘中的“Scene\cha10\吧台和吧椅场景.max”文件，该文件是设置好场景的场景效果文件，渲染该场景可以得到如图10-57所示的效果。

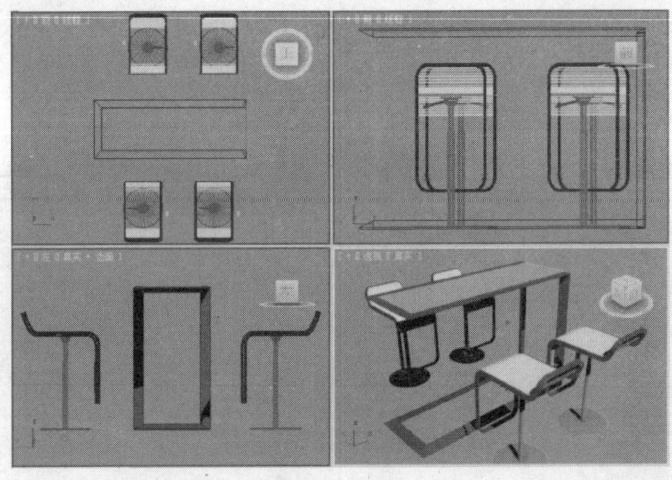

图 10-91

10.6 实例 6——电视柜

案例学习目标

学习使用切角长方体、长方体、线、矩形工具，结合使用“倒角”修改器制作电视柜模型。

案例知识要点

使用长方体制作底层模型，使用长方体和切角长方体制作抽屉模型，使用线创建图形并施加“倒角”修改器制作抽屉把手和柜面模型，创建矩形并施加“倒角”修改器用于制作左侧支架模型，完成的模型效果如图 10-92 所示。

图 10-92

效果图文件所在位置

随书附带光盘 Scene\cha10\电视柜.max。

STEP 1 单击“（创建）>（几何体）>长方体”按钮，在“顶”视图中创建长方体，在“参数”卷展栏中设置“长度”为45、“宽度”为260、“高度”为8，如图10-93所示。

STEP 2 复制长方体并修改参数，设置“长度”为45、“宽度”为130、“高度”为23，调整模型至合适的位置，如图10-94所示。

STEP 3 单击“（创建）>（图形）>线”按钮，在“前”视图中创建如图10-95所示的图形。

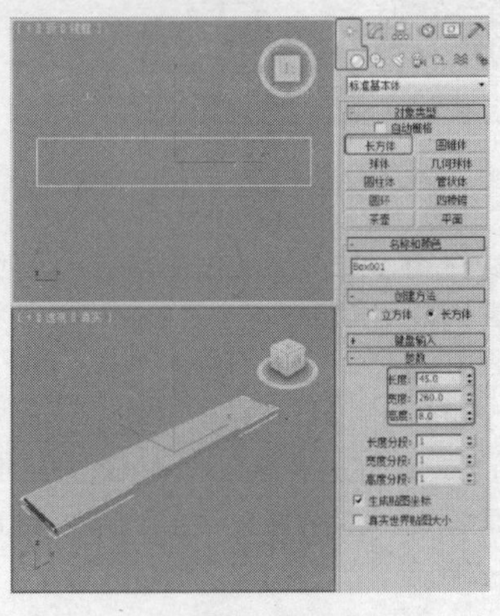

图 10-93

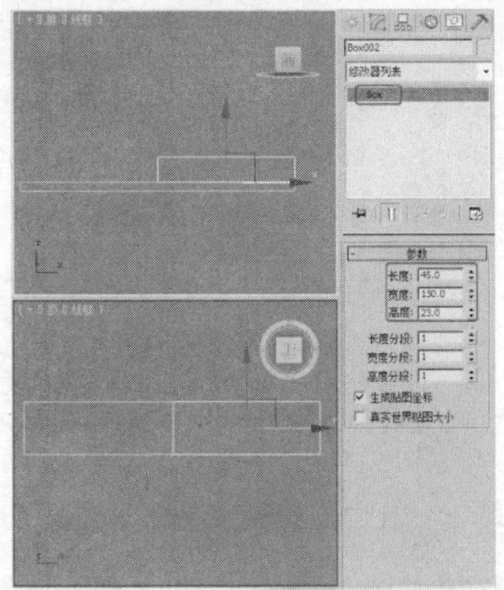

图 10-94

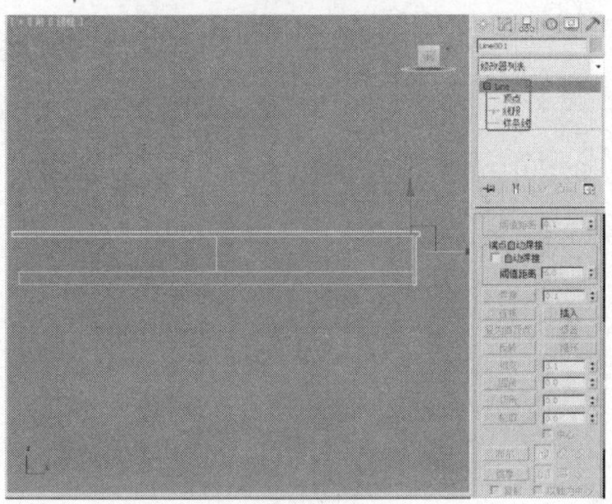

图 10-95

STEP 4 对图形施加“倒角”修改器，在“倒角值”卷展栏中设置“级别1”的“高度”为0.2、“轮廓”为0.2，勾选“级别2”选项并设置其“高度”为50，勾选“级别3”选项并设置其“高度”为0.2、“轮廓”为-0.2，调整模型至合适的位置，如图10-96所示。

STEP 5 单击“（创建）>（几何体）>扩展基本体>切角长方体”按钮，在“前”视图中创建切角长方体，在“参数”卷展栏中设置“长度”为18.5、“宽度”为62、“高度”为2.3、“圆角”为0.2、“圆角分段”为1，取消勾选“平滑”复选项，如图10-97所示。

STEP 6 复制切角长方体并调整模型至合适的位置，如图10-98所示。

STEP 7 单击“（创建）>（图形）>线”按钮，在“左”视图中创建如图10-99所示的图形。

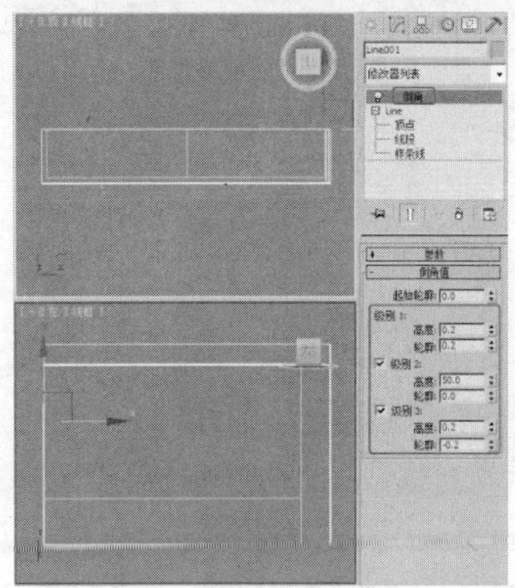

图 10-96

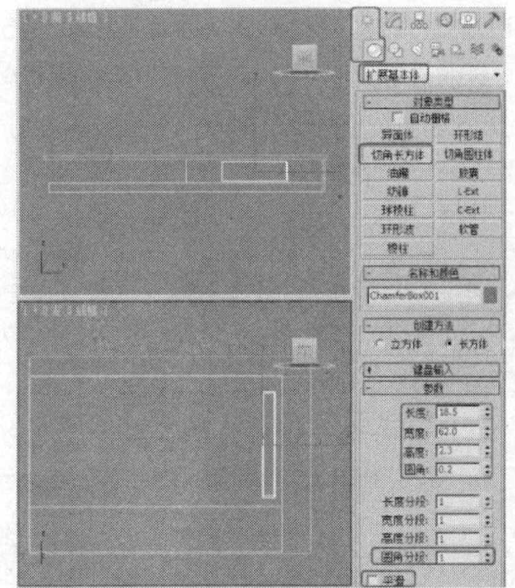

图 10-97

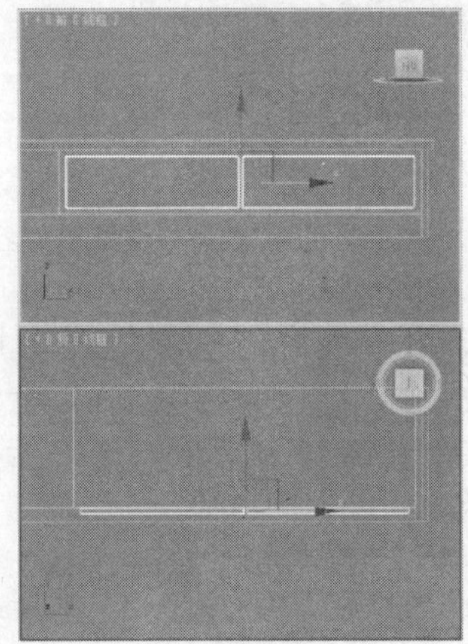

图 10-98

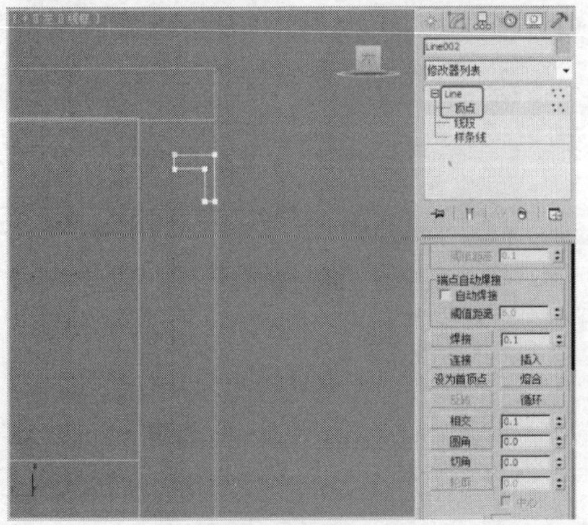

图 10-99

STEP 8 对图形施加“倒角”修改器，在“倒角值”卷展栏中设置“级别1”的“高度”为0.2、“轮廓”为0.2，勾选“级别2”选项并设置其“高度”为61.5，勾选“级别3”选项并设置其“高度”为0.2、“轮廓”为-0.2，调整模型至合适的位置，如图10-100所示。

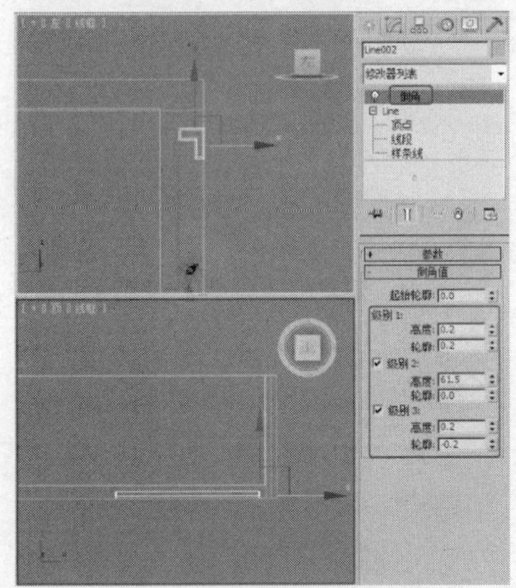

图 10-100

STEP 9 复制线002模型并调整模型至合适的位置，如图10-101所示。

STEP 10 单击“（创建）>（图形）>矩形”按钮，在“左”视图中创建圆角矩形，在“参数”卷展栏中设置“长度”为31、“宽度”为45、“角半径”为0.5，如图10-102所示。

STEP 11 对矩形施加“编辑样条线”修改器，将选择集定义为“样条线”，在“几何体”卷展栏中单击“轮廓”按钮为矩形设置轮廓，如图10-103所示。

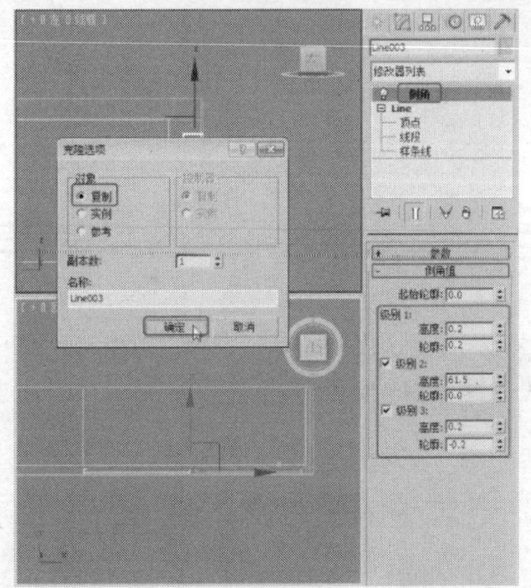

图 10-101

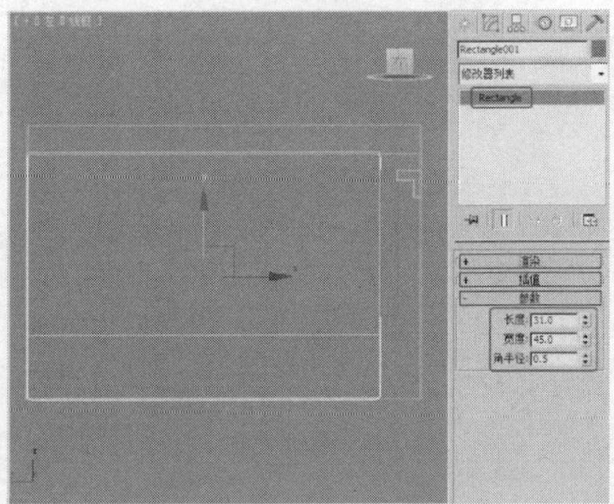

图 10-102

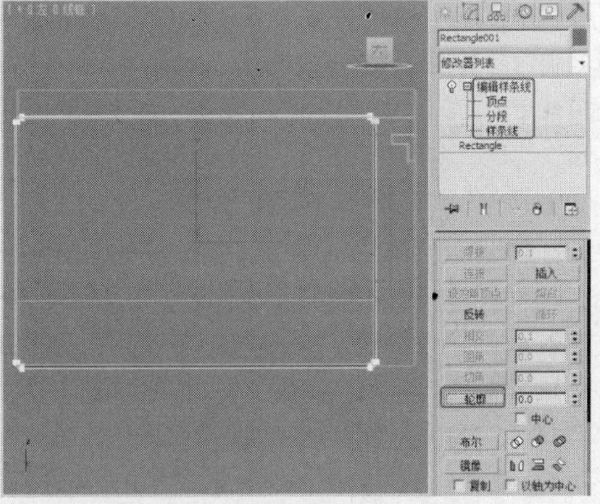

图 10-103

STEP 12 对图形施加“倒角”修改器，在“倒角值”卷展栏中设置“级别1”的“高度”为0.5、“轮廓”为0.5，勾选“级别2”选项并设置其“高度”为5，勾选“级别3”选项并设置其“高度”为0.5、“轮廓”为-0.5，调整模型至合适的位置，如图10-104所示。

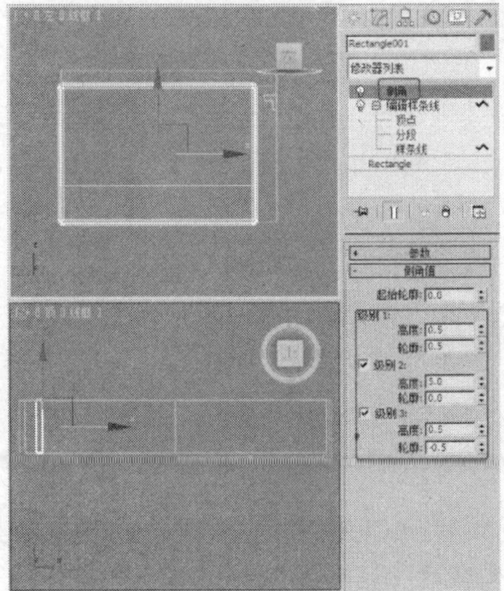

图 10-104

STEP 13 调整模型后的效果如图10-105所示。完成的场景模型可以参考随书附带光盘中的“Scene\cha10\电视柜.max”文件。同时还可以参考随书附带光盘中的“Scene\cha10\电视柜场景.max”文件，该文件是设置好场景的场景效果文件，渲染该场景可以得到如图10-92所示的效果。

图 10-105

10.7 课堂练习——制作中式椅子

练习知识要点

创建矩形并施加“倒角剖面”修改器拾取作为剖面的弧，再对倒角剖面后的模型施加“编辑多边形”修改器制作椅子的坐板；创建圆柱体制作椅子腿和小部分支架；创建切角长方体用于制作椅子腿支架；使用线创建图形并施加“倒角”修改器制作椅子腿位置的前装饰板；使用线创建图形并施加“挤出”修改器制作靠背；使用可渲染的样条线制作扶手、扶手支架、坐板支架，完成的中式椅子效果如图 10-106 所示。

效果图文件所在位置

随书附带光盘 Scene\cha10\中式椅子.max。

图 10-106

10.8 课后习题——制作多用柜

习题知识要点

创建切角长方体用于制作抽屉，使用线创建图形并施加“倒角”修改器制作外框架和装饰，使用切角长方体制作内部框架和底座，完成的多用柜效果如图 10-107 所示。

效果图文件所在位置

随书附带光盘 Scene\cha10\多用柜.max。

图 10-107

3ds Max 2012 + VRay

11 Chapter

第11章 卫浴器具的制作

卫浴器具在人们日常生活中是经常使用的，主要包括便器、盥洗盆、浴缸、淋浴间和龙头等，卫浴器具的好坏直接影响着人们生活质量的高低。掌握卫浴器具的设计制作方法，以及在装饰装修前，做好卫浴空间的设计都是非常重要的事情。本章主要介绍卫浴空间中常用模型的制作方法。

【教学目标】

- 掌握卫浴器具模型的设计构思。
- 掌握卫浴器具模型的制作方法。
- 掌握卫浴器具模型的制作技巧。

11.1 实例 7——莲蓬头

案例学习目标

学习使用切角圆柱体、圆柱体、管状体、线、ProBoolean、阵列工具，结合使用“编辑多边形”、“倒角”修改器制作莲蓬头模型。

案例知识要点

创建切角圆柱体并施加“编辑多边形”修改器调整模型，使用 ProBoolean 工具拾取布尔对象制作莲蓬头面板；创建切角圆柱体并施加“编辑多边形”修改器与管状体制作出水口；创建切角圆柱体并施加“编辑多边形”修改器制作莲蓬头外壳；创建圆柱体并施加“编辑多边形”修改器与切角圆柱体制作莲蓬头的手柄模型；使用线创建图形并施加“倒角”修改器制作手柄支架挡片，完成的模型效果如图 11-1 所示。

效果图文件所在位置

随书附带光盘 Scene\cha11\莲蓬头.max。

图 11-1

STEP 1 单击“（创建）>（几何体）>扩展基本体>切角圆柱体”按钮，在“前”视图中创建切角圆柱体，在“参数”卷展栏中设置“半径”为50、“高度”为90、“圆角”为3、“高度分段”为1、“圆角分段”为3、“边数”为30、“端面分段”为2，如图11-2所示。

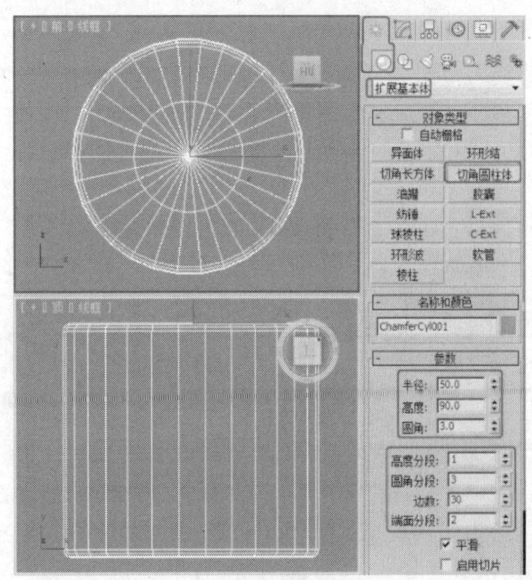

图 11-2

STEP 2 对模型施加“编辑多边形”修改器，将选择集定义为“顶点”，在“选择”卷展栏中勾选“忽略背面”复选项，在“前”视图中选择如图11-3所示的顶点，单击（选择并均匀缩放）按钮调整顶点位置。

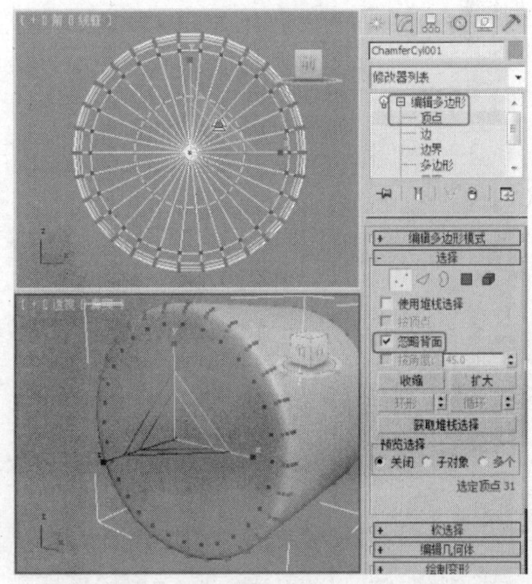

图 11-3

STEP 3 将选择集定义为“多边形”，在“编辑多边形”卷展栏中单击“挤出”后的设置按钮，在弹出的对话框中设置“高度”为-15，单击“确定”按钮，如图11-4所示。

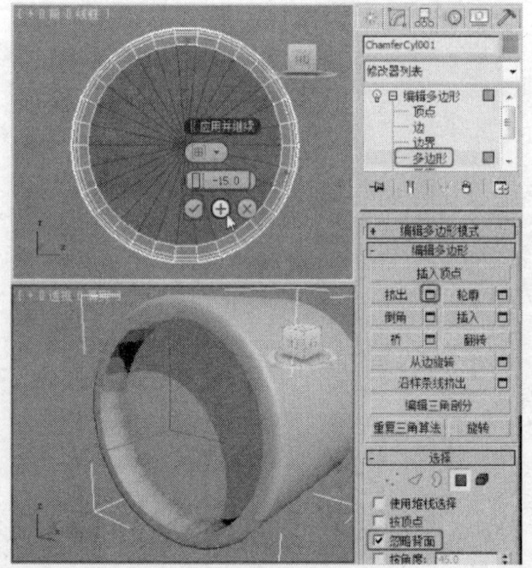

图11-4

STEP 4 单击“（创建）>（几何体）>扩展基本体>切角圆柱体”按钮，在“顶”视图中创建切角圆柱体，在“参数”卷展栏中设置“半径”为15、“高度”为300、“圆角”为1、“高度分段”为1、“圆角分段”为3、“边数”为18、“端面分段”为2，如图11-5所示，调整模型至合适的位置。

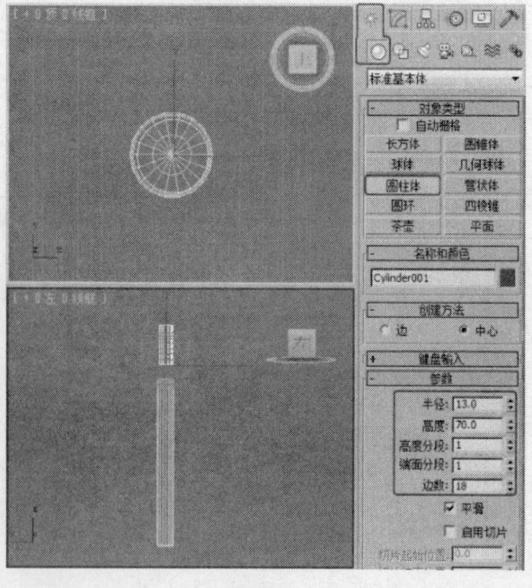

图11-5

STEP 5 单击“（创建）>（几何体）>圆柱体”按钮，在“顶”视图中创建圆柱体，在“参数”卷展栏中设置“半径”为13、“高度”为70、“高度分段”为1、“端面分段”为1、“边数”为18，如图11-6所示，调整模型至合适的位置。

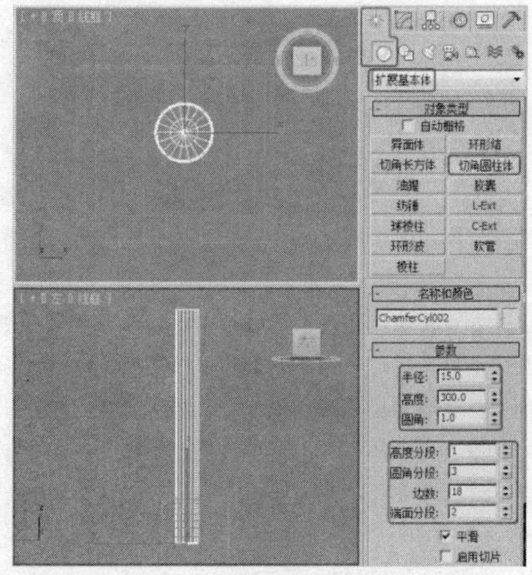

图11-6

STEP 6 对圆柱体施加“编辑多边形”修改器，将选择集定义为“顶点”，在工具栏中单击（选择并均匀缩放）按钮，在“左”视图中选择如图11-7所示的顶点，并在“顶”视图中缩放顶点。

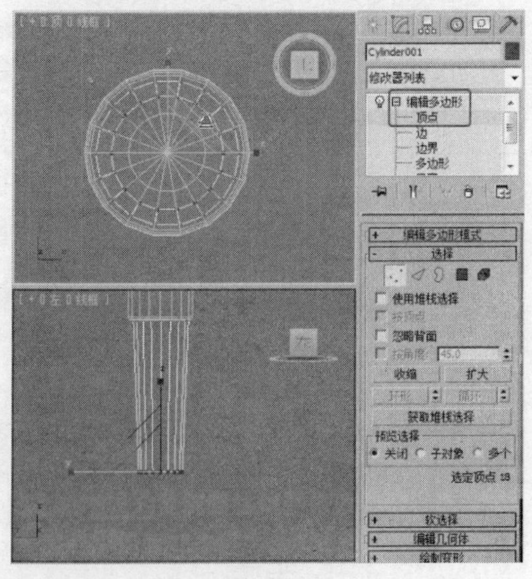

图11-7

STEP 7 单击“（创建）>（几何体）>扩展基本体>切角圆柱体”按钮，在“前”视图中创建切角圆柱体，在“参数”卷展栏中设置“半径”为42.8、“高度”为10、“圆角”为3、“高度分段”为1、“圆角分段”为3、“边数”为30、“端面分段”为2，调整模型至合适的位置，如图11-8所示。

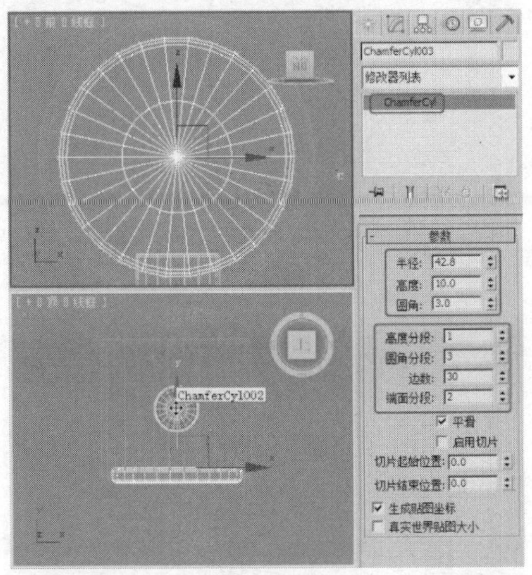

图 11-8

STEP 8 对模型施加“编辑多边形”修改器，将选择集定义为“顶点”，在“选择”卷展栏中勾选“忽略背面”复选项，在“前”视图中调整顶点位置，如图11-9所示。

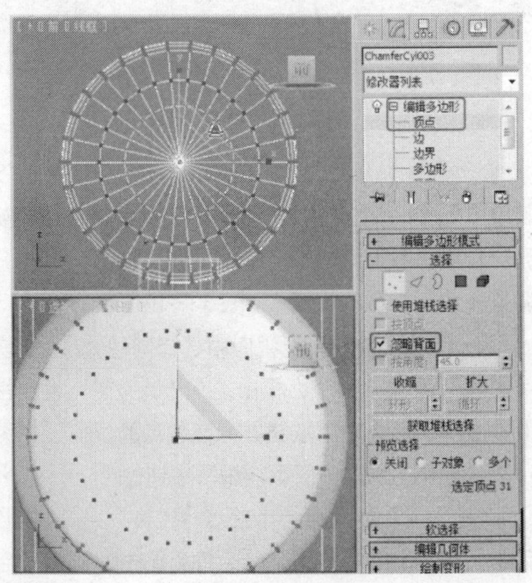

图 11-9

STEP 9 将选择集定义为“顶点”，在“前”视图中选择顶点并在“顶”视图中调整顶点位置，如图11-10所示。

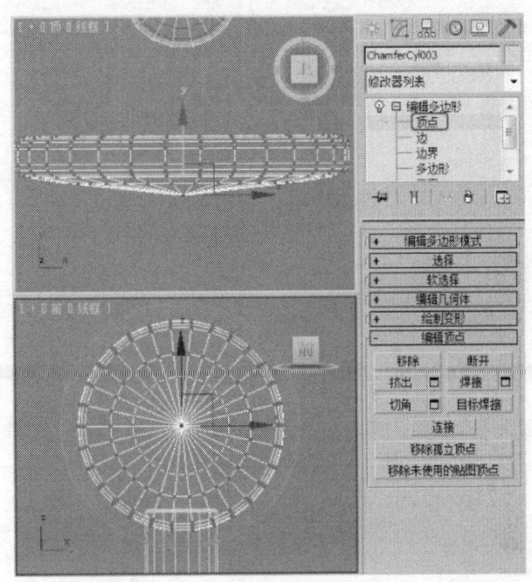

图 11-10

STEP 10 将选择集定义为“多边形”，在“前”视图选择如图11-11所示的多边形，在“编辑多边形”卷展栏中单击“挤出”后的设置按钮，在弹出的对话框中设置“高度”为-2，单击“确定”按钮。

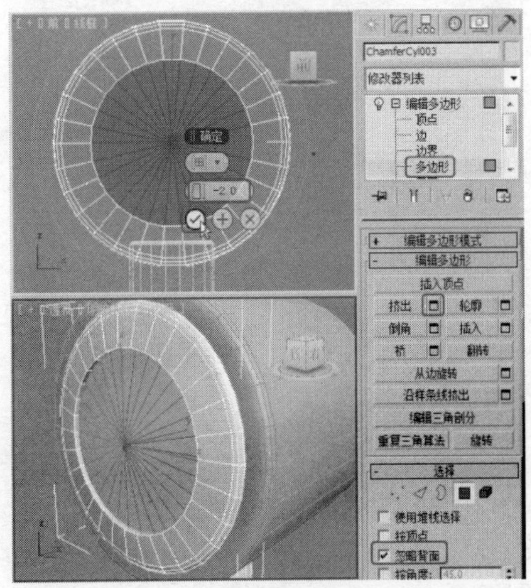

图 11-11

STEP 11 单击“倒角”后的设置按钮，在弹出的对话框中设置“高度”为2、“轮廓”为-1，单击“确定”按钮，如图11-12所示。

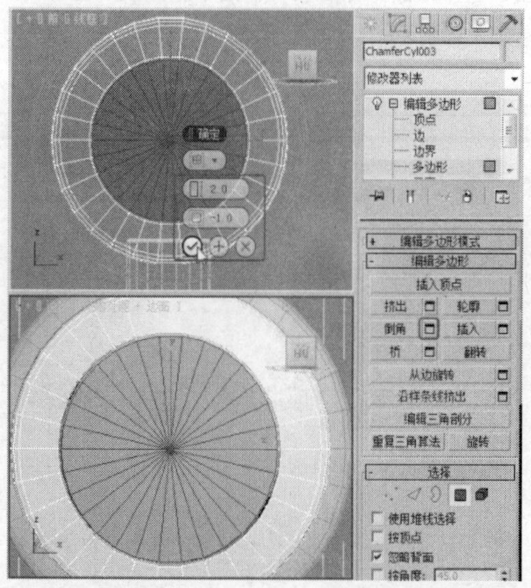

图11-12

STEP 12 单击“倒角”后的设置按钮，在弹出的对话框中设置倒角的“轮廓”为-17，如图11-13所示。

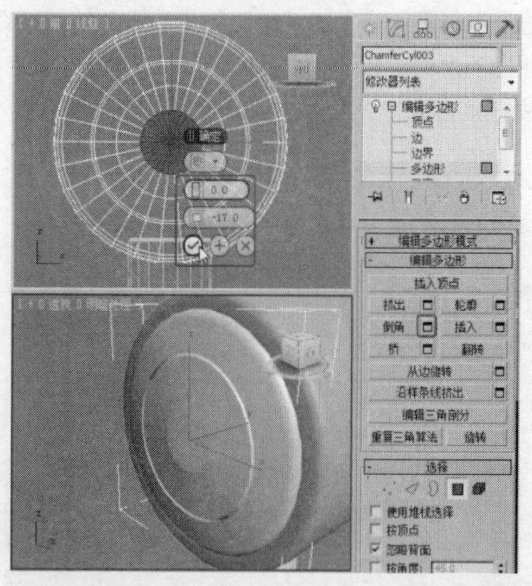

图11-13

STEP 13 单击“挤出”后的设置按钮，在弹出的对话框中设置“高度”为-2，如图11-14所示。

STEP 14 单击“倒角”后的设置按钮，在弹出的对话框中设置“高度”为2、“轮廓”为-1，如图11-15所示。

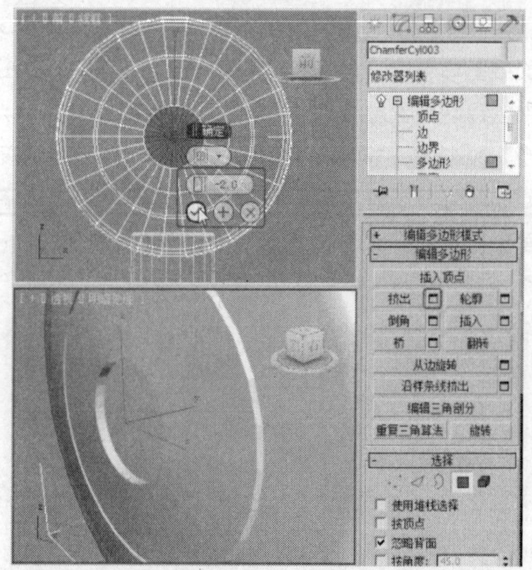

图11-14

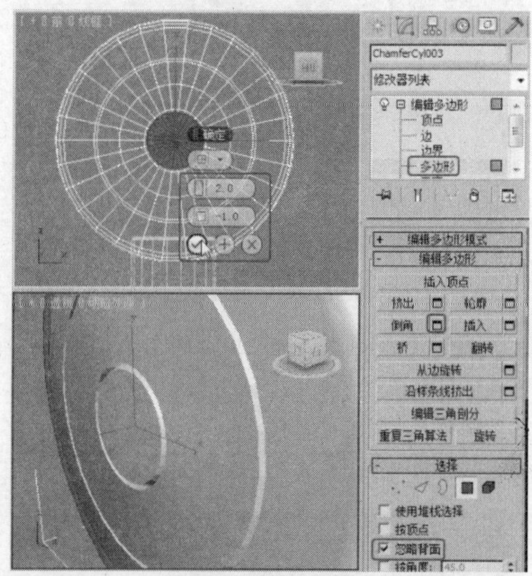

图11-15

STEP 15 单击“（创建）>（几何体）>圆柱体”按钮，在“前”视图中创建圆柱体，在“参数”卷展栏中设置“半径”为6.5、“高度”为15，调整模型至合适的位置，如图11-16所示。

STEP 16 在“前”视图中选择圆柱体002，切换到（层次）命令面板中，在“调整轴”卷展栏中单击“仅影响轴”按钮并调整轴点的位置，如图11-17所示，关闭“仅影响轴”按钮。

STEP 17 在菜单栏中选择“工具”→“阵列”命令，在弹出的“阵列”对话框中单击“旋转”后的灰色按钮，设置以z轴为中心旋转360°，选择复制的“对象类型”为复制，设置阵列的“数量”为6，单击“确定”按钮，如图11-18所示。

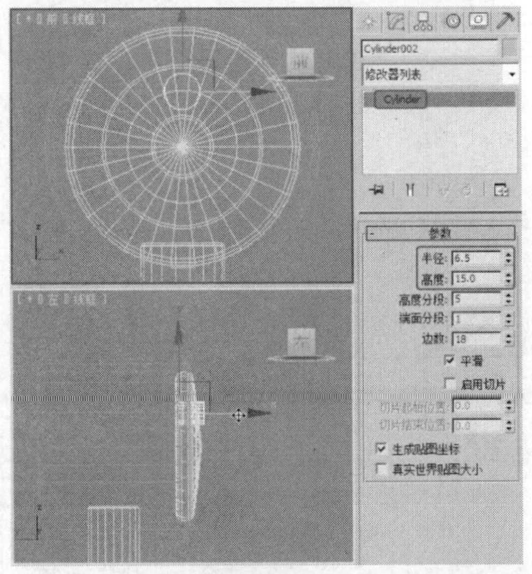

图 11-16

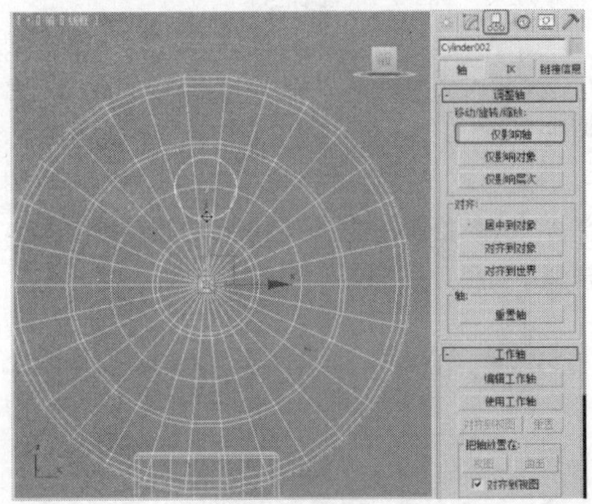

图 11-17

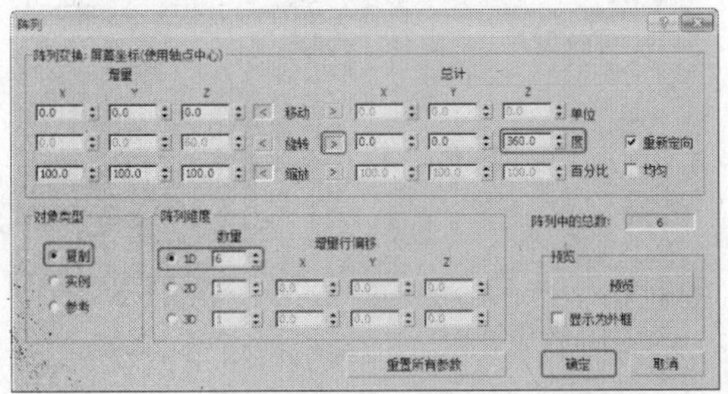

图 11-18

STEP 18 在“前”视图中复制圆柱体并修改其参数，设置“半径”为2、“高度”为15，调整模型至合适的位置，如图11-19所示。

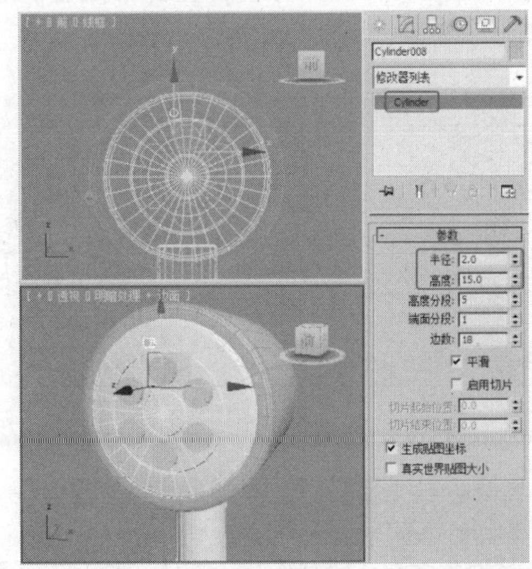

图 11-19

STEP 19 在“前”视图中选择圆柱体008，切换到 （层次）命令面板中，在“调整轴”卷展栏中单击“仅影响轴”按钮并调整轴点的位置，如图11-20所示，关闭“仅影响轴”按钮。

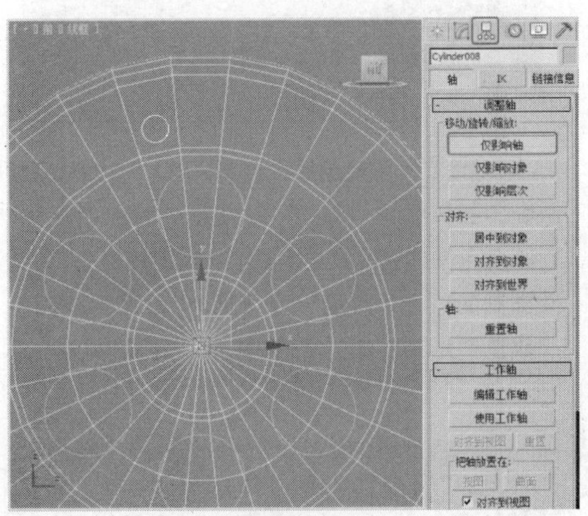

图 11-20

STEP 20 在菜单栏中选择“工具”→“阵列”命令，在弹出的“阵列”对话框中单击“旋转”后的灰色按钮，设置以*z*轴为中心旋转360°，选择复制的“对象类型”为复制，设置阵列的“数量”为20，单击“确定”按钮，如图11-21所示。

STEP 21 复制圆柱体并调整至合适的位置，

切换到（层次）命令面板中，在“调整轴”卷展栏中单击“仅影响轴”按钮并调整轴点的位置，如图11-22所示，关闭“仅影响轴”按钮。

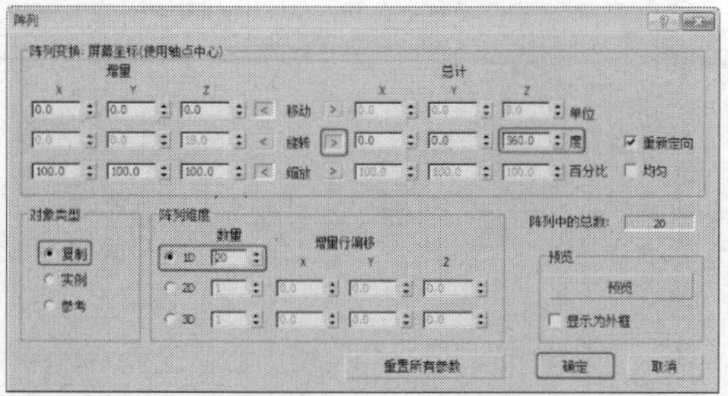

图11-21

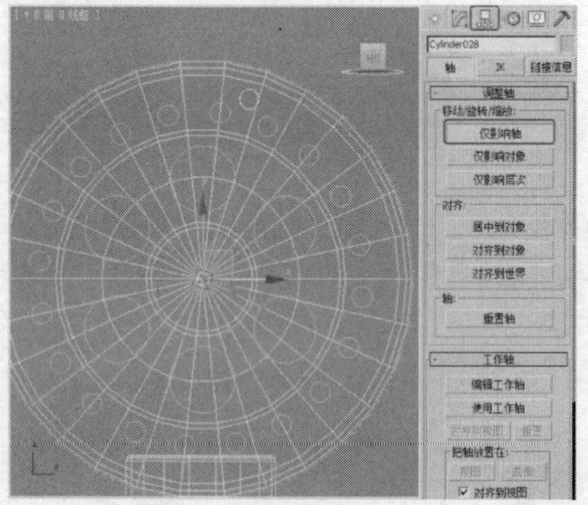

图11-22

STEP 22 在菜单栏中选择“工具”→“阵列”命令，在弹出的“阵列”对话框中单击“旋转”后的灰色按钮，设置以*z*轴为中心旋转360°，选择复制的“对象类型”为“复制”，设置阵列的“数量”为20，单击“确定”按钮，如图11-23所示。

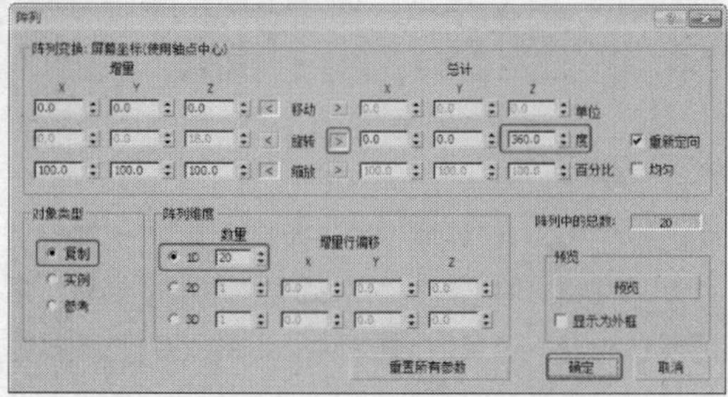

图11-23

STEP 23 在“前”视图中选择圆柱体002，对其施加“编辑多边形”修改器，将选择集定义为“元素”，在“编辑几何体”卷展栏中单击“附加”按钮，附加如图11-24所示的模型。

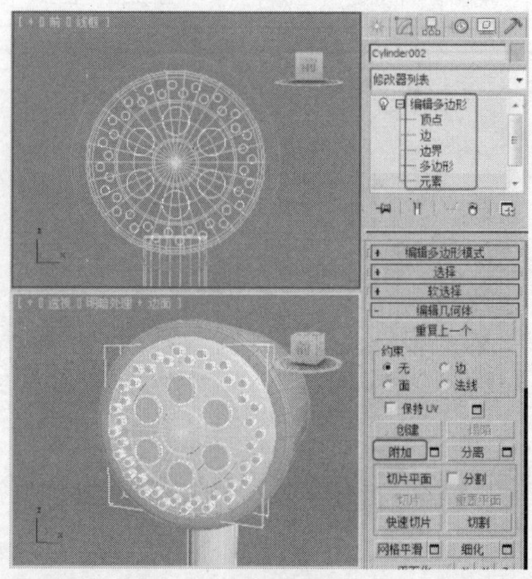

图11-24

STEP 24 在“前”视图中选择切角圆柱体003，单击“（创建）>（几何体）>复合对象>ProBoolean”按钮，在“拾取布尔对象”卷展栏中单击“开始拾取”按钮，在视图中拾取圆柱体002模型，如图11-25所示。

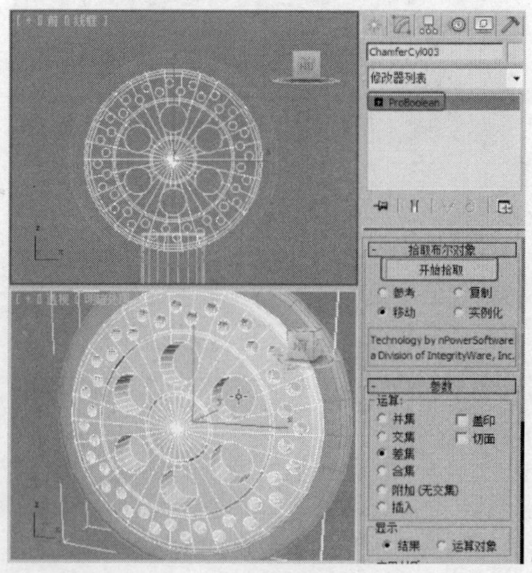

图11-25

STEP 25 单击“（创建）>（几何体）>

管状体”按钮，在“前”视图中创建管状体，在“参数”卷展栏中设置“半径1”为2、“半径2”为1.2、“高度”为20、“高度分段”为1、“端面分段”为1，如图11-26所示，调整模型至合适的位置。

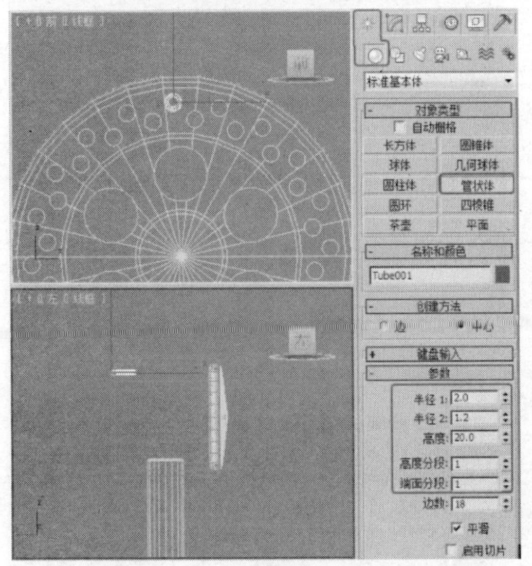

图11-26

STEP 26 在“前”视图中选择管状体001，切换到（层次）命令面板中，在“调整轴”卷展栏中单击“仅影响轴”按钮并调整轴点的位置，如图11-27所示，关闭“仅影响轴”按钮。

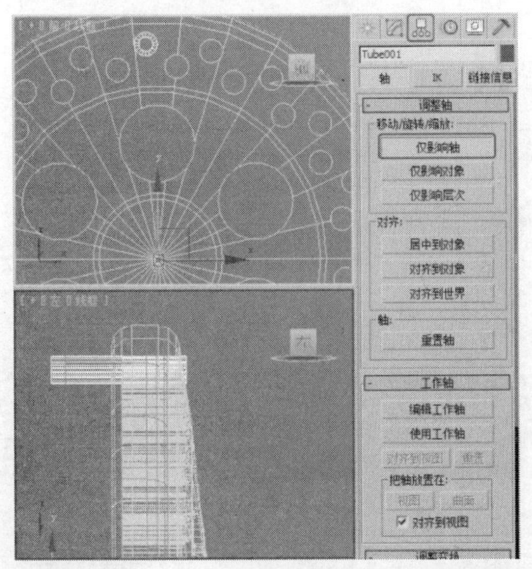

图11-27

STEP 27 在菜单栏中选择“工具”→“阵列”命令，在弹出的“阵列”对话框中单击“旋转”后的灰色按钮，设置以z轴为中心旋转360°，选择复制的“对象类型”为复制，设置阵列的“数量”为20，单击“确定”按钮，如图11-28所示。

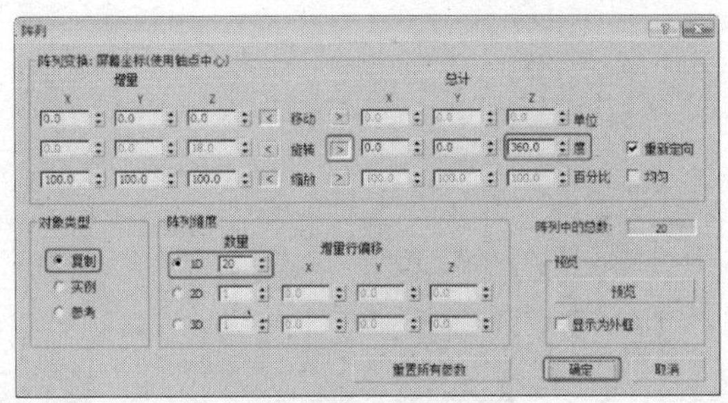

图11-28

STEP 28 复制管状体并调整至合适的位置，切换到（层次）命令面板中，在“调整轴”卷展栏中单击“仅影响轴”按钮并调整轴点的位置，如图11-29所示，关闭“仅影响轴”按钮。

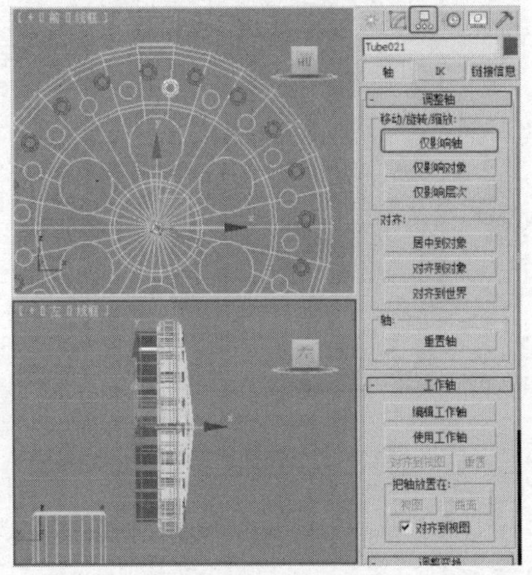

图11-29

STEP 29 在菜单栏中选择“工具”→“阵列”命令，在弹出的“阵列”对话框中单击“旋转”后的灰色按钮，设置以z轴为中心旋转360°，选择复制的“对象类型”为复制，设置阵列的“数量”为20，单击“确定”按钮，如图11-30所示。

STEP 30 单击“（创建）>（几何体）>扩展基本体>切角圆柱体”按钮，在“前”视图中创建切角圆柱体，在“参数”卷展栏中设置“半径”为6.5、“高度”为20、“圆角”为1、“高度分段”为1、“圆角分段”为3、“边数”为20、“端面分段”为2，如图11-31所示，调整模型至合适的位置。

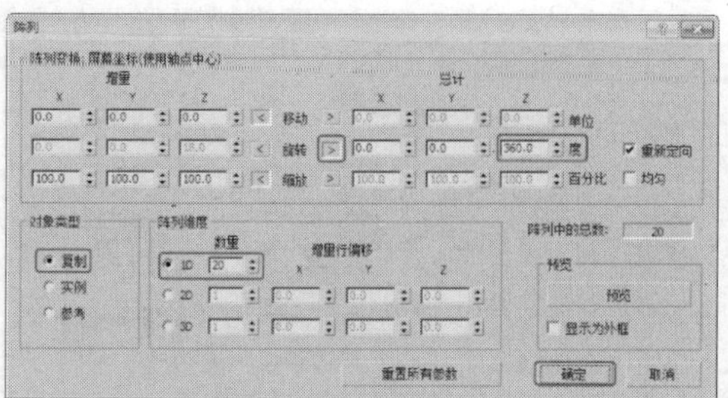

图11-30

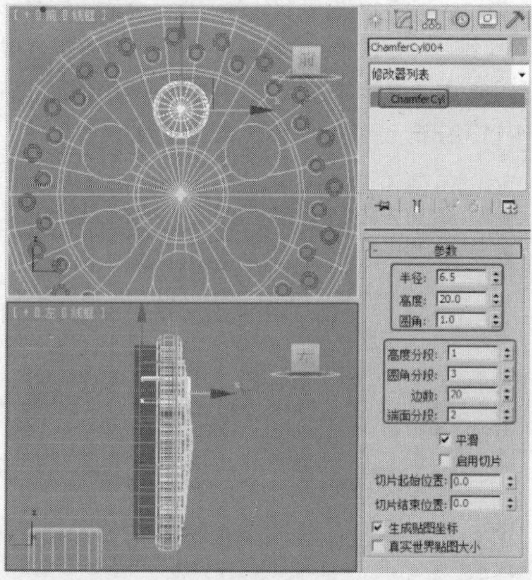

图11-31

STEP 31 对模型施加“编辑多边形”修改器，将选择集定义为“顶点”，在“选择”卷展栏中勾选“忽略背面”复选项，在视图中调整顶点位置，如图11-32所示。

STEP 32 将选择集定义为“多边形”，在“前”视图中选择如图11-33所示的多边形，在“编辑多边形”卷展栏中单击“挤出”后的设置按钮，在弹出的对话框中设置“高度”为-10，单击“确定”按钮。

STEP 33 在“前”视图中选择切角圆柱体004，切换到（层次）命令面板中，在“调整轴”卷展栏中单击“仅影响轴”按钮并调整轴点的位置，如图11-34所示，关闭“仅影响轴”按钮。

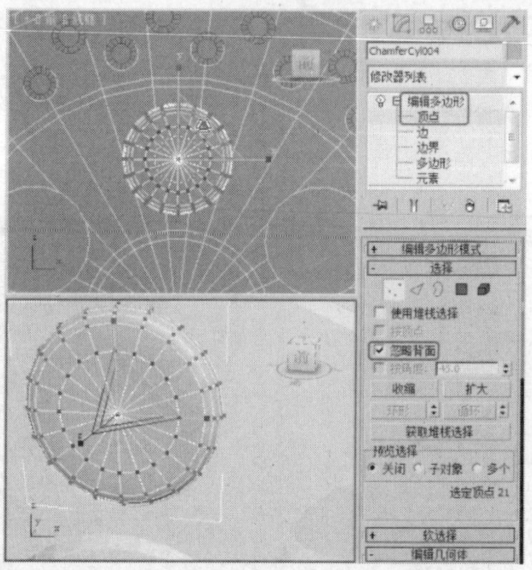

图11-32

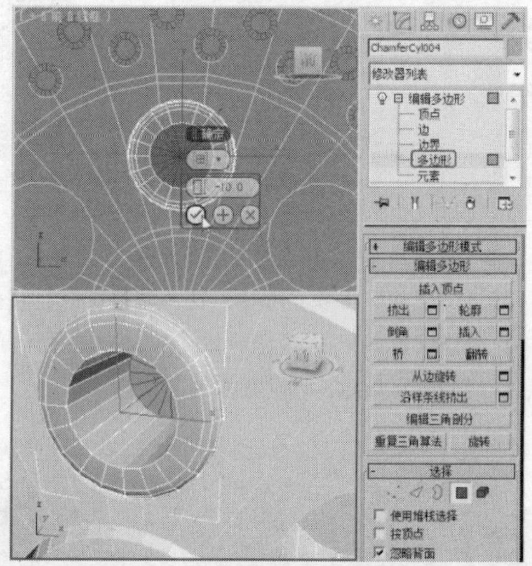

图11-33

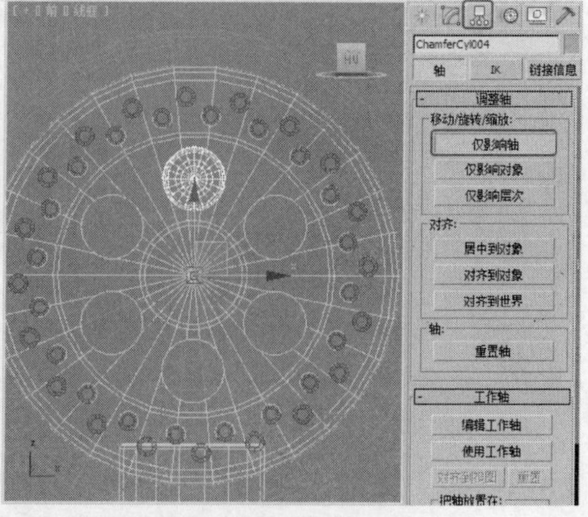

图11-34

STEP 34 在菜单栏中选择“工具”→“阵列”命令，在弹出的“阵列”对话框中单击“旋转”后的灰色按钮，设置以z轴为中心旋转360°，选择复制的“对象类型”为复制，设置阵列的“数量”为6，单击“确定”按钮，如图11-35所示。

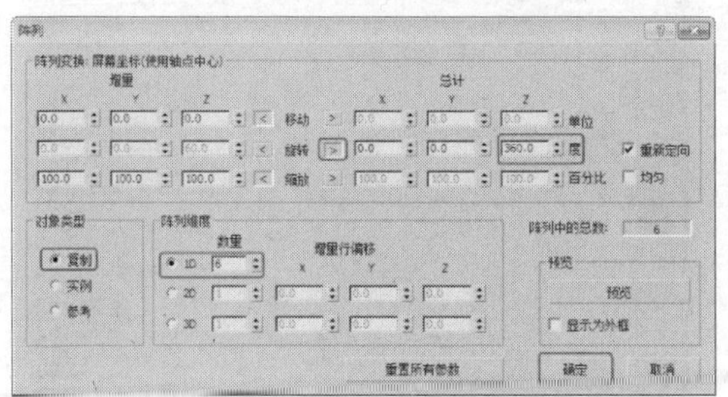

图 11-35

STEP 35 单击“（创建）>（图形）>线”按钮，在“左”视图中创建如图10-36所示的图形。

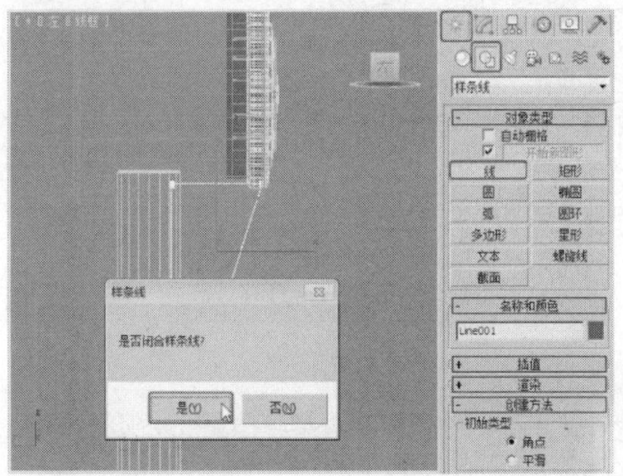

图 11-36

STEP 36 对图形施加“倒角”修改器，在“参数”卷展栏中勾选“级间平滑”选项，在“倒角值”卷展栏中设置“级别1”的“高度”为1、“轮廓”为1，勾选“级别2”选项并设置其“高度”为2，勾选“级别3”选项并设置其“高度”为1、“轮廓”为-1，如图11-37所示。

STEP 37 在工具栏中单击（选择并旋转）按钮，在“左”视图中调整模型的角度，完成的莲蓬头模型效果如图11-38所示，完成的场景模型可以参考随书附带光盘中的“Scene\cha11\莲蓬头.max”文件。同时还可以参考随书附带光盘中的“Scene\cha11\莲蓬头场景.max”文件，该文件是设置好场景的场景效果文件，渲染该场景可以得到如图11-1所示的效果。

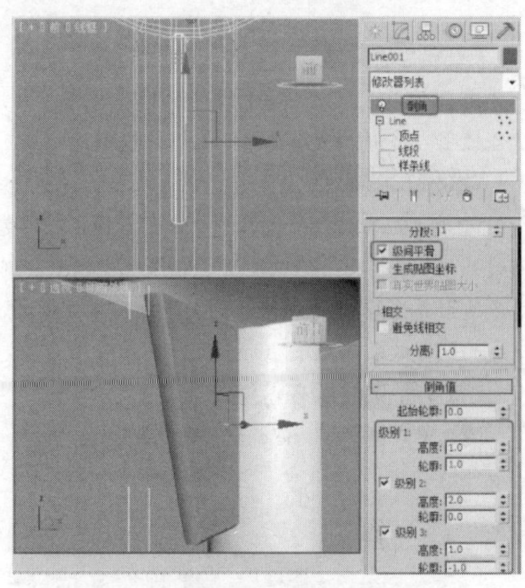

图 11-37

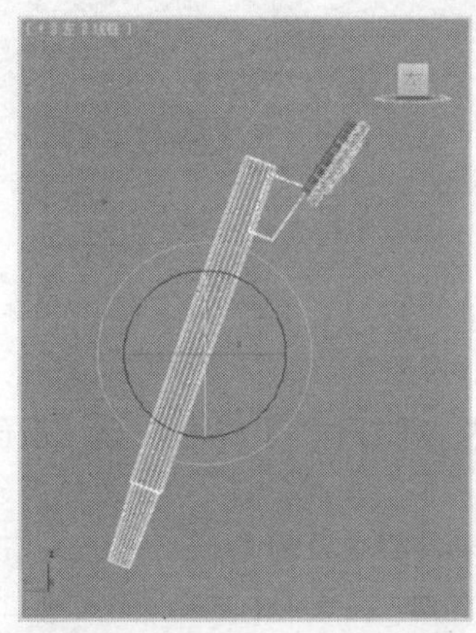

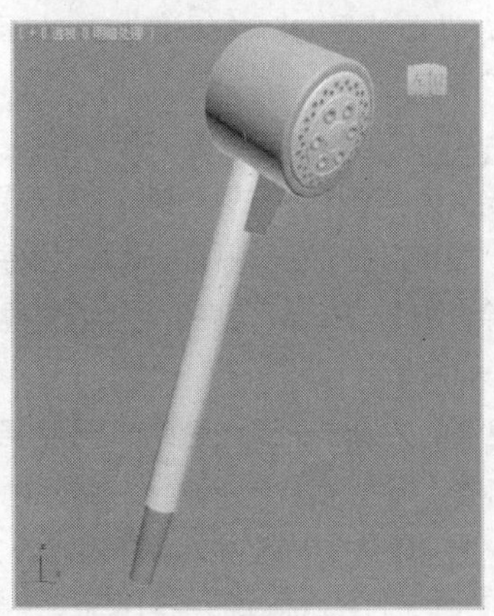

图 11-38

11.2 实例 8——毛巾架

案例学习目标

学习使用可渲染的样条线、椭圆、多边形工具，结合使用“挤出”修改器制作毛巾架模型。

案例知识要点

创建可渲染的样条线用于制作支架模型，创建椭圆并施加“挤出”修改器用于制作底座模型，创建多边形并施加“挤出”修改器用于制作螺丝模型，完成的模型效果如图 11-39 所示。

效果图文件所在位置

随书附带光盘 Scene\cha11\毛巾架.max。

图 11-39

STEP 1 单击“（创建）>（图形）>线”按钮，在“顶”视图中创建可渲染的样条线，在“插值”卷展栏中设置“步数”为12，在“渲染”卷展栏中勾选“在渲染中启用”、“在视口中启用”复选项，设置“径向”的厚度为5，如图11-40所示。

STEP 2 切换到（修改）命令面板，将线的选择集定义为“顶点”，在“几何体”卷展栏中单击“优化”按钮，在“顶”视图中添加顶点并将多余顶点删除，使用“Bezier角度”工具调整顶点位置，如图11-41所示。

STEP 3 关闭选择集，复制并调整线至合适的位置，如图11-42所示。

STEP 4 选择线002，将选择集定义为“顶点”，在“顶”视图中调整顶点至合适的位置，如图11-43所示。

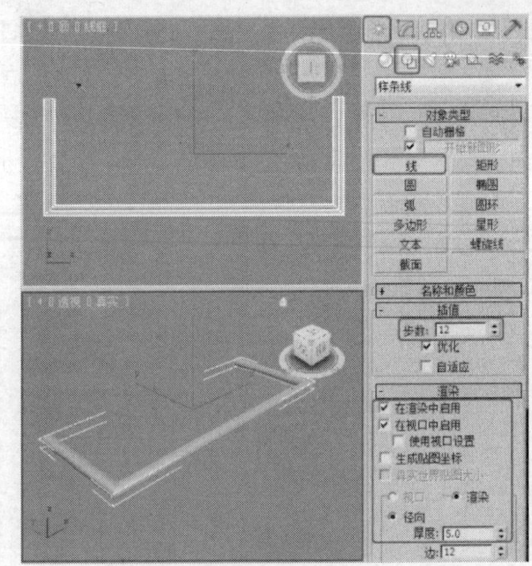

图 11-40

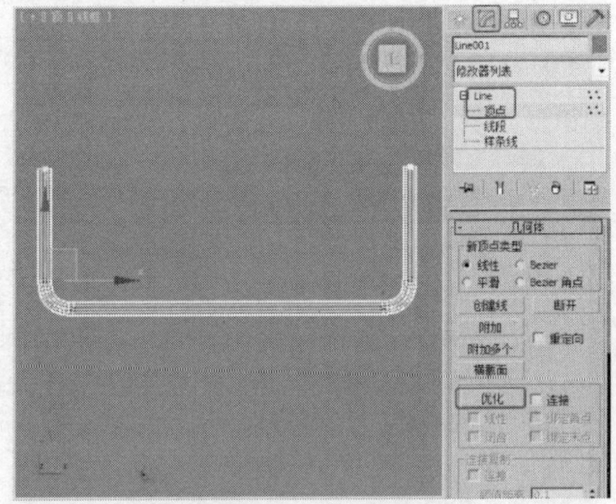

图 11-41

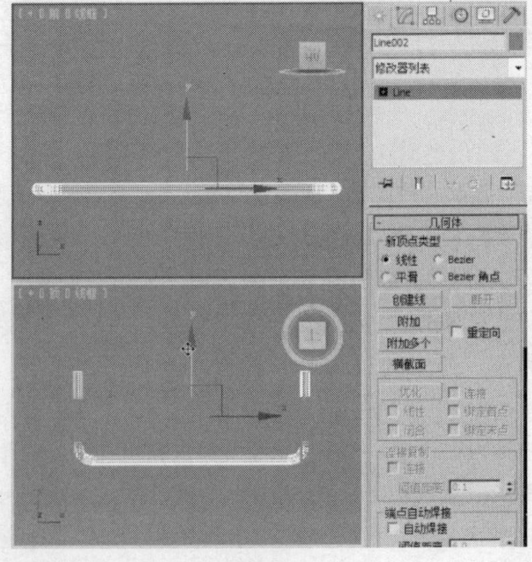

图 11-42

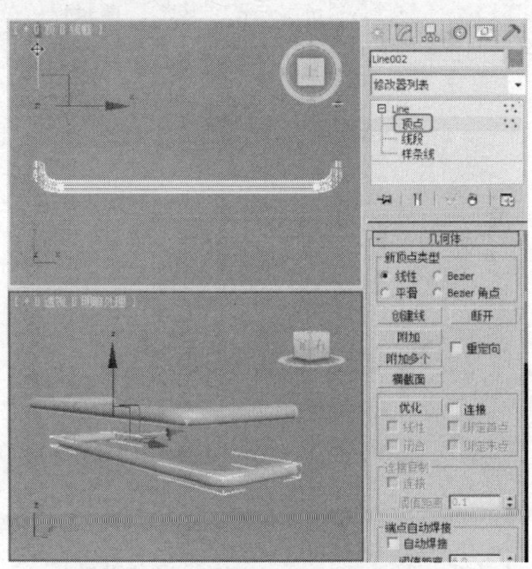

图11-43

STEP 5 单击“（创建）>（图形）>线”按钮，在“顶”视图中创建可渲染的样条线，在“渲染”卷展栏中勾选“在渲染中启用”、“在视口中启用”复选项，设置“径向”的厚度为1.5，如图11-44所示，调整线至合适的位置。

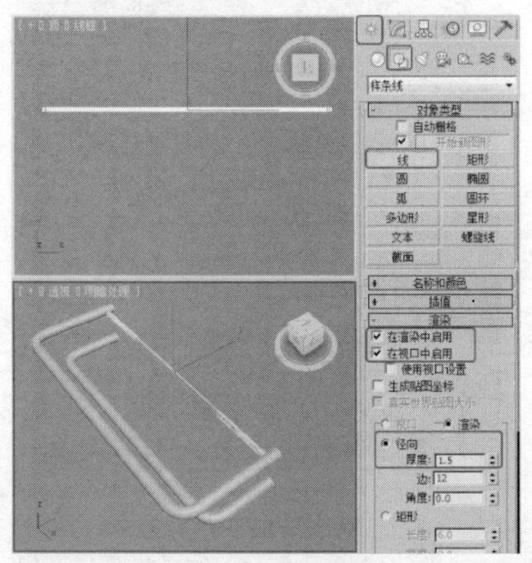

图11-44

STEP 6 在“顶”视图中复制并调整线至合适的位置，如图11-45所示。

STEP 7 单击“（创建）>（图形）>椭圆”按钮，在“前”视图中创建椭圆，在“参数”卷展栏中设置“长度”为45、“宽度”为15，如图11-46所示。

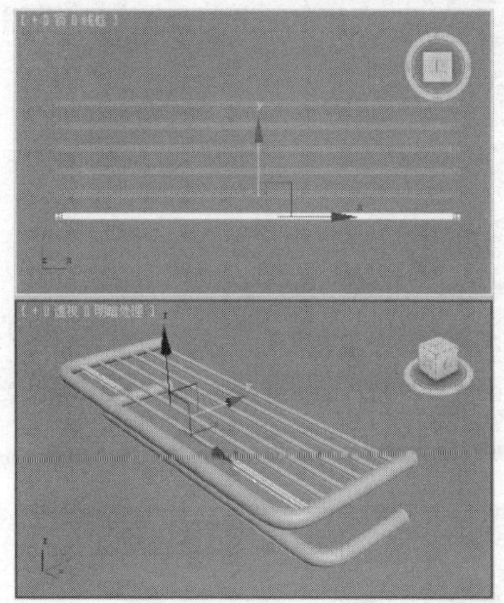

图11-45

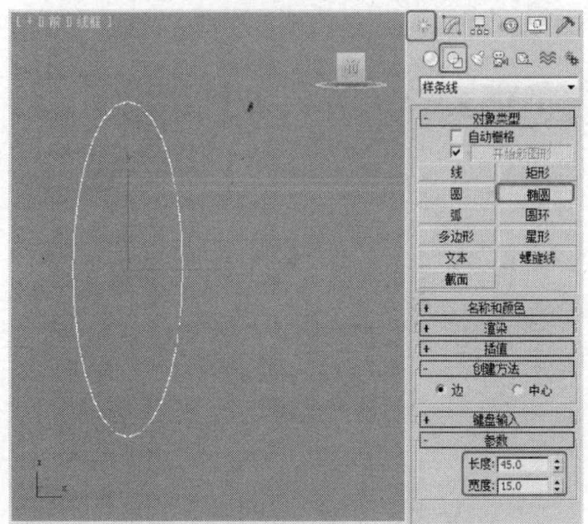

图11-46

STEP 8 对椭圆施加“挤出”修改器，在“参数”卷展栏中设置“数量”为3，并调整模型至合适的位置，如图11-47所示。

STEP 9 单击“（创建）>（图形）>多边形”按钮，在“前”视图中创建多边形，在“参数”卷展栏中设置“半径”为1.5、“边数”为6、“角半径”为0.2，如图11-48所示。

STEP 10 对多边形施加“挤出”修改器，在“参数”卷展栏中设置“数量”为1，并调整模型至合适的位置，如图11-49所示。

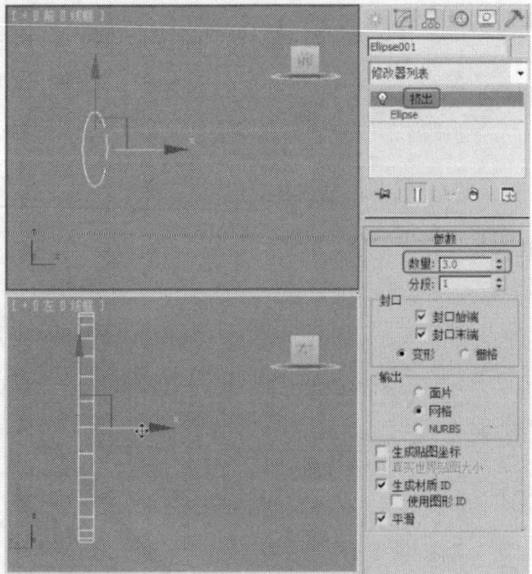

图 11-47

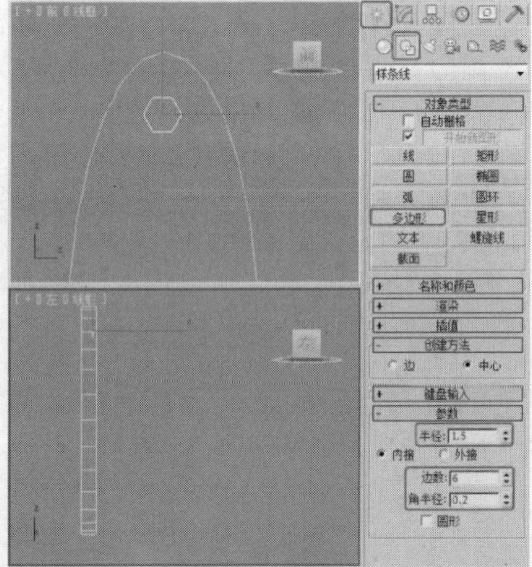

图 11-48

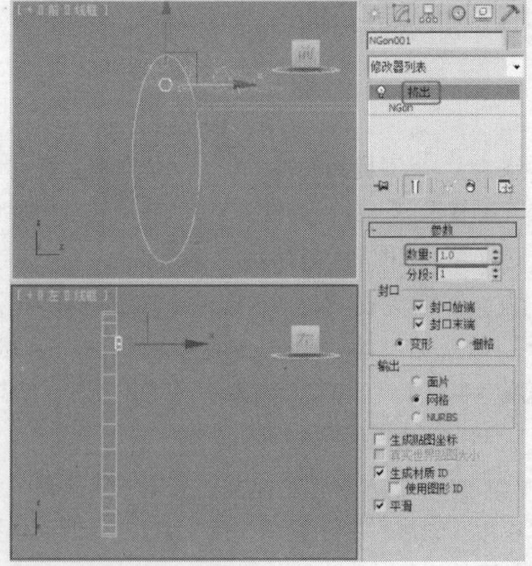

图.11-49

STEP 11 复制挤出后的多边形，调整模型至合适的位置，如图11-50所示。

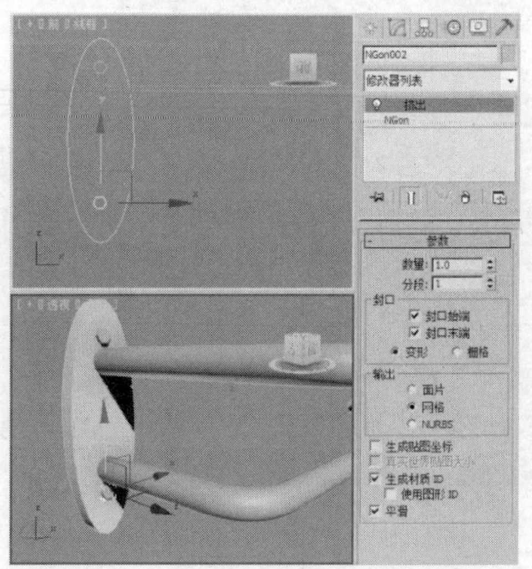

图 11-50

STEP 12 复制底座和螺丝模型，调整复制出的模型至合适的位置，如图11-51所示。

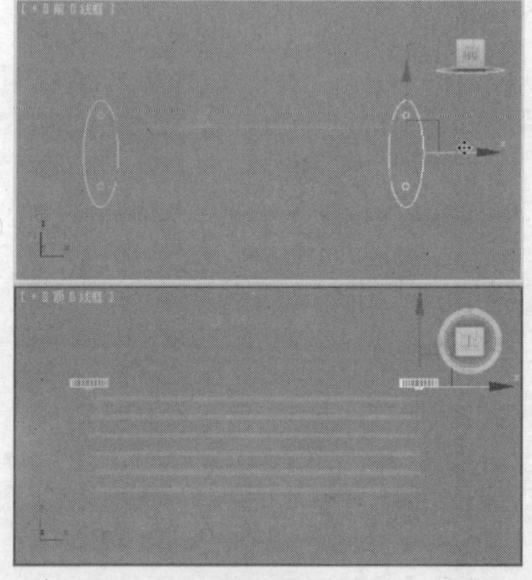

图 11-51

STEP 13 调整模型后的效果如图11-52所示。完成的场景模型可以参考随书附带光盘中的“Scene\cha11\毛巾架.max”文件。同时还可以参考随书附带光盘中的“Scene\cha11\毛巾架场景.max”文件，该文件是设置好场景的场景效果文件，渲染该场景可以得到如图11-39所示的效果。

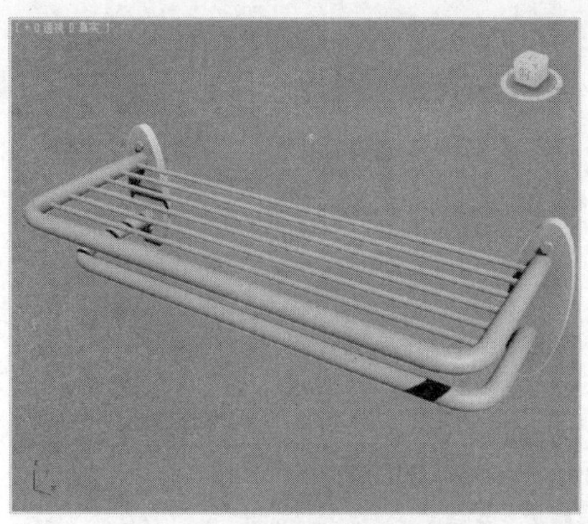

图11-52

11.3 实例9——水龙头

案例学习目标

学习使用线、圆环、放样、切角圆柱体、切角长方体、圆柱体工具，结合使用“FFD4×4×4”修改器制作水龙头模型。

案例知识要点

创建线和圆环，使用放样工具用于制作水龙头管道；创建切角长方体并施加用“FFD4×4×4”修改器和切角圆柱体用于制作开关模型；使用圆柱体制作底部模型，完成的模型效果如图11-53所示。

图11-53

效果图文件所在位置

随书附带光盘Scene\cha11\水龙头.max。

STEP 1 单击“（创建）>（图形）>线”按钮，在“前”视图中创建如图11-54所示的图形作为放样路径。

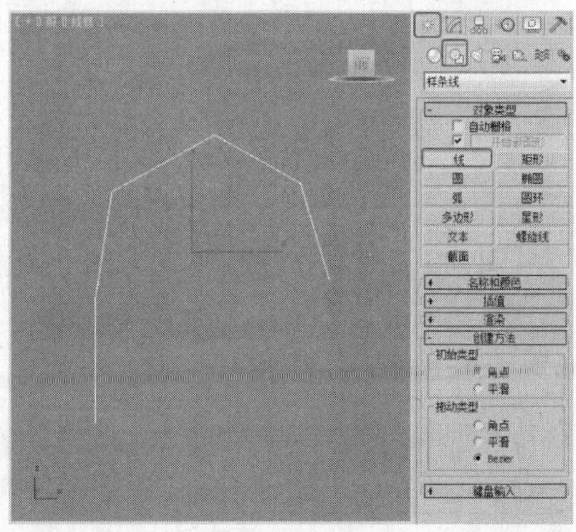

图11-54

STEP 2 切换到（修改）命令面板，将线的选择集定义为“顶点”，在“前”视图中调整顶点位置，如图11-55所示。

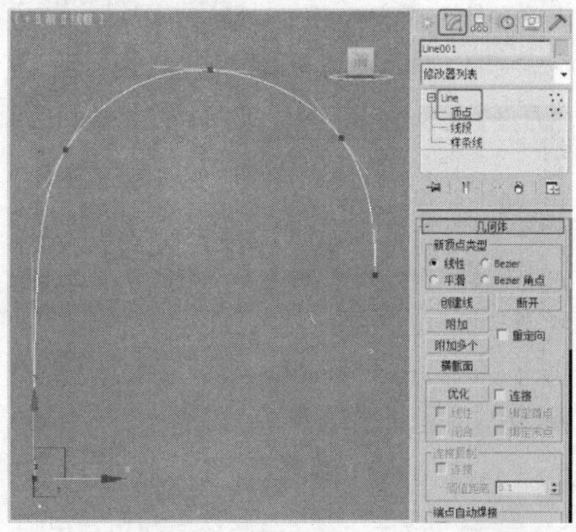

图11-55

STEP 3 单击“（创建）>（图形）>圆环”按钮，在“顶”视图中创建圆环作为放样图形，在“参数”卷展栏中设置“半径1”为10、“半径2”为6，如图11-56所示。

STEP 4 在场景中选择线001，单击“（创建）>（几何体）>复合对象>放样”按钮，在“创建方法”卷展栏中单击“获取图形”按钮，在场景中拾取作为放样图形的圆环，如图11-57所示。

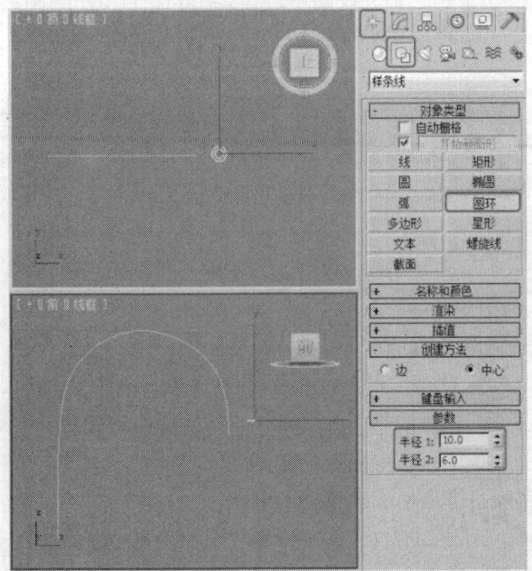

图 11-56

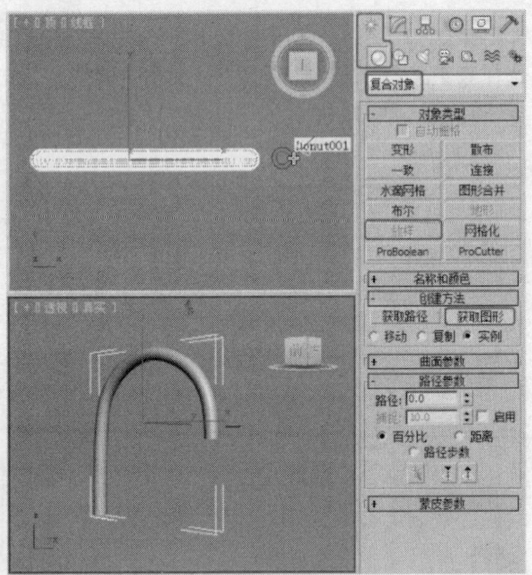

图 11-57

STEP 5 单击“（创建）>（几何体）>扩展基本体>切角圆柱体”按钮，在“前”视图中创建切角圆柱体，在“参数”卷展栏中设置“半径”为22、“高度”为100、“圆角”为3、“高度分段”为1、“圆角分段”为3、“边数”为20、“端面分段”为1，如图11-58所示。

STEP 6 选择切角长方体，按Ctrl+V组合键复制模型并修改其参数，设置“半径”为22、“高度”为45、“圆角”为3、“高度分段”为1、“圆角分段”为1、“边数”为20，并调整模型至合适的位置，如图11-59所示。

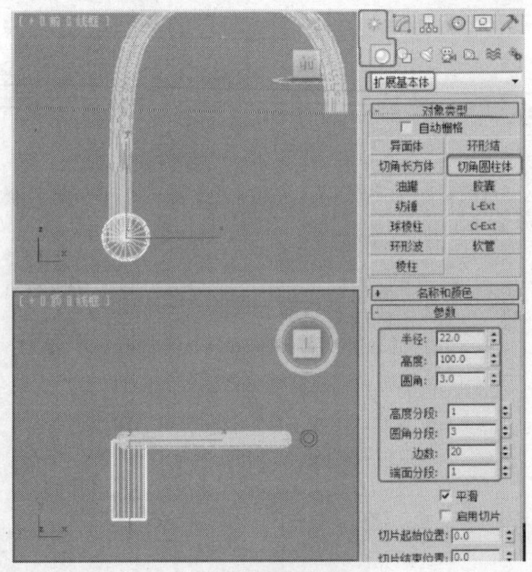

图 11-58

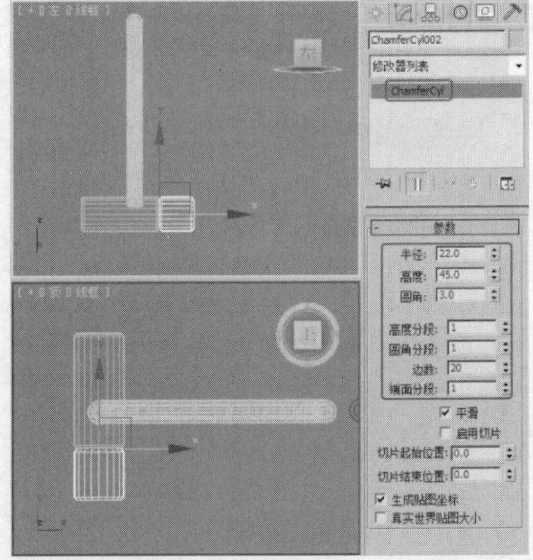

图 11-59

STEP 7 单击“（创建）>（几何体）>扩展基本体>切角长方体”按钮，在“左”视图中创建切角长方体，在“参数”卷展栏中设置“长度”为60、“宽度”为4、“高度”为30、“圆角”为2、“长度分段”为10、“圆角分段”为3，如图11-60所示，调整模型至合适的位置。

STEP 8 对切角长方体施加“FFD4×4×4”修改器，将选择集定义为“控制点”，单击（选择并旋转）按钮和（选择并移动）按钮，在“左”视图中调整控制点位置，如图11-61所示。

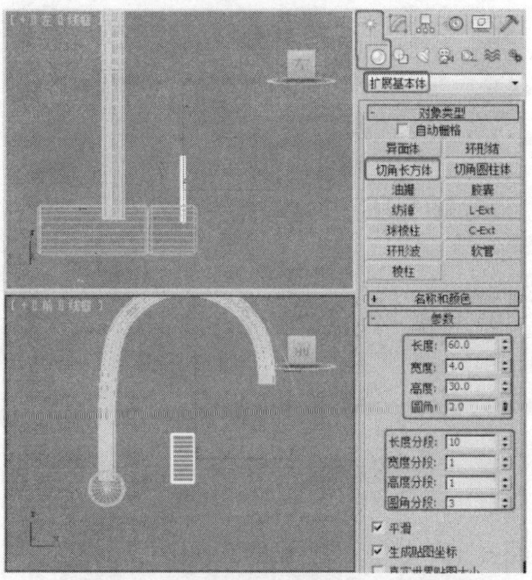
图 11-60

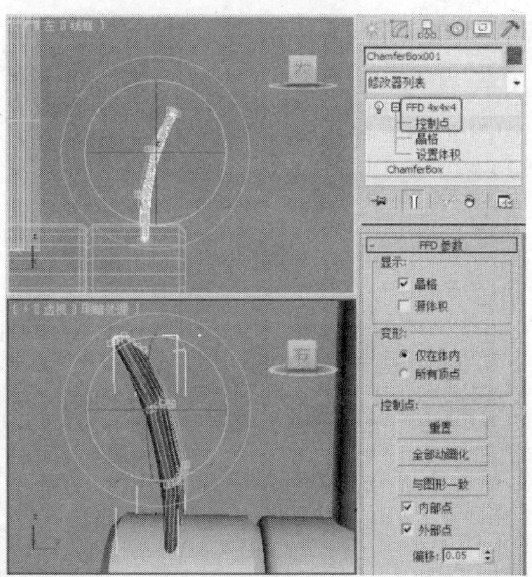
图 11-61

STEP 9 单击“（创建）>（几何体）>圆柱体”按钮，在“顶”视图中创建圆柱体，在“参数”卷展栏中设置“半径”为22、“高度”80、“高度分段”为1、“端面分段”为1、“边数”为30，如图11-62所示，调整模型至合适的位置。

STEP 10 调整模型后的效果如图11-63所示。完成的场景模型可以参考随书附带光盘中的“Scene\cha11\水龙头.max”文件。同时还可以参考随书附带光盘中的“Scene\cha11\水龙头场景.max”文件，该文件是设置好场景的场景效果文件，渲染该场景可以得到如图11-53所示的效果。

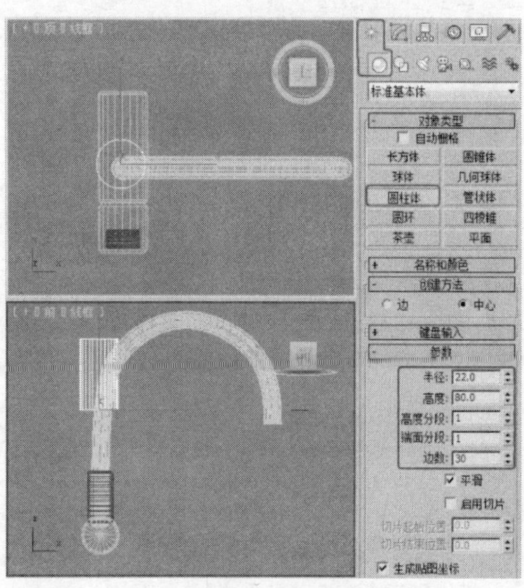
图 11-62

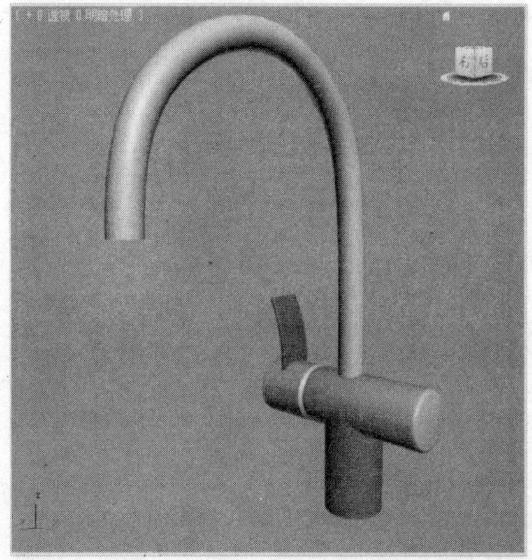
图 11-63

11.4 实例 10——洗手盆

案例学习目标

学习使用球体、圆柱体、ProBoolean 工具，结合使用“编辑多边形“修改器制作莲蓬头模型。

案例知识要点

创建球体并施加“编辑多边形“修改器用于制作盆体，使用 ProBoolean 工具拾取圆柱体制作排水口，完成的模型效果如图 11-64 所示。

图 11-64

效果图文件所在位置

随书附带光盘 Scene\cha11\洗手盆.max。

STEP 1 单击“（创建）>（几何体）>球体”按钮，在“前”视图中创建球体作为洗手盆模型，在“参数”卷展栏中设置“半径”为186，如图11-65所示。

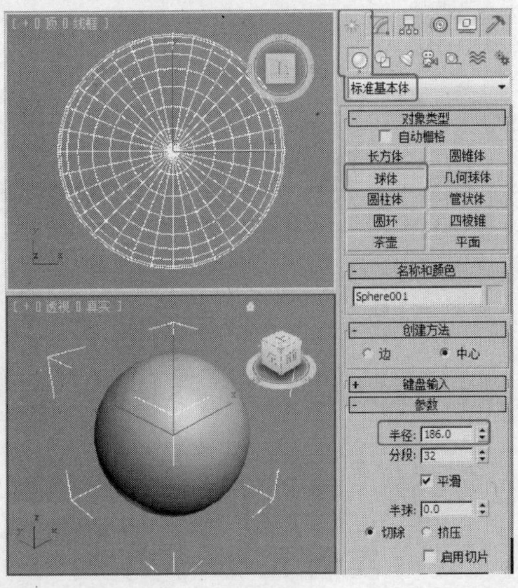

图 11-65

STEP 2 在场景中选择球体，右键单击在弹出的快捷菜单中选择“转换为”→“转换为可编辑多边形”命令，将选择集定义为“多边形”，选择如图11-66所示的多边形，并按Delete键将其删除。

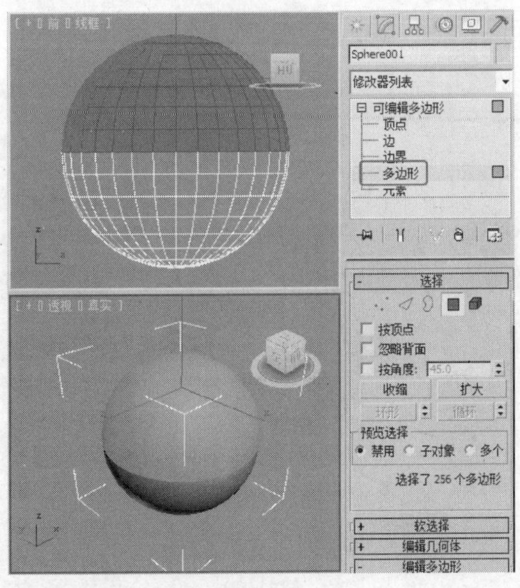

图 11-66

STEP 3 将选择集定义为“顶点”，选择底部的顶点，在工具栏中单击（选择并均匀缩放）按钮，沿y轴对其进行缩放，如图11-67所示。

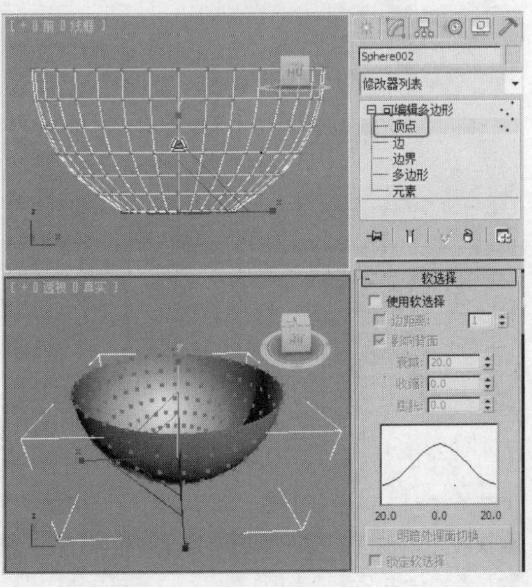

图 11-67

STEP 4 在“软选择”卷展栏中勾选“使用软选择”复选项，设置“衰减”为60，对顶点位置进行调整，如图11-68所示。

STEP 5 在场景中全选顶点，在工具栏中单击

（选择并均匀缩放）按钮，沿*x*轴对其进行缩放，如图11-69所示。

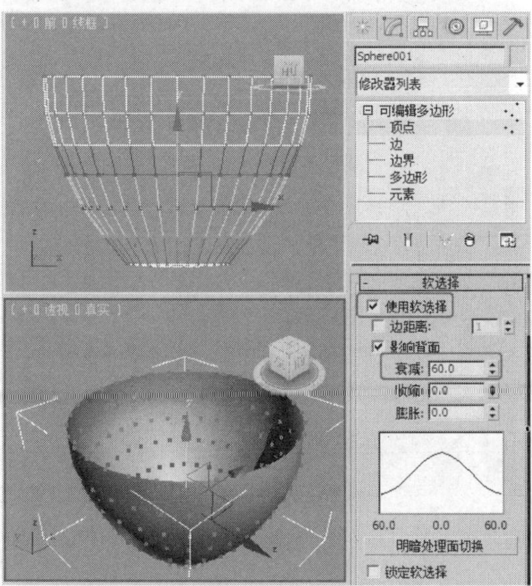

图 11-68

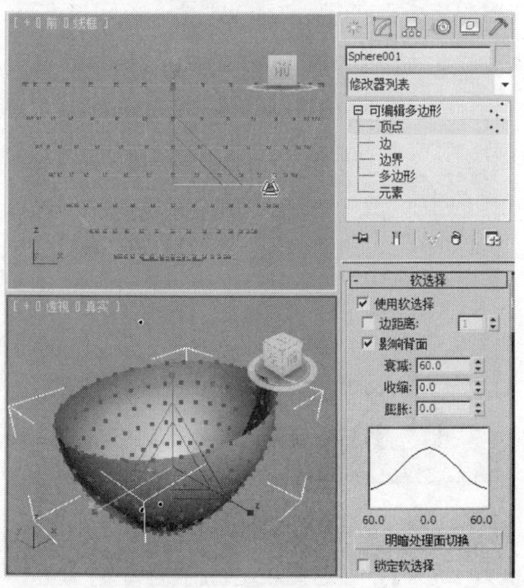

图 11-69

STEP 6 在修改器列表中选择“壳”修改器，在“参数”卷展栏中设置“外部量”为30，如图11-70所示。

STEP 7 右键单击模型，在弹出的快捷菜单中选择“转换为”→“转换为可编辑多边形”命令，将选择集定义为“多边形”，选择如图11-71所示的多边形。

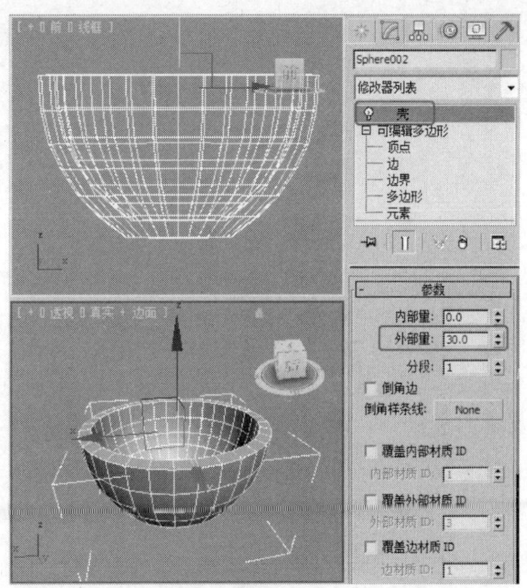

图 11-70

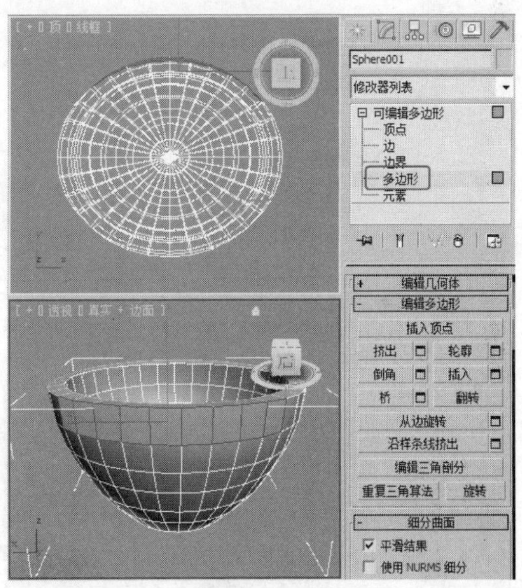

图 11-71

STEP 8 在“编辑多边形”卷展栏中单击“挤出”后的设置按钮，在弹出的对话框中设置“高度”为98，单击“确定”按钮，如图11-72所示。

STEP 9 将选择集定义为“边”，在场景中选择底部内、外侧的边和顶部内、外侧的边，在“编辑边”卷展栏中单击“切角”后的设置按钮，在弹出的对话框中设置“边切角量”为2、“连接边分段”为3，单击“确定”按钮，如图11-73所示。

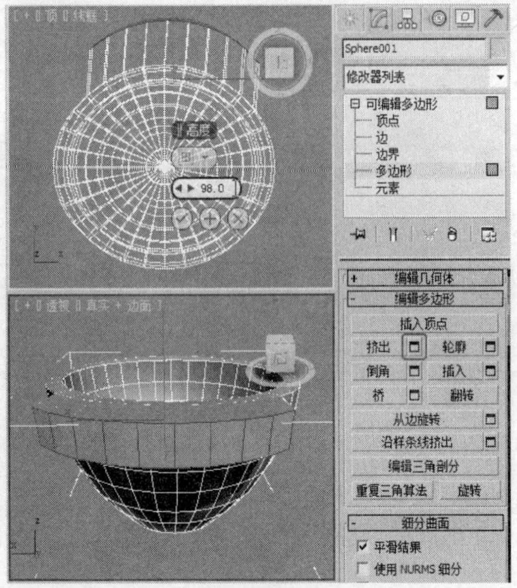

图11-72

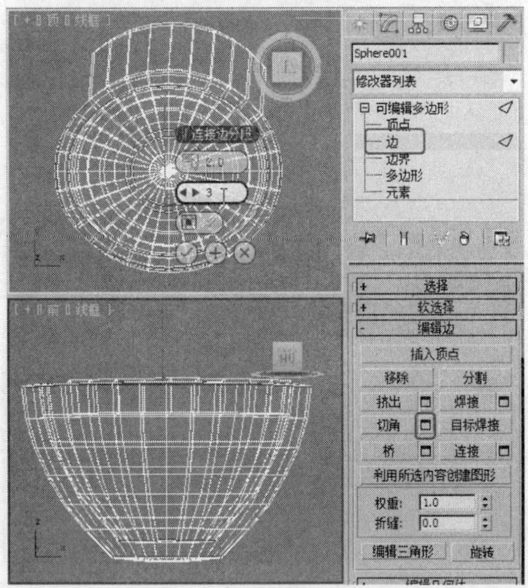

图11-73

STEP 10 选择如图11-74所示的边，在“编辑边”卷展栏中单击“切角”后的设置按钮，在弹出的对话框中设置“边切角量”为2、“连接边分段”为3，单击“确定”按钮，然后关闭选择集。

STEP 11 单击“（创建）>（几何体）>圆柱体”按钮，在“前”视图中创建圆柱体作为布尔模型，在“参数”卷展栏中设置“半径”为15，“高度”为50，调整其至合适的位置，如图11-75所示。

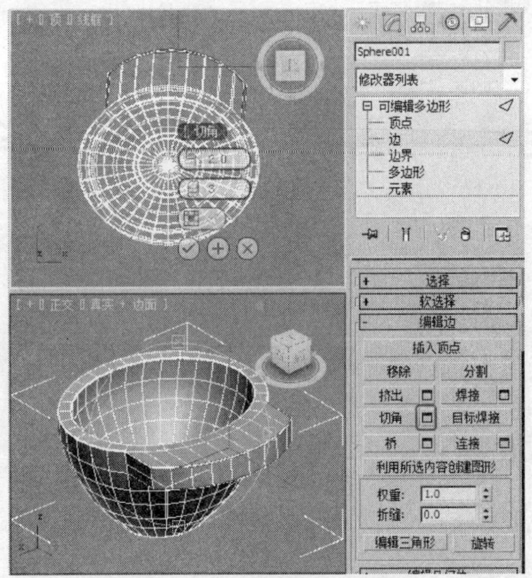

图11-74

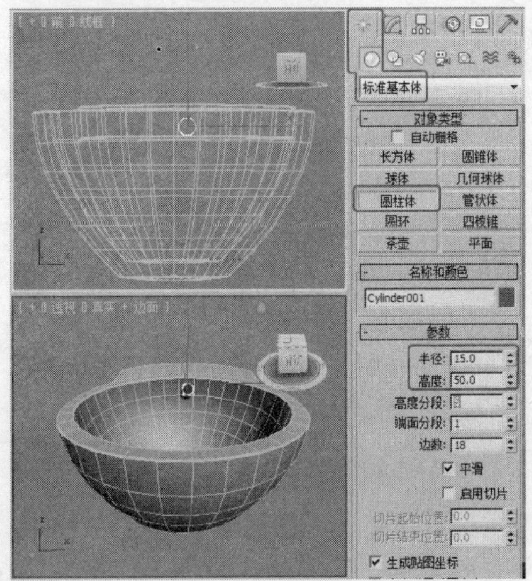

图11-75

STEP 12 在场景中选择洗脸盆模型，单击“（创建）>（几何体）>复合对象>ProBoolean”按钮，在“拾取布尔对象”卷展栏中单击“开始拾取”按钮，拾取场景中作为布尔对象的圆柱体模型，如图11-76所示。

STEP 13 完成的洗手盆模型效果如图11-77所示。完成的场景模型可以参考随书附带光盘中的“Scene\cha11\洗手盆.max”文件。同时还可以参考随书附带光盘中的“Scene\cha11\洗手盆场景.max”文件，该文件是设置好场景的场景效果文件，渲染该场景可以得到如图11-64所示的效果。

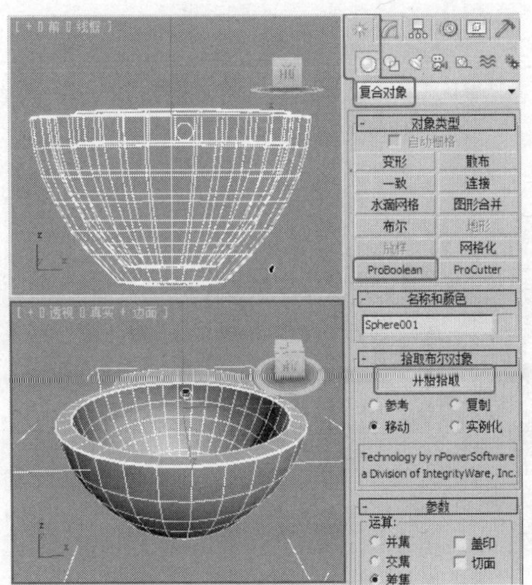

图11-76

图11-77

11.5 实例11——毛巾

案例学习目标

学习使用长方体工具，结合使用“FFD（长方体）”、“噪波”、“涡轮平滑”修改器制作毛巾模型。

案例知识要点

创建长方体并施加“FFD（长方体）”、“噪波”、“涡轮平滑”修改器用于制作毛巾模型，完成的模型效果如图11-78所示。

图11-78

效果图文件所在位置

随书附带光盘Scene\cha11\毛巾.max

STEP 1 单击“（创建）>（几何体）>长方体”按钮，在“顶”视图中创建长方体，在“参数”卷展栏中设置“长度”为500、“宽度”为260、“高度”为1、“长度分段”为50、“宽度分段”为26、“高度分段”为5，如图11-79所示。

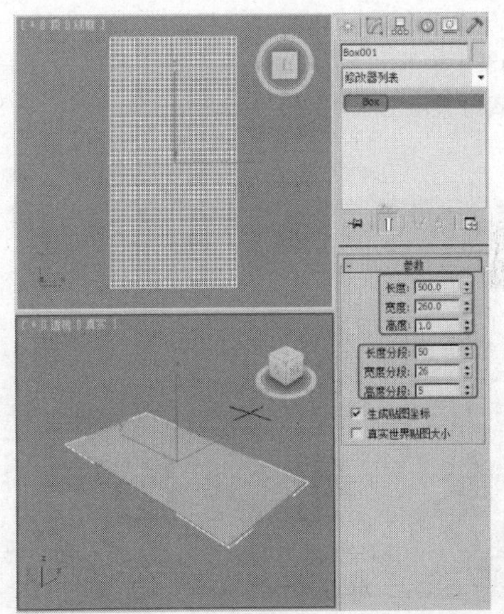

图11-79

STEP 2 对模型施加“FFD(长方体)”修改器，将选择定义为“控制点”，在“FFD参数”卷展栏中单击“设置点数”按钮，在弹出的对话框中设置长宽高的控制点点数分别为8、2、2，在场景中单击（选择并旋转）按钮和（选择并移动）按钮并调整控制点至合适的位置，如图11-80所示。

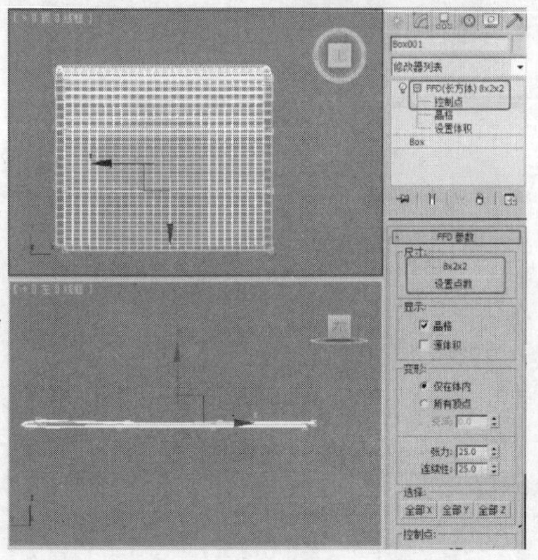

图11-80

STEP 3 对模型施加“FFD（长方体）”修改器，将选择集定义为“控制点”，在“FFD参数”卷展栏中单击“设置点数”按钮，在弹出的对话框中设置长宽高的控制点点数分别为2、8、2，在场景中单击（选择并旋转）按钮和（选择并移动）按钮并调整控制点至合适的位置，如图11-81所示。

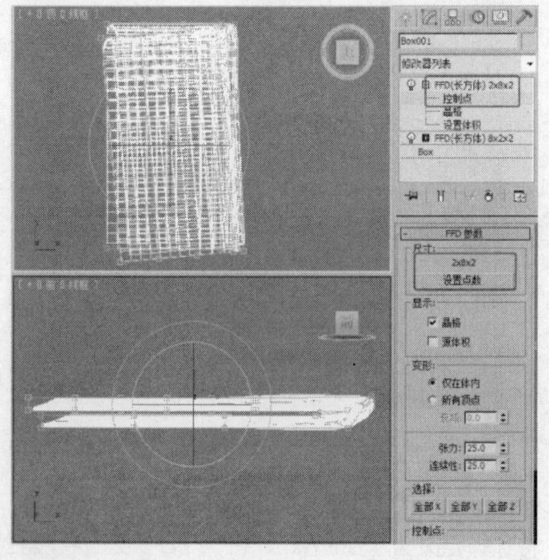

图11-81

STEP 4 为模型施加FFD（长方体）修改器，将选择集定义为“控制点”，在“FFD参数”卷展栏中单击“设置点数”按钮，在弹出的对话框中设置长宽高的控制点点数分别为6、2、2，在场景中单击（选择并旋转）按钮和（选择并移动）按钮并调整控制点至合适的位置，如图11-82所示。

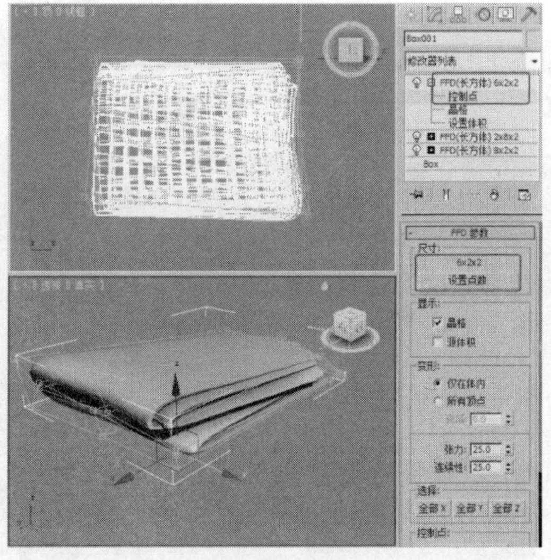

图11-82

STEP 5 对模型施加“噪波”修改器，在“参数”卷展栏中设置合适的噪波强度，如图11-83所示。

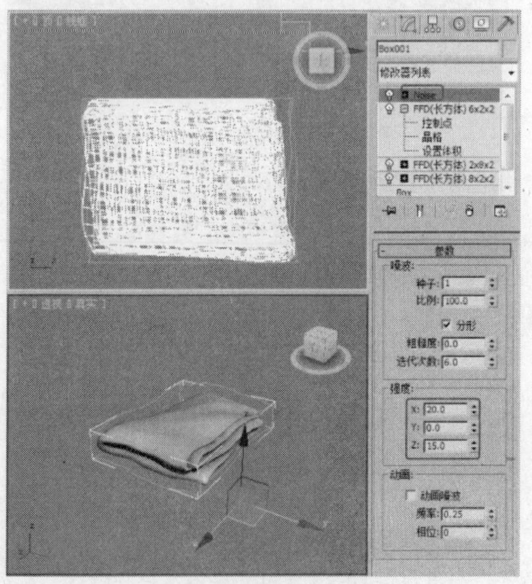

图11-83

STEP 6 对模型施加“涡轮平滑”修改器，在“涡轮平滑”卷展栏中设置主体的“迭代次数”为2，完成的洗手盆模型效果如图11-84所示。完成的场景模型可以参考随书附带光盘中的

"Scene\cha11\毛巾.max"文件。同时还可以参考随书附带光盘中的"Scene\cha11\毛巾场景.max"文件，该文件是设置好场景的场景效果文件，渲染该场景可以得到如图11-78所示的效果。

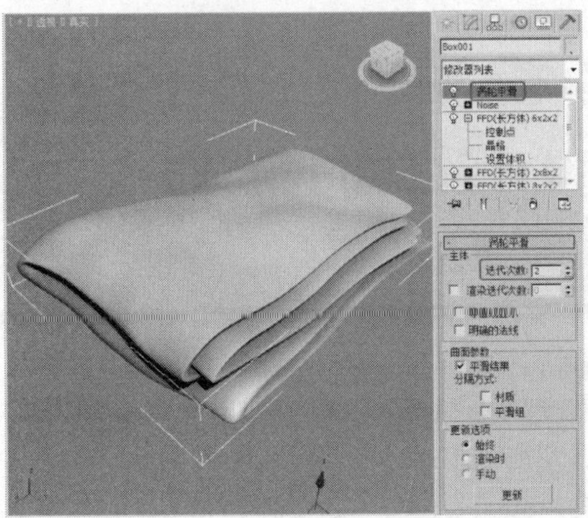

图 11-84

11.6 课堂练习——制作马桶

练习知识要点

本例介绍创建切角长方体并结合使用"FFD4×4×4"修改器调整马桶形状，复制模型并对复制出的模型施加"编辑多边形"修改器，删除多边形但留出马桶盖模型，再使用"FFD4×4×4"修改器调整马桶盖效果，再为马桶盖施加"壳"、"网格平滑"修改器完成马桶的制作，如图 11-85 所示。

图 11-85

效果图文件所在位置

随书附带光盘 Scene\cha11\马桶.max。

11.7 课后习题——制作肥皂和肥皂盒

习题知识要点

本例介绍创建样条线并调整样条线的形状，对样条线施加"撤销"修改器来完成肥皂盒的制作，创建切角长方体，并对其施加"FFD4×4×4"修改器用于调整肥皂的效果，如图 11-86 所示。

图 11-86

效果图文件所在位置

随书附带光盘 Scene\cha11\肥皂和肥皂盒.max。

3ds Max 2012 + VRay

12 Chapter

第12章 室内装饰物的制作

本章主要介绍室内装饰物的制作。在效果图中装饰物可以起到美化和装饰效果图的作用，本章将以场景中常用的几种装饰物为例进行介绍。

【教学目标】

- 掌握室内装饰物模型的设计构思。
- 掌握室内装饰物模型的制作方法。
- 掌握室内装饰物模型的制作技巧。

12.1 实例 12——相框

案例学习目标

学习使用矩形、线工具，结合使用“倒角”、“编辑多边形”、“挤出”和“FFD4×4×4”修改器制作相框模型。

案例知识要点

创建矩形并施加“倒角”和“编辑多边形”修改器用于制作相框模型，创建线并施加“挤出”和“FFD4×4×4”修改器用于制作支架模型，完成的模型效果如图 12-1 所示。

图 12-1

效果图文件所在位置

随书附带光盘 Scene\cha12\相框.max。

STEP 1 单击“（创建）>（图形）>矩形”按钮，在“前”视图中创建矩形，在“参数”卷展栏中设置“长度”为60、“宽度”为45，如图12-2所示。

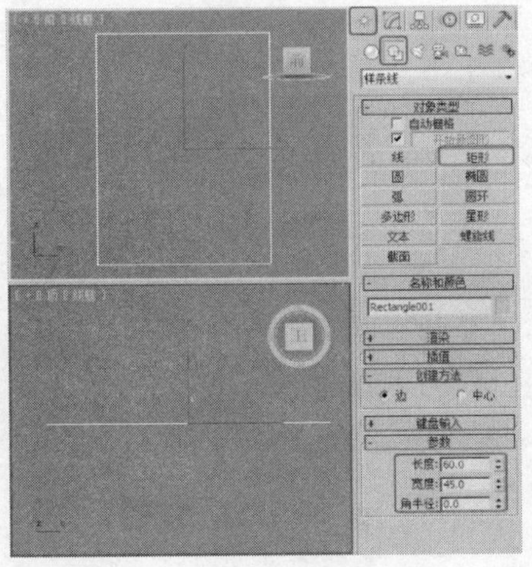

图 12-2

STEP 2 对矩形施加“倒角”修改器，在“倒角值”卷展栏中勾选“级别2”选项并设置“高度”为3，勾选“级别3”选项并设置“高度”为0.6、“轮廓”为-0.6，如图12-3所示。

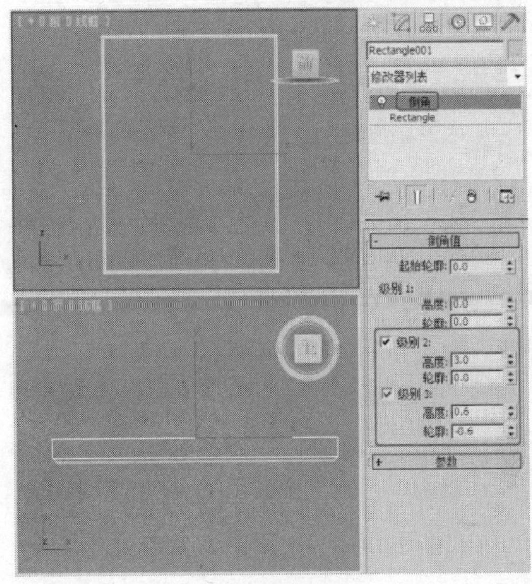

图 12-3

STEP 3 对模型施加“编辑多边形”修改器，将选择集定义为“多边形”，在“前”视图中选择如图12-4所示的多边形，在“编辑多边形”卷展栏中单击“倒角”后的设置按钮，在弹出的对话框中设置“轮廓”为-2.5，单击“确定”按钮。

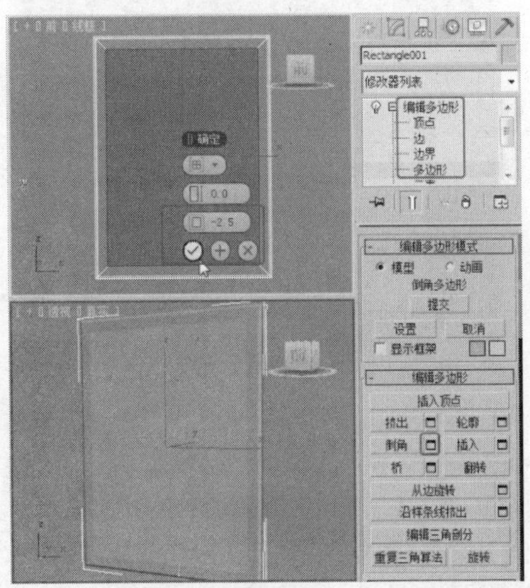

图 12-4

STEP 4 单击“挤出”后的设置按钮，在弹出的对话框中设置“高度”为-1，单击“确定”按钮，如图12-5所示。

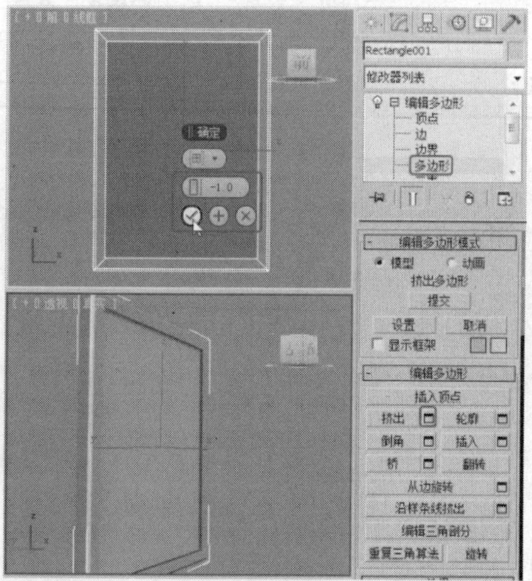

图12-5

STEP 5 在工具栏中单击（选择并旋转）按钮，在“左”视图中调整相框模型的角度，如图12-6所示。

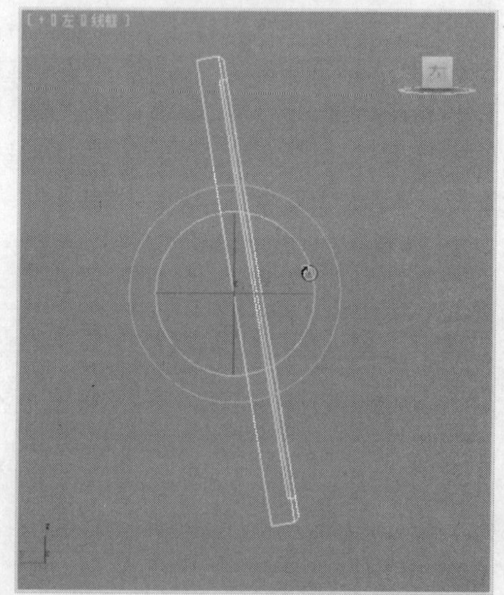

图12-6

STEP 6 单击“（创建）>（图形）>线”按钮，在“左”视图中创建如图12-7所示的图形。

STEP 7 切换到（修改）命令面板，将线的选择集定义为“顶点”，在“左”视图中使用“Bezier”和“Bezier角点”工具调整顶点位置，如图12-8所示。

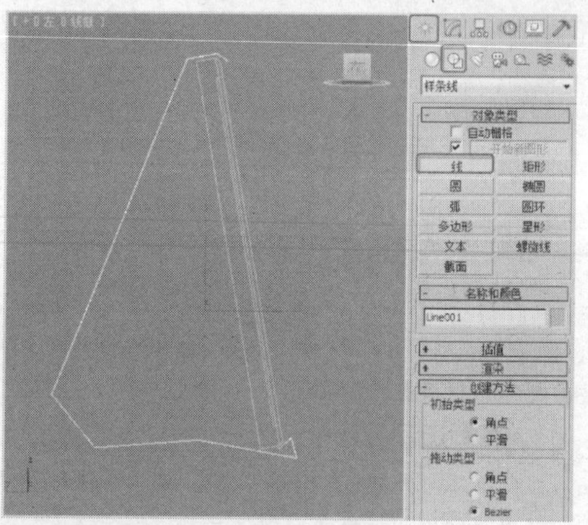

图12-7

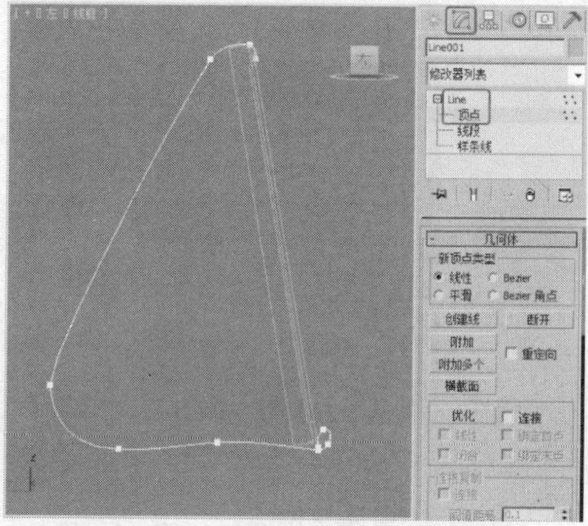

图12-8

STEP 8 将选择集定义为“线段”，在“左”视图中选择线段，在“几何体”卷展栏中设置拆分参数并单击“拆分”按钮，如图12-9所示。

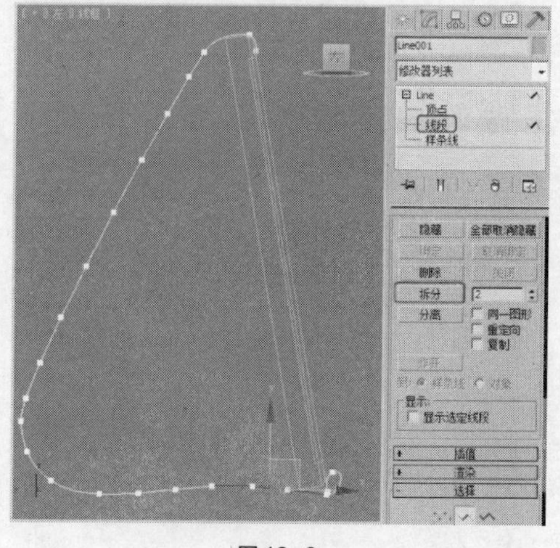

图12-9

STEP 9 将选择集定义为“样条线”，在“几何体”卷展栏中单击“轮廓”按钮，在“左”视图中设置轮廓，如图12-10所示。

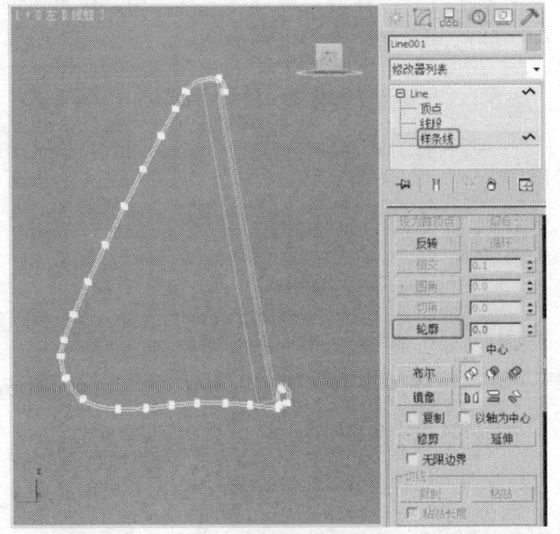

图12-10

STEP 10 对图形施加“挤出”修改器，在“参数”卷展栏中设置“数量”为25，调整模型至合适的位置，如图12-11所示。

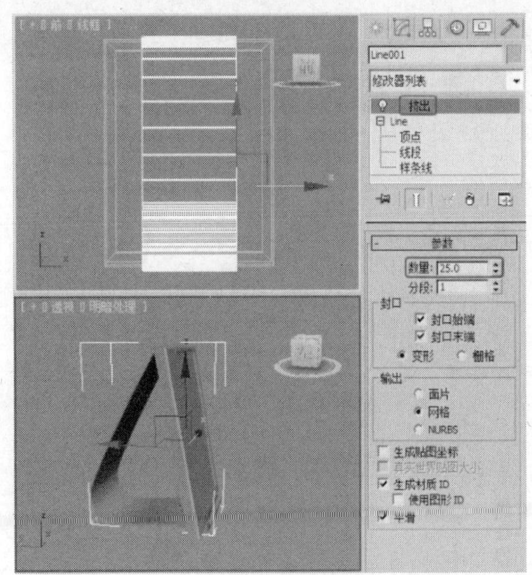

图12-11

STEP 11 对模型施加“FFD4×4×4”修改器，将选择集定义为“控制点”，在各视图中单击（选择并均匀缩放）按钮调整控制点位置，如图12-12所示。

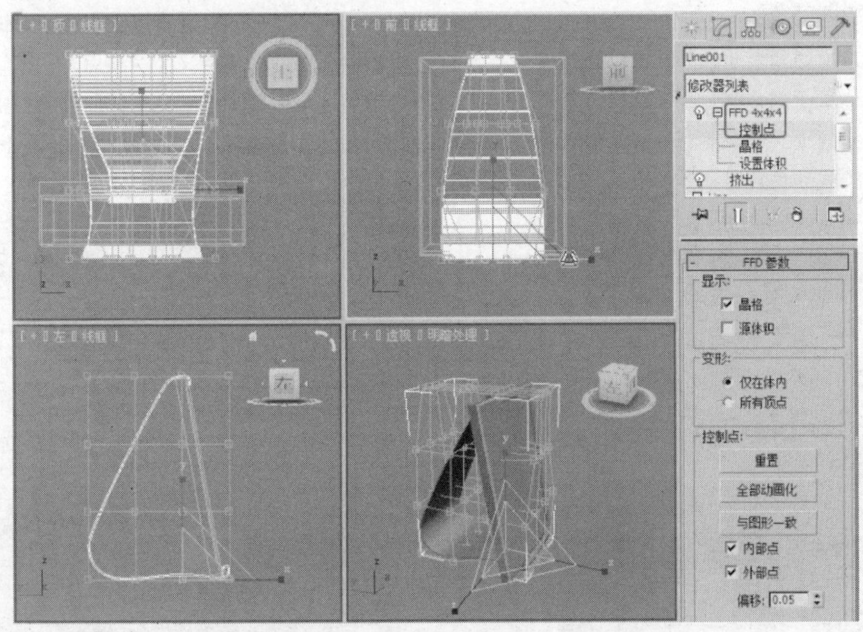

图12-12

STEP 12 调整模型后的效果如图12-13所示。完成的场景模型可以参考随书附带光盘中的“Scene\cha12\画框.max”文件。同时还可以参考随书附带光盘中的“Scene\cha12\画框场景.max”文件，该文件是设置好场景的场景效果文件，渲染该场景可以得到如图12-1所示的效果。

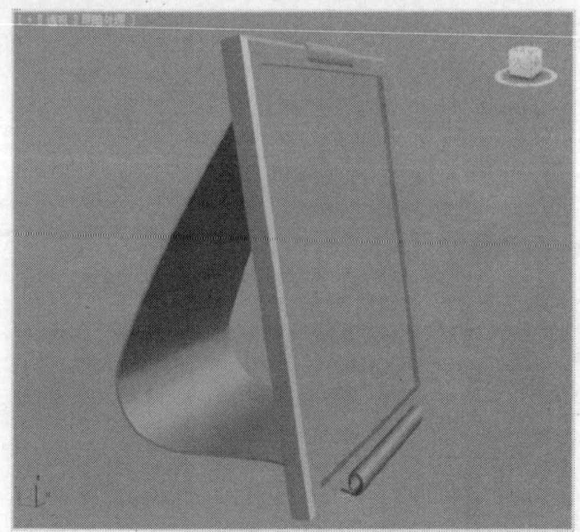

图12-13

12.2 实例13——盘子架

案例学习目标

学习使用可渲染的样条线、线、可渲染的矩形、球体、切角圆柱体工具，结合使用“挤出”、“编辑样条线”修改器制作盘子架模型。

案例知识要点

创建可渲染的矩形并施加“编辑样条线”修改器，创建球体用于制作侧面支架模型，使用线创建图形并施加“挤出”修改器制作架子的底板，创建可渲染的样条线和切角圆柱体用于制作支架，完成的模型效果如图 12-14 所示。

图12-14

效果图文件所在位置

随书附带光盘 Scene\cha 12\盘子架.max。

STEP 1 单击“（创建）>（图形）>矩形”按钮，在“前”视图中创建可渲染的矩形，在“参数”卷展栏中设置“长度”为200、“宽度”为140、“角半径”为15，在“渲染”卷展栏中勾选“在渲染中启用”、“在视口中启用”复选项，设置“径向”的厚度为10，如图12-15所示。

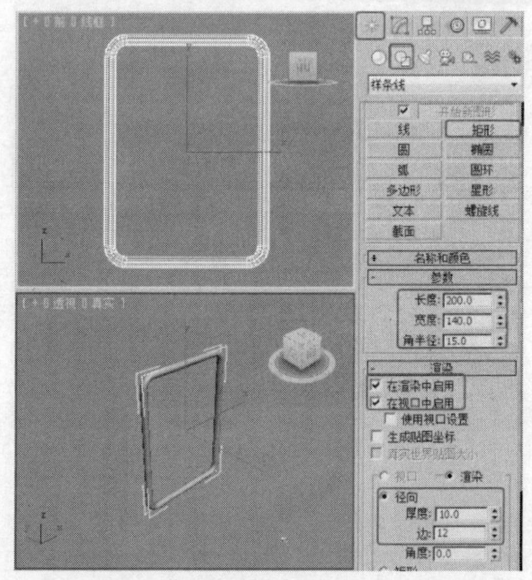

图12-15

STEP 2 对可渲染的矩形施加“编辑样条线”修改器，将选择集定义为“顶点”，在“前”视图中调整顶点位置。在“几何体”卷展栏中单击“优化”按钮并为矩形添加顶点，如图12-16所示。

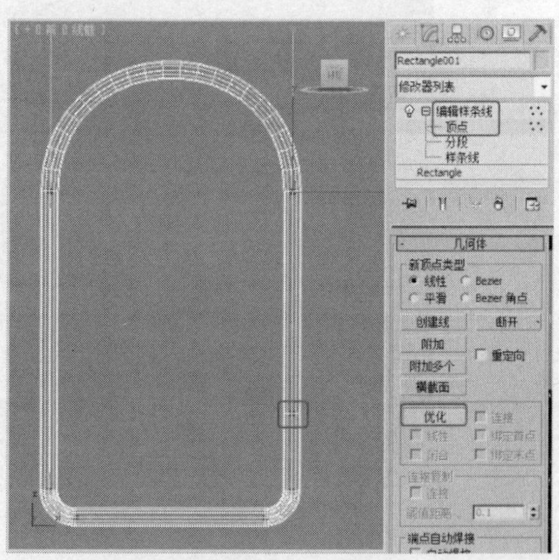

图12-16

STEP 3 将选择集定义为“分段”，在视图中删除分段，如图12-17所示。

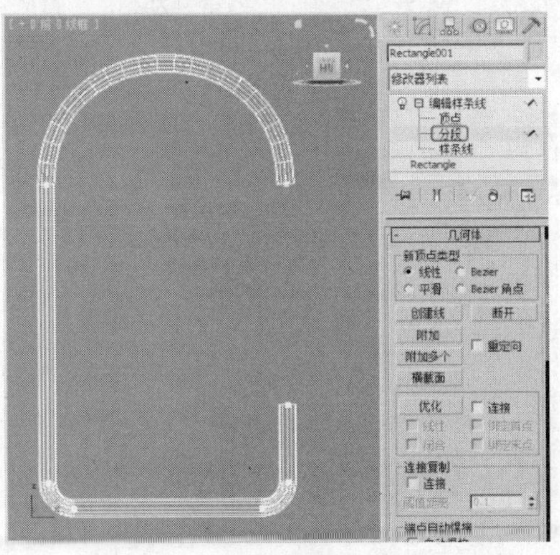

图12-17

STEP 4 单击“（创建）>（几何体）>球体”按钮，在“前”视图中创建球体，在“参数”卷展栏中设置“半径”为6，如图12-18所示。

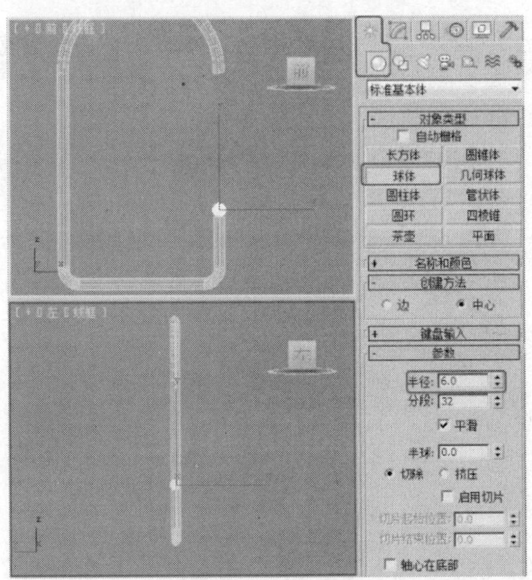

图12-18

STEP 5 在“前”视图中选择球体，按Ctrl+V组合键复制球体，调整模型至合适的位置，如图12-19所示。

STEP 6 单击“（创建）>（图形）>线”按钮，在“前”视图中创建如图12-20所示的图形。

STEP 7 将线的选择集定义为“样条线”，在“几何体”卷展栏中单击“轮廓”按钮，在“前”视图中为图形设置轮廓，如图12-21所示。

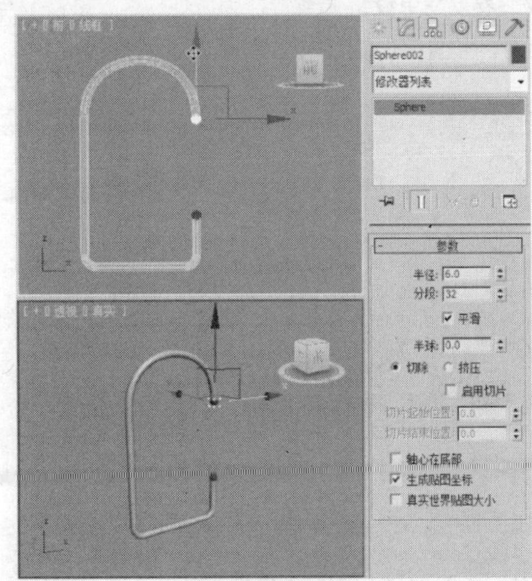

图12-19

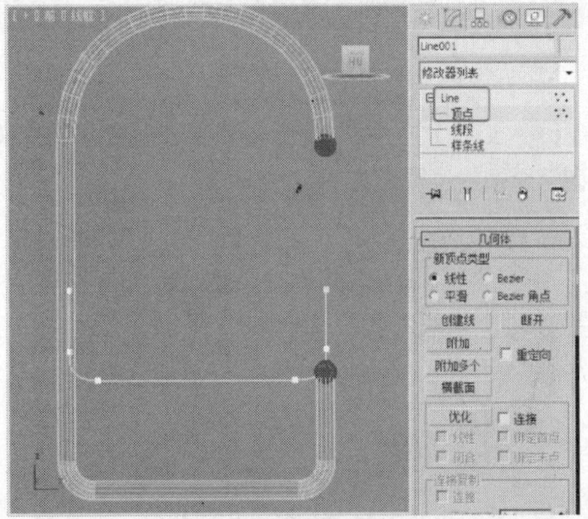

图12-20

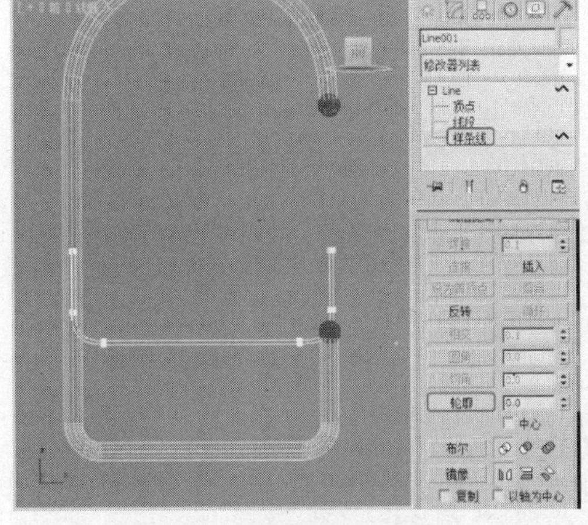

图12-21

STEP 8 绘图形施加“挤出”修改器，在“参数”卷展栏中设置“数量”为350，并调整模型至合适的位置，如图12-22所示。

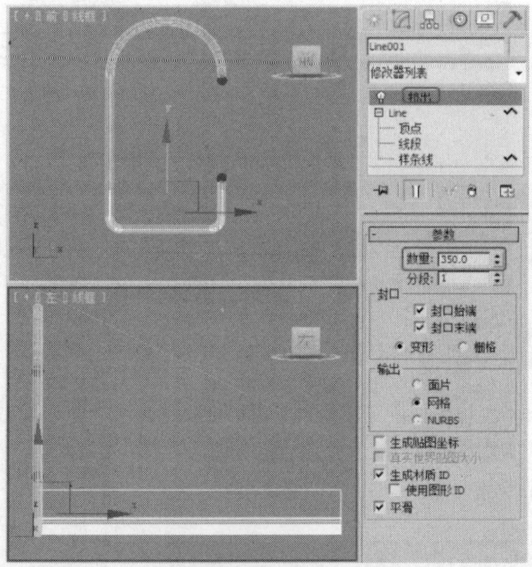

图12-22

STEP 9 在“左”视图中复制模型，并调整模型至合适的位置，如图12-23所示。

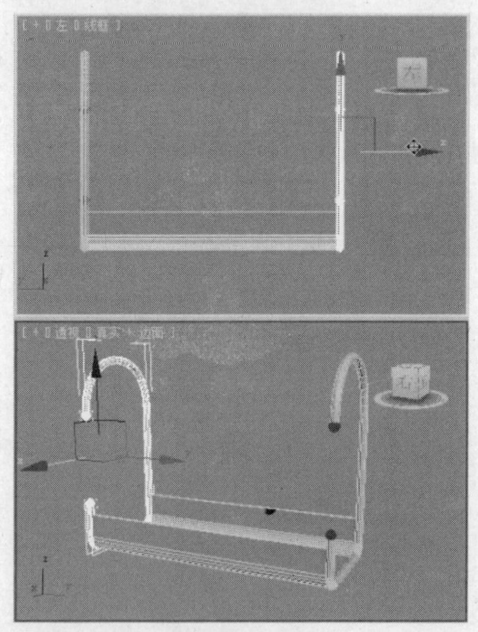

图12-23

STEP 10 单击“（创建）>（几何体）>扩展基本体>切角圆柱体”按钮，在“前”视图中创建切角圆柱体，在“参数”卷展栏中设置“半径”为30、“高度”为380、“圆角”为20、“圆角分段”为2，如图12-24所示。

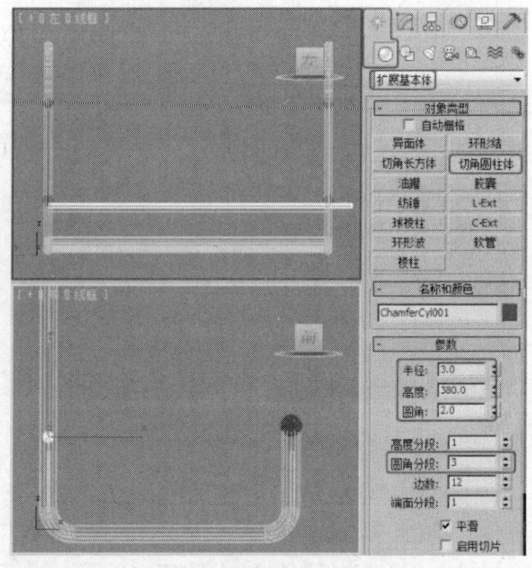

图12-24

STEP 11 在场景中复制切角长方体并调整模型至合适的位置，如图12-25所示。

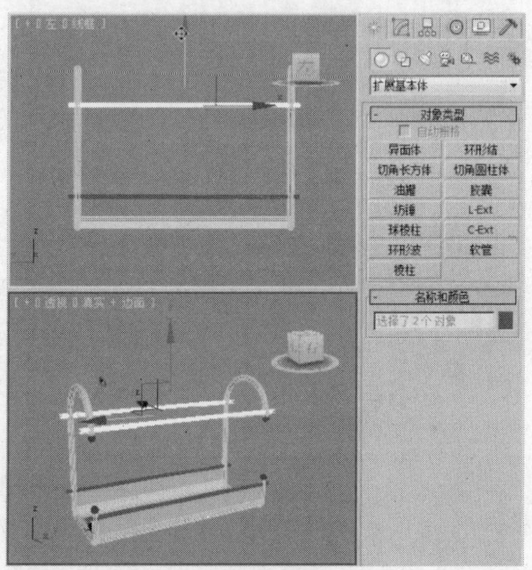

图12-25

STEP 12 单击“（创建）>（图形）>线”按钮，在“前”视图中创建可渲染的样条线，在“插值”卷展栏中设置“步数”为12，在“渲染”卷展栏中勾选“在渲染中启用”、“在视口中启用”复选项，设置“径向”的厚度为2，如图12-26

所示。

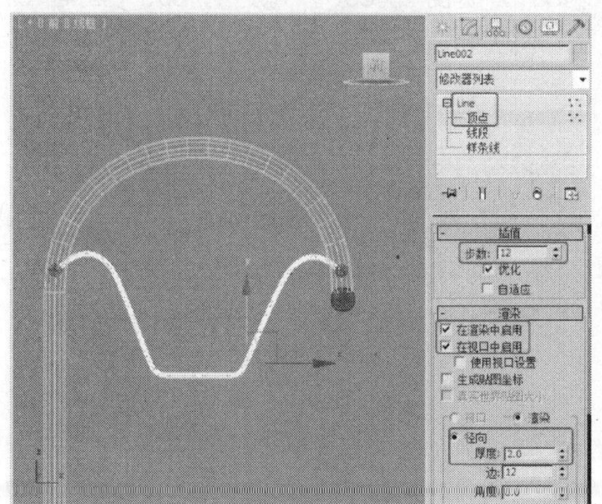

图12-26

STEP 13 在“左”视图中复制可渲染的样条线，并将其调整至合适的位置，如图12-27所示。

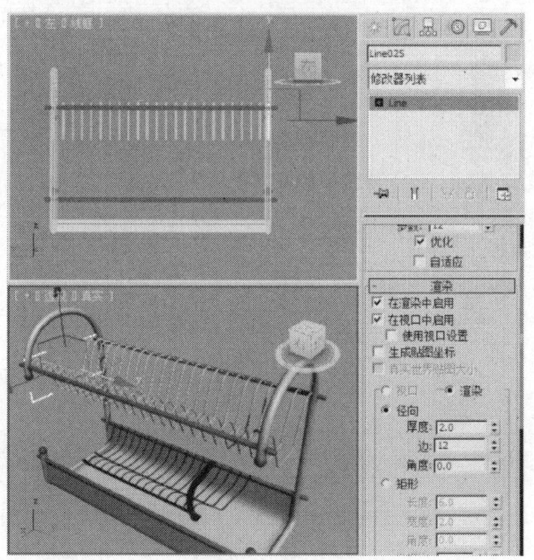

图12-27

STEP 14 单击“（创建）>（图形）>线”按钮，在“前”视图中创建如图12-28所示的图形。

STEP 15 将线的选择集定义为“样条线”，在“几何体”卷展栏中单击“轮廓”按钮，在场景中为图形设置轮廓，如图12-29所示。

STEP 16 对图形施加“挤出”修改器，在“参数”卷展栏中设置“数量”为350，并调整模型至合适的位置，如图12-30所示。

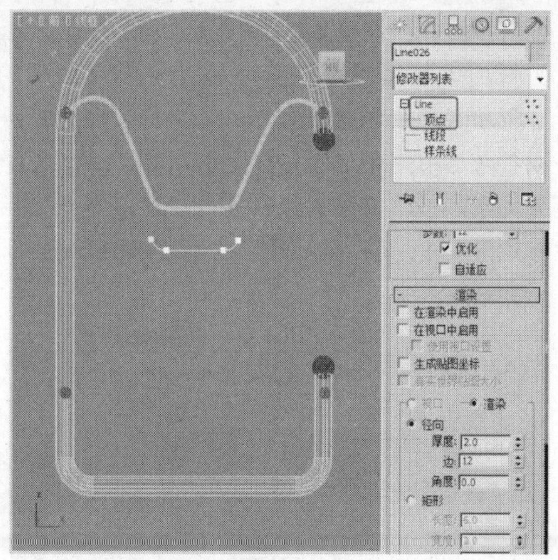

图12-28

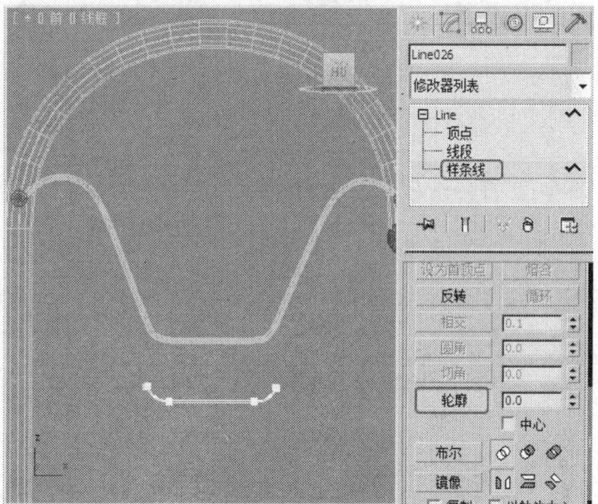

图12-29

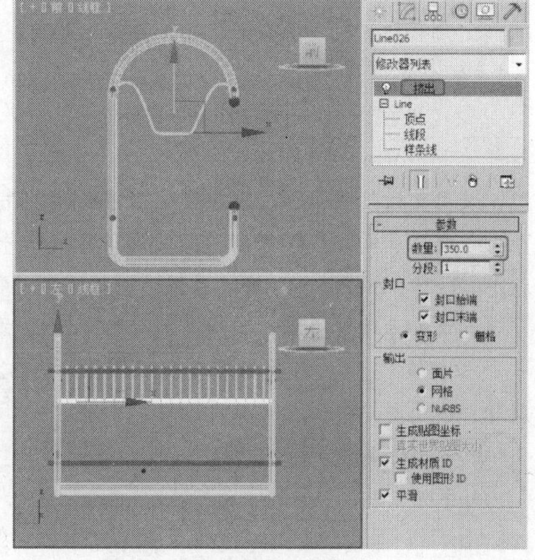

图12-30

STEP 17 调整模型后的效果如图12-31所示。完成的场景模型可以参考随书附带光盘中的“Scene\cha12\盘子架.max”文件。同时还可以参考随书附带光盘中的“Scene\cha12\盘子架场景.max”文件，该文件是设置好场景的场景效果文件，渲染该场景可以得到如图12-14所示的效果。

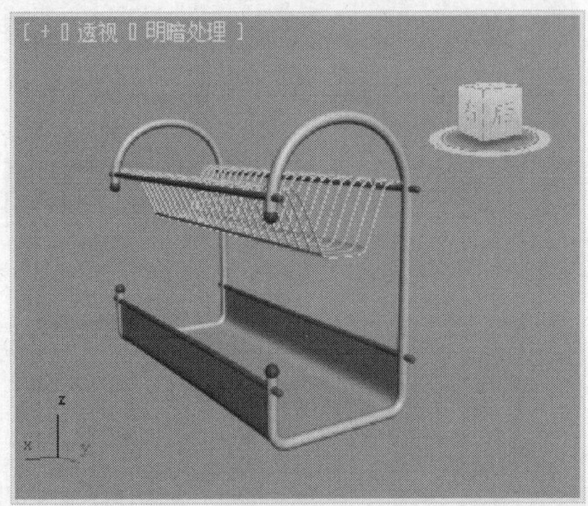

图12-31

12.3 实例14——蜡烛

案例学习目标

学习使用切角长方体、切角圆柱体、圆柱体、ProBoolean工具，结合使用“编辑多边形”、“壳”、“FFD（圆柱体）”修改器制作蜡烛模型。

案例知识要点

创建切角长方体并施加“编辑多边形”修改器并使用ProBoolean拾取圆柱体用于制作烛台模型，使用圆柱体并施加“编辑多边形修改器”用于制作蜡烛和蜡烛底托模型，使用切角圆柱体并施加“FFD（圆柱体）”修改器用于制作蜡烛芯，创建切角长方体并施加“编辑多边形”修改器用于制作托盘模型，完成的模型效果如图12-32所示。

效果图文件所在位置

随书附带光盘Scene\ cha12\蜡烛.max。

STEP 1 单击“（创建）>（几何体）>扩展基本体>切角长方体”按钮，在“前”视图中创建切角长方体，在“参数”卷展栏中设置“长度”为80、“宽度”为80、“高度”为80、“圆角”为8、“圆角分段”为5，如图12-33所示。

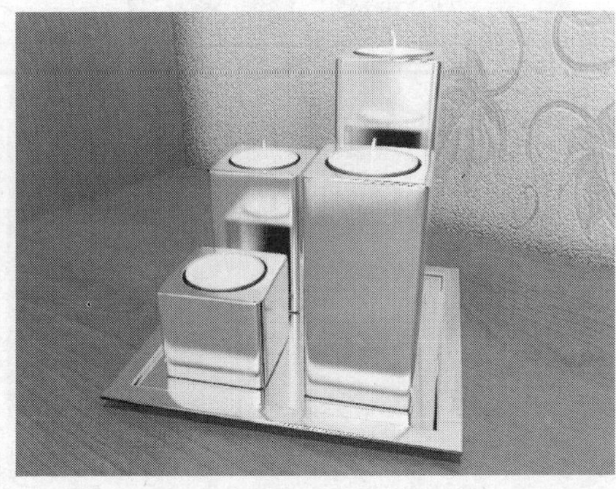
图12-32

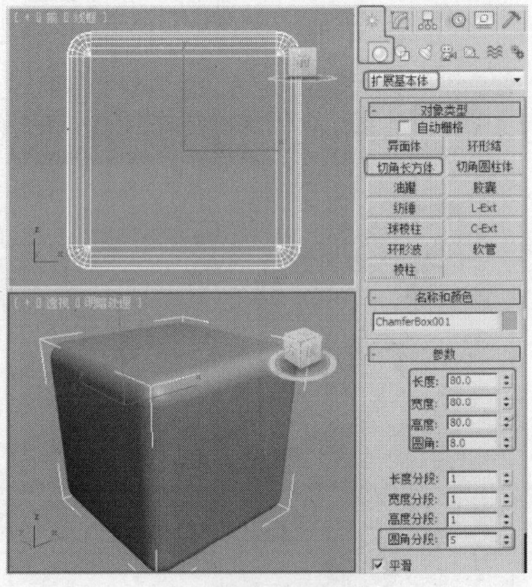

图12-33

STEP 2 对切角长方体施加“编辑多边形”修改器，将选择集定义为“顶点”，单击（选择并均匀缩放）按钮，在“前”视图中调整顶点位置，如图12-34所示。

STEP 3 单击“（创建）>（几何体）>圆柱体”按钮，在“顶”视图中创建圆柱体，在“参数”卷展栏中设置“半径”为30、“高度”为25、“边数”为30，如图12-35所示，调整模型至合适的位置。

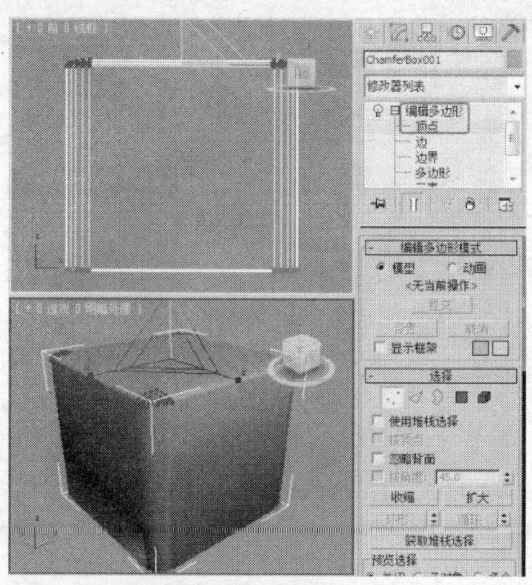
图12-34

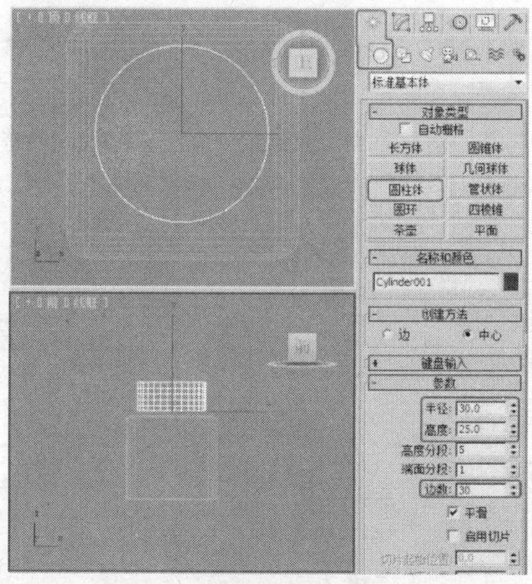
图12-35

STEP 4 在场景中选择切角长方体，单击“（创建）>（几何体）>复合对象>ProBoolean”按钮，在“拾取布尔对象”卷展栏中单击“开始拾取”按钮，在场景中拾取圆柱体，如图12-36所示。

STEP 5 单击“（创建）>（几何体）>圆柱体”按钮，在“顶”视图中创建圆柱体，在“参数”卷展栏中设置“半径”为28、“高度”为30、“边数”为30，如图13-37所示，调整模型至合适的位置。

STEP 6 对模型施加“编辑多边形”修改器，将选择集定义为“边”，在“编辑几何体”卷展栏中勾选“分割”复选项，单击“切片平面”按钮，在“前”视图中调整切面的位置，单击“切片”按钮，如图12-38所示。

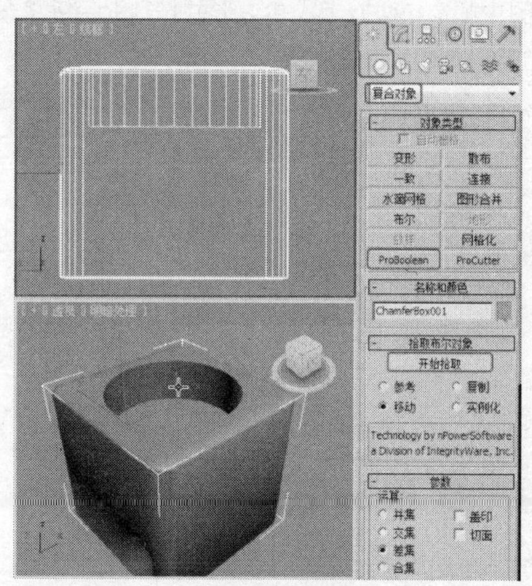
图12-36

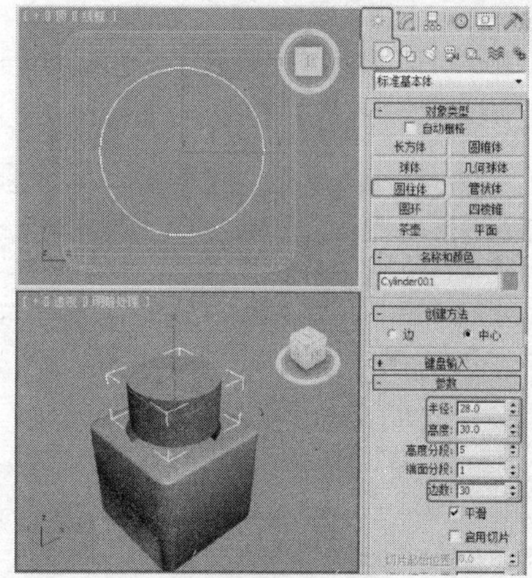
图12-37

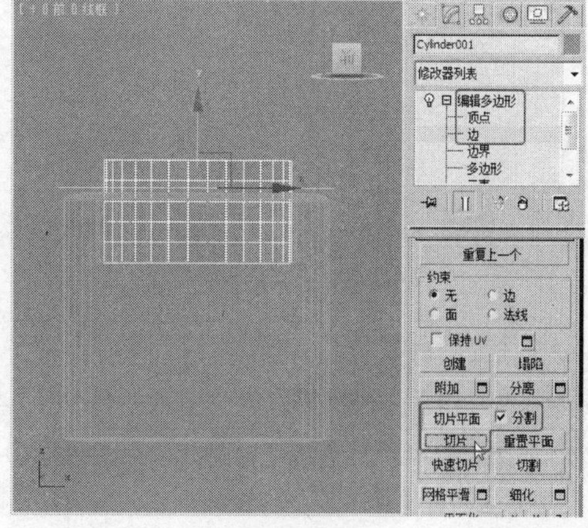
图12-38

STEP 7 将选择集定义为“多边形”，在“前”视图中框选切面以上的多边形并按Delete键将多边形删除，如图12-39所示。

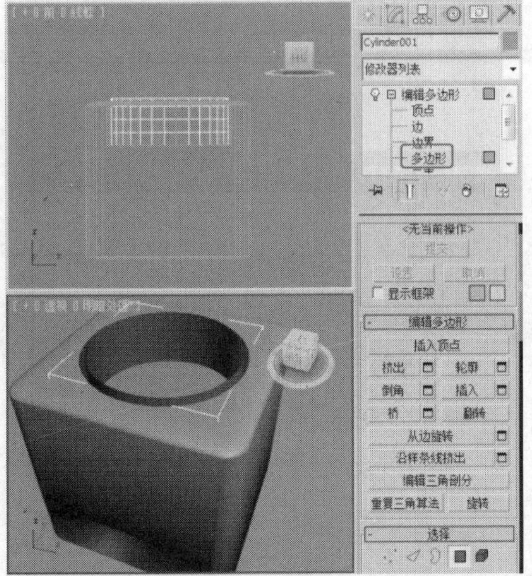

图12-39

STEP 8 对模型施加“壳”修改器，在“参数”卷展栏中设置“外部量”为0.5，如图12-40所示。

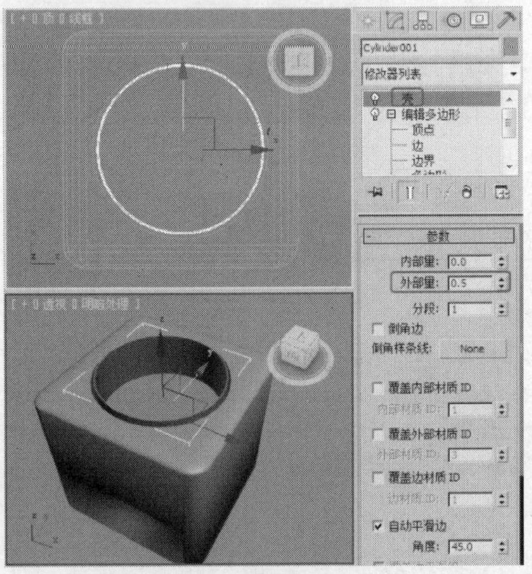

图12-40

STEP 9 单击“（创建）>（几何体）>圆柱体”按钮，在“顶”视图中创建圆柱体，在“参数”卷展栏中设置“半径”为28、“高度”为20、“边数”为1，调整模型至合适的位置，如图12-41所示。

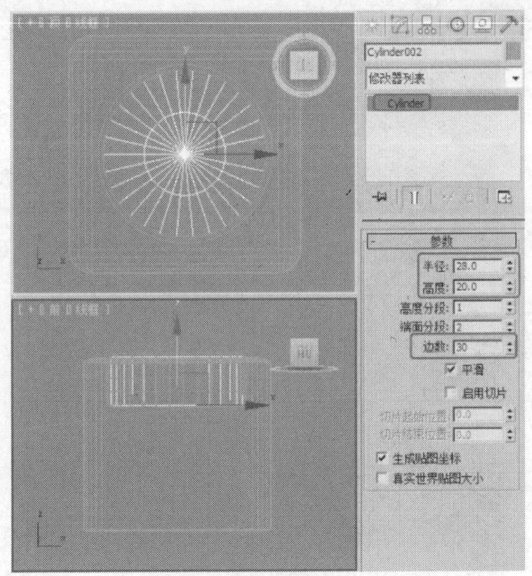

图12-41

STEP 10 对圆柱体施加“编辑多边形”修改器，将选择集定义为“顶点”，在“选择”卷展栏中勾选“忽略背面”复选项，在“顶”视图中选择并缩放顶点，在“前”视图中调整顶点至合适的位置，如图12-42所示。

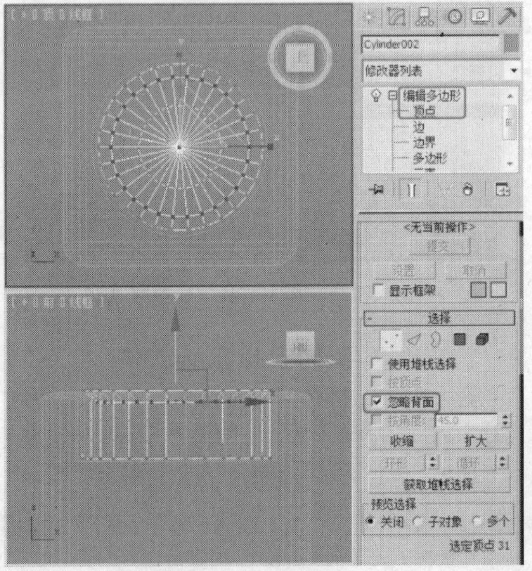

图12-42

STEP 11 单击“（创建）>（几何体）>扩展基本体>切角圆柱体”按钮，在“参数”卷展栏中设置“半径”为1.5、“高度”为25、“圆角”为1、“高度分段”为4、“圆角分段”为3、“边数”为15，如图12-43所示，调整模型至合适的位置。

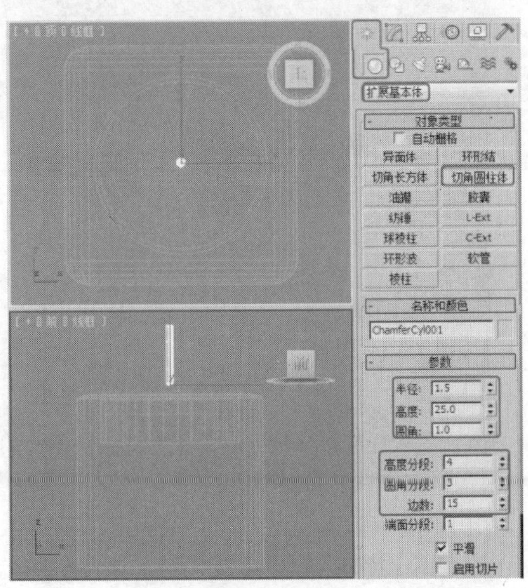

图 12-43

STEP 12 对模型施加“FFD（圆柱体）”修改器，将选择集定义为“控制点”，在场景中调整控制点位置，如图12-44所示。

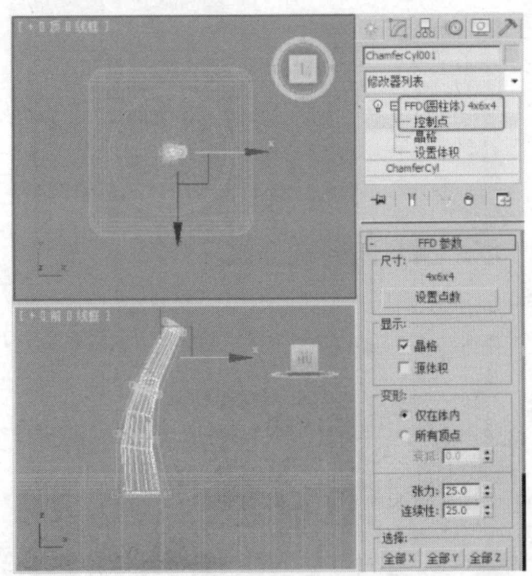

图 12-44

STEP 13 在场景中复制并调整模型至合适的位置，如图12-45所示。

STEP 14 在场景中依次对各烛台模型施加“编辑多边形”修改器，将选择集定义为“顶点”，在“前”视图中调整顶点，并调整模型至合适的位置，如图12-46所示。

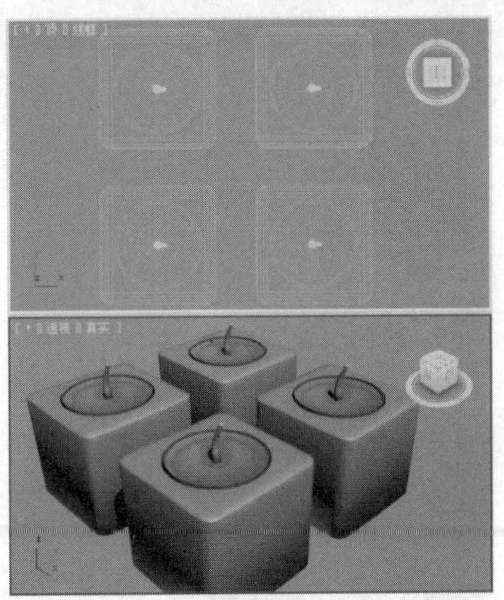

图 12-45

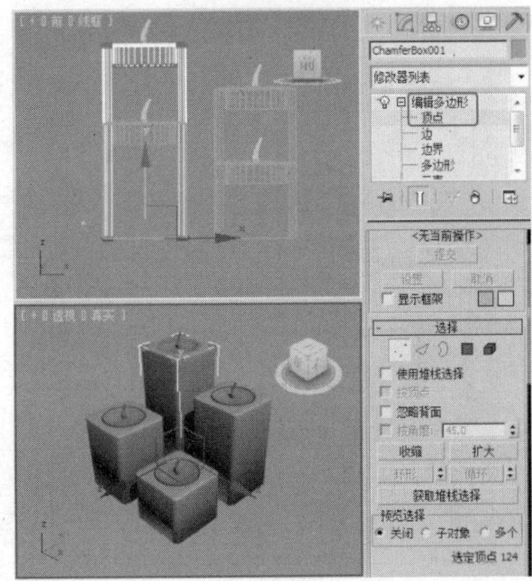

图 12-46

STEP 15 单击“（创建）>（几何体）>扩展基本体>切角长方体”按钮，在“顶”视图中创建切角长方体，在“参数”卷展栏中设置“长度”为260、“宽度”为260、“高度”为3、“圆角”为3、“圆角分段”为3，如图12-47所示，调整模型至合适的位置。

STEP 16 对模型施加“编辑多边形”修改器，将选择集定义为“多边形”，在“顶”视图中框选如图12-48所示的多边形，在“编辑多边形”卷展栏中单击“倒角”后的设置按钮，在弹出的对话框中设置“轮廓”为-15。

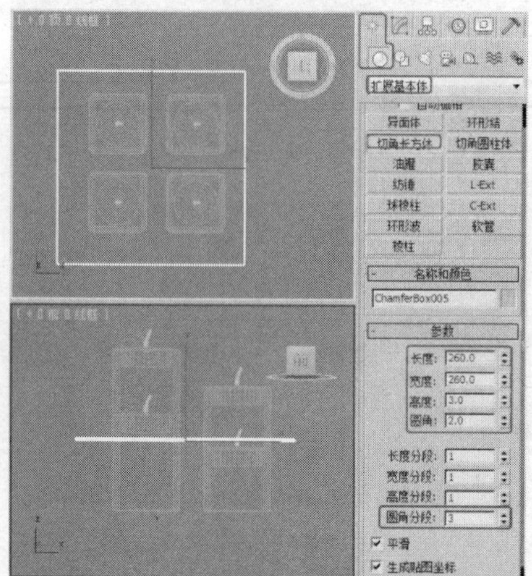

图12-47

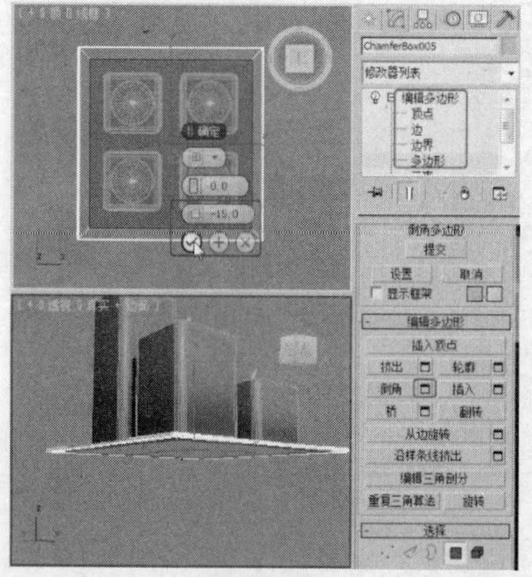

图12-48

STEP 17 继续为多边形设置倒角，设置“轮廓”为-5，如图12-49所示。

STEP 18 将选择集定义为“顶点”，在“顶”视图中框选如图12-50所示的顶点，在“前”视图中调整顶点至合适的位置。

STEP 19 将选择集定义为“边”，在场景选择如图12-50所示的边，在“编辑边”卷展栏中单击“切角”后的设置按钮，在弹出的对话框中设置“数量”为3、“分段”为5，单击“确定”按钮，如图12-51所示。

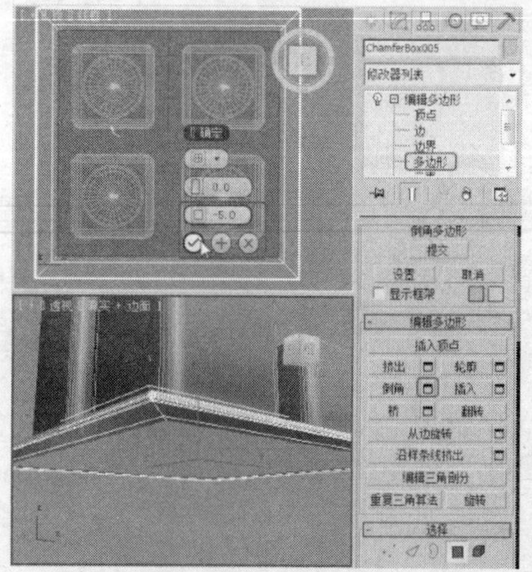

图12-49

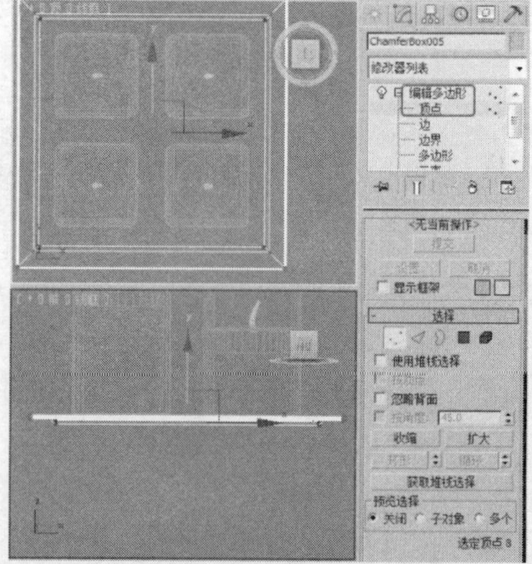

图12-50

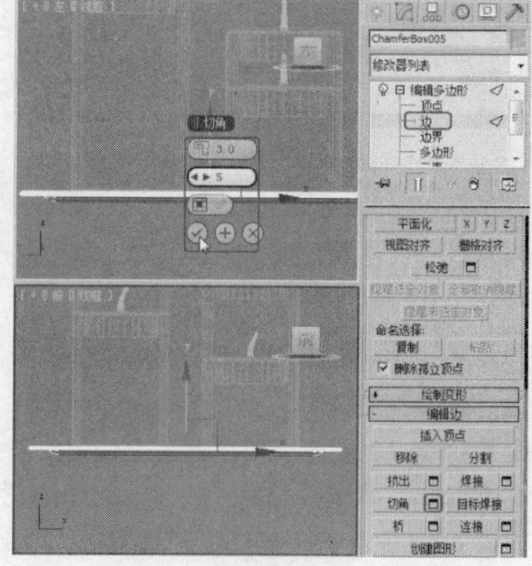

图12-51

STEP 20 调整模型后的效果如图12–52所示。完成的场景模型可以参考随书附带光盘中的“Scene\cha12\蜡烛.max”文件。同时还可以参考随书附带光盘中的“Scene\cha12\蜡烛场景.max”文件，该文件是设置好场景的场景效果文件，渲染该场景可以得到如图12–32所示的效果。

图 12–52

12.4 实例 15——植物

案例学习目标

学习使用平面、圆柱体、可渲染的样条线、线、可渲染的圆工具，结合使用可编辑“多边形”、“锥化”、“FFD 4×4×4”、“网格平滑”、“车削”修改器制作植物模型。

案例知识要点

创建平面转换为可编辑多边形制作叶子和花蕊，创建圆柱体并将其转换为可编辑多边形用于制作枝，对枝叶施加“锥化”和“FFD 4×4×4”修改器以调整模型，创建可渲染的样条线并将其转换为可编辑多边形用于制作花柄模型，创建平面并将其转换为可编辑多边形并施加“网格平滑”、“FFD 4×4×4”修改器用于制作花瓣，使用线创建图形并施加“车削”修改器用于制作花盆，创建可渲染的圆用于制作花盆装饰，完成的模型效果如图 12-53 所示。

效果图文件所在位置

随书附带光盘 Scene\cha12\植物.max。

图 12–53

STEP 1 单击“（创建）>（几何体）>平面”按钮，在“顶”视图中创建平面作为叶子，在“参数”卷展栏中设置“长度”为6、“宽度”为2、“长度分段”为4、“宽度分段”为4，如图12–54所示。

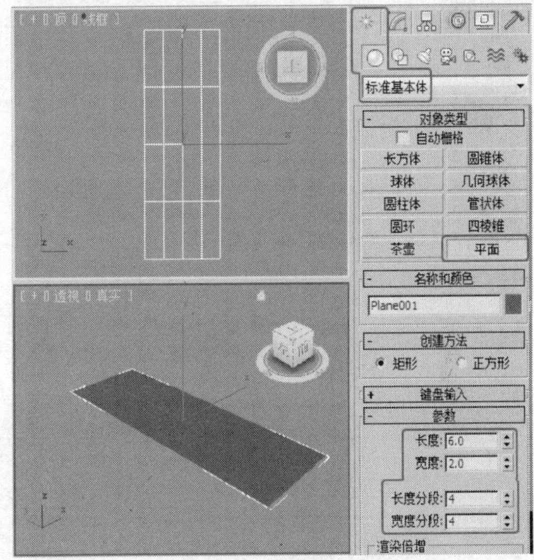

图 12–54

STEP 2 将模型转换为“可编辑多边形”，将选择集定义为“顶点”，在“顶”视图中调整顶点的位置，如图12–55所示。

STEP 3 在“软选择”卷展栏中勾选“使用软选择”复选项，设置合适的衰减参数，在场景中对顶点进行调整，如图12–56所示。

STEP 4 取消勾选“使用软选择”复选项，将选择集定义为“边”，在“顶”视图中选择边，在“左”视图中按Shift键并调整复制边至合适的位置，如图12–57所示，关闭选择集。

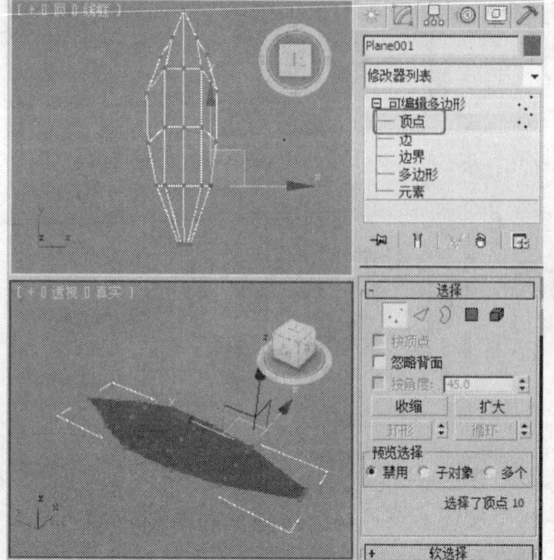

图12-55

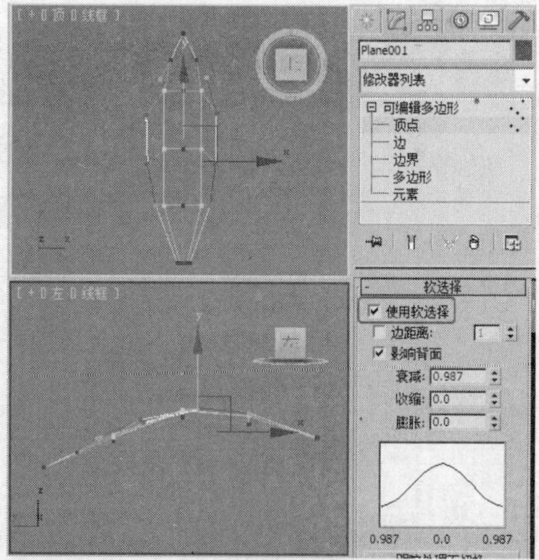

图12-56

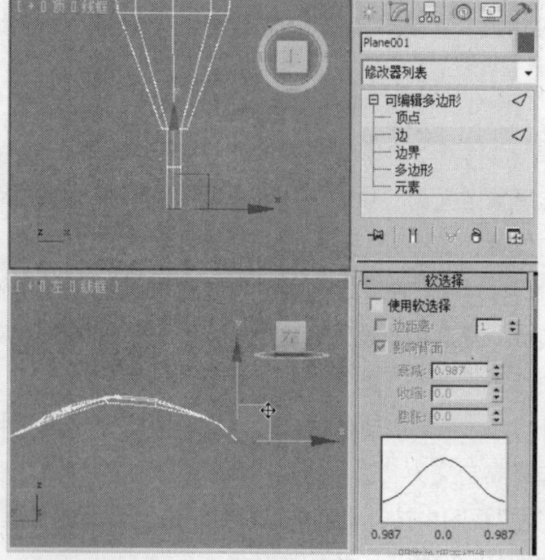

图12-57

STEP 5 将选择集定义为“多边形”，在“多边形：平滑组”卷展栏中单击“1”按钮，为其设置统一的平滑组，如图12-58所示，关闭选择集。

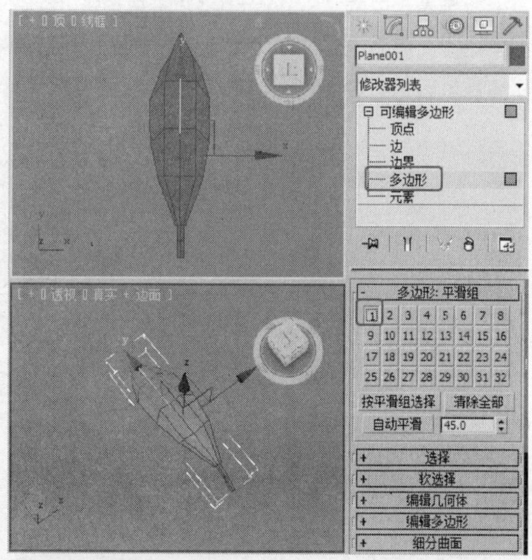

图12-58

STEP 6 单击“（创建）>（几何体）>圆柱体”按钮，在“顶”视图中创建圆柱体作为枝茎，在“参数”卷展栏中设置“半径”为0.3、“高度”为200、“高度分段”为15，如图12-59所示。

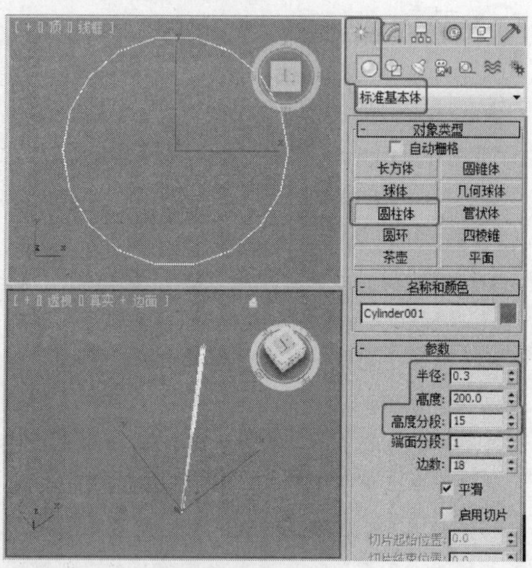

图12-59

STEP 7 将模型转换为“可编辑多边形”，将选择集定义为“顶点”并调整顶点位置，如图12-60所示。

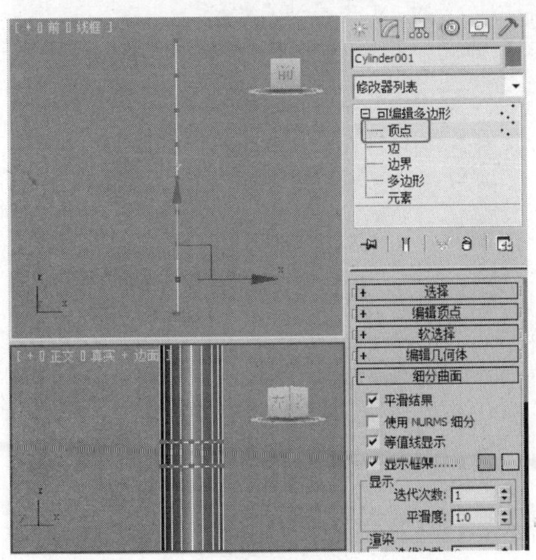

图12-60

STEP 8 将选择集定义为“多边形”，选择多边形，在“编辑多边形”卷展栏中单击“倒角”后的设置按钮，设置“类型”为“局部法线”、“高度”为0.15、“轮廓”为-0.08，单击“确定”按钮，如图12-61所示，关闭选择集。

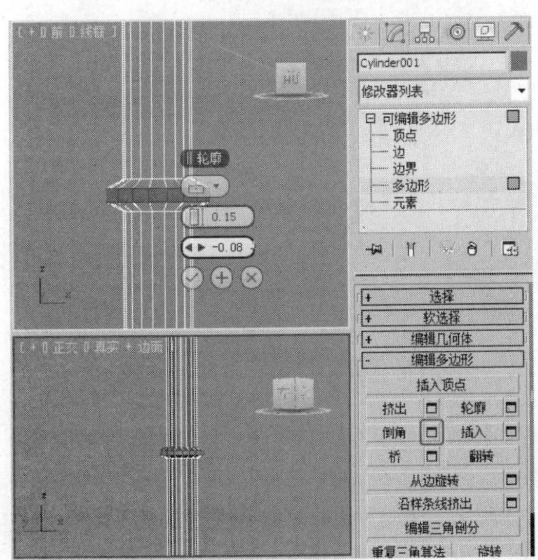

图12-61

STEP 9 对叶子模型进行复制并调整其至合适的位置和大小，如图12-62所示。

STEP 10 选择所有的模型，对其施加“锥化”修改器，在参数卷展栏中设置合适的参数，如图12-63所示。

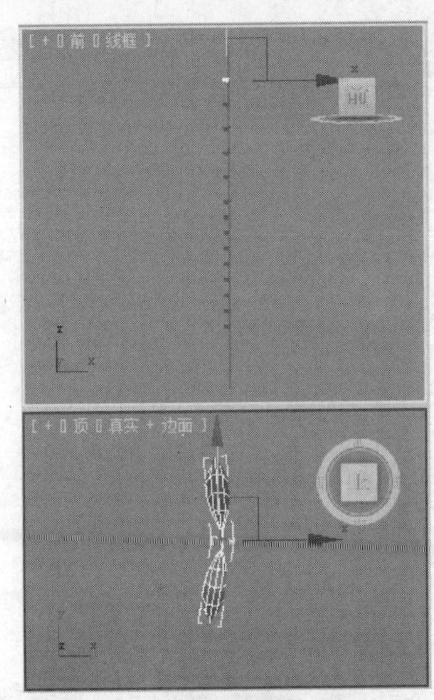

图12-62

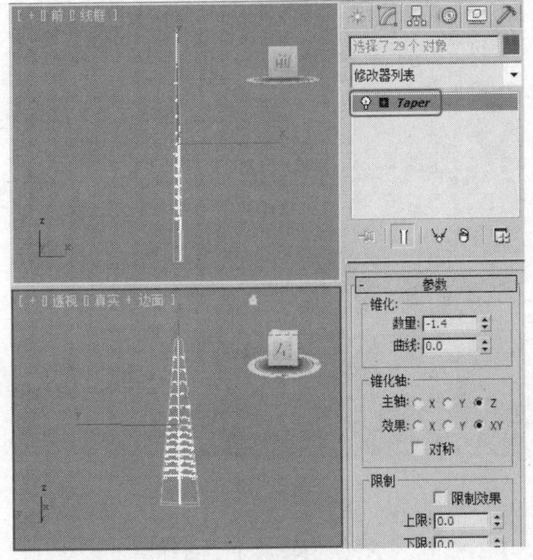

图12-63

STEP 11 对其施加“FFD 4×4×4”修改器，将选择集定义为“控制点”，在场景中调整控制点的位置，如图12-64所示，关闭选择集。

STEP 12 单击“（创建）>（图形）>线”按钮作为枝叶与花朵之间的连接，在“前”视图中创建线，在“渲染”卷展栏中勾选“在渲染中启用”和“在视口中启用”复选项，设置“厚度”为0.1，调整至合适的形状和位置，如图12-65所示。

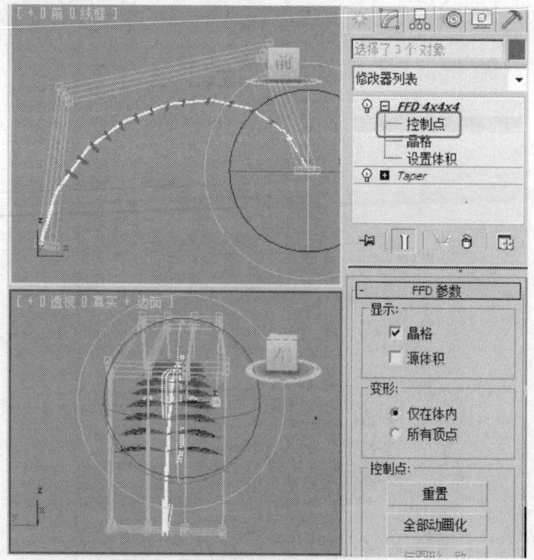

图12-64

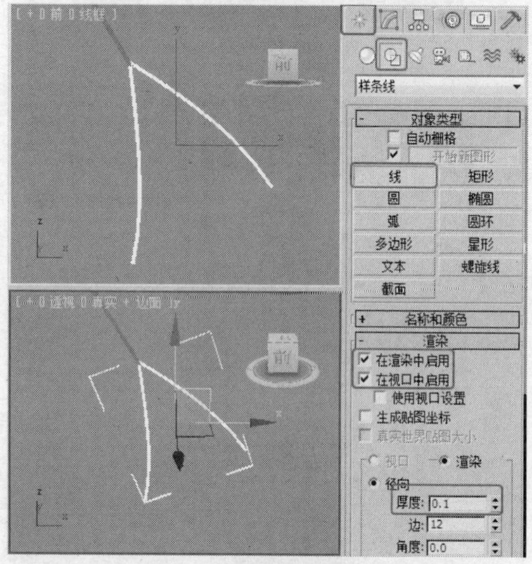

图12-65

STEP 13 将模型转换为“可编辑多边形”，将选择集定义为“顶点”并调整顶点至合适的位置，如图12-66所示。

技巧

可以先对样条线的顶点进行调整，使其有一定的弯曲，增加其步数，更便于调整。

STEP 14 在工具栏中单击（选择并均匀缩放）按钮，对顶部的顶点进行缩放，如图12-67所示，关闭选择集。

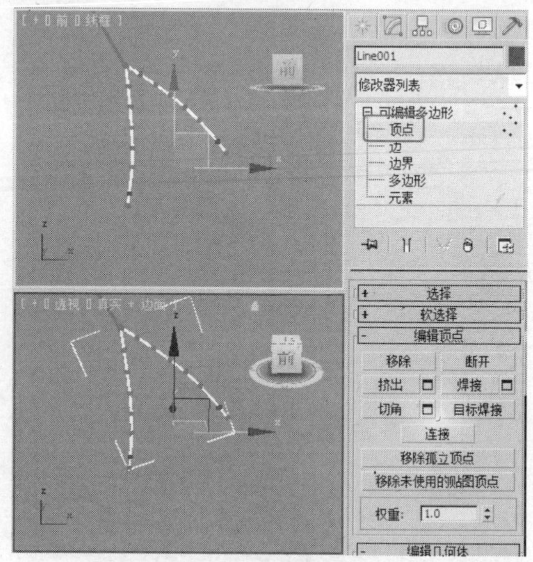

图12-66

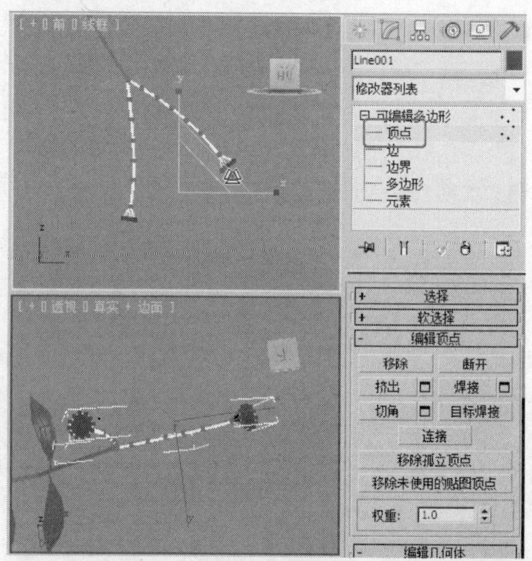

图12-67

STEP 15 单击“（创建）>（几何体）>平面”按钮，在“顶”视图中创建平面作为底部的花瓣，在“参数”卷展栏中设置“长度”为3、“宽度”为8、“长度分段”为4、“宽度分段”为4，如图12-68所示。

STEP 16 将模型转换为“可编辑多边形”，将选择集定义为“顶点”并调整顶点位置，如图12-69所示。

STEP 17 对其施加“网格平滑”修改器，使用默认参数即可，如图12-70所示。

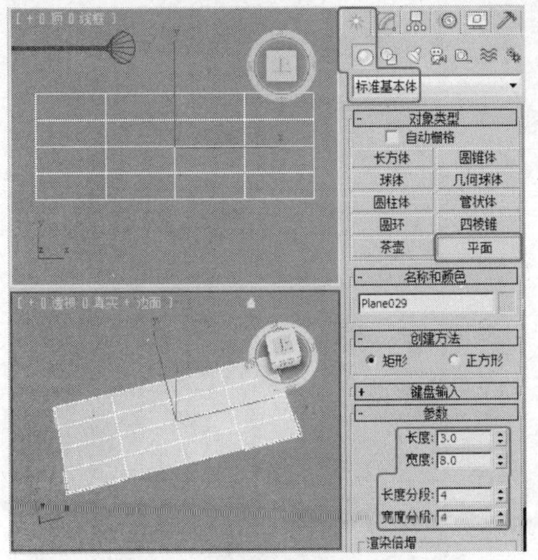
图12-68

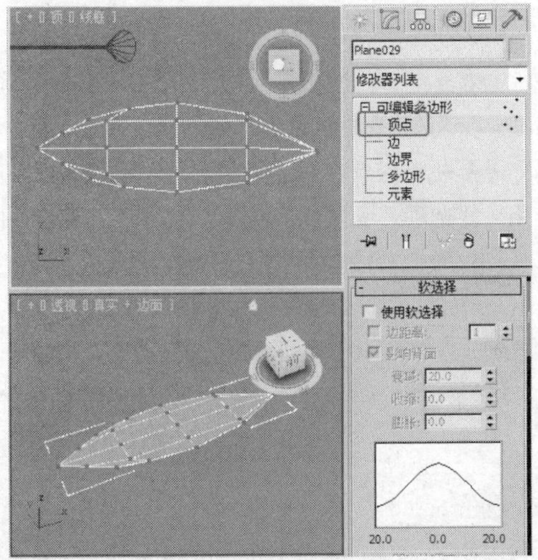
图12-69

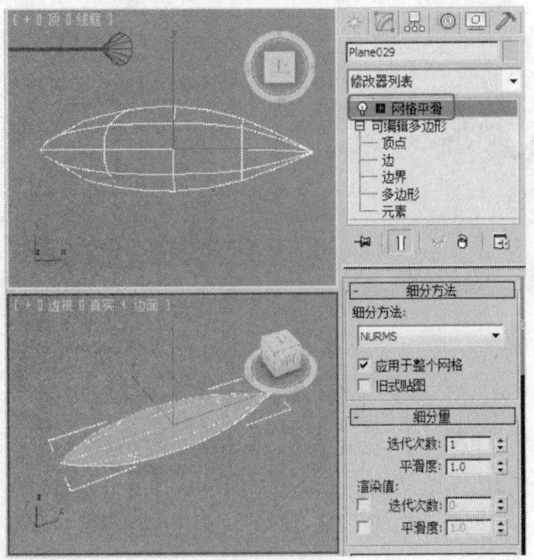
图12-70

STEP 18 将其转换为“可编辑多边形”，对其施加“FFD 4×4×4”修改器，将选择集定义为“控制点”，在场景中调整控制点至合适的位置，如图12-71所示，关闭选择集。

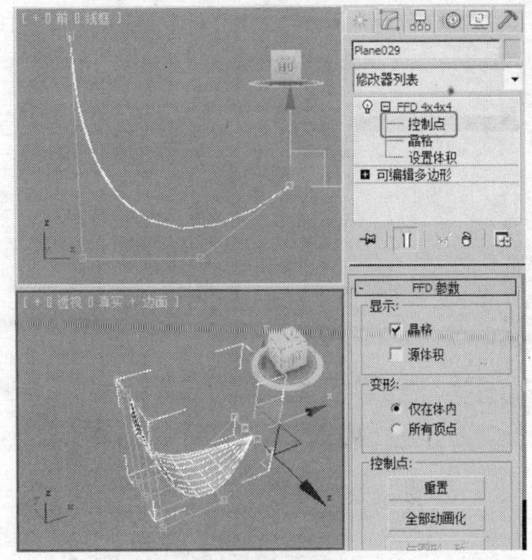
图12-71

STEP 19 对底部花瓣模型进行复制并调整至合适的位置，如图12-72所示。

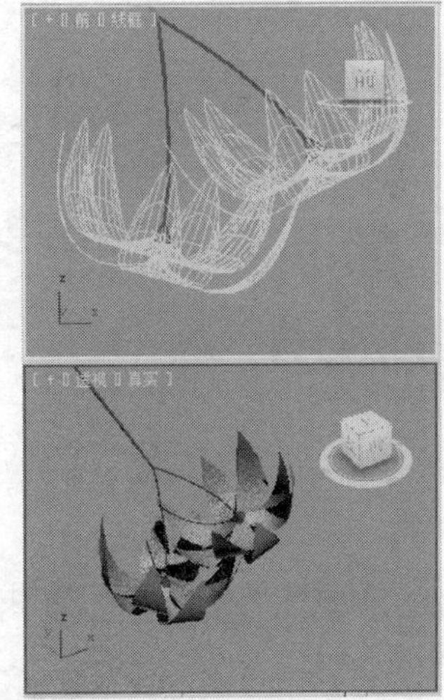
图12-72

STEP 20 继续创建平面作为顶部花瓣模型，在“参数”卷展栏中设置“长度”为4、“宽度”为7、“长度分段”为4、“宽度分段”为4，如图12-73所示。

STEP 21 将模型转换为“可编辑多边形”，将选择集定义为“顶点”，调整顶点的位置，如

图12-74所示，关闭选择集。

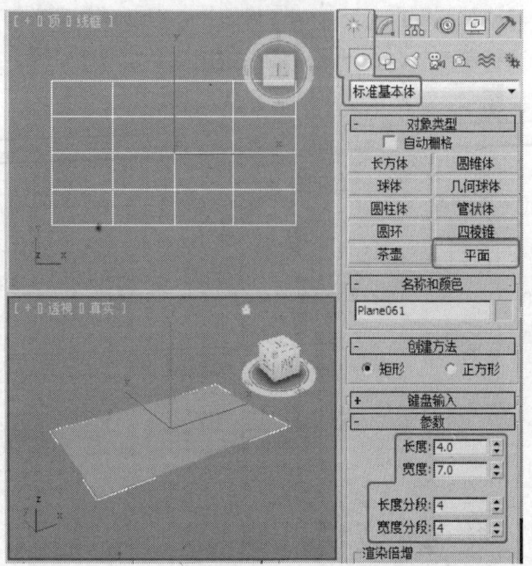

图12-73

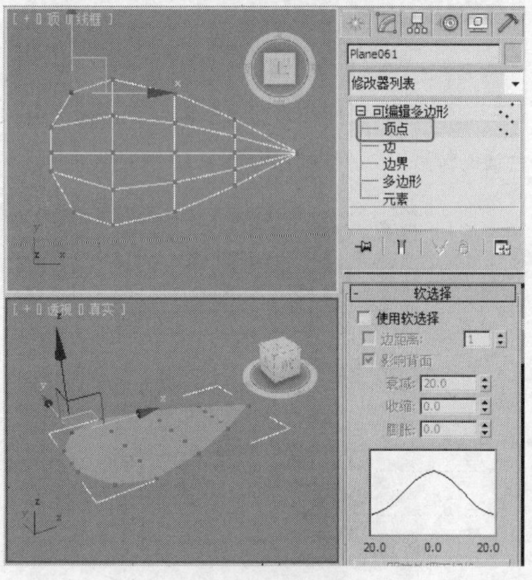

图12-74

STEP 22 对顶部花瓣模型进行复制并调整至合适的位置，如图12-75所示。

选择模型并调整至合适的角度，切换到（层次）命令面板，单击“仅影响轴”按钮，将轴调整到要复制出的模型的中心位置，在工具栏中单击（选择并旋转）按钮，按Shift键对模型进行“实例”复制。

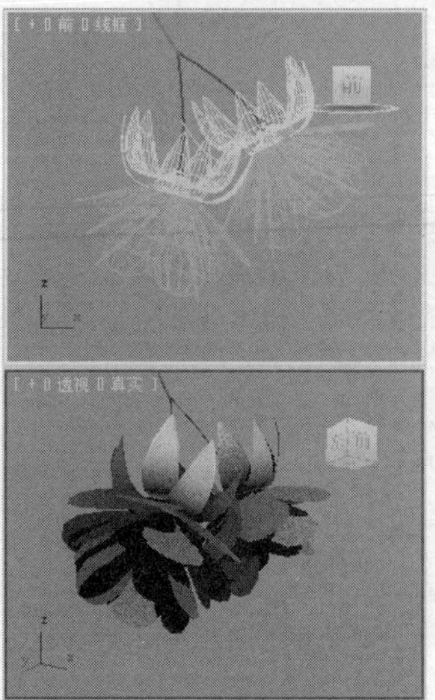

图12-75

STEP 23 单击“（创建）>（图形）>线”按钮，在“前”视图中创建样条线作为花蕊，在“渲染”卷展栏中勾选“在渲染中启用”和“在视口中启用”复选项，设置“厚度”为0.1，调整至合适的形状和位置，如图12-76所示。

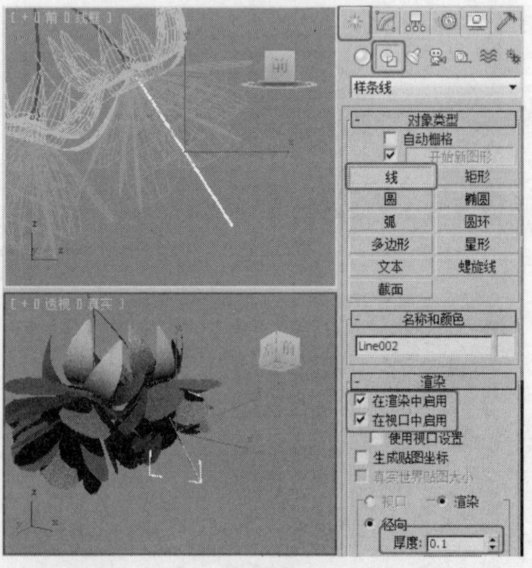

图12-76

STEP 24 将模型转换为“可编辑多边形”，将选择集定义为“顶点”，并调整顶点位置，如图12-77所示。

STEP 25 单击（选择并均匀缩放）按钮对顶点进行缩放，如图12-78所示，关闭选择集。

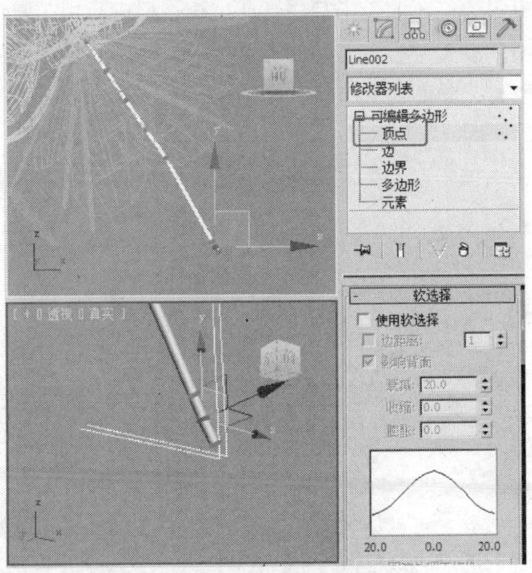

图 12-77

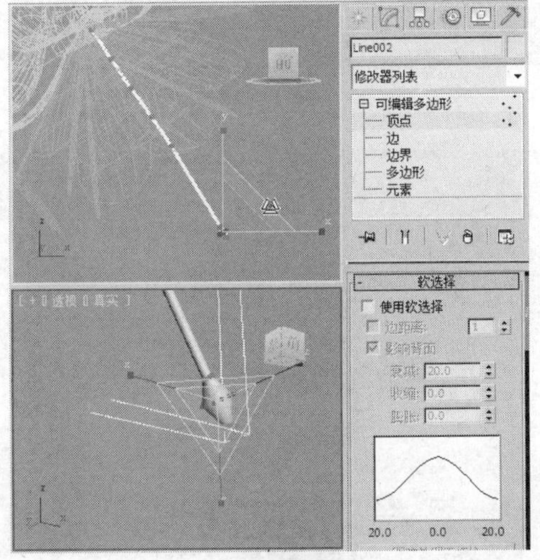

图 12-78

STEP 26 对花蕊模型进行复制，并将其调整至合适的角度和位置，如图12-79所示。

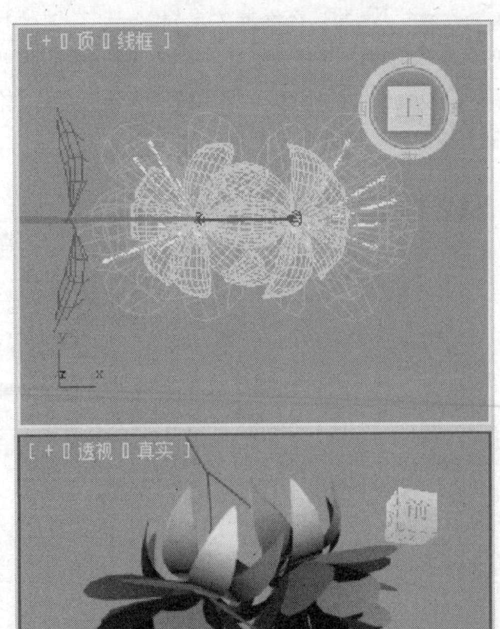

图 12-79

STEP 27 对所有模型进行复制并调整至合适的位置，组合模型如图12-80所示。

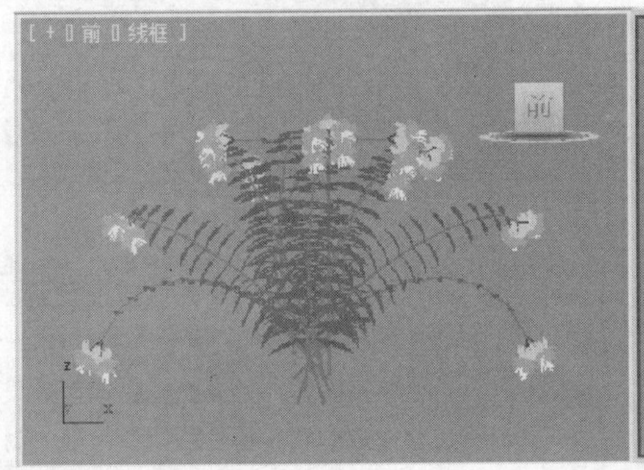

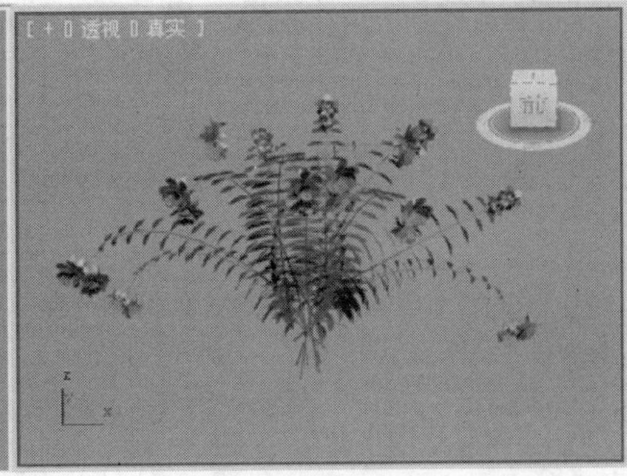

图 12-80

STEP 28 单击“（创建）>（图形）>线”按钮，在“前”视图中创建线，如图12-81所示。

STEP 29 将选择集定义为“样条线”，在“几何体”卷展栏中单击“轮廓”按钮，在场景中拖动鼠标，设置合适的轮廓，如图12-82所示，关闭“轮廓”按钮，关闭选择集。

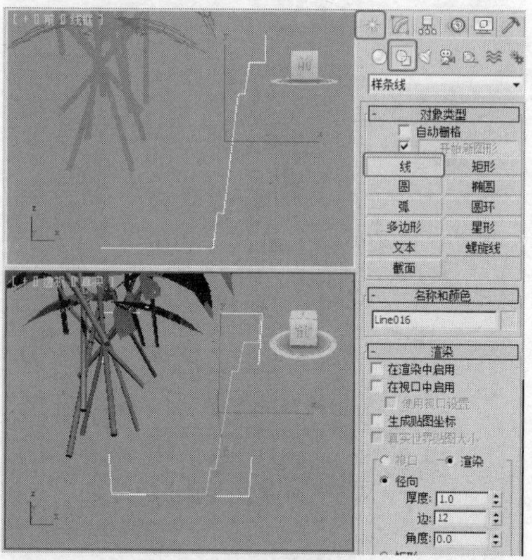

图12-81

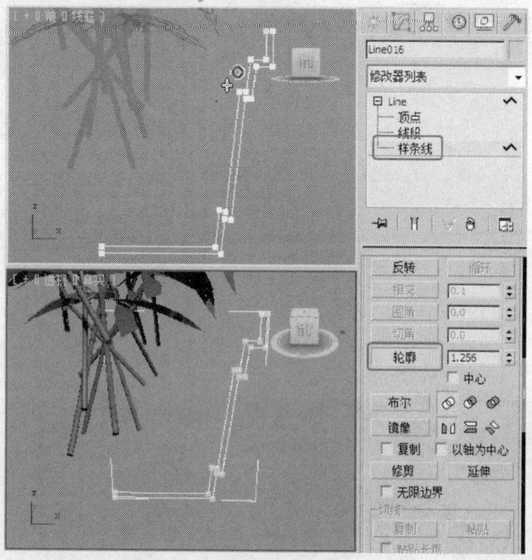

图12-82

STEP 30 对图形施加“车削”修改器，在“参数”卷展栏中设置“方向”为Y、“对齐”为最小，如图12-83所示。

STEP 31 单击“（创建）>（图形）>圆”按钮，在“前”视图中创建圆，在“渲染”卷展栏中勾选“在渲染中启用”和“在视口中启用”复选项，设置“径向”的厚度为1，调整模型至合适的位置，如图12-84所示。

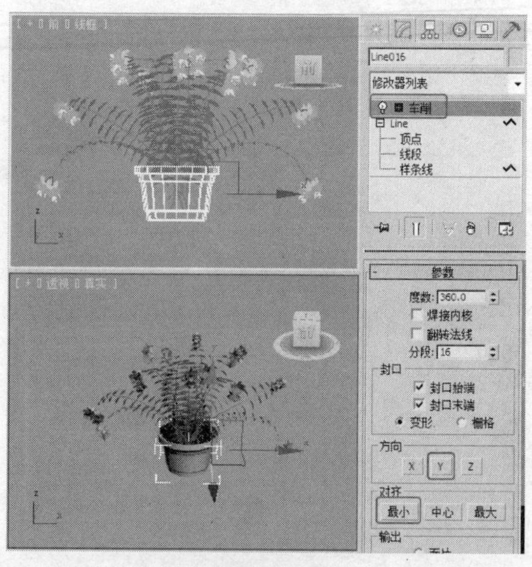

图12-83

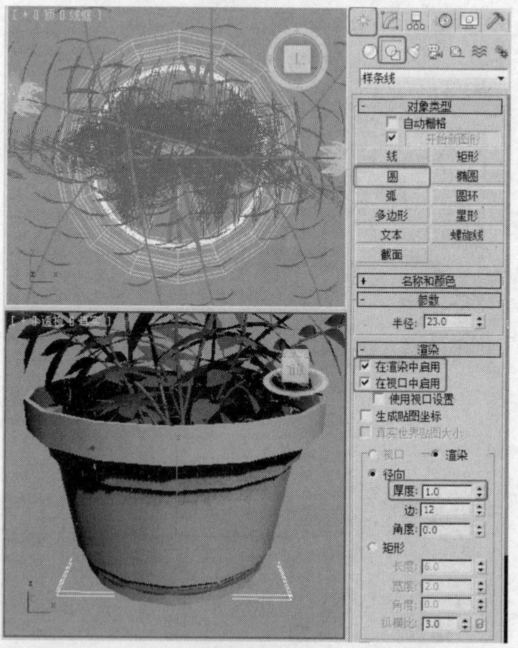

图12-84

STEP 32 复制可渲染的圆并调整模型至合适的位置，如图12-85所示。

STEP 33 调整模型，完成的植物模型效果如图12-86所示。完成的场景模型可以参考随书附带光盘中的“Scene\cha12\植物.max”文件。同时还可以参考随书附带光盘中的“Scene\cha12\植物场景.max”文件，该文件是设置好场景的场景效果文件，渲染该场景可以得到如图12-53所示的效果。

图12-85

图12-86

12.5 实例16——果盘

案例学习目标

学习使用管状体、切角圆柱体、可渲染的弧、阵列工具，结合使用“编辑多边形”、“涡轮平滑”修改器制作植物模型。

案例知识要点

创建管状体并施加“编辑多边形”和“涡轮平滑”修改器用于制作果盘顶部的模型，创建可渲染的弧并使用阵列制作支架模型，使用切角圆柱体制作果盘底部的模型，完成的模型效果如图12-87所示。

图12-87

效果图文件所在位置

随书附带光盘 Scene\cha12\果盘.max。

STEP 1 单击“（创建）>（几何体）>管状体”按钮，在“参数”卷展栏中设置“半径1”为100、“半径2”为80、“高度”为15、“边数”为40，如图12-88所示。

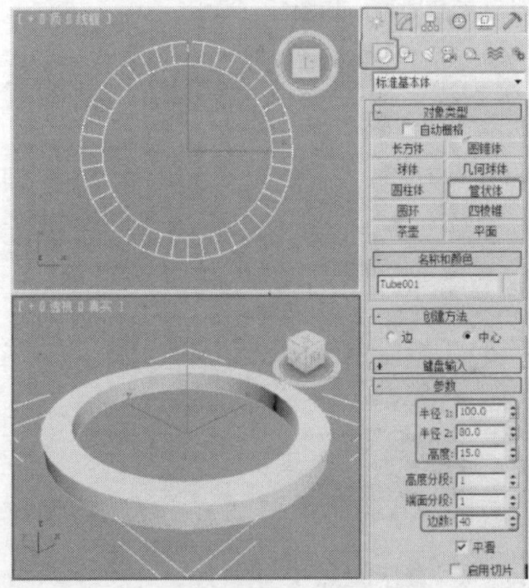

图12-88

STEP 2 对模型施加“编辑多边形”修改器，将选择集定义为“边”，选择如图12-89所示的边，在“编辑边”卷展栏中单击“切角”后的设置按钮，在弹出的对话框中设置“数量”为6、“分段”为5，单击“确定”按钮，如图12-89所示。

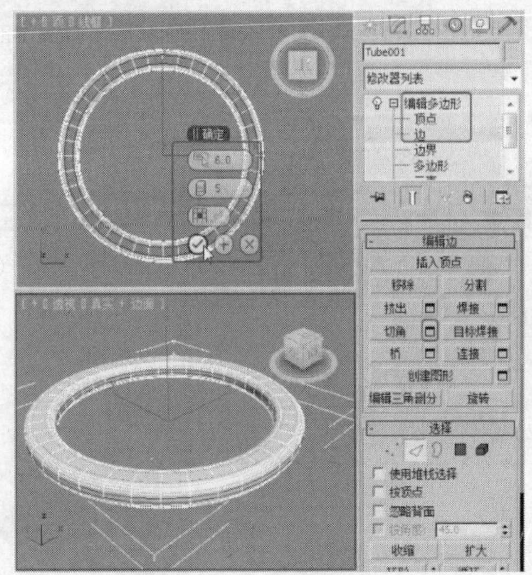

图12-89

提示

在选择边时，可以先选一条，然后在“选择”卷展栏中单击“循环”按钮，即可选择在同一个圆形上的所有边。

STEP 3 对模型施加“涡轮平滑”修改器，使用默认参数即可，如图12-90所示。

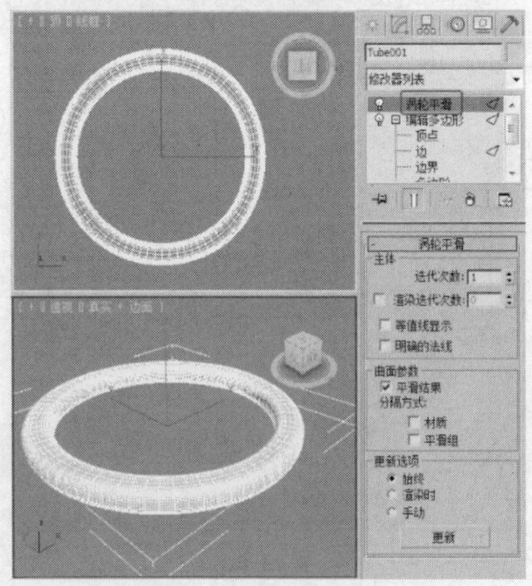

图12-90

STEP 4 单击“（创建）>（几何体）>扩展基本体>切角圆柱体”按钮，在“顶”视图中创建切角圆柱体，在“参数”卷展栏中设置“半径”为65、“高度”为8、“圆角”为2、“圆角分段”为3、“边数”为30，调整模型至合适的位置，如图12-91所示。

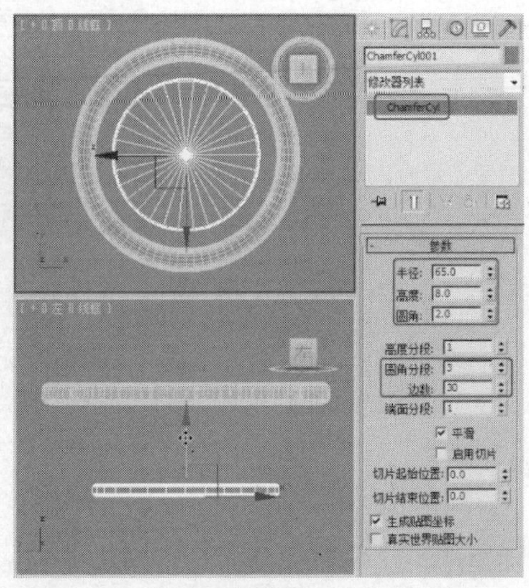

图12-91

STEP 5 单击“（创建）>（图形）>弧”按钮，在“前”视图中创建可渲染的弧，在“渲染”卷展栏中勾选“在渲染中启用”、“在视口中启用”复选项，设置“径向”的厚度为5，如图12-92所示，调整模型至合适的位置。

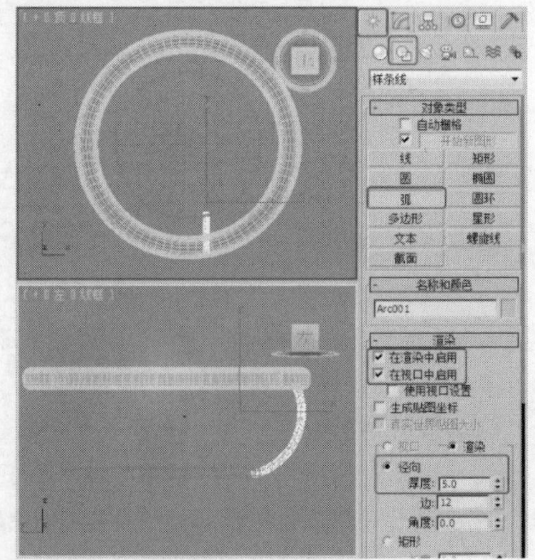

图12-92

STEP 6 切换到（层次）命令面板，在“调整轴”卷展栏中单击“仅影响轴”按钮，在“顶”视图中调整轴点至合适的位置，如图12-93所示，关闭“仅影响轴”按钮。

STEP 7 在菜单栏中选择“工具”→“阵列”

命令，在弹出的“阵列”对话框中单击“旋转”后的灰色按钮，设置沿z轴旋转360°，设置阵列“数量”为20，单击“确定”按钮，如图12-94所示。

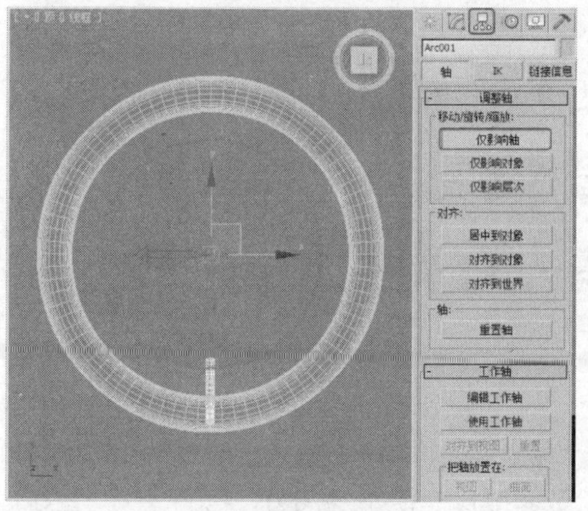

图 12-93

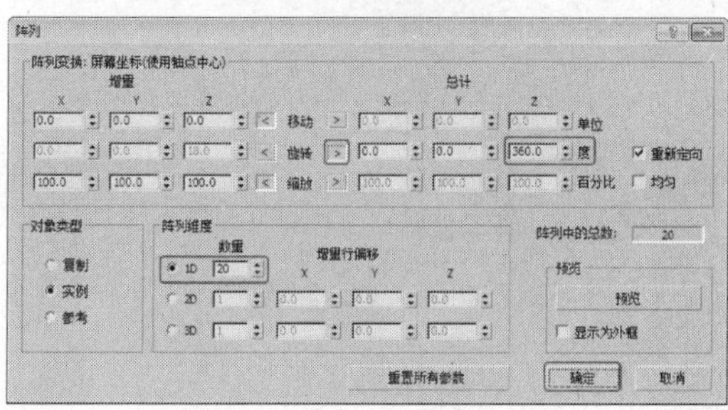

图 12-94

STEP 8 调整模型，完成的果盘模型效果如图12-95所示。完成的场景模型可以参考随书附带光盘中的“Scene\cha12\果盘.max”文件。同时还可以参考随书附带光盘中的“Scene\cha12\果盘场景.max”文件，该文件是设置好场景的场景效果文件，渲染该场景可以得到如图12-87所示的效果。

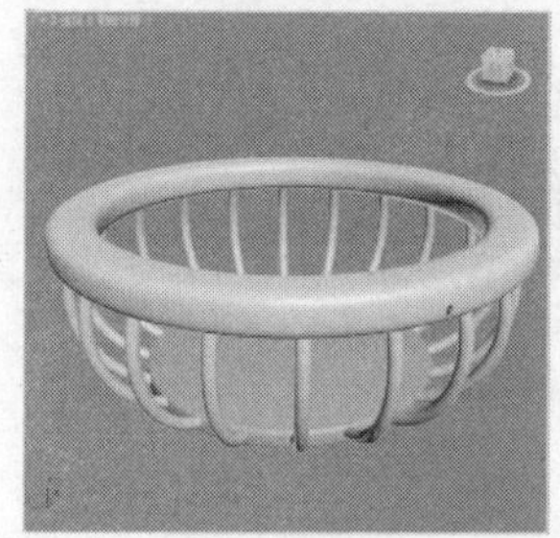

图 12-95

12.6 课堂练习——制作杯子

练习知识要点

创建球体，将气体转换为“可编辑多边形”，通过调整顶点，调整出杯子的大体形状，并调整多边形的“挤出”和“桥”，完成杯子把的制作，完成后的效果如图 12-96 所示。

效果图文件所在位置

随书附带光盘 Scene\cha12\杯子.max。

图 12-96

12.7 课后习题——制作中式瓷碗

习题知识要点

创建样条线，调整样条线的形状，并对其图形施加“车削”修改器，完成中式瓷碗模型制作，完成后的效果如图 12-97 所示。

效果图文件所在位置

随书附带光盘 Scene\cha12\中式瓷碗.max。

图 12-97

3ds Max 2012 + VRay

13 Chapter

第 13 章 室内灯具的制作

本章介绍室内各种常见灯具的制作，包括客厅吊灯、工装吊灯、落地灯、餐厅灯、射灯、台灯、壁灯、小吊灯等。

【教学目标】

- 了解灯具的风格和特色。
- 了解灯具的设计构思。
- 了解灯具的制作方法。
- 了解灯具的制作技巧。

13.1 实例 17——工装射灯

案例学习目标

学习使用切角圆柱体、矩形、可渲染的样条线、圆柱体、球体、胶囊工具，结合使用“编辑多边形”、“编辑样条线”、“挤出”、“平滑”修改器制作工装射灯模型。

案例知识要点

创建切角圆柱体用于制作射灯底座；创建切角圆柱体、矩形，调整并设置矩形的挤出作为射灯的支架；创建切角圆柱体、圆柱体、球体、胶囊，圆柱体、球体使用“编辑多边形”修改器，球体使用“编辑多边形”、“平滑”修改器用于制作射灯部分；创建可渲染的样条线用于制作电线，完成的模型效果如图 13-1 所示。

图 13-1

效果图文件所在位置

随书附带光盘 Scene\cha13\工装射灯.max。

STEP 1 单击“（创建）>（几何体）>扩展基本体>切角圆柱体”按钮，在“顶”视图中创建切角圆柱体，在“参数”卷展栏中设置“半径”为80、“高度”为12、“圆角”为1.5、“圆角分段”为3、“边数”为20，如图13-2所示。

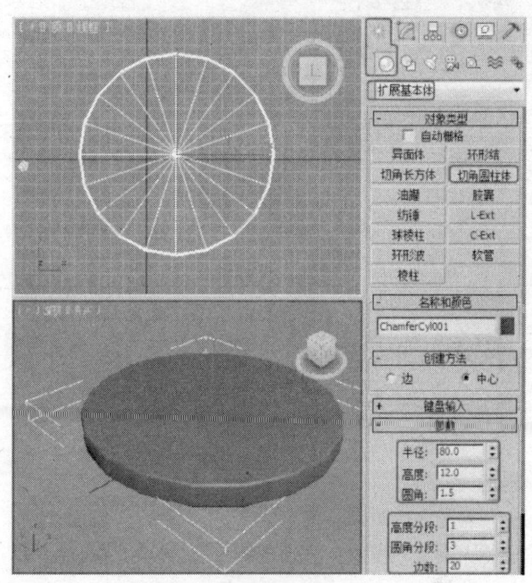

图 13-2

STEP 2 继续在“顶”视图中创建切角圆柱体，在“参数”卷展栏中设置“半径”为23、“高度”为-220、“圆角”为1、“高度分段”为3、“圆角分段”为2、“边数”为20，如图13-3所示。

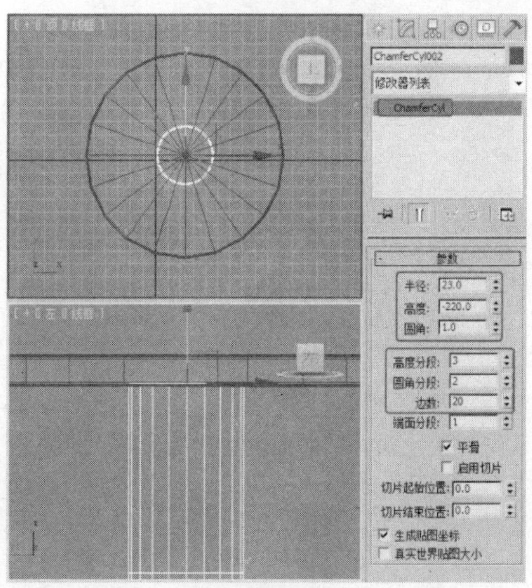

图 13-3

STEP 3 对模型施加“编辑多边形”修改器，将选择集定义为“顶点”，在场景中调整顶点位置，如图13-4所示。

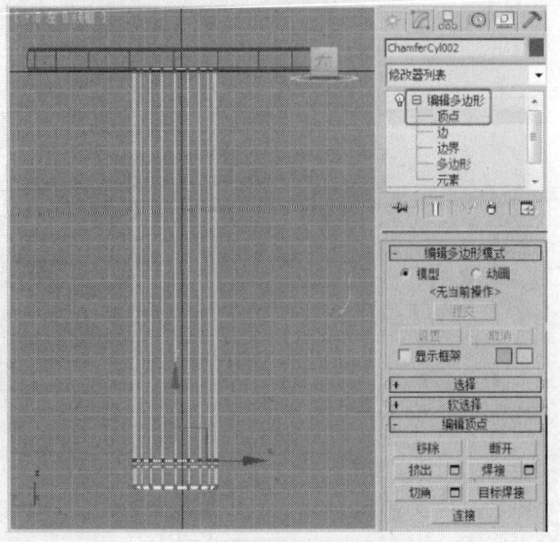

图13-4

STEP 4 将选择集定义为“多边形”，选择如图13-5所示多边形，在“编辑多边形”卷展栏中单击“挤出”后的设置按钮，在弹出的对话框中设置挤出类型为“本地法线”、“高度”为-1，单击“确定”按钮，如图13-5所示。

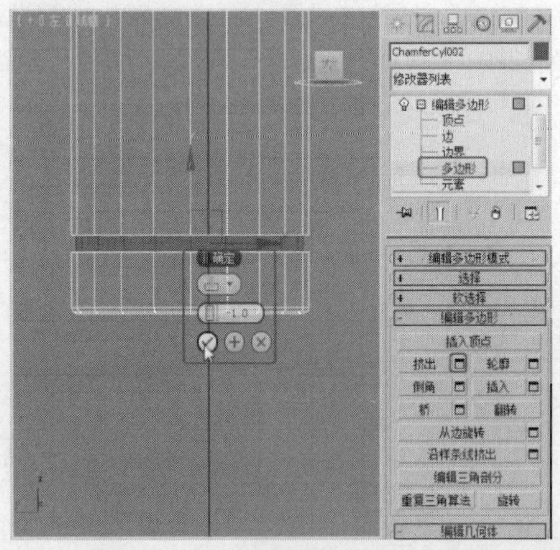

图13-5

STEP 5 单击“（创建）>（图形）>矩形”按钮，在“左”视图中创建矩形，在“参数”卷展栏中设置“长度”为170、“宽度”为36，如图13-6所示。

STEP 6 对图形施加“编辑样条线”修改器，将选择集定义为“顶点”，在场景中调整顶点位置，如图13-7所示。

STEP 7 对图形施加“挤出”修改器，在“参数”卷展栏中设置“数量”为3.5，并调整模型至合适的位置，如图13-8所示。

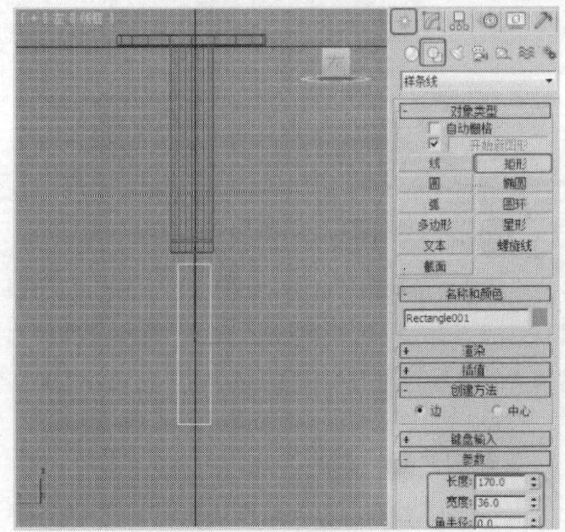

图13-6

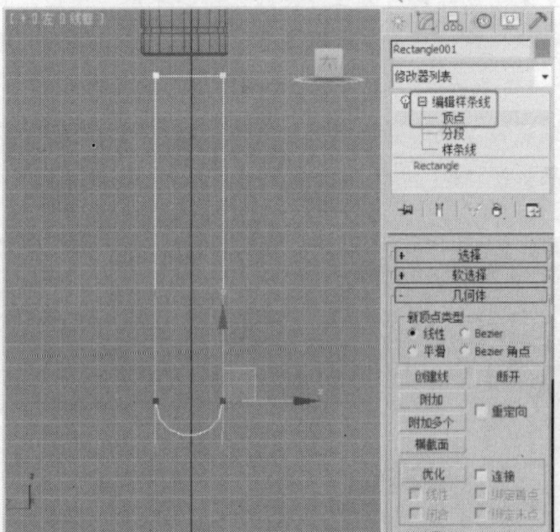

图13-7

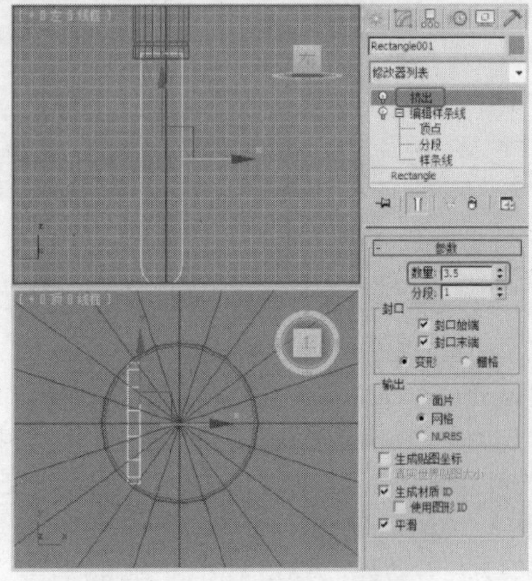

图13-8

STEP 8 复制并调整模型至合适的位置，如图13-9所示。

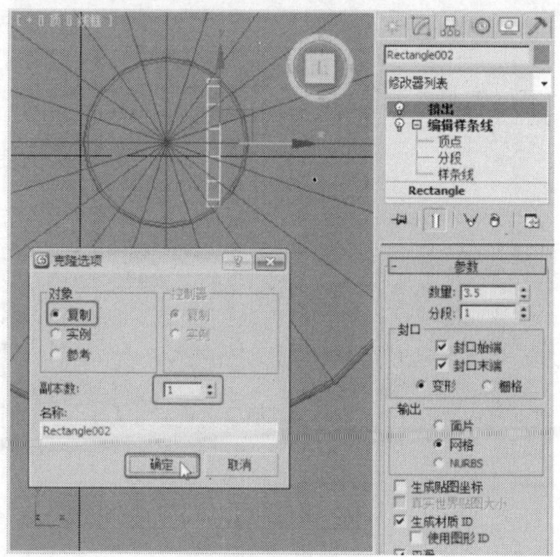

图 13-9

STEP 9 单击“（创建）>（几何体）>扩展基本体>切角圆柱体”按钮，在“左”视图中创建切角圆柱体，在“参数”卷展栏中设置“半径”为16.5、“高度”为23、“圆角”为1、“圆角分段”为2、“边数”为20，并调整切角圆柱体至合适的位置，如图13-10所示。

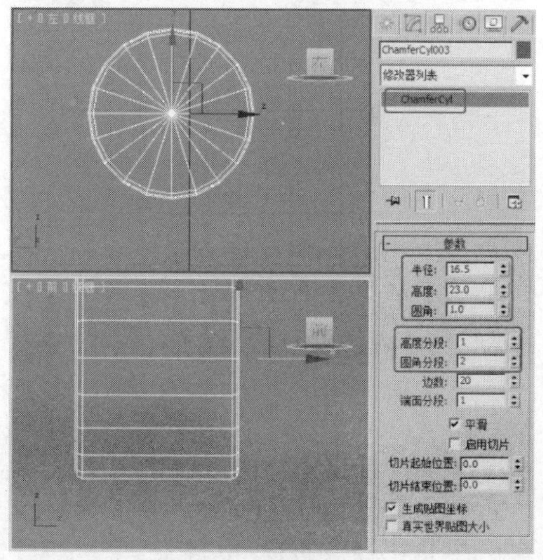

图 13-10

STEP 10 单击“（创建）>（几何体）>扩展基本体>切角圆柱体”按钮，在“前”视图中创建切角圆柱体，在“参数”卷展栏中设置“半径”为5、“高度”为300、“圆角”为1、“圆角分段”为2，如图13-11所示。

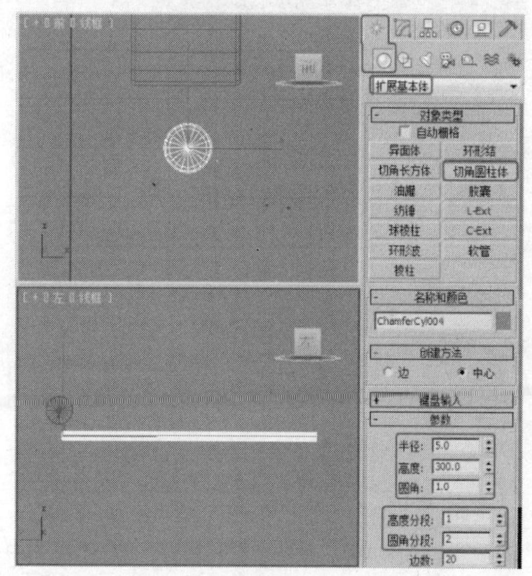

图 13-11

STEP 11 单击“（创建）>（几何体）>标准基本体>圆柱体”按钮，在“前”视图中创建圆柱体，在“参数”卷展栏中设置“半径”为10，“高度”为90，“高度”分段为4，如图13-12所示。

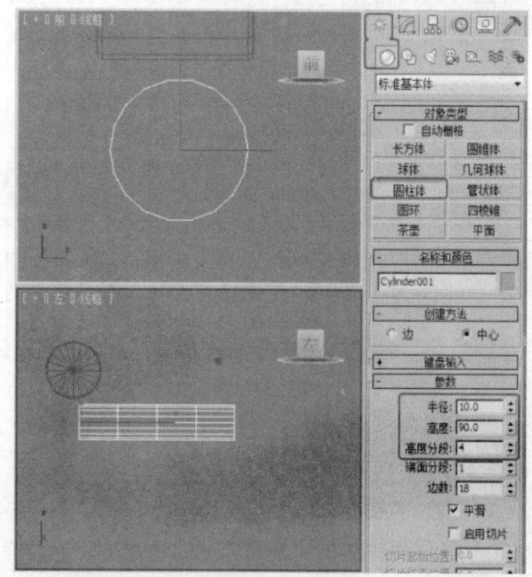

图 13-12

STEP 12 对模型施加“编辑多边形”修改器，将选择集定义为“顶点”，在“左”视图中调整顶点位置，如图13-13所示。

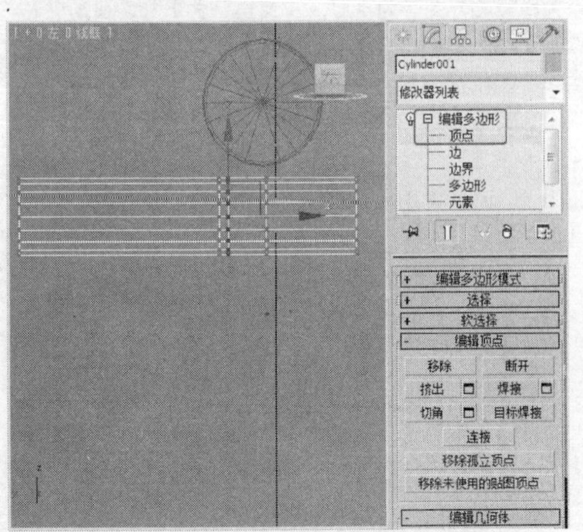

图13-13

STEP 13 在“左”视图中框选右边的顶点，单击（选择并均匀缩放）按钮，在“前”视图中缩放顶点，如图13-14所示。

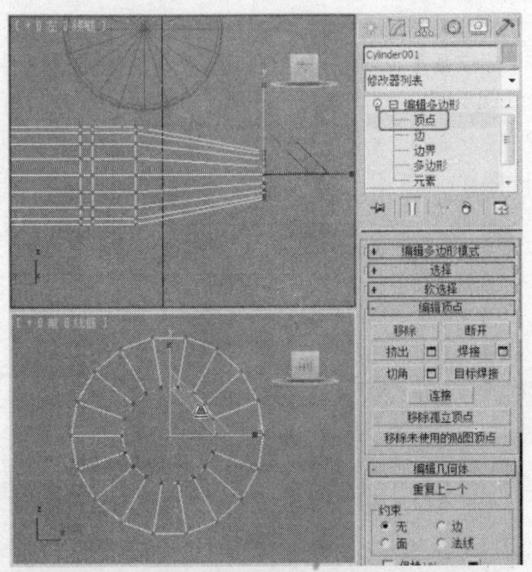

图13-14

STEP 14 将选择集定义为“多边形”，在“左”视图中选择如图13-15所示的多边形，在“编辑多边形”卷展栏中单击“挤出”后的设置按钮，在弹出的对话框中选择挤出类型为“本地法线”，设置“高度”为-0.5，单击“确定”按钮。

STEP 15 调整视图，在场景中选择如图13-16所示的多边形，按Delete键将其删除。

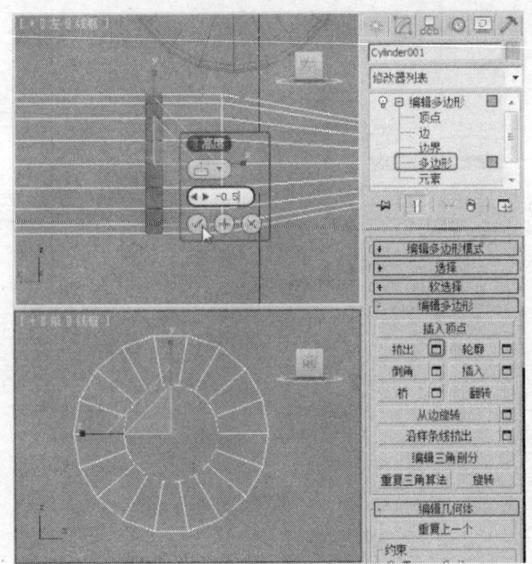

图13-15

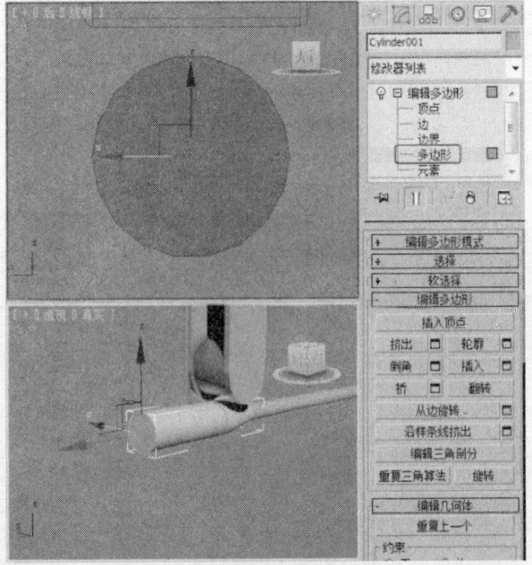

图13-16

STEP 16 单击“（创建）>（几何体）>球体”按钮，在“后”视图中创建球体，在“参数”卷展栏中设置“半径”为10，并调整球体至合适的的位置，如图13-17所示。

STEP 17 对球体施加“编辑多边形”修改器，将选择集定义为“多边形”，在“左”视图中选择如图13-18所示的多边形，按Delete键将其删除，如图13-18所示。

STEP 18 关闭选择集，单击（选择并均匀缩放）按钮，在“左”视图中缩放模型，如图13-19所示。

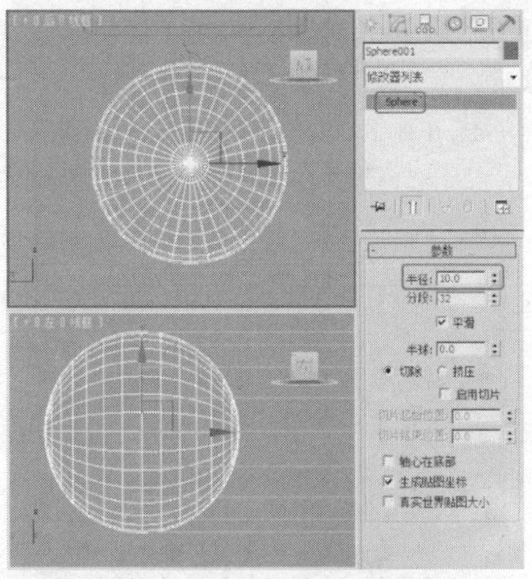

图 13-17

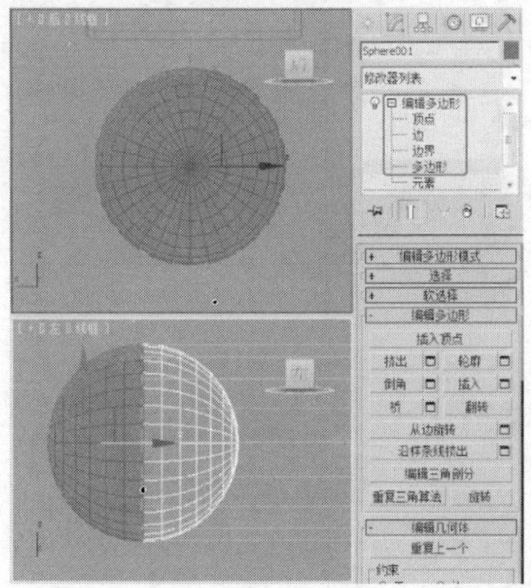

图 13-18

STEP 19 对模型施加“平滑”修改器，如图13-20所示。

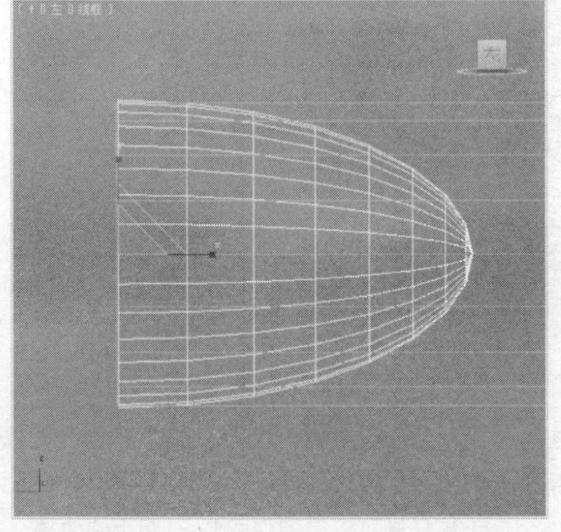

图 13-19

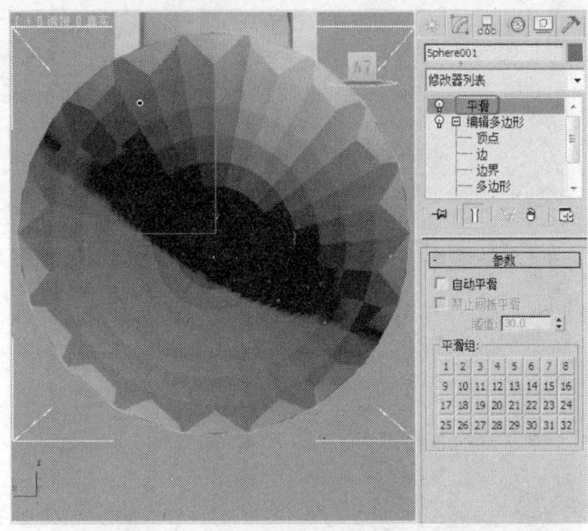

图 13-20

STEP 20 单击“（创建）>（几何体）>扩展基本体>胶囊”按钮，在“前”视图中创建胶囊，在“参数”卷展栏中设置“半径”为2.5、“高度”为17，并调整模型至合适的位置，如图13-21所示。

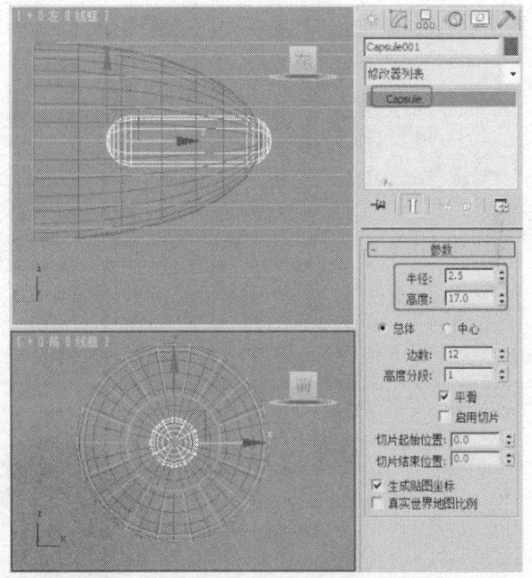

图 13-21

STEP 21 单击“（创建）>（几何体）>标准基本体>圆柱体”按钮，在“前”视图中创建圆柱图，在“参数”卷展栏中设置“半径”为10、“高度”为1、“高度分段”为1，在场景中调整模型至合适的位置，如图13-22所示。

STEP 22 选择如图13-23所示的模型，在场景中调整模型角度并移动至合适的位置。

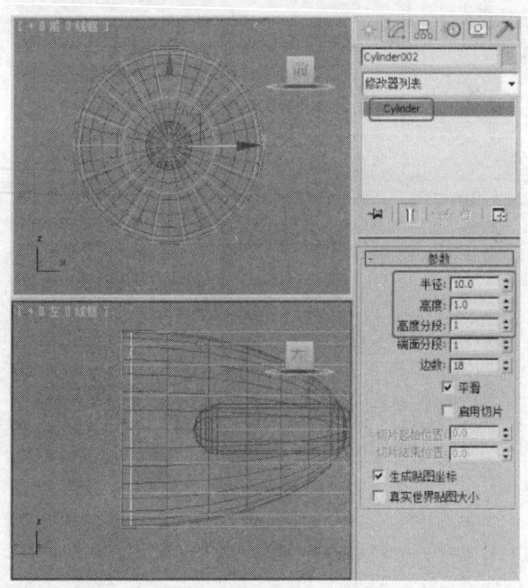

图 13-22

STEP 23 单击“（创建）>（图形）>线”按钮，在“左”视图中创建样条线，在“渲染”卷展栏中勾选“在渲染中启用”、“在视口中启用”复选项，设置“径向”厚度为1，如图13-24所示。

STEP 24 切换到（修改）命令面板，将选择集定义为“顶点”，按Ctrl+A组合键全选顶点，右键单击，在弹出的快捷菜单中选择顶点类型为“平滑”，关闭选择集并在场景中调整模型至合适的位置，如图13-25所示。

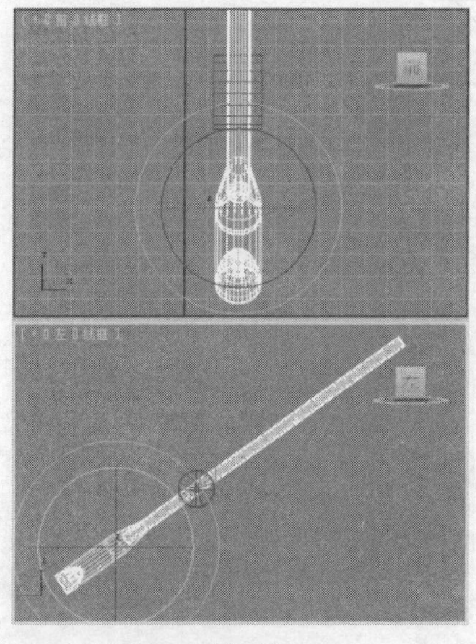

图 13-23

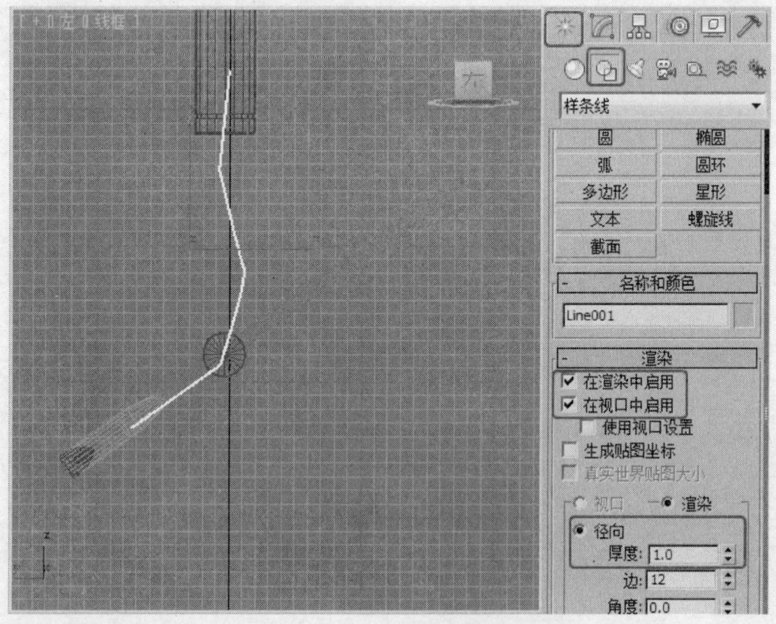

图 13-24

STEP 25 调整模型后的效果如图13-26所示。完成的场景模型可以参考随书附带光盘中的“Scene\cha13\工装射灯.max”文件。同时还可以参考随书附带光盘中的“Scene\cha13\工装射灯场景.max”文件，该文件是设置好场景的场景效果文件，渲染该场景可以得到如图13-1所示的效果。

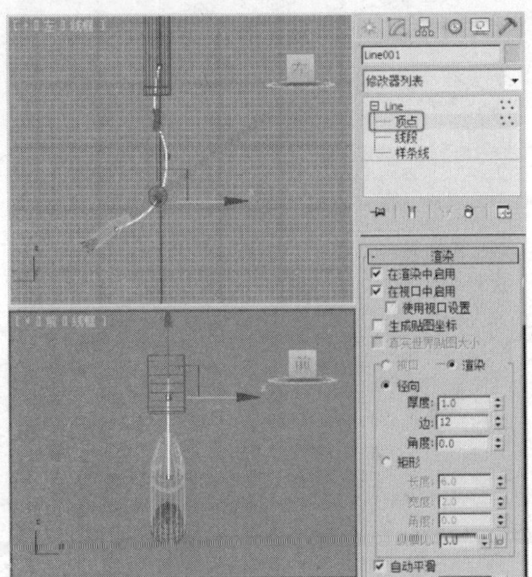

图 13-25

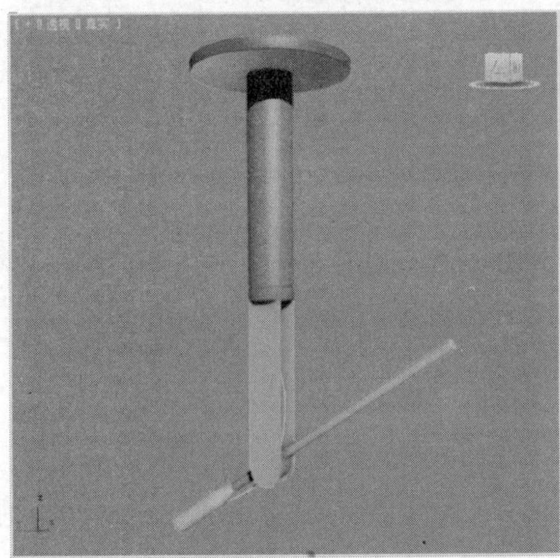

图 13-26

13.2 实例 18——餐厅吊灯

案例学习目标

学习使用球体、圆柱体、可渲染的样条线工具，结合使用“编辑多边形”、“壳”修改器制作餐厅吊灯模型。

案例知识要点

创建球体并施加“编辑多边形”修改器用于制作灯罩模型，创建圆柱体用于制作支架和灯管模型，创建可渲染的样条线用于制作电线和吊线模型，完成的模型效果如图 13-27 所示。

图 13-27

效果图文件所在位置

随书附带光盘 Scene\cha13\餐厅吊灯.max。

STEP 1 单击“（创建）>（几何体）>球体”按钮，在“顶”视图中创建球体，在“参数”卷展栏中设置“半径”为100、“分段”为32，如图13-28所示。

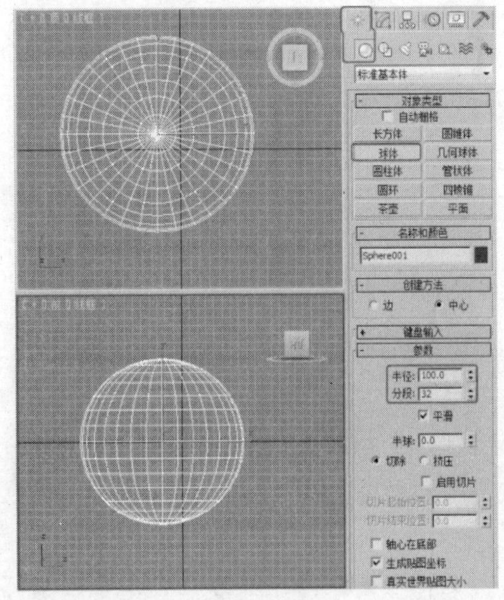

图 13-28

STEP 2 对球体施加“编辑多边形”修改器，将选择集定义为“多边形”，在场景中选择如

图13-29所示的多边形，按Delete键将其删除。

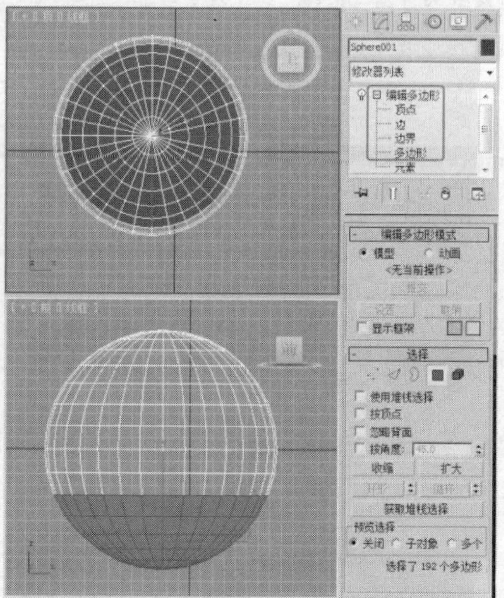

图13-29

STEP 3 关闭选择集，单击（选择并均匀缩放）按钮，在“前”视图中沿y轴缩放模型，如图13-30所示。

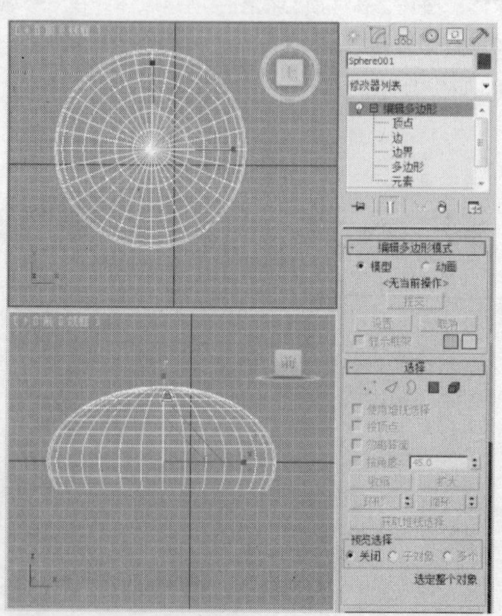

图13-30

STEP 4 将选择集定义为“顶点”，在“前”视图中选择底部的两组顶点，沿y轴缩放顶点，如图13-31所示。

STEP 5 对模型施加“壳”修改器，在“参数”卷展栏中设置“外部量”为2，如图13-32所示。

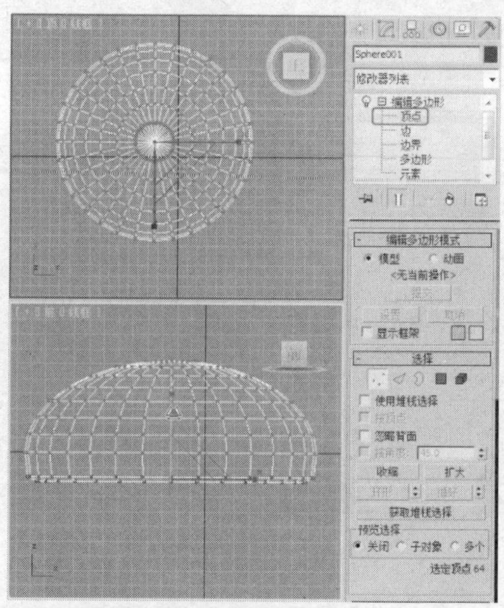

图13-31

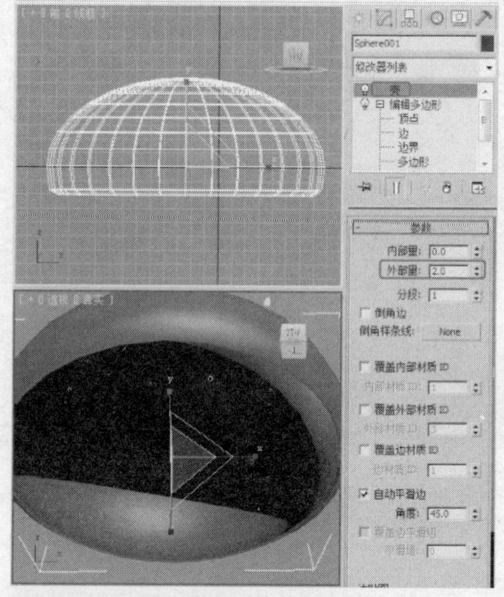

图13-32

STEP 6 单击“（创建）>（几何体）>圆柱体”按钮，在“顶”视图中创建圆柱体，在“参数”卷展栏中设置“半径”为20、“高度”为50，并调整模型至合适的位置，如图13-33所示。

STEP 7 单击“（创建）>（图形）>线”按钮，在“前”视图中创建可渲染的样条线，在“渲染”卷展栏中勾选“在渲染中启用”、“在视口中启用”复选项，设置“径向”的厚度为3，如图13-34所示。

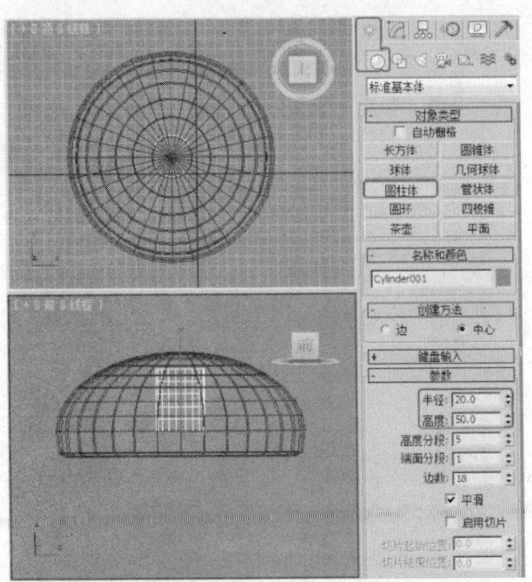

图13-33

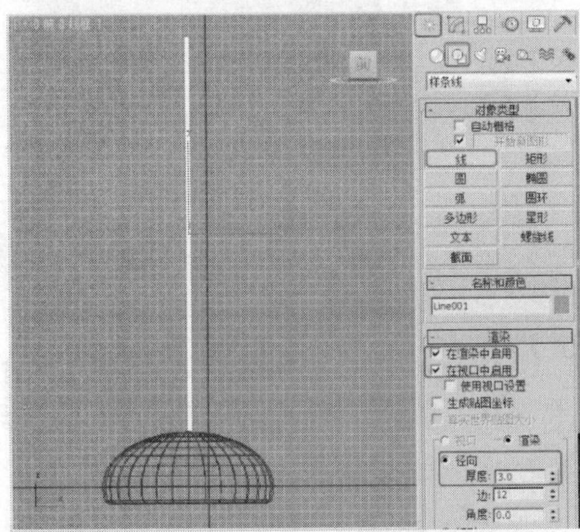

图13-34

STEP 8 继续在“前”视图中创建可渲染的样条线，在“渲染”卷展栏中勾选“在渲染中启用”、“在视口中启用”复选项，设置“径向”的厚度为1.5，如图13-35所示。

STEP 9 切换到（修改）命令面板，将选择集定义为“顶点”，按Ctrl+A组合键全选顶点，右键单击，在弹出的快捷菜单中选择“平滑”命令，关闭选择集并调整图形至合适的位置，如图13-36所示。

STEP 10 单击“（创建）>（几何体）>圆柱体”按钮，在“顶”视图中创建圆柱体，在“参数”卷展栏中设置“半径”为4、“高度”为20，并调整模型至合适的位置，如图13-37所示。

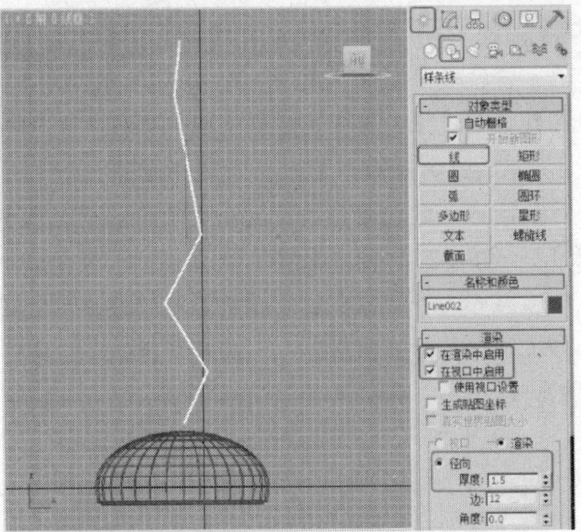

图13-35

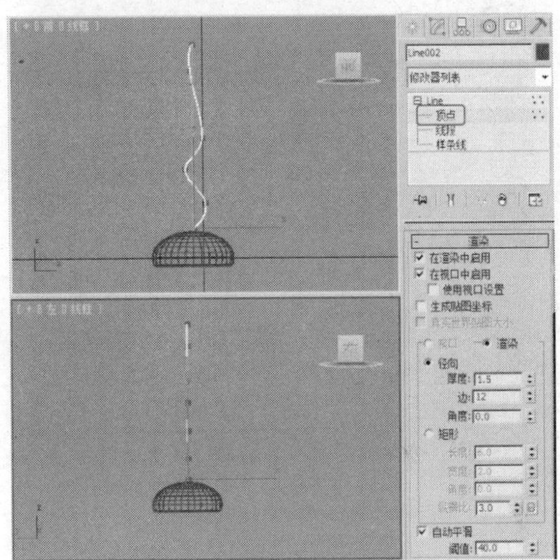

图13-36

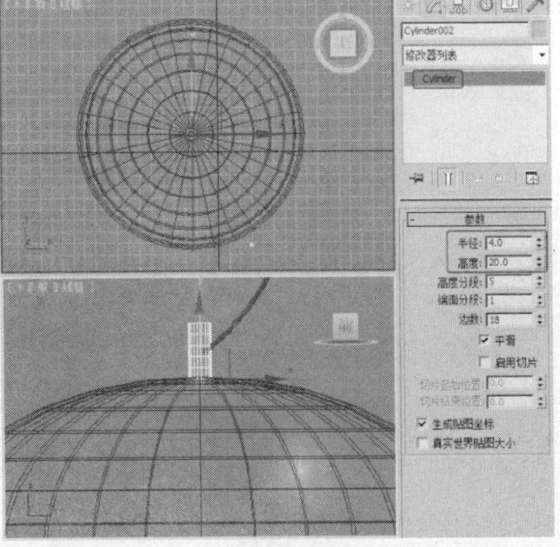

图13-37

STEP 11 复制圆柱体并修改其参数，在“参数”卷展栏中设置“半径”为4、“高度”为30，调整模型位置，调整模型后的效果如图13-38所示。完成的场景模型可以参考随书附带光盘中的“Scene\cha13\餐厅吊灯.max”文件。同时还可以参考随书附带光盘中的“Scene\cha13\餐厅吊灯场景.max”文件，该文件是设置好场景的场景效果文件，渲染该场景可以得到如图13-27所示的效果。

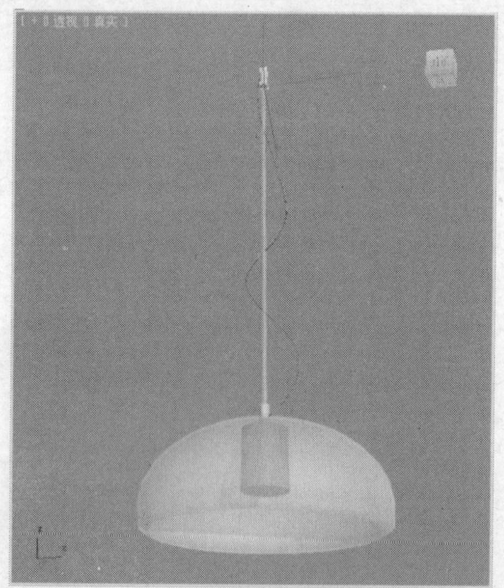

图13-38

13.3 实例19——欧式台灯

案例学习目标

创建切角长方体并施加“编辑多边形”修改器用于制作台灯底部模型，创建矩形并施加“编辑样条线”和“挤出”修改器用于制作灯罩模型，创建可渲染的样条线和圆柱体用于制作支架模型，完成的模型效果如图 13-39 所示。

案例知识要点

使用魔棒工具更换背景。使用替换颜色命令调整图片的亮度。使用横排文字工具添加文字。使用魔棒工具更换背景效果，如图 1-114 所示。

效果图文件所在位置

随书附带光盘 Scene\cha13\欧式台灯.max。

STEP 1 单击“（创建）>（几何体）>扩展基本体>切角长方体”按钮，在“参数”卷展栏中设置“长度”为25、“宽度”为50、“高度”为80、“圆角”为0.5、“圆角分段”为1，取消勾选“平滑”选项，如图13-40所示。

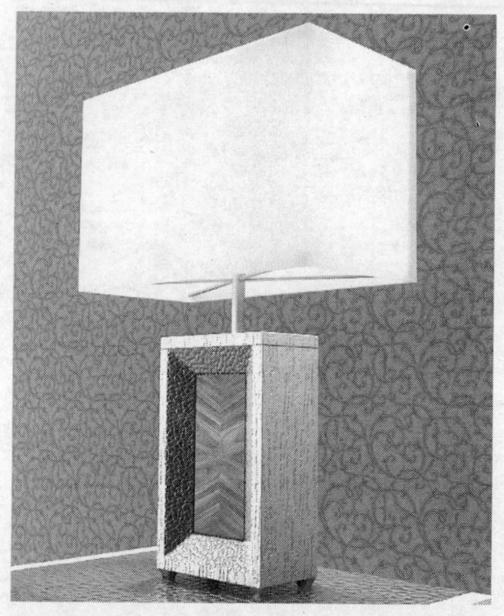

图13-39

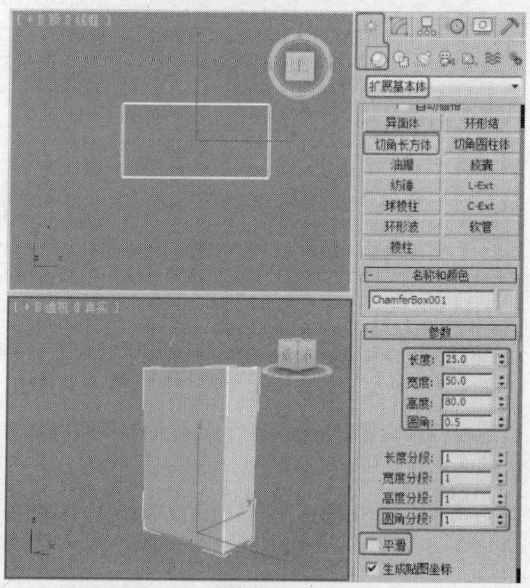

图13-40

STEP 2 对模型施加“编辑多边形”修改器，将选择集定义为“多边形”，在“编辑多边形”卷展栏中单击“倒角”后的设置按钮，在弹出的对话框中设置“轮廓”为-3.5，如图13-41所示。

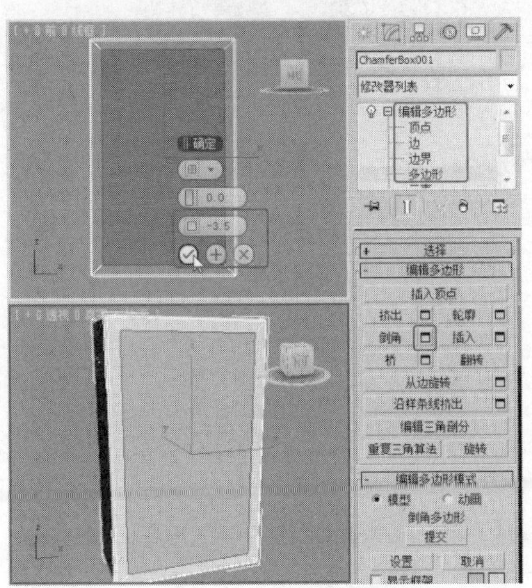
图 13-41

STEP 3 继续为多边形设置倒角，设置倒角的“高度”为-5、“轮廓”为-8，单击“确定”按钮，如图13-42所示。

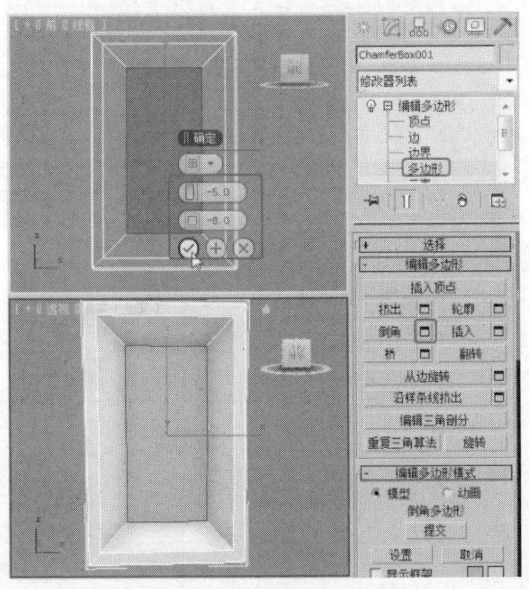
图 13-42

STEP 4 将选择定义为“边”，在“前”视图中选择如图13-43所示的边，在“编辑边”卷展栏中单击“切角”后的设置按钮，在弹出的对话框中设置“数量”为0.4、“分段”为1，单击“确定”按钮。

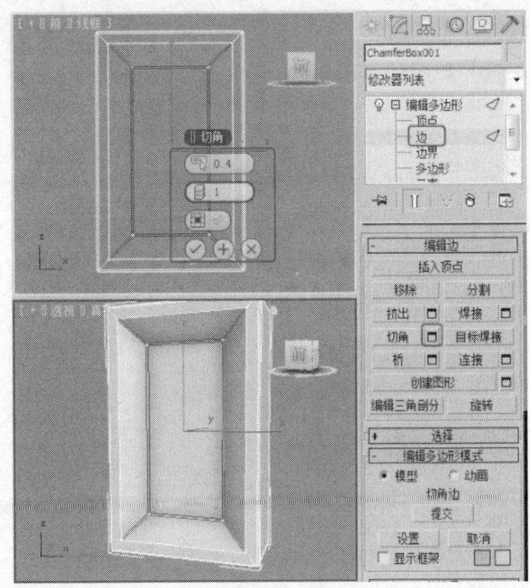
图 13-43

STEP 5 选择如图13-44所示的多边形，在“编辑多边形”卷展栏中单击“挤出”后的设置按钮，在弹出的对话框中设置“高度”为-0.5，单击“确定”按钮。

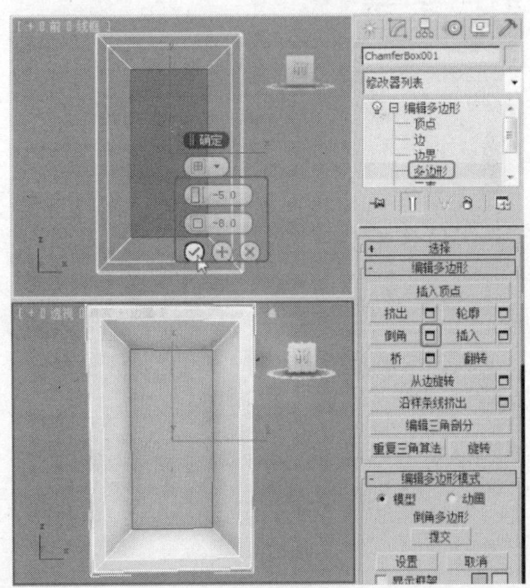
图 13-44

STEP 6 将选择集定义为“边”，在“编辑几何体”卷展栏中勾选“分割”复选项，单击“切片平面”按钮，在“前”视图中调整切面的位置，单击“切片”按钮，如图13-45所示。

STEP 7 将选择集定义为“多边形”，在“前”

视图中框选切面上方的多边形，按Delete键删除多边形，如图13-46所示。

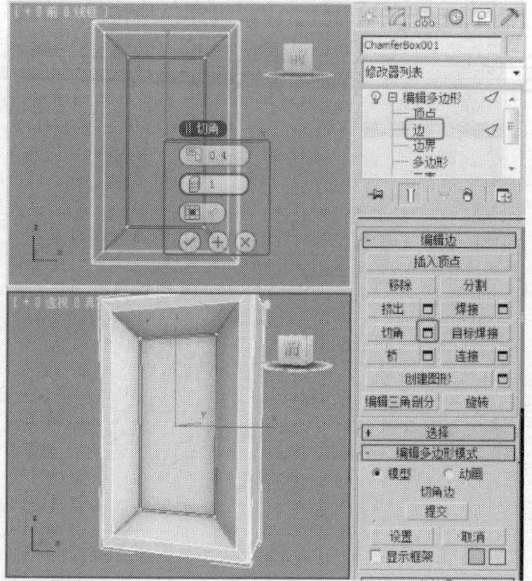

图13-45

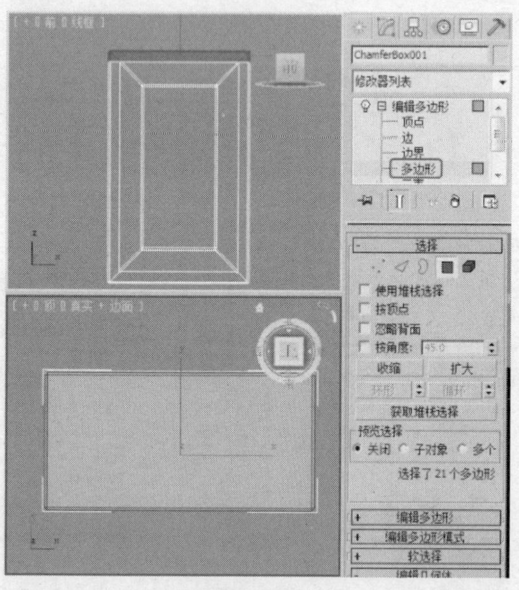

图13-46

STEP 8 单击“（创建）>（几何体）>扩展基本体>切角长方体”按钮，在“顶”视图中创建切角长方体，在“参数”卷展栏中设置“长度”为25、“宽度”为50、“高度”为5、“圆角”为0.5、“圆角分段”为1，取消勾选“平滑”复选项，如图13-47所示，调整模型至合适的位置。

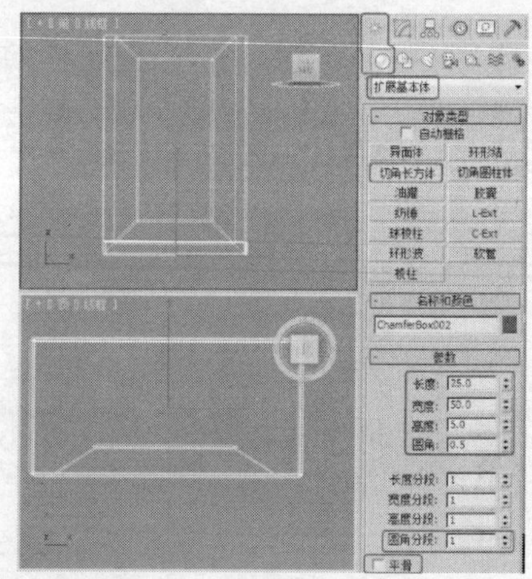

图13-47

STEP 9 单击“（创建）>（几何体）>圆柱体”按钮，在“顶”视图中创建圆柱体，在“参数”卷展栏中设置“半径”为2、“高度”为50、“高度分段”为1，如图13-48所示，调整模型至合适的位置。

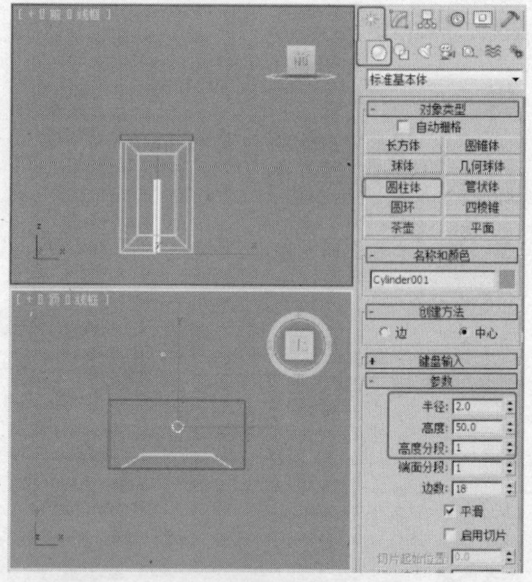

图13-48

STEP 10 单击“（创建）>（图形）>矩形”按钮，在“参数”卷展栏中设置“长度”为60、“宽度”为100，如图13-49所示。

STEP 11 切换到（修改）命令面板，对矩形施加“编辑样条线”修改器，将选择集定义为“样条线”，在“几何体”卷展栏中单击“轮廓”按钮，在“顶”视图中为矩形设置轮廓，如图13-50所示。

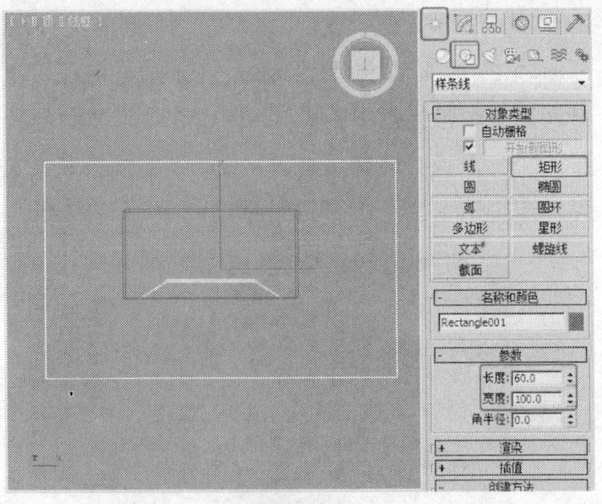

图 13-49

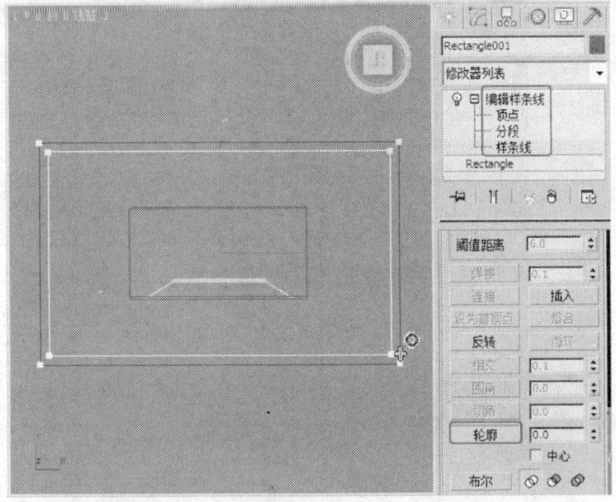

图 13-50

STEP 12 对图形施加“挤出”修改器，在“参数”卷展栏中设置“数量”为70，如图13-51所示。

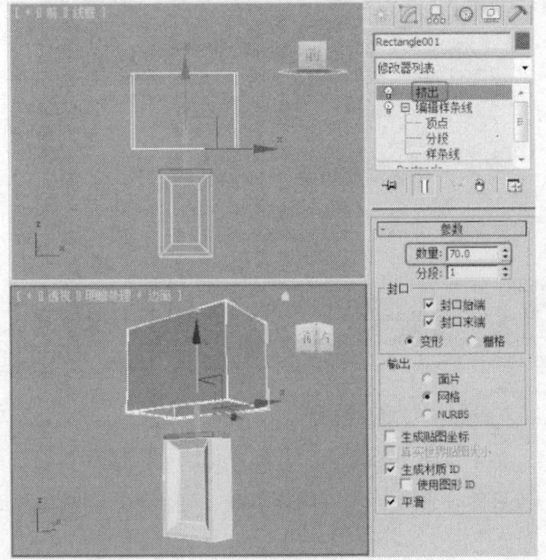

图 13-51

STEP 13 单击“（创建）>（图形）>线”按钮，在“顶”视图中创建线，在“渲染”卷展栏中勾选“在渲染中启用”、“在视口中启用”复选项，设置“径向”的厚度为1.5，如图13-52所示。

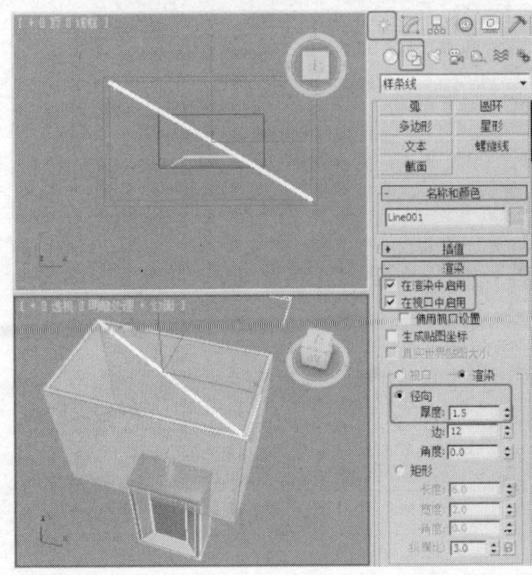

图 13-52

STEP 14 复制可渲染的样条线并调整线至合适的位置，如图13-53所示。

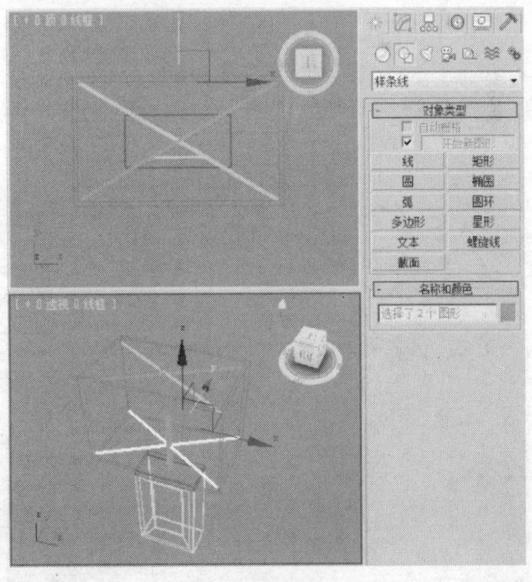

图 13-53

STEP 15 单击“（创建）>（几何体）>扩展基本体>切角长方体”按钮，在“顶”视图中创建切角长方体，在“参数”卷展栏中设置“长度”为5、“宽度”为5、“高度”为4、“圆角”为0.4、

"圆角分段"为1，取消勾选"平滑"复选项，调整模型至合适的位置，如图13-54所示。

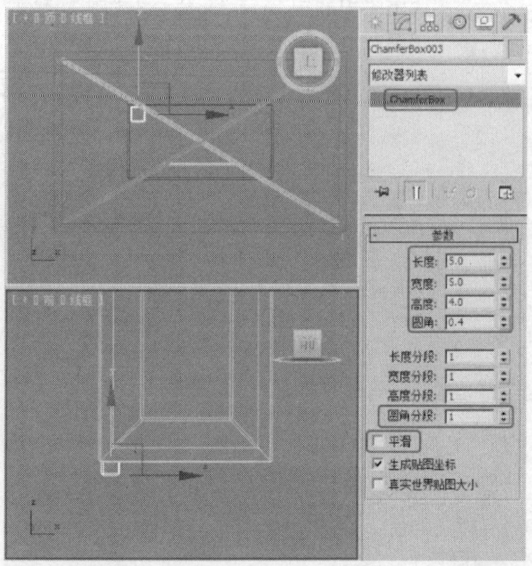

图 13-54

STEP 16 对模型施加"编辑多边形"修改器，将选择集定义为"顶点"，单击（选择并均匀缩放）按钮，在视图中缩放顶点间距，如图13-55所示。

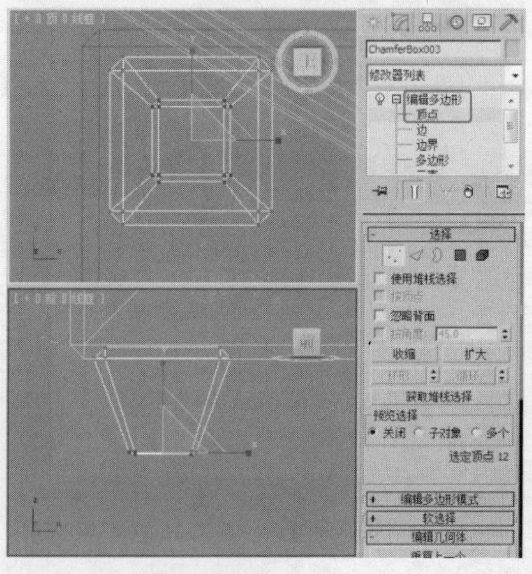

图 13-55

STEP 17 复制切角长方体003并调整其至合适的位置，如图13-56所示。

STEP 18 调整模型后的效果如图13-57所示。完成的场景模型可以参考随书附带光盘中的"Scene\cha13\欧式台灯.max"文件。同时还可以参考随书附带光盘中的"Scene\cha13\欧式台灯场景.max"文件，该文件是设置好场景的场景效果文件，渲染该场景可以得到如图13-39所示的效果。

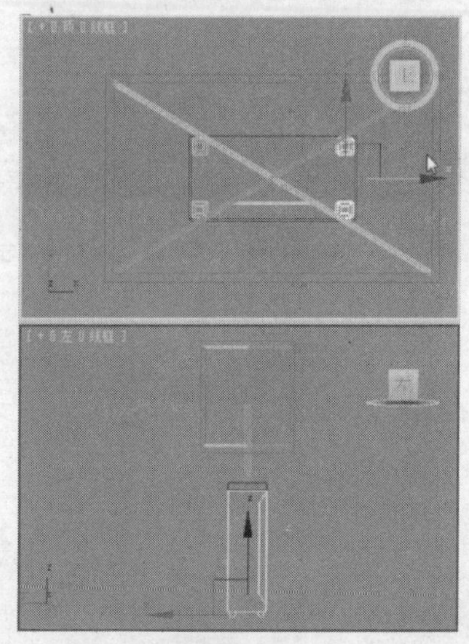

图 13-56

图 13-57

13.4 实例 20——客厅玻璃灯

案例学习目标

学习使用长方体、矩形、管状体、圆柱体、可渲染的样条线、几何球体工具，结合使用"编辑多边形"、"编辑样条线"、"挤出"、"FFD4 × 4 × 4"修改器制作客厅玻璃灯模型。

案例知识要点

创建长方体并施加“编辑多边形”修改器用于制作玻璃灯吸顶，使用矩形并施加“编辑样条线”和“挤出”修改器用于制作装饰框，使用圆柱体和管状体制作灯座，使用几何球体施加 FFD4×4×4 修改器与可渲染的样条线制作装饰品，完成的模型效果如图 13-58 所示。

图13-58

效果图文件所在位置

随书附带光盘 Scene\cha13\客厅玻璃灯.max。

STEP 1 单击“（创建）>（几何体）>长方体”按钮，在“顶”视图中创建长方体，在“参数”卷展栏中设置“长度”为200、“宽度”为200、“高度”为1.5，如图13-59所示。

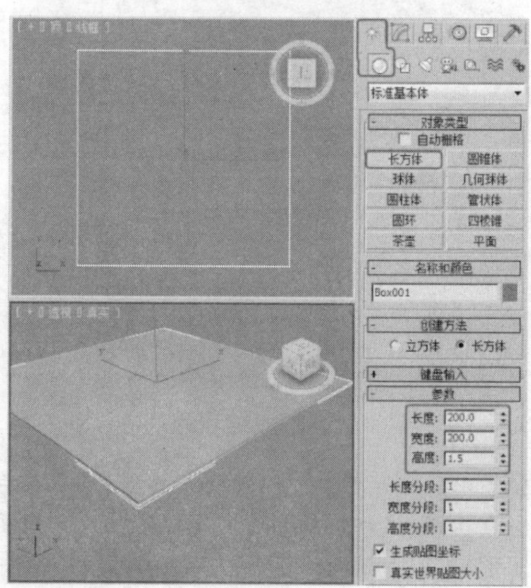

图13-59

STEP 2 对模型施加“编辑多边形”修改器，将选择集定义为“多边形”，在“底”视图中选择多边形，在“编辑多边形”卷展栏中单击“倒角”后的设置按钮，在弹出的对话框中设置“轮廓”为-2，如图13-60所示。

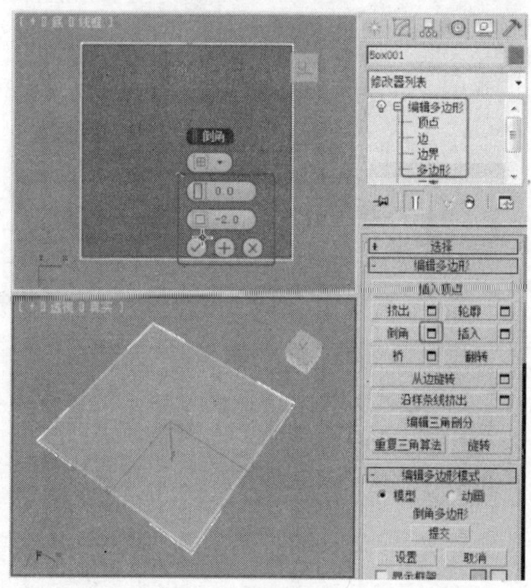

图13-60

STEP 3 在“选择”卷展栏中勾选“忽略背面”复选框，在“底”视图中选择如图13-61所示的多边形，在“编辑多边形”卷展栏中单击“挤出”后的设置按钮，设置“高度”为20。

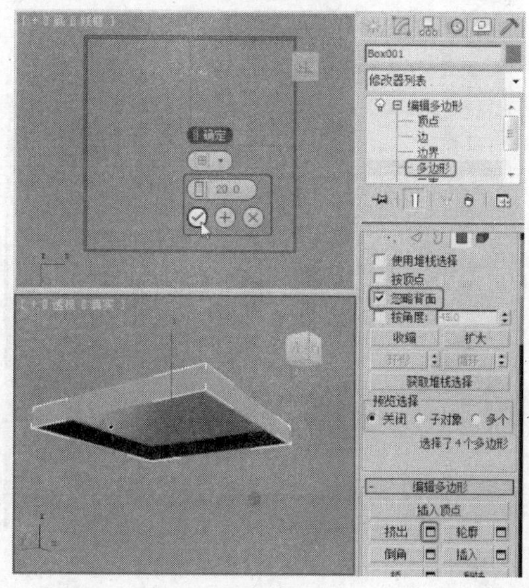

图13-61

STEP 4 单击“（创建）>（图形）>矩形”

按钮，在“顶”视图中创建矩形，在“参数”卷展栏中设置“长度”为200、“宽度”为200，如图13-62所示，调整模型至合适的位置。

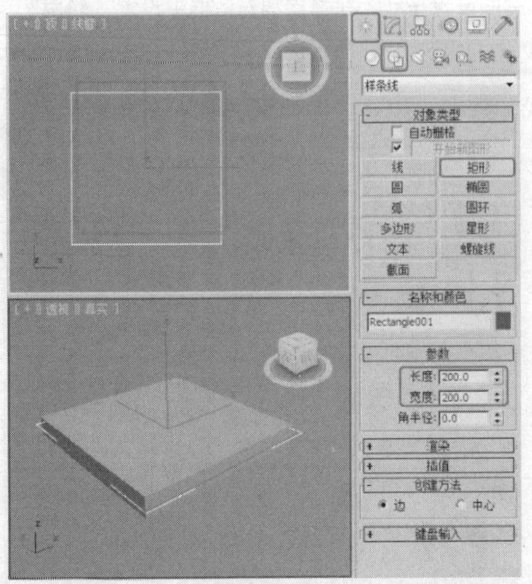

图13-62

STEP 5 对矩形施加“编辑样条线”修改器，将选择集定义为“样条线”，在“几何体”卷展栏中单击“轮廓”按钮，在“顶”视图中为矩形设置轮廓，如图13-63所示。

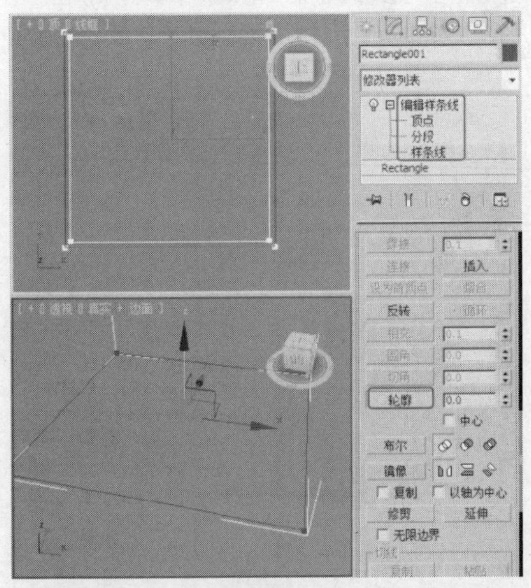

图13-63

STEP 6 对图形施加“挤出”修改器，在“参数”卷展栏中设置“数量”为2，如图13-64所示。

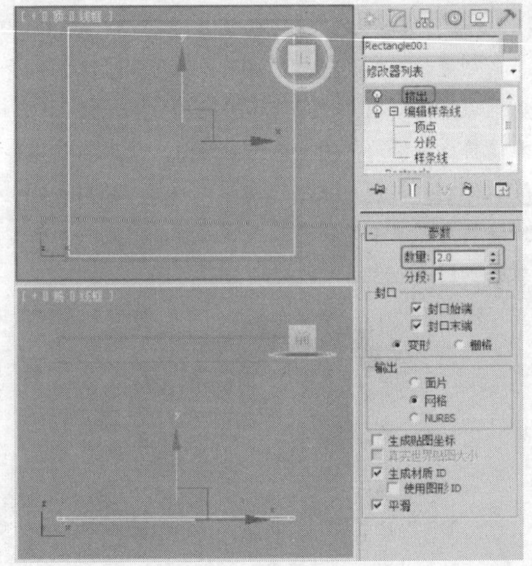

图13-64

STEP 7 单击“（创建）>（几何体）>管状体”按钮，在“顶”视图中创建管状体，在“参数”卷展栏中设置“半径1”为8、“半径2”为6、“高度”为2、“高度分段”为1、“端面分段”为1、“边数”为18，如图13-65所示，将模型调整至合适的位置。

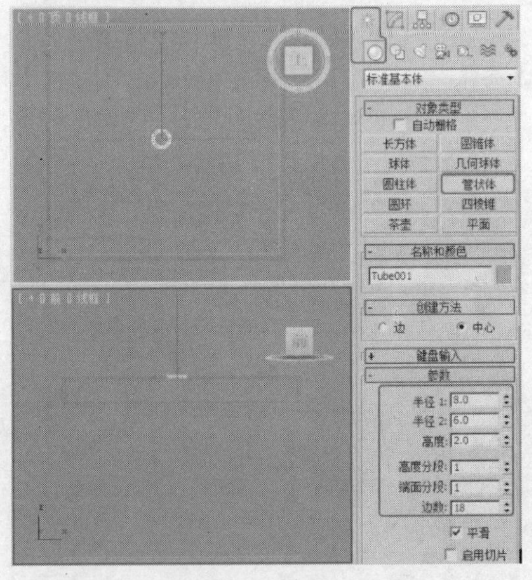

图13-65

STEP 8 复制管状体并修改其参数，设置“半径1”为7、“半径2”为5、“高度”为2、“高度分段”为1、“端面分段”为1、“边数”为18，将模型调整至合适的位置，如图13-66所示。

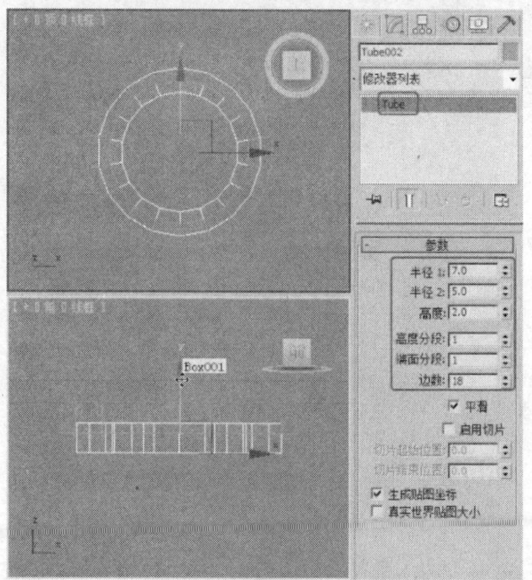

图13-66

STEP 9 单击“（创建）>（几何体）>圆柱体”按钮，在“顶”视图中创建圆柱体，在“参数”卷展栏中设置“半径”为7、“高度”为2、“高度分段”为1、“端面分段”为1、“边数”为18，如图13-67所示，调整模型至合适的位置。

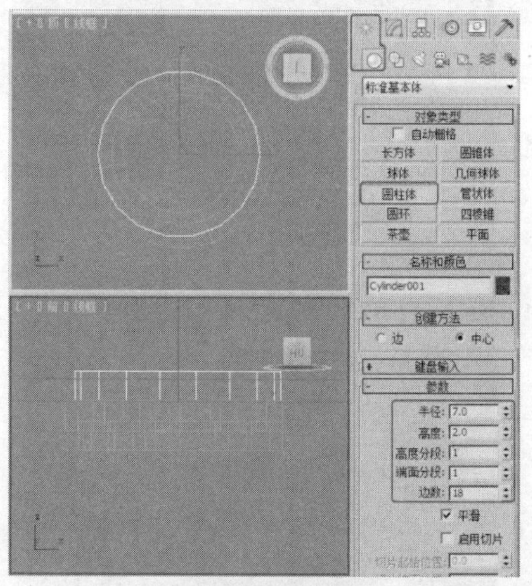

图13-67

STEP 10 在场景中复制灯座模型，如图13-68所示。

STEP 11 单击“（创建）>（图形）>线”按钮，在“前”视图中创建线，在“渲染”卷展栏中勾选“在渲染中启用”、“在视口中启用”复选项，设置“径向”的厚度为0.5，如图13-69所示。

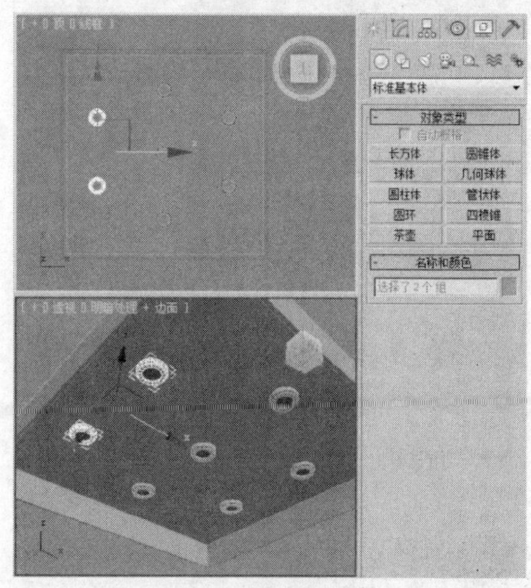

图13-68

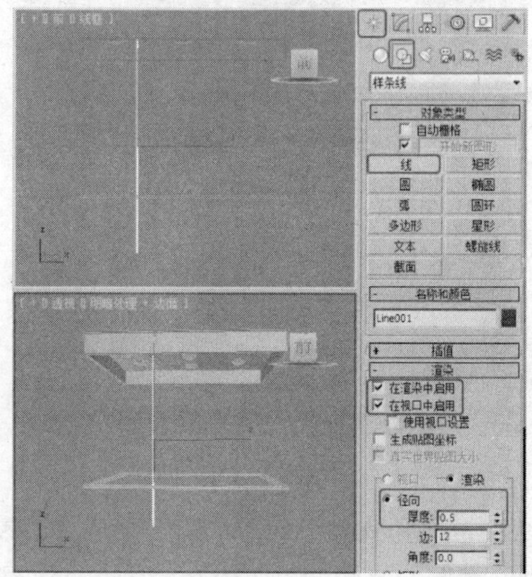

图13-69

STEP 12 单击“（创建）>（几何体）>几何球体”按钮，在“顶”视图中创建几何球体，在“参数”卷展栏中设置“半径”为4、“分段”为1，选择“基点面类型”为二十面体，取消勾选“平滑”复选项，如图13-70所示。

STEP 13 在视图中单击（选择并均匀缩放）按钮缩放模型，复制并调整模型至合适的位置和角度，如图13-71所示。

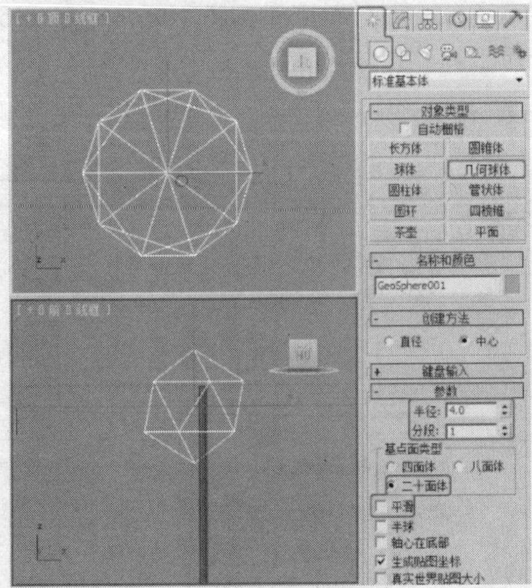

图 13-70

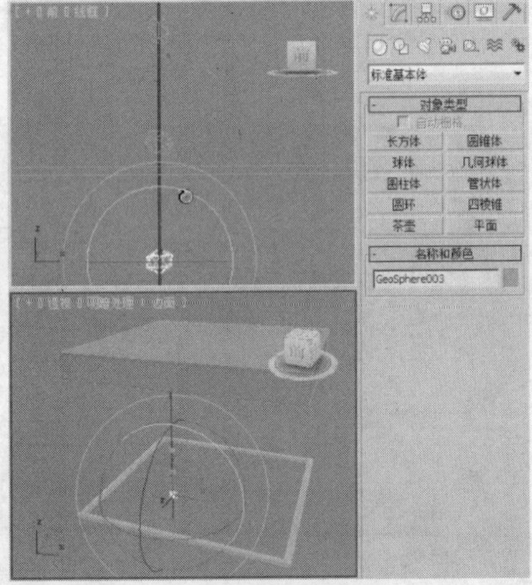

图 13-71

STEP 14 继续在视图中创建几何球体，在“参数”卷展栏中设置“半径”为7、“分段”为2，选择“基点面类型”为二十面体，勾选“平滑”复选项，如图13-72所示，调整模型至合适的位置。

STEP 15 对模型施加“FFD4×4×4”修改器，将选择集定义为“控制点”，在视图中调整控制点至合适的位置，如图13-73所示。

STEP 16 单击“（创建）>（图形）>线”按钮，在“前”视图中创建线，在“渲染”卷展栏中勾选“在渲染中启用”、“在视口中启用”复选项，设置“径向”的厚度为0.2，如图13-74所示。

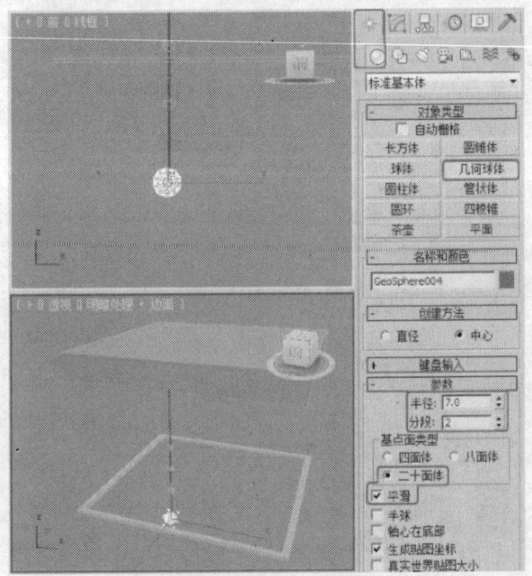

图 13-72

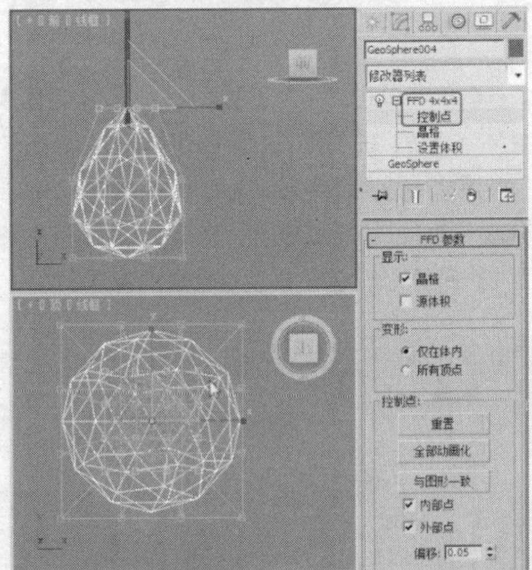

图 13-73

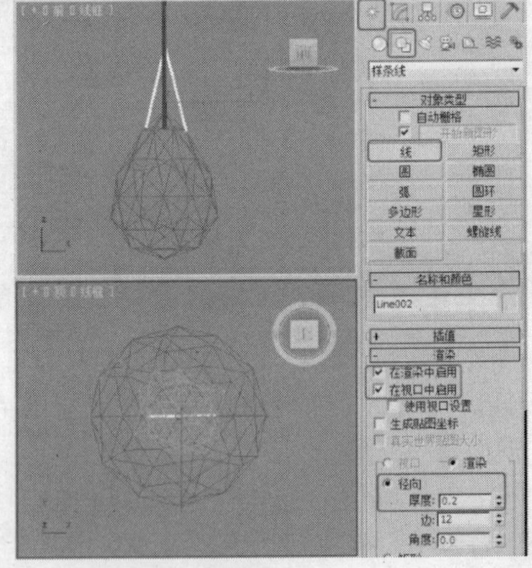

图 13-74

STEP 17 选择如图13-75所示的模型，在工具栏中选择“组”→“成组”命令，在弹出的“组”对话框中单击“确定”按钮。

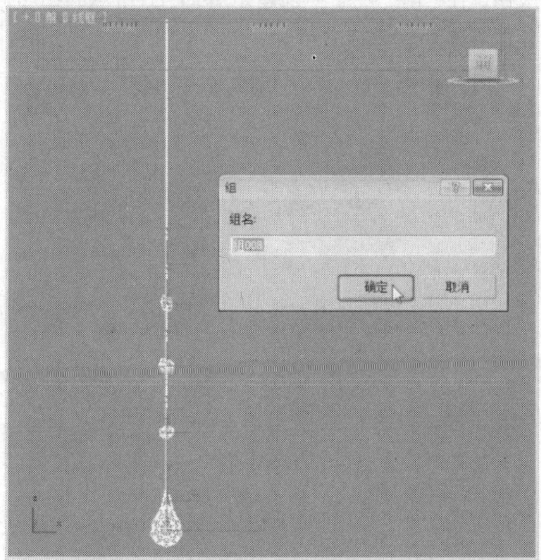

图 13-75

STEP 18 复制组008并调整模型至合适的位置，如图13-76所示。

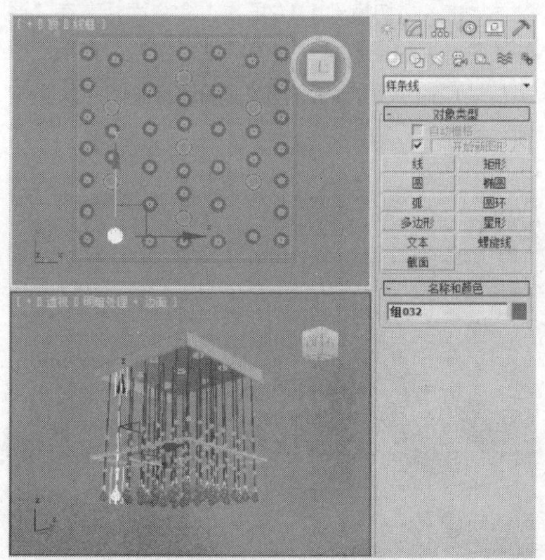

图 13-76

STEP 19 单击“（创建）>（图形）>线”按钮，在“前”视图中创建可渲染的样条线，在“渲染”卷展栏中勾选“在渲染中启用”、“在视口中启用”复选项，设置“径向”的厚度为0.5，如图13-77所示。

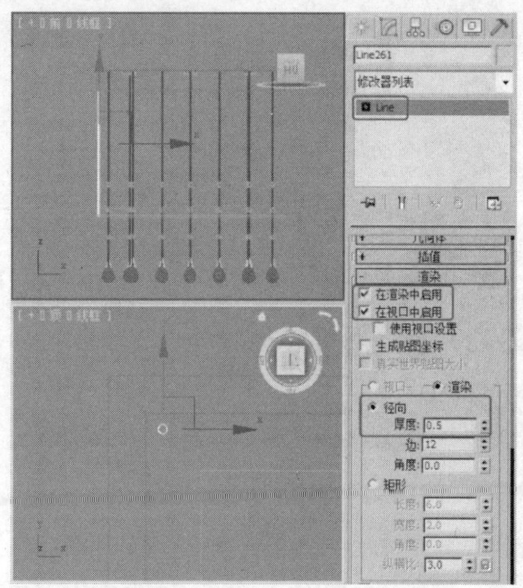

图 13-77

STEP 20 复制可渲染的样条线并调整其至合适的位置，如图13-78所示。

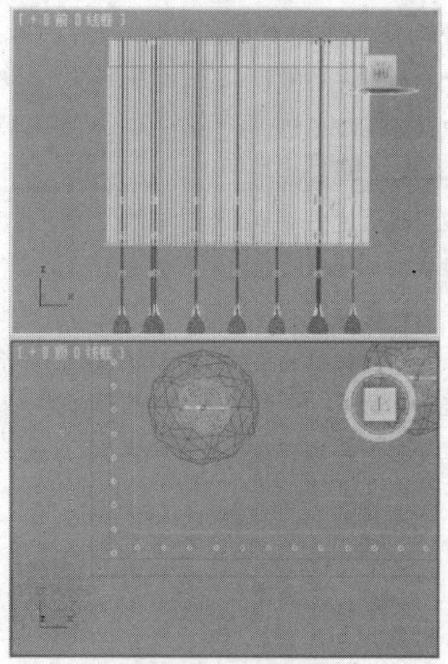

图 13-78

STEP 21 整模型后的效果如图13-79所示。完成的场景模型可以参考随书附带光盘中的“Scene\cha13\客厅玻璃灯.max”文件。同时还可以参考随书附带光盘中的“Scene\cha13\客厅玻璃灯场景.max”文件，该文件是设置好场景的场景效果文件，渲染该场景可以得到如图13-58所示的效果。

图13-79

13.5 实例 21——中式落地灯

案例学习目标

学习使用线、可渲染的样条线、圆柱体、星形、可渲染的弧、可渲染的圆、放样、阵列工具，结合使用“车削”、“倒角”、“编辑样条线”修改器制作中式落地灯模型。

案例知识要点

使用线创建图形并施加“车削”修改器用于制作支柱模型；使用线创建图形并施加“倒角”修改器用于制作支架和装饰模型；使用星形并施加“编辑样条线”修改器使星形作为放样图形、线作为放样路径制作灯罩；使用可渲染的弧和可渲染的圆制作灯罩支架，完成的模型效果如图 13-80 所示。

图13-80

效果图文件所在位置

随书附带光盘 Scene\cha13\中式落地灯.max。

STEP 1 单击“（创建）>（图形）>线”按钮，在“前”视图中创建如图13-81所示的图形，并在视图中调整顶点位置。

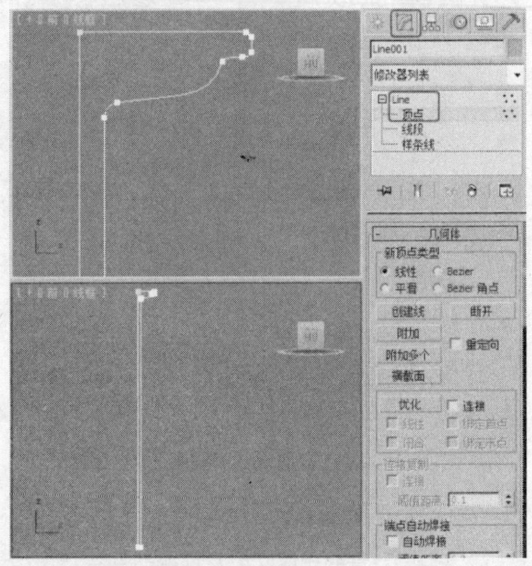

图13-81

STEP 2 切换到（层次）命令面板，在“调整轴”卷展栏中单击“仅影响轴”按钮，在视图中调整轴点的位置，如图13-82所示，关闭“仅影响轴”按钮。

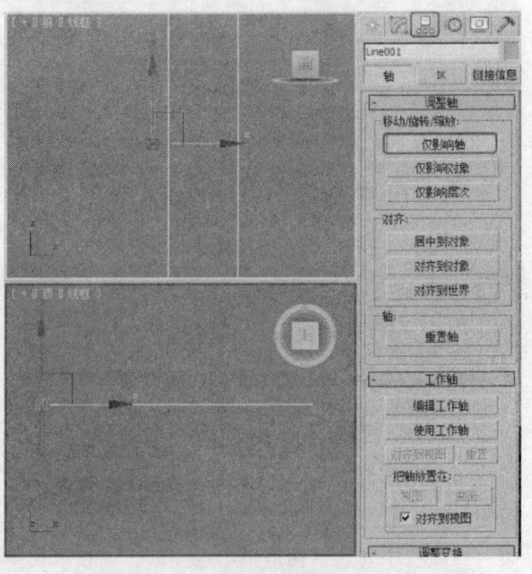

图13-82

STEP 3 对图形施加“车削”修改器，在“参数”卷展栏中设置“方向”为Y、“对齐”为最小，如图13-83所示。

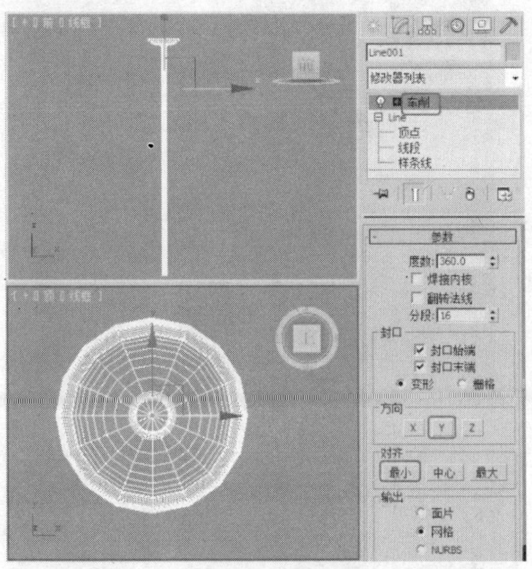

图13-83

STEP 4 单击“（创建）>（图形）>线”按钮，在“前”视图中创建如图13-84所示的图形，并在视图中调整顶点位置。

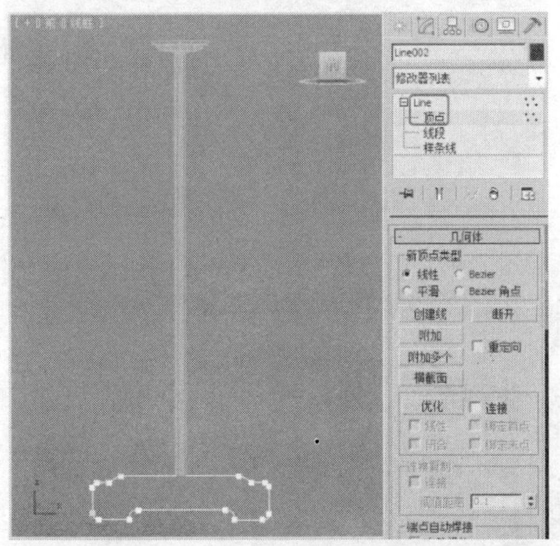

图13-84

STEP 5 对图形施加“倒角”修改器，在“倒角值”卷展栏中设置“级别1”的“高度”为1.5、“轮廓”为1.5，勾选“级别2”选项并设置其“高度”为10，勾选“级别3”选项并设置其“高度”为1.5、“轮廓”为-1.5，调整模型至合适的位置，如图13-85所示。

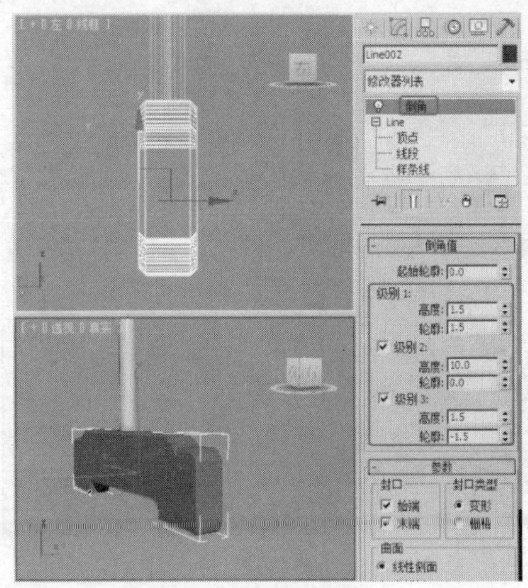

图13-85

STEP 6 按Ctrl+V组合键复制模型，并调整模型至合适的位置，如图13-86所示。

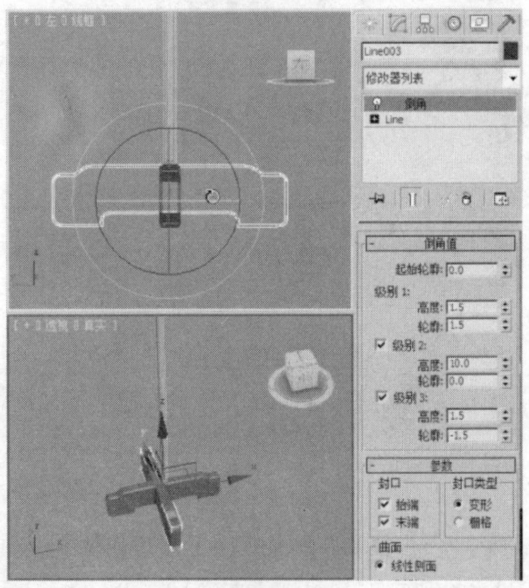

图13-86

STEP 7 单击“（创建）>（图形）>线”按钮，在“左”视图中创建如图13-87所示的图形，并在视图中调整顶点位置。

STEP 8 对图形施加“倒角”修改器，在“倒角值”卷展栏中设置“级别1”的“高度”为1、“轮廓”为1，勾选“级别2”选项并设置其“高度”为3，勾选“级别3”选项并设置其“高度”为1、“轮廓”为-1，调整模型至合适的位置，如图13-88所示。

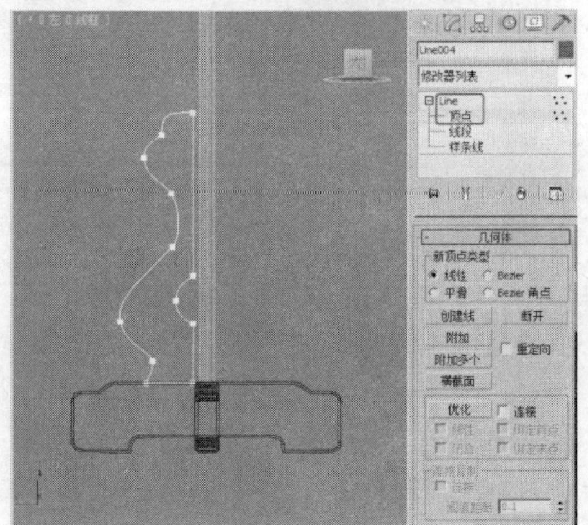

图13-87

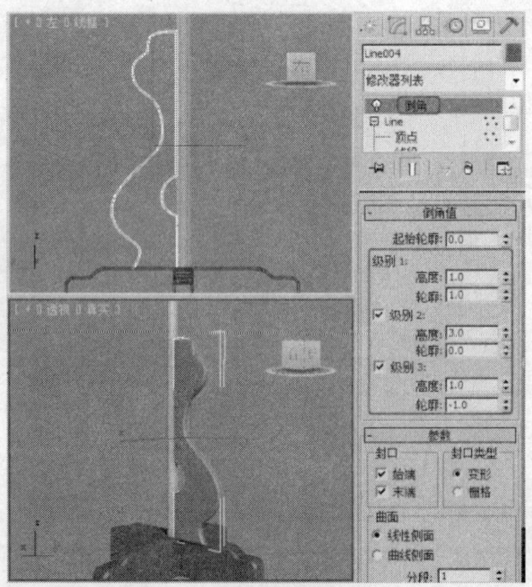

图13-88

STEP 9 复制并调整模型至合适的位置，如图13-89所示。

STEP 10 单击“ （创建）> （图形）>线”按钮，在“左”视图中创建如图13-90所示的图形，并在视图中调整顶点位置。

STEP 11 对图形施加“倒角”修改器，在“倒角值”卷展栏中设置“级别1”的“高度”为1、“轮廓”为1，勾选“级别2”选项并设置其“高度”为3，勾选“级别3”选项并设置其“高度”为1、“轮廓”为-1，调整模型至合适的位置，如图13-91所示。

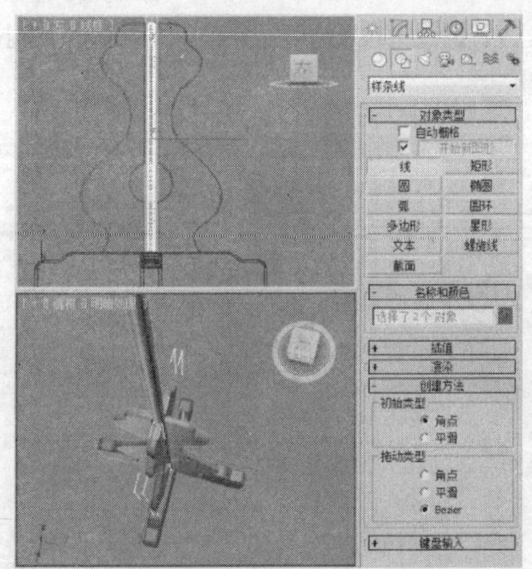

图13-89

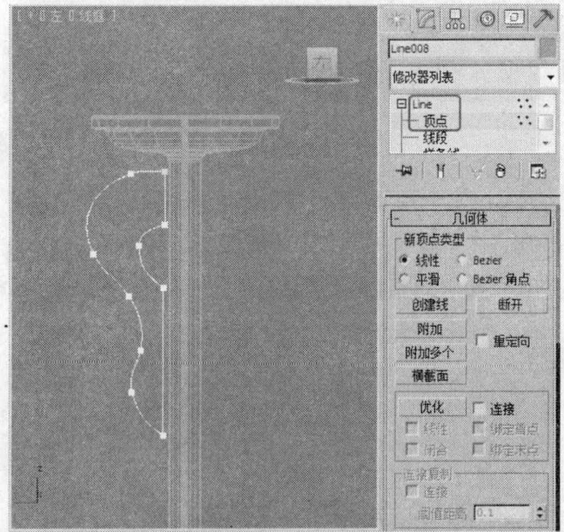

图13-90

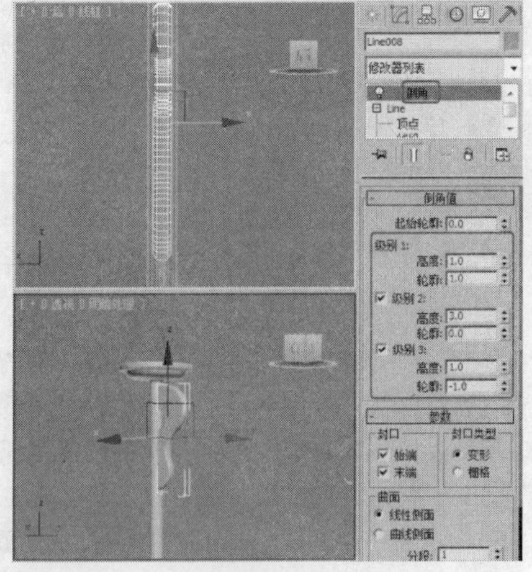

图13-91

STEP 12 复制并调整模型至合适的位置，如图13-92所示。

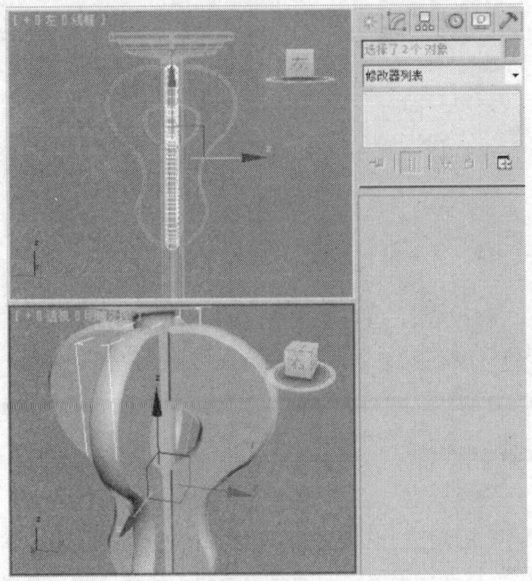

图 13-92

STEP 13 单击“（创建）>（几何体）>圆柱体”按钮，在“顶”视图中创建圆柱体，在“参数”卷展栏中设置“半径”为2.5、“高度”为20、“高度分段”为1、“端面分段”为1、“边数”为18，调整模型至合适的位置，如图13-93所示。

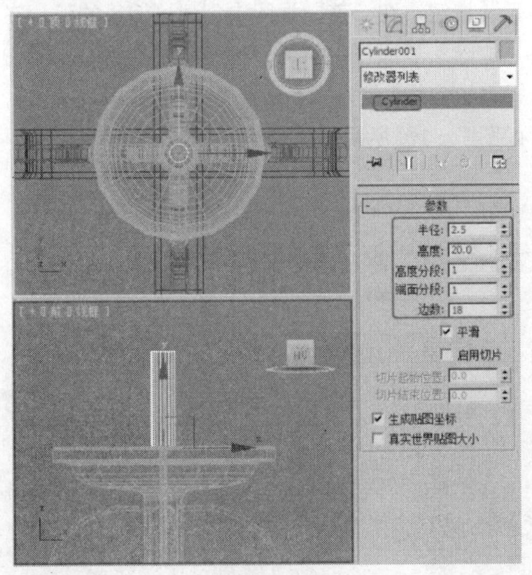

图 13-93

STEP 14 单击“（创建）>（图形）>星形”按钮，在“前”视图中创建星形作为放样路径，在“参数”卷展栏中设置“半径1”为25、“半径2”为20、“点”为18，如图13-94所示。

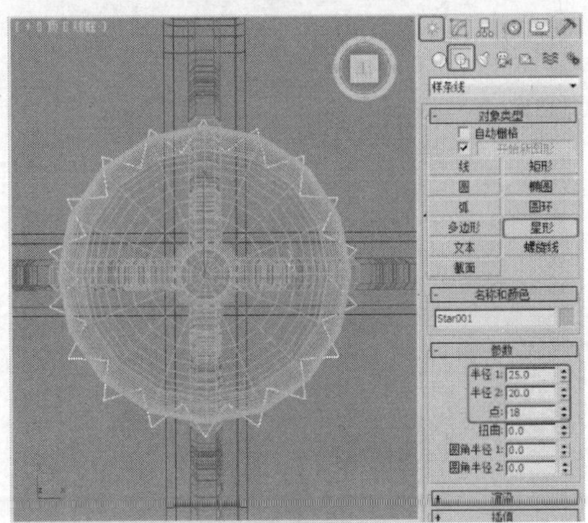

图 13-94

STEP 15 对图形施加“编辑样条线”修改器，将选择集定义为“顶点”，在“顶”视图中调整顶点位置，如图13-95所示。

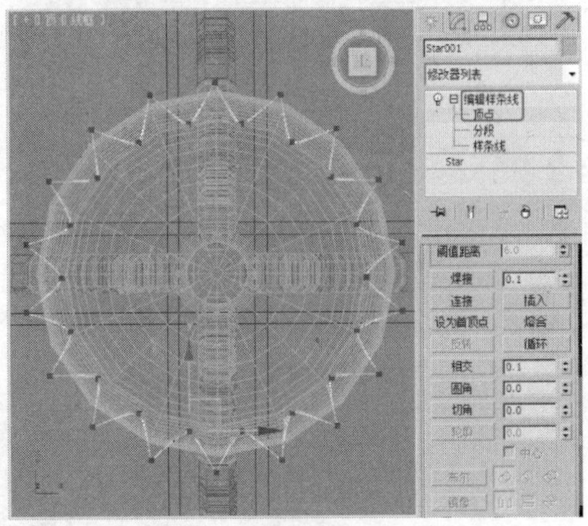

图 13-95

STEP 16 将选择集定义为“样条线”，在“几何体”卷展栏中单击“轮廓”按钮，在“顶”视图中为图形设置轮廓，如图13-96所示。

STEP 17 单击“（创建）>（图形）>线”按钮，在“前”视图中创建线作为放样图形，如图13-97所示。

STEP 18 选择作为放样路径的线，单击“（创建）>（几何体）>复合对象>放样”按钮，在“创建方法”卷展栏中单击“获取图形”按钮，在视图中拾取图形，如图13-98所示，调整模型至合适的位置。

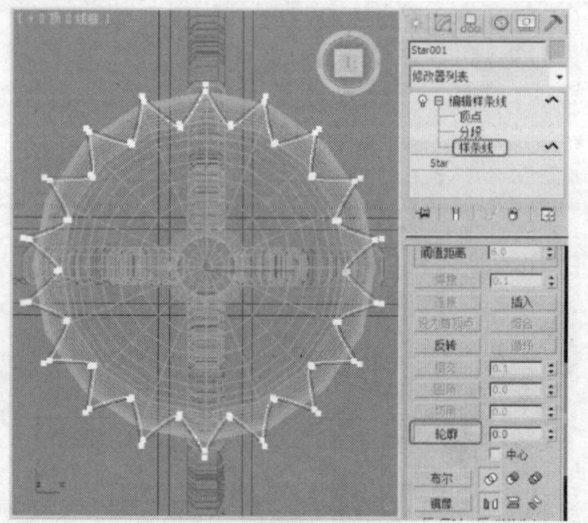

图 13-96

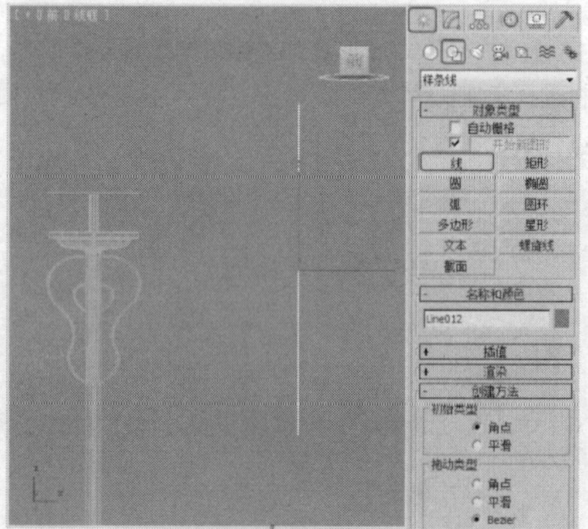

图 13-97

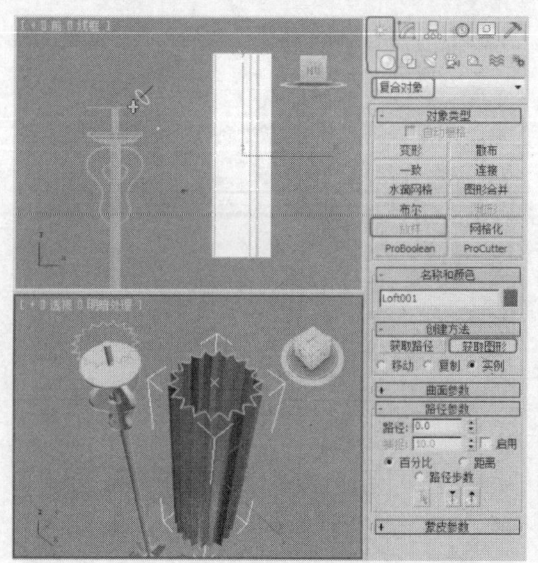

图 13-98

STEP 19 切换到（修改）命令面板，在“变形”卷展栏中单击“缩放”按钮，在弹出的“缩放变形”对话框中单击（插入角点）按钮添加控制点，单击（移动控制点）按钮调整顶点，如图13-99所示。

STEP 20 关闭对话框，调整完的放样模型效果如图13-100所示。

STEP 21 单击“（创建）>（图形）>弧”按钮，在“前”视图中创建可渲染的弧，在“渲染”卷展栏中勾选“在渲染中启用”、“在视口中启用”复选项，设置“径向”的厚度为3.5，如图13-101所示。

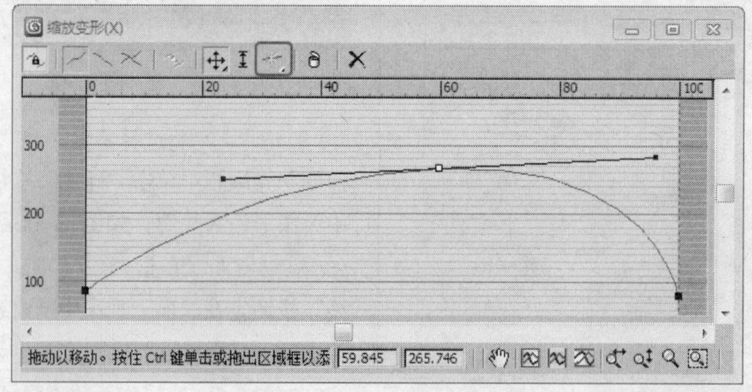

图 13-99

STEP 22 对弧施加“编辑样条线”修改器，将选择集定义为“顶点”，在“前”视图中调整顶点位置，如图13-102所示。

STEP 23 切换到（层次）命令面板，在“调整轴”卷展栏中单击“仅影响轴”按钮，在“顶”视图中调整轴点至合适的位置，如图13-103所示，关闭“仅影响轴”按钮。

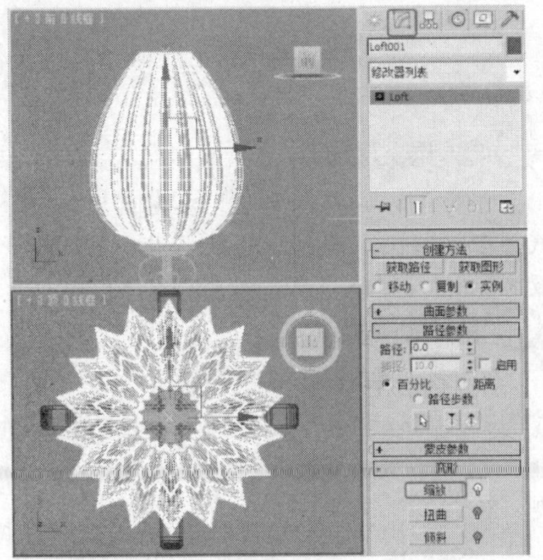

图 13-100

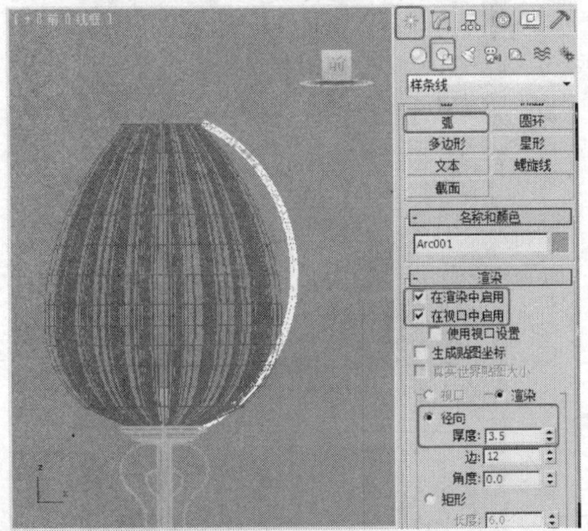

图 13-101

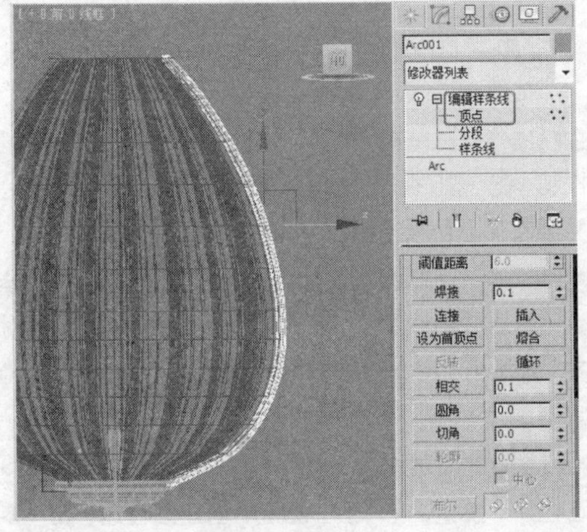

图 13-102

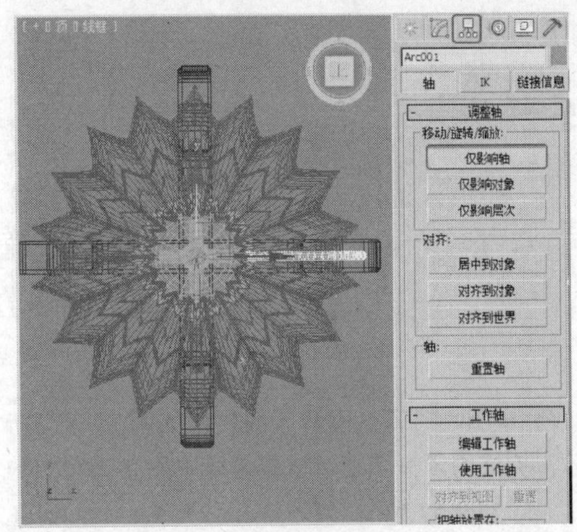

图 13-103

STEP 24 单击（选择并旋转）按钮调整模型至合适的位置，如图13-104所示。

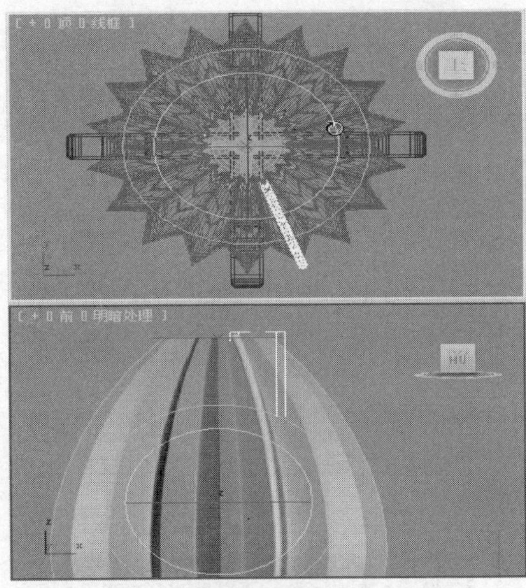

图 13-104

STEP 25 在菜单栏中选择“工具”→“阵列”命令，在弹出的“阵列”对话框中单击“旋转”后的灰色按钮，设置沿*z*轴旋转360°，设置阵列“数量”为9，单击“确定”按钮，如图13-105所示，关闭对话框。

STEP 26 单击“（创建）>（图形）>圆”按钮，在“顶”视图中创建可渲染的圆，在“参数”卷展栏中设置“半径”为20，勾选“在渲染中启用”、“在视口中启用”复选项，设置“径向”的厚度为3.5，并调整模型至合适的位置，如图13-106所示。

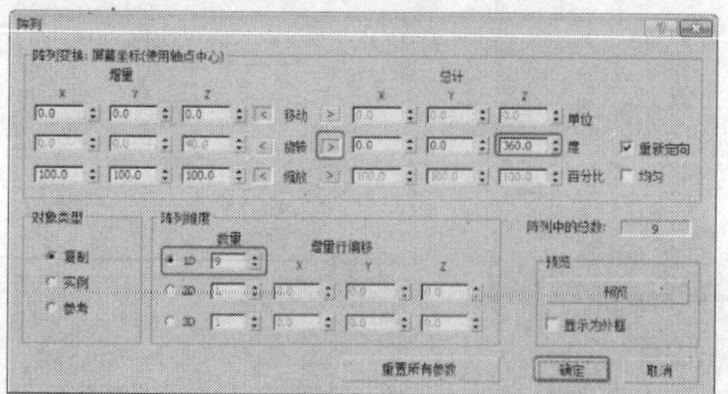

图 13-105

STEP 27 调整模型后的效果如图13-107所示。完成的场景模型可以参考随书附带光盘中的"Scene\cha13\中式落地灯.max"文件。同时还可以参考随书附带光盘中的"Scene\cha13\中式落地灯场景.max"文件，该文件是设置好场景的场景效果文件，渲染该场景可以得到如图13-80所示的效果。

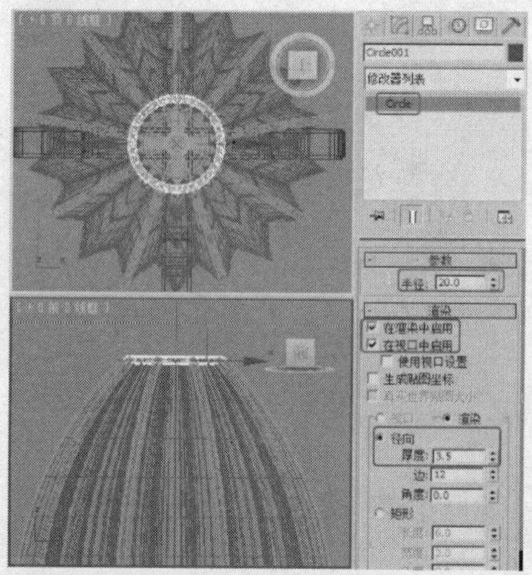

图 13-106

图 13-107

13.6 实例 22——欧式落地灯

案例学习目标

学习使用线、可渲染的样条线、圆柱体、螺旋线、可渲染的圆、阵列工具，结合使用"车削"修改器制作欧式落地灯模型。

案例知识要点

使用线创建图形并施加"车削"修改器用于制作底座、灯座、灯罩模型，使用圆柱体、可渲染的样条线、可渲染的螺旋线和可渲染的圆制作支架模型，完成的模型效果如图 13-108 所示。

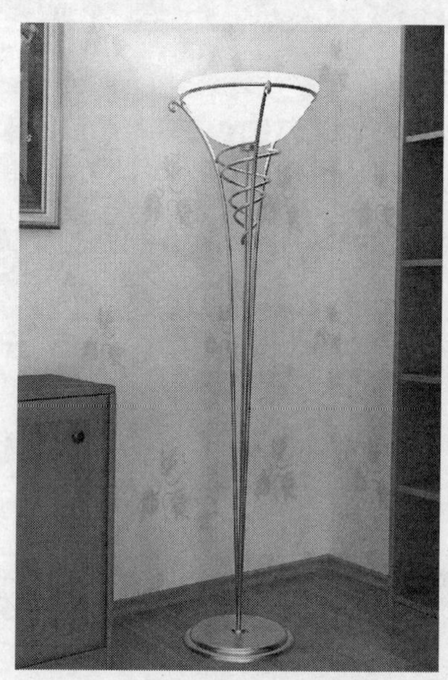

图 13-108

效果图文件所在位置

随书附带光盘 Scene\cha13\欧式落地灯.max。

STEP 1 单击"（创建）>（图形）>线"按钮，在"前"视图中创建如图13-109所示的图形，并调整顶点位置。

STEP 2 对图形施加"车削"修改器，在"参数"卷展栏中设置"分段"为24、"方向"为Y、"对齐"为最小，勾选"焊接内核"复选项，如图13-110所示。

STEP 3 单击"（创建）>（几何体）>圆柱体"按钮，在"顶"视图中创建圆柱体，在"参数"卷展栏中设置"半径"为3、"高度"为1410、

“高度分段”为1，如图13-111所示，调整模型至合适的位置。

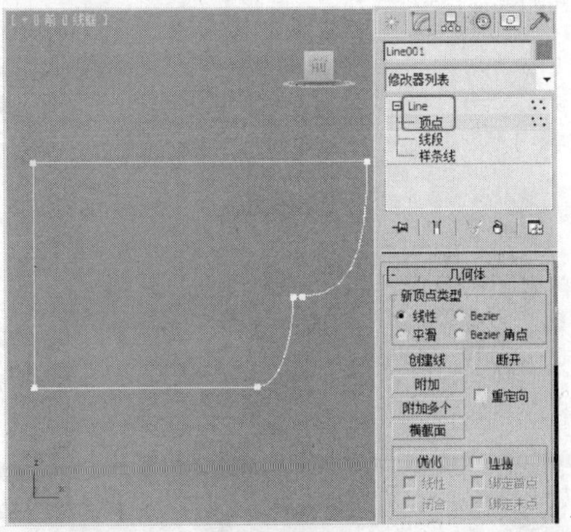

图 13-109

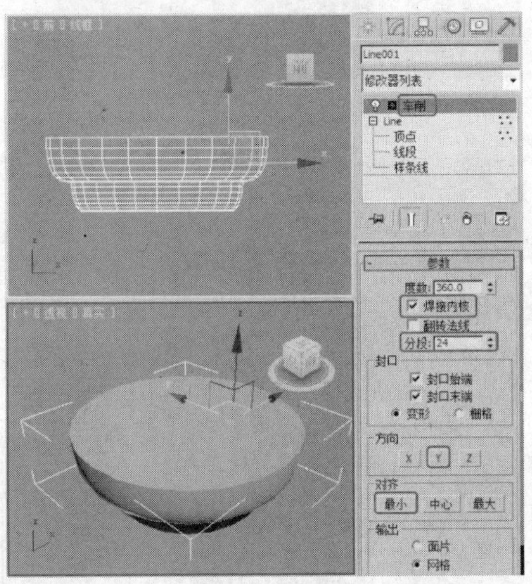

图 13-110

STEP 4 单击“（创建）>（图形）>线”按钮，在“前”视图中创建可渲染的样条线，在“插值”卷展栏中设置“步数”为15，在“渲染”卷展栏中勾选“在渲染中启用”、“在视口中启用”复选项，设置“径向”的厚度为7，并在场景中调整顶点至合适的，如图13-112所示。

STEP 5 切换到（层次）命令面板，在“调整轴”卷展栏中单击“仅影响轴”按钮，在视图中调整轴点至合适的位置，如图13-113所示，关闭“仅影响轴”按钮。

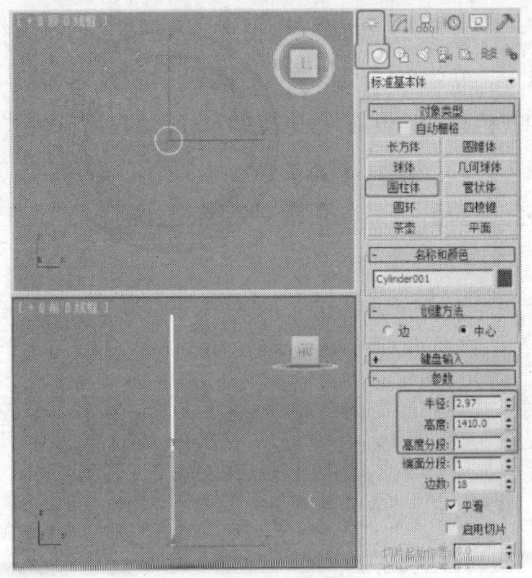

图 13-111

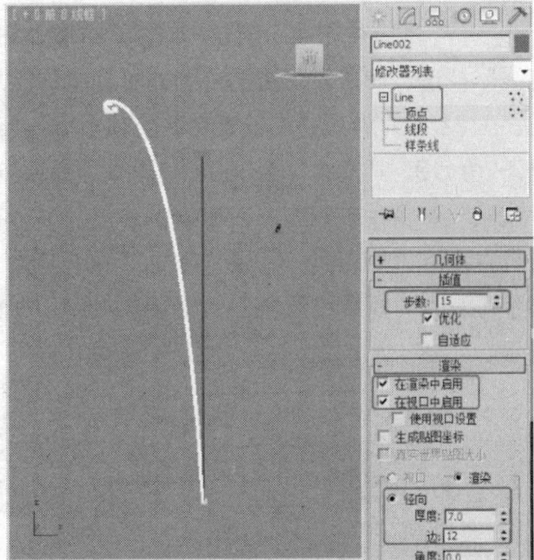

图 13-112

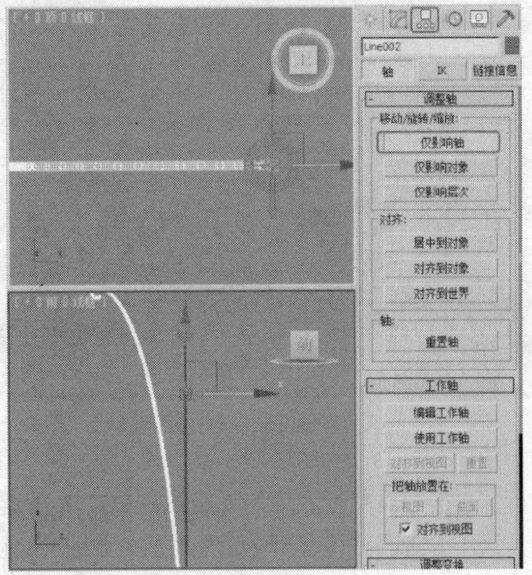

图 13-113

STEP 6 在菜单栏中选择“工具”→“阵列”命令，在弹出的“阵列”对话框中单击“旋转”后的灰色按钮，设置沿z轴旋转360°，设置阵列“数量”为3，选择“对象类型”为实例，单击“确定”按钮，如图13-114所示，关闭对话框。

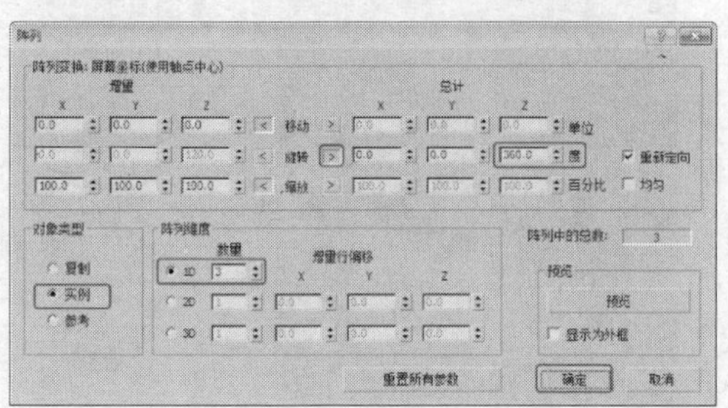

图13-114

STEP 7 单击“（创建）>（图形）>螺旋线”按钮，在“顶”视图中创建可渲染的螺旋线，在“参数”卷展栏中设置“半径1”为5、“半径2”为110、“高度”为360、“圈数”为3，在“渲染”卷展栏中勾选“在渲染中启用”、“在视口中启用”复选项，设置“径向”的厚度为7，调整可渲染的螺旋线至合适的位置，如图13-115所示。

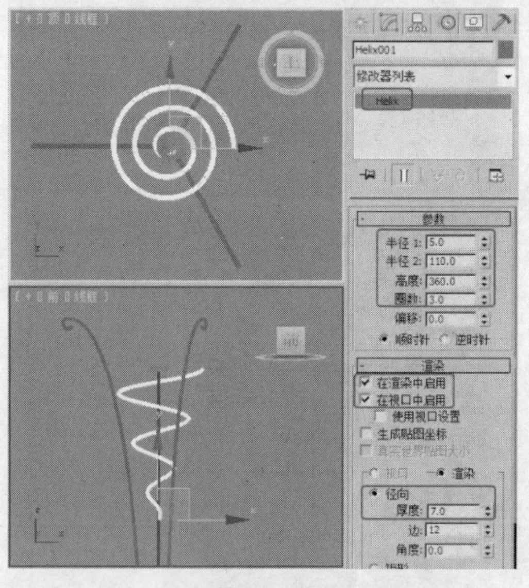

图13-115

STEP 8 复制可渲染的螺旋线并单击（选择并旋转）按钮调整模型至合适的位置，如图13-116所示。

STEP 9 单击“（创建）>（图形）>线”按钮，在“前”视图中创建如图13-117所示的图形，并调整顶点位置。

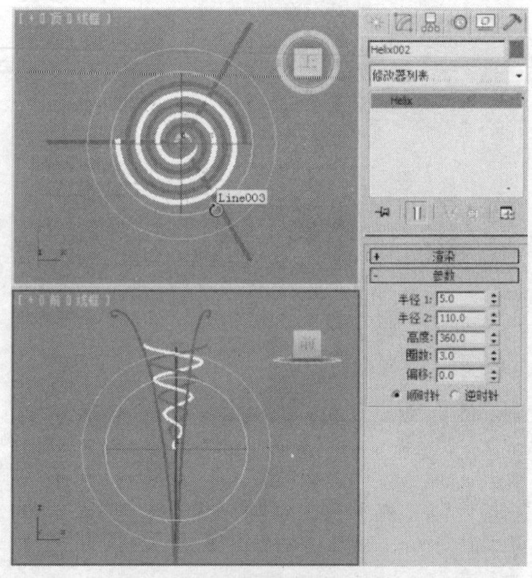

图13-116

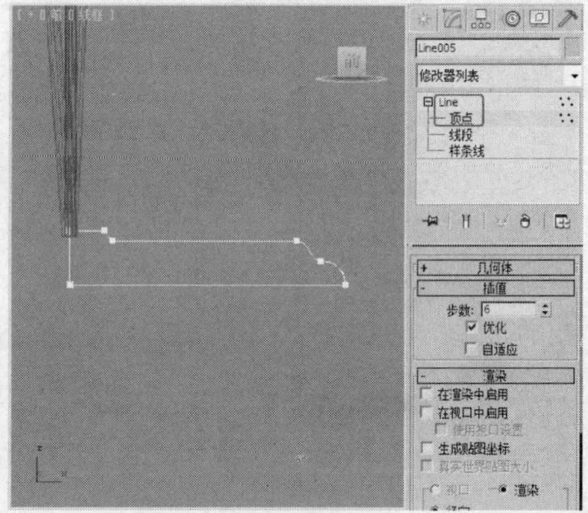

图13-117

STEP 10 对图形施加“车削”修改器，在“参数”卷展栏中设置“方向”为Y、“对齐”为最小，并调整模型至合适的位置，如图13-118所示。

STEP 11 单击“（创建）>（图形）>线”按钮，在“前”视图中创建如图13-119所示的线，并调整顶点位置。

STEP 12 将线的选择集定义为“样条线”，在“几何体”卷展栏中单击“轮廓”按钮，在“前”视图中设置轮廓，如图13-120所示。

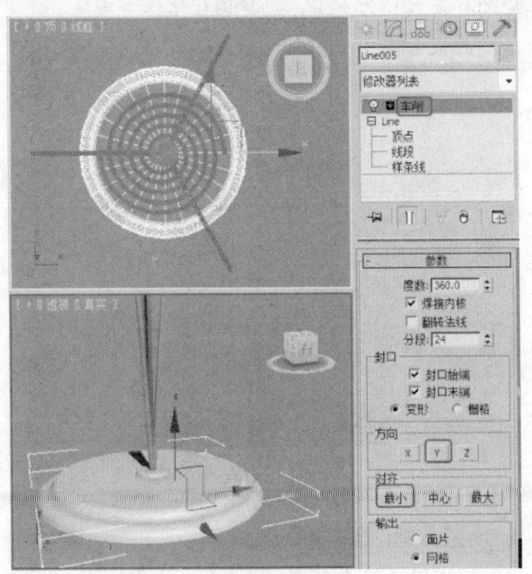
图13-118

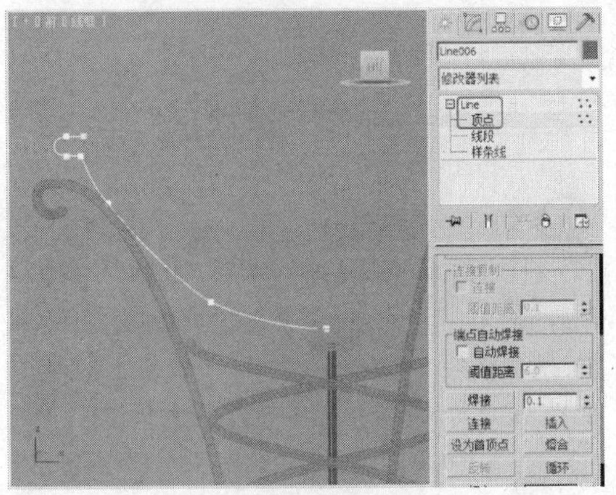
图13-119

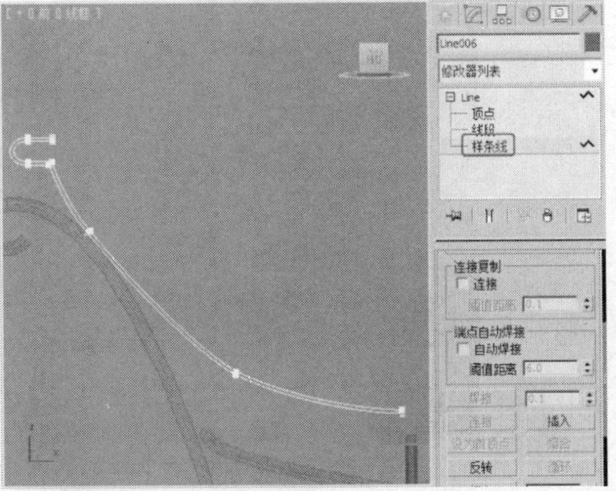
图13-120

STEP 13 切换到（层次）命令面板，在“调整轴”卷展栏中单击“仅影响轴”按钮，在“前”视图中调整轴点至合适的位置，如图13-121所示，关闭“仅影响轴”按钮。

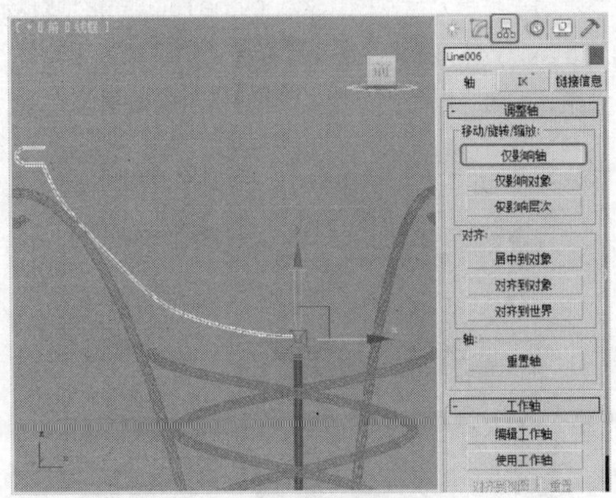
图13-121

STEP 14 对模型施加“车削”修改器，在“参数”卷展栏中设置“分段”为24、“方向”为Y、“对齐”为最小，并调整模型至合适的位置，如图13-122所示。

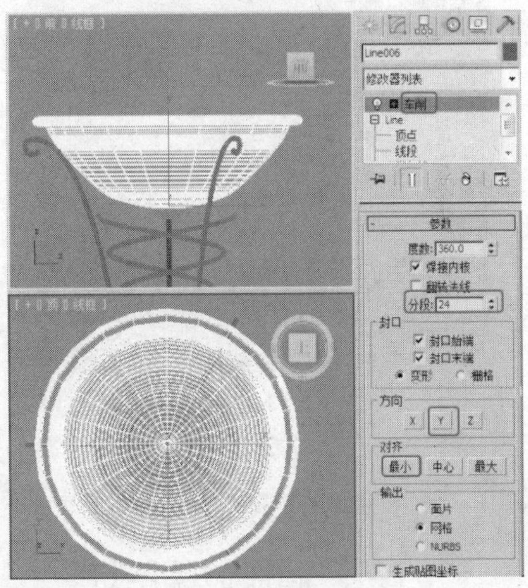
图13-122

STEP 15 单击“（创建）>（图形）>圆”按钮，在“顶”视图中创建可渲染的圆，在“参数”卷展栏中设置“半径”为195，在“渲染”卷展栏中勾选“在渲染中启用”、“在视口中启用”复选项，设置“径向”的厚度为10，并调整模型至合适的位置，如图13-123所示。

STEP 16 调整模型后的效果如图13-124所示。完成的场景模型可以参考随书附带光盘中的“Scene\cha13\欧式落地灯.max”文件。同时还可以参考随书附带光盘中的“Scene\cha13\欧式落地灯场景.max”文件，该文件是设置好场景的场景效果文件，渲染该场景可以得到如图13-108所示的效果。

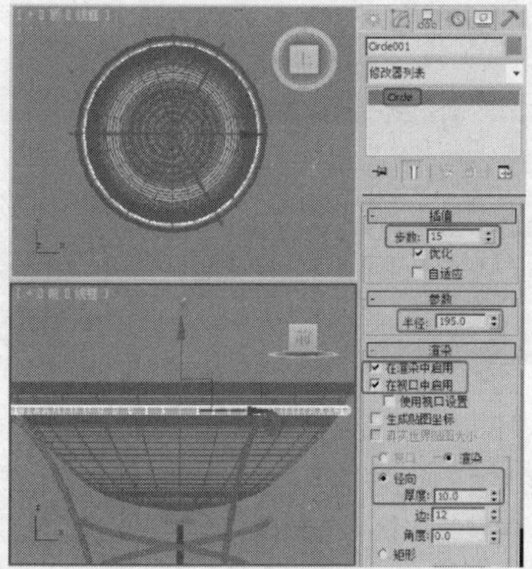

图13-123

图13-124

13.7 课堂练习——制作玻璃吊灯

练习知识要点

玻璃装饰是通过创建的图形作为花纹模型，并对其施加“挤出”修改器完成的，玻璃吊坠是创建并调整纺锤完成的，利用“阵列”工具完成吊灯玻璃装饰的制作，创建圆柱体和创建灯的截面图形并对其施加“车削”修改器完成灯的制作，创建可渲染的样条线作为支架，创建圆柱体作为底座，完成后的效果如图 13-125 所示。

图13-125

效果图文件所在位置

随书附带光盘 Scene\cha13\玻璃吊灯.max。

13.8 课后习题——制作射灯

习题知识要点

创建球体将其转换为“可编辑多边形”，删除一半的多边形，通过对顶点和多边形的编辑完成灯罩模型，常见样条线对其施加“车削”修改器进行灯泡的制作，创建切角长方体及其他布尔对象的模型，使用“布尔”工具完成灯罩上模型制作，创建圆柱体并对圆柱体进行调整制作出支架的效果，并结合其他的集合体，完成射灯模型的制作，效果如图 13-126 所示。

图13-126

效果图文件所在位置

随书附带光盘 Scene\cha13\射灯.max。

3ds Max 2012 + VRay

14 Chapter

第 14 章 家用电器的制作

本章介绍室内各种常见的家用电器的制作，包括液晶电视、DVD、音响和笔记本等家用电器的制作。

【教学目标】

- 了解家用电器的设计构思。
- 了解家用电器的制作方法。
- 了解家用电器的制作技巧。

14.1 实例23——液晶电视

案例学习目标

学习使用切角长方体、矩形、长方体、线、切角圆柱体工具，结合使用“编辑多边形”、“编辑样条线”、“倒角”、“挤出”修改器制作液晶电视模型。

案例知识要点

创建切角长方体并施加“编辑多边形”修改器用于制作后盖模型，创建切角长方体用于制作音响模型，创建矩形并施加“编辑样条线”、“倒角”、“挤出”修改器用于制作面板模型，使用长方体制作屏幕模型，使用线创建图形并施加“倒角”、“编辑多边形”修改器制作底座模型，使用切角圆柱体制作开关模型，完成的模型效果如图14-1所示。

图14-1

效果图文件所在位置

随书附带光盘 Scene\cha14\液晶电视.max。

STEP 1 单击“（创建）>（几何体）>扩展基本体>切角长方体”按钮，在“前”视图中创建切角长方体，在“参数”卷展栏中设置“长度”为80、“宽度”为150、“高度”为6、“圆角”为0.7、“圆角分段”为1，取消勾选“平滑”复选项，如图14-2所示。

STEP 2 对模型施加“编辑多边形”修改器，将选择集定义为“顶点”，单击（选择并均匀缩放）按钮，在“顶”视图和“左”视图中缩放顶点，如图14-3所示。

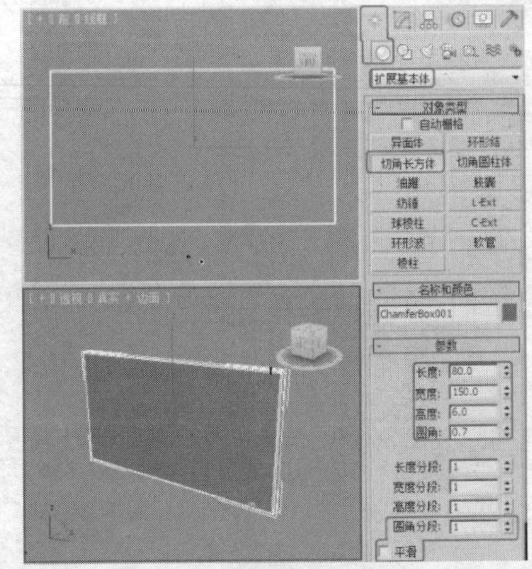

图14-2

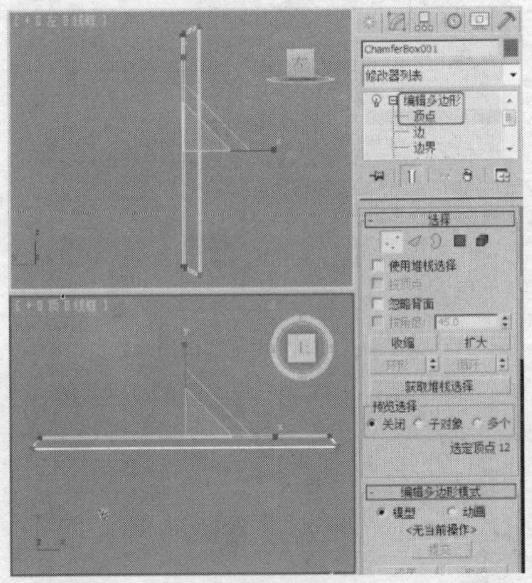

图14-3

STEP 3 单击“（创建）>（几何体）>扩展基本体>切角长方体”按钮，在“前”视图中创建切角长方体，在“参数”卷展栏中设置“长度”为85、“宽度”为15、“高度”为3.5、“圆角”为1、“圆角分段”为3，如图14-4所示，调整模型至合适的位置。

STEP 4 复制切角长方体002并调整模型至合适的位置，如图14-5所示。

STEP 5 单击“（创建）>（图形）>矩形”

按钮，在“前”视图中创建矩形，在“参数”卷展栏中设置“长度”为83、“宽度”为119，调整矩形至合适的位置，如图14-6所示。

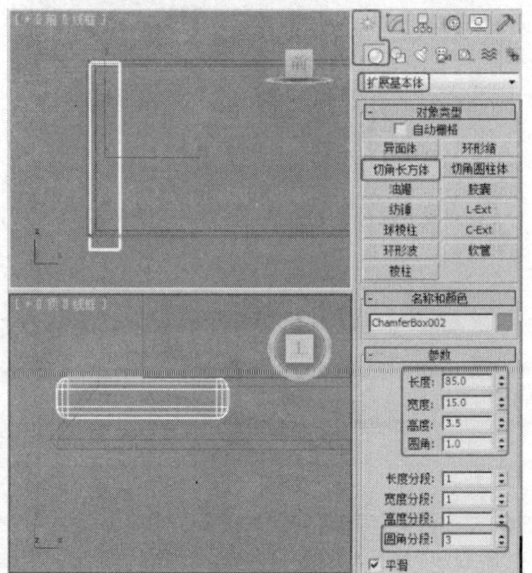

图 14-4

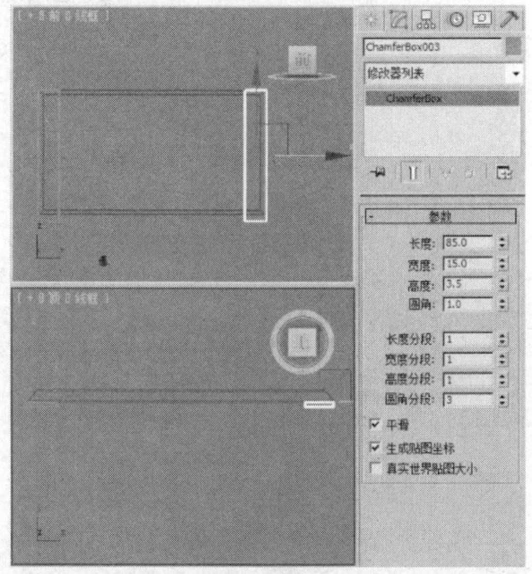

图 14-5

STEP 6 为矩形施加“编辑样条线”修改器，将选择集定义为“样条线”，在“几何体”卷展栏中单击“轮廓”按钮，在“前”视图中为矩形设置轮廓，如图14-7所示。

STEP 7 对图形施加“倒角”修改器，在“倒角值”卷展栏中设置“级别1”的“高度”为0.5、“轮廓”为0.5，勾选“级别2”选项并设置其“高度”为2.5，勾选“级别3”选项并设置其“高度”为0.5、“轮廓”为-0.5，调整模型至合适的位置，如图14-8所示。

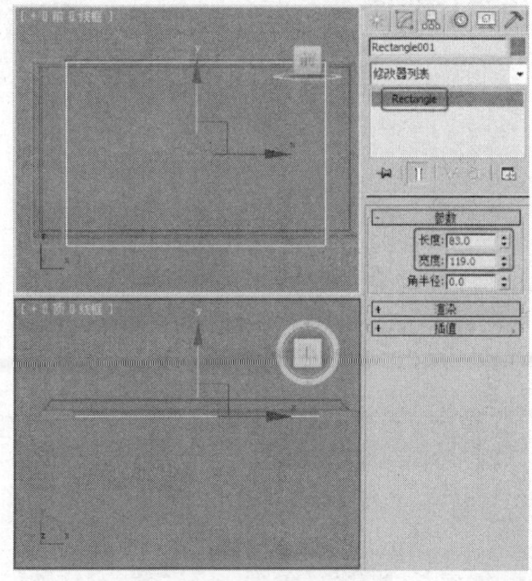

图 14-6

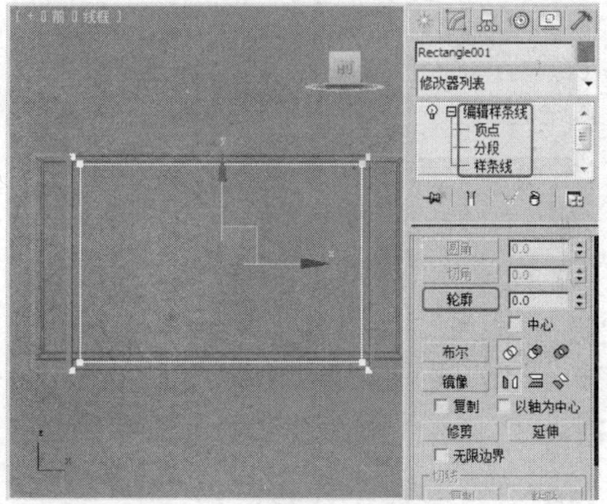

图 14-7

STEP 8 单击“（创建）>（图形）>矩形”按钮，在“前”视图中创建矩形，在“参数”卷展栏中设置“长度”为76、“宽度”为112，如图14-9所示。

STEP 9 对矩形施加“编辑样条线”修改器，将选择集定义为“样条线”，在“几何体”卷展栏中单击“轮廓”按钮，在“前”视图中为矩形设置轮廓，如图14-10所示。

STEP 10 对图形施加“倒角”修改器，在“参数”卷展栏中设置“数量”为3，调整模型至合适的位置，如图14-11所示。

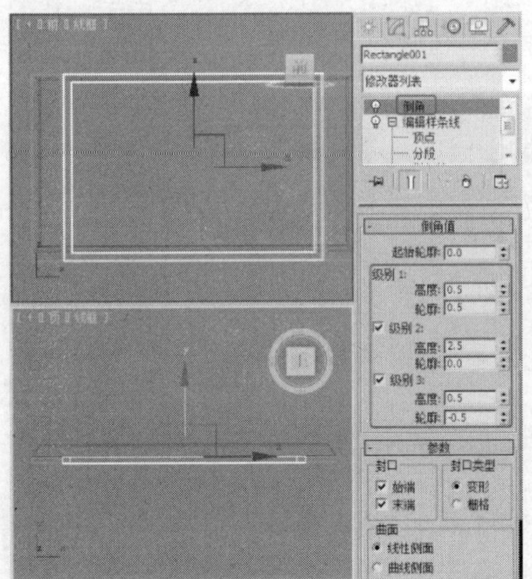

图14-8

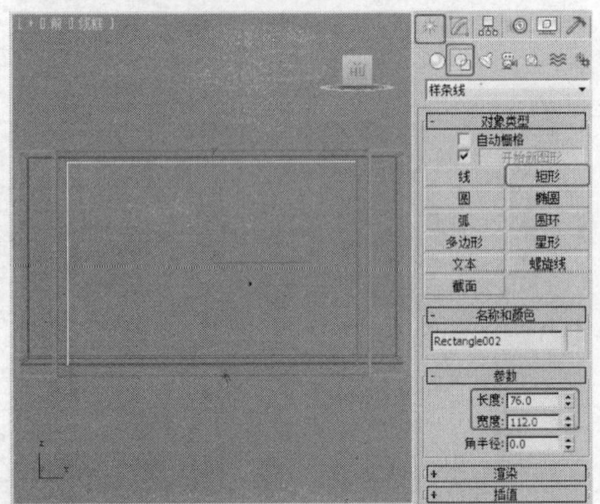

图14-9

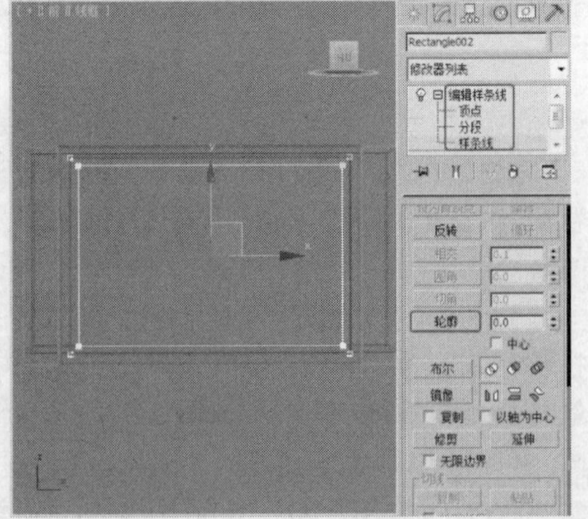

图14-10

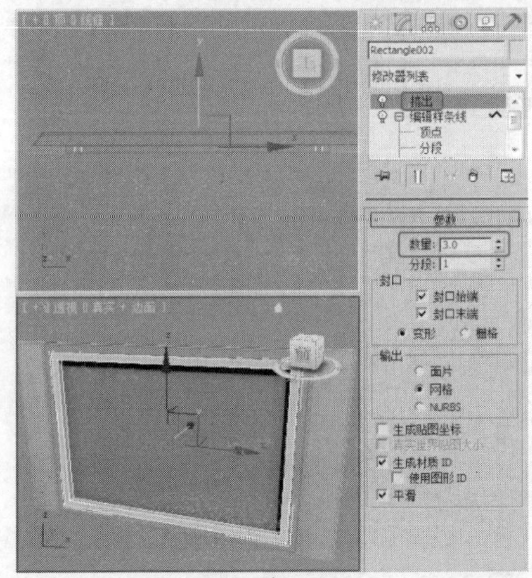

图14-11

STEP 11 单击“（创建）>（几何体）>长方体”按钮，在“前”视图中创建长方体，在“参数”卷展栏中设置“长度”为75、“宽度”为110、“高度”为3，如图14-12所示，调整模型至合适的位置。

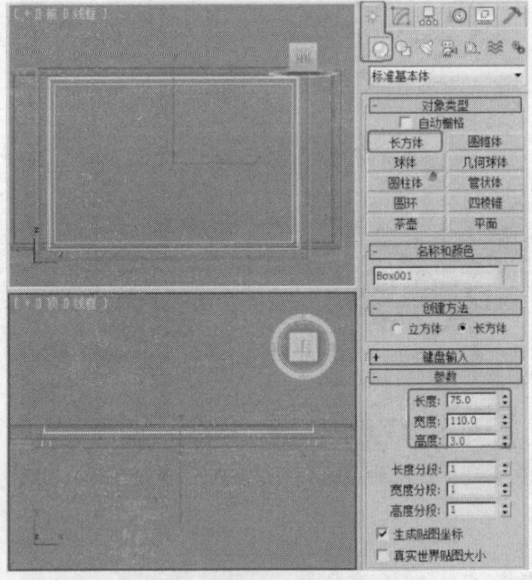

图14-12

STEP 12 单击“（创建）>（图形）>线”按钮，在“左”视图中创建如图14-13所示的图形。

STEP 13 将线的选择集定义为“样条线”，在“几何体”卷展栏中单击“轮廓”按钮，在“左”视图中为其设置轮廓，如图14-14所示。

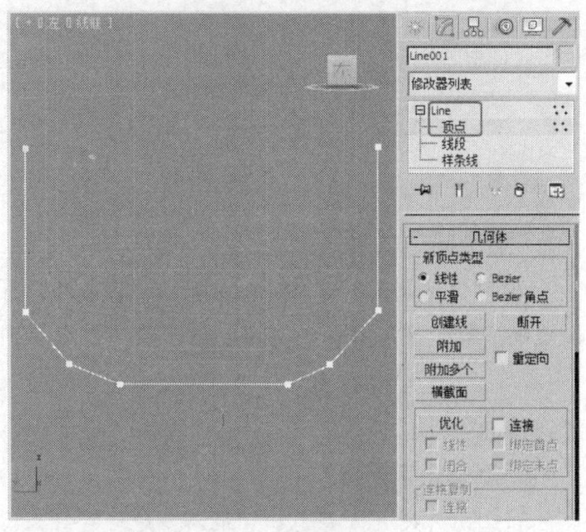
图 14-13

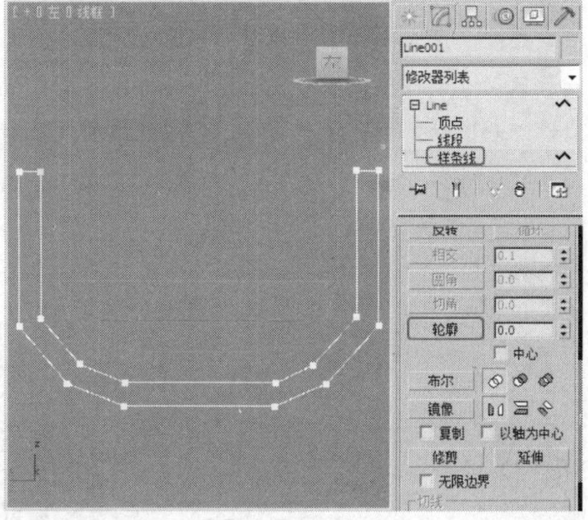
图 14-14

STEP 14 将选择集定义为“顶点”，在“左”视图中调整顶点位置，如图14-15所示。

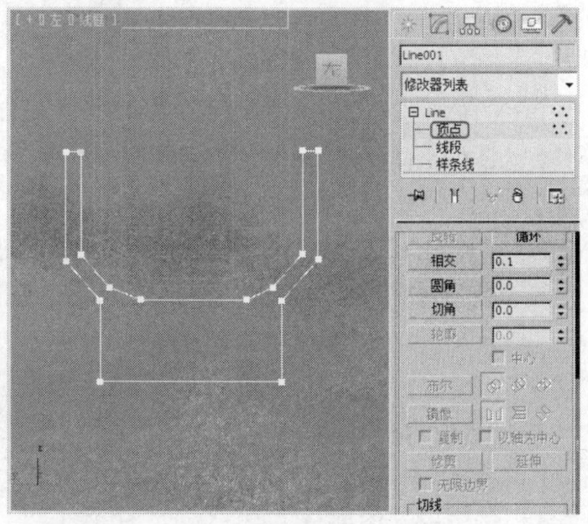
图 14-15

STEP 15 对图形施加“倒角”修改器，在“倒角值”卷展栏中设置“级别1”的“高度”为0.2、“轮廓”为0.2，勾选“级别2”选项并设置其“高度”为50，勾选“级别3”选项并设置其“高度”为0.2、“轮廓”为-0.2，调整模型至合适的位置，如图14-16所示。

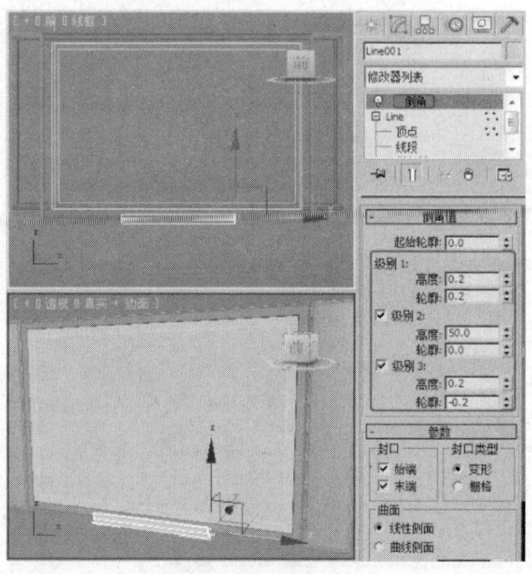
图 14-16

STEP 16 对模型施加“编辑多边形”修改器，单击（选择并均匀缩放）按钮，在视图中缩放顶点，如图14-17所示。

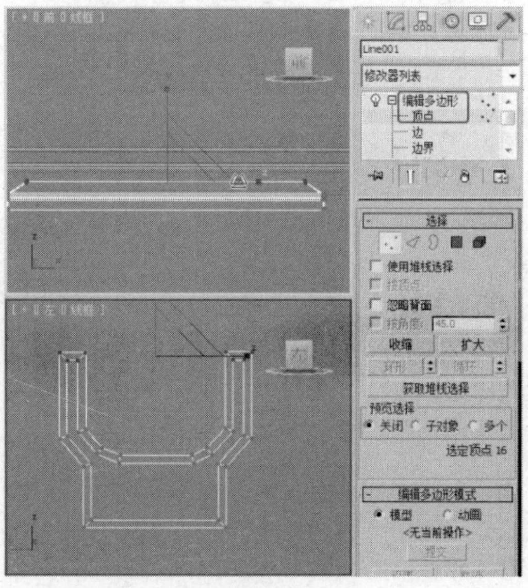
图 14-17

STEP 17 单击“（创建）>（几何体）>扩展基本体>切角圆柱体”按钮，在“前”视图中创建切角圆柱体，在“参数”卷展栏中设置“半径”为0.9、“高度”为1、“圆角”为0.5、“圆角分段”为3、“边数”为15，调整模型至合适的位置，如图14-18所示。

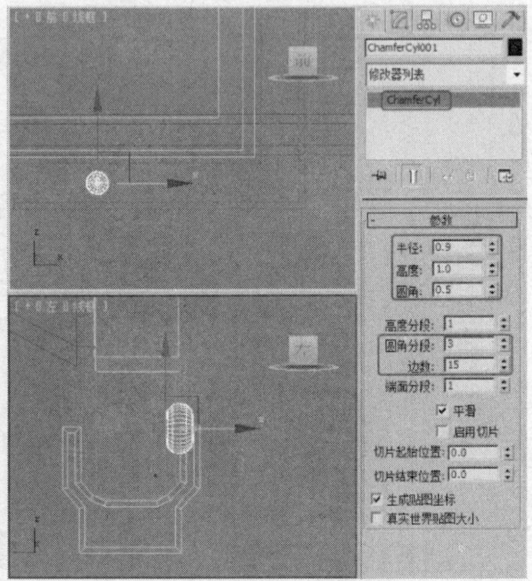

图14-18

STEP 18 调整模型后的效果如图14-19所示。完成的场景模型可以参考随书附带光盘中的“Scene\cha14\液晶电视.max”文件。同时还可以参考随书附带光盘中的“Scene\cha14\液晶电视场景.max”文件，该文件是设置好场景的场景效果文件，渲染该场景可以得到如图14-1所示的效果。

图14-19

14.2 实例 24——DVD

案例学习目标

学习使用切角长方体、矩形、切角圆柱体、可渲染的圆环、圆柱体、ProBoolean 工具，结合使用“编辑多边形”、“挤出”、“可编辑多边形”修改器制作 DVD 型。

案例知识要点

创建切角长方体并施加“编辑多边形”修改器用于制作 DVD 机体模型，使用 ProBoolean 工具拾取长方体制作机体上的凹面，创建矩形并施加“挤出”修改器用于制作底座模型，创建长方体和切角圆柱体用于制作按钮模型，使用 ProBoolean 工具拾取圆环和圆柱体制作插孔模型，完成的模型效果如图 14-20 所示。

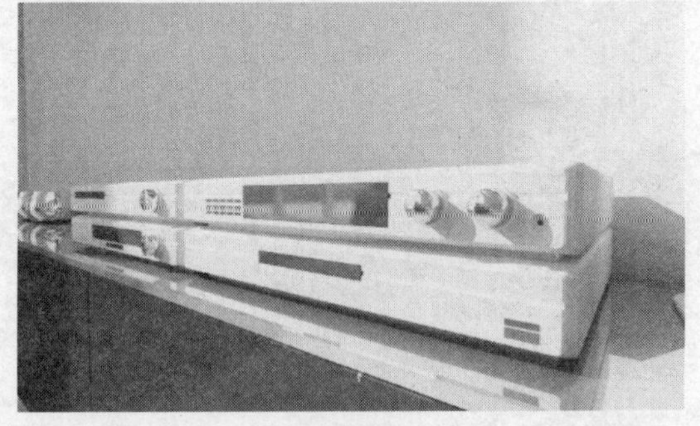

图14-20

效果图文件所在位置

随书附带光盘 Scene\cha14\DVD.max。

STEP 1 单击“（创建）>（几何体）>切角长方体”按钮，在“顶”视图中创建切角长方体作为DVD机体模型，在“参数”卷展栏中设置“长度”为50、“宽度”为80、“高度”为10，“圆角”为2、“长度分段”为3、“圆角分段”为3，调整其至合适的角度和位置，如图14-21所示。

STEP 2 对模型施加“编辑多边形”修改器，将选择集定义为“顶点”，在“左”视图中调整顶点至合适的位置，如图14-22所示。

STEP 3 将选择集定义为“多边形”，选择如图14-23所示的多边形。

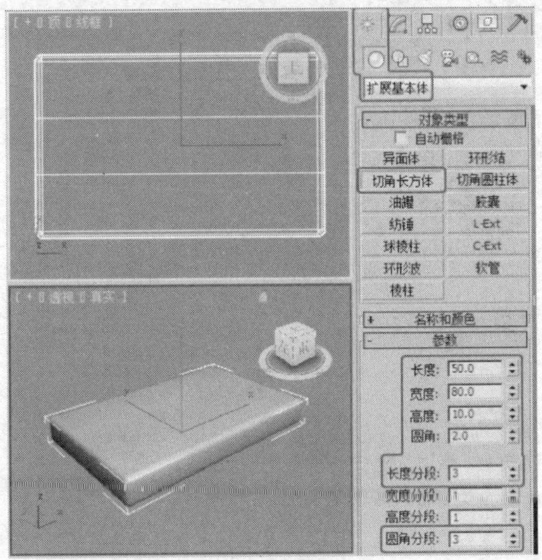
图 14-21

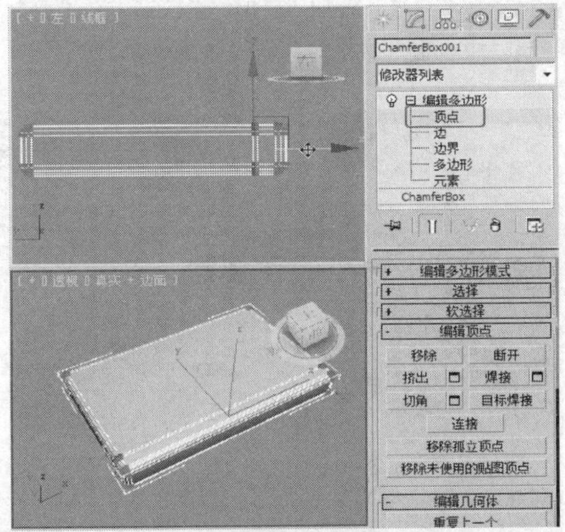
图 14-22

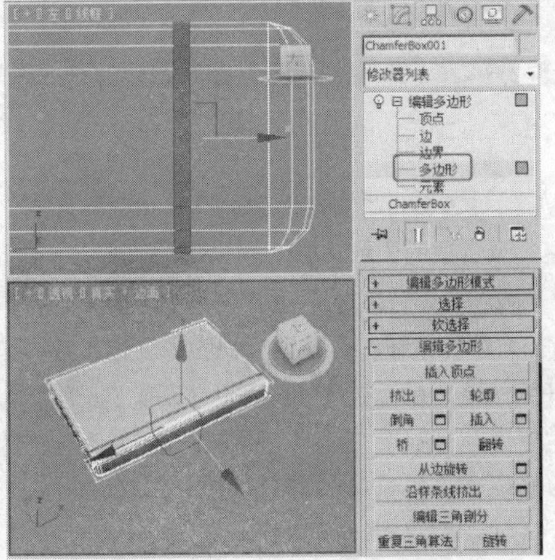
图 14-23

STEP 4 在“编辑多边形”卷展栏中单击“倒角”按钮，在弹出的对话框中设置类型为“局部法线”、“高度”为-0.3、“轮廓”为-0.2，单击“确定”按钮，如图14-24所示。

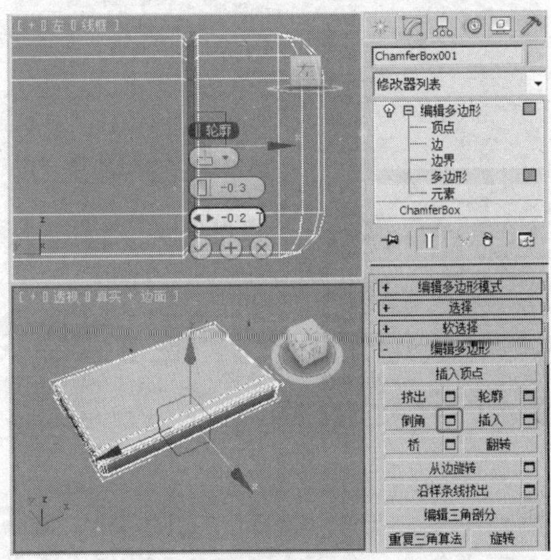
图 14-24

STEP 5 将选择集定义为“顶点”，在“前”视图中对顶点位置与角度进行调整，如图14-25所示，关闭选择集。

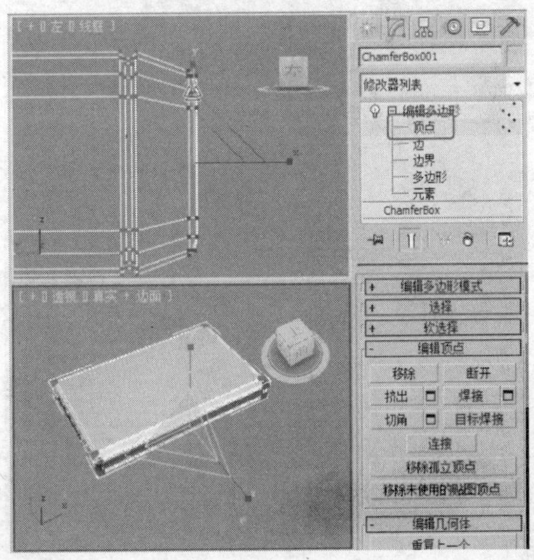
图 14-25

STEP 6 单击“（创建）>（几何体）>长方体”按钮，在“顶”视图中创建长方体作为布尔模型，在“参数”卷展栏中设置“长度”为1、“宽度”为90、“高度”为0.4，调整其至合适的角度和位置，如图14-26所示。

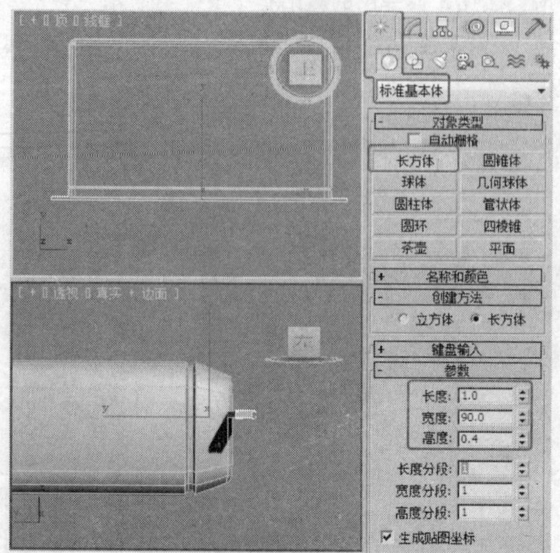

图14-26

STEP 7 在场景中选择DVD机体模型，单击“（创建）>（几何体）>复合对象>ProBoolean”按钮，在“拾取布尔对象”卷展栏中单击“开始拾取”按钮，拾取场景中作为布尔对象的长方体模型，如图14-27所示。

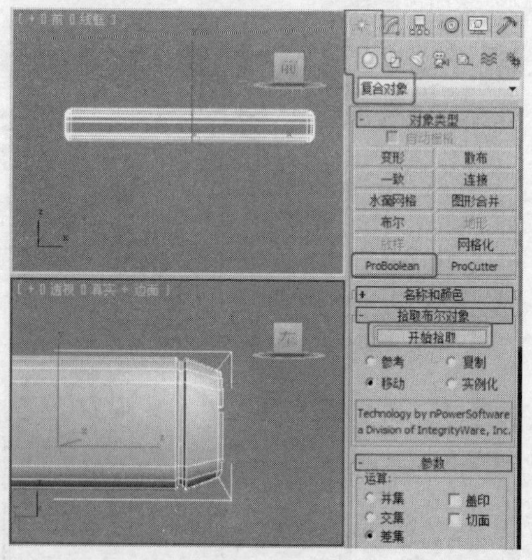

图14-27

STEP 8 单击“（创建）>（图形）>矩形”按钮，在“顶”视图中创建矩形，在“参数”卷展栏中设置“长度”为4、“宽度”为75、“角半径”为1，调整图形至合适的位置，如图14-28所示。

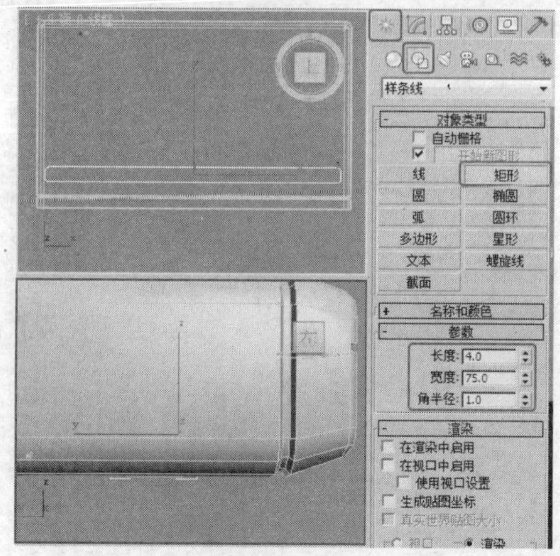

图14-28

STEP 9 对其施加“挤出”修改器，在“参数”卷展栏中设置“数量”为0.5，如图14-29所示。

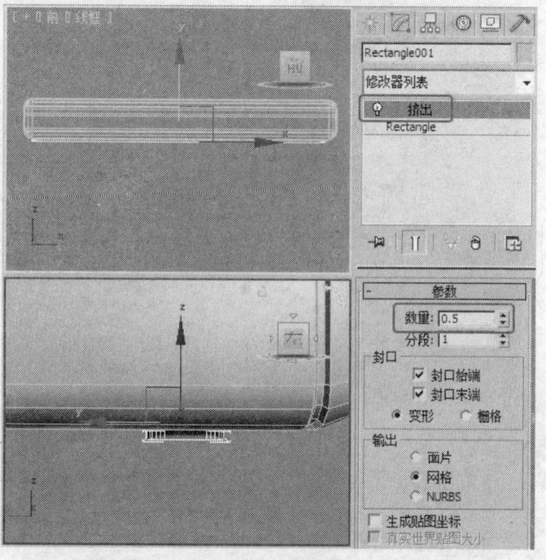

图14-29

STEP 10 对支架模型进行“实例”复制，调整其至合适的位置，如图14-30所示。

STEP 11 单击“（创建）>（几何体）>长方体”按钮，在“顶”视图中创建长方体作为开关按钮，在“参数”卷展栏中设置“长度”为1、“宽度”为8、“高度”为1.5，调整其至合适的角度和位置，如图14-31所示。

STEP 12 对做出的所有模型进行“实例”复制，调整其至合适的位置，如图14-32所示。

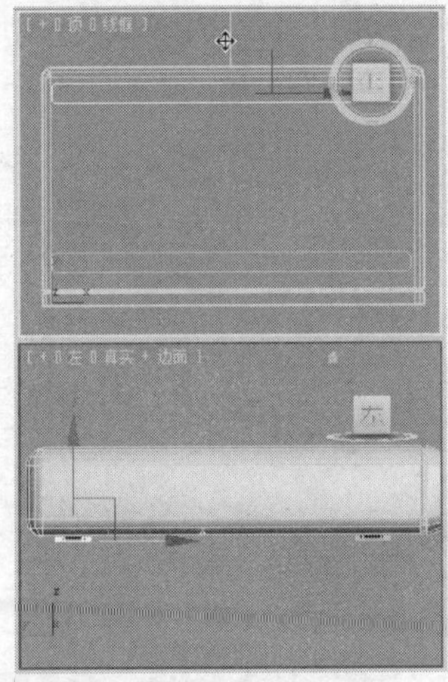

图 14-30

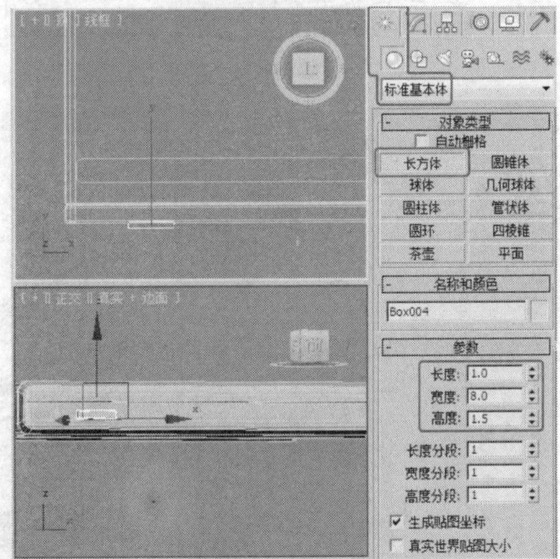

图 14-31

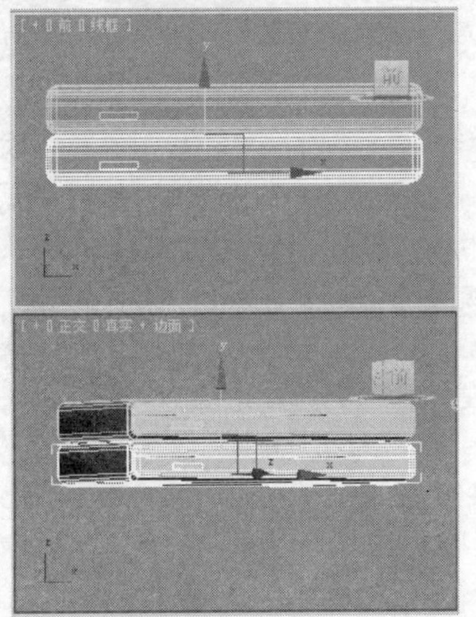

图 14-32

STEP 13 继续创建长方体，并对长方体进行复制，调整其至合适的大小和位置，如图14-33所示。

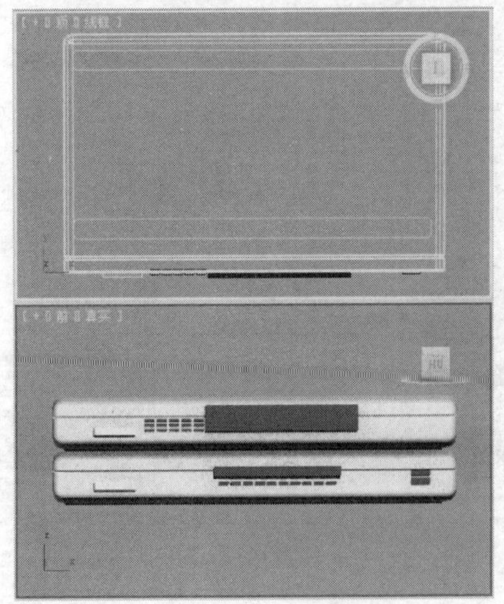

图 14-33

STEP 14 单击“（创建）>（几何体）>切角圆柱体”按钮，在“顶”视图中创建切角圆柱体作为旋转开关底座，在“参数”卷展栏中设置“半径”为2.5、“高度”为1、“圆角”为0.2、“圆角分段”为1、“边数”为20，如图14-34所示。

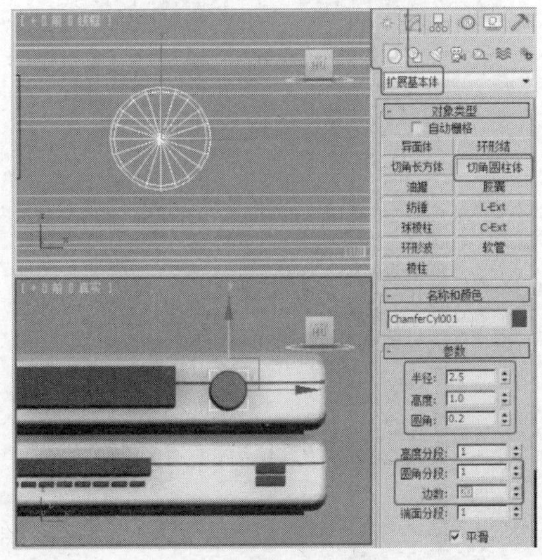

图 14-34

STEP 15 复制切角圆柱体作为旋转开关，在“参数”卷展栏中修改“半径”为2、“高度”为3、

"圆角"为0.2、"圆角分段"为2、"边数"为20，调整模型至合适的位置，如图14-35所示。

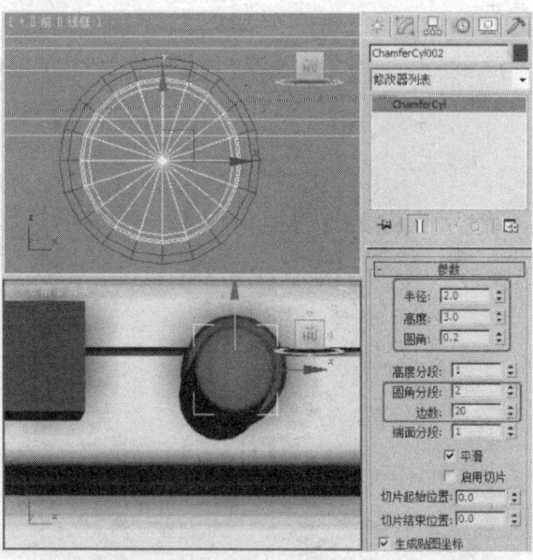

图 14-35

STEP 16 对旋转开关底座和旋转开关模型进行复制，调整其至合适的位置，如图14-36所示。

STEP 17 单击"（创建）>（几何体）>圆环"按钮，在"前"视图中创建圆环作为布尔模型，在"参数"卷展栏中设置"半径1"为0.5、"半径2"为0.1，如图14-37所示。

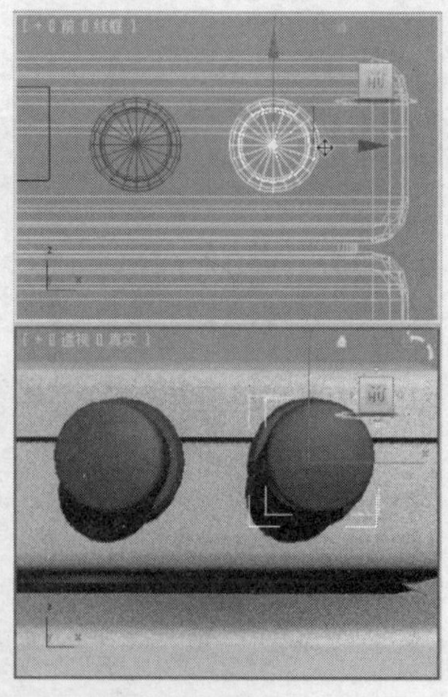

图 14-36

STEP 18 单击"（创建）>（几何体）>圆柱体"按钮，在"前"视图中创建圆柱体作为布尔模型，在"参数"卷展栏中设置"半径1"为0.4、"高度"为1，"高度分段"为1，如图14-38所示。

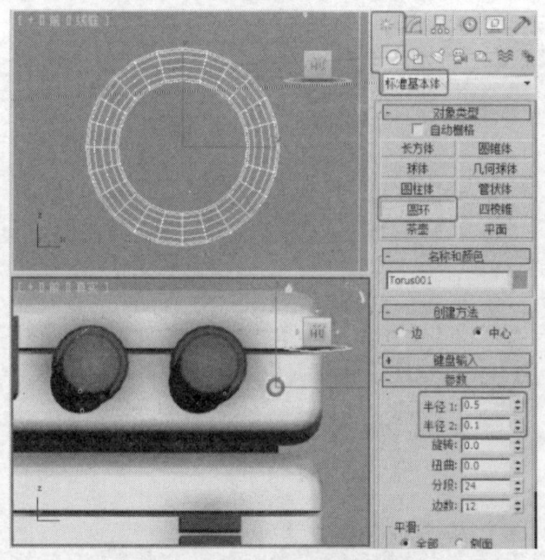

图 14-37

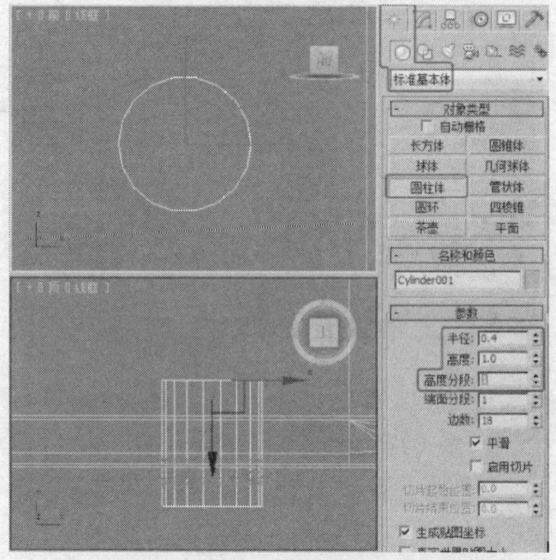

图 14-38

STEP 19 将作为布尔模型的圆柱体转换为"可编辑多边形"，在"编辑几何体"卷展栏中单击"附加"按钮，将作为布尔模型的圆环附加到一起，如图14-39所示，关闭"附加"按钮。

STEP 20 在场景中选择DVD模型，单击"（创建）>（几何体）>复合对象>ProBoolean"按钮，在"拾取布尔对象"卷展栏中单击"开始拾取"按钮，拾取场景中附加到一起的布尔对象模型，如图14-40所示。

STEP 21 完成的DVD模型效果如图14-41所示，完成的场景模型可以参考随书附带光盘中的

“Scene\cha14\DVD.max”文件。同时还可以参考随书附带光盘中的“Scene\cha14\DVD场景.max”文件，该文件是设置好场景的场景效果文件，渲染该场景可以得到如图14-42所示的效果。

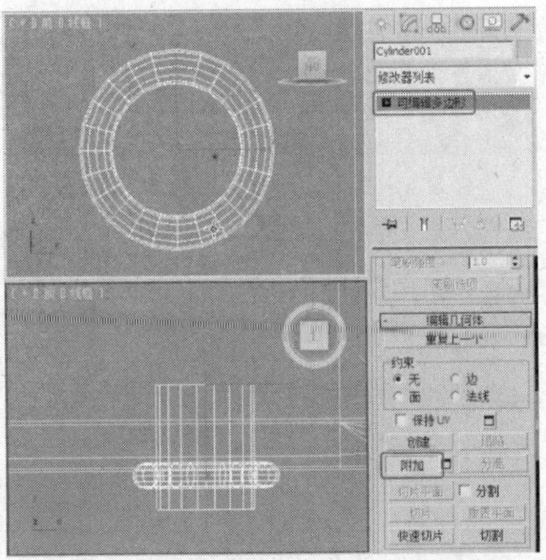

图14-39

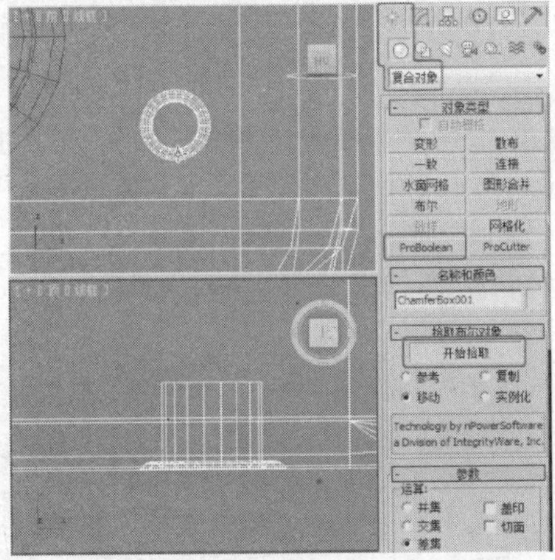

图14-40

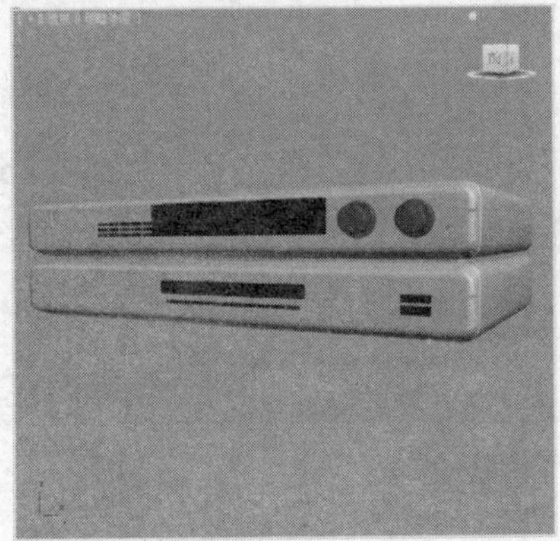

图14-41

14.3 实例25——音响

案例学习目标

学习使用切角长方体、圆柱体、切角圆柱体、线、矩形、ProBoolean工具，结合使用“编辑多边形”、“挤出”、“倒角”、“编辑样条线”、“涡轮平滑”、“FFD（长方体）”修改器制作音响模型。

案例知识要点

创建切角长方体并施加“编辑多边形”、“FFD（长方体）”修改器用于制作公放模型，使用ProBoolean工具拾取圆柱体制作工作装饰口，创建切角圆柱体并施加“编辑多边形”修改器用于制作公放装饰模型，使用线创建图形并施加“挤出”修改器制作支架模型，创建矩形并施加“倒角”修改器用于制作底座模型，创建矩形并施加“编辑样条线”、“倒角”修改器用于制作音响外壳模型，使用切角长方体并施加“编辑多边形”修改器制作音响后壳模型，创建矩形并施加“编辑样条线”、“倒角”修改器用于制作前面板模型，完成的模型效果如图14-42所示。

图14-42

效果图文件所在位置

随书附带光盘Scene\cha14\音响.max。

STEP 1 单击“（创建）>（几何体）>扩展基本体>切角长方体”按钮，在“前”视图中创建切角长方体，在“参数”卷展栏中设置“长度”

为60、“宽度”为25、“高度”为45、“圆角”为0.3、“圆角分段”为3，如图14-43所示。

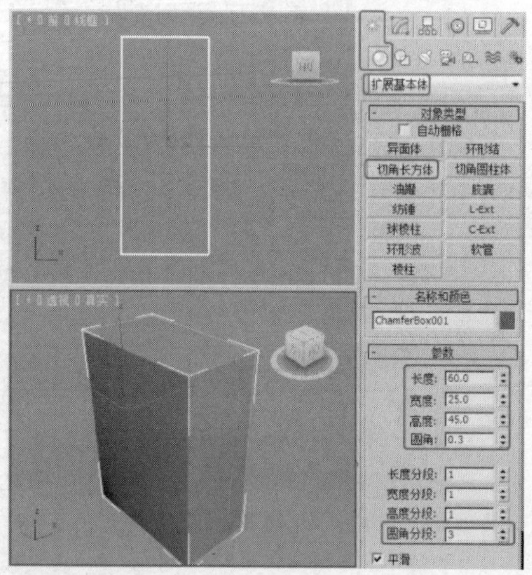

图14-43

STEP 2 单击“（创建）>（几何体）>扩展基本体>切角长方体”按钮，在“左”视图中创建切角长方体，在“参数”卷展栏中设置“长度”为60、“宽度”为3、“高度”为25、“圆角”为0.3、“长度分段”为8、“圆角分段”为3，如图14-44所示，调整模型至合适的位置。

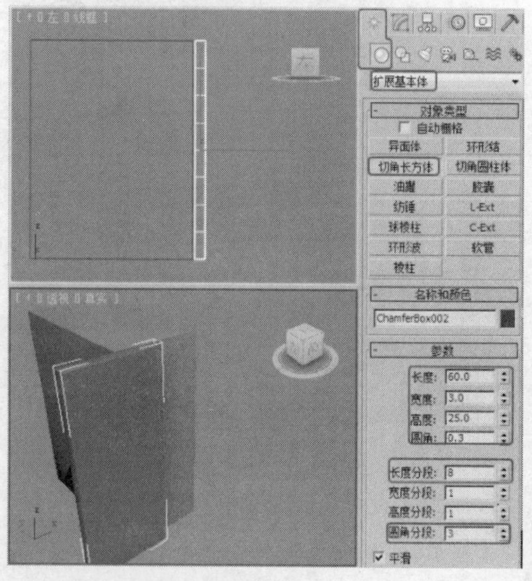

图14-44

STEP 3 对模型施加“FFD（长方体）”修改器，将选择集定义为“控制点”，在“FFD参数”卷展栏中单击“设置单数”按钮，在弹出的对话中设置长、宽、高的点数分别为4、2、4，在“左”视图中调整控制点至合适的位置，如图14-45所示。

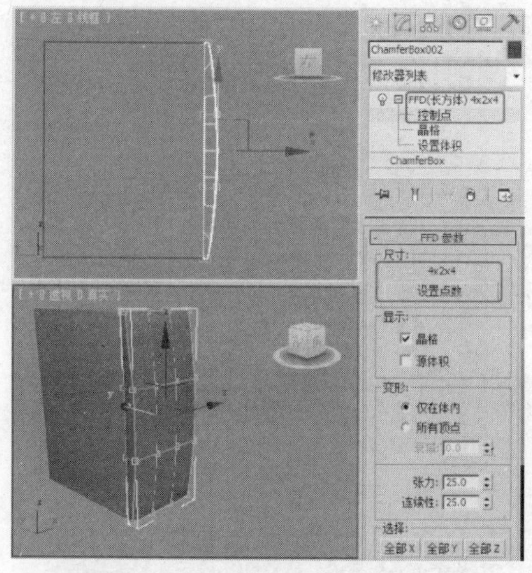

图14-45

STEP 4 对模型施加“编辑多边形”修改器，将选择集定义为“元素”，在“几何体”卷展栏中单击“附加”按钮，在场景中附加另一个模型，如图14-46所示。

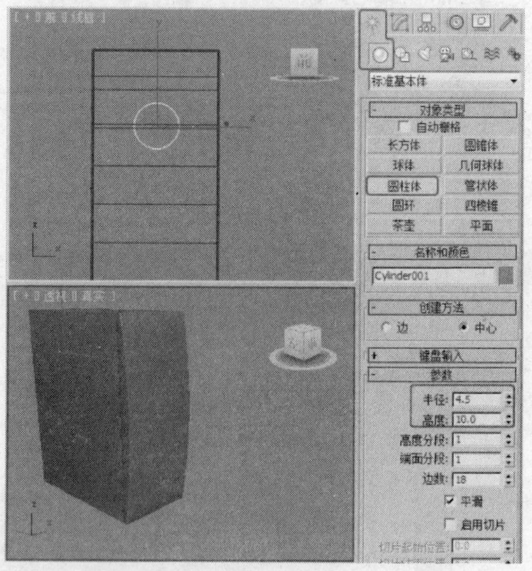

图14-46

STEP 5 单击“（创建）>（几何体）>

圆柱体”按钮，在“前”视图中创建圆柱体作为拾取的布尔对象，在“参数”卷展栏中设置“半径”为4.5、“高度”为10，如图14-47所示。

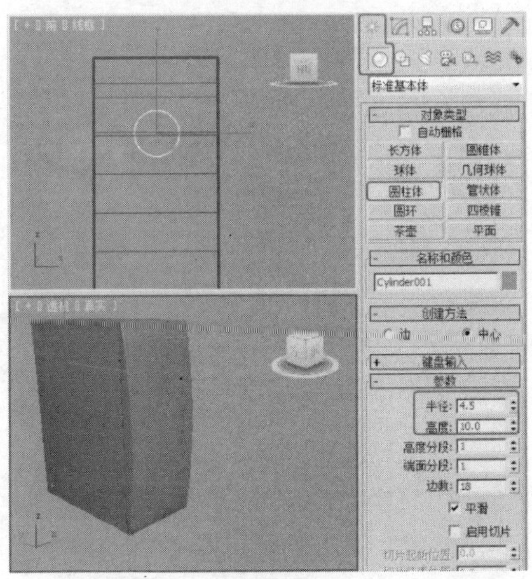

图14-47

STEP 6 在场景中调整圆柱体至合适的位置和角度，如图14-48所示。

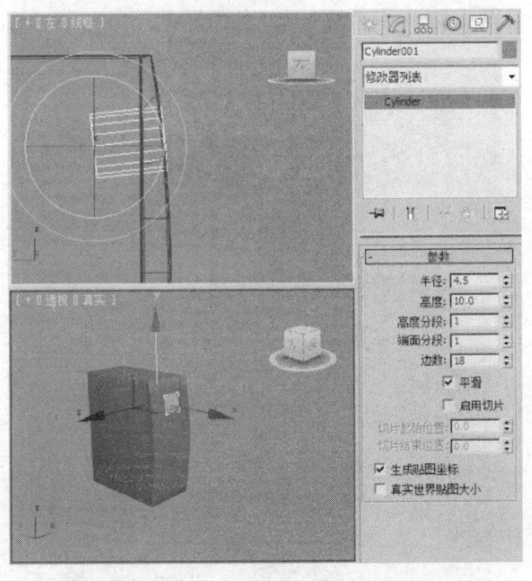

图14-48

STEP 7 单击“ （创建）> （几何体）>复合对象>ProBoolean”按钮，在“拾取布尔对象”卷展栏中单击“开始拾取”按钮，在视图中拾取圆柱体模型，如图14-49所示。

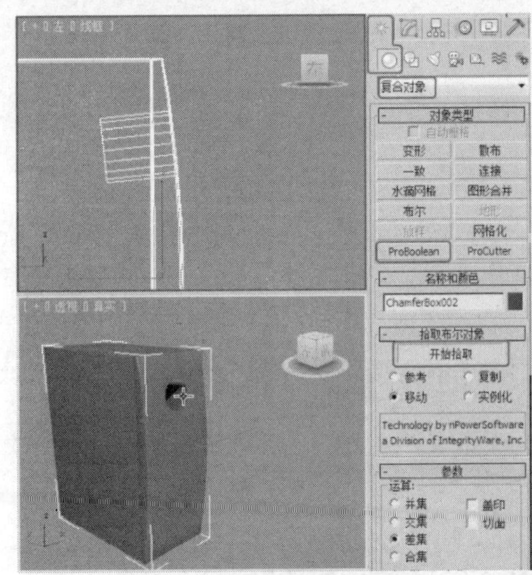

图14-49

STEP 8 单击“ （创建）> （几何体）>扩展基本体>切角圆柱体”按钮，在“前”视图中创建切角圆柱体，在“参数”卷展栏中设置“半径”为5.5、“高度”为10、“圆角”为1.5、“圆角分段”为4、“边数”为20，如图14-50所示。

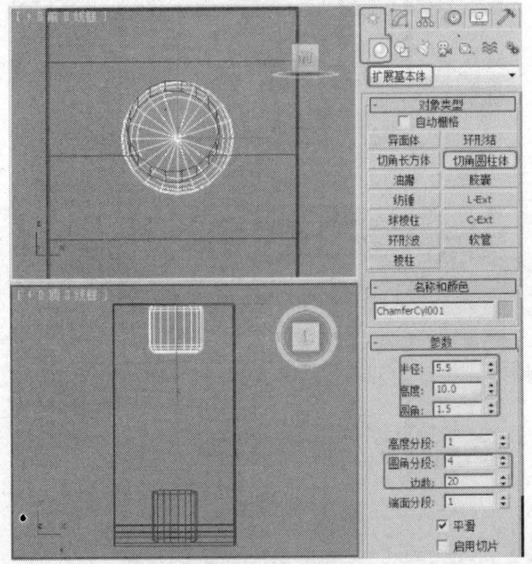

图14-50

STEP 9 对模型施加“编辑多边形”修改器，将选择集定义为“多边形”，在“选择”卷展栏中勾选“忽略背面”复选项，在“前”视图中选择如图14-51所示的多边形，在“编辑多边形”卷展栏中单击“挤出”后的设置按钮，在弹出的对话框中设置“高度”为-9，单击“确定”按钮。

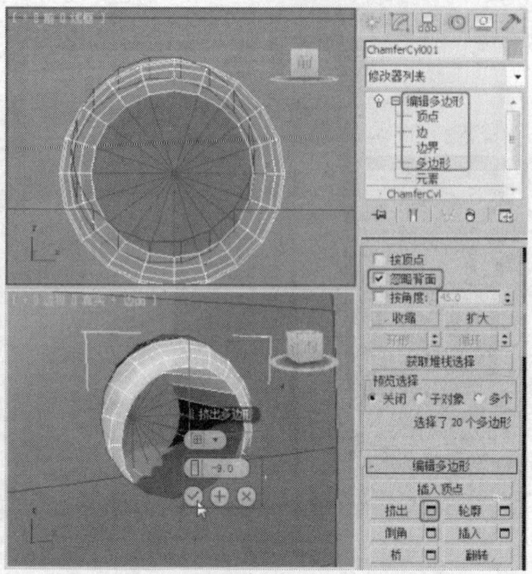

图14-51

STEP 10 将选择集定义为“顶点”，在视图中缩放顶点，如图14-52所示。

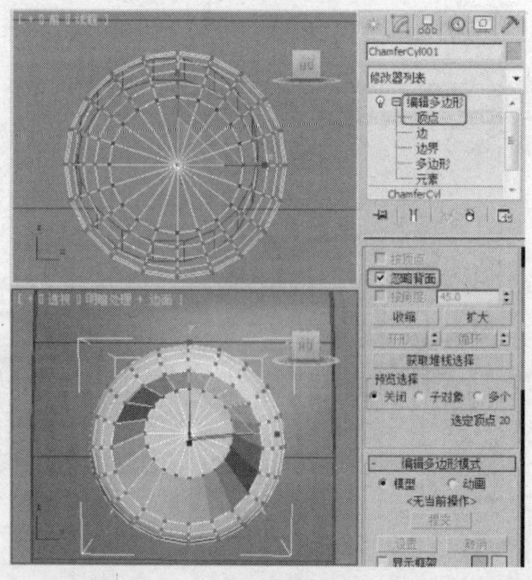

图14-52

STEP 11 对模型施加“涡轮平滑”修改器，并调整模型至合适的位置，如图14-53所示。

STEP 12 单击“（创建）>（图形）>线”按钮，在“左”视图中创建如图14-54所示的图形。

STEP 13 对图形施加“挤出”修改器，在“参数”卷展栏中设置“数量”为18，调整模型至合适的位置，如图14-55所示。

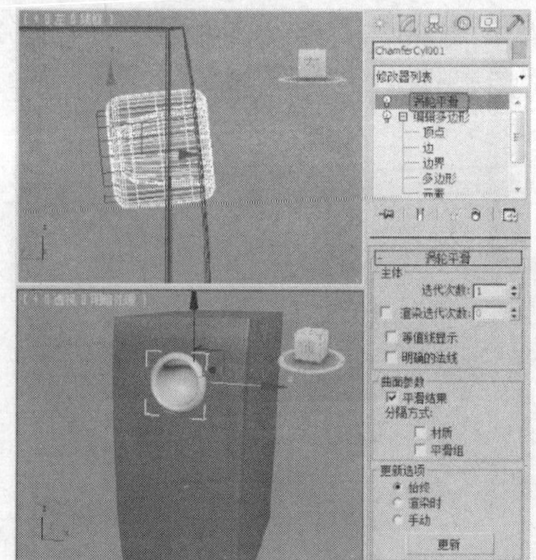

图14-53

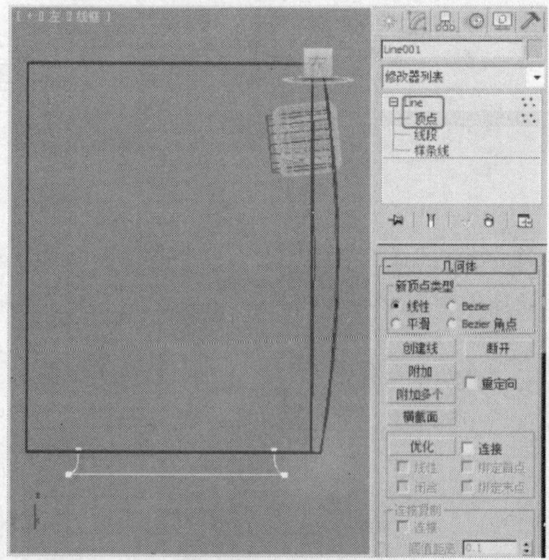

图14-54

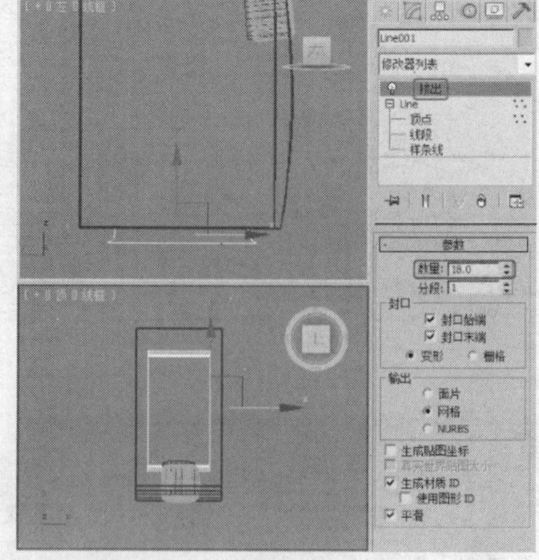

图14-55

STEP 14 单击“（创建）>（图形）>矩形”按钮，在“顶”视图中创建矩形，在“参数”卷展栏中设置“长度”为43、“宽度”为23、“角半径”为5，如图14-56所示。

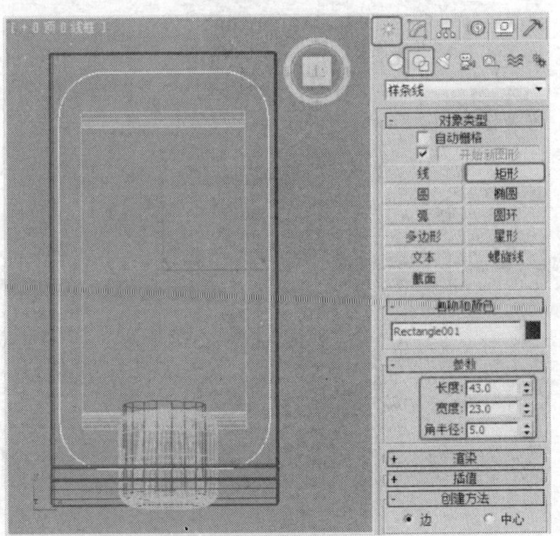

图 14-56

STEP 15 对矩形施加“倒角”修改器，在“倒角值”卷展栏中设置“级别1”的“高度”为0.2、“轮廓”为0.2，勾选“级别2”选项并设置其“高度”为0.7，勾选“级别3”选项并设置其“高度”为0.2、“轮廓”为-0.2，调整模型至合适的位置，如图14-57所示。

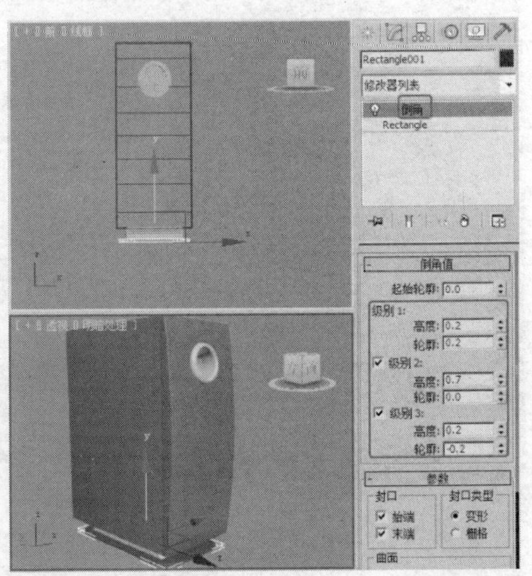

图 14-57

STEP 16 单击“（创建）>（图形）>矩形”按钮，在“前”视图中创建矩形，在“参数”卷展栏中设置“长度”为70、“宽度”为10、“角半径”为2.2，如图14-58所示。

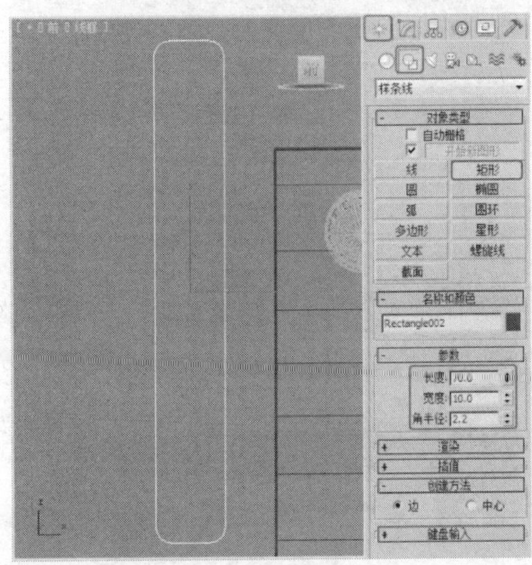

图 14-58

STEP 17 对矩形施加“编辑样条线”修改器，将选择集定义为“样条线”，在“几何体”卷展栏中单击“轮廓”按钮，在“前”视图中为图形设置轮廓，如图14-59所示。

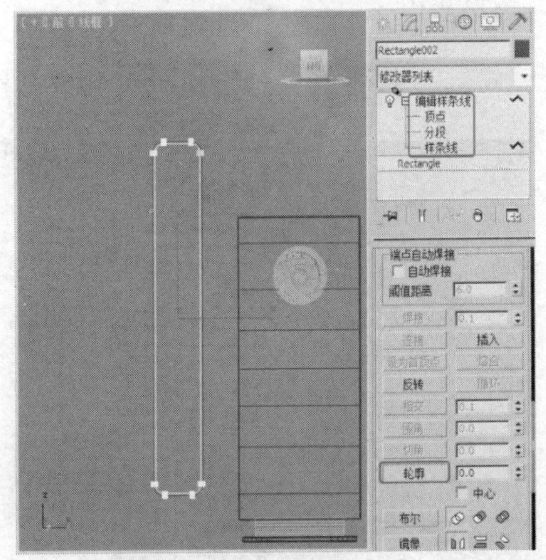

图 14-59

STEP 18 对图形施加“倒角”修改器，在“倒角值”卷展栏中设置“级别1”的“高度”为0.2、“轮廓”为0.2，勾选“级别2”选项并设置其“高度”为4，勾选“级别3”选项并设置其“高度”为

0.2、“轮廓”为-0.2，调整模型至合适的位置，如图14-60所示。

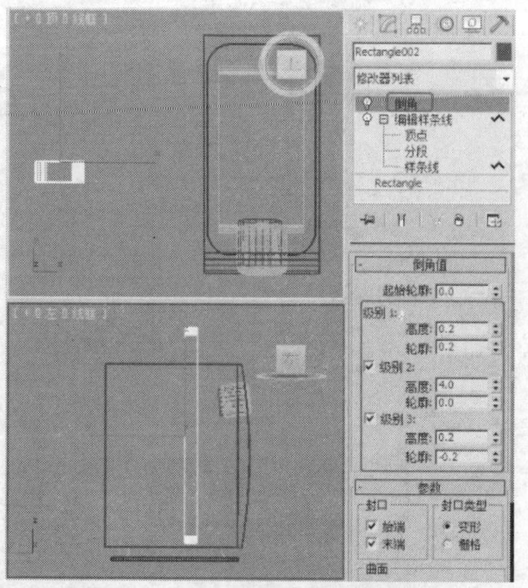

图14-60

STEP 19 单击“ （创建）> （几何体）>扩展基本体>切角长方体”按钮，在“左”视图中创建切角长方体，在“参数”卷展栏中设置“长度”为69、“宽度”为8、“高度”为9、“圆角”为1、“圆角分段”为3，调整模型至合适的位置，如图14-61所示。

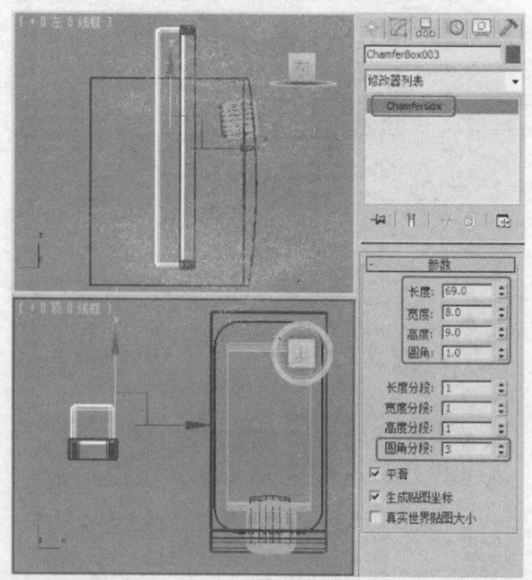

图14-61

STEP 20 对模型施加“编辑多边形”修改器，将选择集定义为“顶点”，在“左”视图和“顶”视图中缩放顶点，如图14-62所示。

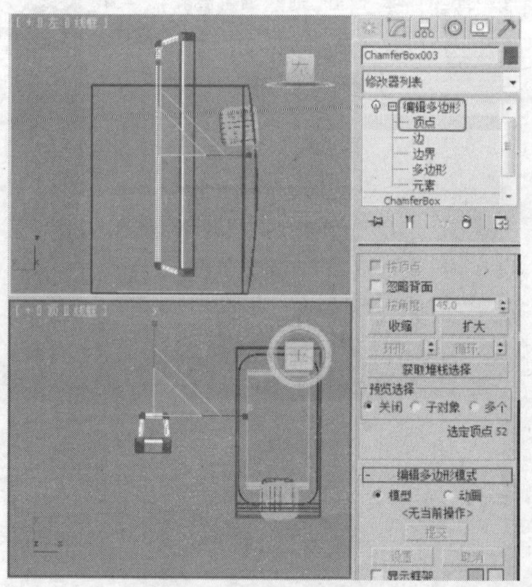

图14-62

STEP 21 单击“ （创建）> （图形）>矩形”按钮，在“前”视图中创建矩形，在“参数”卷展栏中设置“长度”为68、“宽度”为8.4、“角半径”为1.3，如图14-63所示。

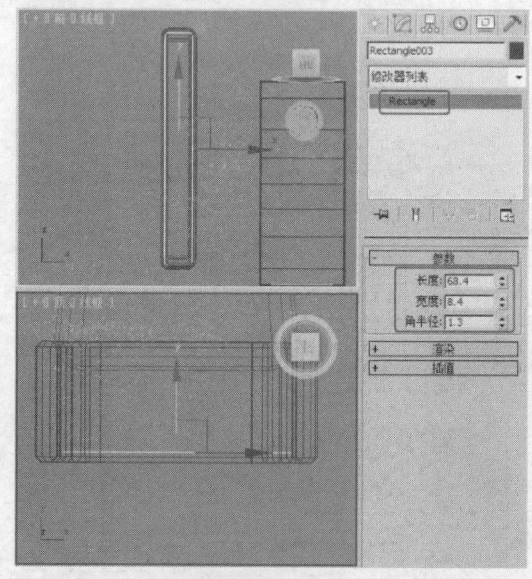

图14-63

STEP 22 对图形施加“编辑样条线”修改器，将选择集定义为“顶点”，在“前”视图中调整顶点位置，如图14-64所示。

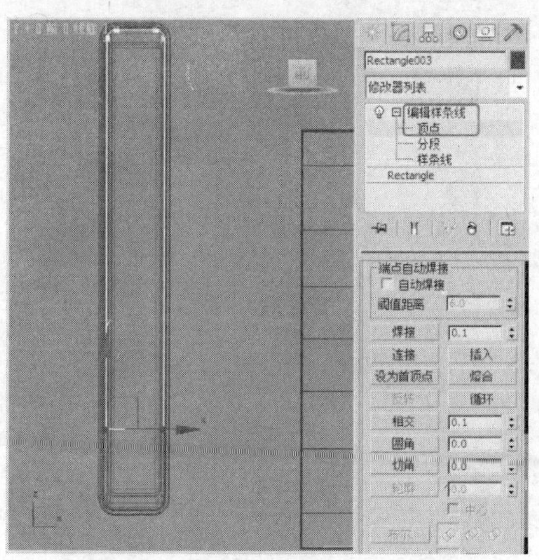
图 14-64

STEP 23 对图形施加“倒角”修改器，在“倒角值”卷展栏中设置“级别1”的“高度”为0.2、“轮廓”为0.2，勾选“级别2”选项并设置其“高度”为0.5，勾选“级别3”选项并设置其“高度”为0.2、“轮廓”为-0.2，调整模型至合适的位置，如图14-65所示。

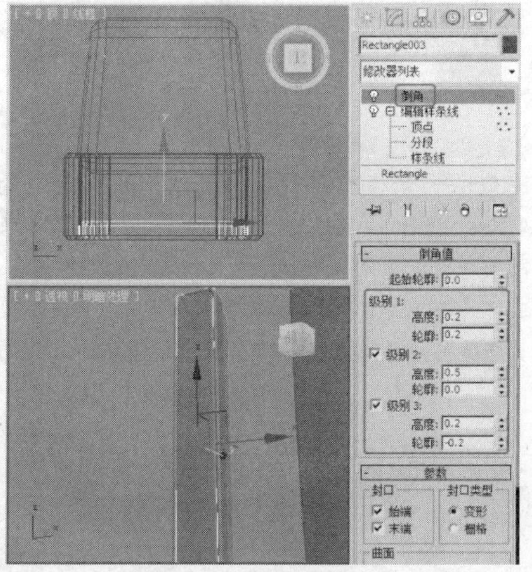
图 14-65

STEP 24 复制矩形003模型并将“倒角”、“编辑样条线”修改器在修改器堆栈中移除，再对图形施加“编辑样条线”修改器，将选择定义为“顶点”，在“前”视图中调整顶点位置，如图14-66所示。

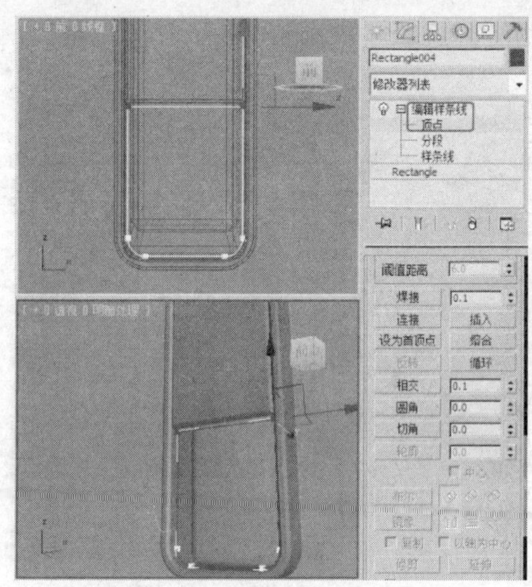
图 14-66

STEP 25 对图形施加“倒角”修改器，在“倒角值”卷展栏中设置“级别1”的“高度”为0.2、“轮廓”为0.2，勾选“级别2”选项并设置其“高度”为0.5，勾选“级别3”选项并设置其“高度”为0.2、“轮廓”为-0.2，调整模型至合适的位置，如图14-67所示。

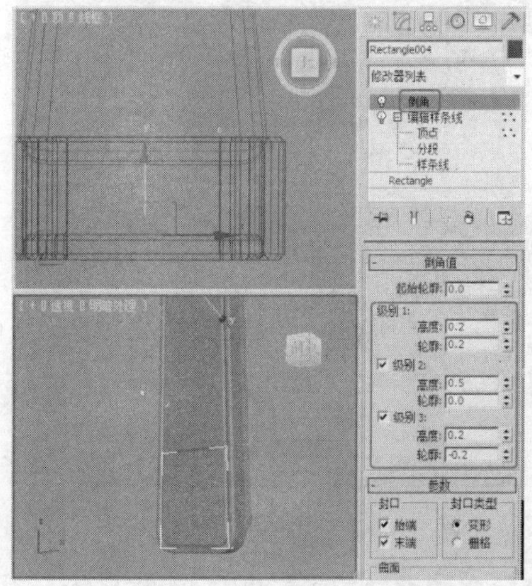
图 14-67

STEP 26 单击“（创建）>（图形）>线”按钮，在“左”视图中创建如图14-68所示的图形。

STEP 27 对图形施加“挤出”修改器，在“参数”卷展栏中设置“数量”为4.5，调整模型至合适的位置，如图14-69所示。

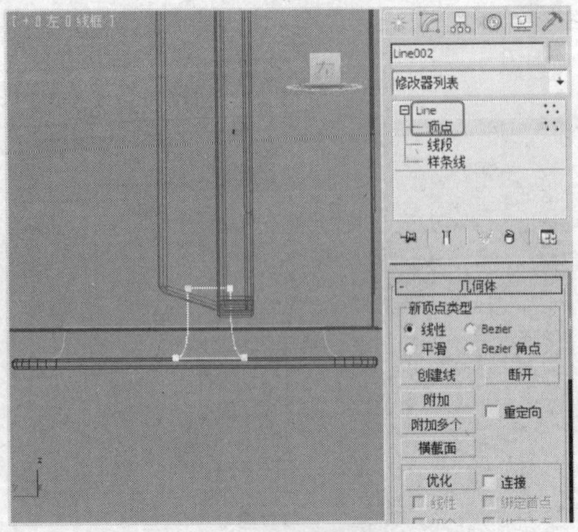

图14-68

STEP 28 单击“（创建）>（图形）>矩形”按钮，在“顶”视图中创建矩形，在“参数”卷展栏中设置“长度”为16、“宽度”为15.5、“角半径”为3，如图14-70所示。

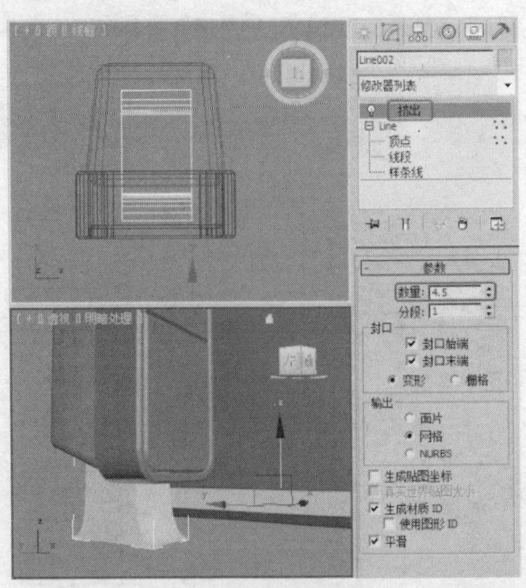

图14-69

STEP 29 对矩形005施加“倒角”修改器，在“倒角值”卷展栏中设置“级别1”的“高度”为0.2、“轮廓”为0.2，勾选“级别2”选项并设置其“高度”为0.7，勾选“级别3”选项并设置其“高度”为0.2、“轮廓”为-0.2，调整模型至合适的位置，如图14-71所示。

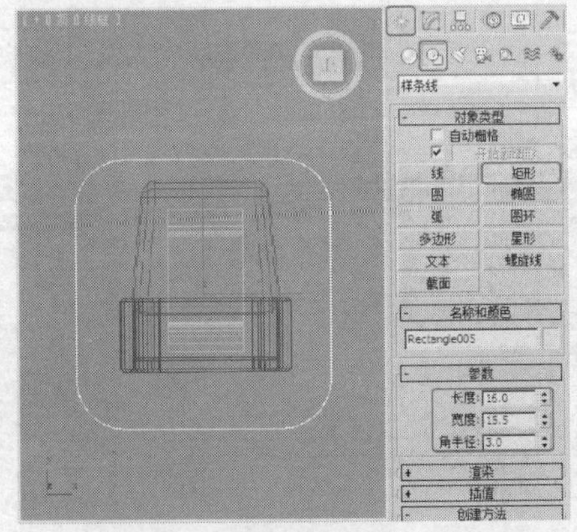

图14-70

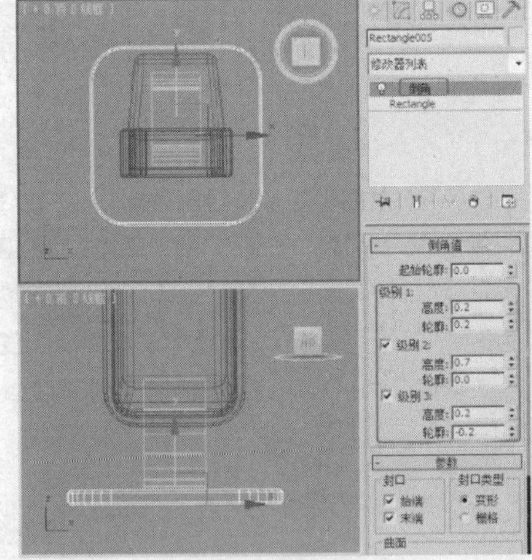

图14-71

STEP 30 调整模型后的效果如图14-72所示。完成的场景模型可以参考随书附带光盘中的“Scene\cha14\音响.max”文件。同时还可以参考随书附带光盘中的“Scene\cha14\音响场景.max”文件，该文件是设置好场景的场景效果文件，渲染该场景可以得到如图14-42所示的效果。

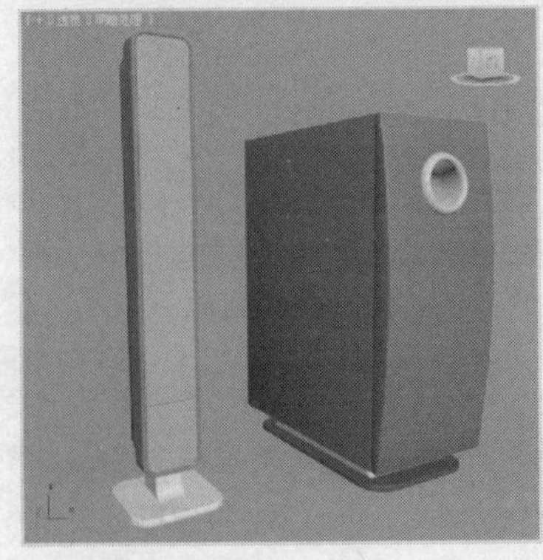

图14-72

14.4 课堂练习——制作表

练习知识要点

使用圆角矩形并施加"编辑样条线"、"倒角"修改器再使用阵列工具制作框架模型；使用长方体制作指针模型；使用圆柱体和半球制作指针轴承，完成的表的效果如图14-73所示。

图14-73

效果图文件所在位置

随书附带光盘Scene\cha14\表.max。

14.5 课后习题——制作笔记本

习题知识要点

创建矩形并施加"编辑样条线"、"倒角"修改器并使用ProBoolean工具制作笔记本主机主体壳，使用矩形并施加"挤出"、"编辑多边形"修改器制作触摸屏，创建切角长方体并施加"编辑多边形"修改器用于制作键盘按键，参照主体外壳完成笔记本屏幕和其他构建的制作，完成的笔记本效果如图14-74所示。

效果图文件所在位置

随书附带光盘Scene\cha14\笔记本.max。

图14-74

3ds Max 2012 + VRay

15 Chapter

第 15 章
室内效果图的制作

通过前面对基础知识的学习，相信大家对 3ds Max 已经不再陌生。在本章中将介绍室内效果图的制作，以及如何从建模到创建灯光再到渲染等的制作流程。

15.1 实例 26——书房

作为本章的首个案例，我们将介绍从导入图纸到建模、材质、灯光、渲染等详细地介绍效果图的制作流程。本例具体介绍一个古朴书香气书房的制作流程，在 3ds Max 中制作的效果如图 15-1 所示。

图 15-1

15.1.1 案例分析

书房即家庭工作室，是供略读、书写及业余学习和工作的空间。它既是办公室的延伸，又是家庭生活的一部分。书房的双重性使其在家庭环境中处于一种独特的地位。

书房是读书写字或工作的地方，需要呈现宁静、沉稳的感觉，人在其中才不会心浮气躁。传统中式书房从陈列到规划，从色调到材质，都表现出雅静的特征，因此也深得不少现代人的喜爱。所以在现代家居中，拥有一个"古味"十足的书房，一个可以静心潜读的空间，自然是一种更高层次的享受。

15.1.2 案例设计

本案例设计流程图如图 15-2 所示。

图 15-2

15.1.3 案例制作

1. 导入图纸

STEP 1 打开3ds Max软件，在左上角单击图标按钮，在弹出的菜单中选择"导入"命令，如图15-3所示。

STEP 2 在弹出的对话框中选择随书附带光盘中的"Scene\cha15\15.1\书房图纸.DWG"文件，单击"打开"按钮，如图15-4所示。

STEP 3 打开的图纸，如图15-5所示。

2. 制作书房模型

STEP 1 在场景中选择图形图像，右键单击，在弹出的快捷菜单中选择"冻结当前选择"命令，如图15-6所示。

STEP 2 在场景中书房位置绘制图形，如图15-7所示。

STEP 3 对绘制的图形施加"挤出"修改器，在"参数"卷展栏中设置"数量"为2872.5（参数合适即可），并设置"分段"为3，如图15-8所示。

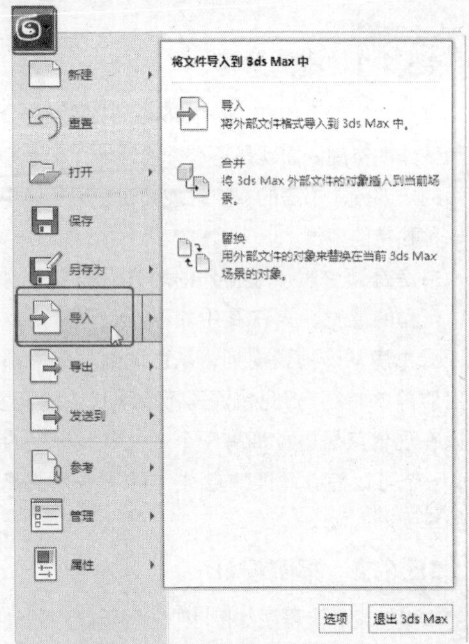

图 15-3

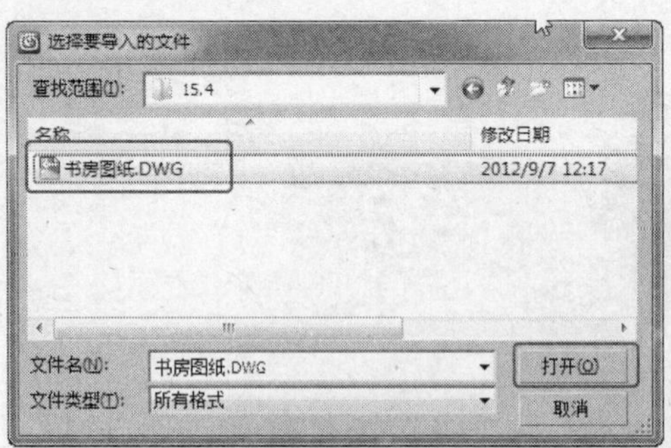

图 15-4

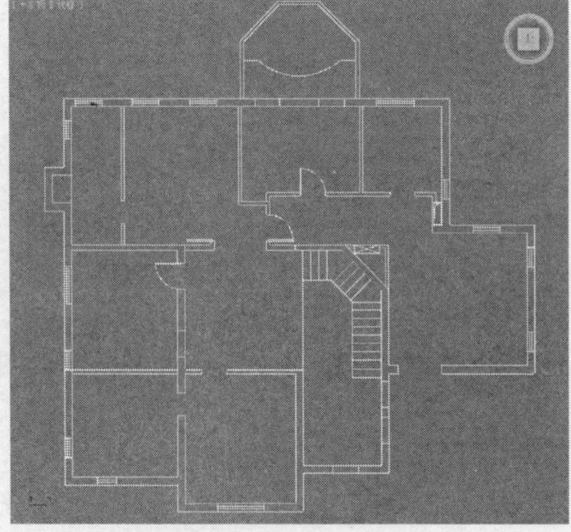

图 15-5

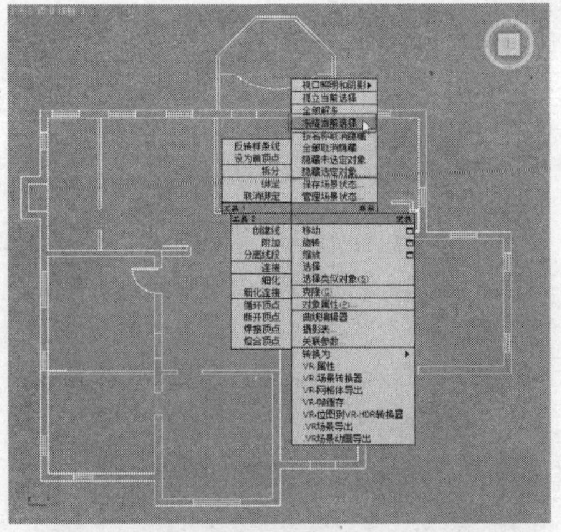

图 15-6

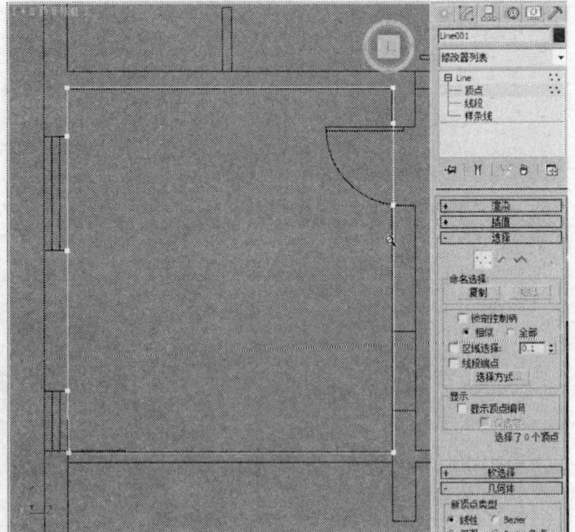

图 15-7

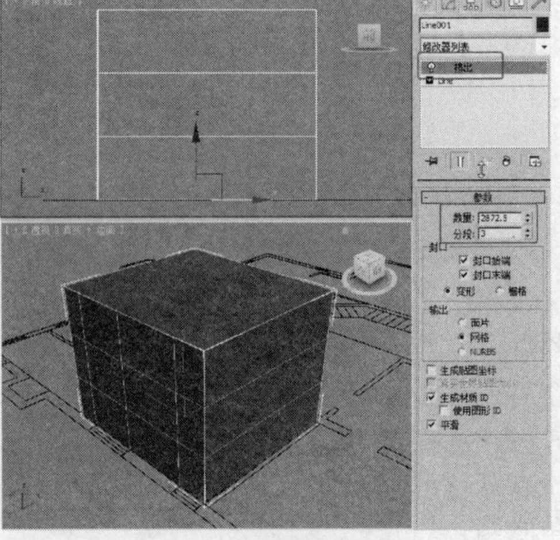

图 15-8

STEP 4 对挤出的框架模型施加“编辑多边形”修改器，将选择集定义为“顶点”，在场景中调整出门洞至合适的位置，如图15-9所示。

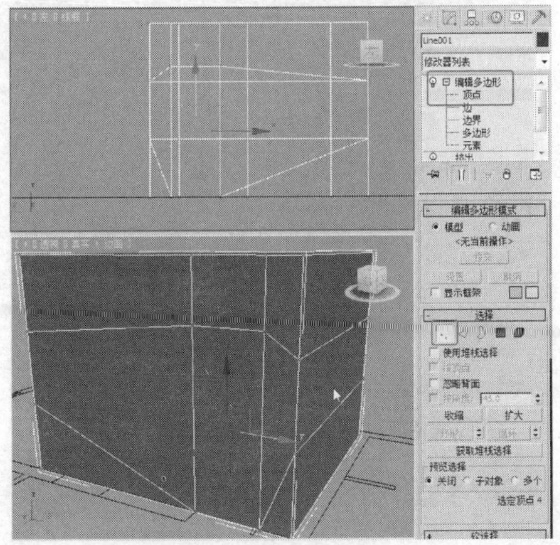

图15-9

STEP 5 将选择集定义为“多边形”，在场景中选择作为门洞的多边形，在“编辑多边形”卷展栏中单击“挤出”后的设置按钮，在弹出的对话框中设置挤出“数量”为160，如图15-10所示。

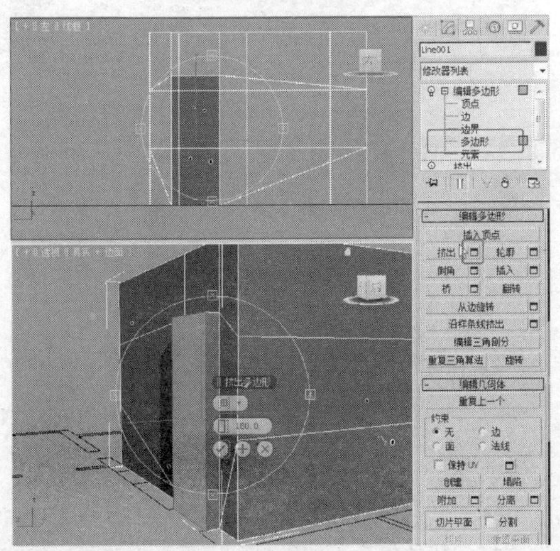

图15-10

STEP 6 将选择集定义为“顶点”，在场景中调整窗洞的效果，如图15-11所示。

STEP 7 将选择集定义为“多边形”，在场景中选择作为窗户的多边形，在“编辑多边形”卷展栏中单击“挤出”后的设置按钮，在弹出的对话框中设置挤出“数量”为270，如图15-12所示。

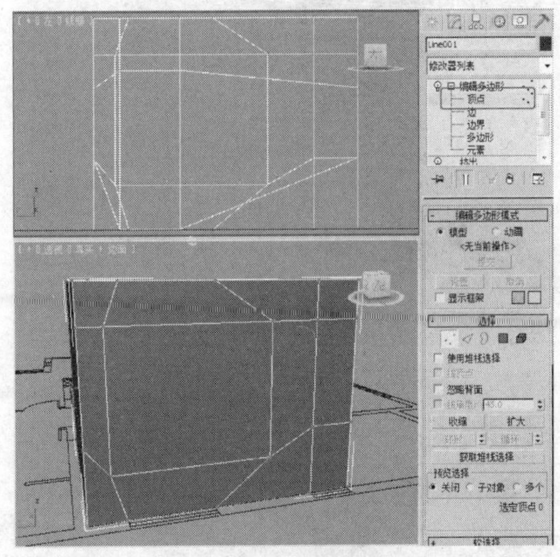

图15-11

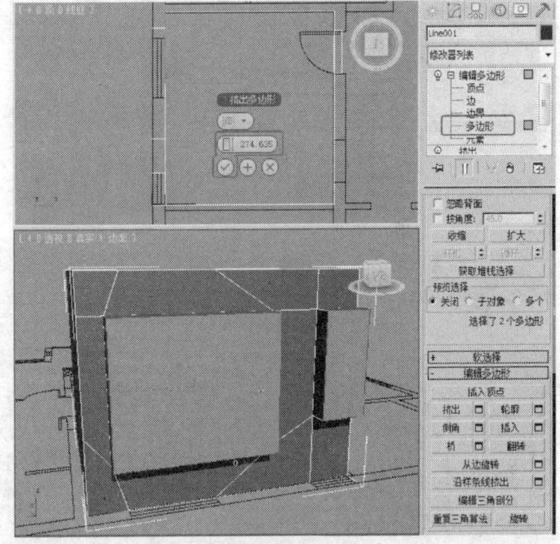

图15-12

STEP 8 删除门洞和窗洞的多边形，如图15-13所示。

STEP 9 在窗洞的位置创建两个矩形，对图形施加“编辑样条线”修改器，并单击“附加”按钮，将两个矩形附加到一起，单击“轮廓”按钮，设置样条线的轮廓，如图15-14所示。

STEP 10 关闭选择集，对图形施加“挤出”修改器，设置合适的挤出参数，如图15-15所示。

图15-13

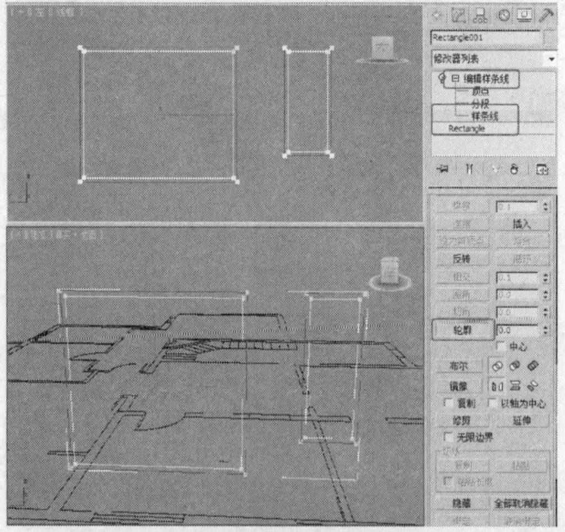

图15-14

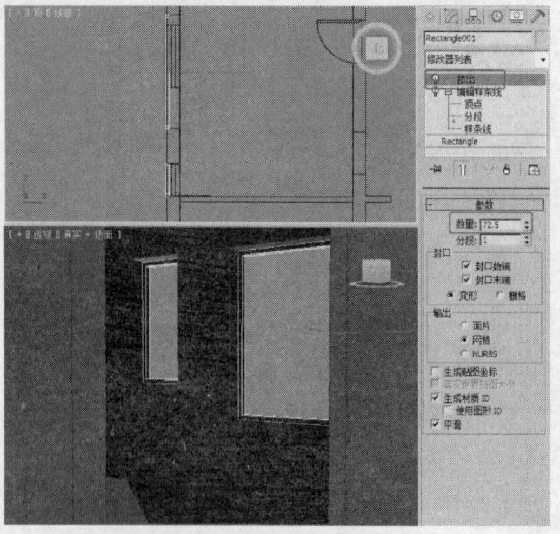

图15-15

STEP 11 在“顶”视图中创建吊顶图形，并对其施加“挤出”修改器，调整模型至合适的位置，如图15-16所示。

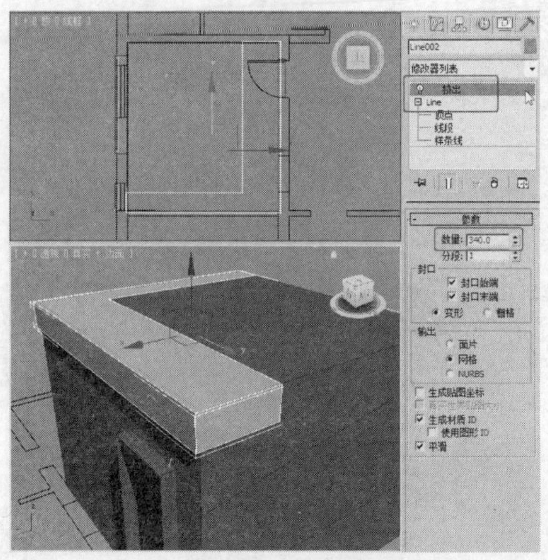

图15-16

STEP 12 在“左”视图中创建空调口边框矩形，设置矩形的参数，如图15-17所示。

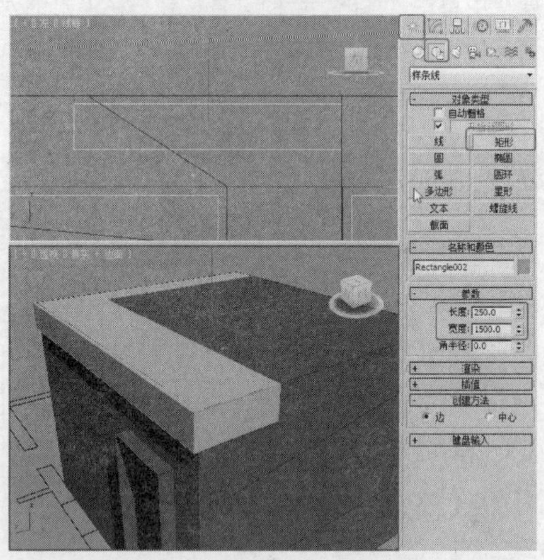

图15-17

STEP 13 对矩形施加“编辑样条线”修改器，设置样条线的轮廓，如图15-18所示，对图形施加“挤出”修改器，设置合适的挤出参数。

STEP 14 在“左”视图中创建空调风叶，设置合适的参数，调整模型至合适的旋转角度，如图15-19所示。

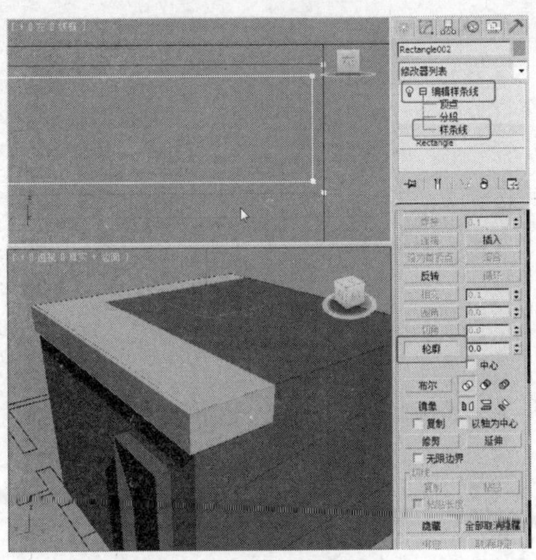

图 15-18

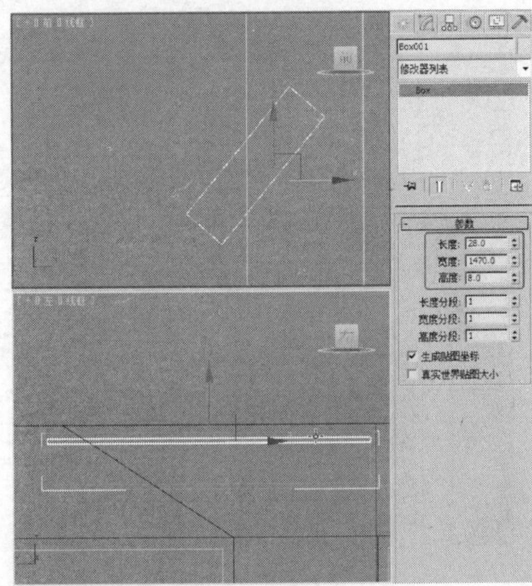

图 15-19

STEP 15 在场景中复制并调整模型至合适的位置，如图15-20所示。

STEP 16 在“左”视图中创建垂直的隔断，设置合适的参数，如图15-21所示。

STEP 17 在场景中选择框架模型，按Ctrl+V组合键，在弹出的对话框中选择“复制”选项，如图15-22所示。

STEP 18 在修改器堆栈中将“编辑多边形”修改器返回到“Line”，并将选择集定义为“线段”，将门洞处的线段删除，如图15-23所示。

STEP 19 将选择集定义为“样条线”，单击“轮廓”按钮，设置样条线的轮廓，如图15-24所示。

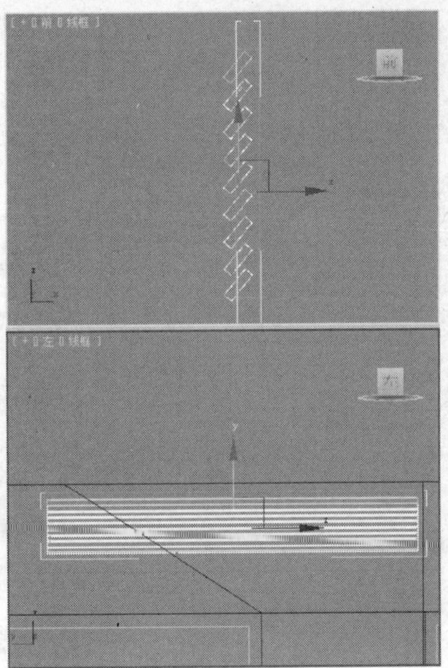

图 15-20

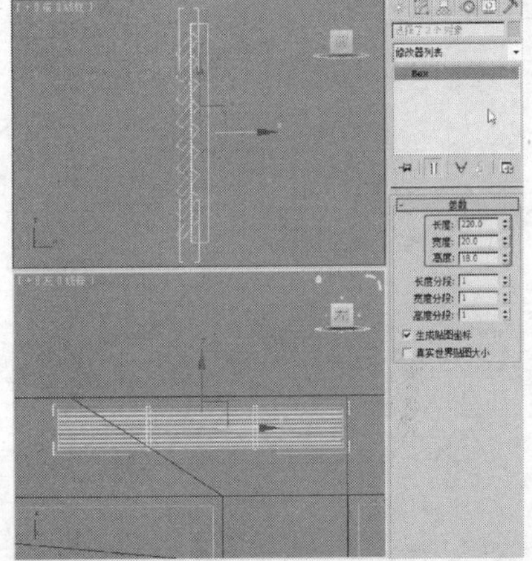

图 15-21

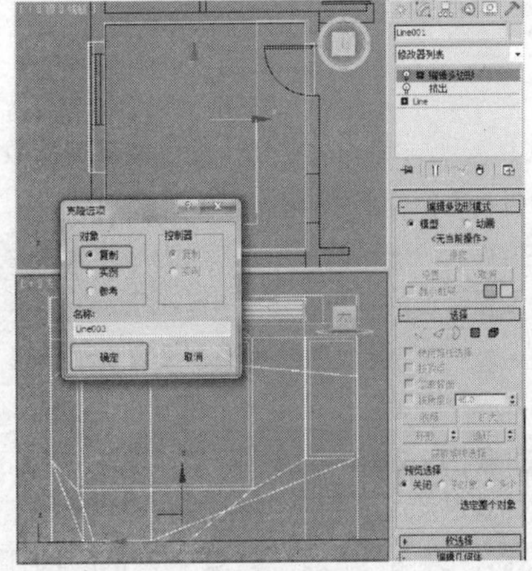

图 15-22

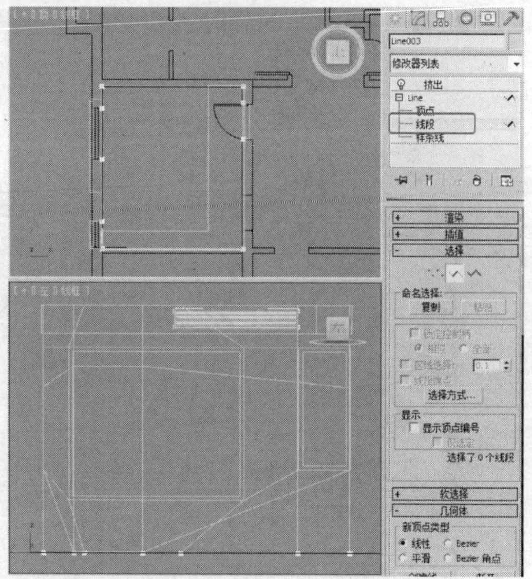

图 15-23

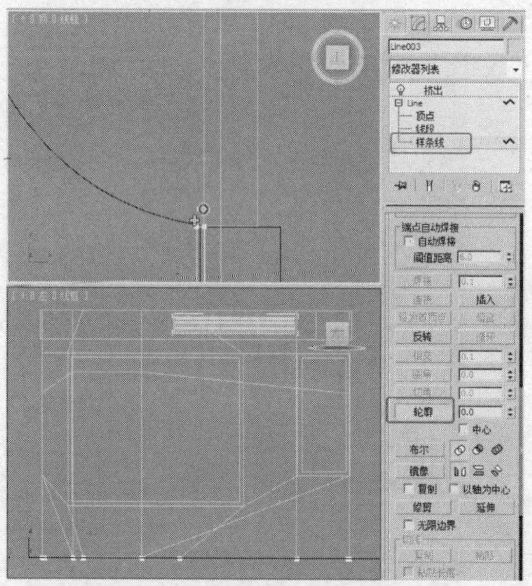

图 15-24

STEP 20 修改“挤出”的“数量”参数，合适即可，如图15-25所示。

STEP 21 在墙的位置创建矩形作为书柜，为矩形设置合适的参数，如图15-26所示。

STEP 22 继续创建矩形，设置合适的参数，如图15-27所示。

STEP 23 将其他模型隐藏，只显示两个作为书柜的矩形，对其中一个矩形施加“编辑样条线”修改器，并单击“附加”按钮，将两个矩形“附加”到一起，如图15-28所示。

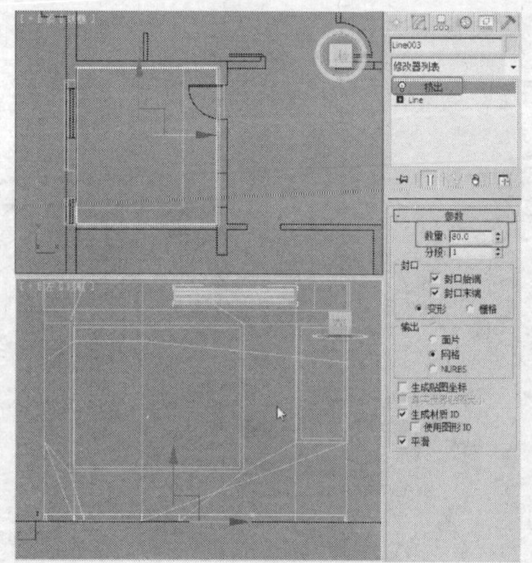

图 15-25

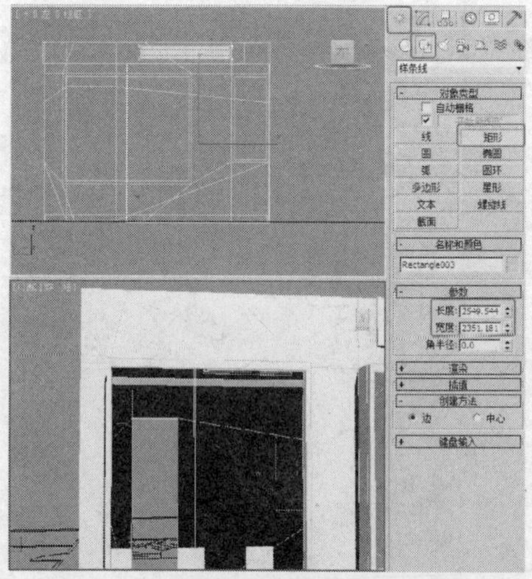

图 15-26

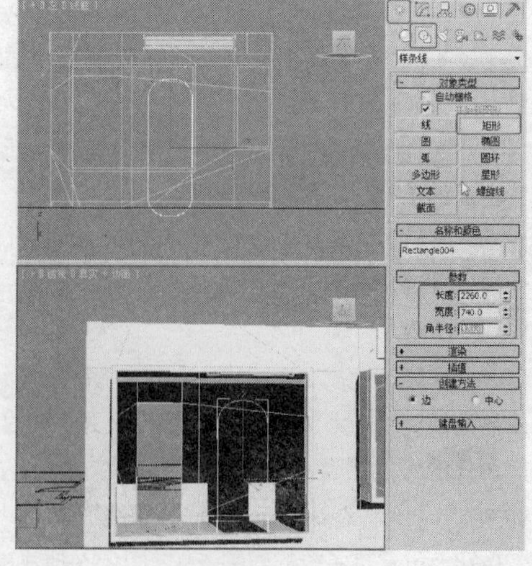

图 15-27

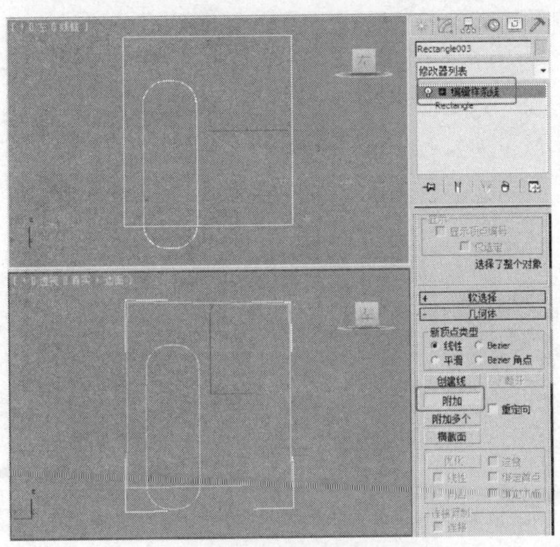

图 15-28

STEP 24 将选择集定义为“样条线”，按住Shift键，移动并复制圆角矩形，如图15-29所示。

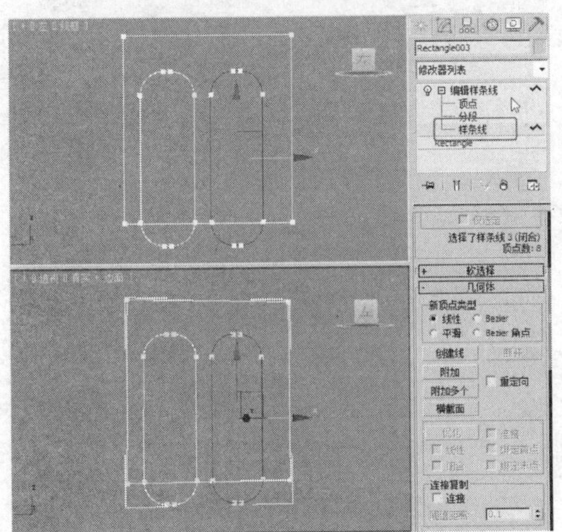

图 15-29

STEP 25 单击“修剪”按钮，在场景中修剪图形的形状，如图15-30所示。

STEP 26 将选择集定义为“顶点”，按Ctrl+A组合键，在“几何体”卷展栏中单击“焊接”按钮，如图15-31所示。

STEP 27 对图形施加“挤出”修改器，显示所有模型，如图15-32所示。

STEP 28 对模型施加“编辑样条线”修改器，将选择集定义为“边”，在场景中选择拱形外侧边和临近门的外侧边，如图15-33所示。

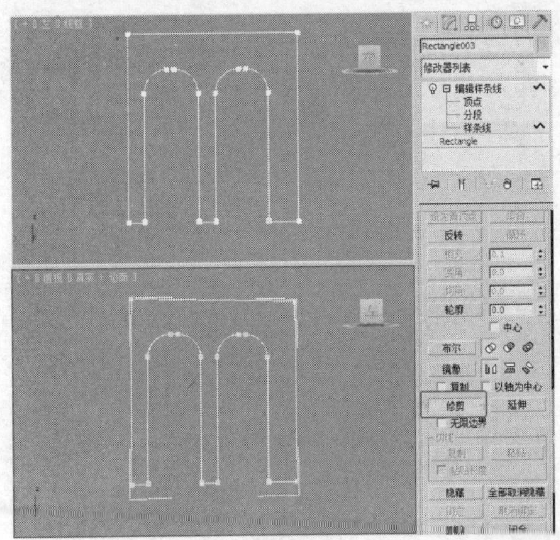

图 15-30

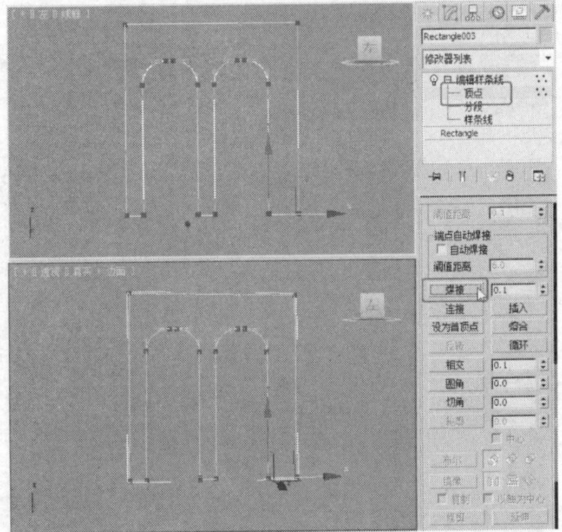

图 15-31

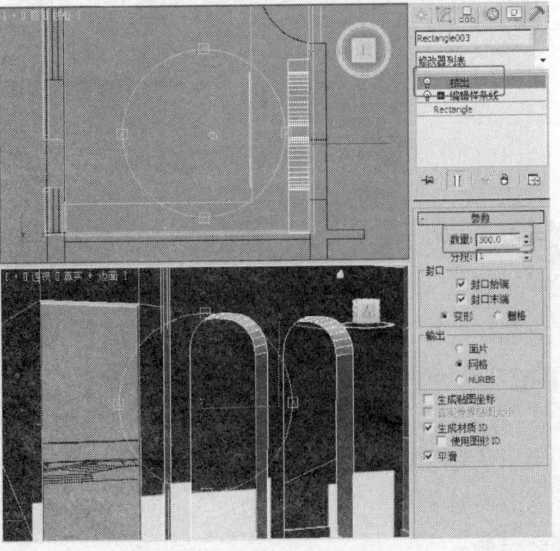

图 15-32

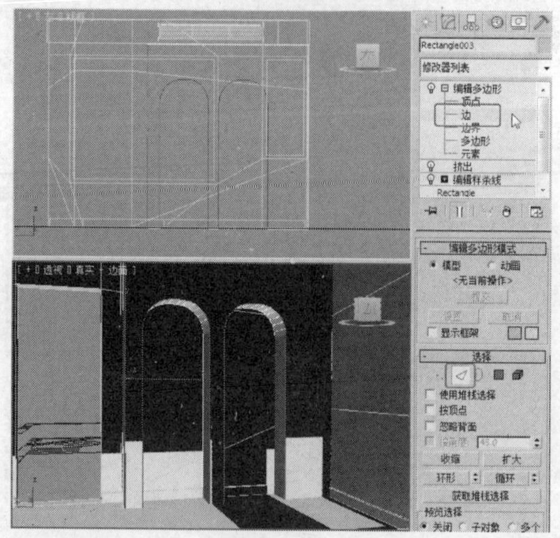

图15-33

STEP 29 在“编辑边”卷展栏中单击“切角”后的设置按钮，在弹出的对话框中设置多边形的切角参数，如图15-34所示。

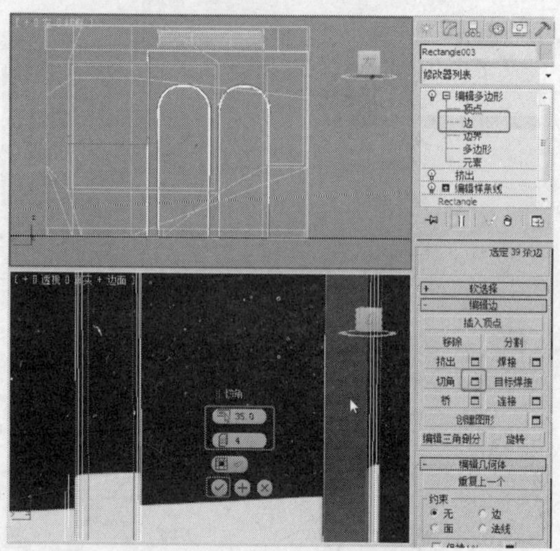

图15-34

STEP 30 使用同样的方法创建另一侧墙体的书架外框模型，如图15-35所示，在场景中选择外侧墙体框架，按Alt+X组合键，设置墙体为透明。

STEP 31 在“前”视图中创建长方体，设置长方体的参数和分段数，如图15-36所示。

STEP 32 对长方体施加“编辑多边形”修改器，将选择集定义为“顶点”，在场景中调整顶点位置，将选择集定义为“多边形”，选择如图15-37所示的多边形。

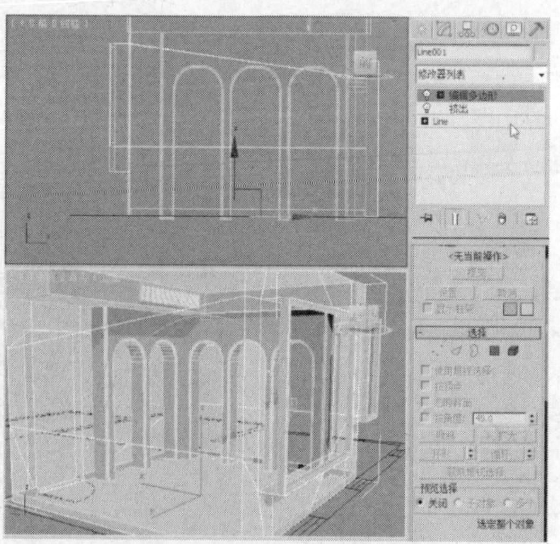

图15-35

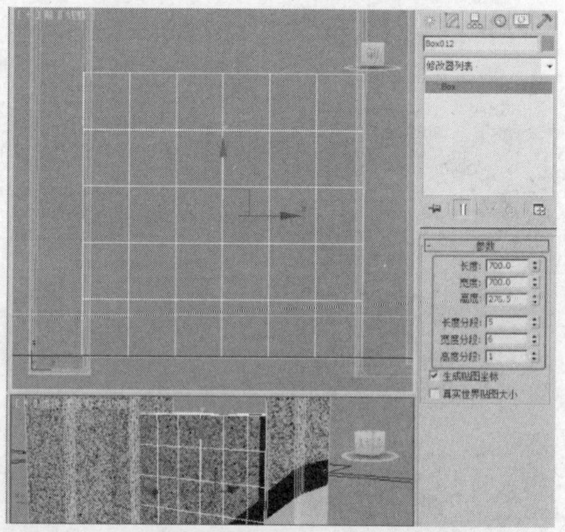

图15-36

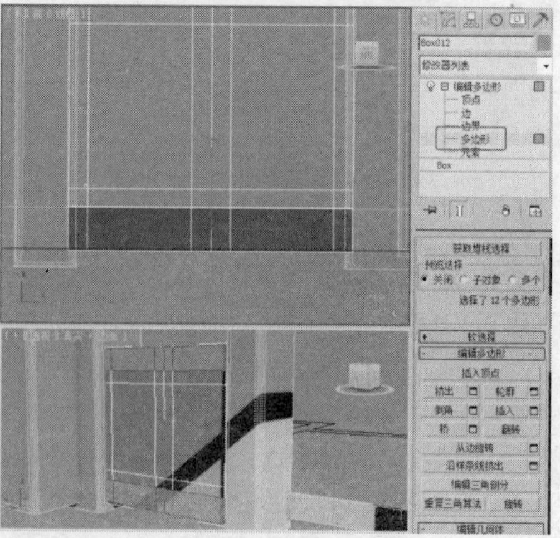

图15-37

STEP 33 在“编辑多边形”卷展栏中单击“挤出”后的设置按钮，在弹出的对话框中设置挤出数量，如图15-38所示。

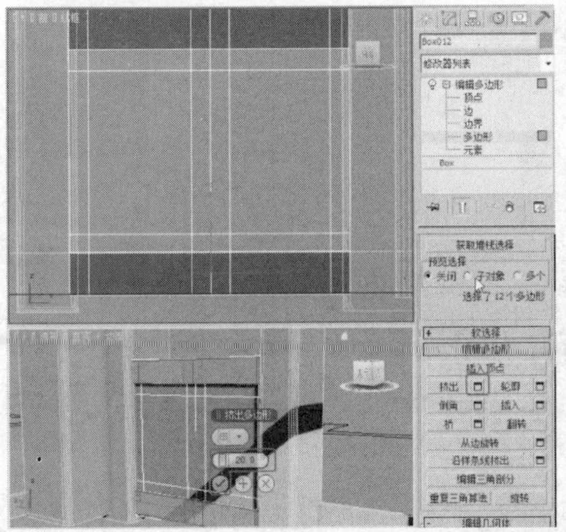

图 15-38

STEP 34 选择如图15-39所示的多边形，在“编辑多边形”卷展栏中单击“倒角”后的设置按钮，在弹出的对话框中设置多边形的倒角参数。

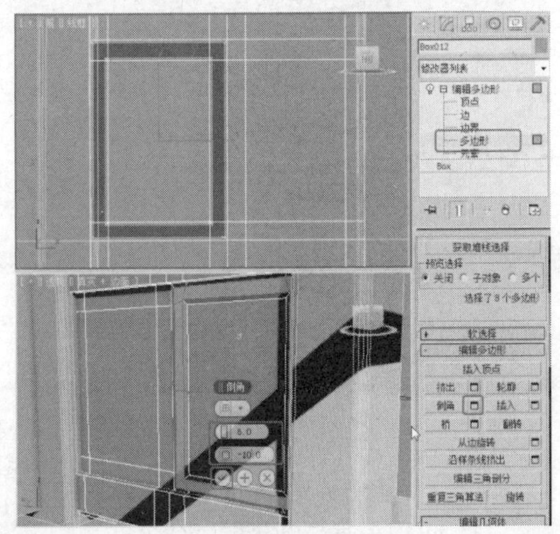

图 15-39

STEP 35 设置另一侧的多边形倒角效果，如图15-40所示。

STEP 36 在场景中选择柜子门中间的多边形，在“编辑多边形”卷展栏中单击“倒角”后的设置按钮，在弹出的对话框中设置多边形的倒角参数，如图15-41所示。

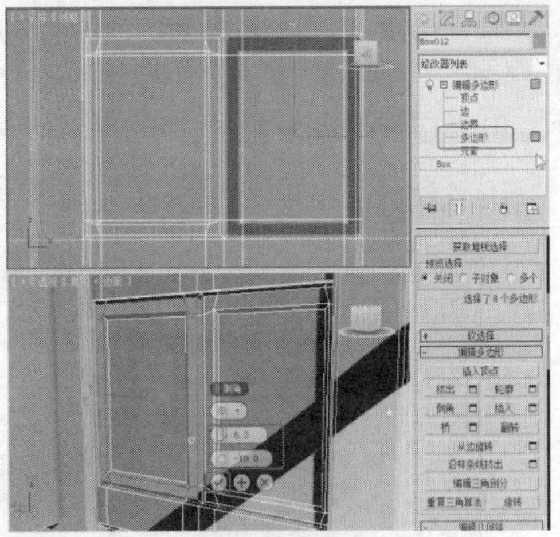

图 15-40

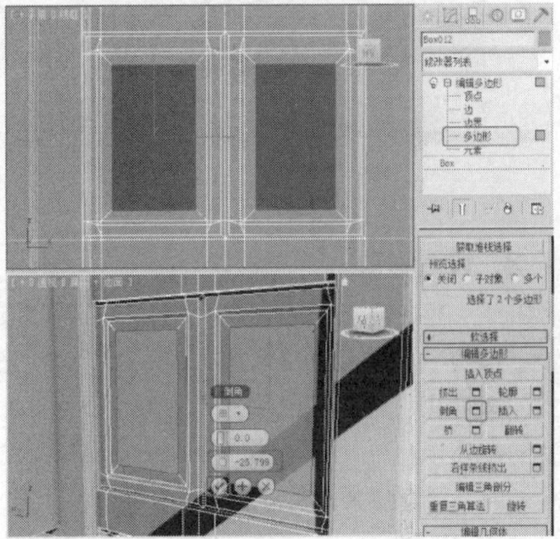

图 15-41

STEP 37 继续设置多边形的倒角效果，如图15-42所示。

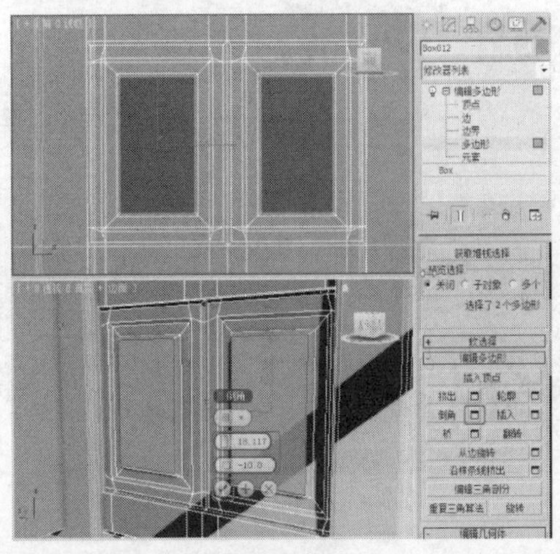

图 15-42

STEP 38 在“顶”视图中创建“目标”摄影机，在场景中调整摄影机的角度和位置，激活“透视”图，按C键，将视图改为摄影机视图，在“参数”卷展栏中设置“镜头”为35，在“剪切平面”组中勾选“手动剪切”复选项，设置“近距衰减”和“远距衰减”的参数，如图15-43所示。

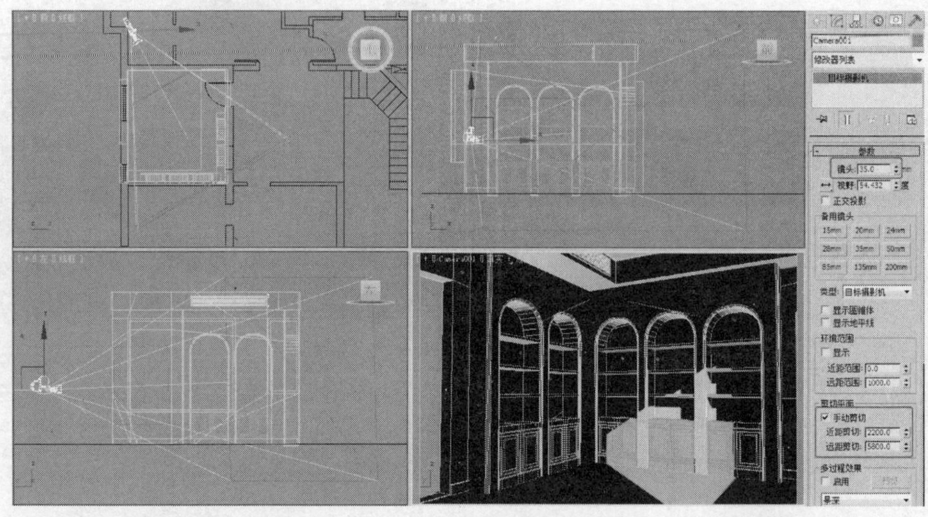

图 15-43

3. 设置材质

STEP 1 在场景中选择框架模型，将选择集定义为“多边形”，在场景中选择地面多边形，在“多边形：材质ID”卷展栏中设置“设置ID”为1，如图15-44所示。

STEP 2 在场景中选择墙体多边形，在“多边形：材质ID”卷展栏中设置“设置ID”为2，如图15-45所示。

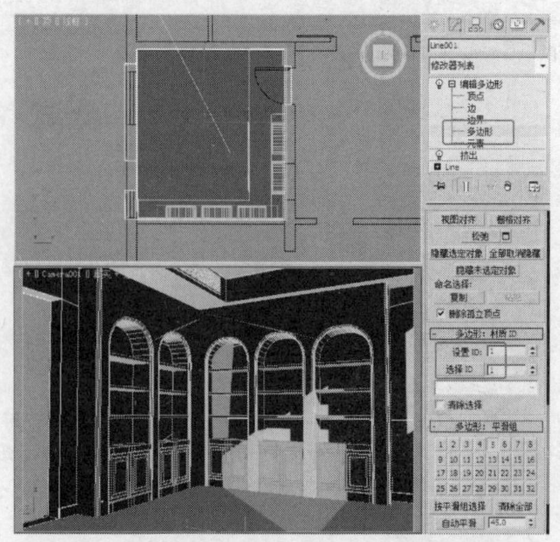

图 15-44

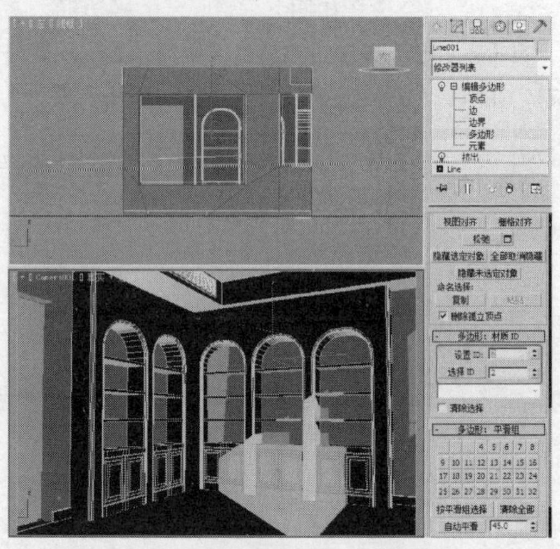

图 15-45

STEP 3 在场景中选择顶部的多边形，在“多边形：材质ID”卷展栏中设置“设置ID”为3，如图15-46所示。

STEP 4 打开材质编辑器，选择一个新的材质样本球，将材质转换为“多维/子对象”，设置数量为3，如图15-47所示。

STEP 5 单击1号材质，设置1号材质为VrayMtl材质，在“基本参数”卷展栏中设置“反射光泽度”为0.85，如图15-48所示。

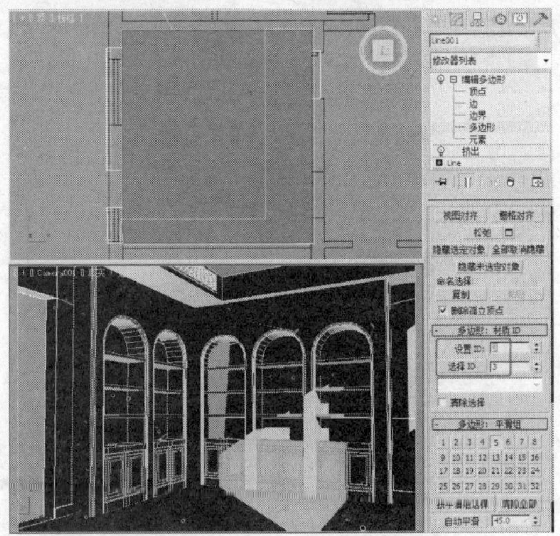

图15-46

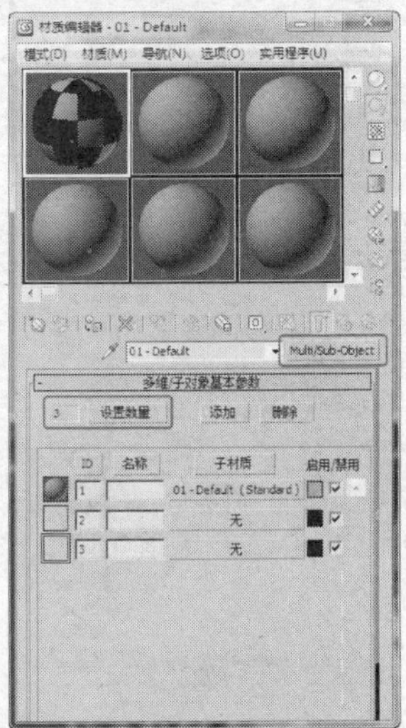

图15-47

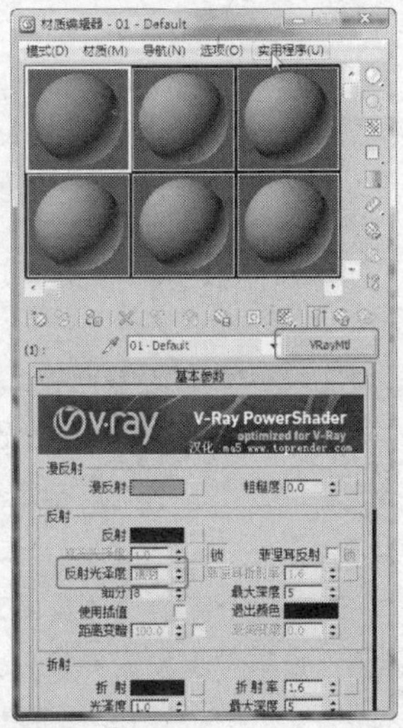

图15-48

STEP 6 在“贴图”卷展栏中为“漫反射”和“凹凸”指定位图，贴图位于随书附带光盘中的“Map\cha15\15.4\木381.jpg”文件，为“反射”指定“衰减”贴图，如图15-49所示。

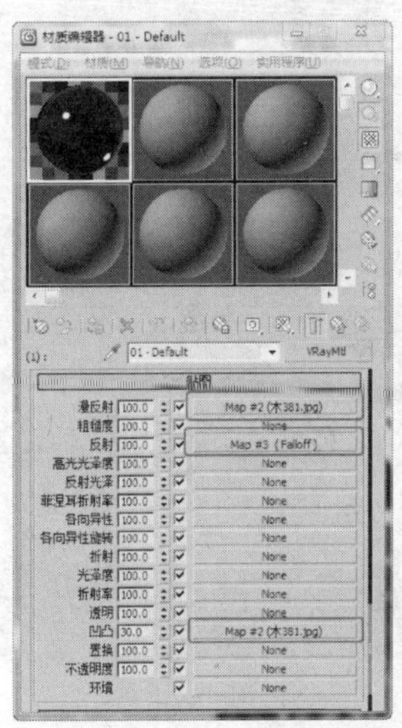

图15-49

STEP 7 进入“漫反射 贴图”层级，在“坐标”卷展栏中设置“模糊”为0，如图15-50所示。

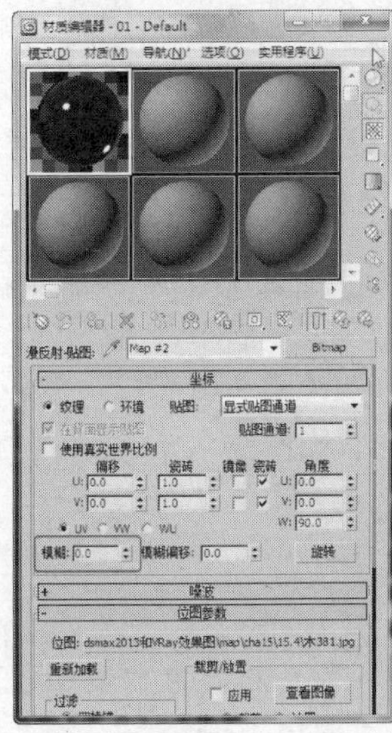

图15-50

STEP 8 进入“反射 贴图”层级，设置“衰减类型”为Fresnel，如图15-51所示。

STEP 9 转到1号材质主材质面板，在“贴图”

卷展栏中设置“环境”为“输出”，如图15-52所示。

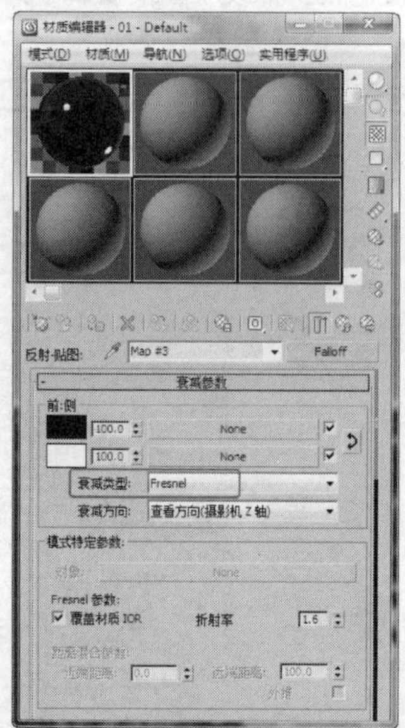

图15-51

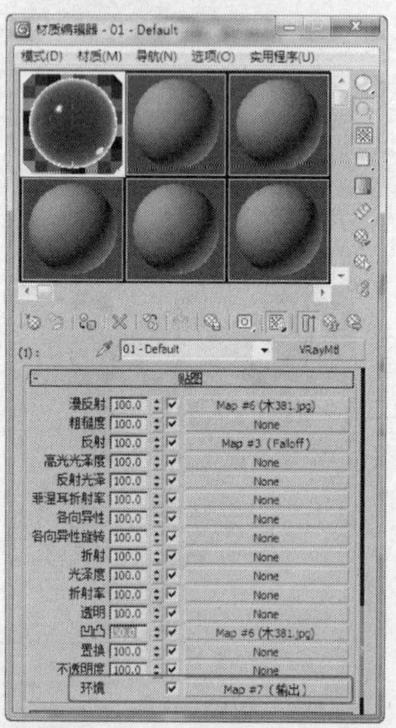

图15-52

STEP 10 进入环境贴图层级面板，设置“输出量”为3，如图15-53所示。

STEP 11 进入2号材质设置面板，将材质转换为VrayMtl材质，在“贴图”卷展栏中为“漫反射”指定位图贴图，贴图位于随书附带光盘中的“Map\cha15\15.4\014-embed.jpg”文件，如图15-54所示。

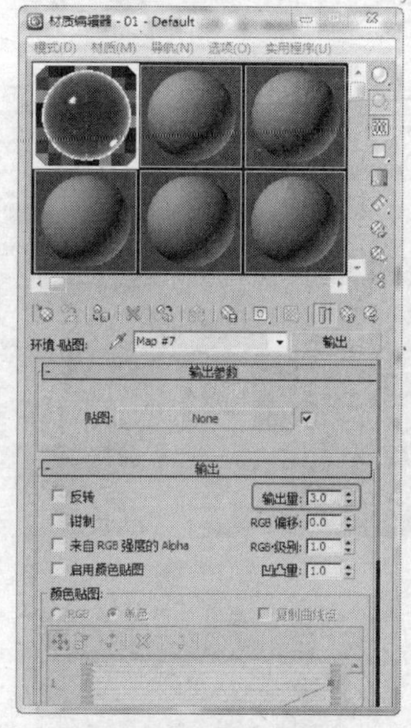

图15-53

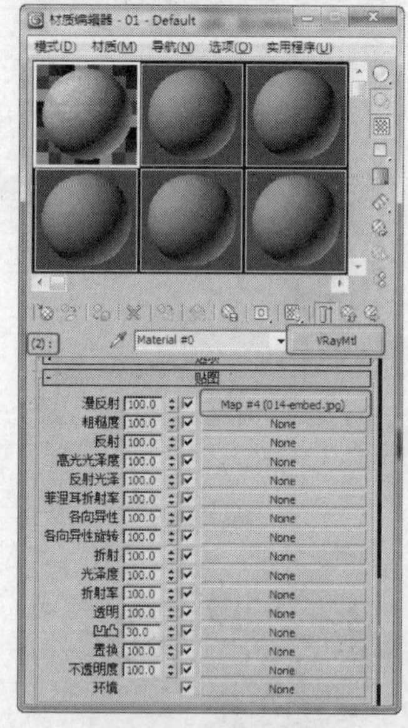

图15-54

STEP 12 进入3号材质设置面板，将材质转换为VrayMtl材质，在“贴图”卷展栏中设置“漫反射”为白色，如图15-55所示，将材质指定给场景中的墙体框架模型。

STEP 13 选择一个新的材质样本球。将材质转换为VrayMtl，设置“反射光泽度”为0.85，如图15-56所示。

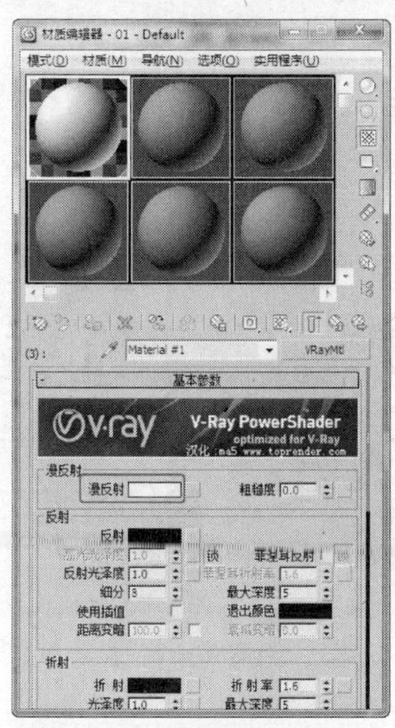

图 15-55

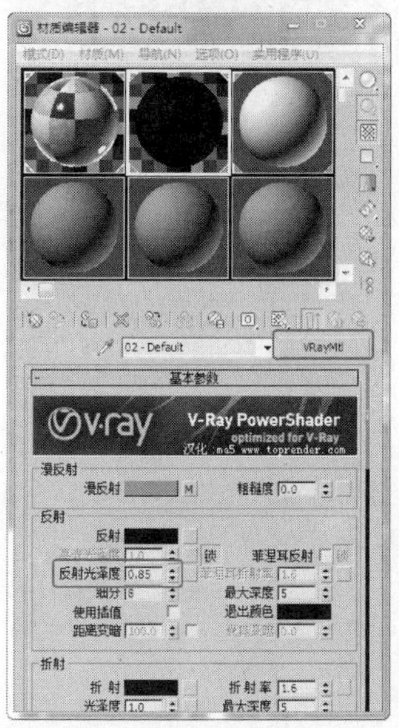

图 15-56

STEP 14 在“贴图”卷展栏中为“漫反射”指定位图贴图，贴图位于随书附带光盘中的“Map\cha15\15.4\wood sofa.jpg”文件，为“反射”指定“衰减”贴图，为“环境”指定“输出”贴图，如图15-57所示。

STEP 15 进入“漫反射 贴图”层级，在“坐标”卷展栏中设置“模糊”为0.01，如图15-58所示。

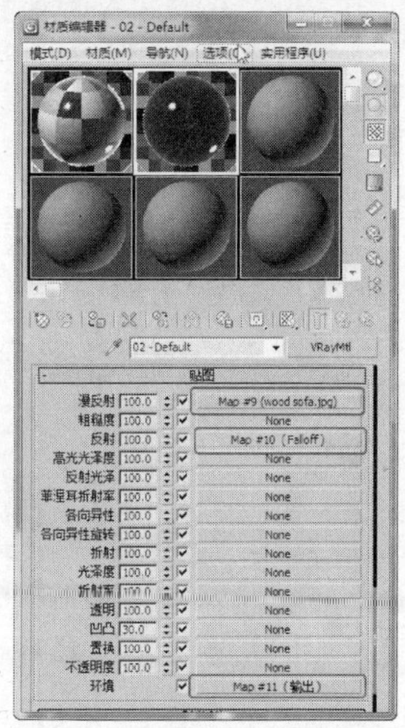

图 15-57

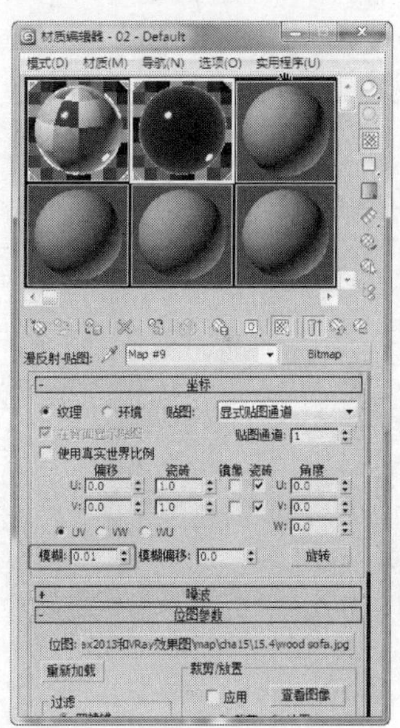

图 15-58

STEP 16 进入“反射 贴图”层级，设置“衰减类型”为Fresnel，如图15-59所示，将材质指定给场景中的书柜模型。

STEP 17 在场景中选择室内框架模型，并对其施加“UVW贴图”修改器，在“参数”卷展栏中选择“贴图”类型为“长方体”，并设置“长度”、“宽度”和“高度”的参数均为1000，如图15-60所示。

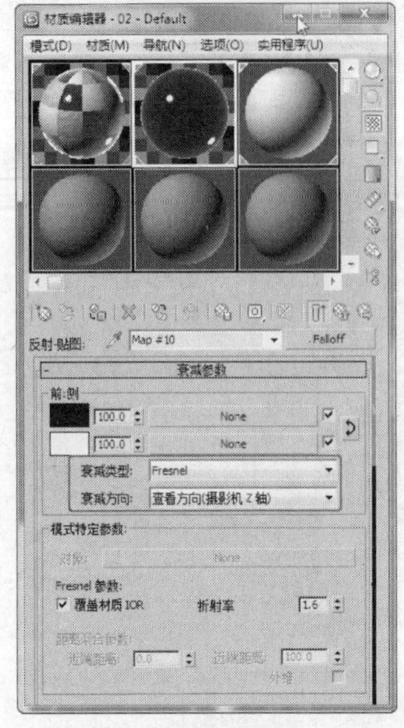

图 15-59

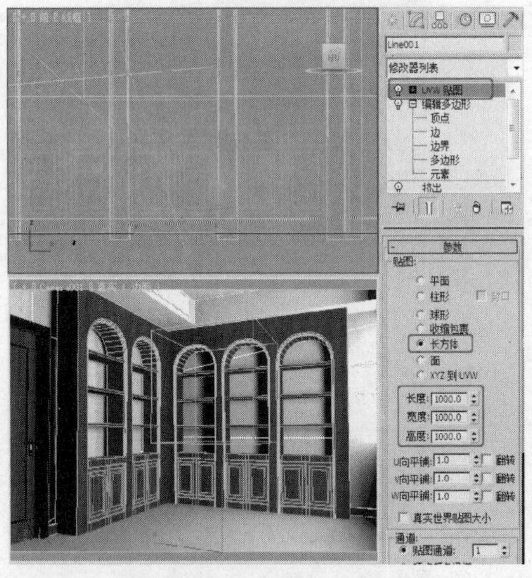

图 15-60

STEP 18 选择书柜模型，对其施加“UVW贴图”修改器，在“参数”卷展栏中选择“贴图”类型为“长方体”，并设置“长度”、“宽度”和“高度”的参数均为1000，如图15-61所示。

STEP 19 在材质编辑器中选择室内框架样本球，将3号材质拖曳到新的材质样本球上，在弹出的对话框中选择“复制”选项，如图15-62所示。

STEP 20 在场景中为吊顶和空调口指定3号材质，如图15-63所示。

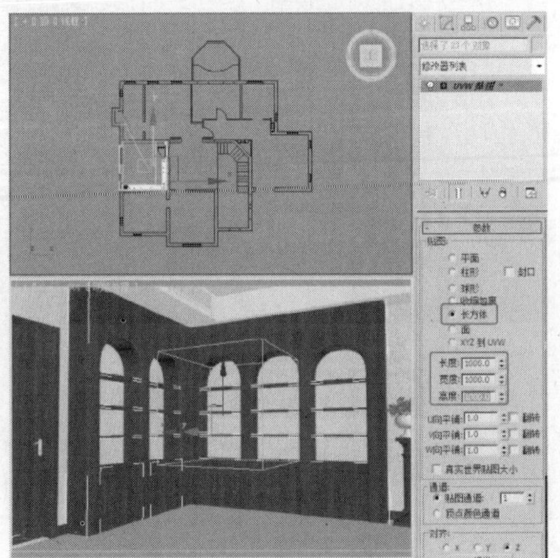

图 15-61

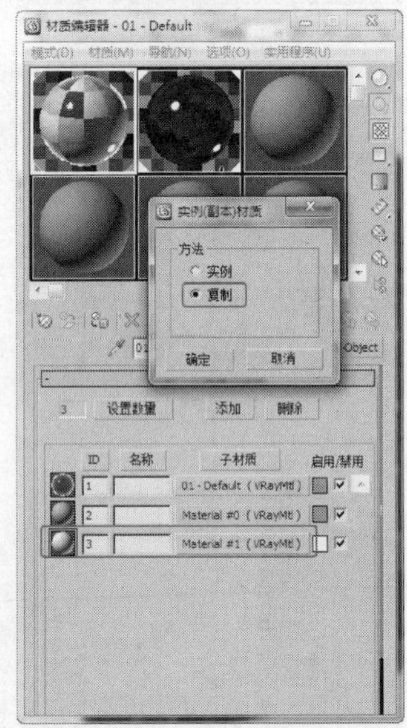

图 15-62

图 15-63

4. 合并场景并设置草图渲染

STEP 1 合并场景，场景位于选择随书附带光盘中的“Scene\Cha15\15.5”中的场景文件，如图15-64所示合并的场景效果。

STEP 2 打开渲染设置面板，选择“VR_基项”选项卡，在“V-Ray:：图像采样器（抗锯齿）”卷展栏中选择“图像采样器”类型为“固定”，选择“抗锯齿过滤器”为“区域”，如图15-65所示。

图 15-64

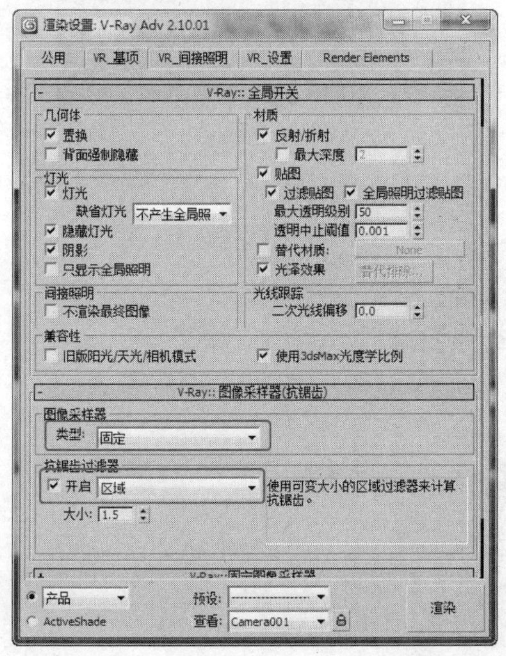

图 15-65

STEP 3 选择“VR_间接照明”选项卡，选择“首次反弹”的“全局光引擎”为“发光贴图”，选择“二次反弹”的“全局光引擎”为“灯光缓存”。在“V-Ray:：发光贴图”卷展栏中设置“当前预置”为“非常低”，勾选“显示计算过程”和“显示直接照明”选项，如图15-66所示。

图 15-66

STEP 4 在“V-Ray:：灯光缓存”卷展栏，设置“细分”为100，如图15-67所示。

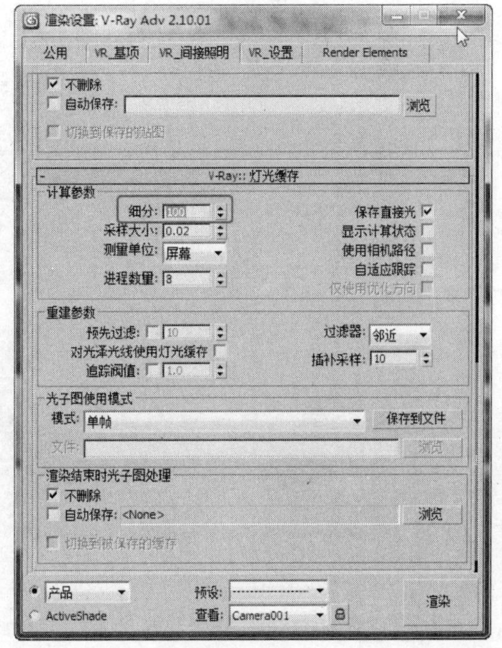

图 15-67

STEP 5 渲染当前场景得到的效果如图15-68

所示。

图15-68

STEP 6 按8键，打开“环境和效果”面板，设置背景色为蓝色，如图15-69所示。

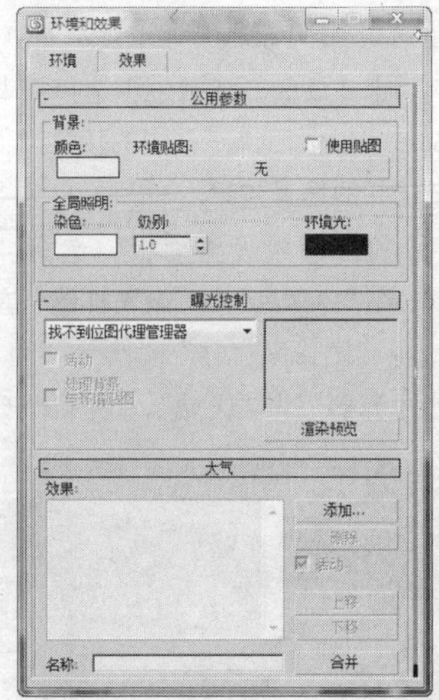

图15-69

STEP 7 渲染当前场景得到如图15-70所示的效果。

图15-70

5. 创建灯光

STEP 1 单击“（创建）>（灯光）>VRay>VR_太阳”按钮，在“顶”视图中创建灯光，结合其他几个视图调整灯光的照射角度和位置，设置“强度倍增”为0.05，如图15-71所示。

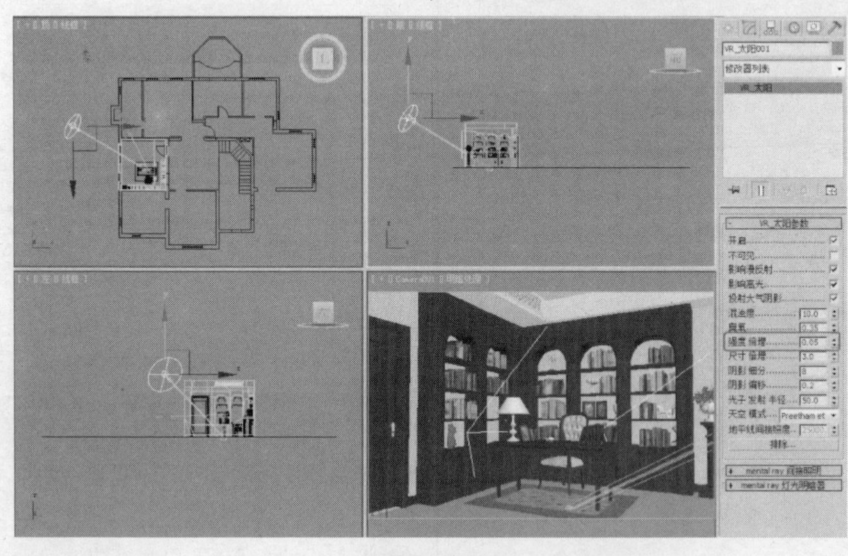

图15-71

STEP 2 按8键，打开“环境和效果”面板，为“环境贴图”下的灰色按钮指定“VR_天空”贴图，将贴图拖曳到新的材质样本球上，以“实例”的方式进行复制，如图15-72所示。

STEP 3 渲染场景得到如图15-73所示的效果。

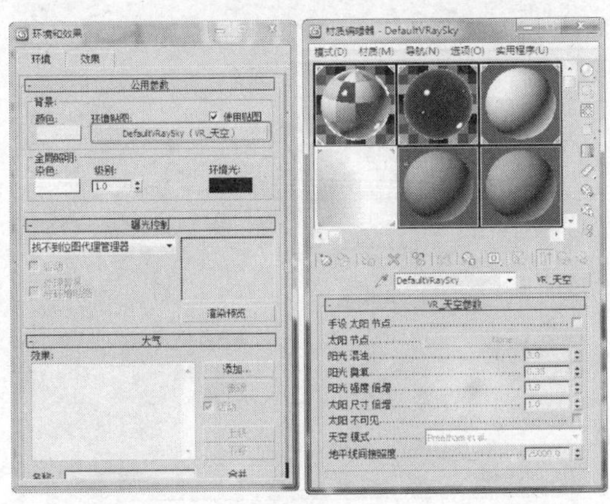

图15-72

STEP 4 在窗户的位置创建VR_光源平面灯光，调整灯光至合适的大小和位置，在“参数”卷站栏中设置“倍增器”为6，设置灯光的颜色为浅蓝色，在“选项”组中勾选“不可见”选项，如图15-74所示。渲染场景得到如图15-75所示的效果。

图15-73

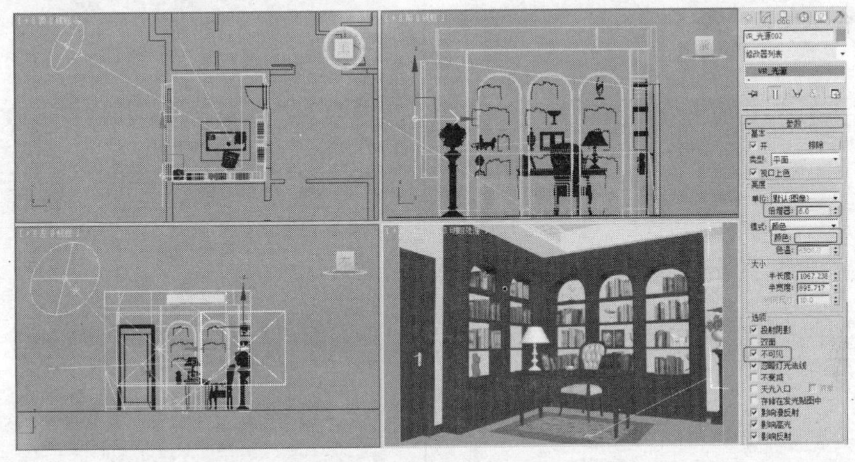

图15-74

图15-75

6. 设置最终渲染

STEP 1 打开渲染设置，选择“VR_基项”选项卡，在“V-Ray:：图像采样器（抗锯齿）”卷展栏中选择“图像采样器”类型为“自适应DMC”，选择“抗锯齿过滤器”为“Catmull-Rom”，在“V-Ray:：颜色映射”卷展栏中选择“类型”为“VR-指数”，如图15-76所示。

STEP 2 选择“VR_间接照明”选项卡，在“V-Ray:：发光贴图”卷展栏中设置“当前预置”为“高”，如图15-77所示。

STEP 3 在“V-Ray:：灯光缓存”卷展栏中设置“细分”为2000，勾选“显示计算状态”选项，如图15-78所示。

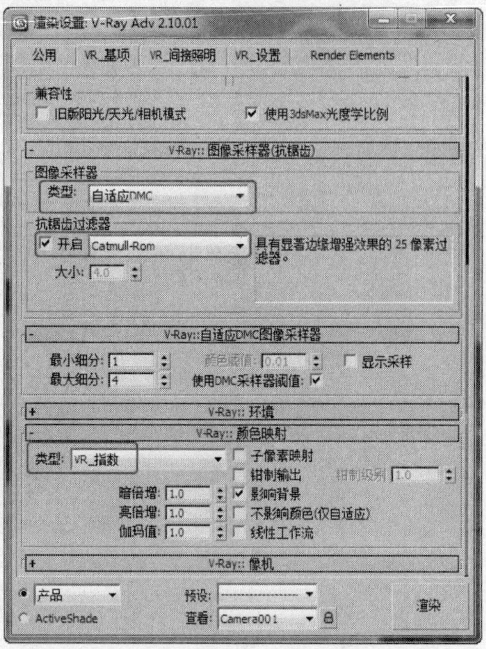

图 15-76

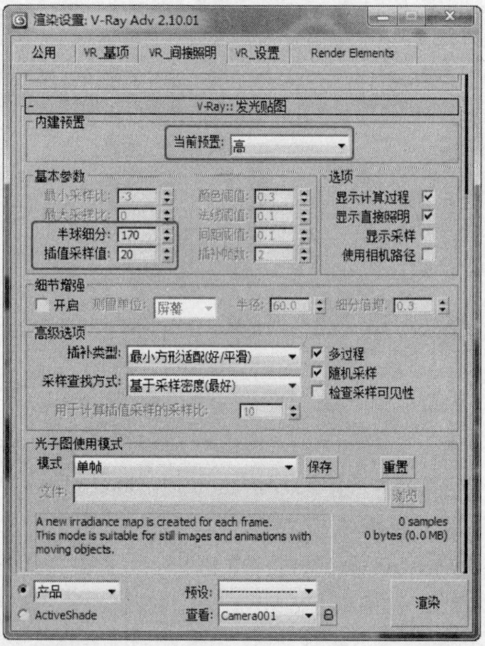

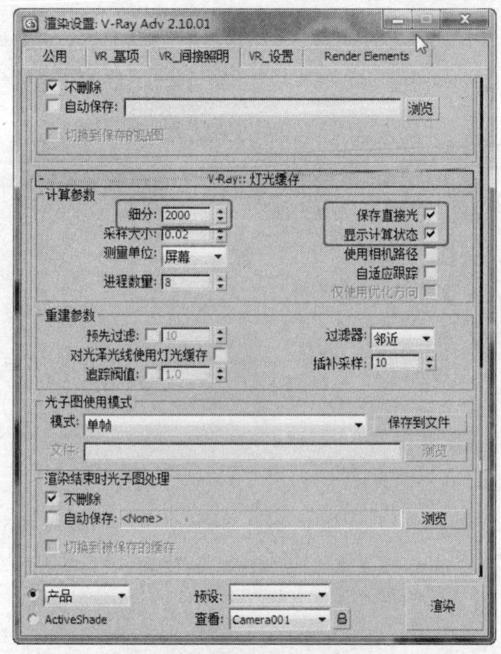

图 15-78

图 15-77

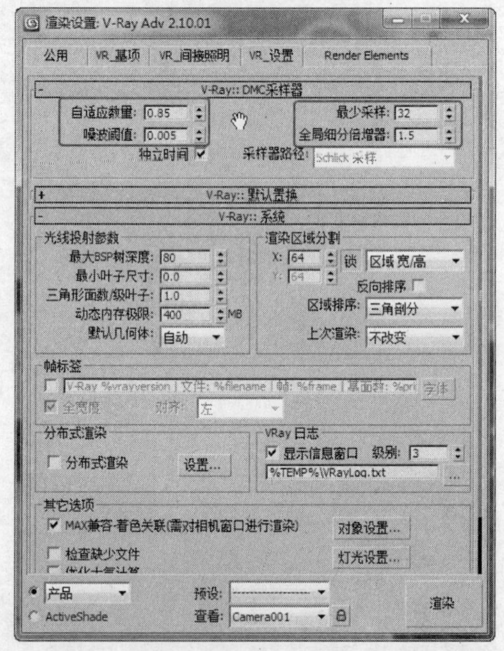

图 15-79

STEP 4 选择“VR_设置”选项卡，在“V-Ray：DMC采样器”卷展栏中设置“自适应数量”为0.85、设置“噪波阈值”为0.005、“最小采样”为32、“全局细分倍增器”为1.5，如图 15-79 所示。

STEP 5 最后，渲染场景，并将渲染后的效果图进行存储。

15.2 实例27——中式餐厅门厅

前面书房案例中介绍了建模的制作，本例以后的案例中将不再介绍建模的制作，将主要介绍设置材质、创建灯光、设置渲染等制作过程。下面介绍中式餐厅门厅效果的制作流程，在 3ds Max 中渲染出的效果如图 15-80 所示。

图 15-80

15.2.1　案例分析

所谓门厅就是进门的大厅，一般进门地方的缓冲区。作为公共活动区较小，起到过渡作用。一般门厅的布局可以根据实用功能来定，对于不同行业来说有着不同的功能。如本例所讲述的中式餐厅门厅，我们将收银（接待）台放到了门厅，这样顾客一进门便能得到很好的指引，使顾客感到亲切和从容。

本例讲述一个中式餐厅门厅的制作流程，从中使用到许多的中式雕塑及雕刻技术，从而使餐厅显得既豪华、奢侈又富有生活品味。

15.2.2　案例设计

本案例设计流程图如图 15-81 所示。

图 15-81

15.2.3　案例制作

打开随书附带光盘中的“Scene\cha15\15.2\中式餐厅门厅 OK.Max”文件，如图 15-82 所示，这是刚创建完模型时的中式餐厅门厅效果。图 15-83 所示为赋予模型材质后的效果。

1. 设置材质

首先介绍场景中金属材质的设置。

STEP 1 黄金01材质的设置，该材质应用于形象墙的装饰边框。在材质编辑器中选择一个新的样本球，将材质转换为VRayMtl材质并将其命名为“黄金01”，在“反射”组中设置“反射”的红绿蓝为136、136、136，设置“反射光泽度”为0.85，如图15-84所示。

STEP 2 在“贴图”卷展栏中为“漫反射”指定位图贴图，单击“漫反射”后的“None”按钮，在弹出的对话框中选择随书附带光盘中的“Map\cha15\15.2\凹凸金.jpg”文件，单击“确定”按钮，如图15-85所示。

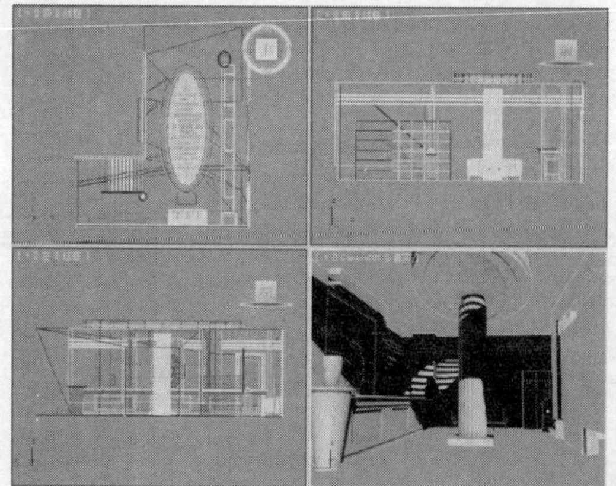

图15-82

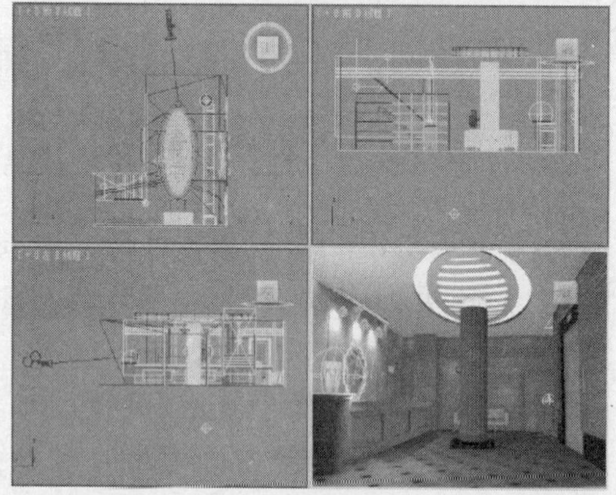

图15-83

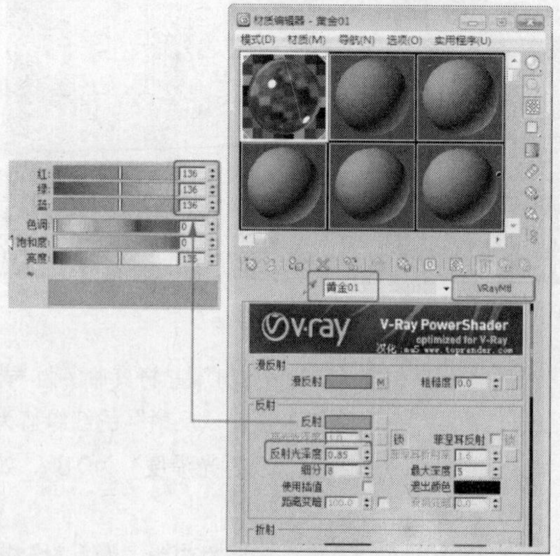

图15-84

STEP 3 金属-亚光材质的设置，该材质应用于茶几腿和框架模型。在材质编辑器中选择一个新的样本球，将材质转换为VRayMtl材质并将其命名为"金属-亚光"，在"反射"组中设置"反射"的红绿蓝为158、158、158，设置"反射光泽度"为0.78，如图15-86所示。

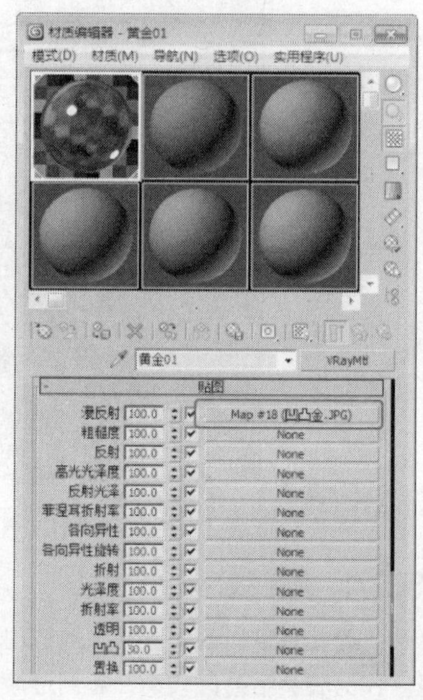

图15-85

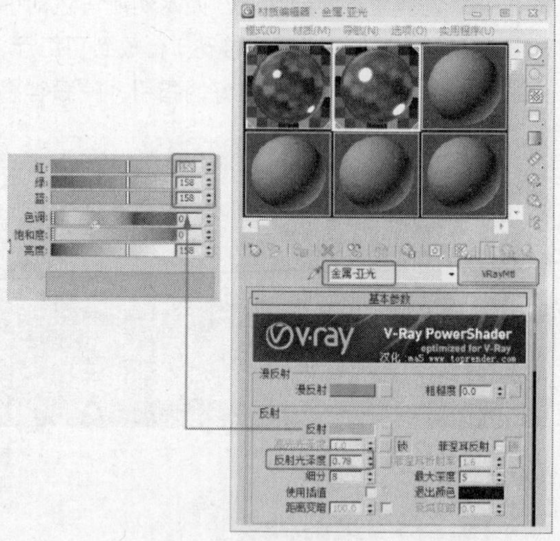

图15-86

STEP 4 金属-钛金材质的设置，该材质应用于楼梯口的灯柱上层支架装饰模型。在材质编辑器中选择一个新的样本球，将材质转换为VRayMtl材质并将其命名为"金属-钛金"，在"漫反射"组中设置"漫反射"的红绿蓝为210、163、0，在"反射"组中设置"反射"的红绿蓝为255、204、0，设置"反射光泽度"为0.85，如图15-87所示。

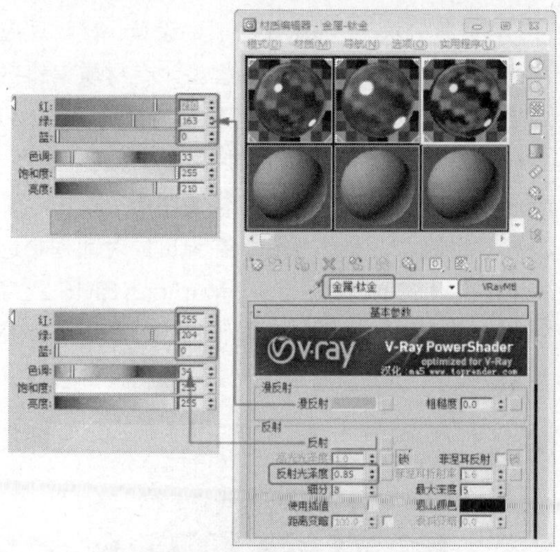

图 15-87

STEP 5 金属01材质的设置，该材质应用于电梯门、电梯外侧面板、电梯上侧面板模型。在材质编辑器中选择一个新的样本球，将材质转换为VRayMtl材质并将其命名为“金属01”，在“漫反射”组中设置“漫反射”的红绿蓝为255、255、255，在“反射”组中设置“反射”的红绿蓝为205、205、205，设置“反射光泽度”为0.9，如图15-88所示。

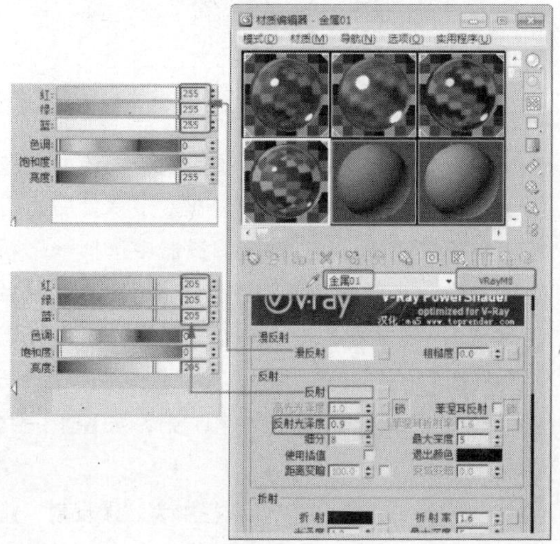

图 15-88

STEP 6 金属02材质的设置，该材质应用于楼梯台阶装饰条、沙发腿、吧台边的灯柱柱体装饰模型。在材质编辑器中选择一个新的样本球，将材质转换为VRayMtl材质并将其命名为“金属02”，在“反射”组中设置“反射”的红绿蓝为255、255、255，设置“反射光泽度”为0.9，如图15-89所示。

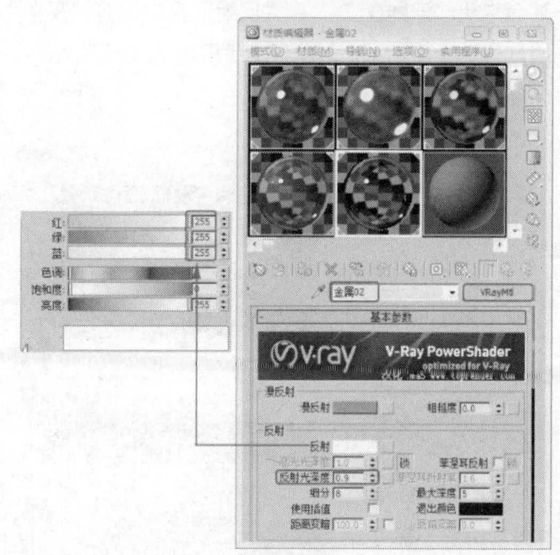

图 15-89

STEP 7 铁材质的设置，该材质应用于接待台边的立柱灯壳装饰模型。在材质编辑器中选择一个新的样本球，将材质转换为VRayMtl材质并将其命名为“铁”，在“漫反射”组中设置“漫反射”的红绿蓝为0、0、0，在“反射”组中设置“反射”的红绿蓝为94、94、94，设置“反射光泽度”为0.9，如图15-90所示。

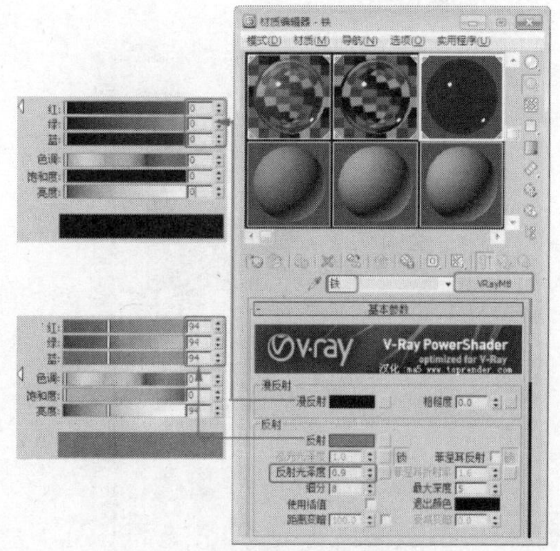

图 15-90

下面介绍场景中木纹材质的设置。

STEP 1 浮雕01材质的设置，该材质应用于形象墙顶部和底部的浮雕模型。在材质编辑器中选择一个新的样本球，将材质转换为VRayMtl材质并将其命名为“浮雕01”，在“反射”组中设置“反射”的红绿蓝为45、45、45，设置“反射光泽度”为0.9，如图15-91所示。

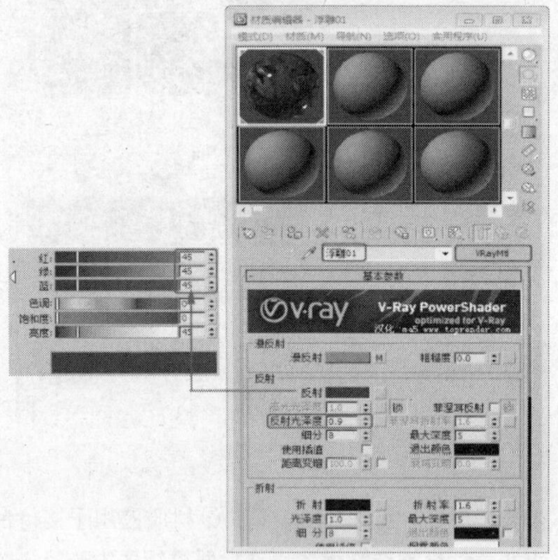

图15-91

STEP 2 在“贴图”卷展栏中为“漫反射”指定位图贴图，单击“漫反射”后的“None”按钮，在弹出的对话框中选择随书附带光盘中的“Map\cha15\15.2\浮雕35.jpg”文件，单击“确定”按钮，如图15-92所示。

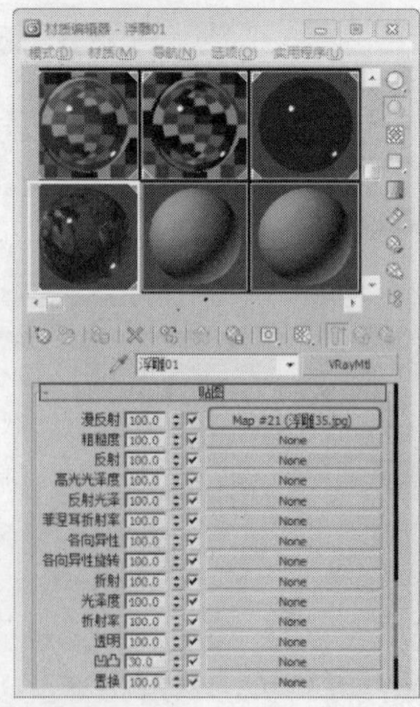

图15-92

STEP 3 木-古典木雕材质的设置，该材质应用于楼梯口的灯柱上层支架模型。在材质编辑器中选择一个新的样本球，将材质转换为VRayMtl材质并将其命名为“木-古典木雕”，在“贴图”卷展栏中为“漫反射”指定位图贴图，单击“漫反射”后的“None”按钮，在弹出的对话框中选择随书附带光盘中的“Map\cha15\15.2\灯01.jpg”文件，单击“确定”按钮，如图15-93所示。

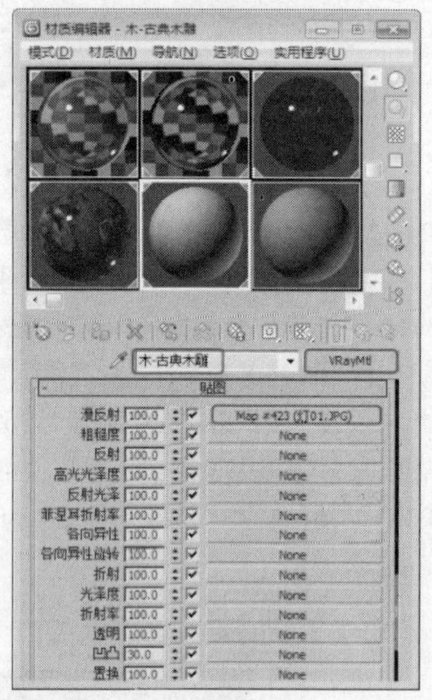

图15-93

STEP 4 木-黑胡桃2材质的设置，该材质应用于形象墙装饰雕花、浮雕外框、接待台后门门框和楼梯扶手模型。在材质编辑器中选择一个新的样本球，将材质转换为VRayMtl材质并将其命名为“木-黑胡桃2”，在“漫反射”组中设置“漫反射”的红绿蓝为20、20、20，在“反射”组中设置“反射光泽度”为0.85，如图15-94所示。

STEP 5 在“贴图”卷展栏中为“漫反射”指定位图贴图，单击“漫反射”后的“None”按钮，在弹出的对话框中选择随书附带光盘中的“Map\cha15\15.2\胡桃111.jpg”文件，单击“确定”按钮，如图15-95所示。

STEP 6 木雕01材质的设置，该材质应用于形象墙顶部两侧木雕模型。在材质编辑器中选择一个新的样本球，将材质转换为VRayMtl材质并将其命名为“木雕01”，在“反射”组中设置“反射”的红绿蓝为30、30、30，设置“反射光泽度”为0.85，如图15-96所示。

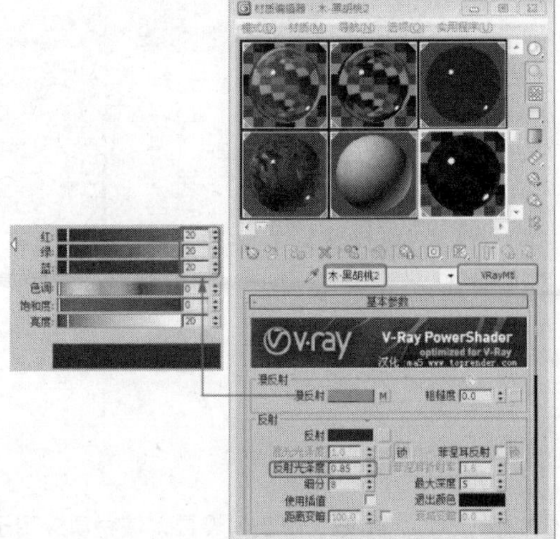

图15-94

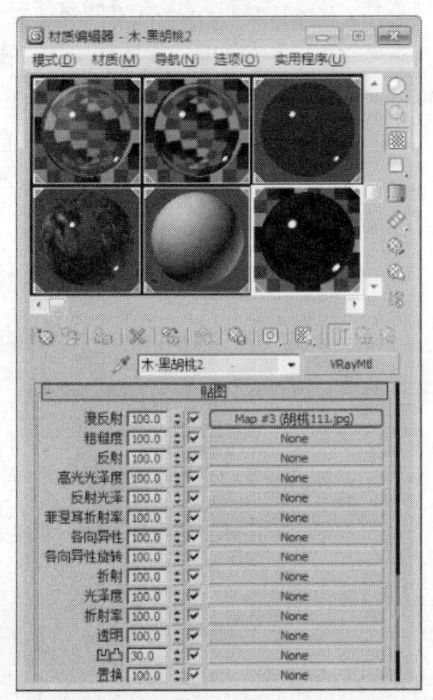

图15-95

STEP 7 在“贴图”卷展栏中为“漫反射”指定位图贴图，单击“漫反射”后的“None”按钮，在弹出的对话框中选择随书附带光盘中的“Map\cha15\15.2\木雕-41.jpg”文件，单击“确定”按钮，如图15-97所示。

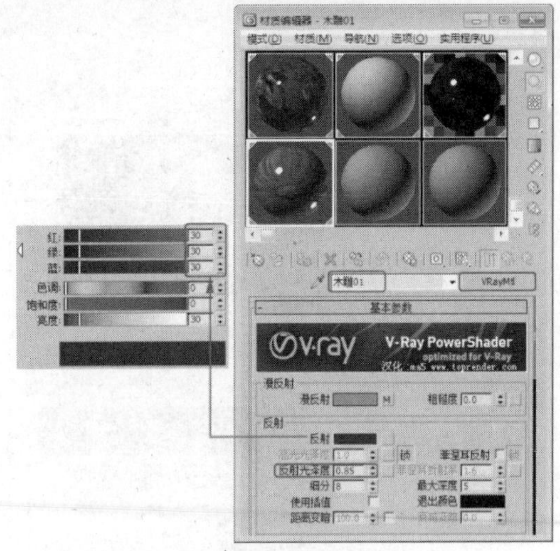

图15-96

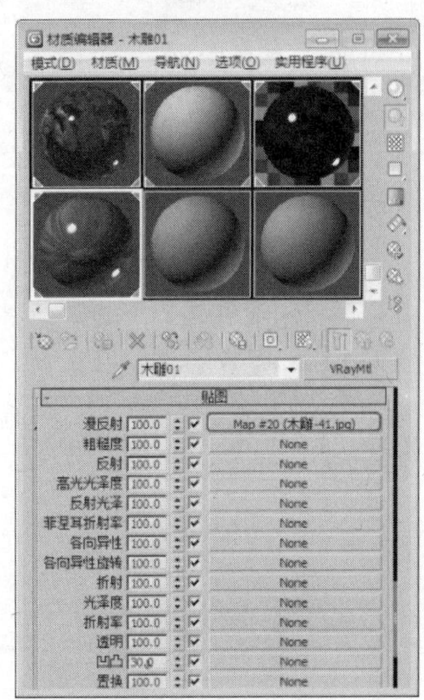

图15-97

STEP 8 木-红胡桃材质的设置，该材质应用于茶几桌面和接待台立柱主体模型。在材质编辑器中选择一个新的样本球，将材质转换为VRayMtl材质并将其命名为“木-红胡桃”，在“反射”组中设置“反射”的红绿蓝为81、81、81，设置“反射光泽度”为0.85，如图15-98所示。

STEP 9 在“贴图”卷展栏中为“漫反射”指定位图贴图，单击“漫反射”后的“None”按钮，在弹出的对话框中选择随书附带光盘中的“Map\cha15\15.2\胡桃.jpg”文件，单击“确定”

按钮，如图15-99所示。

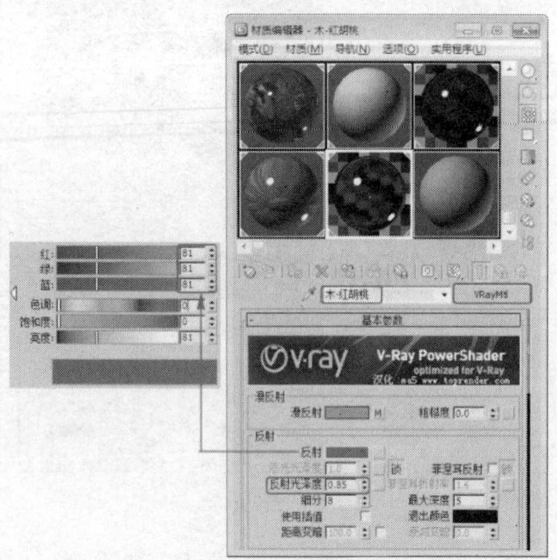

图15-98

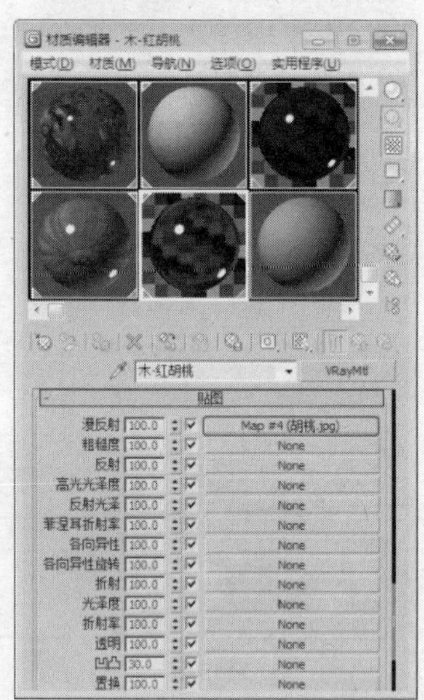

图15-99

STEP 10 木拼花材质的设置，该材质应用于接待台后门门板模型。在材质编辑器中选择一个新的样本球，将材质转换为VRayMtl材质并将其命名为“木拼花”，在“贴图”卷展栏中为“漫反射”指定位图贴图，单击“漫反射”后的“None”按钮，在弹出的对话框中选择随书附带光盘中的“Map\cha15\15.2\0613-6.jpg”文件，单击“确定”按钮，如图15-100所示。

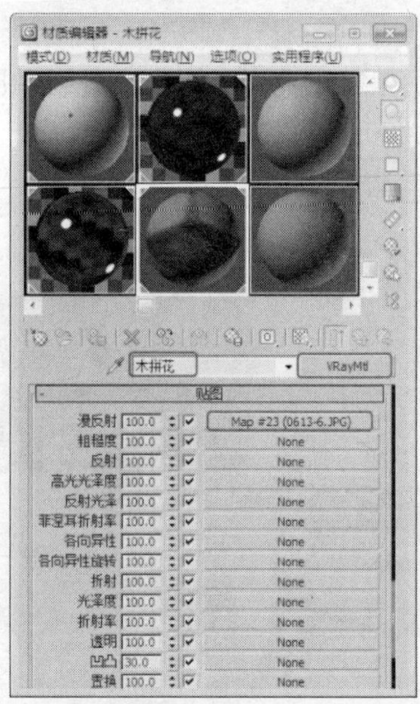

图15-100

STEP 11 木贴花材质的设置，该材质应用于接待台前面板雕花模型。在材质编辑器中选择一个新的样本球，将材质转换为VRayMtl材质并将其命名为“木贴花”，在“贴图”卷展栏中为“漫反射”指定位图贴图，单击“漫反射”后的“None”按钮，在弹出的对话框中选择随书附带光盘中的“Map\cha15\15.2\铁花.jpg”文件，单击“确定”按钮，如图15-101所示。

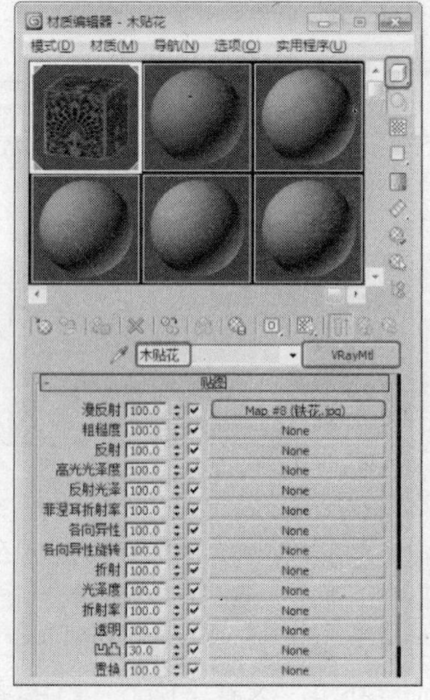

图15-101

STEP 12 木纹-红木材质的设置，该材质应用于形象墙的主体模型。在材质编辑器中选择一个新的样本球，将材质转换为VRayMtl材质并将其命名为“木纹-红木”，在“反射”组中设置“反射”的红绿蓝为20、20、20，如图15-102所示。

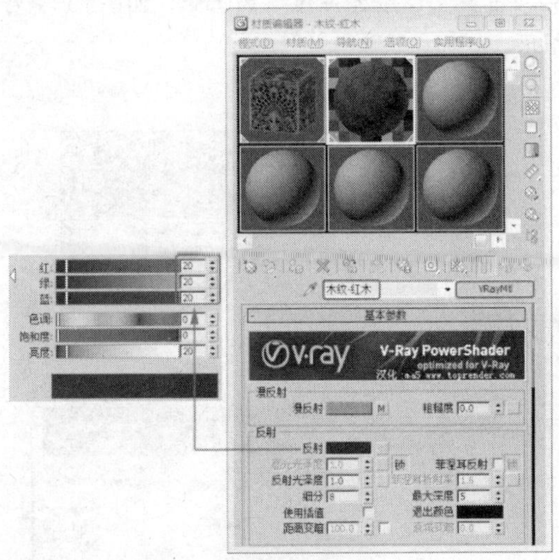

图 15-102

STEP 13 在“贴图”卷展栏中为“漫反射”指定位图贴图，单击“漫反射”后的“None”按钮，在弹出的对话框中选择随书附带光盘中的“Map\cha15\15.2\1153893930.jpg”文件，单击“确定”按钮，如图15-103所示。

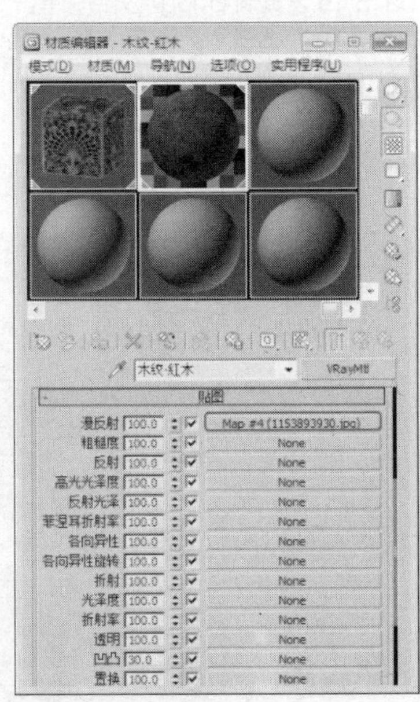

图 15-103

STEP 14 木纹-胡桃材质的设置，该材质应用于储物柜模型。在材质编辑器中选择一个新的样本球，将材质转换为VRayMtl材质并将其命名为“木纹-胡桃”，在“反射”组中设置“反射”的红绿蓝为74、74、74，设置“反射光泽度”为0.85，设置“细分”为15，如图15-104所示。

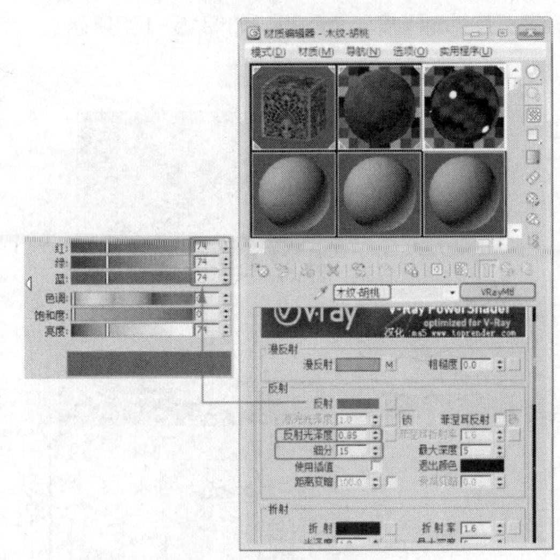

图 15-104

STEP 15 在“贴图”卷展栏中为“漫反射”指定位图贴图，单击“漫反射”后的“None”按钮，在弹出的对话框中选择随书附带光盘中的“Map\cha15\15.2\胡桃.jpg”文件，单击“确定”按钮，如图15-105所示。

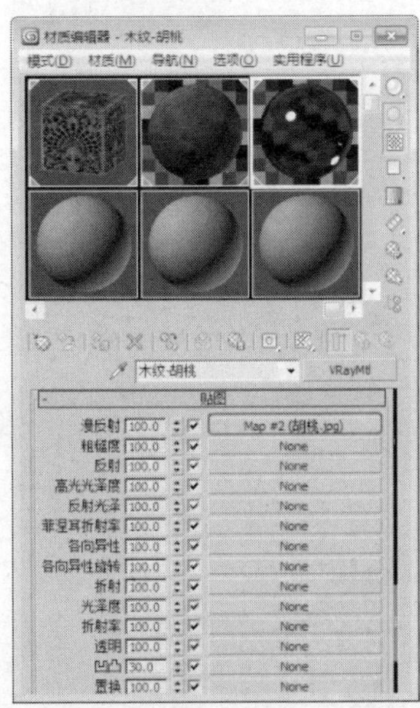

图 15-105

下面介绍场景中大理石材质的设置。

STEP 1 大理石-白材质的设置，该材质应用于楼梯台阶、形象墙的两侧墙体、形象墙装饰窗框底面模型。在材质编辑器中选择一个新的样本球，将材质转换为VRayMtl材质并将其命名为“大理石-白”，在“反射”组中设置“反射”的红绿蓝为15、15、15，设置“反射光泽度”为0.85，如图15-106所示。

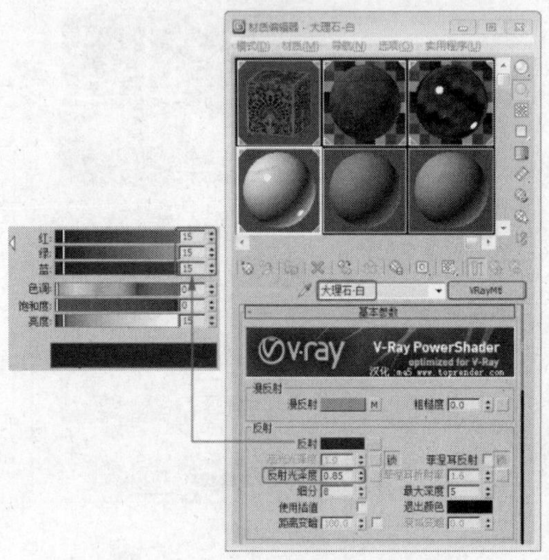

图15-106

STEP 2 在“贴图”卷展栏中为“漫反射”指定位图贴图，单击“漫反射”后的“None”按钮，在弹出的对话框中选择随书附带光盘中的“Map\cha15\15.2\爵士白.jpg”文件，单击“确定”按钮，如图15-107所示。

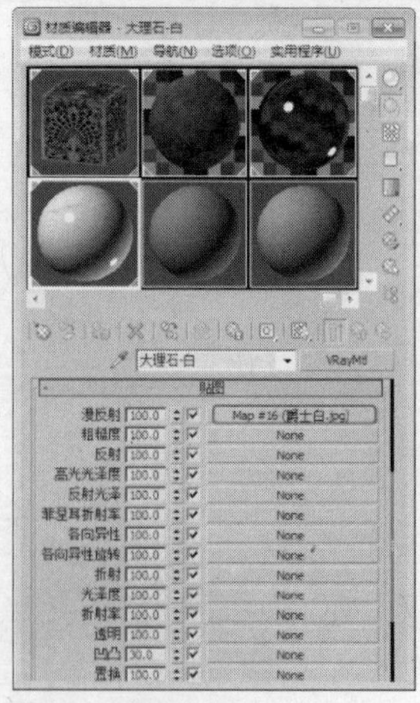

图15-107

STEP 3 大理石-包墙材质的设置，该材质应用于部分墙体表层模型（可参考图15-80）。在材质编辑器中选择一个新的样本球，将材质转换为VRayMtl材质并将其命名为“大理石-包墙”，在“反射”组中设置“反射”的红绿蓝为30、30、30，设置“反射光泽度”为0.85，如图15-108所示。

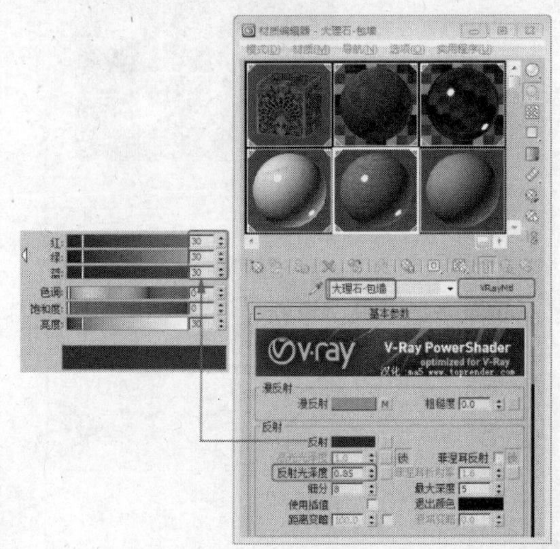

图15-108

STEP 4 在“贴图”卷展栏中为“漫反射”指定位图贴图，单击“漫反射”后的“None”按钮，在弹出的对话框中选择随书附带光盘中的“Map\cha15\15.2\黄洞石.jpg”文件，单击“确定”按钮，如图15-109所示。

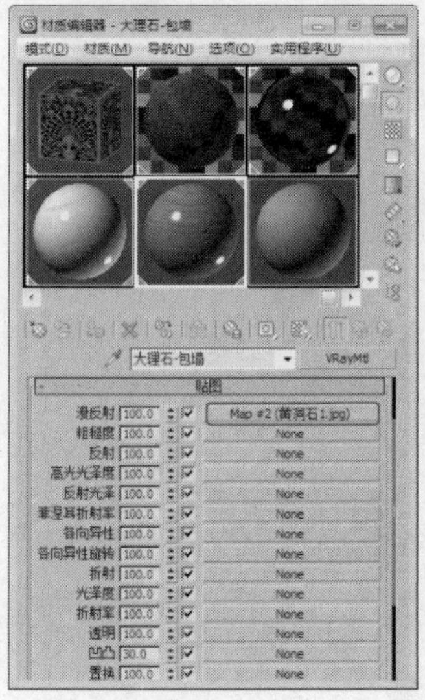

图15-109

STEP 5 大理石-黑金沙材质的设置，该材质应用于大厅立柱底座、电梯门周边墙体模型（可参考图15-80）。在材质编辑器中选择一个新的样本球，将材质转换为VRayMtl材质并将其命名为"大理石-黑金沙"，在"反射"组中设置"反射"的红绿蓝为32、32、32，设置"反射光泽度"为0.9，如图15-110所示。

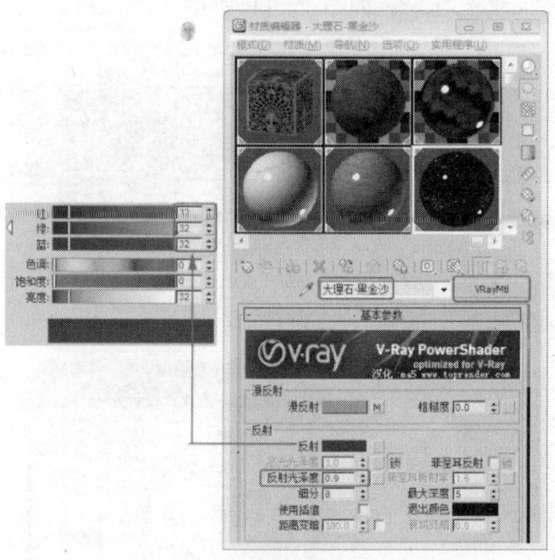

图15-110

STEP 6 在"贴图"卷展栏中为"漫反射"指定位图贴图，单击"漫反射"后的"None"按钮，在弹出的对话框中选择随书附带光盘中的"Map\cha15\15.2\大理石041.jpg"文件，单击"确定"按钮，如图15-111所示。

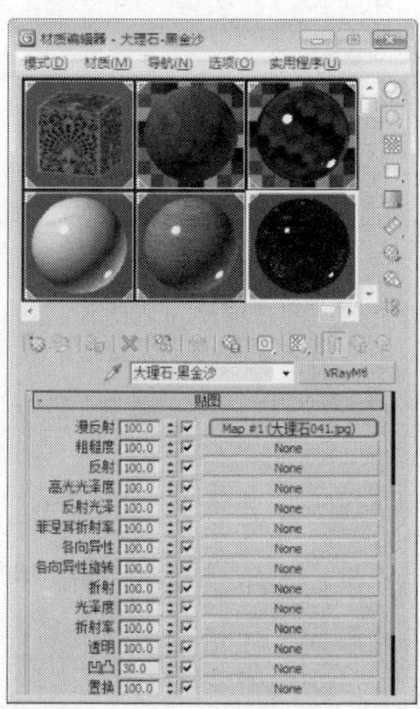

图15-111

STEP 7 大理石-墙体材质的设置，该材质应用于地面模型。在材质编辑器中选择一个新的样本球，将材质转换为VRayMtl材质并将其命名为"大理石-墙体"，在"反射"组中设置"反射"的红绿蓝为30、30、30，设置"反射光泽度"为0.9，如图15-112所示。

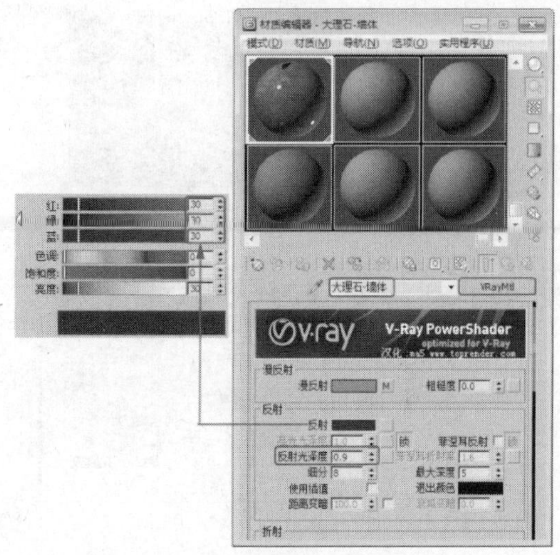

图15-112

STEP 8 在"贴图"卷展栏中为"漫反射"指定位图贴图，单击"漫反射"后的"None"按钮，在弹出的对话框中选择随书附带光盘中的"Map\cha15\15.2\大理石126.jpg"文件，单击"确定"按钮，如图15-113所示。

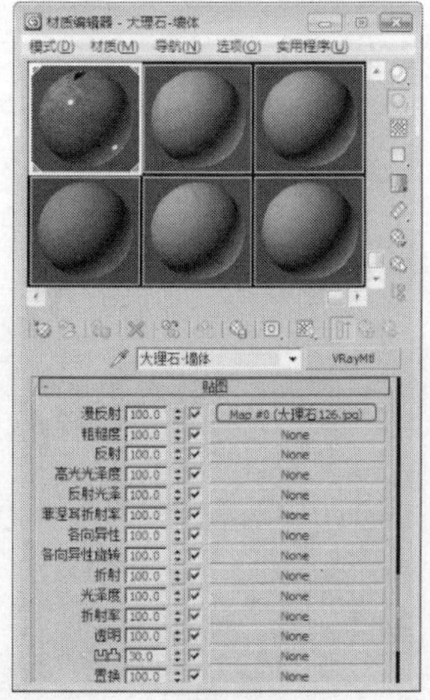

图15-113

STEP 9 大理石-石雕材质的设置，该材质应用于楼梯口灯柱的立柱模型。在材质编辑器中选择一个新的样本球，将材质转换为VRayMtl材质并将其命名为“大理石-石雕”，在“反射”组中设置“反射”的红绿蓝为100、64、0，如图15-114所示。

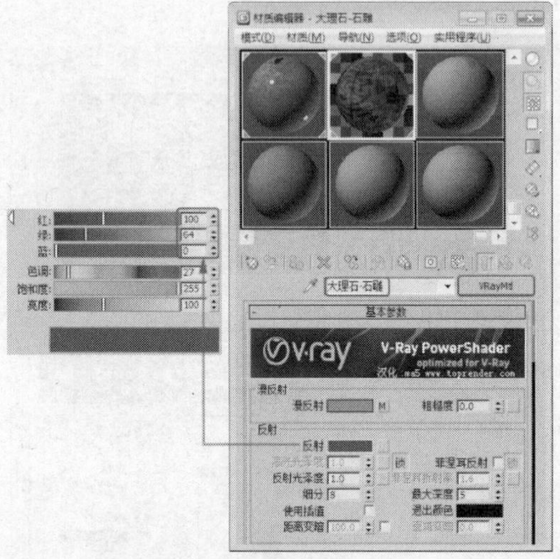

图15-114

STEP 10 在“贴图”卷展栏中为“漫反射”指定位图贴图，单击“漫反射”后的“None”按钮，在弹出的对话框中选择随书附带光盘中的“Map\cha15\15.2\石雕.jpg”文件，单击“确定”按钮，并设置“漫反射”的数量为90，如图15-115所示。

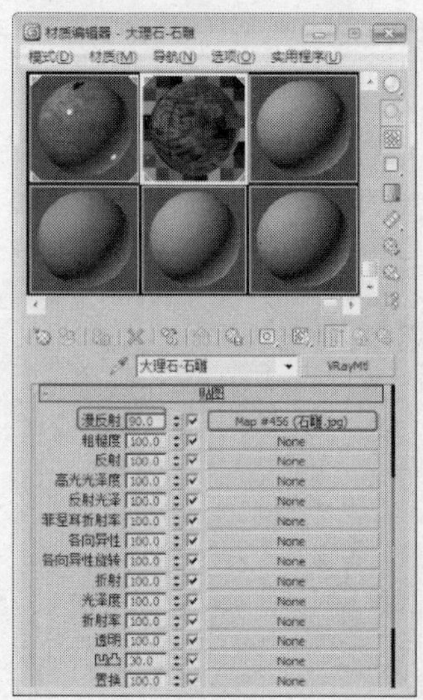

图15-115

STEP 11 石-黑金沙材质的设置，该材质应用于接待台顶部边框、接待台中间框架模型、接待台边的灯柱立柱和储物柜的把手顶模型。在材质编辑器中选择一个新的样本球，将材质转换为VRayMtl材质并将其命名为“石-黑金沙”，在“反射”组中设置“反射”的红绿蓝为102、102、102，设置反射光泽度为0.8，如图15-116所示。

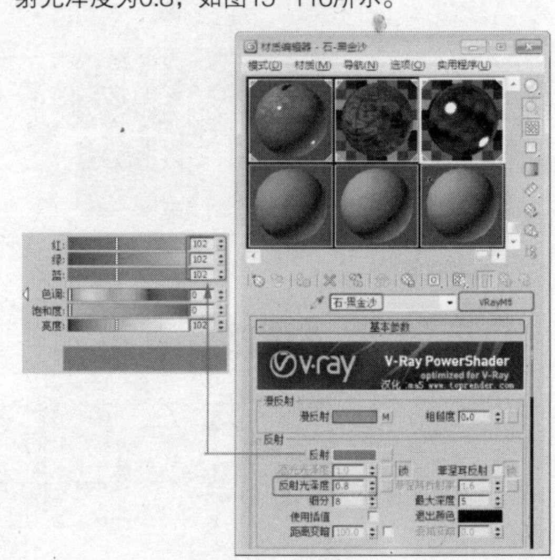

图15-116

STEP 12 在“贴图”卷展栏中为“漫反射”指定位图贴图，单击“漫反射”后的“None”按钮，在弹出的对话框中选择随书附带光盘中的“Map\cha15\15.2\印度黑竟金.jpg”文件，单击“确定”按钮，如图15-117所示。

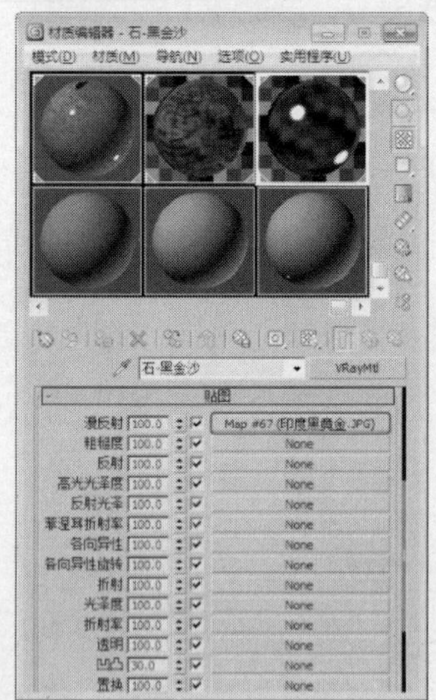

图15-117

STEP 13 石-黑麻材质的设置，该材质应用于接待台底部的底座模型。在材质编辑器中选择一个新的样本球，将材质转换为VRayMtl材质并将其命名为“石-黑麻”，在“反射”组中设置“反射”的红绿蓝为94、94、94，设置反射光泽度为0.85，如图15-118所示。

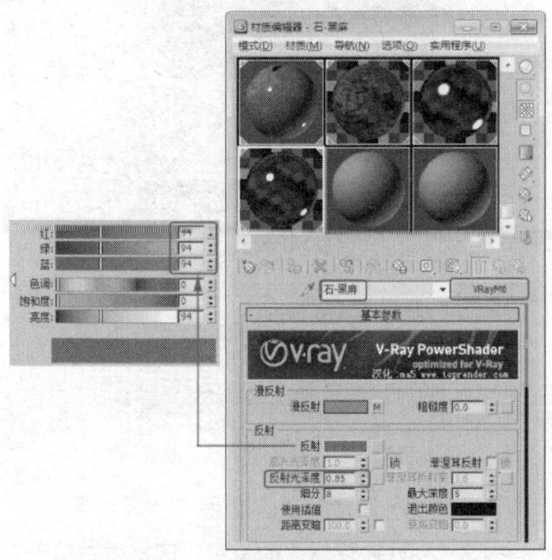

图 15-118

STEP 14 在“贴图”卷展栏中为“漫反射”指定位图贴图，单击“漫反射”后的“None”按钮，在弹出的对话框中选择随书附带光盘中的“Map\cha15\15.2\黑麻.jpg”文件，单击“确定”按钮，如图15-119所示。

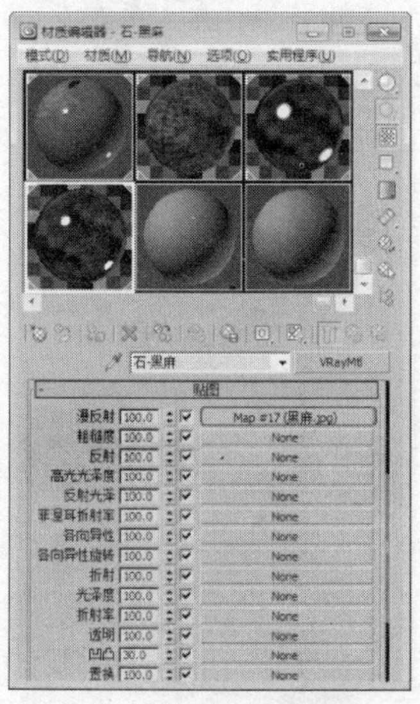

图 15-119

接下来介绍灯光材质的设置。

STEP 1 灯01材质的设置，该材质应用于接待台边灯柱的装饰灯和楼梯口灯柱的装饰灯模型。在材质编辑器中选择一个新的样本球，将材质转换为VR_发光材质并将其命名为“灯01”，在“参数”卷展栏中设置“颜色”的红绿蓝为210、151、58，设置颜色的倍增为2，如图15-120所示。

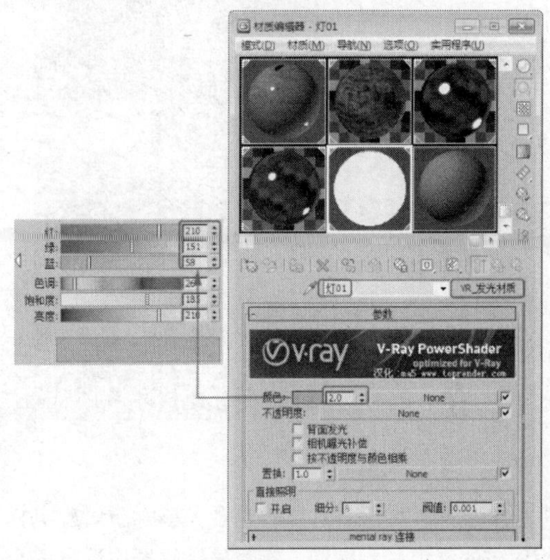

图 15-120

STEP 2 发光02材质的设置，该材质应用于大厅立柱顶部的柱体和大厅顶部灯池的主体灯模型。在材质编辑器中选择一个新的样本球，将材质转换为VR_发光材质并将其命名为“发光02”，如图15-121所示。

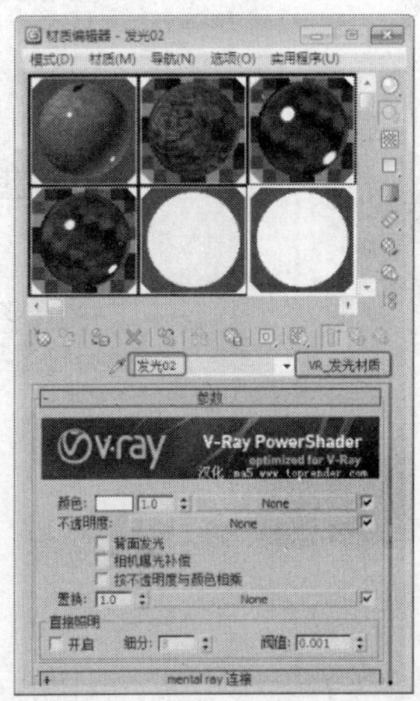

图 15-121

STEP 3 发光03材质的设置，该材质应用于电梯相对应的红色提示按钮。在材质编辑器中选择一个新的样本球，将材质转换为VR_发光材质并将其命名为“发光03”，在“参数”卷展栏中设置“颜色”的红绿蓝为232、0、0，如图15-122所示。

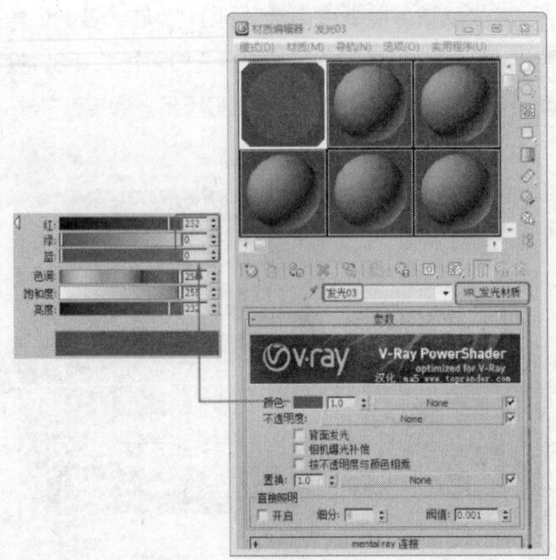

图15-122

STEP 4 发光04材质的设置，该材质对应电梯相对应的绿色提示按钮。在材质编辑器中选择一个新的样本球，将材质转换为VR_发光材质并将其命名为“发光04”，在“参数”卷展栏中设置“颜色”的红绿蓝为0、220、0，如图15-123所示。

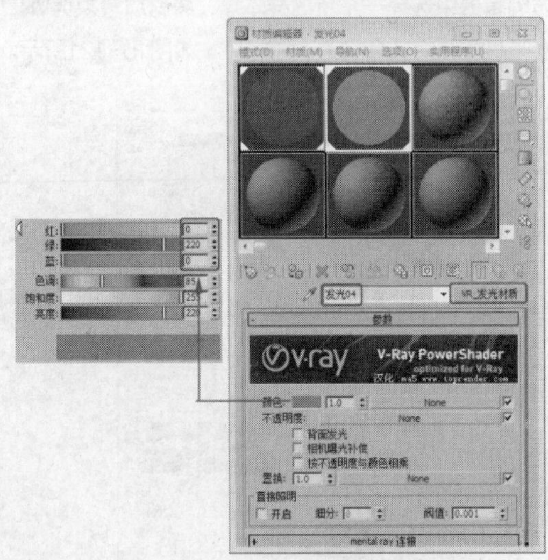

图15-123

STEP 5 发光材质的设置，该材质应用于大厅顶部灯池的凹槽灯模型。在“参数”卷展栏中单击“颜色”后的“None”按钮为其指定位图贴图，在弹出的对话框中选择随书附带光盘中的“Map\cha15\15.2\th.jpg”文件，单击“确定”按钮，如图15-124所示。

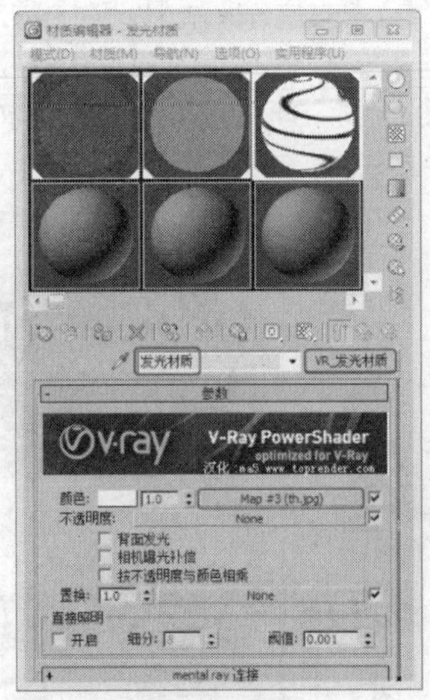

图15-124

下面介绍乳胶漆材质的设置。

STEP 1 乳胶漆材质的设置，该材质应用于形象墙的暗藏灯槽。在材质编辑器中选择一个新的样本球，将材质转换为VR_材质包裹器材质并将其命名为“乳胶漆”，在“VR-材质包裹器参数”卷展栏中设置“产生全局照明”为0.8、“接受全局照明”为1.5，并单击“基本材质”后的“Standard”按钮，将基本材质类型转换为VRayMtl材质，将其命名为“乳胶漆”，如图15-125所示。

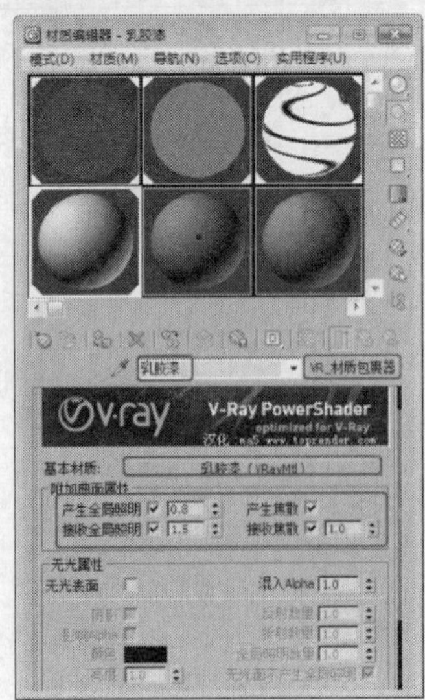

图15-125

STEP 2 在“漫反射”组中设置“漫反射”的红绿蓝为242、241、233，如图15-126所示。

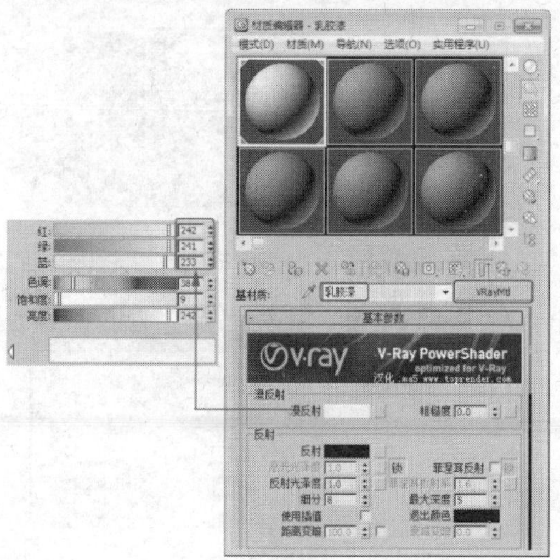

图 15-126

STEP 3 乳胶漆-灯池中材质的设置，该材质应用于大厅顶部墙体模型。在材质编辑器中选择一个新的样本球，将材质转换为VRayMtl材质并将其命名为“乳胶漆-灯池中”，在“漫反射”组中设置“漫反射”的红绿蓝为255、246、232，如图15-127所示。

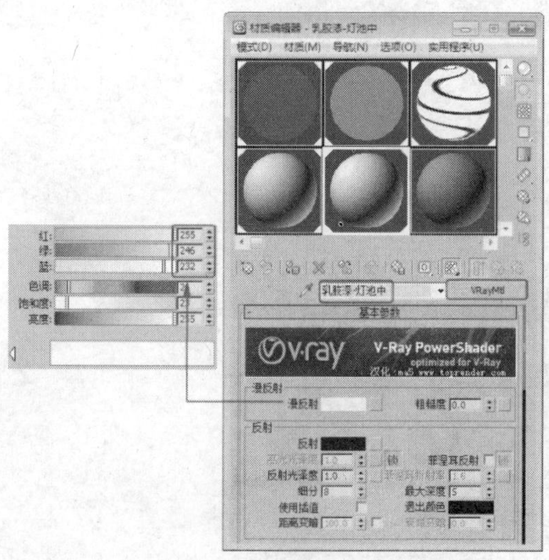

图 15-127

STEP 4 乳胶漆-黄色材质的设置，该材质应用于形象墙的边框和接待台的部分模型（可参考图15-80）。在材质编辑器中选择一个新的样本球，将材质转换为VRayMtl材质并将其命名为“乳胶漆-黄色”，在“漫反射”组中设置“漫反射”的红绿蓝为245、209、99，如图15-128所示。

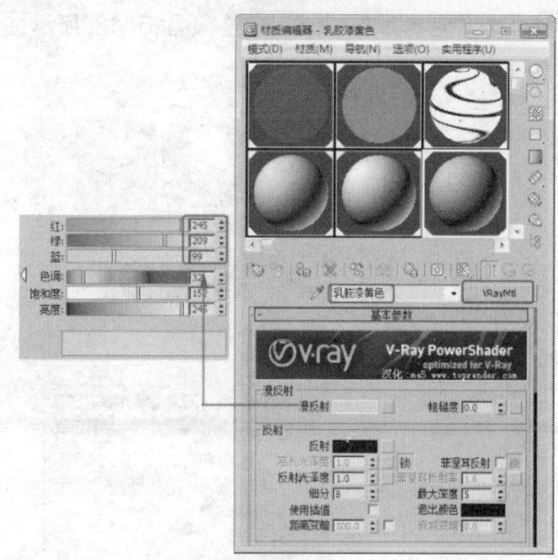

图 15-128

下面介绍其他材质。

STEP 1 玻浅色室内玻璃材质的设置，该材质应用于接待台后门的玻璃模型。在材质编辑器中选择一个新的样本球，将材质转换为VRayMtl材质并将其命名为“玻浅色室内玻璃”，在“漫反射”组中设置“漫反射”的红绿蓝为144、192、174，在“反射”组中设置“反射”的红绿蓝为104、104、104，设置“反射光泽度”为0.9，在“折射”组中设置“折射”的红绿蓝为238、238、238，如图15-129所示。

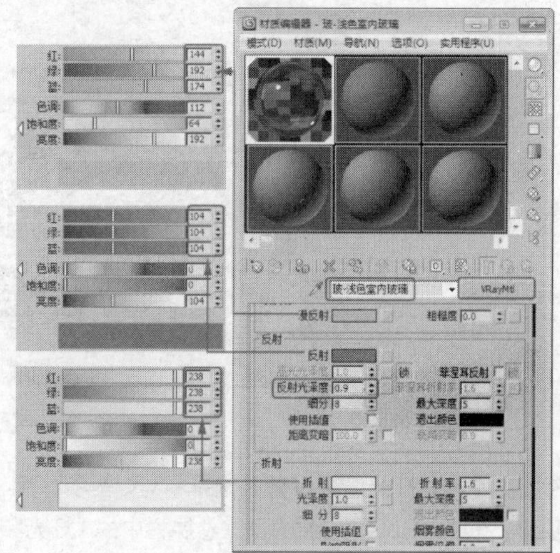

图 15-129

STEP 2 布-白色沙发材质的设置，该材质应用于沙发垫和靠背模型。在材质编辑器中选择一个新的样本球，将材质转换为VRayMtl材质并将其命名为“布-白色沙发”，在“漫反射”组中设置“漫反射”的红绿蓝为255、255、255，如图15-130所示。

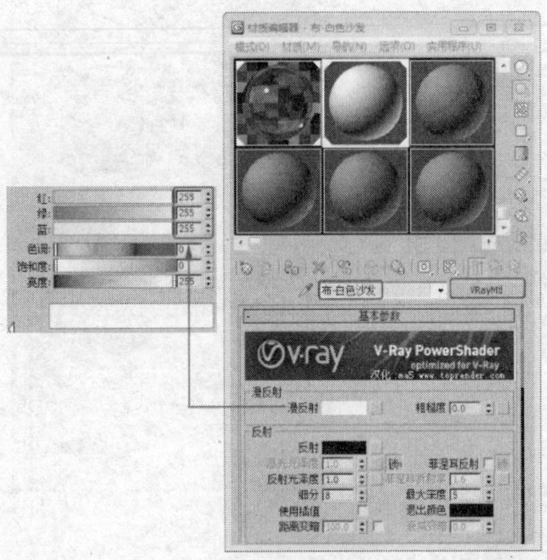

图15-130

STEP 3 黑色装饰材质的设置，该材质应用于形象墙两边的凹槽。在材质编辑器中选择一个新的样本球，将材质转换为VRayMtl材质并将其命名为“黑色装饰”，在“漫反射” 组中设置“漫反射”的红绿蓝为0、0、0，如图15-131所示。

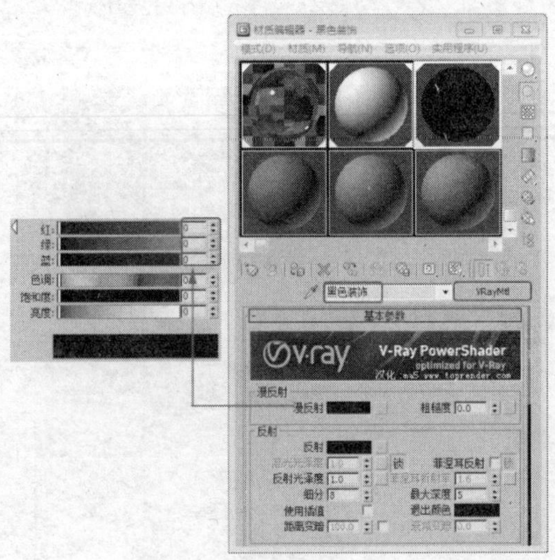

图15-131

2. 设置草图渲染

在创建灯光之前，先设置一下场景的草图渲染，以便更加快捷地渲染场景效果。

STEP 1 在场景中调整一个好的视口角度，创建摄影机，这里就不详细介绍了，如图15-132所示。调整场景各个模型的位置和比例等。

图15-132

STEP 2 打开渲染设置，选择“VR_基项”选项卡，在“V-Ray:：全局开光”卷展栏中的“灯光”组中选择“关掉”缺省灯光。在“V-Ray:：图像采样器（抗锯齿）”卷展栏中选择“图像采样器”类型为“固定”，选择“抗锯齿过滤器”为“区域”，如图15-133所示。

STEP 3 在渲染设置面板中选择“VR_间接照明”选项卡，在“V-Ray:：间接照明（全局照明）”卷展栏中勾选“开启”复选项，设置“首次反弹”的“全局光引擎”为“发光贴图”；选择“二次反弹”

的“全局光引擎”为“灯光缓存”。在“V-Ray::发光贴图”卷展栏中选择“当前预置”为“非常低”，勾选“显示计算过程”和“显示直接照明”复选项，如图15-134所示。

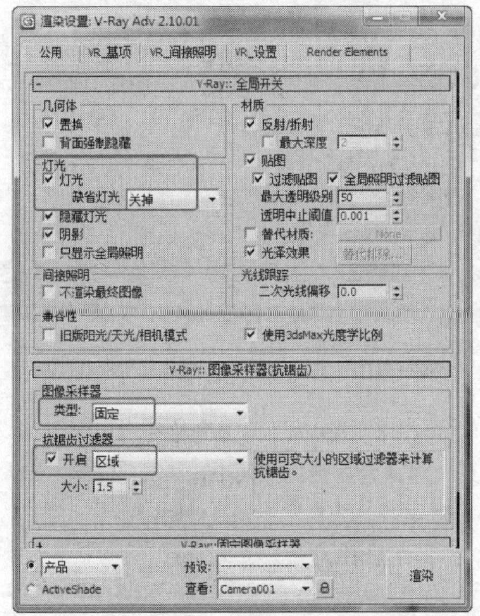

图15-133

STEP 4 在“V-Ray::灯光缓存”卷展栏中设置“细分”为100，勾选“保存直接光”和“显示计算状态”复选项，如图15-135所示。

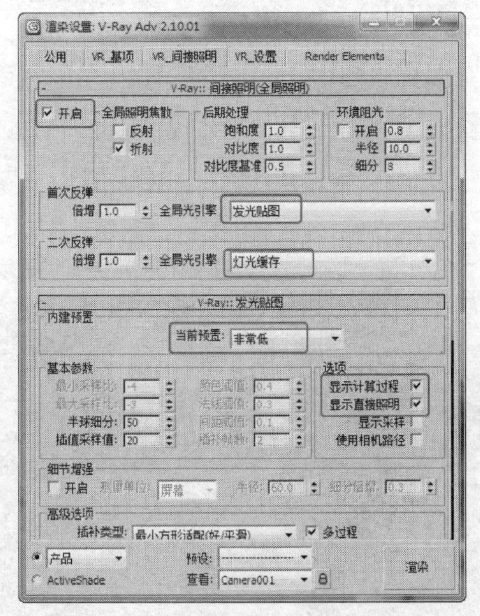

图15-134

STEP 5 渲染场景得到如图15-136所示的效果。

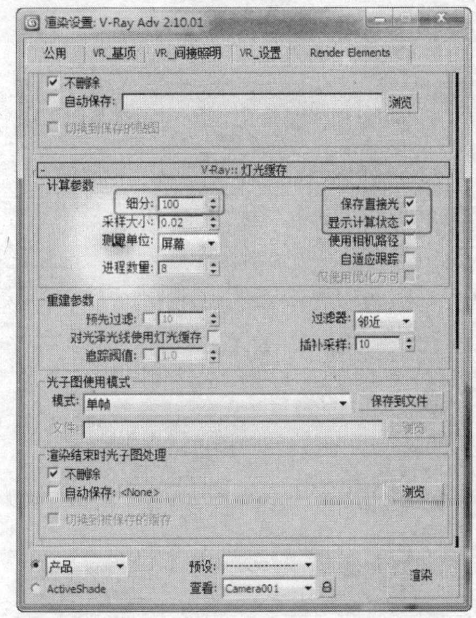

图15-135

图15-136

3. 创建灯光

STEP 1 在“顶”视图中楼梯台阶的位置创建“VR_光源”平面灯光，调整灯光的位置，在“参数”卷展栏中设置“倍增器”为3，在“选项”组中勾选“不可见”选项，取消勾选“影响反射”复选项，如图15-137所示。

STEP 2 旋转复制灯光，调整灯光至合适的位置和角度，如图15-138所示。

STEP 3 渲染场景得到如图15-139所示的效果。

STEP 4 在“顶”视图中楼梯口灯柱的装饰灯位置创建“VR_光源”，在“参数”卷展栏中选择“类型”为“球体”，设置“倍增器”为3，设置灯光颜色为浅橘红色（红绿蓝分别为255、237、197），在“选项”组中勾选“不可见”复选项，取消勾选“影响反射”复选项，如图15-140所示。

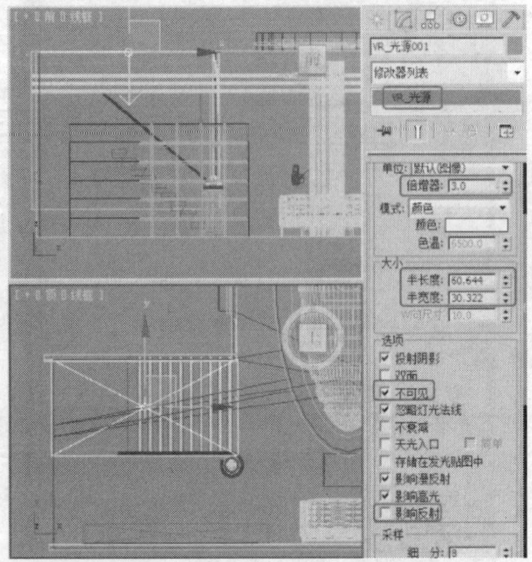

图15-137

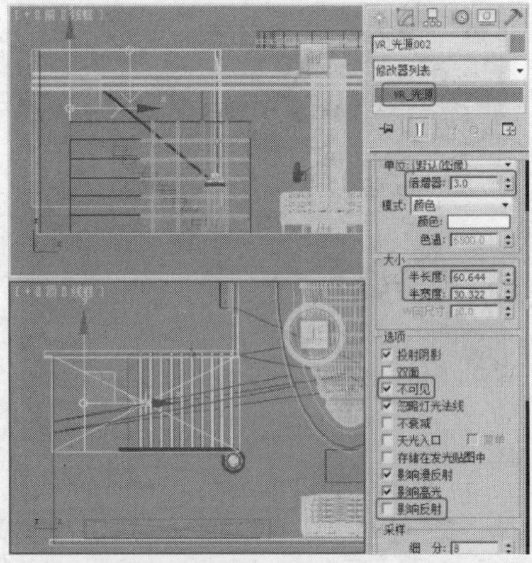

图15-138

图15-139

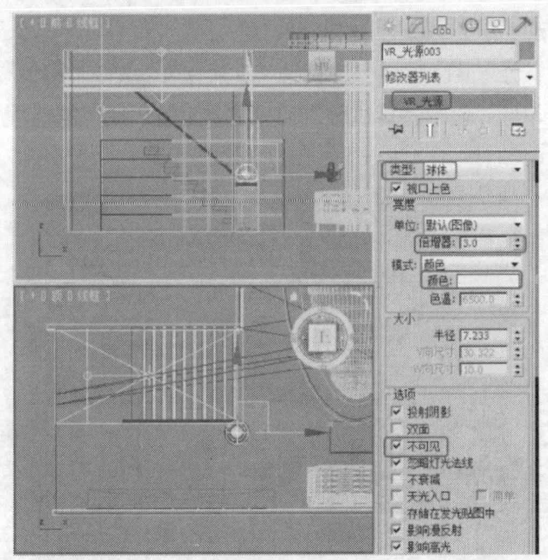

图15-140

STEP 5 复制球体灯光到接待台灯柱装饰灯的位置，调整合适的灯光大小，如图15-141所示。

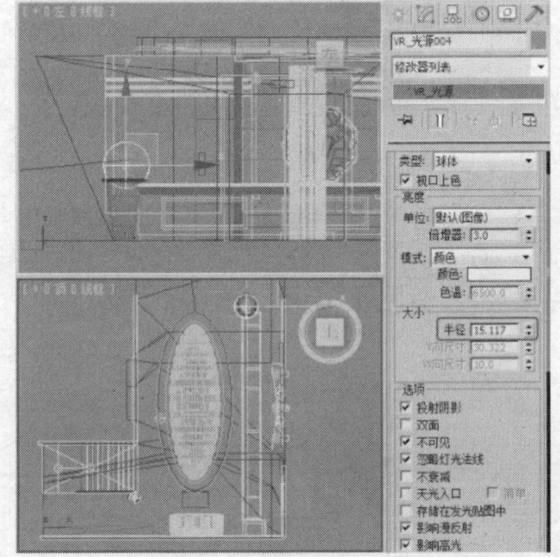

图15-141

STEP 6 渲染场景得到如图15-142所示的效果。

图15-142

STEP 7 在形象墙中式木窗花的轮廓位置，创建平面灯光作为光晕，实例复制灯光，在“参数”卷展栏中设置灯光的“倍增器”为6，设置灯光的颜色为浅橘红色，在“选项”组中勾选“不可见”复选项，取消勾选“影响反射”复选项，如图15-143所示。

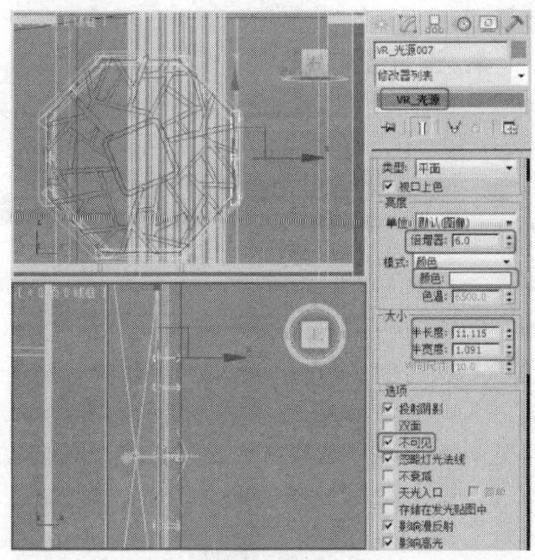

图 15-143

STEP 8 在形象墙的位置创建光度学目标灯光，调整灯光的位置和照射角度，在“常规参数”卷展栏中勾选“阴影”组中的“启用”复选项，选择阴影类型为VRayShadow，选择“灯光分布（类型）”为“光度学Web”。在“分布（光度学Web）”卷展栏中指定Web灯光为随书附带光盘中的“Scene\cha15\15.2\筒灯（牛眼灯）.ies”文件。在“强度/颜色/衰减”卷展栏中设置“强度”为3，如图15-144所示。

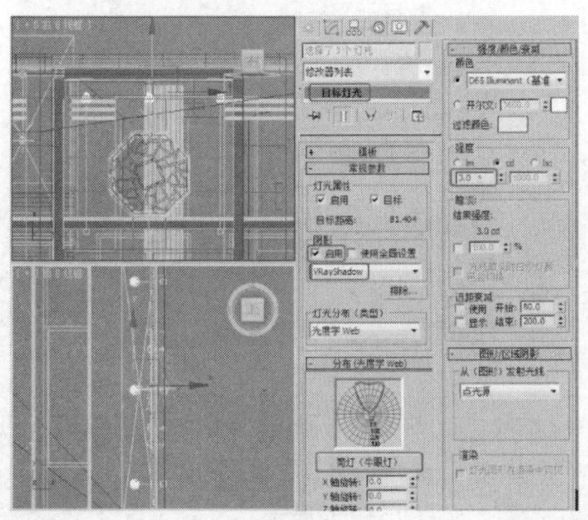

图 15-144

STEP 9 在形象墙的顶部位置创建“VR_光源”平面灯光，调整灯光的位置和照射角度，设置灯光的“倍增器”为6，灯光的颜色为浅橘红色，如图15-145所示。

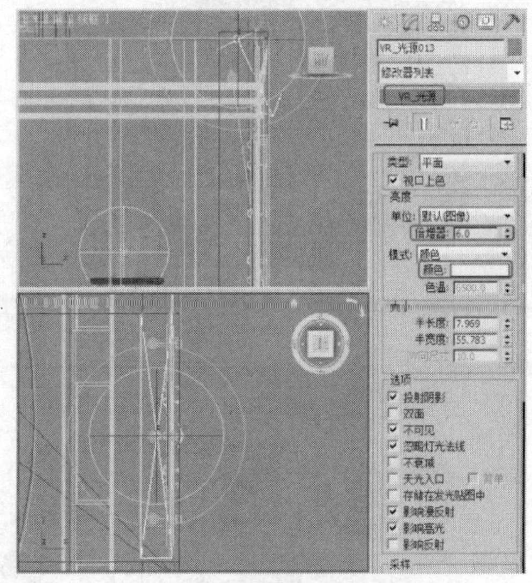

图 15-145

STEP 10 渲染场景得到如图15-146所示的效果。

图 15-146

STEP 11 在“顶”视图中创建标准灯光“泛光灯”，并在场景中调整灯光至合适的位置，在“强度/颜色/衰减”卷展栏中设置“倍增”为0.2，如图15-147所示。

在“常规参数”卷展栏中单击“排除”按钮，在弹出的对话框中将灯池中的椭圆模型、球体模型及框架模型指定到右侧的列表中，选择“包含”选项，单击“确定”按钮，如图 15-148 所示。

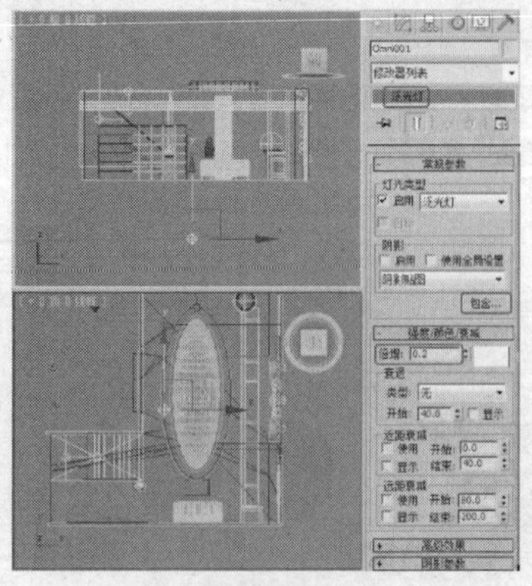

图 15-147

“常规参数”卷展栏中的“排除”按钮，当在弹出的对话框中选择“包含”选项后，该“排除”按钮即可变为“包含”。

STEP 12 渲染场景得到如图15-149所示的效果。

4. 设置最终渲染

STEP 1 打开渲染设置面板，设置合适的渲染尺寸，如图15-150所示。

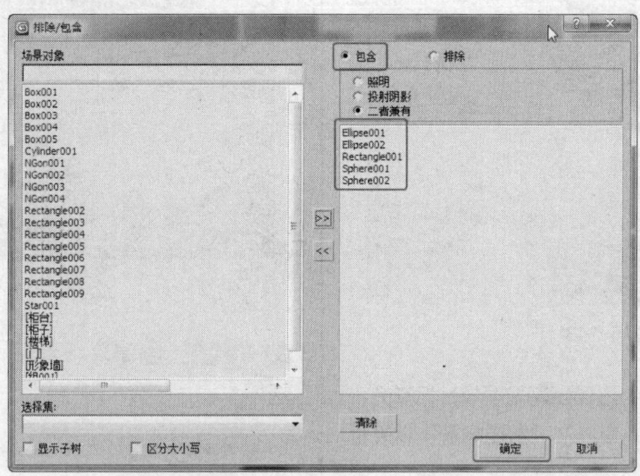

图 15-148

图 15-149

STEP 2 选择“VR_基项”选项卡，在“V-Ray：：图像采样器（抗锯齿）”卷展栏中选择“图像采样器”类型为“自适应DMC”，选择“抗锯齿过滤器”为“Mitchell-Netravali”。在“V-Ray：：颜色映射”卷展栏中选择颜色映射类型为“VR_指数”，如图15-151所示。

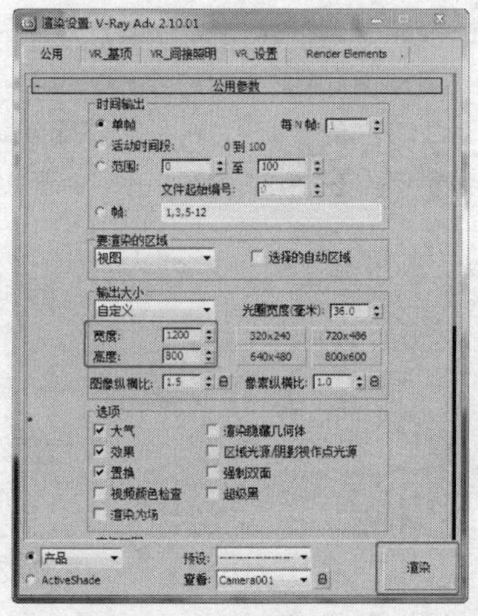

图 15-150

STEP 3 选择“VR_间接照明”选项卡，在“V-Ray：：发光贴图”卷展栏中设置“当前预置”为“高”，如图15-152所示。

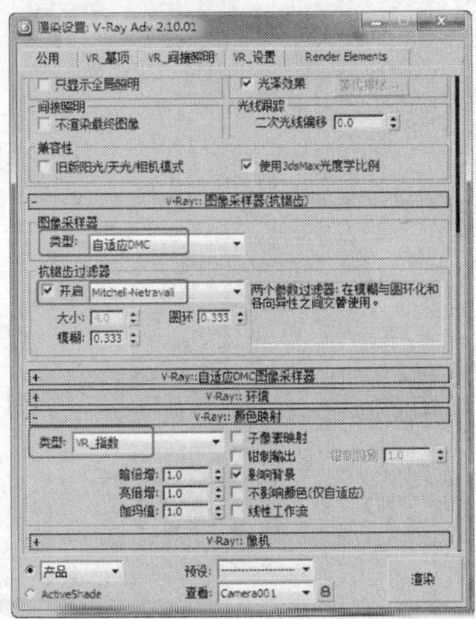
图 15-151

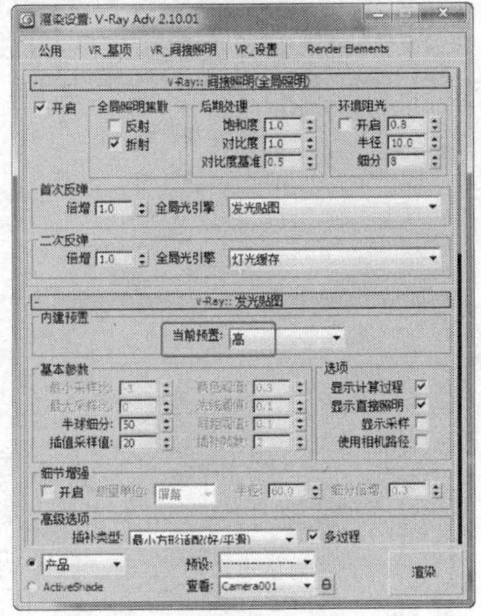
图 15-152

STEP 4 在“V-Ray：：灯光缓存”卷展栏中设置“细分”为1400，如图15-153所示。

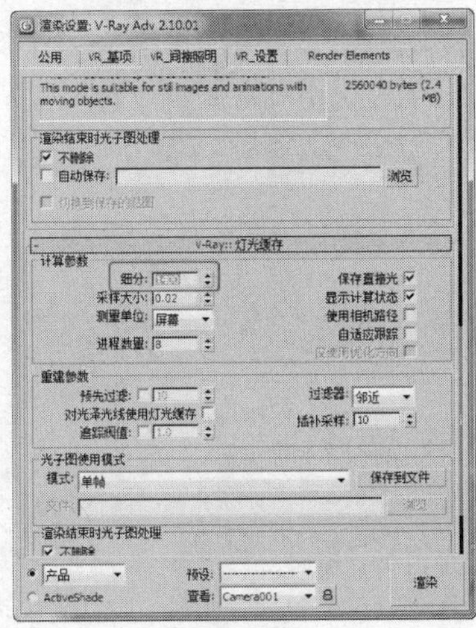
图 15-153

STEP 5 渲染场景效果图，对渲染出的效果进行存储。

15.3 课堂练习——制作客厅

练习知识要点

客厅效果在提供的场景基础上为场景设置材质、灯光、渲染等操作，完成的客厅渲染效果如图 15-154 所示。

图 15-154

效果图文件所在位置

随书附带光盘 Scene\cha15\客厅 ok.max。

15.4 课后习题——制作餐厅

习题知识要点

餐厅效果在提供的场景基础上为场景设置材质、灯光、渲染等操作，完成的餐厅渲染效果如图 15-155 所示。

效果图文件所在位置

随书附带光盘 Scene\cha15\餐厅 ok.max。

图 15-155

3ds Max 2012 + VRay

16 Chapter

第 16 章 室外效果图的制作

本章介绍室外效果图的制作，将以一个居民楼为例介绍室外模型的创建、材质、灯光、渲染等。

16.1 实例28——居民楼的制作

室内与室外的建模有些许的不同，在下面的居民楼制作中，我们将详细地介绍居民楼的建模、材质、灯光、渲染等，包括了整个室外效果图的制作流程，最终效果图如图16-1所示。

图16-1

16.1.1 案例分析

随着时代的进步、城市的发展，大型的居民建筑空间的设计也逐渐在我们的工作中出现。对于建筑物，很多场景都有着相同的制作方法，关键在于制作的思路，同时也需要迎合现实城市的形象。通过本章的练习，读者可以掌握一些工具与修改器结合使用的妙处，并告诉读者熟能生巧的道理，为今后制作思路的扩宽打下基础。本例将为大家介绍居民楼的设计与制作方法。

16.1.2 案例设计

本案例设计流程图如图16-2所示。

图16-2

16.1.3 案例制作

1. 制作一二楼模型

STEP 1 单击"（创建）>（几何体）>长方体"按钮，在"前"视图中创建长方体，在"参数"卷展栏中设置"长度"为210、"宽度"为1400、"高度"为120，如图16-3所示。

STEP 2 对模型施加"编辑多边形"修改器，将选择集定义为"边"，在"选择"卷展栏中勾选"忽略背面"复选项，在"前"视图中选择顶底的两条边，在"编辑边"卷展栏中单击"连接"后的设置按钮，在弹出的对话框中设置"分段"为19，单击"确定"按钮，如图16-4所示。

注 意

当正面和背面各有一个顶点或边、多边形时，如果只想选择正面的，只使用选择功能会很容易把正面和背面的都选上，但如果勾选"忽略背面"选项就可以只选择想要的正面的顶点或边、多边形，此选项在建模时既方便选择又很实用。

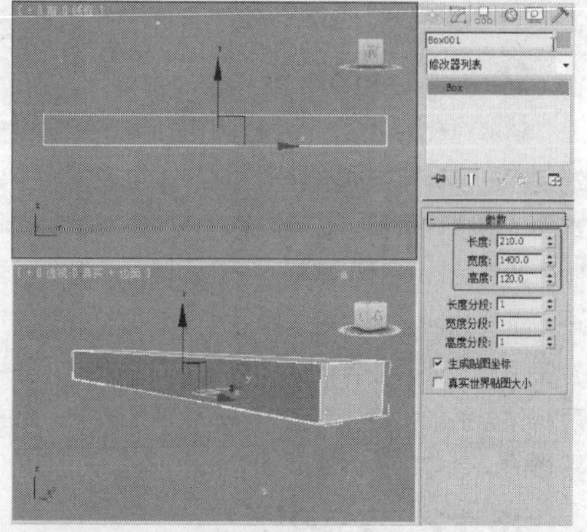
图16-3

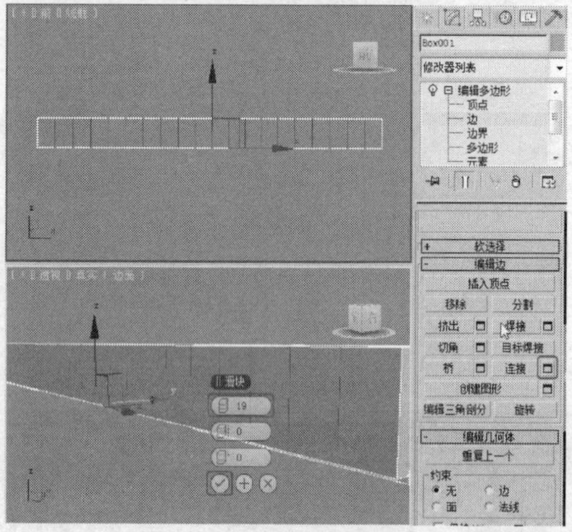
图16-4

STEP 3 在“前”视图中选择所有垂直的边，在“编辑边”卷展栏中单击“连接”后的设置按钮，在弹出的对话框中设置“分段”为2，单击“确定”按钮，如图16-5所示。

STEP 4 将选择集定义为“顶点”，在场景中调整顶点至合适的位置，如图16-6所示。

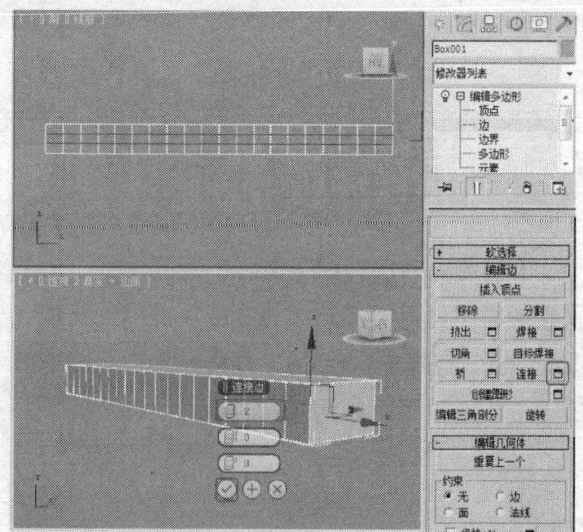
图16-5

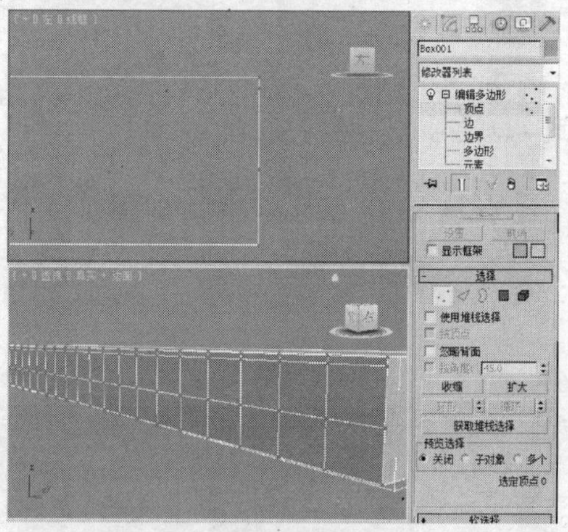
图16-6

STEP 5 调整好顶点后，将选择集定义为“多边形”，在场景中选择如图16-7所示的多边形，在“编辑多边形”卷展栏中单击“倒角”后的设置按钮，在弹出的对话框中设置倒角类型为“按多边形”，设置“轮廓”为-12，单击“确定”按钮。

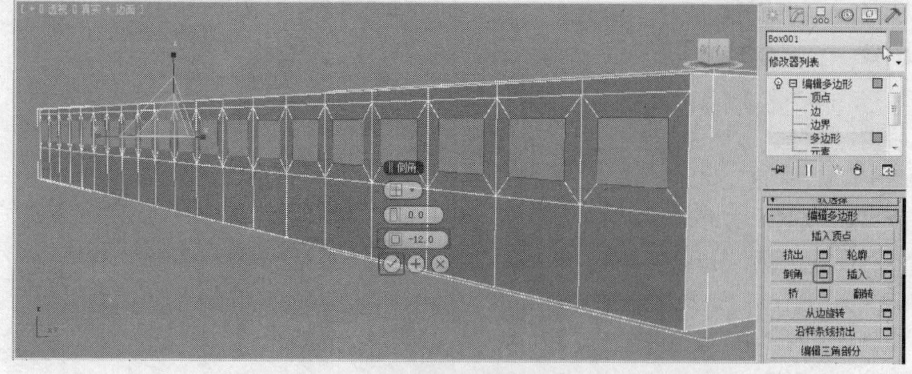
图16-7

STEP 6 在工具栏中单击 （选择并均匀缩放）按钮，在透视图中沿着z轴对多边形进行调整，如图16-8所示。

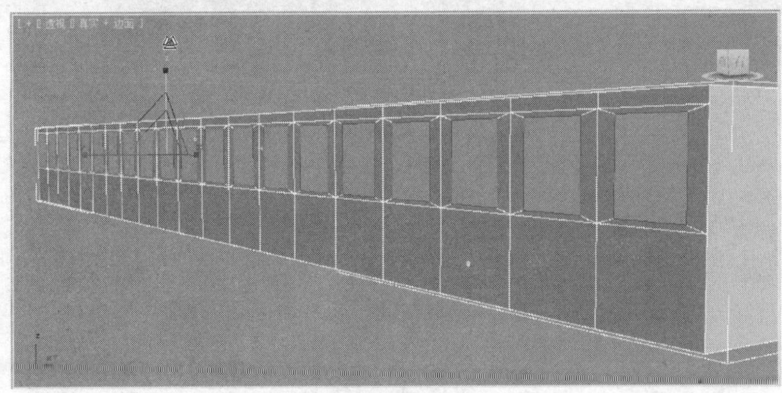

图16-8

STEP 7 在“编辑多边形”卷展栏中单击“挤出”后的设置按钮，在弹出的对话框中设置“高度”为-3，单击“确定”按钮，如图16-9所示，按Delete键删除多边形。

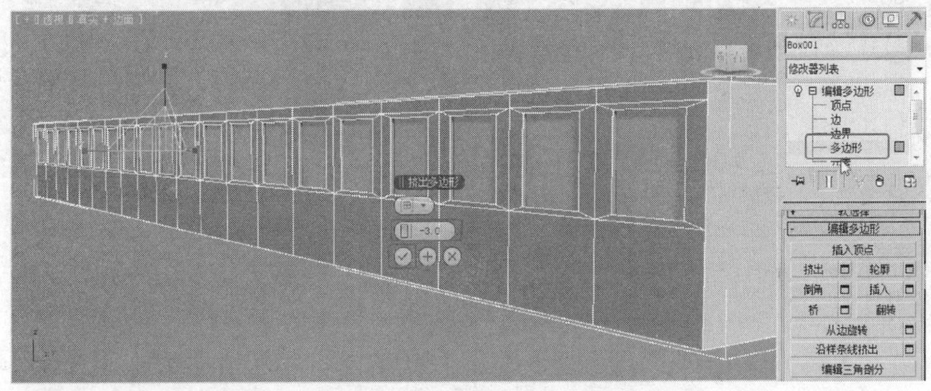

图16-9

STEP 8 选择如图16-10所示的多边形，为多边形设置倒角，在弹出的对话框中设置倒角的“轮廓”为-8，单击“确定”按钮。

STEP 9 单击 （选择并均匀缩放）按钮在透视图中沿着z轴对多边形进行调整，并单击 （选择并移动）按钮调整多边形至合适的位置，如图16-11所示。

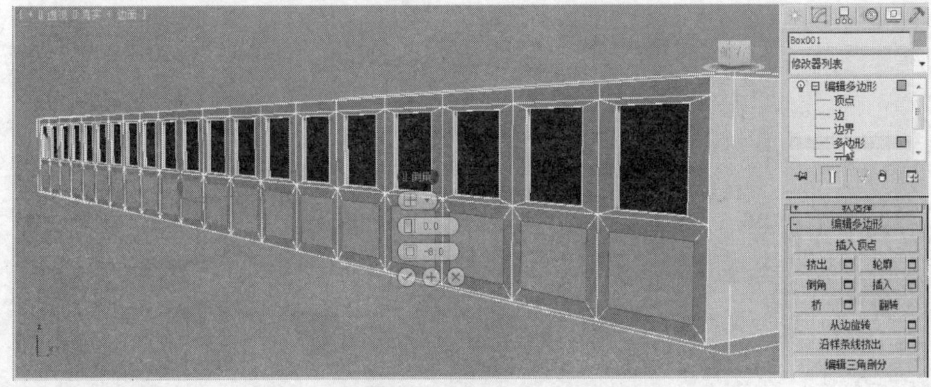

图16-10

图 16-11

STEP 10 在“编辑多边形”卷展栏中单击“挤出”后的设置按钮，在弹出的对话框中设置挤出的“高度”为-3，单击“确定”按钮，如图16-12所示，按Delete键删除多边形。

图 16-12

STEP 11 将选择集定义为“边”，在场景中选择侧面顶底的边，在“编辑边”卷展栏中单击“连接”后的设置按钮，在弹出的对话框中设置连接边“分段”为2，单击“确定”按钮，如图16-13所示。

STEP 12 选择连接后的边，并继续单击“连接”后的设置按钮，在弹出的对话框中设置连接边“分段”为4，单击“确定”按钮，如图16-14所示。

STEP 13 将选择集定义为“多边形”，在场景中选择如图16-15所示的多边形，在“编辑多边形”卷展栏中单击“挤出”后的设置按钮，在弹出的对话框中设置挤出的“高度”为-3，单击“确定”按钮，按Eelete键删除多边形。

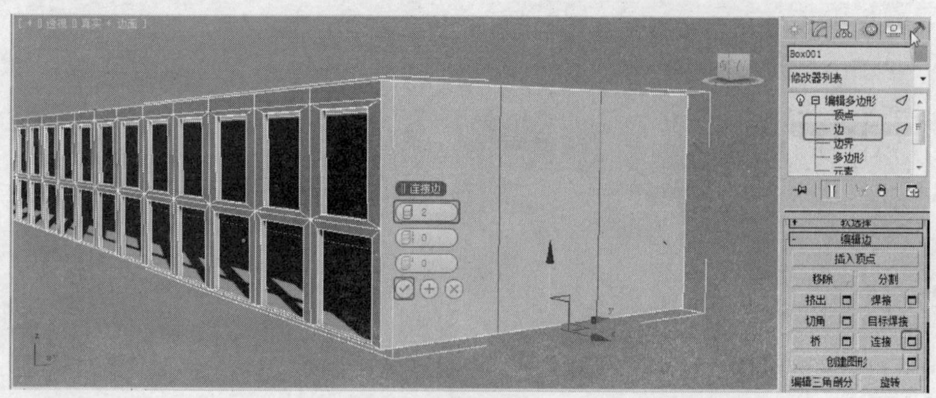

图 16-13

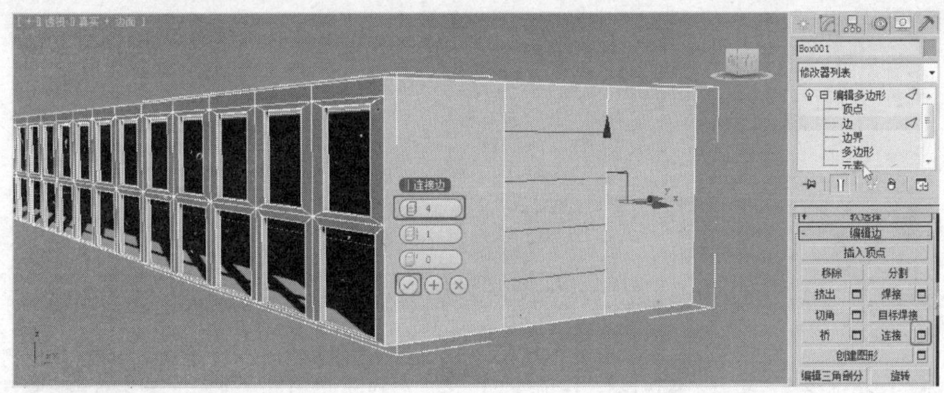

图 16-14

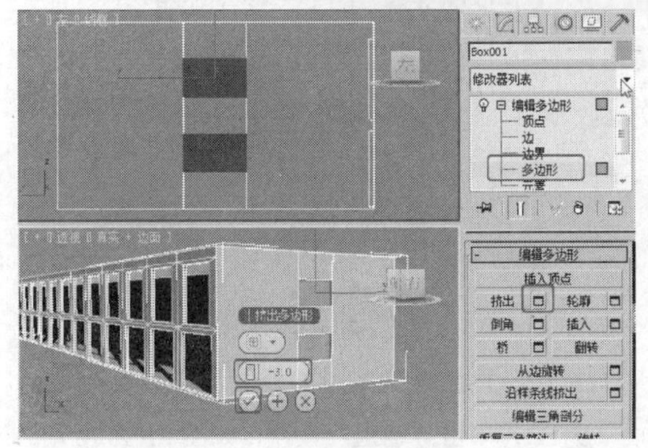

图 16-15

STEP 14 将视图角度调整到长方体的后面，将选择集定义为“边”，在场景中选择顶底的边，在“编辑边”卷展栏中单击“连接”后的设置按钮，在弹出的对话框中设置“分段”为19，单击“确定”按钮，如图16-16所示。

STEP 15 选择垂直的边，在“编辑边”卷展栏中单击“连接”后的设置按钮，在弹出的对话框中设置“分段”为2，单击“确定”按钮，如图16-17所示。

STEP 16 将选择集定义为“顶点”，在场景中调整顶点至合适的位置，如图16-18所示。

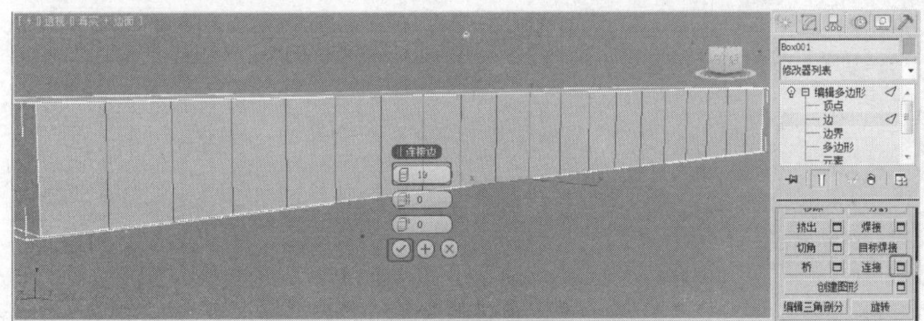

图 16-16

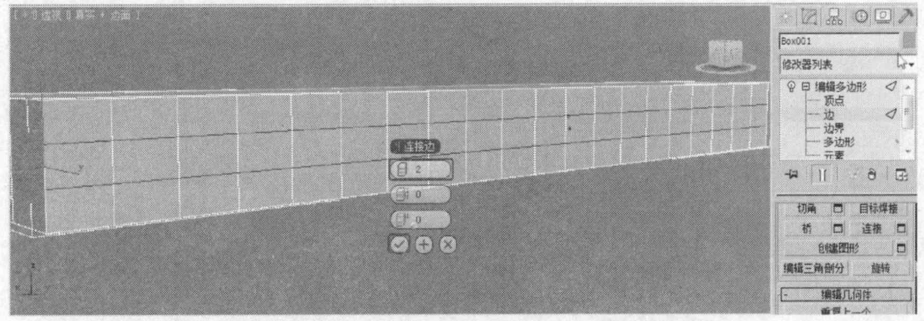

图 16-17

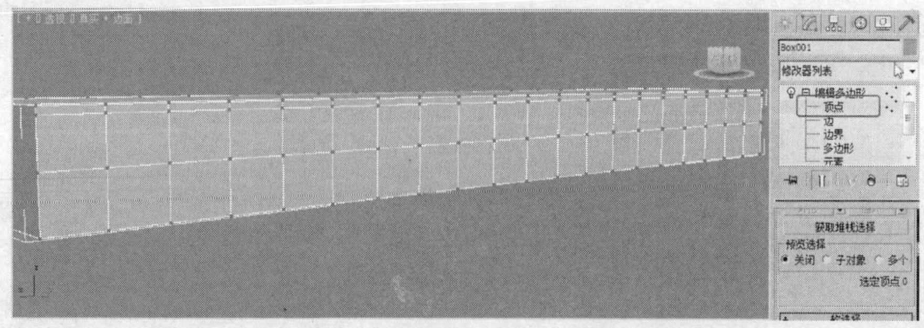

图16-18

STEP 17 将选择集定义为“多边形”，在场景中选择多边形，在“编辑多边形”卷展栏中单击“倒角”后的设置按钮，在弹出的对话框中设置“轮廓”为-14，单击“确定”按钮，如图16-19所示。

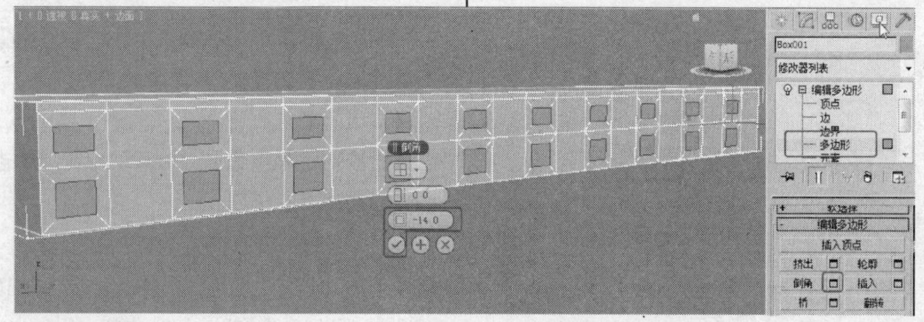

图16-19

STEP 18 在“编辑多边形”卷展栏中单击“挤出”后的设置按钮，在弹出的对话框中设置挤出“高度”为-3，单击“确定”按钮，如图16-20所示，按Delete键删除多边形。

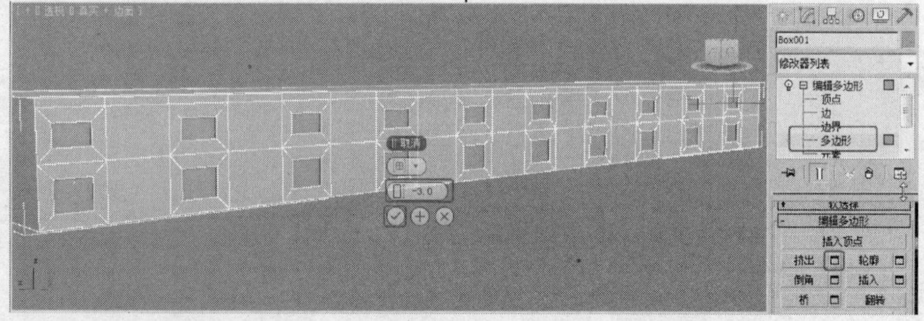

图16-20

STEP 19 在场景中选择多边形，在“编辑多边形”卷展栏中单击“倒角”后的设置按钮，在弹出的小盒设置“轮廓”为-5，单击“确定”按钮，如图16-21所示。

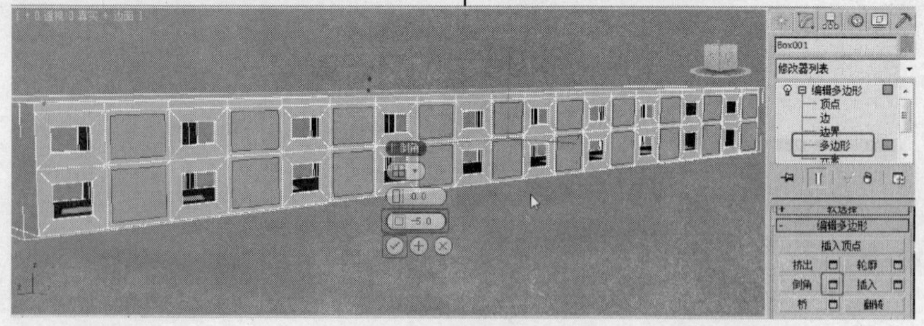

图16-21

STEP 20 在场景中调整如图16-22所示的多边形至合适的位置。

STEP 21 选择如图16-23所示的多变形，在“编辑多边形”卷展栏中单击“挤出”后的设置按钮，在弹出的对话框中设置“高度”为-3，单击“确定”按钮。

STEP 22 按Delete键删除多边形，此时背面墙壁的效果如图16-24所示。

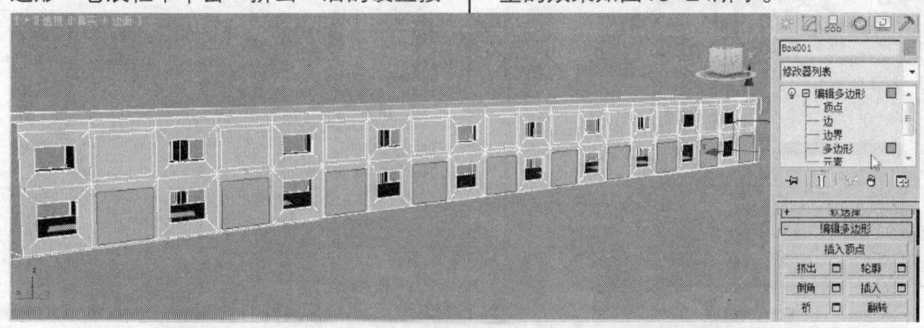

图16-22

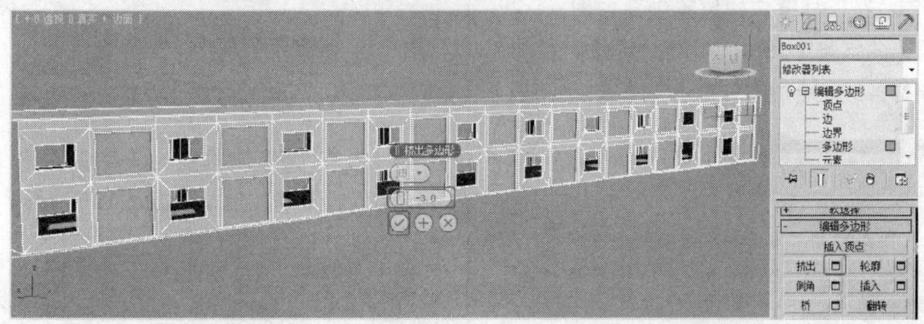

图16-23

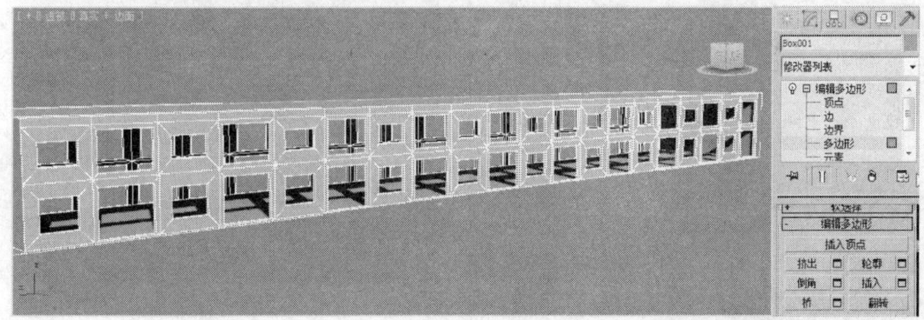

图16-24

STEP 23 调整到正面墙体，在“前”视图中创建大小合适的平面，并调整模型至合适的位置，如图16-25所示。

STEP 24 对平面施加“编辑多边形”修改器，将选择集定义为“顶点”，在场景中调整顶点至合适的位置，将其作为一楼的门，如图16-26所示。

STEP 25 复制平面到二楼，将其作为二楼玻璃，如图16-27所示。

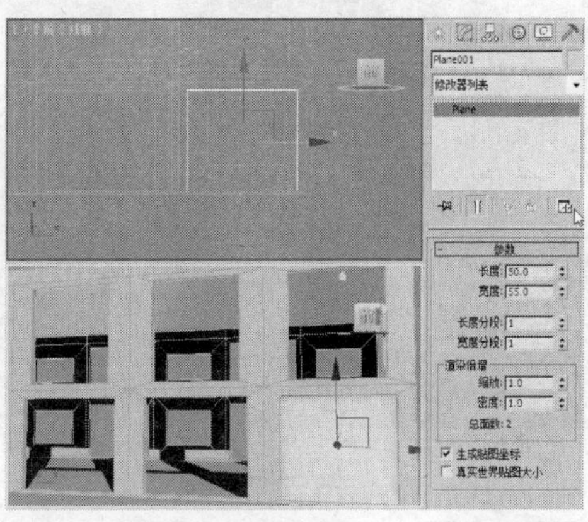

图16-25

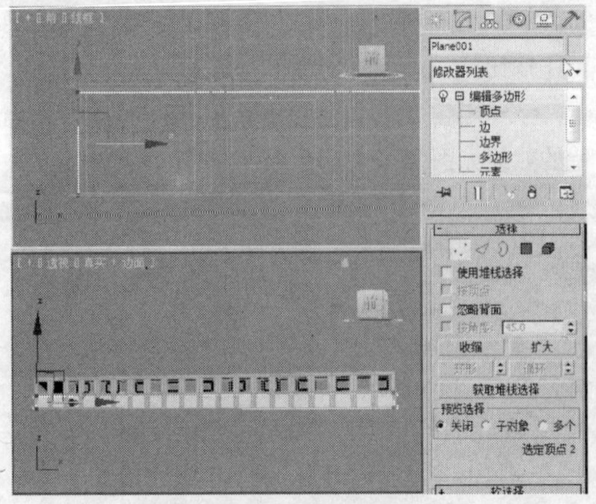

图16-26

STEP 26 在二楼窗户的位置创建如图16-28所示的可渲染的样条线，并为其设置合适的“径向”厚度，调整样条线至合适的位置。

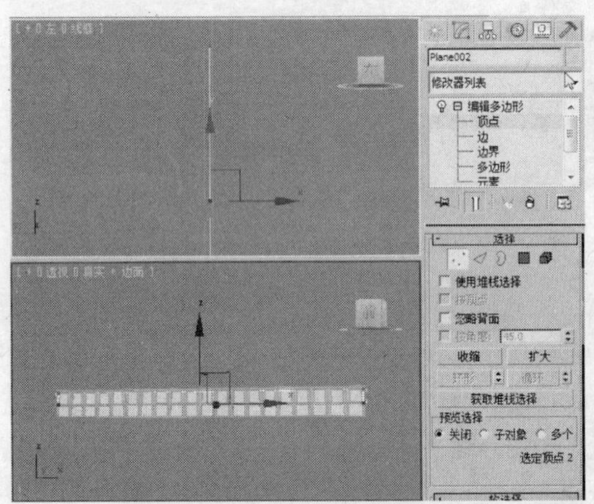

图16-27

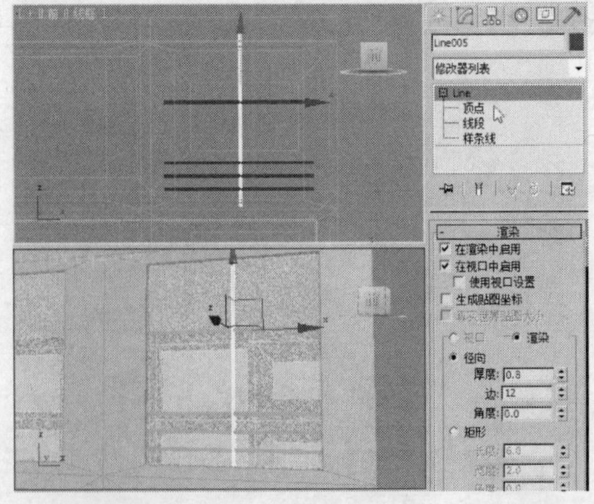

图16-28

STEP 27 将平行的四条样条线附加到一起，将选择集定义为“顶点”，调整顶点至合适的位置，如图16-29所示。

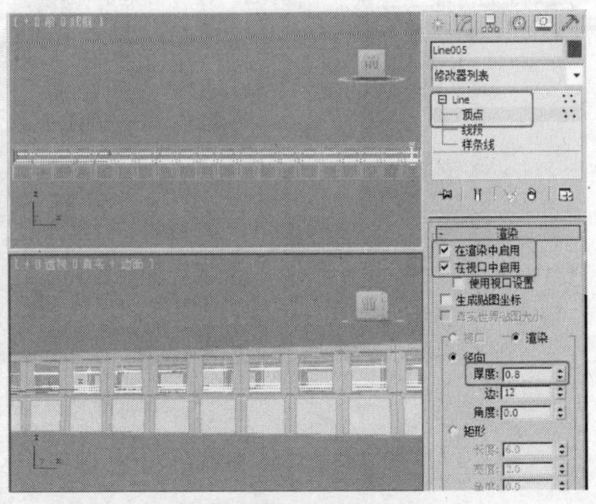

图16-29

STEP 28 复制垂直的样条线隔断，调整复制出的模型至合适的位置，如图16-30所示。

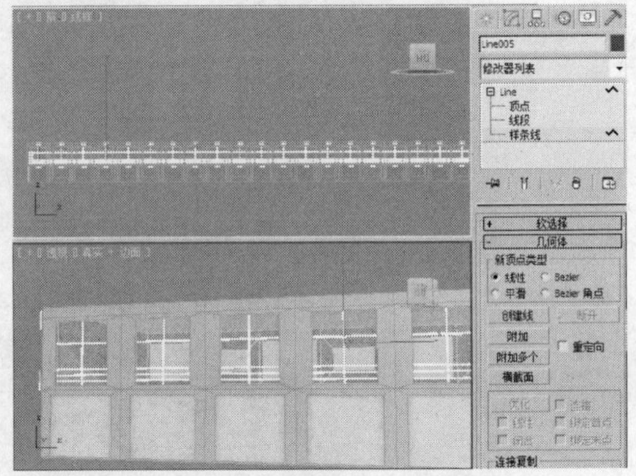

图16-30

STEP 29 接下来为背面墙创建窗户，在“后”视图中创建合适窗洞大小的长方体，设置“高度”为12，如图16-31所示。

STEP 30 对长方体施加“编辑多边形”修改器，将选择集定义为“多边形”，在“后”视图中选择多边形如图17-32所示，在“编辑多边形”卷展栏中单击“倒角”后的设置按钮，在弹出的对话框中设置“轮廓”为-1。

STEP 31 在“编辑多边形”卷展栏中单击“挤出”后的设置按钮，在弹出的对话框中设置挤出的“高度”为-10，如图16-33所示。

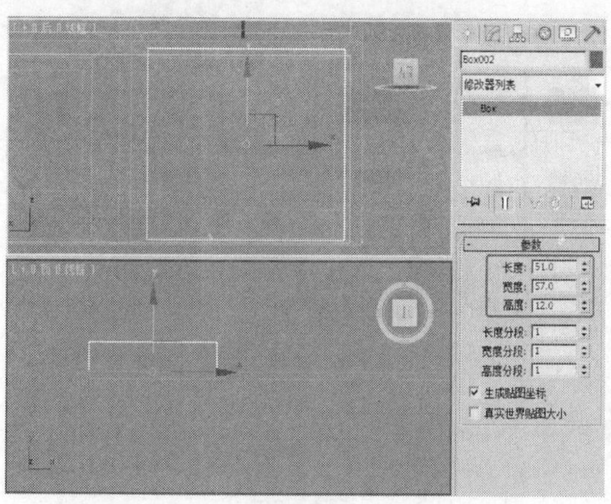

图16-31

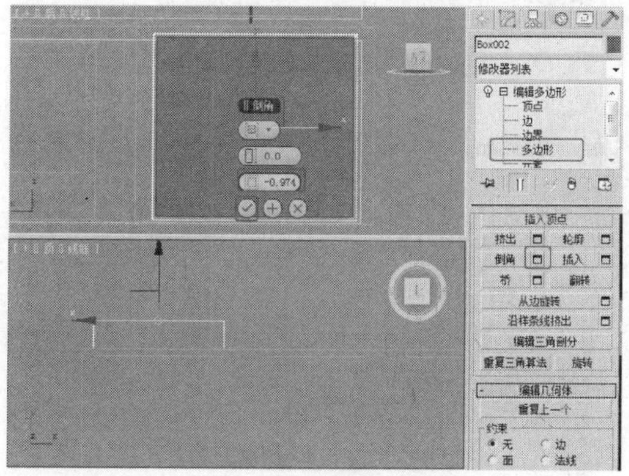

图16-32

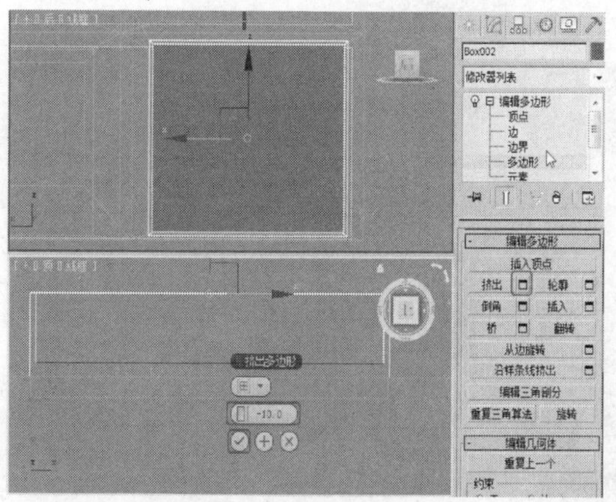

图16-33

STEP 32 关闭选择集，单击（选择并旋转）按钮在场景中调整模型的角度，如图16-34所示。

STEP 33 按Ctrl+V组合键复制长方体，选择复制出的长方体，在修改器堆栈中将“编辑多边形”修改器移除，在“参数”卷展栏中设置“长度分段”为2、“宽度”分段为2，如图16-35所示。

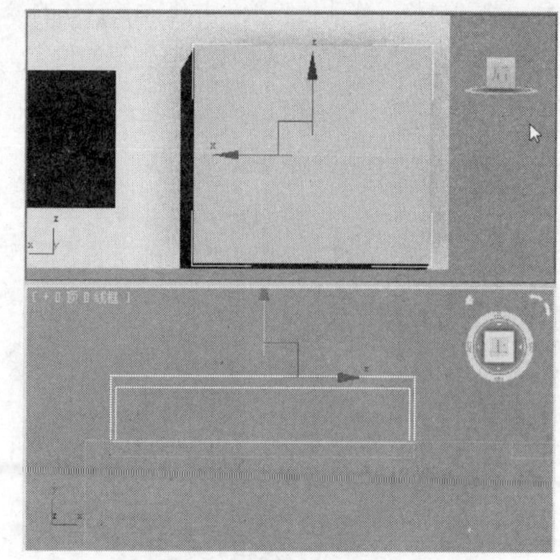

图16-34

STEP 34 对复制出的长方体施加“晶格”修改器，在“参数”卷展栏中选择“仅来自边的支柱”选项，设置“半径”为0.5，如图16-36所示。

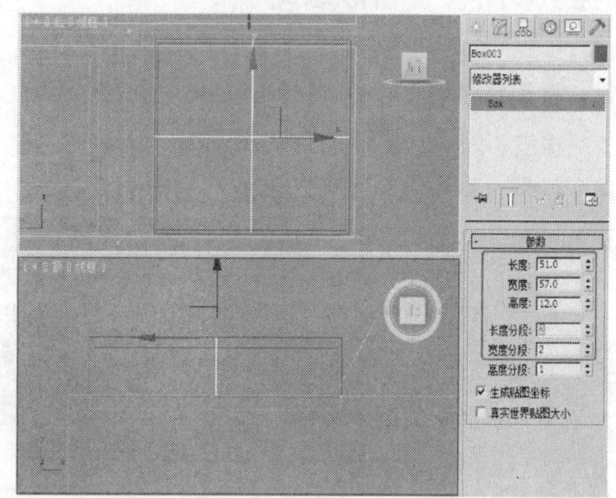

图16-35

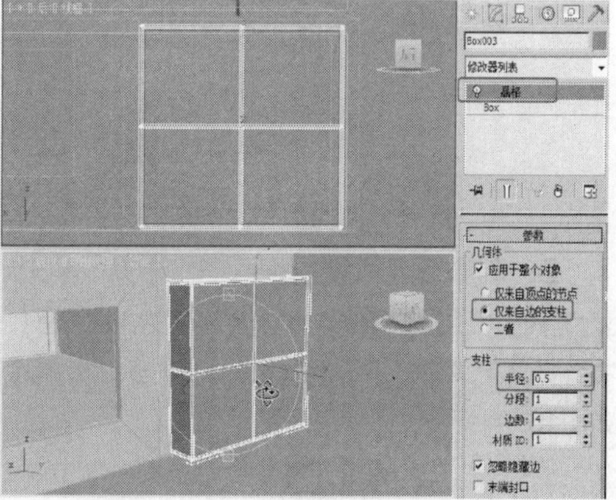

图16-36

STEP 35 复制设置晶格的长方体，在修改器堆栈中将“晶格”修改器移除，并修改长方体的参数，设置“高度”为-1，调整模型至合适的位置，如图16-37所示。

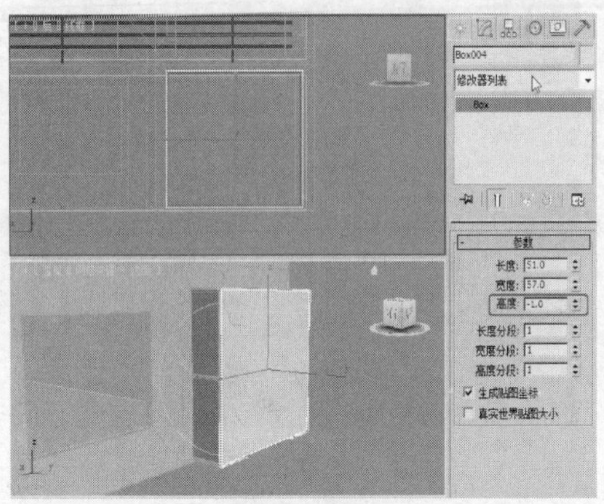

图16-37

STEP 36 复制窗户模型，并调整遮阳窗模型的参数和角度，如图16-38所示。

STEP 37 创建合适的平面作为侧面的窗户玻璃，并调整模型至合适的位置，如图16-39所示。

STEP 38 创建平面作为背面墙体窗户的玻璃，设置合适的大小即可，如图16-40所示。

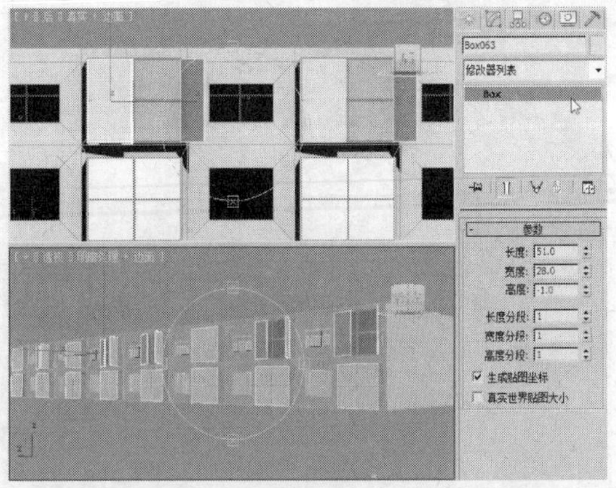

图16-38

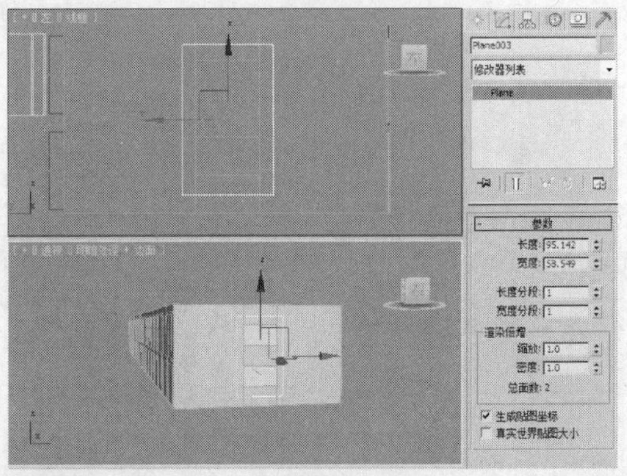

图16-39

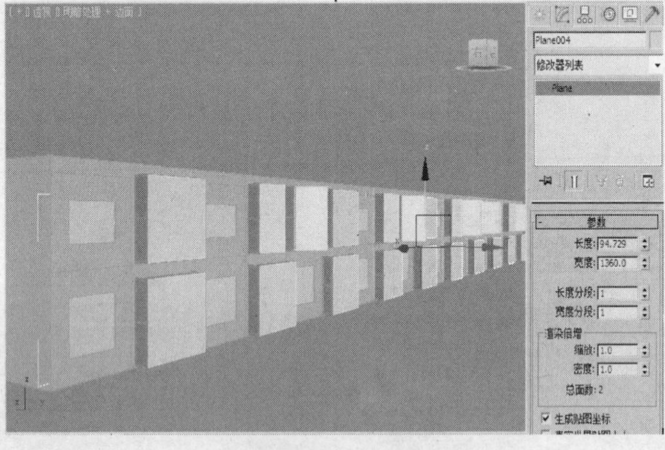

图16-40

2. 制作三至六楼模型

STEP 1 在场景中选择作为墙体框架的模型，将选择集定义为“多边形”，将顶部的多边形删除，如图16-41所示。

STEP 2 在“编辑几何体”卷展栏中单击“创建”按钮，在顶视图中创建墙体框架的封口平面，如图16-42所示。

STEP 3 将选择集定义为“多边形”，选择顶部创建的多边形，在“编辑多边形”卷展栏中单击“倒角”后的设置按钮，在弹出的对话框中设置“轮廓”为-10，单击“确定”按钮，如图16-43所示。

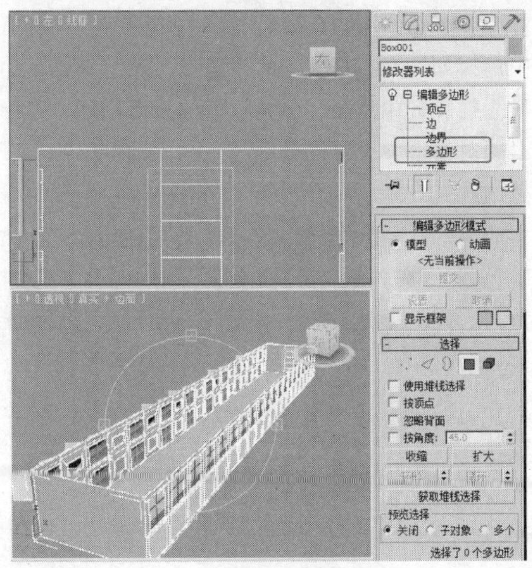

图 16-41

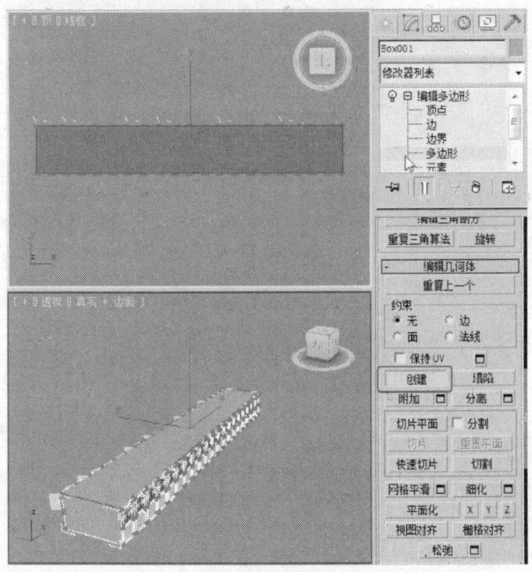

图 16-42

STEP 4 在“顶”视图中沿*y*轴调整多边形至合适的位置，单击“挤出”后的设置按钮，在弹出的对话框中设置“高度”为300，单击“确定”按钮，如图16-44所示。

STEP 5 将选择集定义为“边”，在场景中选择前墙挤出的两个边，在“编辑边”卷展栏中单击“连接”后的设置按钮，在弹出的对话框中设置“分段”为19，单击“确定”按钮，如图16-45所示。

STEP 6 选择垂直的边，在“编辑边”卷展栏中单击“连接”后的设置按钮，在弹出的小盒中设置“分段”为3，单击“确定”按钮，如图16-46所示。

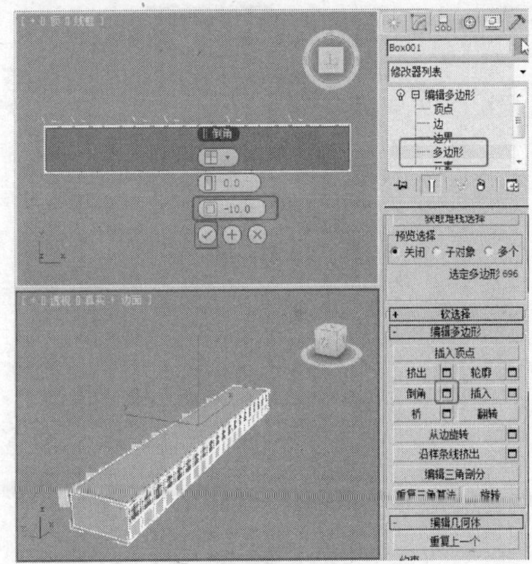

图 16-43

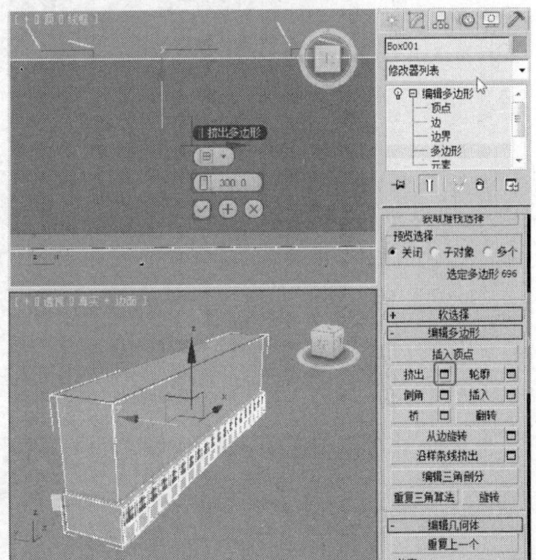

图 16-44

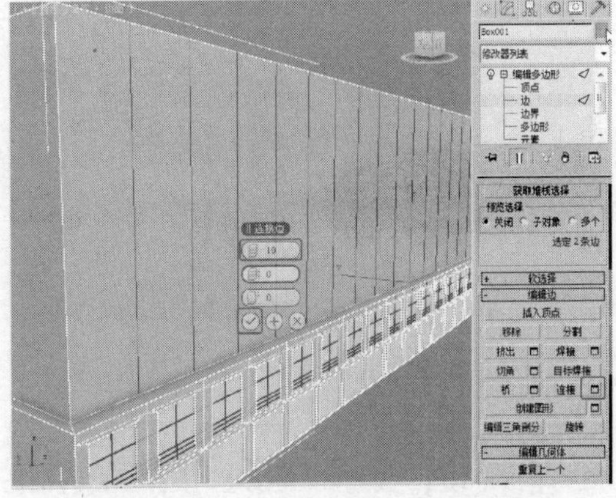

图 16-45

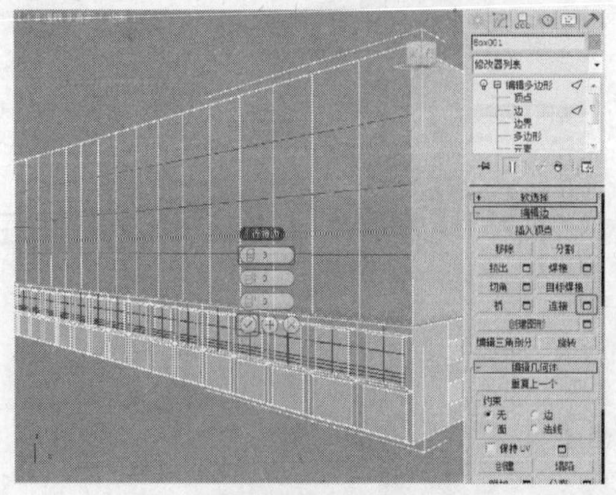

图16-46

STEP 7 将选择集定义为“多边形”，在场景中选择如图16-47所示的多边形，在“编辑多边形”卷展栏中单击“倒角”后的设置按钮，在弹出的对话框中设置“轮廓”为-15，单击“确定”按钮。

STEP 8 在“编辑多边形”卷展栏中单击“挤出”后的设置按钮，在弹出的对话框中设置“高度”为-3，单击“确定”按钮，如图16-48所示，按Delete键删除多边形。

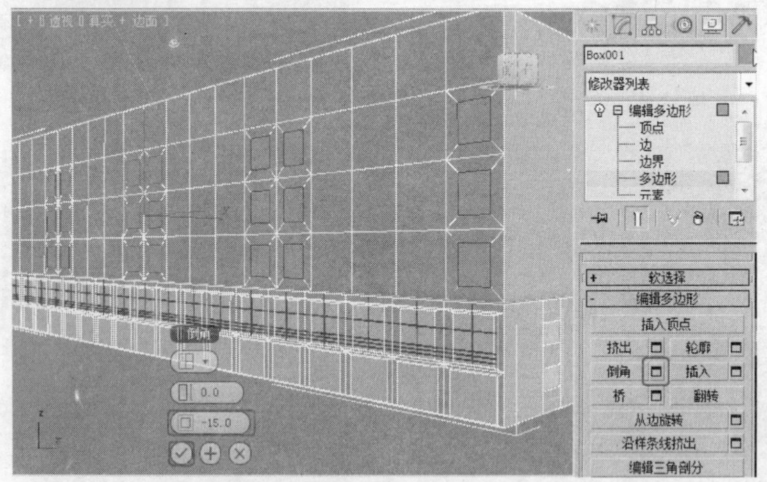

图16-47

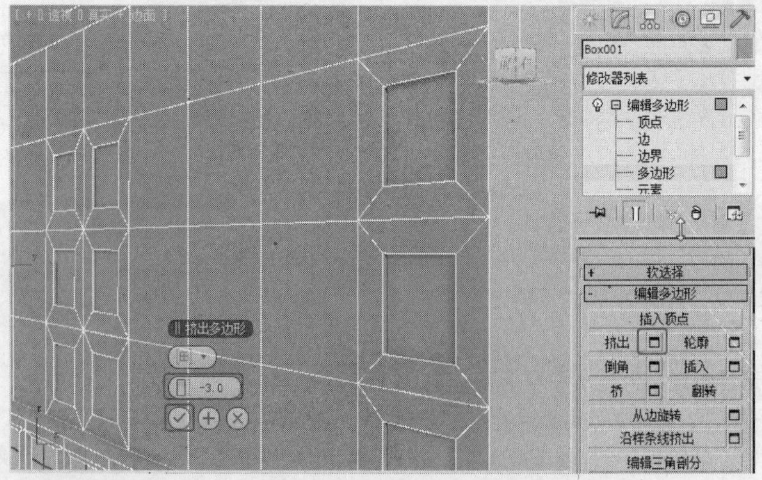

图16-48

STEP 9 选择多边形，在“编辑多边形”卷展栏中单击“倒角” 后的设置按钮，在弹出的对话框中设置倒角类型为“本地法线”，设置“轮廓”为-12，单击“确定”按钮，如图16-49所示。

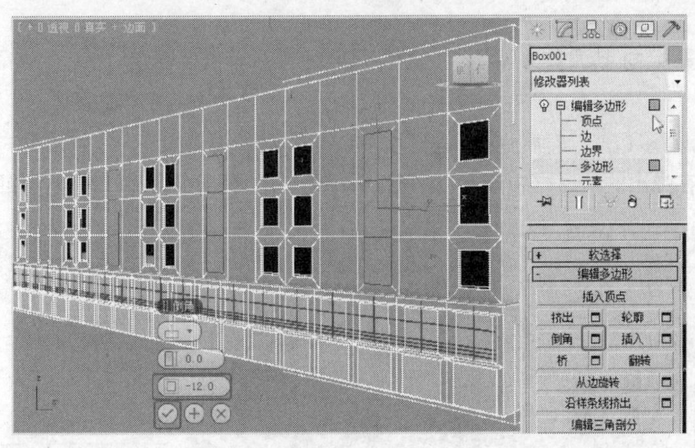

图 16-49

STEP 10 在“编辑多边形”卷展栏中单击“挤出”后的设置按钮，在弹出的对话框中设置“高度”-5，单击“确定”按钮，如图16-50所示，按Delete键删除多边形。

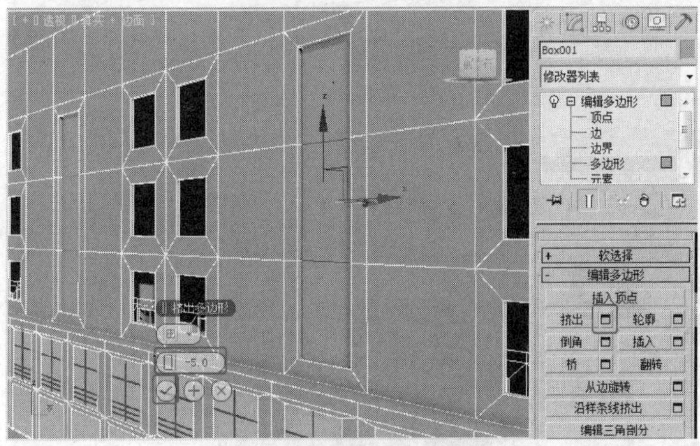

图 16-50

STEP 11 选择如图16-51所示的多边形，在“编辑多边形”卷展栏中单击“倒角”后的设置按钮，在弹出的对话框中设置“轮廓”为-5，单击“确定”按钮。

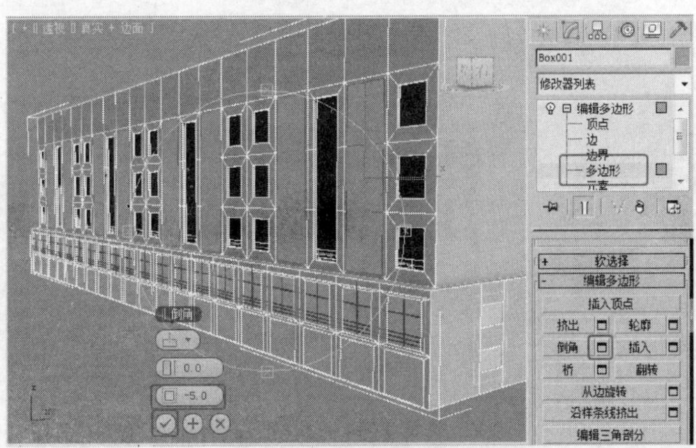

图 16-51

STEP 12 在场景中向上调整多边形，如图16-52所示。

STEP 13 在“编辑多边形”卷展栏，单击“挤出”后的设置按钮，在弹出的对话框中设置“高度”为15，单击“确定”按钮，如图16-53所示。

STEP 14 在“编辑多边形”卷展栏中单击“倒角”后的设置按钮，在弹出的对话框中设置“高度”为-3，单击“确定”按钮，如图16-54所示。

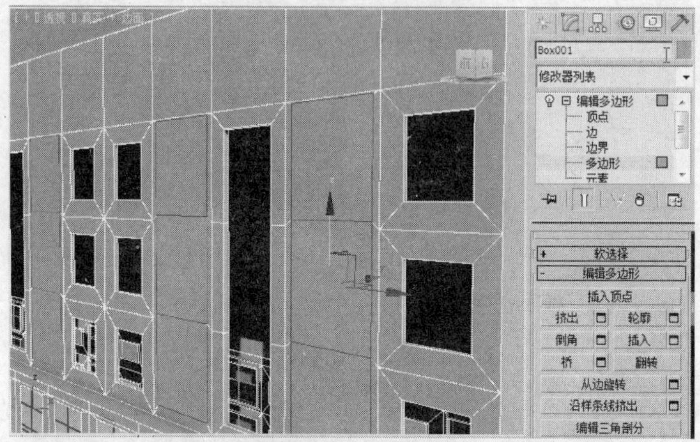

图16-52

图16-53

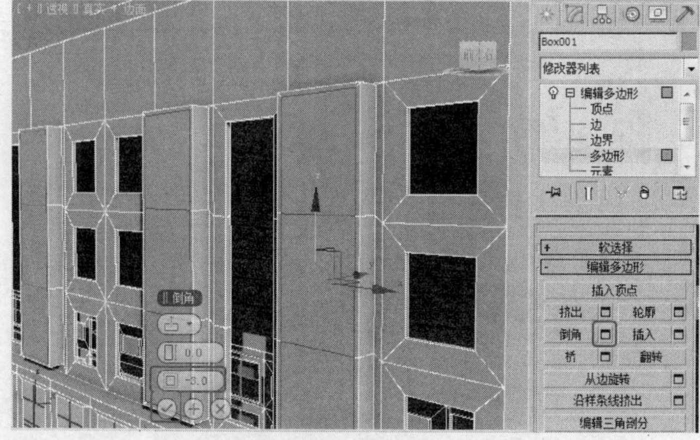

图16-54

STEP 15 在“编辑多边形”卷展栏中单击“挤出”后的设置按钮，在弹出的对话框中设置“高度”为-15，单击“确定”按钮，如图16-55所示。

STEP 16 在“编辑多边形”卷展栏中单击“倒角”后的设置按钮，在弹出的对话框中设置倒角类型为“按多边形”，设置“轮廓”为-10，单击“确定”按钮，如图16-56所示。

STEP 17 单击 （选择并均匀缩放）按钮并缩放多边形，如图16-57所示。

图 16-55

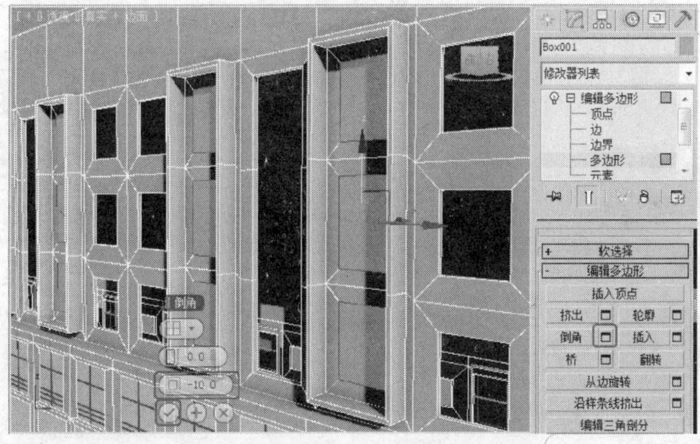

图 16-56

图 16-57

STEP 18 单击“挤出”后的设置按钮，在弹出的对话框中设置“轮廓”为-3，单击“确定”按钮，如图16-58所示，并按Delete键删除处于选择状态的多边形。

图16-58

STEP 19 单击“（创建）>（图形）>矩形”按钮，在“前”视图中三层右侧的窗洞位置创建矩形，设置合适的参数即可，如图16-59所示。

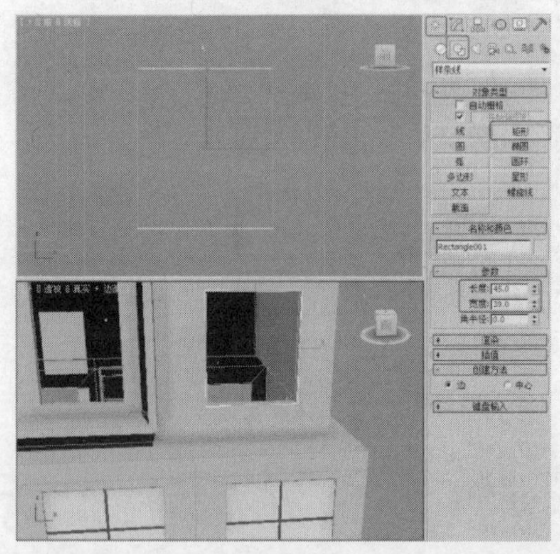

图16-59

STEP 20 对矩形施加“编辑样条线”修改器，将选择集定义为“样条线”，在“几何体”卷展栏中单击“轮廓”按钮，为矩形设置合适的轮廓，如图16-60所示。

STEP 21 对图形施加“挤出”修改器，在“参数”卷展栏中设置“数量”为3，调整模型至合适的位置并将其作为窗框，如图16-61所示。

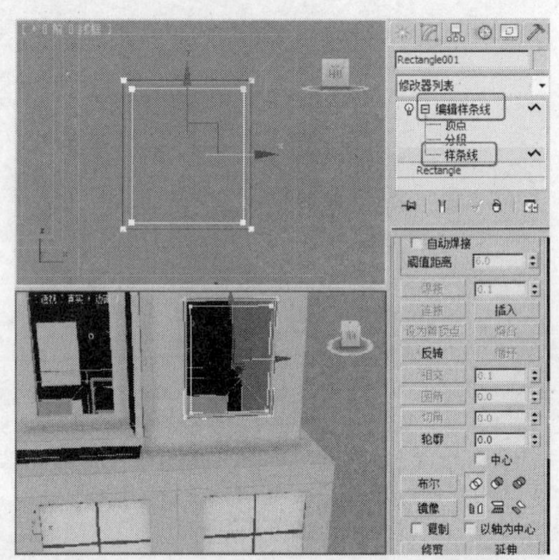

图16-60

STEP 22 单击“（创建）>（几何体）>长方体”按钮，在“前”视图中创建长方体，在“参数”卷展栏中设置“长度”为3、“宽度”为50、“高度”为10，将其作为窗台，如图16-62所示，调整模型至合适的位置。

STEP 23 单击“（创建）>（图形）>线”按钮，在“顶”视图窗台位置创建如图16-63所示的图形。

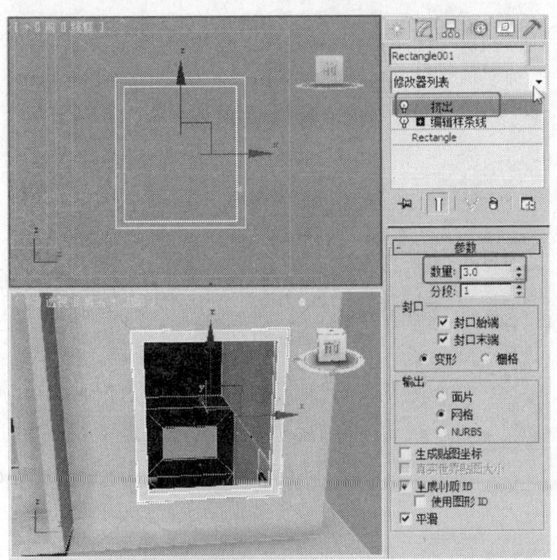

图16-61

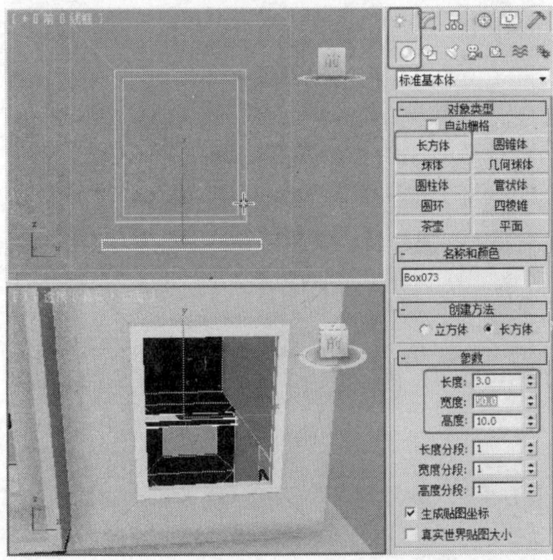

图16-62

STEP 24 对图形施加“挤出”修改器，在“参数”卷展栏中设置“数量”为15，如图16-64所示。

STEP 25 单击“（创建）>（几何体）>平面”按钮，在“前”视图中创建合适大小的平面作为窗户玻璃，并调整模型至合适的位置，如图16-65所示。

STEP 26 在“前”视图中创建长方体作为遮阳，在“参数”卷展栏中设置“长度”为45、“宽度”为 20、“高度”为3，复制并调整模型至合适的位置，如图16-66所示

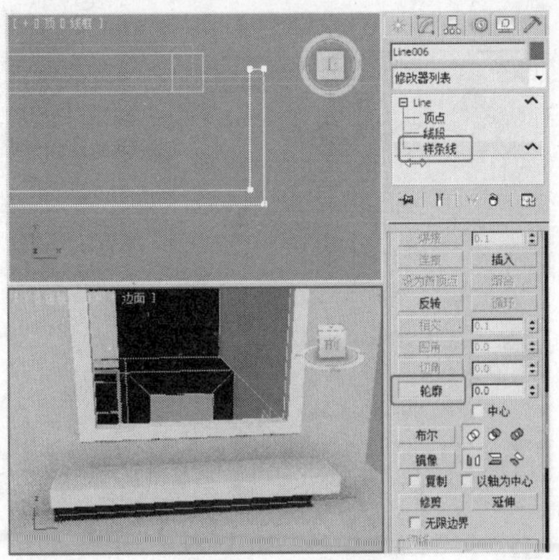

图16-63

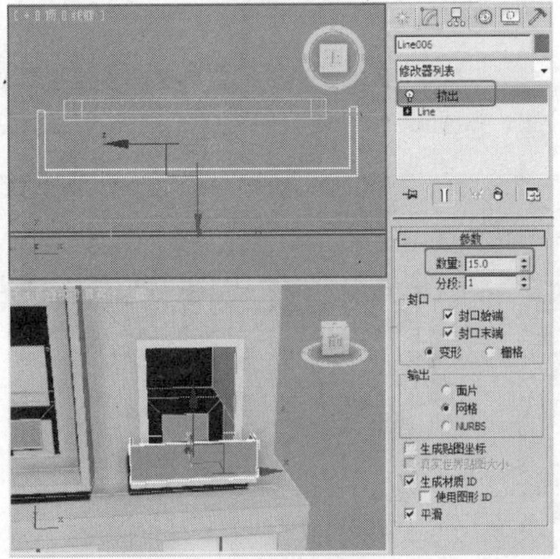

图16-64

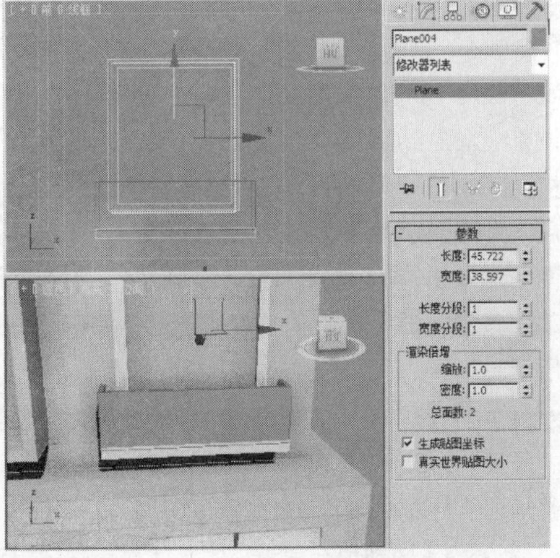

图16-65

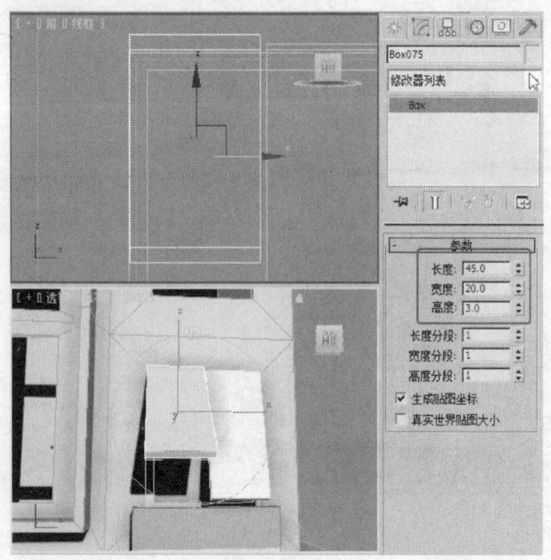

图16-66

STEP 27 在场景中复制并调整模型至合适的位置，如图16-67所示。

图16-67

STEP 28 单击“（创建）>（几何体）>长方体”按钮，在“左”视图中创建长方体，设置“长度”为65、“宽度”为15、“高度”为3，并调整模型至合适的位置，如图16-68所示。

STEP 29 复制长方体并修改其参数，设置“长度”为65、“宽度”为14、“高度”为3，在前“视图”中单击（选择并旋转）和（选择并移动）按钮，调整模型的角度和位置，如图16-69所示。

STEP 30 在“前”视图中创建长方体，设置“长度”为65、“宽度”为25.5、“高度”为3，调整模型至合适的位置，如图16-70所示。

STEP 31 创建合适大小的平面作为玻璃，调整模型至合适的位置，如图16-71所示。

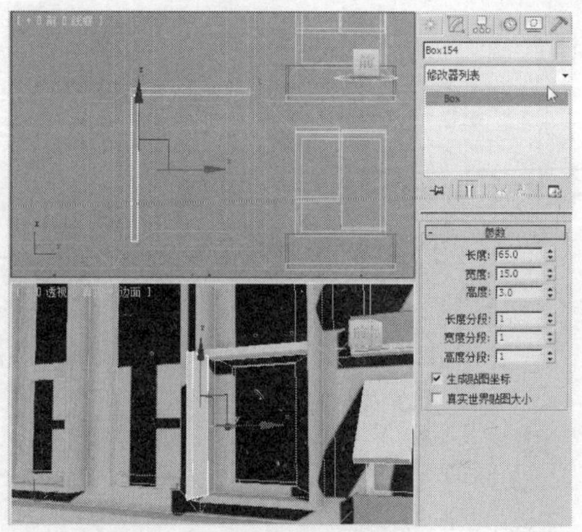

图16-68

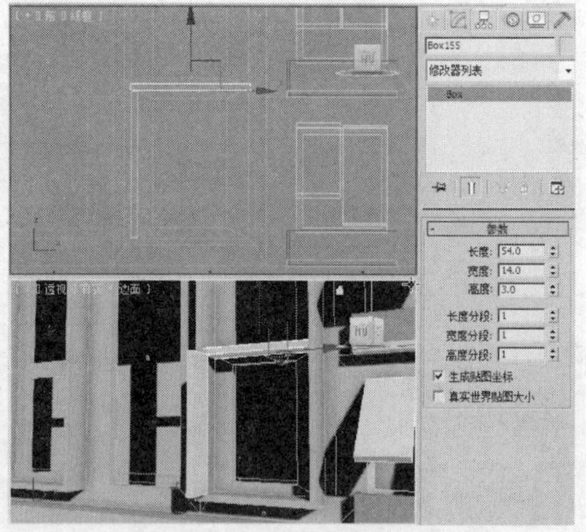

图16-69

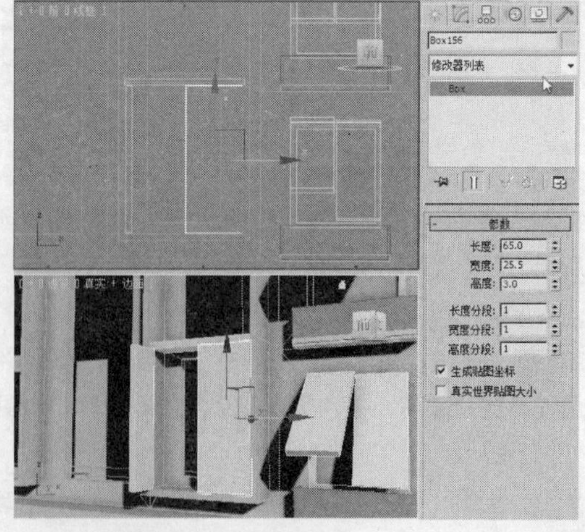

图16-70

STEP 32 创建如图16-72所示的平面，设置合适的长宽，设置“长度分段”为2、“宽度”分段为2。

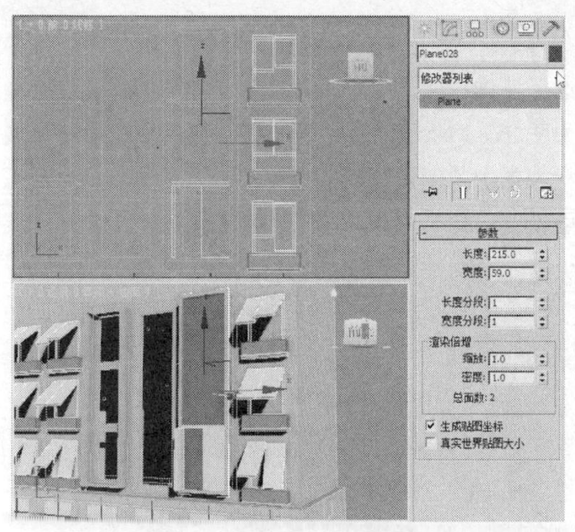
图16-71

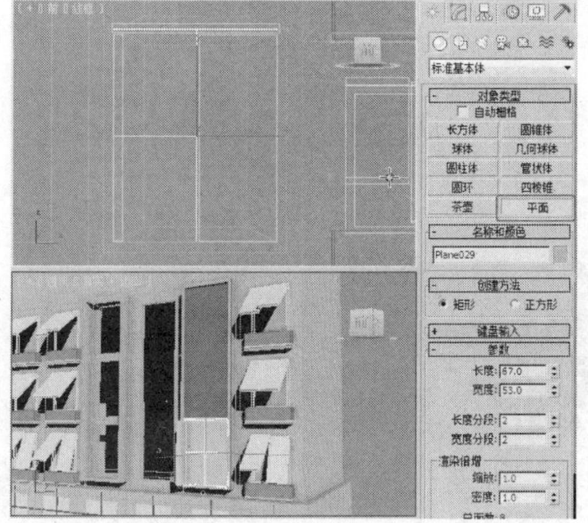
图16-72

STEP 33 对平面029模型施加“晶格”修改器，在“参数”卷展栏中选择“仅来自边的支柱”，设置“半径”为0.6，如图16-73所示。

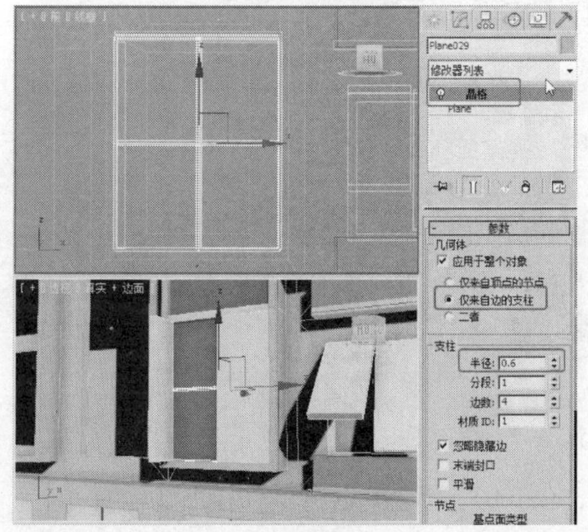
图16-73

STEP 34 复制模型，并调整模型至合适的位置，如图16-74所示。

图16-74

STEP 35 在“前”视图中创建创建平面，设置合适的大小，并设置“长度分段”为43，并调移动如图16-75所示的窗洞位置。

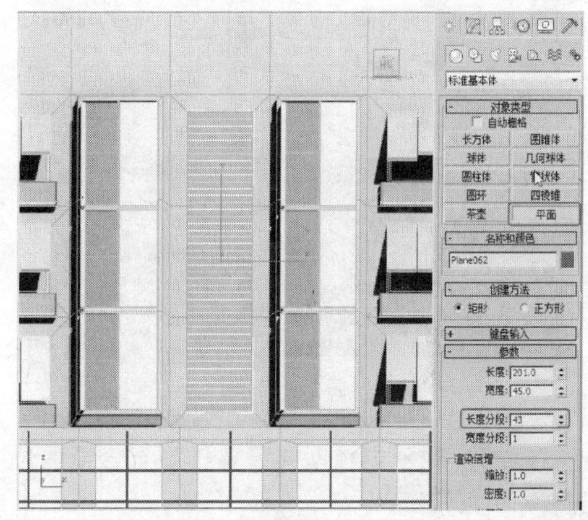
图16-75

STEP 36 对平面施加“编辑多边形”修改器，将选择集定义为“多边形”，在“编辑多边形”卷展栏中单击“倒角”后的设置按钮，在弹出的对话框中设置“轮廓”为-1.3，如图16-76所示。

STEP 37 单击“挤出”后的设置按钮，在弹出的对话框中设置“高度”为-3，如图16-77所示，删除处于选择状态的多边形。

STEP 38 关闭选择集，选择平面062模型并按Ctrl+V组合键复制模型，在修改器堆栈中将“编辑多边形”修改器删除，调整模型至合适的位置，如图16-78所示。

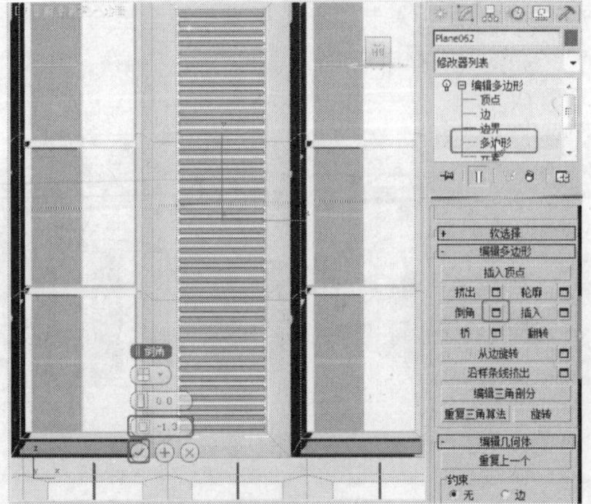

图16-76

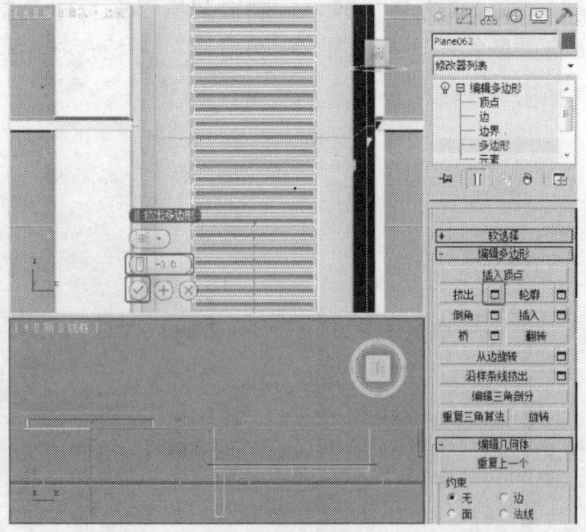

图16-77

STEP 39 复制模型并调整模型至合适的位置，如图16-79所示。

STEP 40 下面将设置六层的效果，在场景中选择墙体框架，将选择集定义为“多边形”，在选择如图16-80所示的多边形，在“编辑多边形”卷展栏中单击“倒角”后的设置按钮，在弹出的对话框中设置“轮廓”为-18，单击“确定”按钮。

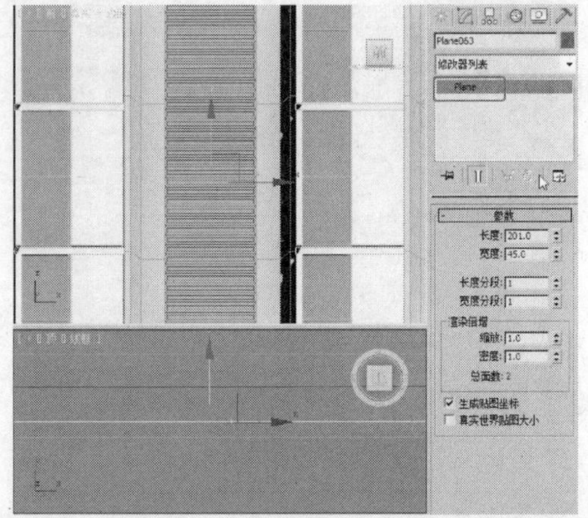

图16-78

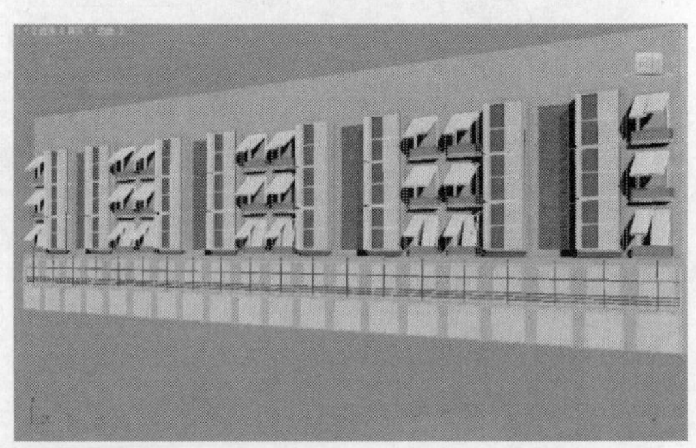

图16-79

图16-80

STEP 41 单击“挤出”后的设置按钮，在弹出的对话框中设置“高度”为-3，单击“确定”按钮，如图16-81所示，并删除处于选择状态的多边形。

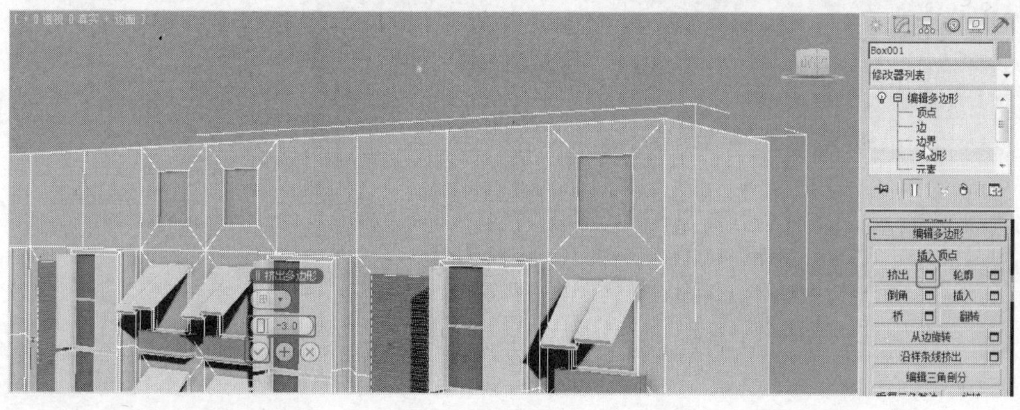

图16-81

STEP 42 在场景中选择如图16-82所示的多边形，在“编辑多边形”卷展栏中单击“倒角”后的设置按钮，在弹出的对话框中设置“轮廓”为-6，单击“确定”按钮，使用同样的方法设置挤出，并删除挤出后选择的多边形。

图16-82

STEP 43 选择如图16-83所示的多边形，在“编辑多边形”卷展栏中单击“倒角”后的设置按钮，在弹出的对话框中设置“轮廓”为-10，单击“确定”按钮。

STEP 44 缩放多边形，如图16-84所示，设置多边形挤出“高度”为-3，并删除挤出后的多边形。

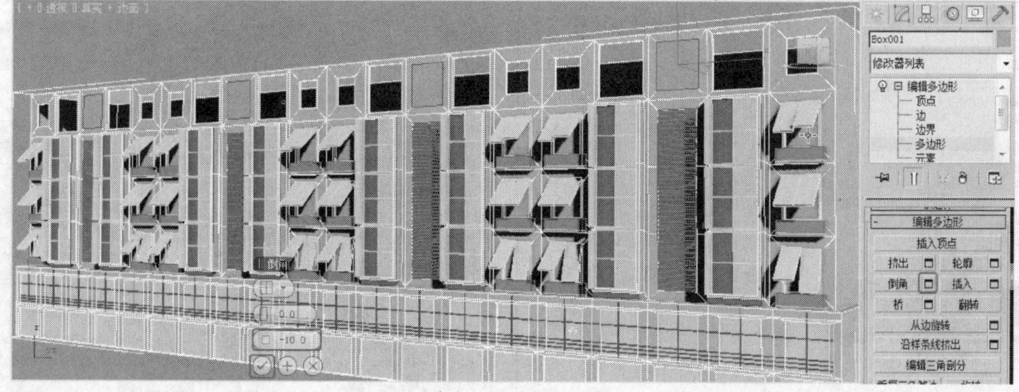

图16-83

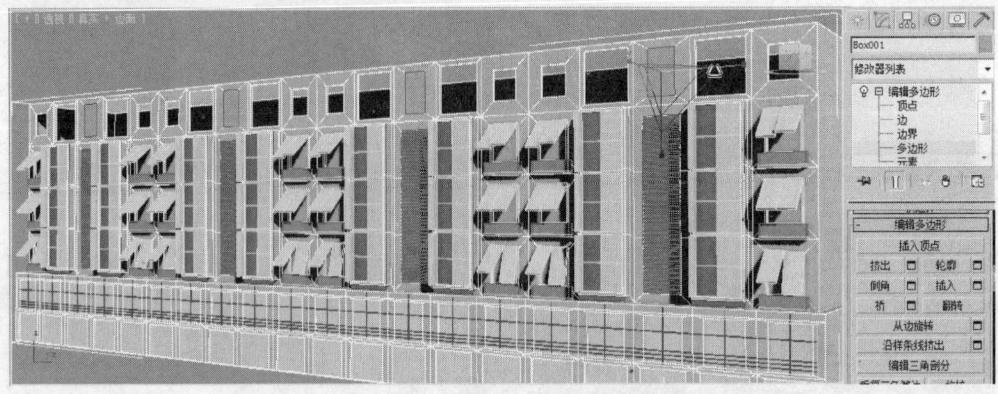
图16-84

STEP 45 在场景中选择楼下的窗框模型，复制到六楼，并对其进行调整，如图16-85所示。

STEP 46 复制窗框模型，并修改窗框为如图16-86所示的效果。

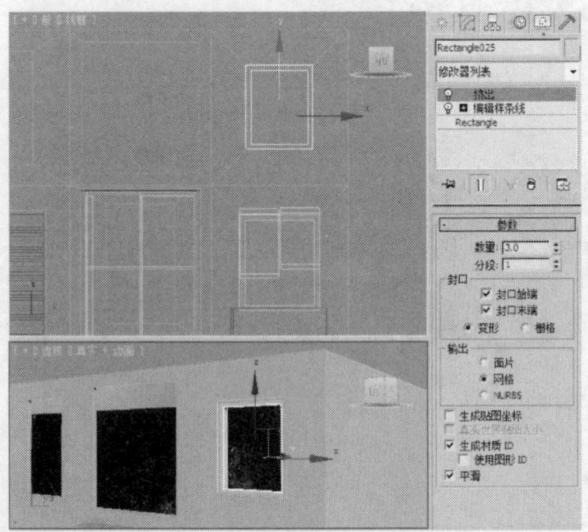
图16-85

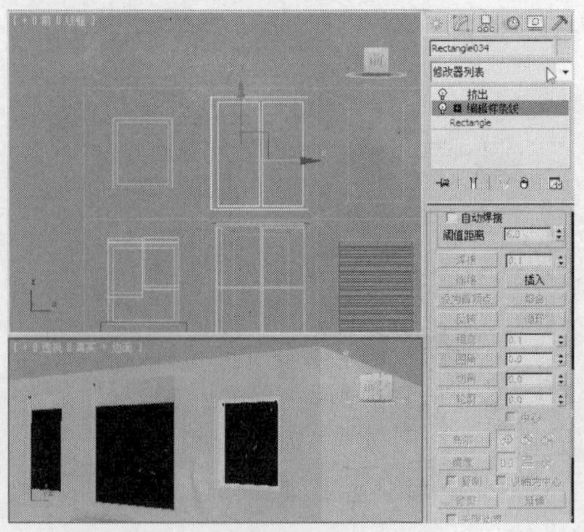
图16-86

STEP 47 复制楼下的模型，将选择集定义为"多边形"，删除多余多边形，达到如图16-87所示的效果。

STEP 48 复制窗框模型，在六楼创建六楼的玻璃，如图16-88所示。

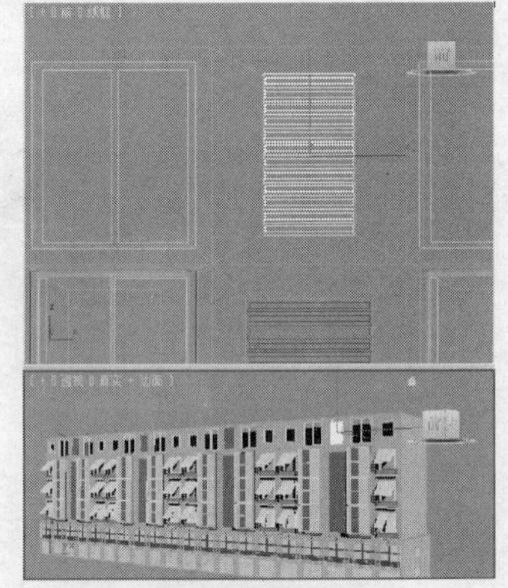
图16-87

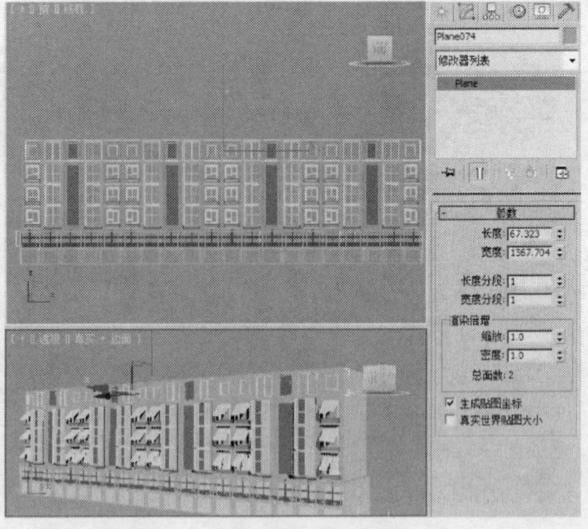
图16-88

STEP 49 创建侧面的窗洞，创建平面作为玻璃，如图16-89所示。

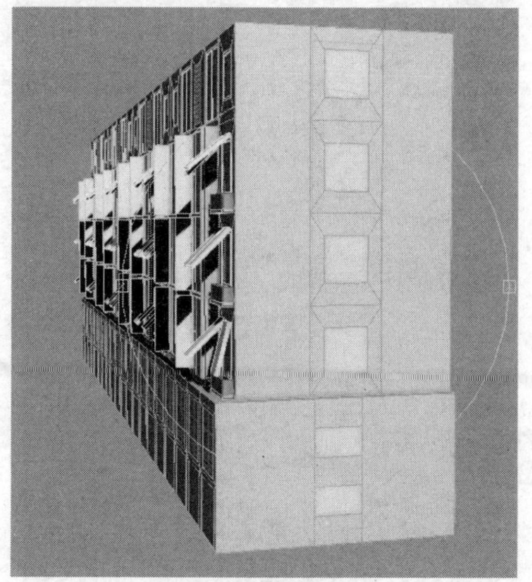

图16-89

STEP 50 调整到背面墙体，将选择集定义为“边”，选择顶底的边，在“编辑边”卷展栏中单击“连接”后的设置按钮，在弹出的对话框中设置“分段”为19，如图16-90所示。

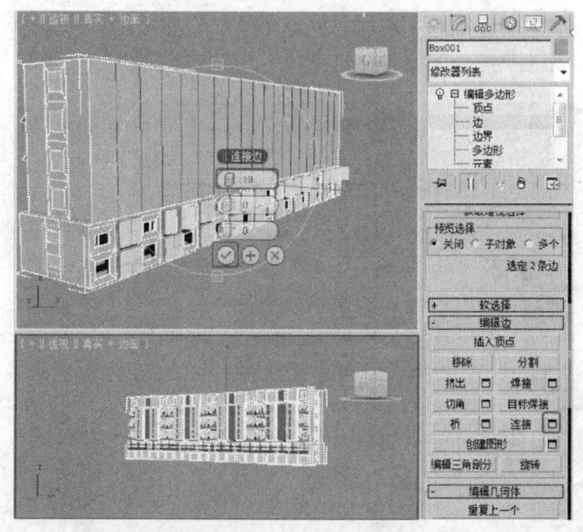

图16-90

STEP 51 选择垂直的边，单击“连接”后的设置按钮，在弹出的对话框中设置“分段”为3，单击“确定”按钮，如图16-91所示。

STEP 52 将选择集定义为“多边形”选择如图16-104所示的多边形，在“编辑多边形”卷展栏中单击“倒角”后的设置按钮，在弹出的对话框中设置“轮廓”为-14，如图16-92所示。

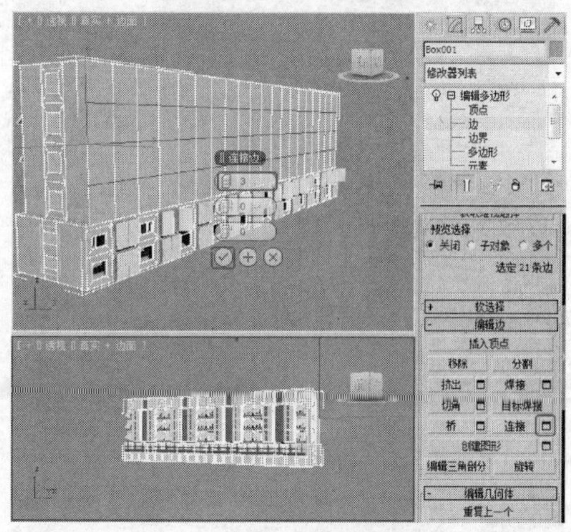

图16-91

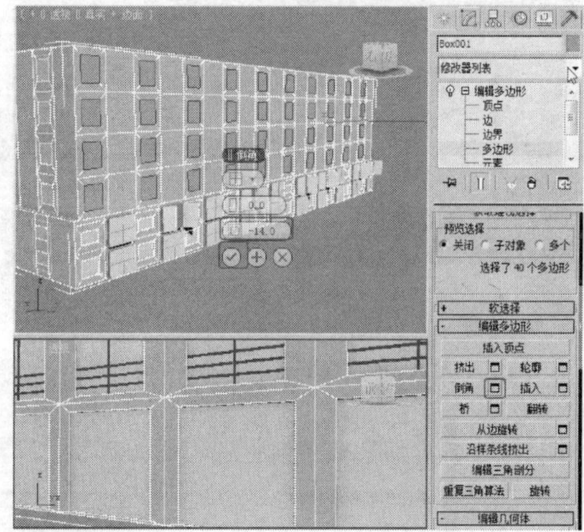

图16-92

STEP 53 缩放多边形，如图16-93所示。

STEP 54 在“编辑多边形”卷展栏中单击“挤出”后的设置按钮，在弹出的对话框中设置“高度”为-3，单击“确定”按钮，如图16-94所示，删除处于选中状态的多边形。

STEP 55 复制一二层的窗户至合适的位置，如图16-95所示。

STEP 56 复制玻璃模型并调整模型至合适的位置和大小，使模型覆盖整个背面的窗洞，如图16-96所示。

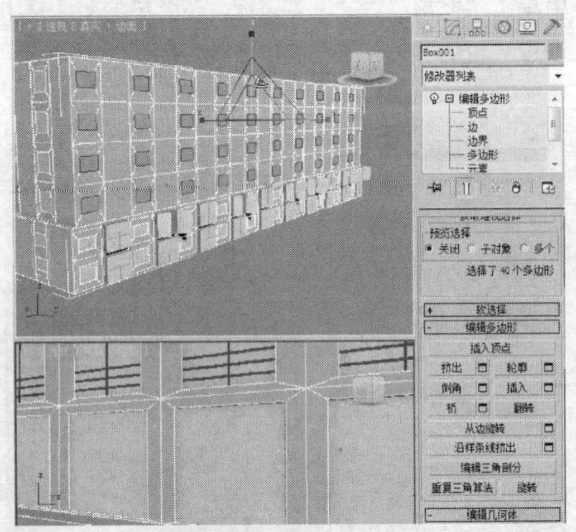

图16-93

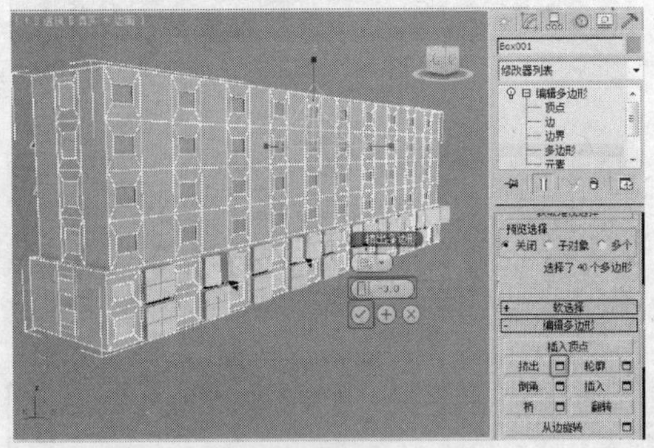

图16-94

图16-95

图16-96

STEP 57 调整窗户和玻璃后的效果如图16-97所示。

图16-97

3．制作顶部模型

STEP 1 在“顶”视图中创建长方体作为建筑的顶，在“参数”卷展栏中设置“长度”为235、“宽度”为1405、“高度”为5，如图16-98所示。

STEP 2 对长方体施加“编辑多边形”修改器，将选择集定义为“多边形”，在场景中选择顶部的多边形，在“编辑多边形”卷展栏中单击“倒角”后的设置按钮，在弹出的对话框设置“高度”为30、“轮廓”为-60，单击“确定”按钮，如图16-99所示。

STEP 3 单击“挤出”后的设置按钮，在弹出的对话框中设置“高度”为35，如图16-100所示。

STEP 4 将选择集定义为“顶点”，在“左”视图中调整顶部的顶点位置，如图16-101所示。

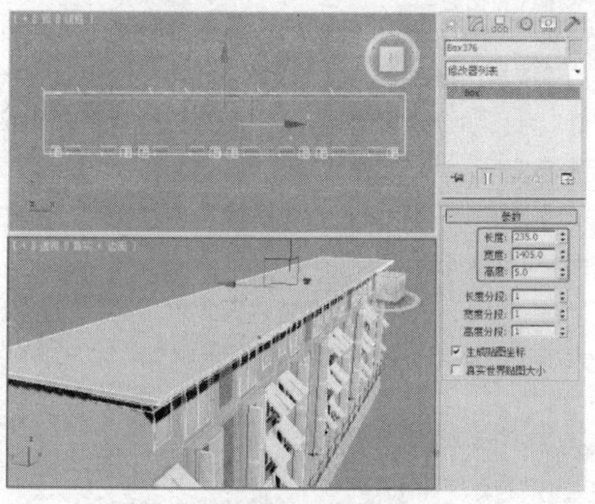
图 16-98

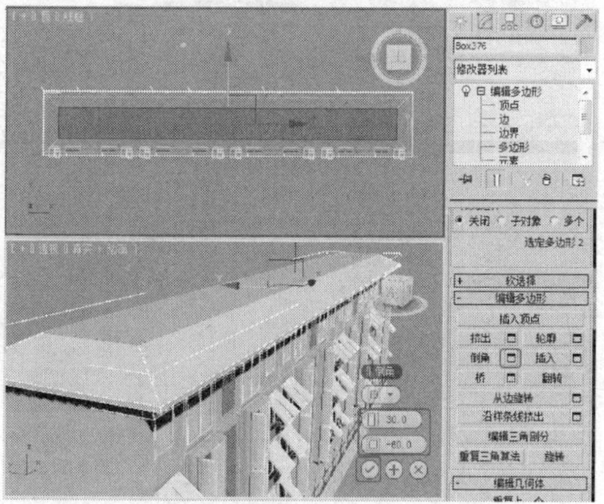
图 16-99

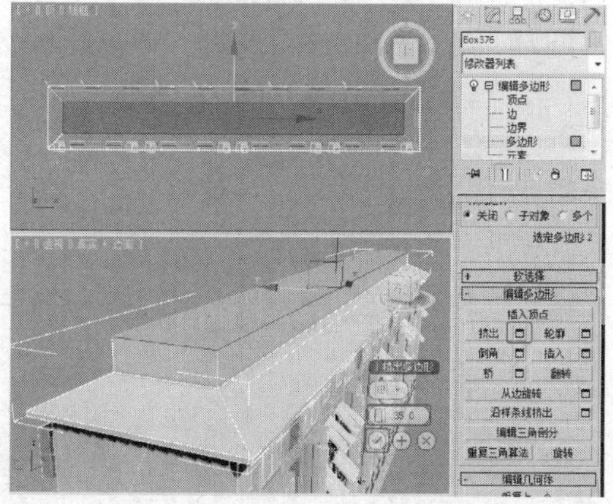
图 16-100

STEP 5 在“顶”视图中创建长方体，在“参数”卷展栏中设置“长度”为45、“宽度”为35、“高度”为2，如图16-102所示。

STEP 6 对长方体进行复制，在“参数”卷展栏中设置“长度”为40、“宽度”为30、“高度”为20，如图16-103所示。

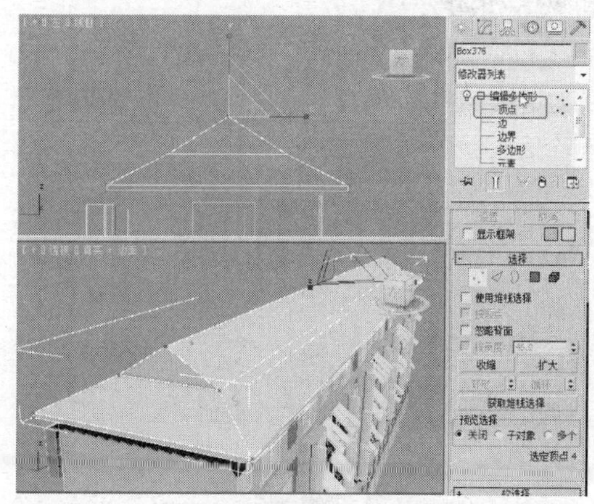
图 16-101

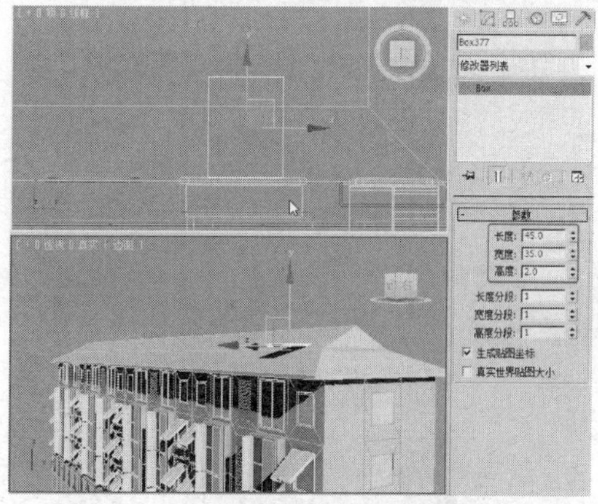
图 16-102

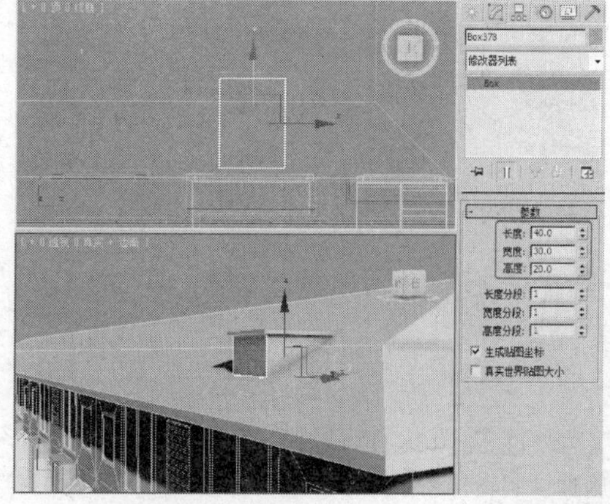
图 16-103

STEP 7 对长方体施加“编辑多边形”修改器，将选择集定义为“多边形”，在“前”视图中选择多边形，在“编辑多边形”卷展栏中单击“倒角”后的设置按钮，在弹出的对话框中设置“轮廓”为-1，如图16-104所示。

STEP 8 单击“挤出”后的设置按钮，在弹出的对话框中设置“高度”为-3，如图16-105所示，删除处于选择状态的多边形。

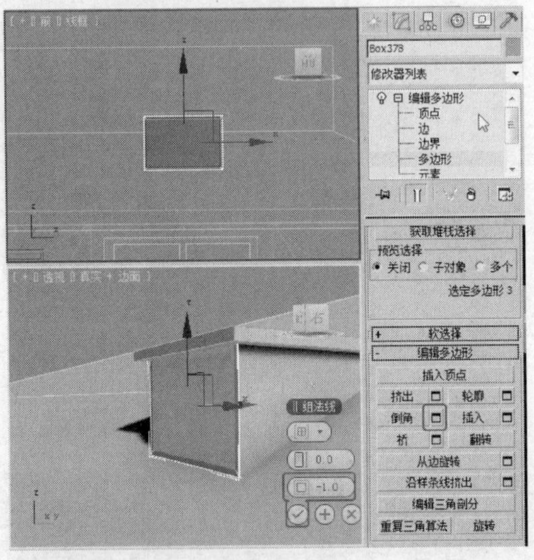

图 16-104

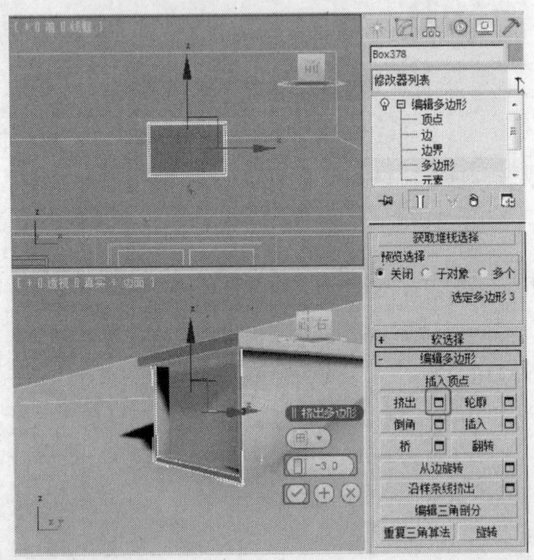

图 16-105

STEP 9 在设置的窗洞位置创建矩形，对矩形施加“编辑样条线”修改器，将选择集定义为“样条线”，单击“轮廓”按钮为其设置轮廓，如图16-106所示。

STEP 10 将选择集定义为“顶点”，调整内部的小矩形的顶点位置，将选择定义为“样条线”，对调整后的小矩形进行复制，调整图形后，对其施加“挤出”修改器，在“参数”卷展栏中设置“数量”为1，并调整模型至合适的位置，如图16-107所示。

STEP 11 创建合适大小的平面作为玻璃，如图16-108所示。

STEP 12 对顶部探窗进行复制，可以对模型大小进行调整，如图16-109所示。

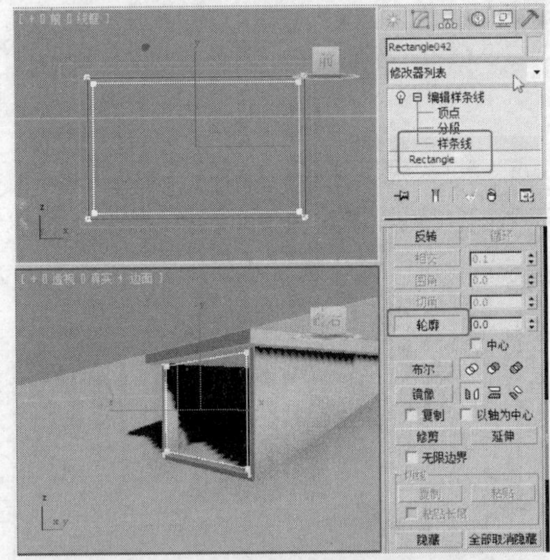

图 16-106

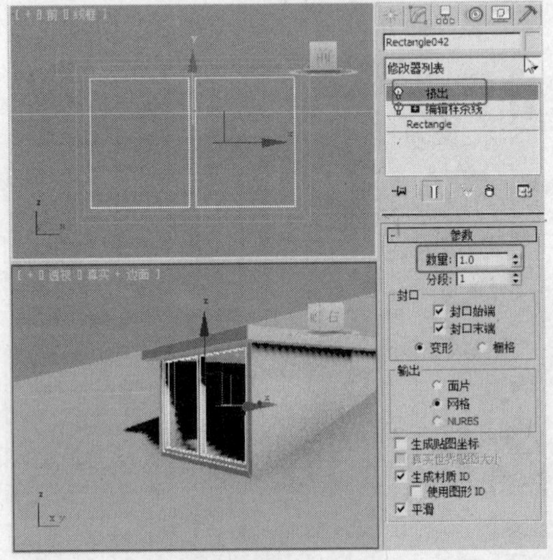

图 16-107

STEP 13 在“左”视图中创建长方体，在“参数”卷展栏中设置“长度”为7、“宽度”为7、“高度”为1287，如图16-110所示。

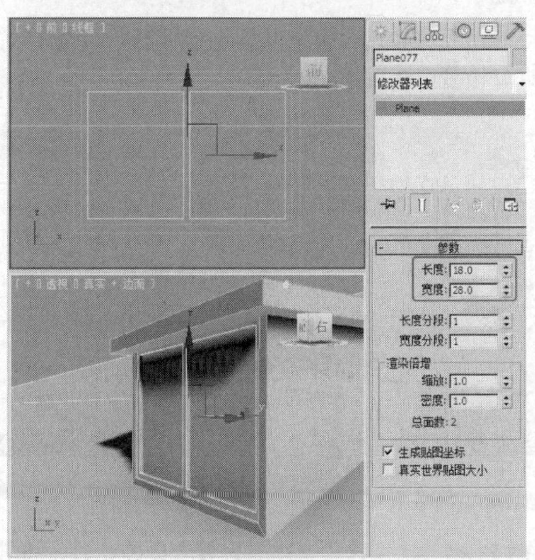

图 16-108

图 16-109

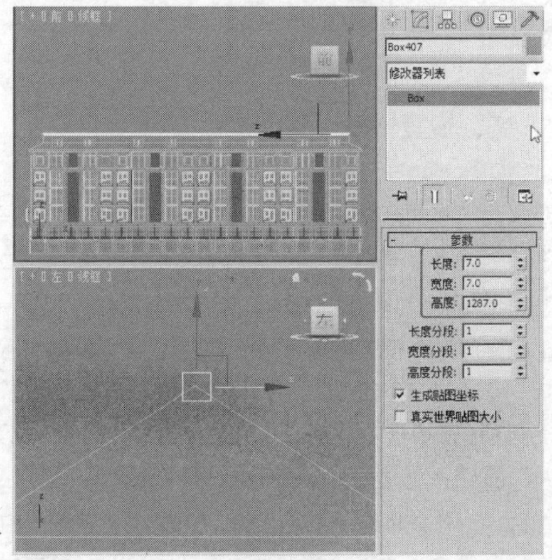

图 16-110

STEP 14 复制模型并调整模型至合适的位置，如图16-111所示。

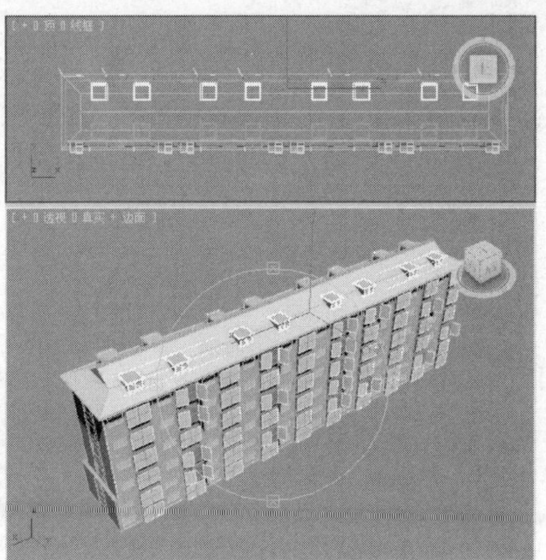

图 16-111

4. 创建隔断和台阶

STEP 1 在“左”视图中创建长方体作为一楼隔断，在“参数”卷展栏中设置“长度”为26、“宽度”为30、“高度”为3.5，如图16-112所示。

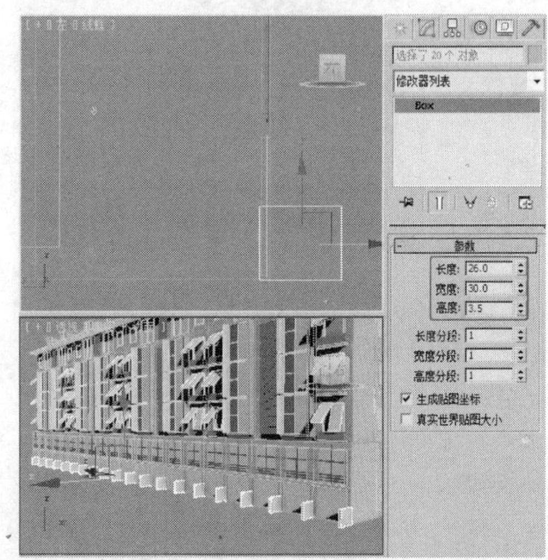

图 16-112

STEP 2 复制长方体，在“参数”卷展栏中设置“长度”为10、“宽度”为3、“高度”为30，如图16-113所示。

STEP 3 在“左”视图中创建台阶图形，对图形施加“挤出”修改器，在“参数”卷展栏中设置“数量”为37，如图16-114所示。

STEP 4 在场景中复制隔断和台阶，如图16-115所示。

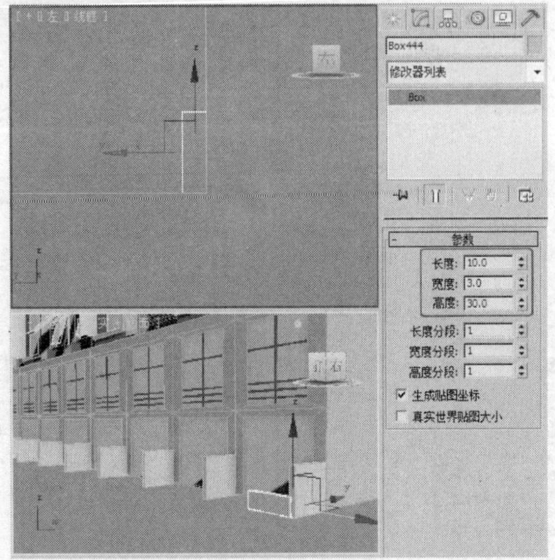

图16-113

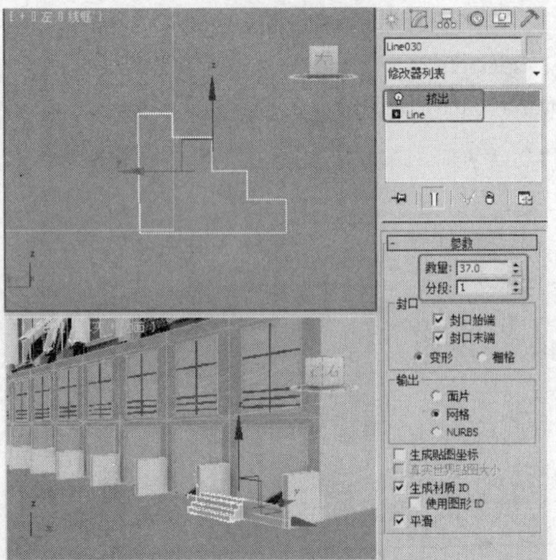

图16-114

图16-115

STEP 5 在场景中复制墙体框架模型，留住一二楼，并复制二楼窗格和玻璃，如图16-116所示，调整模型至合适的。

图16-116

STEP 6 创建长方体并设置合适的参数，将其作为两层模型的顶部，如图16-117所示。

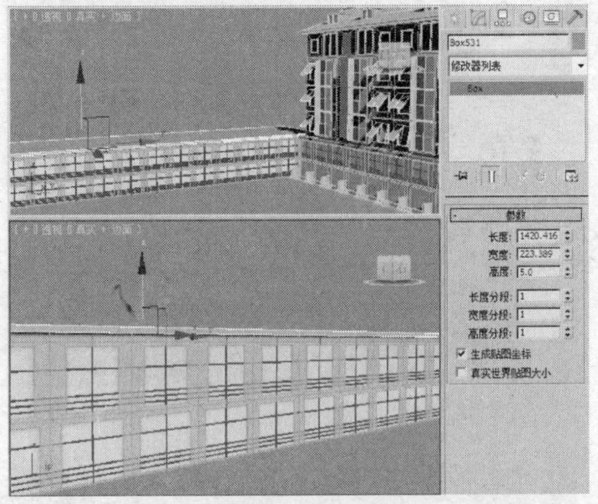

图16-117

5. 设置材质

STEP 1 在场景中选择楼体框架，并将选择集定义为“多边形”，在场景中选择一二楼的多边形，在“多边形：材质ID”卷展栏中设置“设置ID”为1，如图16-118所示。

STEP 2 将选择集定义为“边”，在“编辑几何体”卷展栏中单击“切片平面”按钮，勾选“分割”复选项，在场景中调整切片到五六楼之间，单击“切片”按钮，创建切片，如图16-119所示。

STEP 3 将选择集定义为“多边形”，在场景中选择顶楼的多边形，在“多边形：材质ID”卷展栏中设置“设置ID”为3，如图16-120所示。

STEP 4 选择如图16-121所示的多边形，在“多边形：材质ID”卷展栏中设置“设置ID”为2。

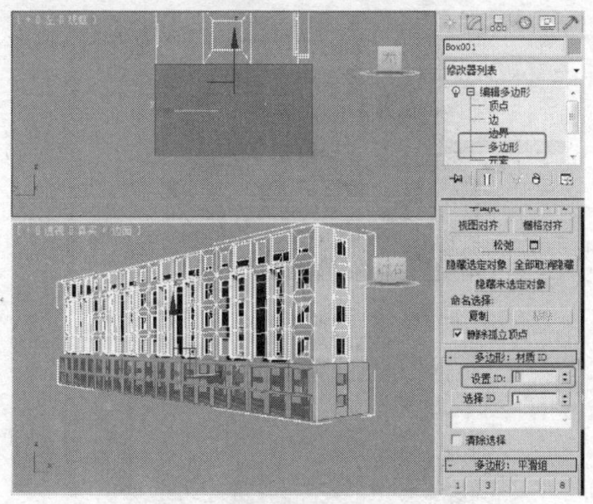

图16-118

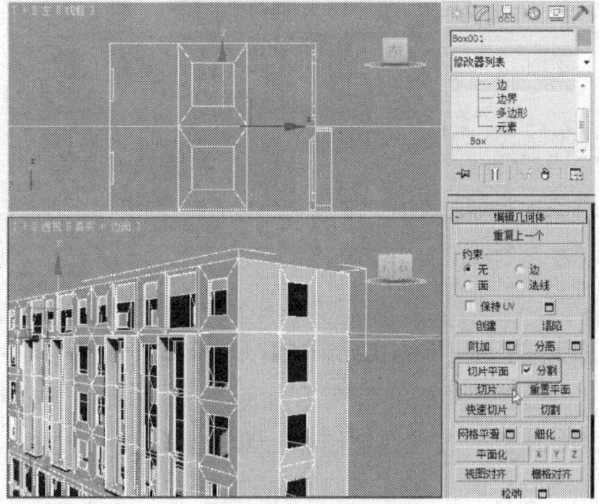

图16-119

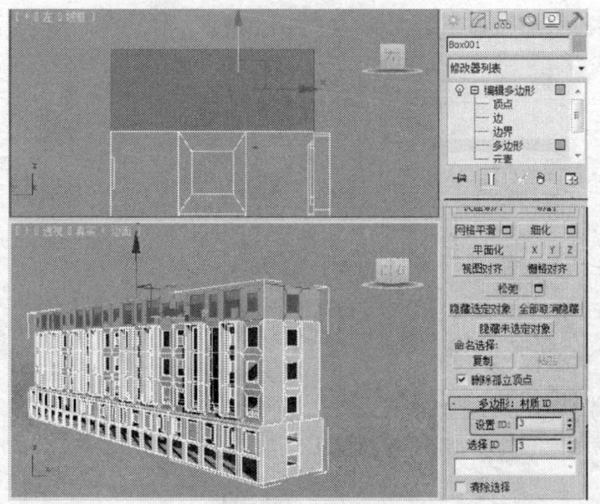

图16-120

STEP 5 将材质转换为“多维/子对象”材质，设置“设置数量”为3，如图16-122所示。

STEP 6 进入1号材质设置面板，将材质转换为VrayMtl材质，在“贴图”卷展栏中为“漫反射”指定位图贴图，贴图位于随书附带光盘中的“Map\cha16\16.1\WALL-TD.jpg”文件，如图16-123所示。

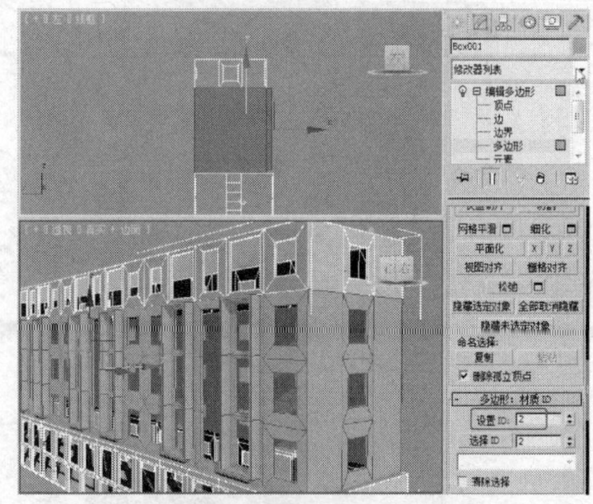

图16-121

图16-122

STEP 7 进入2号材质设置面板，将材质转换为VrayMtl材质，设置“漫反射”的红绿蓝为255、199、112，如图16-124所示。

STEP 8 进入3号材质设置面板，将材质转换为VrayMTl材质，在“贴图”卷展栏中为“漫反射”指定位图贴图，贴图位于随书附带光盘中的“Map\Cha16\16.1\TILE-HXY003.jpg”文件，如图16-125所示，将材质指定给场景中的框架模型。

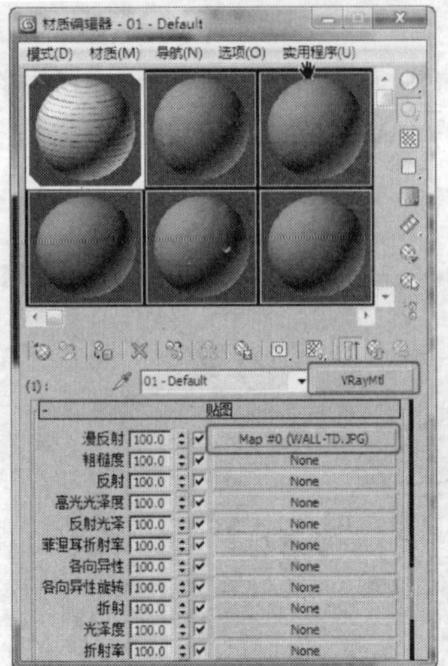

图16-123

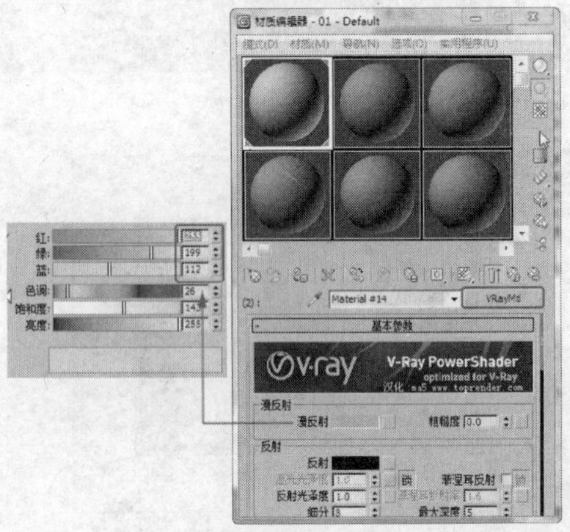

图16-124

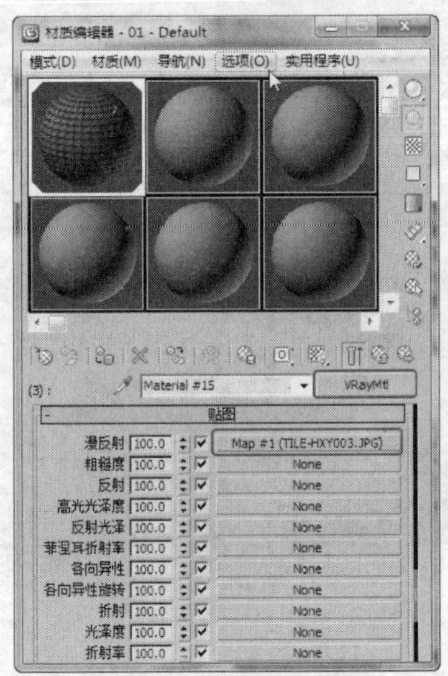

图16-125

STEP 9 在场景中选择框架模型，对其施加“UVW贴图”修改器，在“参数”卷展栏中选择“长方体”选项，设置“长度”为200、“宽度”为200、“高度”为178，如图16-126所示。

STEP 10 在材质面板中选择多维/子对象材质，将2另材质拖曳到新的材质样本球上，在场景中为作为墙体的模型(前阳台底部、前面打开窗户的墙体隔断、顶部探窗墙体、阁楼最顶端的长方体)指定该材质，如图16-127所示。

图16-126

STEP 11 使用同样的方法拖曳3号材质到新的材质样本球上，为场景中的顶模型（六楼上的楼顶模型）指定该材质，对顶施加“UVW贴图”修改器，在“参数”卷展栏中选择“长方体”选项，设置“长度”为200、“宽度”为200、“高度”为178，如图16-128所示。

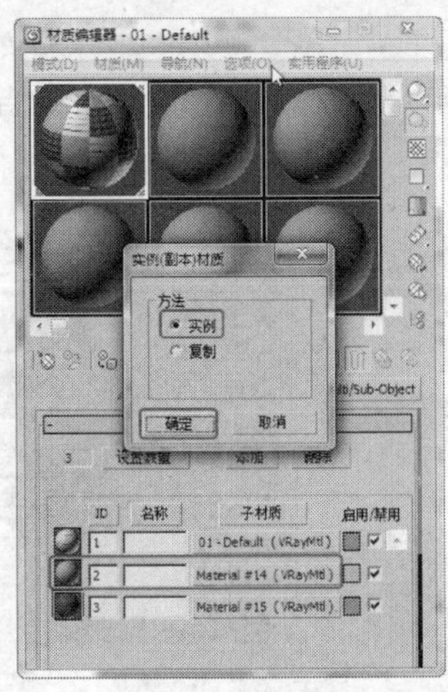
图 16-127

STEP 12 选择一个新的材质样本球，将材质转换为VrayMtl材质，在“贴图”卷展栏中为“漫反射”指定位图贴图，贴图位于随书附带光盘中的“Map\cha16\16.1\1153895600.jpg”文件，漫反射贴图拖曳到“凹凸”后的“None”按钮上，在弹出的对话框中选择“实例”选项，如图16-129所示，将材质指定给场景中作为窗户的遮阳模型和前阳台的围栏模型。

STEP 13 在场景中选择窗户遮阳模型，对其施加“UVW贴图”修改器，在“参数”卷展栏中选择“长方体”选项，设置“长度”为50、“宽度”为50、“高度”为20，如图16-130所示。

图 16-128

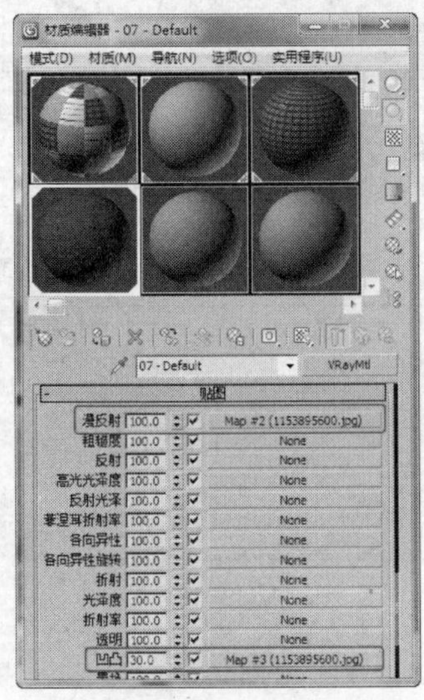
图 16-129

STEP 14 选择多维/子对象材质，将1号材质拖曳到新的材质样本球上，将材质指定给场景中复制出的二层墙体框架模型。为二层的顶指定墙体材质，如图16-131所示。

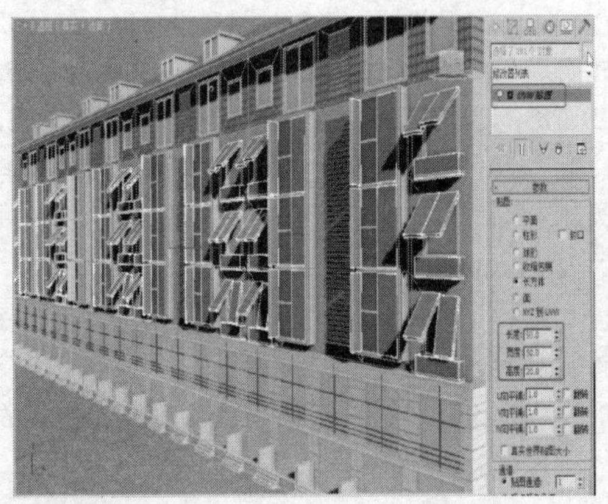
图 16-130

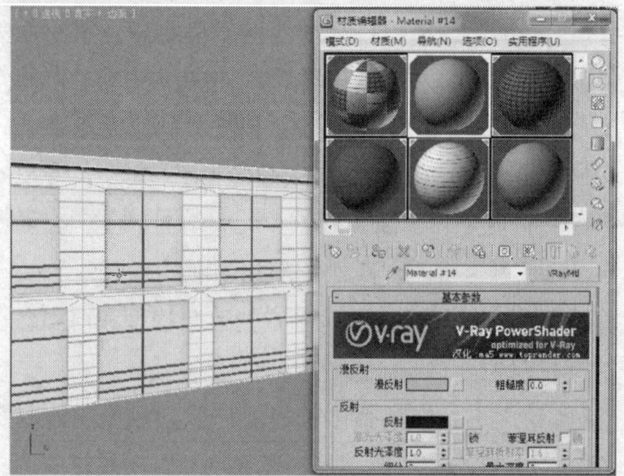

图16-131

STEP 15 选择一个新的材质样本球，将材质转换为VRayMtl材质，设置"漫反射"的红绿蓝为0、0、0，设置"反射"的红绿蓝为171、171、171，如图16-132所示，将材质指定给场景中作为窗户隔断和窗框的模型。

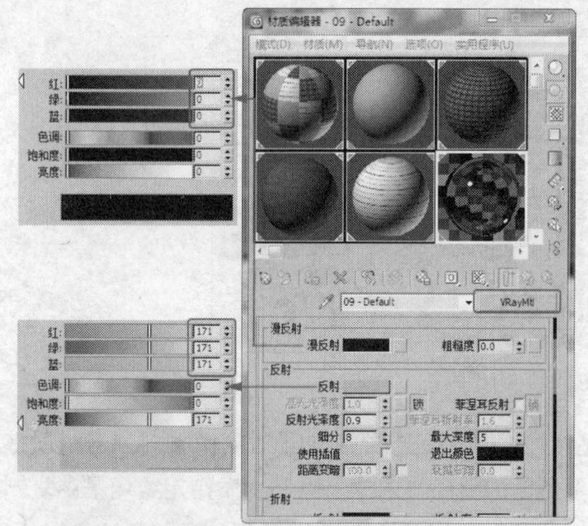

图16-132

STEP 16 选择一个新的材质样本球，将材质转换为VrayMtl材质，设置"漫反射"的红绿蓝为16、29、16，设置"反射"的红绿蓝为136、136、136，设置"反射光泽度"为0.9，设置"折射"的红绿蓝为203、203、203，将材质指定给场景中作为玻璃的模型，如图16-133所示。

STEP 17 选择一个新的材质样本球，将材质转换为VrayMtl材质，在"贴图"卷展栏中为"漫反射"指定为位图，贴图位于随书附带光盘中的"Map\cha16\16.1\PD_009.jpg"文件，如图16-134所示，为场景中的台阶和一层的台阶隔断设置材质。

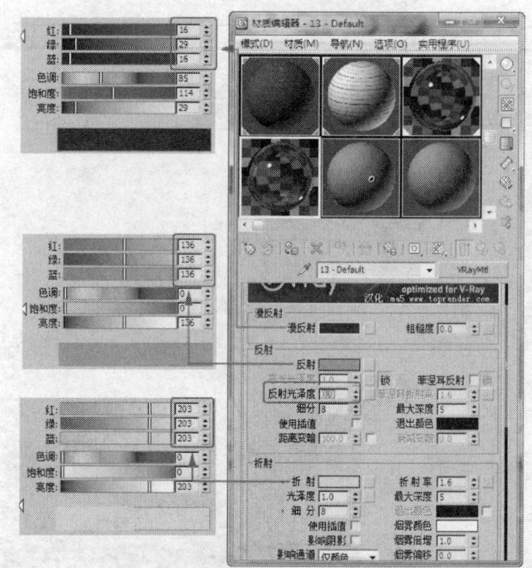

图16-133

STEP 18 指定材质后的场景如图16-135所示。

STEP 19 在场景中复制居民楼，如图16-136所示。

STEP 20 在"顶"视图中创建平面作为地面，如图16-137所示。

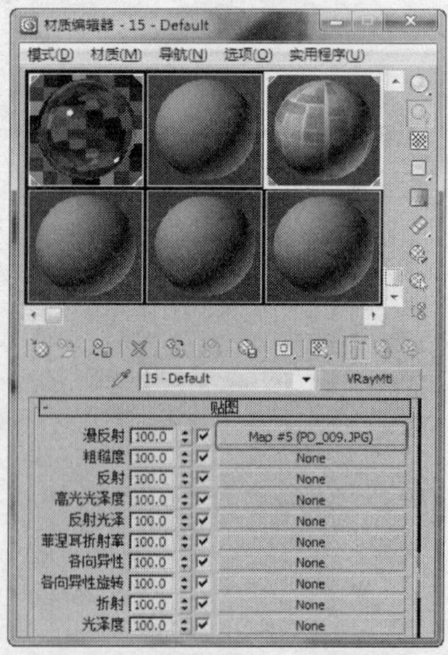

图16-134

图 16-135

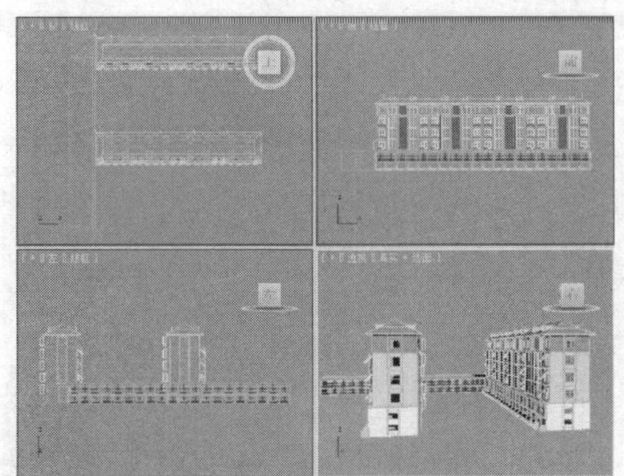

图 16-136

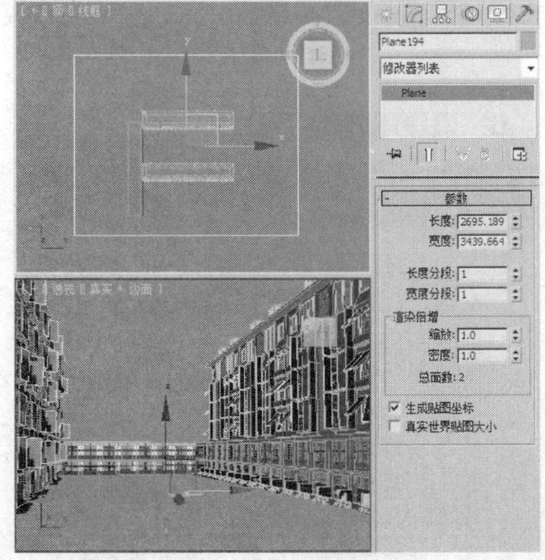

图 16-137

STEP 21 选择一个新的材质样本球，将材质转换为VrayMtl材质，在“贴图”卷展栏中为“漫反射”指定位图贴图，贴图位于随书附带光盘中的“Map\cha16\16.1\PD_020.jpg”文件，如图16-138所示。

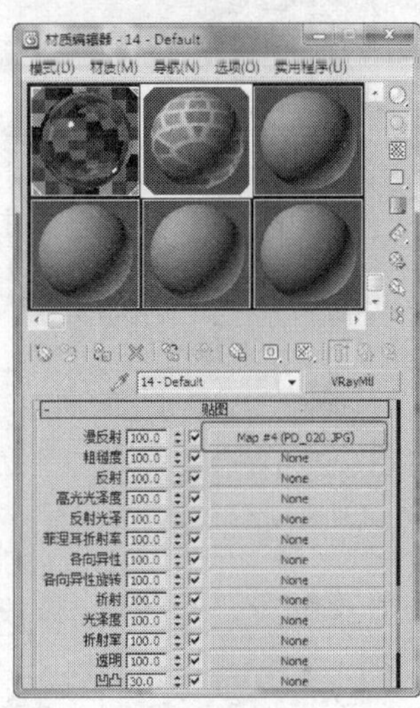

图 16-138

STEP 22 在场景中选择平面，对其施加“UVW贴图”修改器，在“参数”卷展栏中选择“平面”选项，设置“长度”为70、“宽度”为70，如图16-139所示。

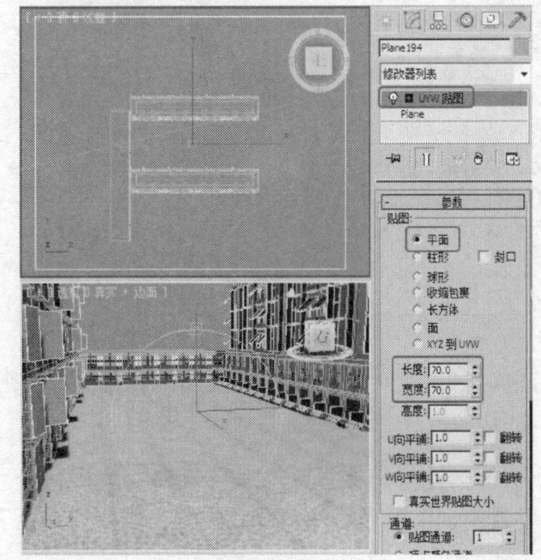

图 16-139

STEP 23 单击“ （创建）> （图形）> 矩形”按钮，在“顶”视图中两楼之间创建矩形，设置矩形的“角半径”，如图16-140所示。

STEP 24 对矩形施加“编辑样条线”修改器，将选择集定义为“样条线”，调整样条线的轮廓，如图16-141所示。

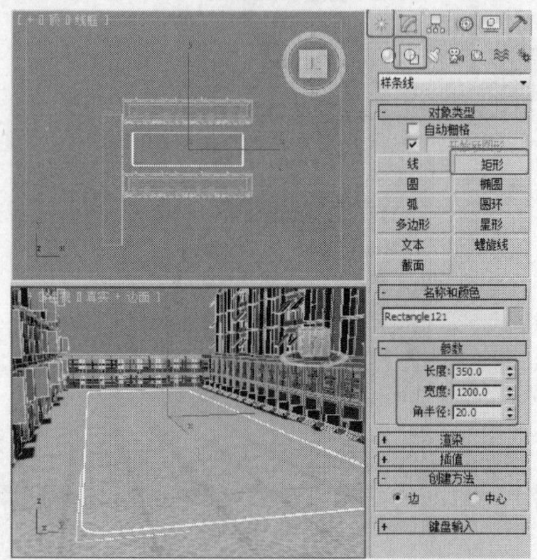

图16-140

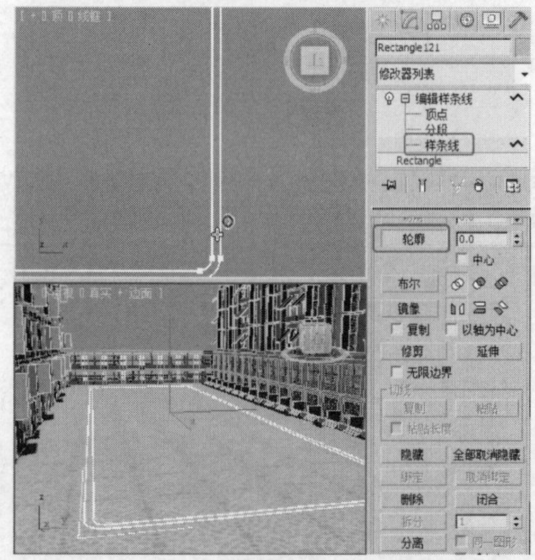

图16-141

STEP 25 对图形施加“挤出”修改器，如图16-142所示。

STEP 26 在场景中创建“目标”摄影机，并在场景中调整摄影机的角度和位置，选择“透视”图，按C键，创建摄影机，如图16-143所示。

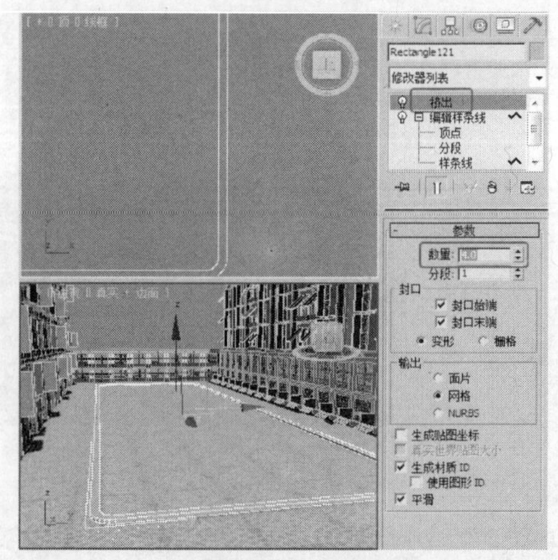

图16-142

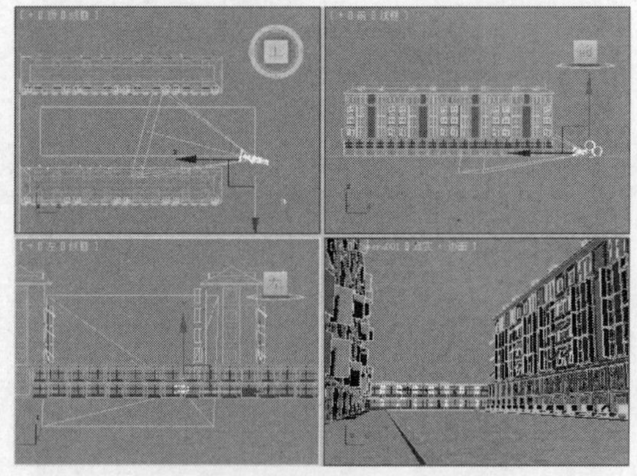

图16-143

6. 设置环境和灯光

STEP 1 打开渲染设置面板，设置一个测试渲染的尺寸，如图16-144所示。

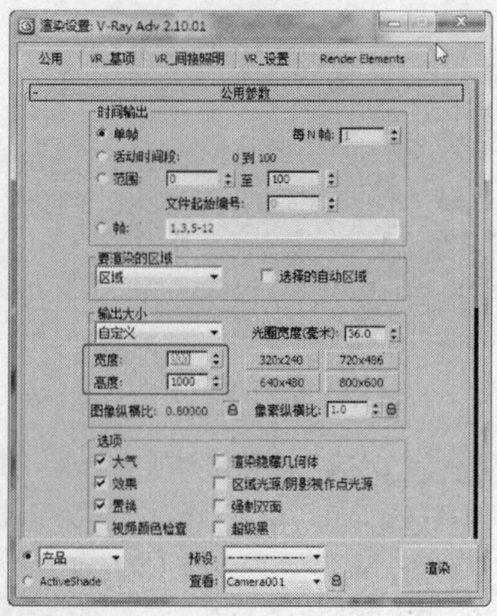

图16-144

STEP 2 在场景中创建VR_太阳灯光，并在场景中调整灯光的角度，在“VR_太阳参数”卷展栏中设置“强度倍增”为0.01、“尺寸倍增”为8、“阴影细分”为15，如图16-145所示。

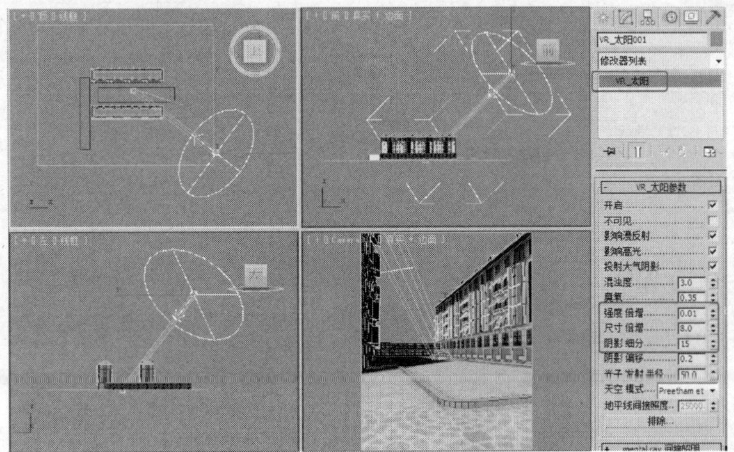

图16-145

STEP 3 打开环境和效果，为环境背景指定“VR_天空”贴图，并将贴图拖曳到新的材质样本球上，在“VR_天空参数”卷展栏中勾选“手动太阳节点”复选项，设置“阳光强度倍增”为0.01，如图16-146所示。

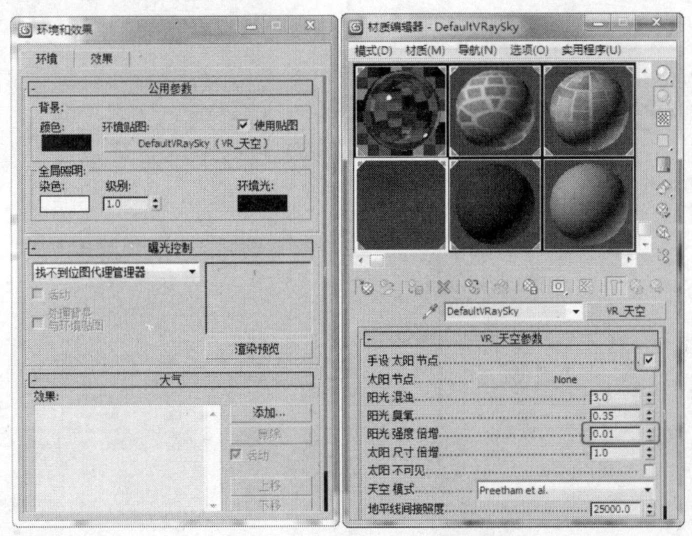

图16-146

7. 设置测试渲染

STEP 1 打开“渲染设置”面板，选择“VR_基项”选项卡，在“V-Ray：图像采样器（抗锯齿）”过滤器卷展栏中选择“图像采样器”类型为“固定”，选择“抗锯齿过滤器”为“区域”，选择“V-Ray：颜色映射”卷展栏中选择“类型”为“VR_指数”设置“暗倍增”为1.8、“亮倍增”为1.1，勾选“钳制输出”和“影响背景”复选项，如图16-147所示。

STEP 2 选择“VR_间接照明”选项卡，在“间接照明”卷展栏中选择“首次反弹”的“全局光引擎”为“发光贴图”，选择“二次反弹”的“全局光引擎”为“灯光缓存”。在“V-Ray：发光贴图”卷展栏中选择“当前预置”为“非常低”，勾选“显示计算过程”和“现实直接照明”复选项，如图16-148所示。

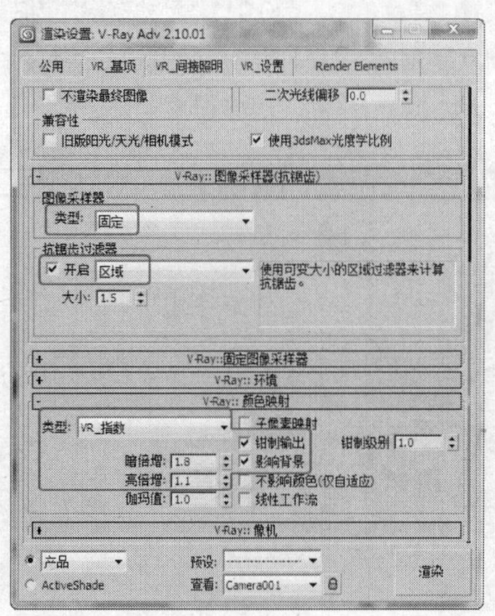

图16-147

STEP 3 设置“V-Ray：灯光缓存”卷展栏中的“细分”为100，勾选“保存直接光”和“现实计算状态”复选项，如图16-149所示。

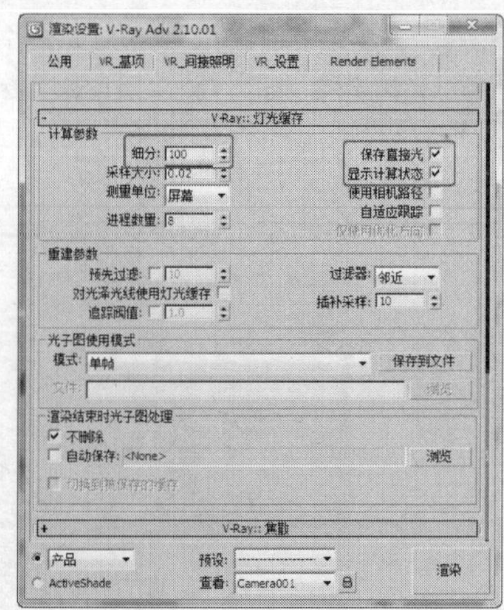

图16-149

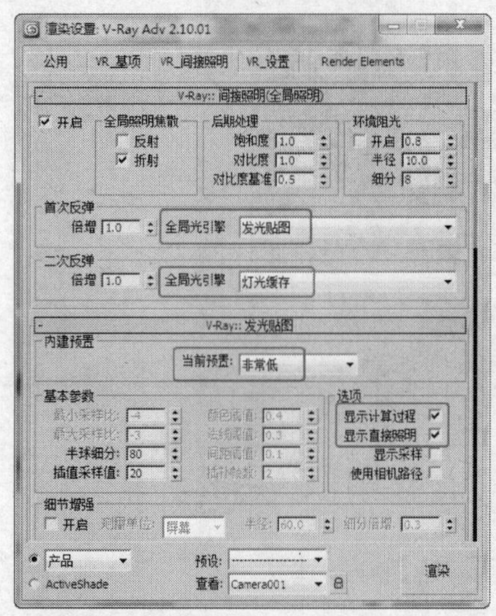

图16-148

STEP 4 渲染场景得到如图16-150所示的效果。

图16-150

8. 设置最终渲染

STEP 1 设置渲染的最终尺寸，如图16-151所示。

STEP 2 选择“VR_基项”选项，在“V-Ray：图像采样器（抗锯齿）”卷展栏中设置“图像采样器”类型为“自适应DMC”，选择“抗锯齿过滤器”为“Catmull-Rom”，如图16-152所示。

渲染设置: V-Ray Adv 2.10.01

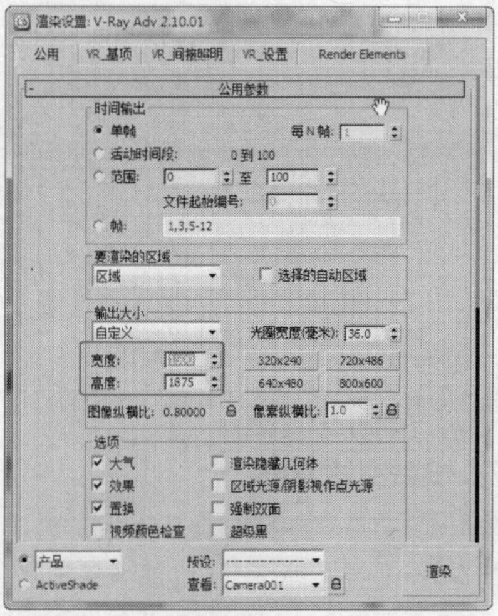

图16-151

STEP 3 选择“VR_间接照明”选项卡，在“V-Ray：发光贴图”卷展栏中设置“当前预置”为“高”，设置“半球细分”为80、“差值采样值”为20，如图16-153所示。

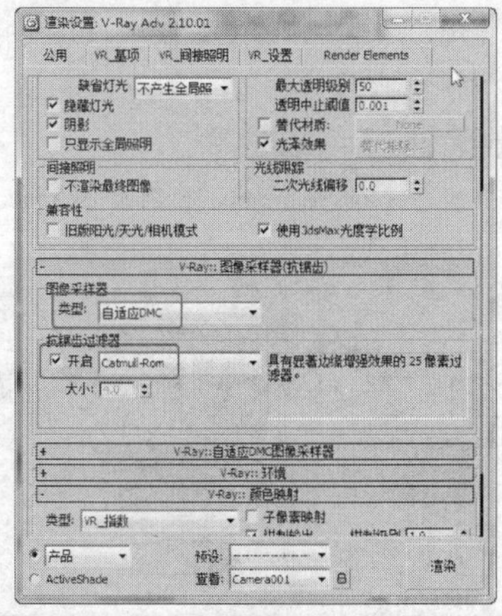

图 16-152

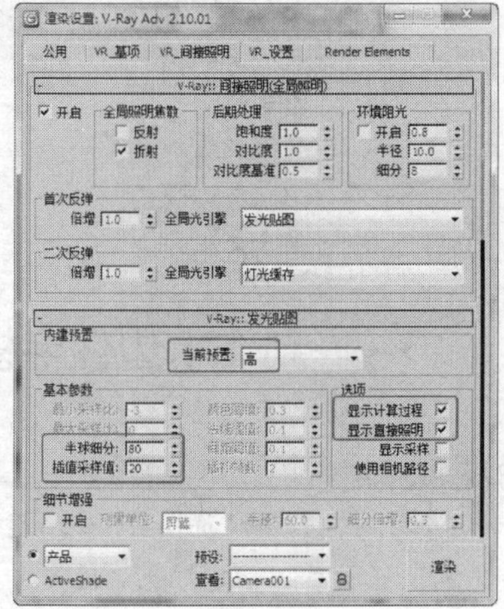

图 16-153

STEP 4 在“V-Ray：灯光缓存”卷展栏中设置“细分”为1200，如图16-154所示。

STEP 5 选择“Render Elements”选项卡，单击“添加”按钮，在弹出的对话框中选择“VR_线框颜色”，单击“确定”按钮，如图16-155所示，在场景中根据材质类型设置模型的颜色。

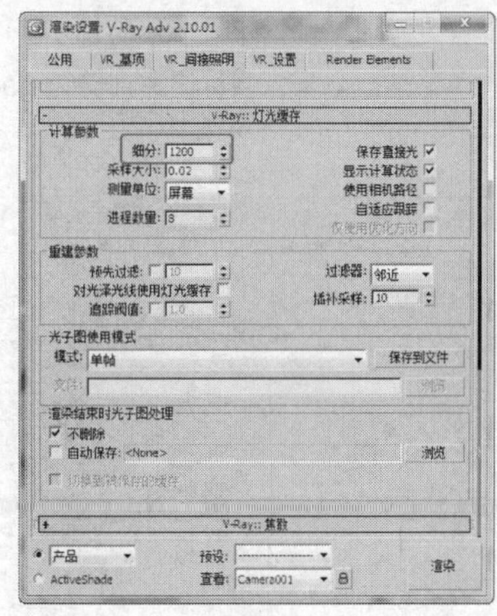

图 16-154

STEP 6 渲染场景，完成渲染后自动弹出线框颜色，如图16-156所示。将效果图和线框颜色分别存储为tga文件。

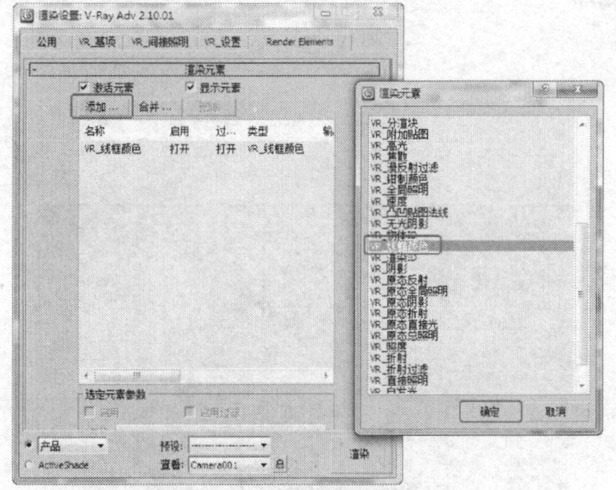

图 16-155

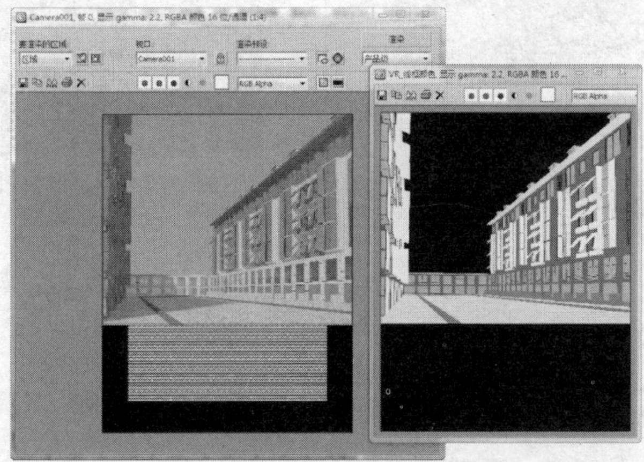

图 16-156

STEP 7 选择“VR_基项”选项卡，勾选“替代材质”选项，并单击它后面的灰色按钮，在弹出的对话框中选择VrayMtl材质，如图16-157所示。

STEP 8 渲染场景，并将该图存储为tga格式，如图16-158所示。

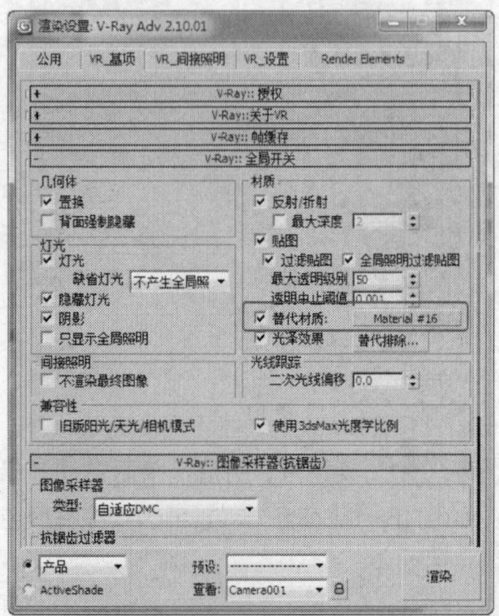

图16-157

图16-158

16.2 课堂练习——制作别墅

练习知识要点

本例提供了别墅的模型，在此基础上为别墅设置材质、创建灯光、设置渲染即可，渲染的别墅效果如图16-159所示。

效果图文件所在位置

随书附带光盘 Scene\cha16\别墅 ok.max。

图16-159

16.3 课后习题——制作水边住宅楼

习题知识要点

该水边住宅楼提供了建筑模型，在此模型的基础上为建筑设置材质、创建灯光、设置渲染等即可，完成的水边住宅楼效果如图 16-160 所示。

效果图文件所在位置

随书附带光盘 Scene\cha16\水边住宅楼 ok.max。

图16-160

3ds Max 2012 + VRay

17 Chapter

第 17 章 室内效果图的后期处理

接着第 15 章室内效果图的制作，下面我们将存储的效果图进行后期的处理制作，使效果图具有更加逼真的色彩，并可以通过后期处理修改错误的材质。

17.1 实例 29—书房的后期处理

案例学习目标

学习使用曲线、（仿制图章工具）按钮、（修复画笔工具）按钮、自动调整命令灯制作书房后期。

案例知识要点

本例介绍使用曲面调整图像的亮度，使用（仿制图章工具）按钮、（修复画笔工具）按钮来修改错误材质，并通过自动命令来调整书房的色彩，本例后期处理后的书房效果如图 17-1 所示。

图 17-1

效果所在位置

随书附带光盘 Scene\cha17\17.1\书房的后期处理.psd。

1. 调整图像效果

STEP 1 打开渲染保存的书房效果图，如图 17-2所示。

图 17-2

STEP 2 按Ctrl+M组合键，在弹出的对话框中调整曲线的形状，如图17-3所示。

STEP 3 复制“图层1”，选择复制出的“图层1副本”，在菜单栏中选择“滤镜→模糊→高斯模糊”命令，在弹出的对话框中设置模糊的“半径”，如图17-4所示。

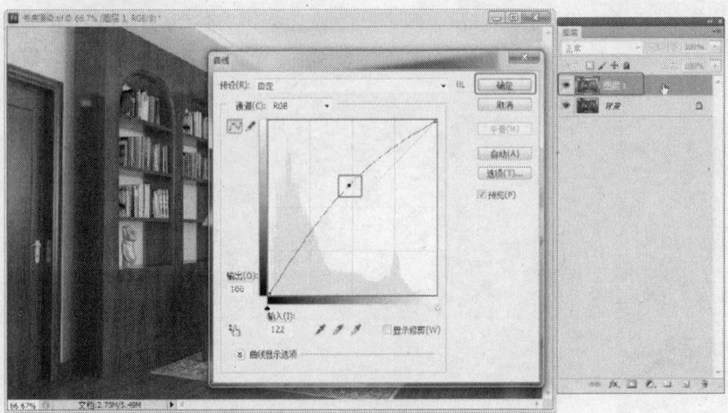

图 17-3

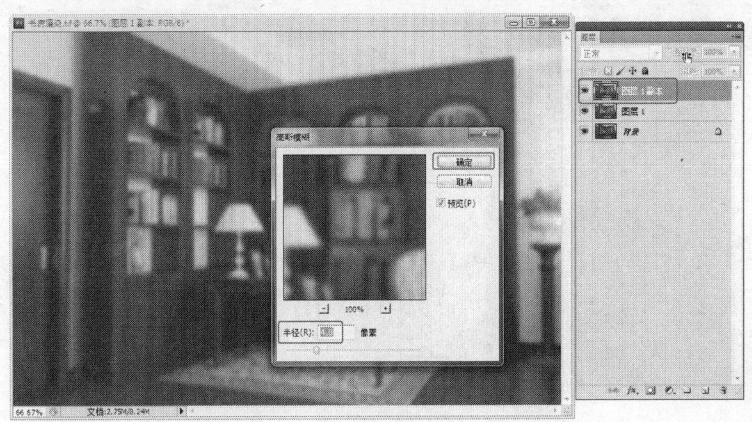

图 17-4

STEP 4 按Ctrl+M组合键，在弹出的对话框中调整曲线的形状，如图17-5所示。

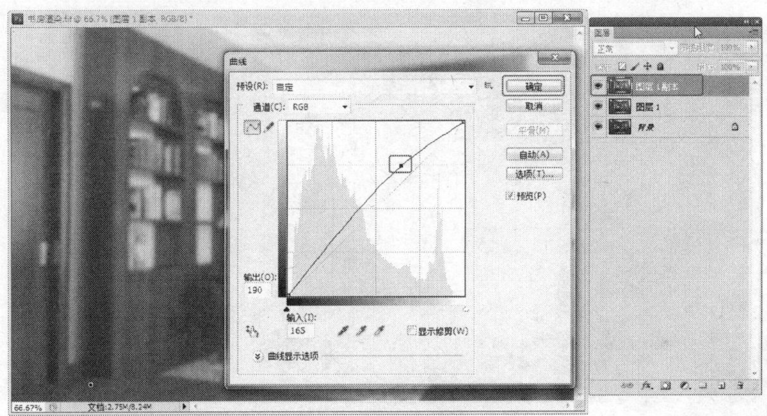

图 17-5

STEP 5 设置“图层1副本”的混合模式为“柔光”，设置“不透明度”为40%，如图17-6所示。

图 17-6

2. 修改错误材质

STEP 1 在“图层”面板中选择“图层1”，在工具箱中单击（仿制图章工具）按钮，在“图层”面板中选择“图层1”图层，在椅子正确材质的皮革点上按住Alt键并单击获取图像，如图17-7所示。

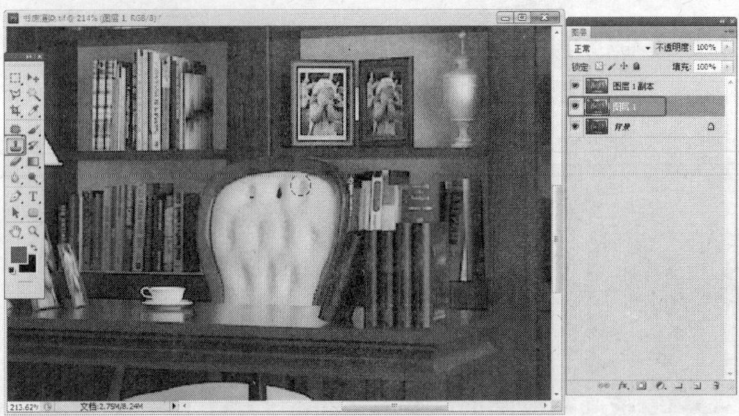

图 17-7

STEP 2 在错误的材质上单击修补错误材质，如图17-8所示。

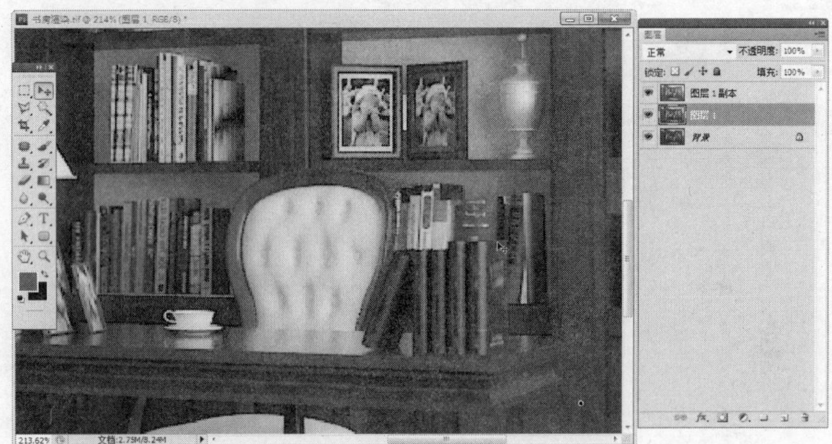

图 17-8

STEP 3 单击 （修复画笔工具）按钮，在书柜材质上按Alt键，获取修补点，并在错误的材质上拖动鼠标，修复材质效果如图17-9所示。

图 17-9

STEP 4 修复后的效果如图17-10所示。

STEP 5 按Ctrl+Shift+Alt+E组合键，将可见图层盖印到“图层2”中，在菜单栏中选择“ 图像”→“自动色调、自动对比度”命令，调整图像的效果，如图17-11所示。

图 17-10

图 17-11

17.2 实例 30—中式餐厅门厅的后期处理

案例学习目标

自动命令、亮度/对比度、曲线、色相/饱和度、高斯模糊、命令以及如何为效果图中添加素材图像等制作书房后期。

案例知识要点

本例介绍使用自动命令、亮度/对比度、曲线、色相/饱和度调整图像的亮度和色彩，使用各种工具为效果图添加装饰素材，如图 17-12 所示。

效果图文件所在位置

随书附带光盘 Scene\cha17\17.2\中式餐厅门厅的后期处理.psd。

1. 调整图像效果

STEP 1 打开渲染保存的中式餐厅门厅效果图，按Ctrl+J组合键，将背景图层复制到新的图层“图层1”中，如图17-13所示。

图 17-12

STEP 2 在菜单栏中选择“图像“→“自动对比度、自动色调”命令，如图17-14所示。

STEP 3 在菜单栏中选择“图像”→“调整”→“亮度/对比度”命令，在弹出的对话框中勾选“使用旧版”复选项，设置“亮度”为10、“对比度”为25，如图17-15所示。

图 17-13

图 17-14

图 17-15

2. 添加素材图像

STEP 1 打开随书附带光盘中的“Scene\cha 17\17.5\植物00.psd”文件，如图17-16所示。

STEP 2 单击 （移动）按钮，将植物素材拖曳到效果图中，按Ctrl+T组合键，打开自由变换，按住Shift键等比例缩放图像，如图17-17所示。

STEP 3 按Ctrl+M组合键，在弹出的对话框中调整曲线的形状，如图17-18所示。

STEP 4 按住Alt键移动复制素材图像，如图17-19所示。

图 17-16

图 17-17

图 17-18

STEP 5 在“图层”面板中按住Ctrl键，选择两个植物素材图层，按Ctrl+E组合键，将两个素材图层合并为一个图层，如图17-20所示。

图 17-19

图 17-20

STEP 6 按Ctrl+J组合键，对植物素材图层进行复制，按Ctrl+T组合键，打开自由变换，调整图像的角度，如图17-21所示。

STEP 7 设置图层的“不透明度”为12%，如图17-22所示。

图17-21

图17-22

STEP 8 继续选择植物素材图像，并对其图层进行复制，调整图层的位置，使用自由变换命令放大素材图像，如图17-23所示。

STEP 9 按Ctrl+U组合键，在弹出的对话框中设置“明度”为-100，单击“确定”按钮，如图17-24所示。

STEP 10 设置图层的“不透明度”为20%，如图17-25所示。

STEP 11 使用选框工具，选择素材图像并调整图像至合适的位置，如图17-26所示。

图17-23

图 17-24

图 17-25

图 17-26

STEP 12 在菜单栏中选择“滤镜”→“模糊”→“高斯模糊”命令，在弹出的对话框中设置模糊“半径”为1.6，如图17-27所示。

STEP 13 打开随书附带光盘中的Scene\cha17\17.5\植物.psd文件，如图17-28所示，单击（多边形套索）按钮，选取需要添加的素材图像。

STEP 14 单击（移动）按钮，将选取的图像拖曳到效果图中，按Ctrl+T组合键，调整素材的大小。单击（多边形套索）按钮，在添加的盆栽上创建选区，并将选区中的图像删除，如图17-29所示。

图17-27

图17-28

图17-29

STEP 15 打开随书附带光盘中的CDROM\Scene\cha17\17.5\半棵植物.jpg文件，在工具箱中单击（魔术棒工具）按钮，在工具选项栏中取消勾选“连续”复选项，在打开的素材图像中单击白色区域，如图17-30所示。

STEP 16 按Ctrl+Shift+I组合键，将选区进行反选。按Ctrl+C组合键，复制选区中的图像，如图17-31所示。

图17-30

图17-31

STEP 17 切换到效果图中，按Ctrl+V组合键，将图像粘贴到效果图中，并调整其大小，如图17-32所示。

STEP 18 按Ctrl+U组合键，在弹出的对话框中设置“明度”为100，单击“确定”按钮，如图17-33所示。

STEP 19 设置半棵植物所在图层的“不透明度”为50%，如图17-34所示。

图 17-32

图 17-33

图 17-34

STEP 20 在“图层”面板中，选择最上方的图层，按Ctrl+Shift+Alt+E组合键，盖印图层到新的图层中，盖印图层后，按Ctrl+M组合键，在弹出的对话框中调整曲线的形状，如图17-35所示。

STEP 21 在菜单栏中选择“滤镜”→“模糊”→“高斯模糊”命令，在弹出的对话框中设置“半径”为4，如图17-36所示。

STEP 22 设置图层的混合模式为“柔光”，设置“不透明度”为40%，如图17-37所示。

图 17-35

图 17-36

图 17-37

17.3 课堂练习——客厅的后期处理

练习知识要点

打开客厅效果图并调整图像的曲线形状。复制图层，再调整图层的曲线形状，设置图层的模糊半径，并设置图层的混合模式，完成客厅的后期处理效果如图 17-38 所示。

图 17-38

效果图文件所在位置

随书附带光盘 Scene\cha17\客厅的后期处理.max。

17.4 课后习题——餐厅的后期处理

习题知识要点

打开餐厅效果图并调整图像的曲线形状。复制图层，再调整图层的曲线形状，设置图层的模糊半径，并设置图层的混合模式，完成餐厅的后期处理效果如图 17-39 所示。

效果图文件所在位置

随书附带光盘 Scene\cha17\餐厅的后期处理.max。

图 17-39

3ds Max 2012 + VRay

18 Chapter

第 18 章 室外效果图的后期处理

接着第 16 章室外效果图的制作，下面我们将存储的居民楼效果图进行后期的处理制作，使效果图更加地接近真实效果。

18.1 实例 31—居民楼的后期处理

案例学习目标

学习使用曲线、（裁剪工具）按钮、（添加图层蒙版）按钮、（魔术棒工具）按钮和图层组等。

案例知识要点

本例主要介绍调整图像的色彩效果，并为效果图添加素材图像，调整效果图至合适的效果，如图 17-1 所示。

图 18-1

效果图文件所在位置

随书附带光盘 Scene\cha18\18.1\居民楼的后期处理.psd。

1. 将渲染的图放置到新的文档中并调整错误的材质

STEP 1 打开渲染保存的居民楼效果图，在工具箱中单击（裁剪工具）按钮，裁剪效果图，如图18-2所示。

图 18-2

STEP 2 在菜单栏中选择“选择”→“载入选区”命令，将图像载入到选区中，如图18-3所示。

图 18-3

STEP 3 将图像载入选区后，按Ctrl+C组合键，复制选区中的图像，按Ctrl+N组合键，新建文档，按Ctrl+V组合键将图像粘贴到文档中，如图18-4所示。

STEP 4 使用同样的方法将白膜和线框图复制粘贴到文档中，如图18-5所示。

图 18-4

图 18-5

STEP 5 打开随书附带光盘中的“Scene\cha18\18.1\植物天空.tif”文件，如图18-6所示。

STEP 6 将图像拖曳到效果图文档中，将该图像所在的图层放置到“背景”图层的上方，如图18-7所示，按Ctrl+T组合键，打开自由变换，按住Shift键等比例调整图像的大小。

STEP 7 调整图像的位置，添加天空的效果如图18-8所示。

图 18-6

图 18-7

STEP 8 将白膜图层放置到最顶端，在菜单栏中选择“图像”→“调整”→“亮度/对比度”命令，在弹出的对话框中勾选“使用旧版”复选项，设置“亮度”为41、“对比度”为24，如图18-9所示。

STEP 9 设置白膜图层的混合模式为“颜色加深”，设置“不透明度”为30%，如图18-10所示。

图 18-8

图 18-9

图 18-10

STEP 10 打开重新渲染的“台阶.tga”效果图，如图18-11所示，在菜单栏中选择“选择”→“载入选区”命令载入台阶的选区，并按Ctrl+C组合键复制图像。

图 18-11

STEP 11 切换到效果图文档中，按Ctrl+V组合键，将选区中的图像粘贴到文档中，如图18-12所示。

STEP 12 选择粘贴到效果图文档中的图像，按Ctrl+M组合键，在弹出的对话框中调整曲线的形状及台阶的位置，如图18-13所示。

2. 设置玻璃效果

STEP 1 打开随书附带光盘中的Scene\cha18\18.1\ZH-T-01.JPG文件，如图18-14所示。

STEP 2 将素材的图像拖曳到文档中，按Ctrl+T组合键调整其大小，如图18-15所示。

图 18-12

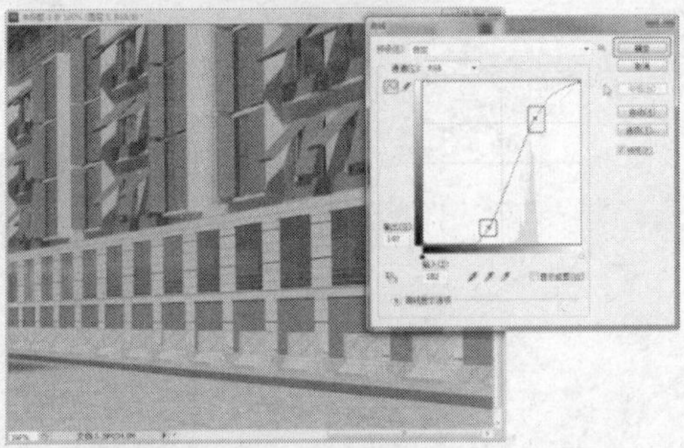

图 18-13

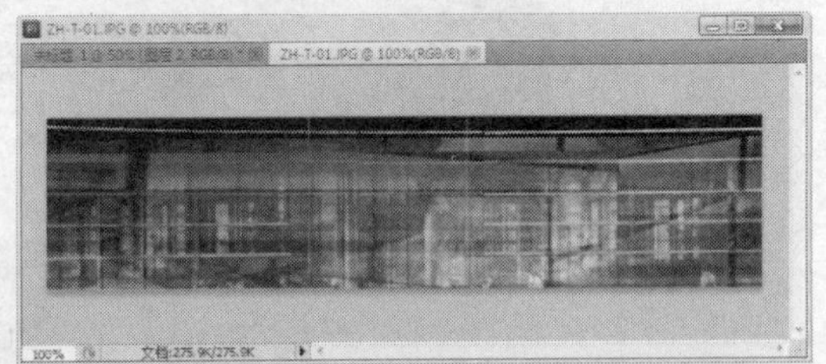

图 18-14

图 18-15

STEP 3 先将素材图像和建筑图层隐藏，在工具箱中单击（魔术棒工具）按钮，选择线框图层，在一层的玻璃颜色位置创建几个选区，显示素材图层，单击（添加图层蒙版）按钮，添加图层蒙版，如图18-16所示。

STEP 4 打开随书附带光盘中的cha18\18.1\00-BACK-1 COPY.JPG”文件，如图18-17所示。

图 18-16

图 18-17

STEP 5 将素材图层拖曳到效果图文档中，复制并调整图像至合适的位置，如图18-18所示。

STEP 6 按住Ctrl键，在图层面板中选择复制出的素材图像所在的图层，按Ctrl+E组合键，合并图层到一个图层中，如图18-19所示。

图 18-18

图 18-19

STEP 7 隐藏不需要的图层，选择线框图层，单击（魔术棒工具）按钮在场景中选择玻璃颜色，如图18-20所示。

图 18-20

STEP 8 选择素材图层，单击（添加图层蒙版）按钮，添加图层蒙版，如图18-21所示。

图18-21

STEP 9 选择一层反射的素材图层并设置图层的混合模式为“正片叠底”，如图18-22所示。

图18-22

STEP 10 设置其他玻璃反射的图层的混合模式为“叠加”，如图18-23所示。

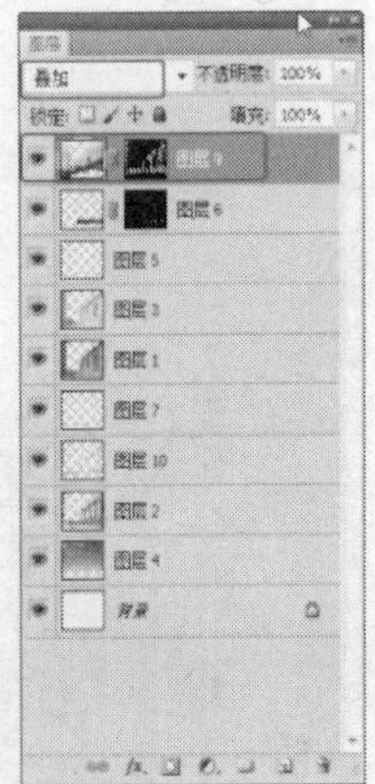

图18-23

3. 添加草地和植物素材效果

STEP 1 在图层面板底部单击（创建新组）按钮，新建图层组，双击图层组，在弹出的“组属性”对话框中命名“名称”为“草地”，设置“颜色”为“绿色”，单击“确定”按钮，如图18-24所示。

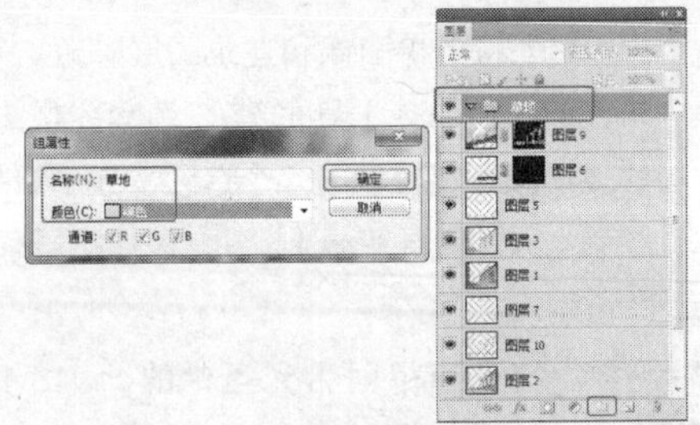

图18-24

STEP 2 打开随书附带光盘中的“Scene\cha18\18.1\草地.psd”文件，如图18-25所示。

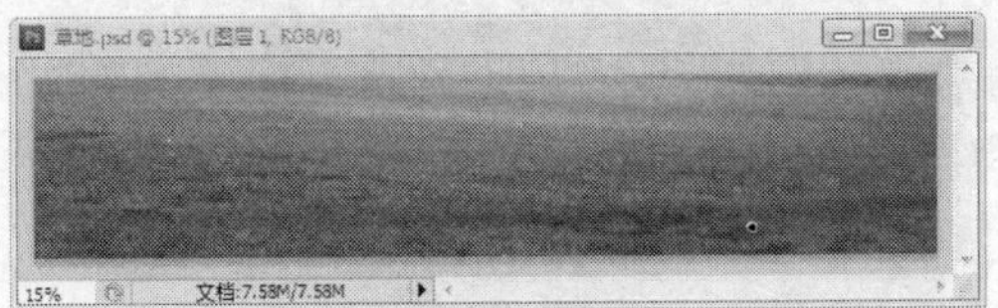

图18-25

STEP 3 将打开的草地图层拖曳到效果图中，调整图层的位置，如图18-26所示。

图18-26

STEP 4 隐藏不需要的图层，选择现况图层，单击（魔术棒工具）按钮在场景中选择作为草地的区域，如图18-27所示。

图18-27

STEP 5 显示草地图层，单击图层面板底部的（添加图层蒙版）按钮，添加图层蒙版，如图18-28所示。

STEP 6 选择现况颜色图层，并选择如图18-29所示的选区，选择建筑图层，按Ctrl+M组合键，调整图像曲线的形状。

STEP 7 打开随书附带光盘中的“Scene\cha18\18.1\植物.psd”文件，如图18-30所示，在需要添加的素材图像上右键单击，选择所需的素材图层并将其拖曳到效果图中。

图18-28

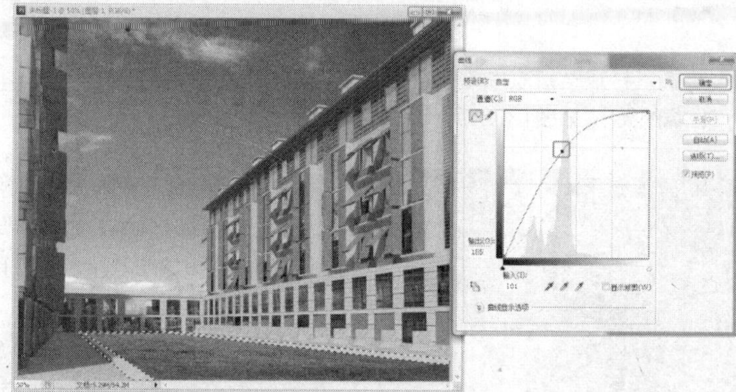

图18-29

图18-30

STEP 8 添加植物的草地，如图18-31所示，调整图层至合适的位置，并调整图像的合适大小，这里就不详细介绍了。

STEP 9 复制素材到一层台阶的位置，单击（多边形套索工具）按钮，将不需要的区域选中，并将其删除，如图18-32所示。

STEP 10 复制并调整门前草坪的位置，如图18-33所示。

图18-31

图18-32

图 18-33

STEP 11 将其他植物素材拖曳到效果图中，并调整期图层的位置和图像的大小，如图18-34所示。

图 18-34

4. 添加装饰构建素材

STEP 1 打开随书附带光盘中的“Scene\cha18\18.1\装饰构建.psd文件，如图18-35所示。

图 18-35

STEP 2 在图层面板底部单击 （创建新组）按钮，新建图层组，双击图层组，在弹出的“组属性”对话框中命名“名称”为“建筑前装饰”，设置“颜色”为“灰色”，单击“确定”按钮，如图18-36所示。

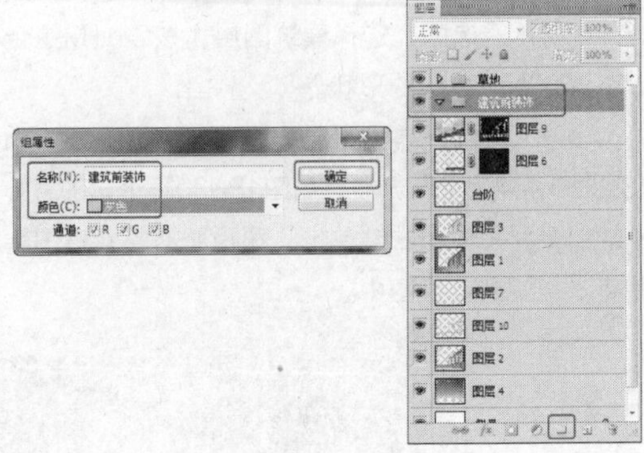

图 18-36

STEP 3 右键单击需要的装饰构建图层，并将其拖曳到效果图文档中，调整图像的大小及图层的位置，并调整图像的效果，如图18-37所示。

图 18-37

5. 添加人物素材

STEP 1 打开随书附带光盘中的“Scene\cha18\18.1\人物.psd”文件，如图18-38所示。

STEP 2 使用同样的方法调整人物的大小、位置及图层的位置，如图18-39所示。

STEP 3 将顶部的书探头图层进行复制，并调整图像的大小，将其作为书探头的阴影，如图18-40所示。

STEP 4 调整书探头和书探头阴影所在图层的位置到图层面板的顶部，并设置书探头阴影图层的“不透明度”为50%，如图18-41所示。

图 18-38

图 18-39

图 18-40

6. 最终调整效果图

STEP 1 按Ctrl+Shift+Alt+E组合键，盖印图层到新的图层中，如图18-42所示。

STEP 2 在菜单栏中选择“图像”→“自动色调、自动对比度、自动颜色”命令，如图18-43所示。

STEP 3 复制盖印的图层，按Ctrl+M组合键，在弹出的对话框中调整曲线的形状，并调整副本图层的亮度，如图18-44所示。

图 18-41

图 18-42

图 18-43

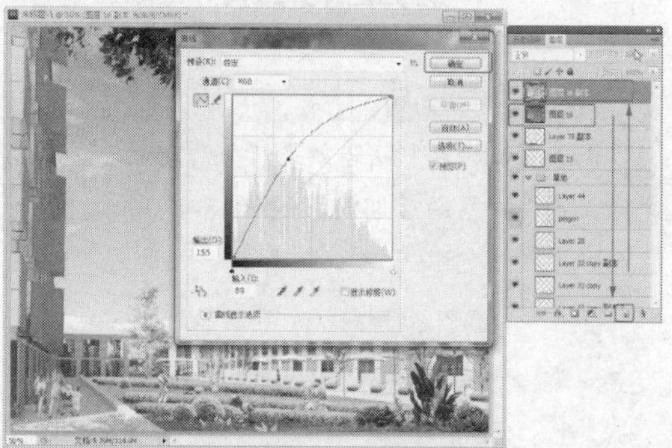

图 18-44

STEP 4 在菜单栏中选择“滤镜”→“模糊”→“高斯模糊”命令，在弹出的对话框中设置“半径”为2.6，如图18-45所示。

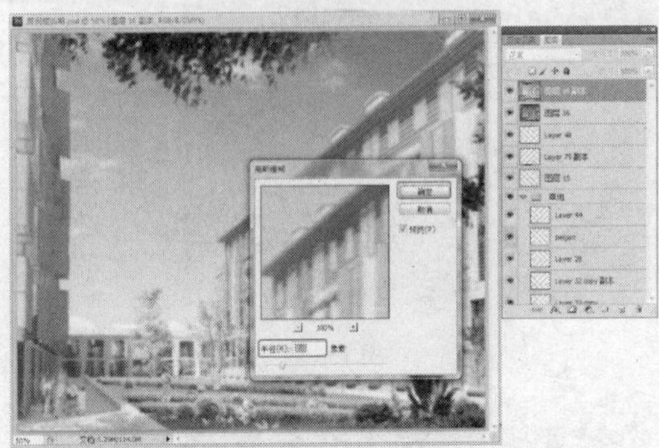

图18-45

STEP 5 设置图层的混合模式为“柔光”，并设置“不透明度”为30%，如图18-46所示，这样建筑后期就制作完成了。

图18-46

18.2 课堂练习——别墅的后期处理

练习知识要点

调整图像的色彩明暗效果，并为场景添加素材文件，完成别墅的后期效果如图 18-47 所示。

图18-47

效果图文件所在位置

随书附带光盘 Scene\cha18\18.2\别墅的后期处理.max。

18.3 课后习题——水边住宅楼的后期处理

习题知识要点

调整图像的明暗效果，并为效果图添加素材，完成水边住宅楼的后期效果如图 18-48 所示。

图18-48

效果图文件所在位置

随书附带光盘 Scene\cha18\18.3\水边住宅楼的后期处理.max。